罗马风格

建筑　雕塑　绘画

罗马风格

建筑　雕塑　绘画

[德] 罗尔夫·托曼　主编

中铁二院工程集团有限责任公司　译

阿希姆·贝德诺尔茨　摄影

丛书翻译：朱　颖　许佑顶　秦小林　魏永幸　金旭伟　王锡根　苏玲梅　张　桓　张红英　刘彦琳　祝　捷　白　雪

毛晓兵　林尧璋　孙德秀　俞继涛　徐德彪　欧　眉　殷　峻　刘新南　王彦宇　张兴艳　张　露　刘　娴

周泽刚　毛　灵　彭　莹　周　毅　秦小延　胡仕贲　周　宇　王朝阳　王　平　蔡涤泉

华中科技大学出版社
http://www.hustp.com

中国·武汉

图书在版编目（CIP）数据

罗马风格：建筑、雕塑、绘画 /（德）罗尔夫·托曼主编；中铁二院工程集团有限责任公司译.
— 武汉：华中科技大学出版社，2020.8
ISBN 978-7-5680-6225-1

Ⅰ.①罗… Ⅱ.①罗… ②中… Ⅲ.①罗马式建筑史 - 研究②雕塑 - 罗马艺术 - 研究③绘画 - 罗马艺术 - 研究 Ⅳ.① TU-098.2 ② J110.93

中国版本图书馆 CIP 数据核字〔2020〕第 111000 号

Romanesque:
© for this Chinese edition: Huazhong University of Science and Technology Press Co., Ltd., 2017(or 2018).
© Original edition: h.f.ullmann publishing GmbH
Original title: Romanesque, ISBN 978-3-8480-0840-7
Editing and design: Rolf Toman, Birgit Beyer, Angelika Gundermann
Photography: Achim Bednorz, Klaus Frahm
Picture research: Sally Bald
Graphics: Ehrenfried Kluckert
Cover design: Werkstatt München
Printed in China

本书简体中文版由德国 h.f.ullmann publishing GmbH 出版公司通过北京天潞诚图书有限公司授权华中科技大学出版社有限责任公司在中华人民共和国境内独家出版、发行。
湖北省版权局著作权合同登记号　图字：17-2020-128 号

罗马风格：建筑、雕塑、绘画
LUOMA FENGGE: JIANZHU、DIAOSU、HUIHUA

[德] 罗尔夫·托曼　主编
中铁二院工程集团有限责任公司　译

出版发行：华中科技大学出版社（中国·武汉）　　　　　　　　　　电话：（027）81321913
　　　　　武汉市东湖新技术开发区华工科技园　　　　　　　　　　邮编：430223
出 版 人：阮海洪

责任编辑：陈　骏
责任校对：周怡露
责任监印：朱　玢
印　　刷：深圳市雅佳图印刷有限公司
开　　本：889mm×1194mm　1/16
印　　张：29.5
字　　数：1068 千字
版　　次：2020 年 8 月第 1 版第 1 次印刷
定　　价：598.00 元

目录

索恩 – 卢瓦尔（Saône-et-Loire）省马莱（Malay）市
原圣母（Notre-Dame）修道院教堂，十一世纪建造，
西南向视图。

罗尔夫·托曼（Rolf Toman）

绪论

山村里有一块墓园，一座罗马式教堂坐落其中；置身如此静谧之处，给人一种历史仍在延续之感。有人会觉得，这种感觉，就是教堂在中世纪修建时那种感觉。有时，人们能够找到一个令人忘却眼前烦忧的好去处，罗马式乡村教堂就是这样的好去处。它们的吸引人之处跟其与人的体积比例有一定的关系，它们不像一些城市的标志性大教堂，通过宏伟的体积强迫人去崇拜神灵。同时，它们远离尘世的喧嚣，这种与世隔绝之感，让人超然释怀。

这些罗马式教堂当中很多都曾是修道院教堂，现在有的依然如是。那为什么众多的罗马式修道院都会修建在美丽的乡村之中呢？这是因为，十一、十二世纪的僧侣终其一生都生活在乡村里。这种情况也与封建领主的利益相符，在他们的保护下修建修道院。新建修道院的地点也多在幽静的山谷之中。由于当时欧洲诸国人烟稀少，所以修道院的物资供给仍旧充足。不过，在经历1150年以后的人口大增长之后，在1200年左右，法国有1200万人，英国有220万人，神圣罗马帝国45万平方英里（约116.55万平方千米）的辽阔土地上生活着700～800万人口。

中世纪鼎盛时期的修道生活

无论是从文化还是从政治上讲，都不能低估中世纪鼎盛时期修道生活的重要性。文化哲学家胡戈·菲舍尔（Hugo Fischer）甚至在他的一部作品中，将"诞生于罗马式修道生活精髓之中的西方文明"作为副标题。其实，中世纪修道生活的重要程度从其发展鼎盛时期僧侣和修道院庞大的数量当中即可见一斑：克吕尼修道院统管1000多座修道院，在中世纪鼎盛时期经历革新的众多修道院中起着举足轻重的作用。在被称为"西多会（Cistercian order）时代"的十二世纪，西多会势力遍及欧洲各地，其头号人物圣克莱尔沃的贝尔纳（Bernard of Clairvaux）的重要作品是一度引发各种审判的关键因素。

那么，那个时代的修道院是如何实现其文化影响力的呢？想要回答这个问题，有必要进一步研究三大社会阶层，因为它们对中世纪人们看待自我的方式有着重要意义。十一世纪二十年代，拉昂（Laon）的主教阿达尔博洛（Adalbero）将这种社会等级意识简明扼要地概括为："有的人误以为，主的圣殿是唯一的，其实它包含了三部分。

在这大地之上，一是祈祷（Orant）、二是战斗（Pugnant）、三是劳作（Laborant），这三部分同属一个整体，不能分离。因此，其中一部分是否起作用（Officium），需要其余两部分的支持（Opera），每一部分都将给其他部分提供辅助。"

用于表述此三元概念的其他术语还有教导（Teaching）、保卫（Defending）和培育（Nurturing），分别代表神职人员、骑士和农夫。这种三位一体的社会秩序被认为是上帝安排的，并取代了教会和俗世（即神职人员和普通信徒）的二元划分形式。直到公元九世纪，二元划分形式在人们的生活中一直占有主导地位。尽管没有考虑各个阶层的实际变化，也没有将中世纪后期因城市的兴起而登上社会舞台的商人和中产阶级市民包括在内，这种新的三元社会秩序还是延续到了中世纪末。因此，三位一体的社会秩序在很大程度上反映了中世纪鼎盛时期的农业社会；或者，就本书而言，反映了1000年到1250年的罗马式时期的社会情况。

在"祈祷的人（Oratores）"这一阶层，僧侣扮演着特殊角色。中世纪史学家汉斯－维尔纳·格茨（Hans-Werner Goetz）曾说过："虽然修道生活在一开始有意与正规教会分开，但后来却迅速成为教会的一部分。与现在不同，中世纪的修道生活在任何情况下所起的作用都有很大影响。在一定程度上，僧侣形成了一个介于神职人员和普通信徒之间的第三阶层；他们的生活方式也是神职人员和普通信徒效仿的榜样。"中世纪初，修道院仍是主要由普通信徒组成的社团。直到第九世纪，被授予牧师之职一般才认为是宗教生活的顶点和完结。自那时起，修道院日渐发展成为神职人员社会，没有神职的僧侣非常少。

修道生活和世俗统治并不是完全独立的两个世界，要知道，要被一所中世纪的修道院所接纳，要满足两个条件：证明精神上适合过僧侣生活（一般在见习期间验证）和一份礼物。这些为了获准进入修道院而送出的礼物在《本笃会规》（Benedictine Rule）中原本被说成是"施舍"，后来却变成大块大块的土地。修道总是不重视土地所有权，很多修道院也慢慢地变成了贵族云集之地。当然，这种情况又反过来影响到修道院权力的大小，并增强了其独立性。每每提及此事，克吕尼修道院就会跃入我们的脑海。910年，阿基坦（Aquitaine）的威廉（William）成立克吕尼修道院，当时它只是座家庭式的修道院而已，而后来却直接听命于罗马教皇教区。在成立章程中，威廉不仅放弃了自己对修道院收入的所有权，也放弃了授职封爵权，甚至还在其中规定，任何人不得占有属于修道院的财产，无论是主教还是罗马教皇。威廉任命的修道院长贝尔诺（Berno）去世后，僧侣们应从自己的阶层中推选一位继任者。在932年，修道院长奥多（Odo）获罗马准许，通过建立分院扩大克吕尼改革，而重中之重则是改革现有的修道院，使其隶属于克吕尼修会。分院并不由其修道院长管理，而是由克吕尼修道院副院长进行管理。这就创建了一个联系紧密的修道院团体，而克吕尼修会自身则成了一类世俗封建领主，负责属下拥有封地的修道院的神职任免和收入管理。克吕尼修会的权力几乎大得无边，因此不可避免地会涉及政治站队问题。在教皇格雷戈里七世（Gregory VII）与皇帝亨利四世之间的权力争夺中，就涉及政治站队的情况。所以，对于很多人来说，修道生活正如格茨所说，是活得像贵族一样的宗教生活。贵族化是其取得成功并具有巨大历史意义的一个重要因素。

众多修道院在文化上的创造成就可不是贫穷的文盲信众所能创造出来的。在查理曼大帝统治时期，僧侣就是手工工艺和贸易技术领域的领头羊，许多修道院甚至成了农贸中心。另外，虽然查理曼大帝和他的儿子路易斯分配给修道院的文化任务不是很多，却都十分重要。修道院要负责举办拉丁礼拜仪式、撰写拉丁文书籍、维护古典主义传统和基督教传统，以及普及高等教育。学者们从欧洲各地聚集到查理曼大帝的宫廷学校，修订经典作品，创作查理曼大帝随后在整个帝国强制推广的典范作品。教堂和修道院还受命开办学校并挑选合适的教师。另外，告诫僧侣们不能只是祈祷，同时还要仔细地抄写教学所需的各种书籍。多亏了这些勤奋的僧侣，欧洲才得以为图书馆的发展奠定基础，将古代的精神和世俗知识保存下来。加洛林时期的教育改革为"加洛林文艺复兴"的文化繁荣奠定了基础；在这一阶段，两个著名的文学典范就是狄奥多尔夫（Theodulf）的诗歌和艾因哈德（Einhard）的《查理大帝传》（Vita Karoli Magni）。

正如阿尔贝特·米格勒（Albert Mirgeler）所解释的，克吕尼修会通过许多直接关系与加洛林王朝的精神世界产生了联系：首任院长贝尔诺［前波美（Baume）修道院院长］、因达（Inda）模范修道院［通过欧坦（Autun）的圣马丁（St. Martin）修道院］、阿尔杰（Alger）和格哈德（Gerhard），以及列日（Liège）、雷根斯堡（Regensburg）的教堂学校。最后，克吕尼修会通过建立"上帝之城"（civitas dei）的共同目标与查理曼大帝从世俗和社会成就意义上联系在一起。不过，这是对圣奥古斯丁（St. Augustine）原作的误解。对克吕尼改革来说，从帝国到修道团体，改革是齐头并进的，并且改革更着重于僧侣本身。克吕尼修道院长几近独裁的地位与他们超长的寿命（从958—1109年仅有三位院长），有利于产生良好的精神文化和社会艺术。

在克吕尼修会，礼拜仪式庆典成了修道生活的核心，在某种程度上，当时人们的确没有意识到它的普遍存在。修道院弥撒（修道院弥撒圣咏的标准庆典）当中增加了游行和众多圣徒的连祷。同时，上午增添了一次弥撒。在非节日的其他日子里，这种弥撒就作为安魂弥撒举行。

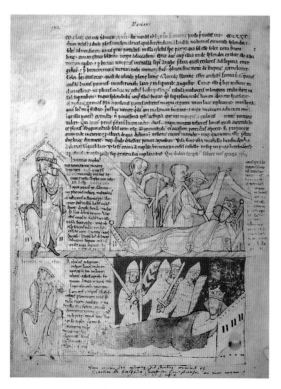

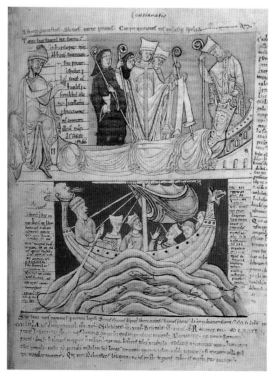

亨利一世所梦见的三个社会阶层是：神职人员、骑士和农夫（左图）。先不说其缺点，这幅图画与三位一体的理念有关；这种理念直到中世纪末一直占统治地位。在 15 世纪末的一块木雕上，各个阶层都有了明确的生活分工"你们诵念祷文，你们提供保护，你们耕作农田。"

另外，担任神职的僧侣每天还必须诵读私人弥撒，吟唱整篇圣诗。修院弥撒曾有 200 名僧侣参加，平日里着白色圣衣，遇到节日则穿圣诗袍。举行弥撒的场面十分壮观，不仅是仪式上所用的器具十分精美，就连为了突显上帝的光辉而装饰得美轮美奂的教堂也笼罩在这如虹的气势当中。弥撒的庆祝越来越繁复，占用了一天中的大部分时间。为了营造敬畏之感，并将这种感觉保持下去，需要用到特殊的房间和场地。而克吕尼修道院的第二、第三教堂完全达到了这些要求。如乔治·达比（Georges Duby）所言，"十一世纪宗教艺术的繁荣是僧侣为大众连祷的产物。"

克吕尼修会还影响到遥远的圣地亚哥朝圣的新弥撒运动。圣地亚哥朝圣之路主要有四条，其中两条是维泽莱（Vézelay）和圣吉勒（St. Gilles），都从克吕尼修道院出发。另外，各条路上沿途都有克吕尼修道院经营的旅店，见到这些修道院的教堂对朝圣者的吸引力要比礼拜的形式大得多。朝圣者身体力行地做着人世间的正业，即不畏艰辛地去朝拜远方的圣地，在充满冒险甚至危险的旅途中，他们需要抵挡住一个虔诚的朝圣者可能遇到的与正道相悖的各种诱惑。为了吸引这些朝圣者，罗马式艺术也发展出了具有自身特点的绘塑形式。

其中最突出的例子就是教堂大门上的门楣。在朝圣沿途，人们最喜欢将罗马式建筑的雕塑品安放在柱头和门楣的中心位置。如果近距离观看这些门楣中心上的画，你会发现我们与中世纪人们想象力的历史差异越发明显。画面中多包含"最后的审判"（圣父的身份是审判世人的严厉判官）和地狱的可怕场景（见第 328 页及之后图）。如今，我们只能根据这些画面的写实特点，猜测当时的人们承受了什么样的恐惧，因为按照基督教信仰，他们必须面对因自己在这世上犯下的罪恶而要受到的惩罚。在这些恐怖的画面，以及与之相反的期望正义的画面（虽然很少用这么多样和具体的方式来描述）背后，折射出的是有关死亡与濒临死亡的观念，而这些观念与现代观念有着根本上的差异。

死亡和临死痛苦

历史上对死亡理解的差异应该分得更清楚一点，因为它们能帮助我们了解我们可能感到陌生的其他中世纪现象，比如圣物崇拜和参加十字军东征（只不过是夺去成千上万条生命的掠夺和杀戮的战斗）的高涨热情。我们怀着惊奇和不安接触中世纪生活的方方面面，它们的根源就是基督教原教旨主义和相应的死亡观念。

几乎人人都认为俗世只是通往永生的一个过渡阶段，每个人都希望自己死后能去往天堂，也就是在想象中的来世的失乐园里，继续俗世的生活。但是，如若有谁在这世上不遵照上帝的戒条生活，因此得不到其认可的人，就一定会在地狱里遭受永世的折磨。死亡是从此生的存在过渡到来世的标志，人们必须在活着的时候为这一刻做好准备。除罗马式时期之外，西方艺术再无其他时代具有如此丰富的对于死亡及相关的跨入来世中心主题的艺术描绘。

人类对突如其来的死亡充满了恐惧，连做祷告、表达忏悔以祈求宽恕的时间都没有。甚至连教皇也会遭遇这种可怕的死亡，就像圣希莱尔的圣玛—恩布瑞欧奈斯修道院西大门的门楣中心上所表现的情形一样（见上图）：教皇坐在厕所里，而厕所是一个让人感到不光彩的死亡之地。他的灵魂以一个小孩的模样从口中逃离出来，立刻就被三个长着角的恶魔抓住，左侧则是废弃的教廷。与此不同，鲁西永（Roussillon）地区的埃尔纳有一座墓碑，其上描绘着很多还算幸运的死亡场景（见右下图）。墓主人卧像（Gisant）在菲利普·阿尔勒（Philippe Aries）看来"不是一具倒放的尸体，而是一座虚构的站像……倒放着、双眼睁开、头部枕在一个垫子上，并在两位天使的陪伴下去往天堂。其中，上帝之手放在卧像头上，象征着天堂"。这阐释了这种死亡表达形式的意义：墓主人卧像"既不代表死者，也不代表生者，而是代表少数幸运儿"。

天堂遥不可及，地狱近在咫尺，天使可能会打开可怕的地狱之门（见下页图）。天堂和地狱之间，是每一个有罪的信徒都会经历的地方——炼狱。这里是人死之后的第三个去处，这个煎熬的阶段，给人时间来忏悔他们在人间犯下的罪过。

在神学上的炼狱概念在民间信仰中已经流传多年，但直到十二、十三世纪才有所发展。这一概念缓和了天堂和地狱的极端性，为当时的一些神学问题提供了解决之道，这些问题涉及人类行为的善恶和上帝的恩赐（一个曾经很难领悟的概念）。相信炼狱的存在或许源于某种不确定性：福音书中既提到了基督再临后在"最后时刻"的审判，也提到了有罪之人和正义之士在死后得到的惩罚和奖赏。在神学上，死亡概念是一种睡眠，死者一边睡，一边等待审判日的到来。但是这一概念并不能说服大众。而"炼狱"观念就更容易接受一些。在炼狱中，一个人可以像在俗世里一样，虽忍受折磨，却心怀着救赎的希望。其实，在天堂和地狱之间构建这么一个阶段，更贴合圣徒通过"审判宝座"行使其职能的观点。圣徒已经得到救赎，并被天堂所接纳，是上帝和人类之间的调解人，他们能为等待审判的灵魂，或者说已经被惩戒但是不会一直受到诅咒的人进行辩护。

圣物崇拜

　　圣徒离上帝很近，任何人有所恳求时，圣徒都能代为乞求宽恕。因此，他们成为调解人，点燃了人们的幻想和希望。多数人寻求的是疾病的康复，如果得到治愈，他们就认为这是获得了某位圣徒的宽恕而出现的奇迹。很多有关奇迹的记叙中都详细描述了奇迹发生的经过，而这些经过则是中世纪追求自我的最令人难忘的见证。

　　自发崇拜，比如朝拜圣伊丽莎白（St. Elisabeth），是大众信仰强而有力的表现，让教会不得不做出反应。人们对圣徒的随意崇敬削弱了教会作为上帝救赎人类在尘世间的代理人的权威。为了应对这种情况，只要有谁被人们崇拜，教会就将其封为圣徒，从而让教会加强了对崇拜的控制。随着加入朝圣队伍的人越来越多，圣徒的祭拜地、墓地、教堂不仅在神学上，在政治层面上也越来越重要。因此，世俗王储企图用交易染指圣徒的圣物（通常是重要的圣物）也就不足为奇了。乌韦·格泽（Uwe Geese）在他的专题论文中就曾讨论过被开除教籍的霍恩斯托芬王朝皇帝腓特烈二世于1236年祭拜马尔堡（Marburg）的圣伊丽莎白墓一事。腓特烈二世利用转移一年前被封为圣徒的伯爵夫人遗体之机，向教皇表示他和教会撇清了关系，即他在暗示这位伯爵夫人才是他本人和上帝之间的真正调解人。

　　随着罗马式时期神圣建筑的迅速增多，圣物的需求量也急剧增长。每一座教堂，甚至每一座圣坛，都需要一位圣徒的圣物来充当献祭仪式的神圣信物。十世纪之前，人们都谨遵死者遗体必须保持完整这一教义。但是，由于圣物的需求量非常大，因此后来基本上摒弃了这一教义。该教义禁止摘取遗体上的任何器官，但毛发、牙齿、手指甲、脚趾甲等可以再次生长的部分除外。还有另一种同样古老的说法，即圣徒其实存在于他身体的每一个部位，只要有了一小块骨头，就等于拥有了圣徒。这种观念在这一时期更为普遍，在整个中世纪也都十分盛行。在中世纪鼎盛时期和末期，各种疑虑都早已抛之脑后。有记载说，临死或刚刚去世的，且有可能被封圣的人都存在遗物压力问题，甚至遭抢。最有名的就是圣弗朗西斯和

圣伊丽莎白。有关伊丽莎白遗体的记载中说道："这具圣体放在停尸架上，穿着灰色的衬衫，脸部缠着布。很多在场的人都非常清楚这具遗体的神圣，他们由于崇拜而变得激动不已，甚至是撕下她的袍子；有的人剪下她的手脚指甲，有的人割下她的乳头和一根手指，作为圣物保存。"另外，还有很多遗物被盗、被伪造。面对这种情况，教会也爱莫能助，并且他们对此的态度是，只要是加强信仰的行为都是被容许的。

　　这些在今天看来十分古怪的记载，在吉伯特·诺更特（Guibert Nogent，卒于1124年）所著的《圣人的圣物》（*Pignora Sanctorum*）一书中能找到很多。他批判了人们保存、处理圣物的痴狂，通过荒唐可笑的事例说明这种行径的愚蠢，特别是将圣徒的遗物错误地等同于

教皇格雷戈里七世把皇帝亨利四世贬谪为"日耳曼之王"后，开始让宗教摆脱世俗统治，
十二世纪开始出现"两把剑"的比喻说法，旨在调停教会和世俗权力。从长期角度来说，
对权力的觊觎是无法阻止的。
1191年亨利六世在罗马的加冕礼（下一页图）的描绘，显示了教皇塞莱斯廷三世（Celestine
III）为亨利涂油、授以权杖、指环和主教冠等情景。主教冠在宗教中是尊贵的标志，也表
达了"皇帝与教皇平起平坐"之意［G.拉德纳（G. Ladner）］。

人见人爱的护身符，并认为其具有治愈能力。诸如此类的重要著作皆是那个时代大众崇拜圣物的最好、最早的证据，所以对每一个关注真实历史的人来说，它们具有特殊的吸引力。之后，许多离奇的故事都围绕这个主题展开，当然其中许多仅仅是为了娱乐大众而已。

圣物的魔力总是跟具体物品分不开的。中世纪，在圣徒墓地供奉的很多蜡质还愿供品一般代表有病痛的身体部位，或者以另外一些方式指代向圣徒请求治病的人。人们之所以认为这些供品神奇，是因为它能使圣徒知晓患者的请求。即使在今日，欧洲天主教教区里的许多教堂仍有还愿供品，表达人们对病愈、溺水被救等事情的感激之情（见上图）。不过，放在那里的还愿供品并没有中世纪还愿供品展现的那种神奇的迫切性和力量。

如果对教堂、各种装饰物等罗马式艺术加以审视，从带审判和地狱场景的建筑石雕，到怀抱着注定了为了拯救我们而死的圣子的镀金圣母像（Gdden Madonnas）；从十字架苦像，到纪念基督在十字架上殉难的圣物、仪用器具，都会给你留下一个强烈的印象：拜死教。而中世纪的神职人员，特别是那些管理着大片土地的僧侣，则是欧洲历史上这一时期拜死教的主要代理人，因为修道院成了存放圣物的重地。正如达比所说："大多数修道院修建在殉道者或福音

传播者（与邪恶和地狱战斗的英雄之一）的墓地之上……圣物就放置在石棺附近，僧侣就是圣物崇拜秩序的捍卫者，在属于逝者的地下世界和属于生者的俗世之间充当中间人。这是他们第二个主要职责，这一职责通过艺术形式庄严地表达出来。"达比指出："十一世纪的基督教徒十分重视死亡。"

这些艺术作品比较典型的特点在于，它们在美学上无可挑剔的连贯性能让一个人忘却其先决条件。但是，如果从非历史的角度进行解读，完全忽略罗马式艺术在仪式和精神力量上的先决条件，这些艺术作品将成为仅有外形而无内涵的物品而已。同时，我们还会丢掉它们提供的，让我们从历史角度更加全面地理解它们的宝贵机会。

建筑及其含义

对于罗马式艺术的理解，尤其是罗马式建筑，还有其他一些与之高度相关的观点。比如，经常有人说哈尔茨山（Harz）地区的教堂和莱茵河流域中部的大教堂就属于一种特殊的"帝国"罗马式风格。按照舒茨（Schütz）和米勒（Müller）所说，"德国的罗马式建筑受到了帝国权力派（主要就是主教和修道士）、皇帝和很多领主的支持。这就说明，德国的罗马式风格与神圣罗马帝国的伟大及皇帝的荣耀和权力相关。在这一点上，帝国大教堂表现得尤为突出。这些教堂的意义已经远远超出了其所需的用途，是帝国的力量在建筑上的彰显，是罗马帝国在全天下人眼中的建筑化身。修建教堂，不仅是为了开展宗教事务，在政治层面上也十分重要。因为这些教堂能够向全世界展现修建者在整个世界的地位。"

相比法国和英国，由于皇权的连续性，德国在十一世纪中叶的政治条件相对稳定。直到十一世纪七十年代，教皇格雷戈里七世在克吕尼大修道院改革之后，进一步要求让教会凌驾于世俗政权之上，这种局面才发生了变化。其中的核心要求是帝国内修道院主教、修道院长的叙任不应再由皇帝掌控。这一要求无疑会在很大程度上限制世俗政权的权力。因此，教皇与亨利四世之间展开了众所周知的较量。亨利四世因拒绝了教皇格雷戈里的要求，被革除教籍并废黜。1077年，亨利四世被迫到卡诺萨城堡（Canossa）向教皇忏悔，这在一定程度上是对他皇家高贵身份的一种羞辱。他设法恢复教籍，但他与教皇之间的分歧却决不会因此而结束。德意志帝国自此被分为两派，一派忠于教会，一派忠于皇帝。这一分裂产生了深远的影响。

亨利四世在罗马的加冕典礼。
彼得鲁斯·德·埃布罗（Petrus de Ebulo），
《奥古斯都荣誉记》（Liber ad honorem
Augusti），1195—1196，伯尔尼（Berne）市
民图书馆（Bürgerbibliothek）。
编号：120, fol. 105r。

1082 年，斯派尔大教堂在亨利四世
鼓动重建时其外表没有多大变化（后
堂、假拱廊、低矮墙式外通道和塔楼
是新建的）。

亨利四世在度过自己的权力低谷之后，立刻着手重建萨利安（Salian）先祖修建的、赫赫有名的斯派尔大教堂（Speyer Cathedral），使其更加富丽堂皇。很明显，这是亨利四世对他重新获得的，或者不如说是他从未失去过的权力的展示。除斯派尔之外，德国其他城市也修建了这种帝国建筑（见第46页及之后内容）。关于这一点，京特·班德曼（Günter Bandmann）指出："尤其是在封王封爵权力之争发生后，皇帝与教廷出现对立，西部的主权国家不再承认帝国统治者的唯一管辖权力。于是皇帝试图构造一套皇帝学说，让教皇处于从属地位……传统的帝国思想是在面临其竞争对手——教会的压力之下才逐步放宽的……这也就可以解释为什么在亨利四世之后，也就是霍恩施陶芬王朝（Hohenstaufen dynasty）统治期间，官方建筑会融合穹顶、楼廊等古典和世俗形式的装饰；原本属于基督教传统的很多建筑也兼容并蓄着异教的建筑形式。"班德曼以皇家建筑为例，列

举了许多与其相关的其他含义，清楚地说明了中世纪的宗教建筑在精神、象征，以及（或者）社会领域具有极其重要的作用。

神性和俗世耶路撒冷的激烈竞争

罗马式艺术中反复出现的一个主题就是上帝之城——耶路撒冷。这一主题在建筑、雕塑和绘画中有着重要作用（见第434页及之后内容）。也许，这一主题与建筑的关联最为紧密，尤其是柱子、后堂、拱门、塔楼、穹顶等基督教会的建筑结构形式，被认为跟"上帝之城"（老说法"主的圣殿"的改头换面）有关联。正如班德曼所说，"教堂建筑是天国之城的形式和象征，其流行也有信徒的一份功劳。"圣奥古斯丁（St. Augustine）是一名教会神父，他也在《上帝之城》（De Civitate Dei）一书中强调了这种说法。笼统的含义，对于理解特定的建筑特点用处不大。在这种笼统的概括之下，建筑的象征特性还是会十分抽象。而通过简略的色彩和

收藏室，圣贝尔坦（St. Bertin，？），约 1170—1180 年。
羊皮纸卷，尖笔画，高约 25.4 厘米。
海牙（Hague）荷兰皇家图书馆（Koninklijke Bibliotheek），
编号：Ms. 76 F5。

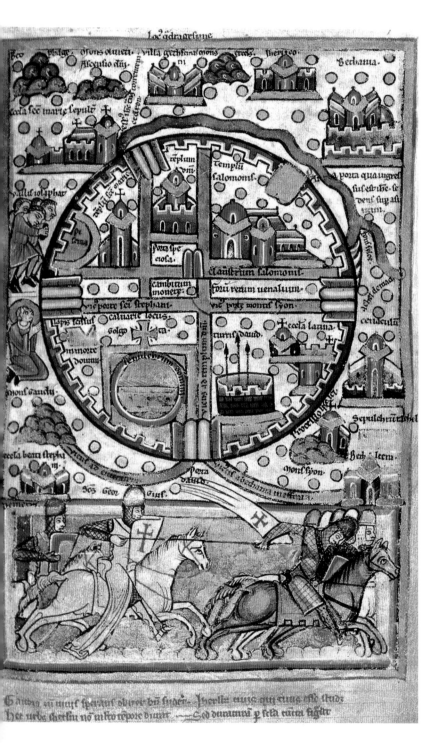

雕塑，借鉴"上帝之城"这一概念则使其更加具体和明确。也许就是因为这个原因，中世纪有几种建筑形式越来越受欢迎：城堡或城墙与高塔相连，或者宗教建筑的正立面带一对高塔。

圆圈既是神性的象征，也可代表来世，耶路撒冷同样用一个圆圈表示。在很多描绘巴勒斯坦的图画上都有这样的圆圈，它通常被分为四份。左边的这幅巴勒斯坦地图就通过其页脚处的文字突出强调了这一关联性："耶路撒冷啊，无论谁要成为你的臣民，无论谁期待你的欢悦，都必须竭尽全力。虽然耶路撒冷这座城市不会长久，却会留下永恒的印象。"文字的正上方，是被边框隔开的图画。图中，基督教骑士大败穆斯林骑士。骑在白马上的骑士就是圣乔治。在某种程度上，十字军因为有了他的参与而变得神圣，他的胜利则说明十字军得到了上帝的支持。这幅图绘制于第一次十字军东征后100年左右，当时，人们希望能再次征服耶路撒冷，因此图上的人物都被意识形态化了。它把原本非常不光彩的，就连一些同时代的人也这么认为的事件进行理想化地解释［曾经有人想把圣地看成是上帝在人间的国度，但是在维特利（Vitry）的雅各布主教看来，这是不可能的。因为俗世的糟粕已经在圣地聚集，而且巴勒斯坦确实曾是罪犯的流放之地］。

"武装朝圣耶路撒冷"是中世纪基督教原教旨主义中极为险恶的一个方面。其冷酷和盲目令人恐惧，是对所有人，包括教会的一次历史教训。据保守估计，至少2200万人为此付出了生命。

修建工作

认真阅读过《圣经》的读者都会注意到，其中有些图片和术语是从建筑领域借鉴过来的。很明显，建筑及其修建的过程，在早期就发挥了非常突出的作用。在中世纪，情况几乎没有发生变化：无论是图片还是文字史料，都生动地描绘了大型建筑工地施工过程的画面。其实，不仅是这些1000年以来绘制的手稿能让我们想象出施工现场的情况，玻璃窗、挂毯、壁画，甚至在圣骨匣、圣坛画上，也有建筑业的相关场景。文字史料也毫不逊色，有信件、生活方面的记述和建造过程的说明，比如有关坎特伯雷大教堂（Canterbury Cathedral）于1174—1185年间重建的记载，以及修道院院长叙热（Suger）在1144（或1145）—1151年间所著的《斯人有待负责完成的工作》（De consecratione ecclesiae Sancti Dionysii）。京特·宾丁（Günther Binding）曾详细介绍过这些材料，并做出了评估。

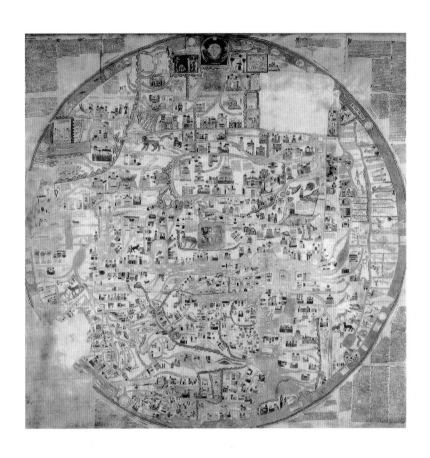

埃布斯托夫（Ebstorf）世界地图，
埃布斯托夫，1208（或 1218）年，
复制品，原版已被损坏。
高约 3.65 米。
库尔姆巴赫（Kulmbach），普拉森堡奥贝迈恩景观博物馆
（Landschaftsmuseum Obermain Plassenburg）。

骑士水罐，法国，十三世纪。
青铜镂刻，高约 27.94 厘米。
哥本哈根丹麦国立博物馆（Danmarks Nationalmuseet
Kobenhavn）。

埃布斯托夫世界地图的中心是耶路撒冷，上下左右都是钉在十
字架上的基督，大地就是基督的身体。地图中的几个细节与基
督生平的故事和其他神圣事件相关。所包括的事件依次为天堂
里的亚当和夏娃、亚历山大大帝、撒克逊人的起源及十字军。

正在对决的两对骑士。
《贞女典范》（*Speculum Virginutn*）插图。
莱茵中部地区或特里尔（Trier），约 1200 年。
汉诺威克斯特纳博物馆。

首先，地基经常修筑在潮湿或不稳定的地面上，所费劳力在今天是不敢想象的。威特威尔姆（Wittewierum）修道院建于1238年前后，对其修建过程的记述中就谈到地基土壤条件差的问题，以及塌方和暴雨等其他短期问题。

地基建好后，随即需要各种建材。据记载，"日尔曼人"路易（Louis the German）为了修建两座教堂，甚至拆除了法兰克福（Frankfurt）和雷根斯堡（Regensburg）的城墙。1192年，修建里昂大教堂（Lyons cathedral）的大理石和石灰石是从富尔维耶（Fourvire）附近的图拉真广场运往里昂的（古典建筑确实是很好的石料来源）。此外，还有其他人为了建筑而不惜付出更高代价：1026年之后，弗勒里（Fleury）（圣博努瓦卢瓦尔大教堂，Saint-Benoît-sur-Loire）的修道院长戈斯林（Gauzlin）就从尼韦奈（Nivernais）获取"罗马尼亚"大理石和石灰石，并航运到弗勒里。修建纪功寺（Battle Abbey）所需石料，在附近意外发现采石场之前，同样也是横跨海峡进行航运。

接下来，石匠、砖砌工、雕刻师、灰浆搅拌工、泥水匠、粉刷匠、木工、屋顶建筑工，以及其他劳工、勤杂工开始工作。描绘他们的活动和工具的图画数不胜数。在二十世纪以前，建筑工地都使用类似木质脚手架的工具，随后开始广泛使用钢制脚手架。阿尔卑斯山北部地区似乎直到十四世纪中叶才开始使用木质脚手架。在此之前，作业时都采用悬臂式脚手架，各种详实的作业记录也有不少。在每个作业阶段，都会在墙压顶处修建一个水平的作业区；墙体建得更高时，拆除脚手架，再向上绑接。建材可能是通过斜道运至墙体处，然后利用担架、斗车或篮子转运。十二世纪下半叶，简易起重机被投入使用，起初只是用一条绳子连着一个篮子而已。后来就有了滑轮这一重要的辅助工具。各专业工匠通过爬梯或坡道到达建筑高处；爬梯或坡道一般采用柳条编织。

建筑者与奠基者——建筑物，神圣救赎计划的一种形式

现在，可以很清楚地看到中世纪的大型建筑都是在难以估量的风险下修建的。但是，大家还是会参与到施工当中。这是由于，修建教堂是救赎计划的一部分。无论是谁参与了修建，不管是提供建材，还是付出劳力，都会受到上帝的恩惠和赐福。很久之后，教会为了达到同样的目的还出售过"赎罪券"。修建教堂本身也就包含了一定程度的崇拜。

这对教堂的建造者来说尤其重要。希尔德斯海姆的主教贝恩华德（Bernward）就在他的第二份遗嘱里提到："我已经想了又想，我要修建什么样值得称赞的建筑物，如何付出……才能赢得上帝的恩惠……为了主的赞美和荣耀，我开始修建一座新教堂，这样既能实现我自己的承诺，又能供神圣的基督徒使用。"康斯坦茨（Constance）的主

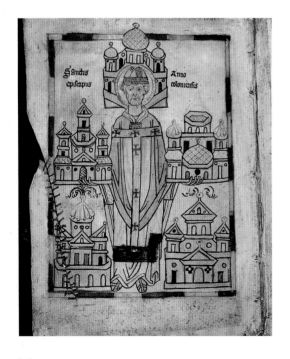

京特·宾丁绘制的建筑图，摘自《圣经》，十三世纪初，曼彻斯特（Manchester）约翰·赖兰德图书馆（John Ryland's Library），编号：Ms. fr5, fol 6.

巴别塔的修建，赫拉班·毛鲁斯（Hrabanus Maurus），"万物起源（De originibus）"，1023。卡西若山（Monte Cassino）修道院图书馆，编号：132.

教康拉德（Conrad）也有同样的想法，后来他被封为圣徒。圣墓教堂（Holy Sepulchre）是他修建的众多建筑中的一座，附属于大教堂，让信徒不用去耶路撒冷，就能轻松地达到朝圣的目的。在当时，仿制建筑不像现在一样完全照搬，只要有了特别的形态，能提醒世人原作的重要意义就已足矣，甚至干脆就取而代之。最终，人们是到耶路撒冷的圣墓教堂，还是到康斯坦茨的圣墓教堂，就已不再重要。不管怎样，主教康拉德还是有很多卓越的想法，除了已建成的圣母玛利亚大教堂和彼得斯豪森（Petershausen）的圣彼得修道院，他又继续在康斯坦茨修建了圣约翰（St. John）、圣劳伦斯（St. Lawrence）和圣保罗（St. Paul）三座教堂。这样一来，他就在康斯坦茨复制了罗马的五座重要的教堂［拉特兰（Laterano）的圣乔瓦尼教堂（San Giovanni）、圣洛伦佐教堂（San Lorenzo）、城外圣保罗教堂（San Paolo fuori le mura）、老圣彼得教堂（Old St. Peter's）、圣母大教堂（Santa Maria Maggiore）］，以及圣城本身。

就缔造者或修建者与工程本身的关系而言，这同样具有启迪作用。修建者既是创作者又是诠释者，能决定建筑的类型，也会在很多时候指定一种建筑样式。拿京特·班德曼的话来说就是，"是的，我们非常公正地讲，在中世纪，只有为数不多的小建筑商会为了坚持简单的习俗和传统的工艺而放弃模仿优秀建筑的机会。大建筑商的建筑师们都把聪明才智集中在复制品上，而不是创造原创建筑形式。"

客户一般非常注重建材的获取。因此，艾因哈德所著的有关查理曼大帝生平的《查理大帝传》中讲述了在亚琛（Aachen）修建帕拉丁礼拜堂时，查理曼大帝曾亲自从罗马和拉文纳（Ravenna）运送建筑所需的柱子和大理石板。圣加伦修道院（St Gallen）中一位叫"口吃的诺特凯（Notker Balbulus）"的僧侣也在他于885年写的《查理大帝功业记》（Gesta Karoli）一书中提到，这位皇帝将"大洋此岸各地建筑艺术的能工巧匠汇聚一堂"。尽管如此，这些艺术家的名字在世界各地几乎都被淡忘了。对此，班德曼试图用"一个包罗万象的构思在实践时就具有这种特点"的说法来解释。同时，希尔德斯海姆的主教贝恩华德修建的教堂中明确地表现出对灵魂救赎的关注。另外，康斯坦茨的主教康拉德和圣丹尼斯修道院院长叙热都安葬在他们所建教堂的入口处，这种做法与其说是表达虔诚，不如说是他们希望能从来到教堂的信徒那无数充满感激的祷告中得到好处。因为他们修建教堂不仅仅只是为了赞颂上帝的仁慈，也是为了保证自己不被世人遗忘。

加泰罗尼亚（Catalonia）贝萨卢（Besalu）罗马式大桥，十二世纪。
桥在中世纪世俗实用建筑中发挥了非常重要的作用。如果没有桥，在很多地方，是几乎
不可能沿着道路前进的。
中世纪，旅行者包含形形色色的人。在漫长的旅途中，有可能遇到背井离乡的陌生人、
朝圣者、流浪汉、旅行者（游方艺人、演员）、商人、雇佣兵、工匠。
僧侣将奔赴各自修会下属的修道院，信使则赶往其他城镇。

下页：
"在学会怎样用混凝土、玻璃、钢材修建建筑后，
我们第一次意识到石头的特殊地位和力量，而这
是我们的祖先未曾意识到的东西。对他们而言，
用石头修建房屋似乎是唯一可行的惯常修建方法。"
"住在山洞里与住在层层叠叠的石料堆中有一个
根本的区别。石料实际上是加工过的石头……而
加工过的石头就有了象征意义和内涵。"（班德曼）

罗马式建筑风格

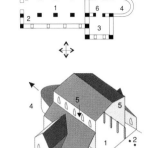

宗教建筑

拜占庭式长方形会堂

中堂升高，侧堂降低，是中世纪宗教建筑的典范。

1. 中堂；2. 侧堂（有时会有四个侧堂）；3. 耳堂；4. 唱诗堂或后堂；5. 高侧窗（位于中堂墙壁上部，为内部采光所用）；6. 交叉甬道（中堂和耳堂交汇处）。

克雷恩康堡（Kleinkomburg）的圣埃吉迪乌斯教堂（St. Aegidius，建于十二世纪）内部（见上图）和希尔德斯海姆的圣戈德哈德教堂（St. Godehard，建于十二世纪）外部（见下图）均基于线性布置的长方形会堂修建。长方形会堂的中堂通常比侧堂宽，而且高得多。中堂墙壁上部的窗户（高侧窗）让光线能直接进入教堂内部。长方形会堂是罗马式宗教建筑最常见的类型。

绍尔滕斯（Schortens）的希伦斯泰德教堂［Sillenstede，前圣弗洛里安教堂（St. Florian），见上图］建于十二世纪，是典型的无侧堂教堂。这种与后堂合并在一起的教堂，是从中世纪早期的家庭教堂发展而来的。教堂内部空间均匀，没有支撑结构；墙壁由大型尖顶窗分隔，光照充足，突出了这种神圣的内部结构特点。

建筑类型

线性布置式 —— 长方形会堂	中心布置式
无侧廊教堂	圆形布局
厅堂式教堂	四角布局（希腊十字）
中堂升高，侧堂降低的教堂	多边形布局

罗马式教堂的特点在于其底层规划、标高的概念十分清晰，空间布置明了。如果暂时抛开多样化的单个建筑元素，我们就能分出几种基本建筑类型（请参阅上表）。第一大类是指地基位于线性平面的建筑；第二大类是指中心布局的建筑，这种类型在东欧比较常见。

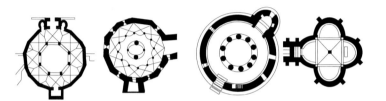

八边形（亚琛帕拉丁礼拜堂）

多边圆形、十二边形［德拉吉尔特(Drüggelte)礼拜堂］

拱顶圆形［曼图亚(Mantua)圣洛伦佐教堂］

希腊十字［蒙马儒(Montmajour)圣十字小教堂(Saint Croix)］

左图：长侧堂或中心布置式［格拉韦多纳(Gravedona)，蒂利奥圣母教堂(S. Maria del Tiglio)］

右图：洗礼堂［米兰(Milan)，圣洛伦佐教堂(San Lorenzo Maggiore)］

在中心布置式建筑中，每个部分都与中点相关。底层规划通常是圆形、长方形或者两者结合并加以变化的形式。虽然教堂各后堂、礼拜堂、大门不利于其对称设计，但这种中心布置可以将它们融合在一起。

圣米歇尔-昂特赖格（St. Michel -d'Entraygues）教堂（见下图）的墓地小教堂就采用了圆形设计，并带有八个放射状布置的后堂。

厅堂式教堂［洛纳(Lohne)或苏斯特(Soest)教堂（左）］

中堂升高，侧堂降低的厅堂式教堂［普瓦捷(Poitiers)，圣母院教堂(Notre Dame)（右）］

在欧洲西南部，尤其是普瓦图(Poitou)地区［普瓦捷，皮埃尔大教堂(St. Pierre)］，经常见到厅堂式教堂及其变体——中堂升高，侧堂降低的厅堂式教堂。相比后面这种教堂，厅堂式教堂的侧堂与中堂等高。

罗马式宗教建筑的组成部分

1. 前厅或前庭（前院），在早期基督教教堂中已经出现。

2. 前院内西侧一般是门廊。

3. 前厅。

4. 西侧的塔楼与前厅共同组成教堂正面的双塔形态。

5. 长方形会堂的中堂。

6. 中堂两边是两条侧堂。在这一示例中，可以看到会堂有一条简易的侧堂。

7. 交叉甬道上耸立起一座中央塔楼。

8. 这里也是建造耳堂的位置。

9. 唱诗堂或内殿从中堂向东延伸出来。

10. 此处与圣堂衔接，圣堂末端是半圆形建筑；有时，此处也连接回廊。

11. 回廊，回廊一般带有礼拜堂。

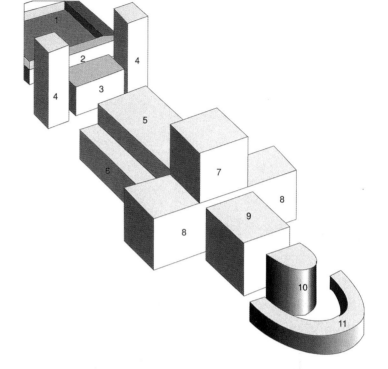

在带有侧堂的长方形会堂中，中堂和耳堂相交，形成交叉甬道，其上修建一座中央塔楼。侧堂向东方延伸出来，穿过耳堂，可能会有回廊，回廊一般配有礼拜堂。如果没有回廊，就可能会有很多后堂，毗邻东侧的唱诗堂，将侧堂延伸出去。唱诗堂回廊被看作是哥特时期教堂回廊重要的初级阶段。

罗马式建筑的特点是西侧有一两座塔楼，鲜有比较独特的前院［在莫奥尔布朗（Maulbronn）被称为"天堂"］，或者说前厅、前庭。

前厅首次出现在早期基督教国家时，还是作为外厅，被放在罗马拉特兰式长方形会堂主体旁边。这种形式可追溯到君士坦丁大帝时代，罗马建造了大型基督教会堂，位于拉特兰宫（Lateran Palace，313—319年建成）旁边。还有一种典型的建筑形式是不带耳堂的长方形会堂，比如四世纪时在罗马修建的圣母大教堂，其大厅就只有侧堂，没有耳堂。两侧建有平顶侧堂的中堂向东延伸，末端是半圆形的后堂。

希尔德斯海姆圣米歇尔教堂，1010—1033年。

西面塔堂视图，可见前庭和门廊（绘画）。唱诗堂视图，可见侧面后堂和耳堂的小塔（照片）。

1. 前庭或前厅。

2. 门廊。

3. 西立面。

4. 西侧中央塔楼。

5. 西侧楼梯小塔。

6. 中堂（高侧窗）。

7. 侧堂。

8. 中央塔楼。

9. 耳堂。

10. 耳堂塔楼。

11. 唱诗堂后堂。

12. 后堂。

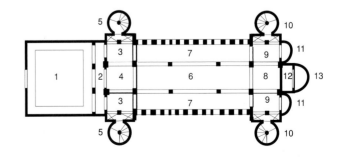

外部结构（西侧）I

西立面无塔楼

西立面没有塔楼的教堂在意大利和法国南部十分常见。其特点是多使用连接或结构部件，比如半露柱、附柱、柱条、花边嵌条或雕塑。在意大利，钟楼一般修建在西立面旁边，而在法国不是很常见。

西立面两侧有塔楼

罗马式长方形会堂西立面经常采用双塔设计，在北欧和西欧地区分布广泛。这种结构象征着通往天国的耶路撒冷的大门。

西立面有耳堂和中央塔楼

有两种形式：
1. 塔楼与西面耳堂融合（见上图）。
2. 塔楼位于西面耳堂正面的中堂轴线上。

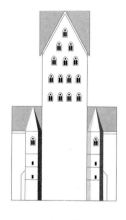

西立面有中央塔楼

帕德博恩（Paderborn）的大教堂塔楼，建于1075年左右。这座巨大的塔楼下部没有窗户，并伴有两座圆形楼梯小塔。这些特点都与建筑物原来的防御特点有关。

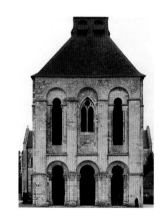

大门上方的西立面中央塔楼

圣博努瓦卢瓦尔大教堂，建于十一世纪中期。它比较特别，西立面就是一座单独的塔楼。

罗马式教堂的外部结构通常会被非常明显地加以强化，大型门廊和西端的塔楼更是突出了这一特点。尤其让人印象深刻的是其西面塔堂，包括若干个部分，两侧一般都有塔楼，并建有一条柱廊。

无论是从礼拜仪式角度还是从建筑角度讲，西面塔堂都是建于教堂前面的独立多层建筑。根据东西两极的象征意义，西面是受到邪恶力量威胁的一面，而强化的门廊就是要保护教堂不受这些力量的影响。

同时西面也是最主要的一面，能展示一座建筑的形象。我们一般能在西面找到建筑入口或者一套繁复的铰接体系。入口处可以通过复杂的建筑结构加以突出，同时也是放置雕塑的地方。

如果教堂西立面像横截面一样挡在长方形会堂的中堂前，我们就说这是"前厅区"。很多时候，正面的结构会在一定程度上反映内部空间的衔接关系。半露柱或柱条的使用则能说明中堂和侧堂的分布情况。

无窗西立面（屏隔式西立面）

教堂西面塔堂（有西侧唱诗堂和前庭或前院）的设计既遮掩了室内的空间又遮掩了屋顶的形状。这种结构通常是长方形的，没有三角楣，位于会堂式中堂的末端，因而可用于掩盖会堂式中堂的轮廓。同时，建筑本身也具有一种结构上的美感。不过，在很多情况下，教堂西立面的结构非常复杂，装饰繁复（罗马式建筑的各种结构和装饰示例见下一页）。

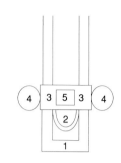

1. 前庭或前院。
2. 西侧唱诗堂。
3. 西侧耳堂。
4. 圆柱形边塔。
5. 西侧中央塔楼。

区分众多西立面种类的另一个标准是楼梯小塔的数目（以及是否有西侧唱诗堂或前教堂）。

西立面有三座塔楼

本笃会的玛丽亚·拉赫（Maria Laach）修道院教堂（见右图）是宏伟的罗马式建筑之一，而且自十二世纪以来几乎没有变化。教堂有两个耳堂和两组三联塔楼，与沃尔姆斯（Worms）和斯派尔（Speyer）大教堂相似。

其西面塔堂的外貌在八世纪后期的加洛林王朝建筑中别具一格，并在九世纪初崭露头角。从1000年开始，加洛林式的西面塔堂和很多建筑细节都被奥托（Ottonian）式建筑改变、发展和取代了。奥托式建筑遍布法国北部和东部、荷兰南部、比利时，以及德国等国

家和地区，其各种各样的变化反映出不同国家、不同文化地域之间的多样性。

西面塔堂一般包括前庭（前院）的中间部分、一座多层的上堂，还可能有像耳堂一样的翼楼、廊道和两侧各式各样的塔楼。

加洛林王朝时期，西面塔堂外部特点在于有三座塔楼，这一特点一直持续了几百年。与西面塔堂相似的修建方式和广大的地域分布说明，这种建筑肯定是基于加洛林王朝的建筑风格和构造建造的。

还有一种西面塔堂采用了横向结构，中堂和侧堂等宽。大门上方的窗户表明这里是供贵族享用的廊道。

外部结构（西侧）II

无窗西立面

帕维亚（Pavia）圣米谢勒教堂（San Michèle）的西立面无窗，酷似壮观的舞台背景。这种又高又陡的建筑外立面在意大利北部十分常见。这座教堂的西立面墙面被几组颇具冲击力的纵向半露柱均分成了三部分。

西立面有中央塔楼

格拉韦多纳的蒂利奥圣母教堂西立面有很多突出上行线条和整座建筑高度的细节。塔楼底部呈长方形，屋脊向上为八角形，并分为几层。一条细长的壁柱横跨钟楼的长方形下部，将底部分为两部分，既简单又高雅。

西立面有中间后堂和双塔楼

有两间唱诗堂的教堂[特里尔（Trier）圣彼得大教堂]在加洛林王朝时期首次出现。这种教堂最终形成了独有的西立面形式，即西立面有中间后堂和塔楼，塔楼在两座以上。特里尔的萨利安大教堂就属于这一类型——有一面大型三角墙和四座塔楼。这种带有双塔特点的西面唱诗堂（参见平面图）在欧洲的德语区比较常见，偶尔也见于勃艮第、洛林（Lorraine）、伦巴底（Lombardy）和托斯卡纳（Tuscany）。

平面图（上图）：
A. 东侧唱诗堂。
B. 西侧唱诗堂。
C. 中堂。
D. 侧堂。
E. 西立面楼梯小塔。

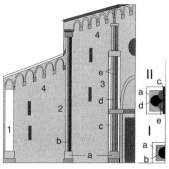

柱子
1. 附墙半露柱。
2. 附墙柱，半身柱。
3. 多轴式半露柱，复合式半露柱或半露柱群（II）。
4. 倾斜排布的假拱廊。
I 和 II：附墙柱和多轴式半露柱平面图：
a. 柱基；b. 附墙柱；c. 壁柱；d. 附墙柱、填充半露柱；e. 附柱、3/4 圆的轮廓。

西立面的衔接方式

普瓦捷（Poitiers）格朗德圣母院（Notre-Dame-la-Grande）的西立面雕塑装饰丰富多彩、雕刻精致。

在纵向雕带上环形拱的映衬下，这座教堂的构造更是一个包罗万象的代表。

连拱与拱门

教堂钟楼顶一般能看到假连拱（A）和假拱门（B）组合。假连拱位于上方，让拱门更富于变化。完整的钟楼包括假连拱、假拱门、飞檐（C）和圆屋顶。

结构要素

水平飞檐（1）通常和假连拱的雕带（2）相连。水平的假连拱（3）和垂直的壁柱（4）常常用于衔接塔楼和教堂正面。这里所说的塔楼一般是高大的西侧塔楼。

罗马式雕带

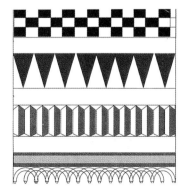

方形或棋盘式雕带

"V"形或锯齿状雕带

齿雕雕带

交织形雕带

外部结构（东侧）I

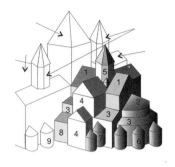

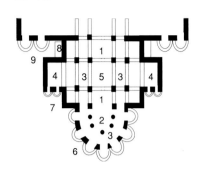

1. 唱诗堂；2. 圣殿；3. 回廊；4. 唱诗堂耳堂；5. 唱诗堂交叉部塔楼；6. 圆形礼拜堂（圆室）；7. 唱诗堂耳堂的礼拜堂；8. 附属礼拜堂；9. 耳堂礼拜堂。

唱诗堂及其空间结构和建筑元素

唱诗堂本来是神职人员在教堂唱诵圣诗的地方，后来被拓宽修建了圣坛，成为举行仪式的中心。之后，在东端还添加了圣殿或后堂。现在，这些建筑被一并称为唱诗堂。侧堂延伸到唱诗堂内，通向回廊。自九世纪之后，回廊通常伴有几间半圆形的礼拜堂，称为放射状礼拜堂，布置成圆室［如图尔（Tours）的圣马丁教堂（St. Martin）］。唱诗堂的扩大是从克吕尼大修道院第三教堂（1088年）开始的：修建了唱诗堂耳堂，形成交叉甬道，甬道上再建中间塔楼。耳堂东面是侧后堂，侧后堂与放射状礼拜共同排成紧密的一圈。克吕尼大修道院第三教堂的唱诗堂有了这一进步后，很多罗马式教堂，不仅是其下属各修道院，比如拉沙里泰（La Charité）修道院，就连法国之外的一些建筑也将其视为典范，只是法国建筑的变化幅度较为温和。

有梯形礼拜堂的唱诗堂

前圣塞韦尔（St. Sever）修道院教堂的东端（见照片和平面图）就是典型的有梯形礼拜堂的唱诗堂。接近唱诗堂的区域因一"排"后堂而变宽了，所以耳堂似乎不见了。向着唱诗堂的十字甬道东侧总共有七间礼拜堂。中间耳堂的礼拜堂通过拱廊相互连通，更加突出了唱诗堂。

带侧后堂的中间后堂

如果中间后堂带有较小的侧后堂［如里沃尔塔达阿达（Rivolta d'Adda）圣母教堂和圣西吉斯蒙多（San Sigismondo）教堂，十二世纪］，那就是说长方形会堂的中堂升高，侧堂降低。侧后堂是侧唱诗堂的末端，其屋顶轮廓线下方有环形拱雕带。中间后堂的高处装饰有假连拱带。

有五间放射状圆形礼拜堂的圣坛

在根根巴赫（Gengenbach）的圣母教堂，我们发现唱诗堂的末端有五间放射状圆形礼拜堂。两间较小的后堂位于耳堂轴线上，紧邻中间后堂。耳堂两边又各有一间后堂。这种引人注目的小后堂又叫做半圆室。

克洛斯特赖兴巴赫（Klosterreichenbach）教堂

阿尔皮斯巴赫（Alpirsbach）教堂

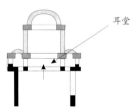

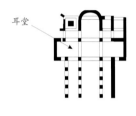

带有梯形礼拜堂的唱诗堂，下部礼拜堂与唱诗堂平行，唱诗堂又叫"本笃会唱诗堂"。

伊尔松（Hirsau）或圣奥里利厄斯（St. Aurelius）修道院

伊尔松或圣彼得与圣保罗教堂

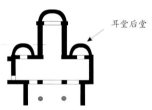

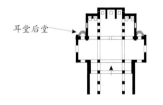

伊尔松建筑学院（Hirsauer Bauschule）

伊尔松建筑学院的特点就是唱诗堂中带有梯形礼拜堂，而且没有地下室。还有一处比较典型和新颖的变化是通过拱廊与唱诗堂主体相连的唱诗堂侧堂。"大合唱区"进一步突显了唱诗堂本来就很突出的地位。大合唱区前面是"小合唱区"，不参与唱诵的俗人修士就站在这里。

克洛斯特赖兴巴赫教堂很可能采用了伊尔松的第一座教堂——圣奥里利厄斯教堂的唱诗堂理念。不过，圣奥里利厄斯教堂的唱诗堂两侧曾建有塔楼。圣彼得与圣保罗教堂很可能也计划修建塔楼，只是最终未能完工。

沙夫豪森（Schaffhausen）的诸圣大教堂（Allerheiligenmünster）在唱诗堂和耳堂的布置上就是从圣彼得与圣保罗教堂中获得了灵感。同样，阿尔皮斯巴赫教堂也可能受到了圣彼得与圣保罗教堂的影响，因为阿尔皮斯巴赫教堂的十字甬道也转变成了大合唱区。诸多情况表明，阿尔皮斯巴赫教堂曾计划在唱诗堂边修建第二座塔楼，像圣奥里利厄斯和克洛斯特赖兴巴赫教堂的塔楼一样。

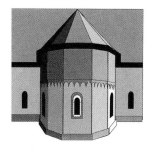

多边形唱诗堂

半圆形的后堂分成很多个面。其中，最常见的基本类型是八边形或十二边形，其内部通向唱诗堂。通过这种方式可以在末端修建多边形建筑，比如纽恩吉塞克（Neuengeseke）的教区教堂（十三世纪）。后堂的设计十分简单，仅由环形拱雕带、圆窗和浅柱基衔接。

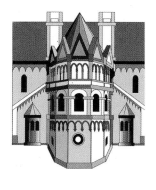

辛齐希（Sinzig）圣彼得教堂（十三世纪）的多边形唱诗堂细节处理非常精致：唱诗堂分为两层，由柱基、假连拱及砌石建造的壁柱衔接。其吸引人之处在于交替排布的顶部呈半圆形的筒型窗户。第二层末端是假拱廊，假拱廊上方是三角墙。后堂和唱诗堂之间是小角楼，还有与唱诗堂侧堂相连的半圆室。

圣马丁德朗格多克（Saint-Martin-de-Londres）教堂

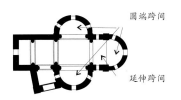

圆端跨间

延伸跨间

三联后堂（三叶形）结构

圣马丁德朗格多克小教堂（平面图见上图）建于1088年，是下朗格多克（Bas-Languedoc）地区早期的罗马式建筑中最杰出的建筑。其中堂有两个跨间，与十字甬道连通，后堂像耳堂一样从十字甬道伸出，但是两者之间有一个延伸跨间隔开。这一"东面形式"被称为三叶形或三联后堂结构。

放射状礼拜堂

托努市（Tournus）圣菲勒贝尔（St. Philibert）修道院教堂，（十一-十二世纪）唱诗堂回廊

回廊与放射状礼拜堂

从长方形会堂基础平面图可以看到，长长的中堂通过十字甬道与唱诗堂相通，唱诗堂则由一条回廊围绕。三间长方形的礼拜堂（后堂）呈放射状从回廊伸出，并同心排布，相互不连通。

唱诗堂、回廊、放射状礼拜堂都建在一间地下室上面，地下室按照相同形状和设计修建。

带有三间圆形礼拜堂的回廊

希尔德斯海姆的圣戈德哈德教堂东部建筑包括回廊（带有三间圆形礼拜堂或叫半圆室）、后堂、唱诗堂，以及唱诗堂侧堂。耳堂的后堂不深，与整间唱诗堂在结构上结合紧密。教堂东面的部分形成中间塔楼，高耸在唱诗堂上方。这种建筑方式加强了唱诗堂的象征意义。

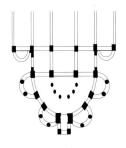

回廊与放射状礼拜堂（圆室）

奥弗涅（Auvergne）的罗马式建筑特征是拥有独特的长方形会堂：其唱诗堂周围围绕着一条回廊，还有一圈放射状礼拜堂（圆室）。伊苏瓦尔（Issoire）的圣奥斯特修道士教堂（St. Austremoine）更有特色。伊苏瓦尔（Issoire）的圣奥斯特修道士教堂（St. Austremoine）的另一特点是，在沿着回廊的四间半圆形礼拜堂构成的中心位置布置了一个长方形圣母小教堂。这种形式可能是因为建筑平面图发生了变化。同时，我们也可以探寻这种后来发展成为哥特式唱诗堂回廊的设计源头。

后堂上有塔楼的教堂——变体

德国西南部的这种罗马式教堂是以肯瑟伊姆（Kentheim，黑森林地区北部）的圣坎迪杜斯（St. Candidus）小教堂（十一世纪）为原型来建造的。这座小教堂附近有很多罗马式乡村教堂，都具有类似的唱诗堂上的塔楼，在这个地区形成一片唱诗堂塔楼之景。其原因可能是由于这里的献堂礼主要是对圣斯特凡努斯（Stephanus）、圣雷米吉乌斯（Remigius）、圣马库斯

肯瑟伊姆，圣坎迪杜斯小教堂

（Markus）和圣玛利亚（Maria），而不像一般情况是针对圣马丁和圣米歇尔。守护圣人发生变化的原因之一是法兰克传教士传教：崇敬米吉乌斯、斯特凡努斯等法兰克守护圣人是强调阿勒曼（Alemannian）地区属于法兰克帝国的一种方式。

唱诗堂多为长方形，上方是塔楼，以此建立天堂和祭坛之间的象征性联系。

唱诗堂上方的塔楼

这种教堂一般会有一间与充当唱诗堂的高耸塔楼连通的后堂。

唱诗堂两侧的塔楼

唱诗堂跨间两侧是与侧堂齐平的东面塔楼。它们和后堂一起围绕着唱诗堂，并把唱诗堂的附属礼拜堂包在其中。

内部结构（西侧）

在中世纪早期的长方形会堂中，西侧是教堂主体前面的一个独立的建筑部分，通常包括两层的中央大厅和三层边楼。长廊则让统治者可以出席、参与活动，并处于一个较高的位置。在克吕尼改革之前，西面塔堂一直都用于处理世俗事务，比如被统治者用做法庭。直到十二、十三世纪情况才有所变化，西立面这部分方才并入教堂主体。

有独立唱诗堂的西面塔堂代表了教堂的这一部分在礼拜仪式方面享有自主性，代表了统治者的地位。如果是供统治者使用，则通常会在西侧唱诗堂修建一条廊道，统治者可以在此参与活动，也可以安葬在其下面。因此，有廊道的西侧耳堂逐渐变成了大主教、皇帝等达官贵人尊严的象征。

门廊

门廊是教堂西面部分的前庭或前厅的一种变化形式（见第21页内容）。莫奥尔布朗的女修道院教堂的门廊又叫做"天堂"（1210—1215年）。从霍恩施陶芬（Hohenstaufen）王朝开始，这种门廊被誉为独特、完美的艺术形式（左图）。

从其柱头的特殊表面，以及高高的柱基可以看出，门廊受到了勃艮第的影响。

三个跨间下方均是一块方形区域。大门和双联拱廊向前院敞开。巨大的横肋像横拱一般从修建在高柱基的大型壁联伸出。交叉拱顶上的对角肋和横肋共同组成半圆形。跨间拱变化多端的跨度让室内充满了动感。虽然建筑部件大，比例低矮，室内却没有一点沉重和黑暗的气氛，这是霍恩施陶芬古典建筑的突出特质。

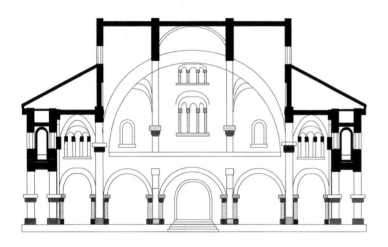

长方形会堂（大厅式教堂）
卡萨莱·蒙费拉托（Casaie Monferrato）大教堂门廊正立面图（十二世纪）。
于伦巴底时期在圣伊万西奥（San Evasio）修建的皮埃蒙特（Piedmontese）大教堂混合了长方形会堂和大厅式教堂。建筑主体有四条侧堂，前面是巨大异常的一座门廊。两个外跨间与中堂相连时，跨间比例为3：3。双十字横拱向下延伸至室内——这种特征常见于亚美尼亚建筑，可能在第二次十字军东征之后传入意大利北部。

修女楼廊
楼廊很高，朝向中堂，修建在西侧低矮、有侧堂的大厅上方。这种楼廊通常能在本笃会修女院的教堂内找到。比如黑森（Hesse）地区里波兹堡（Lippoldsberg）的修女院教堂（今新教教区教堂）。

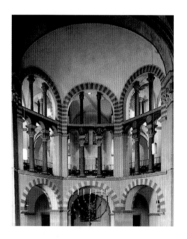

西侧楼廊（单层）
埃森（Essen）修道院教堂西面塔堂（十一世纪）内部极具冲击力。高高的楼廊与底层密实的拱门形成了鲜明的对比，而且其设计多半受到了亚琛的加洛林式帕拉丁礼拜堂的启发。

带楼廊的西侧耳堂 ▶
雷根斯堡的苏格兰式教堂（Schottenkirche）（圣詹姆斯教堂，十一、十二世纪，右图）的长方形会堂有侧堂和立柱，其特点是有一间西侧耳堂。耳堂南北端前面有一条唱诗班歌手使用的楼廊。

◀ **西侧唱诗堂（两层）**
科隆圣乔治教堂（十二世纪）的西侧唱诗堂有两层，从西大厅的中间方形部分突出，拱形天顶跨唱诗堂。墙壁通过半露柱和圆形拱窗衔接。上面一层的墙壁后面有一条楼廊。在西面部分，上一层用作楼廊。

中堂内部构造

罗马式教堂的中堂墙壁一般设计成多层结构。根据教堂的大小和比例，拱门上有一级或两级结构（三拱式拱廊或假三拱式拱廊）和（或）高侧窗。跨间包括一两座拱门。

这种结构在上层是连续的。这一概念取决于整体建筑平面设计。一个体系可利用在中堂内反复出现的交叉部方形结构确定其基本比例。每个跨间都有各自的拱顶，推力由柱子承受。有时，中堂通过不同柱子富有节奏感的变化进行衔接。这样的设计能让内部空间动起来，表达情感。

比利时尼威尔斯（Nivelles）的圣格特鲁德（St. Gertrude）教堂（1000—1046 年）是典型的具有两级墙壁的教堂。

单层构造

丰特奈修道院（Fontenay），前西多会圣母院（Notre Dame）教堂（自 1139 年）。单层墙体构造不能修建为中堂采光的高侧窗。因此，在西侧的墙壁上嵌入了两排顶部呈半圆形的窗户。拱门上方的墙体由若干壁柱衔接。

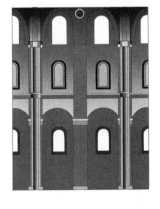

三层构造

这种类型的墙体构造多见于沃尔姆斯大教堂等大型罗马式教堂。中间部分是楼廊或三拱式拱廊。虽然墙体中间部分后面的空间常常用作楼廊，但是有的教堂仍然不会使用此处空间。如果是这种情况，就会使用假三拱式拱廊，不过仅仅是对有拱廊的墙面加以衔接。

四层构造

分为四个区域的墙体构造从下往上的分层顺序为：拱门、楼廊、假三拱式拱廊、高侧窗。通过一根壁柱将跨间与楼廊分开。

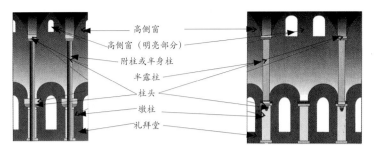

高侧窗
高侧窗（明亮部分）
附柱或半身柱
半露柱
柱头
墩柱
礼拜堂

双层构造

如果墙体分为两级，中堂则由高侧窗、一排顶部呈半圆形的窗户，以及拱廊与楼廊分开。拱廊前面插入没有结构功能的半露柱和附柱，以便衔接墙体的空间。各跨间的弧棱拱顶通过横拱支撑，横拱又从高侧窗上的半露柱和附柱的柱头发散出来。但不论是哪种情况，这种教堂的长方形会堂都有弧棱拱顶和拱廊，且中堂的墙体靠在柱子上。这种形式在十二世纪的德国特别普遍。上图中左边的例子显示了有一个拱廊和一扇高侧窗的跨间，第二个例子则显示了将两座拱廊和两扇高侧窗包含在其中的跨间。

1. 侧廊
2. 中堂
3. 扶壁
4. 走廊
5. 高侧窗
6. 拱顶

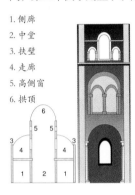

在温彻斯特大教堂（1080 年）的墙体上也能看到这种假三拱式拱廊。建筑各部分具有严格的水平层次是英国建筑的一大特色。为了缓和这种水平层次，采用了修长的拱廊和起衔接作用的扁平半露柱。

有楼廊的三层构造

奥坦（Autun）的圣拉扎尔教堂（Saint-Lazare）于1120年动工修建，是克吕尼大修道院之后又一座长方形

 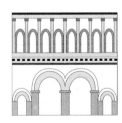

会堂中带有拱门和侧堂的教堂。其中堂正立面呈三层构造，高高的中堂拱门上方是一条楼廊。此结构以罗马的城门为模型（见上图），半露柱位于楼廊窗户之间。珠子、卷筒、圆花雕带还借鉴了古典主义风格。但是，一个跨间只能有一扇高侧窗。

富有韵律的变化的三层构造

英国北部的杜伦大教堂（Durham Cathedral）于1093年开建，1128年竣工。其巨大的柱子建在十字形基座上，并被附柱围绕。附柱向上直达拱顶，随后分支。这些半身柱与跨间内的立柱相互交替。

对于一个跨间里的两条连拱廊，在拱廊的楼廊里设置一个双格窗，并在拱廊顶部设置一个半圆顶单格高侧窗。楼廊的窗户和与跨间融合的两座拱廊"重复"。高侧窗已经成为楼廊上方拱顶的一部分。

唱诗堂和地下室

唱诗堂

唱诗堂本来是教堂内唱诵圣诗的地方。不久之后成为礼拜中心，教堂内部结构或长方形会堂就围绕这一中心发展变化。早期简单的唱诗堂就是圣坛和后堂（或圆室）延伸出来的区域。自十三世纪起，僧侣和俗人修士通过圣坛或唱诗堂隔屏分开，圣坛同时又是唱诵台或讲台。唱诗堂的大小通常由中堂的宽度和高度决定，如果交叉甬道部分封闭，唱诗堂还会变窄。

圣坛和后堂（在同一层）

在帕维亚（Pavia）的圣米谢勒（San Michèle）教堂（十二世纪），交叉甬道和圣坛（1）、后堂（2）之间由楼梯连接。后堂与圣坛修建在同一层。

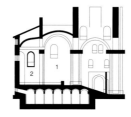

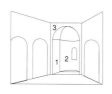

1. 圣坛
2. 后堂
3. 凯旋门

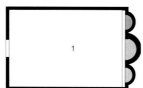

1. 圣坛
2. 后堂
3. 回廊
4. 唱诗堂隔屏
5. 圣殿栏杆

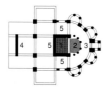

唱诗堂基本形式

早期法兰克无侧堂教堂的基本类型包括一间简单的大厅或者是像长方形会堂一样的空间，然后紧接着是一个长方形圣殿（2）。

意大利北部的帕维亚和西尔米奥奈等地也有无侧堂教堂。这种意大利式的教堂也有一间简单的整体大厅，其东端有后堂和侧后堂，或半圆室。

这种教堂的形式被称为"T"形"基本型"，英式柱廊教堂则构成特殊形式。"T"形教堂的平面图还构成了或封闭、或开放的大厅（柱廊），围绕着中央大厅排布，用来安葬捐献人：比如坎特伯雷（Canterbury）地区的里卡尔弗（Reculver）教堂（七世纪）。

圣坛和后堂（在不同层）

在大圣马丁教堂（科隆，十二世纪），后堂与圣坛相接，并分为两个层次。较低层次上是假拱廊、柱子及其后面的壁龛，壁龛开口朝向柱子。上一层则是列柱楼廊和大型半圆顶窗户。

长方形唱诗堂

早期"T"形教堂经常采用长方形唱诗堂。也就是说后堂前面没有圣坛。主要有两种类型：平顶式［比如康斯坦茨湖上的哥德巴赫（Goldbach）教堂，约建于1000年］和拱顶式［苏斯特，霍厄圣母教堂（St. Maria zur Höhe 或 Hohnekirche）十三世纪］。

地下室

地下室原本是安葬殉道者的地方（殉道纪念间）。后来，无论是世俗还是宗教的大人物都安葬在地下室。地下室上面会修建东侧唱诗堂。后来，整座教堂都建在地下室上。由若干隔间构成的隧道式地下室是由早期基督教的地下墓穴发展而来的。

九世纪时，意大利最主要的地下室类型是大厅式地下室，包括侧堂（而且是拱顶）。由于地下室的天顶抬高，所以其上方的唱诗堂也有必要加高。

单柱式和多柱式地下室

根据规模和设计，地下室可通过侧堂和支柱加以区分。单柱式和四柱式地下室一般建有弧棱拱顶。柱体较短，可吸收拱顶施加的垂直推力；向外的推力则转移到外墙上。这种地下室内部结构的特色在于垫块状柱头或叶形装饰柱头（科林斯式柱头）巨大。大厅式地下室还时常能发现额外的横拱，以及两到四条侧堂。

大厅式地下室

斯派尔大教堂的大厅式地下室常常被赞为"世界上最美的地下室"。有8根巨型支柱，14根角柱，36根附墙柱，20根独立柱，确实能给人留下极其深刻的印象（见左图）。弧棱拱顶通过横拱衔接。横拱从厚重的垫块状柱头或墩柱的拱墩伸出，将地下室分成三个近乎方形的空间，形成三间中堂，沿着横轴排列，每间中堂又有三个跨间，并向东延伸出祭坛。地基和垫块状柱头的情况说明，教堂是从1030年左右开始修建的。

回廊式地下室

在奥泽兰河畔弗拉维尼（Flavigny-sur-Ozerain）的圣皮埃尔教堂，殉道纪念间（2）周围是通向小教堂或小礼拜堂（3）的长方形回廊（1）。一条侧堂（4）与六角形的圣母堂（5）相连。整座建筑的平面图在九世纪时就已构思完成。

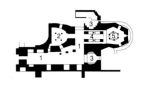

内部的拱顶和穹顶

早期基督教的长方形会堂由平顶式逐渐被简单的筒形拱顶取代。侧堂前面的半露柱以横拱的形式穿过拱顶。耳堂和中堂的拱顶相遇时形成交叉拱，因此叫做弧棱拱顶。交叉拱通过肋拱加强，肋拱通常从柱头处伸出。随着时间的流逝和地域的不同，这种弧棱拱顶也形成了各种各样的类型。

穹顶和拱顶的构造

拱顶产生的向外、向下的推力。

拱顶会产生向下和向外两种推力。外向推力主要由侧堂的外墙、扶壁吸收。

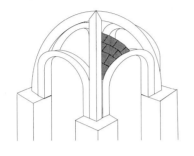

四座相向的拱门通过两两直角的方式形成穹顶，并在墙壁上方围成四个球面三角区域，或者叫三角穹窿（凹面的三角壁）。

穹顶教堂

佩里戈尔（Périgord）地区的一大特色就是穹顶教堂，其穹顶一般在三角穹窿上方［如佩里格（Périgeux）的西岱圣艾蒂安（St-Étienne-de-la-Cité）教堂、圣弗龙（St-Front）教堂］。薛瓦勒（Cherval）教堂的穹顶（见照片及平面图）尤其引人注目：这座教堂建于十二世纪，有四个穹顶，一个接一个地纵向排列（中堂和唱诗堂有三个跨间）。

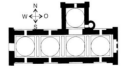

弦月窗上方的拱顶

图卢兹（Toulouse）的圣塞尔南（Saint-Sernin）教堂（1080—1150 年）是这类朝拜教堂的登峰造极之作。其筒形拱顶横跨中堂，中堂由十一个跨间构成，通过楼廊分成两个部分。横拱从跨间中附墙柱的柱头伸出。

尖拱顶和弧棱拱顶

罗马式萨拉曼卡大教堂（十二世纪）的一大特色就是尖拱顶。这座锥形的拱顶逐渐收拢到顶点，并形成弧棱（见弧棱拱顶）。

弧棱拱顶

两个筒形拱顶在某处上方正交后，即会在拱顶中形成拱形的对角线或弧棱。同时具有筒形拱顶的教堂中堂和耳堂在交叉时就会形成这样的拱顶。交叉部的墩柱就位于弧棱和拱顶的转角处。

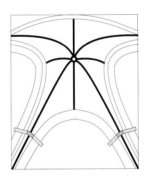

圆顶式拱顶

很多时候会想通过拱顶"抬高"交叉甬道，而不用修建穹顶。这时，即可让弧棱拱顶从拱廊水平延伸出来，利用肋拱强调中堂和耳堂的走向。

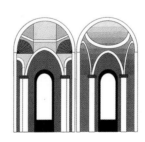

鼓形柱支撑的穹顶

阿尔美诺圣巴尔托罗梅奥（Almenno San Bartolomeo）黎米尼（Limine）的圣托马索（San Tomaso）教堂（十二世纪）是一座圆形的教堂，用作洗礼堂或纪念堂。这座圆形教堂的内部有一圈立柱，立柱形成拱廊，并支撑着圆形的穹顶。鼓形柱或鼓形柱圈上有窗户，让光线能进入穹顶。穹顶本身也有一个天窗和一座圆形的小塔，小塔上面也有窗户。鼓形柱可以从教堂外部看到，一般通过半露柱、壁柱和假拱廊进行衔接。鼓形柱圈通常会在具有圆形平面图的向心布局的建筑中使用。

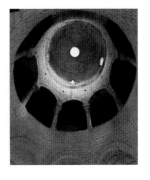

对角斜拱和三角穹窿支撑的穹顶

如果要在交叉甬道上修建穹顶，就必须想出方形转变成圆形的方法。对角斜拱就通过若干小型拱顶（呈角状或耳状）桥接方形的边角，从而形成八边形的空间，进而支承圆形的穹顶。三角穹窿是三角形的球面凹陷区域，在拱廊之间突起（它们是"悬挂"在空间里的），支撑圆形穹顶。

教堂的门窗

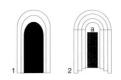

教堂门

罗马式宗教建筑的入口有三种不同形式：1. 简便的圆形拱门；2. 凹进或阶梯式大门；3. 凹进型柱式大门。第2、3种大门的细节和装饰形式多种多样。一些凹进式大门的柱子就是柱式大门的萌芽，形成门楣（a）、柱头（b）、拱边饰（c），而且通常具有很多装饰性元素。凹进型大门和柱式大门逐渐发展成哥特时代凹进成隧道一般的大门。

有浅门廊的凹进型柱式大门

阿尔勒的圣特罗菲姆大教堂修建于1190—1200年间，其西门是法国罗马式建筑中装置最为华丽、雕塑最为形象的大门之一。由于它"掩盖"了长方形会堂正面，所以看起来脱离了教堂。所以，外形轮廓就比建筑结构来得更重要些。大门和门廊融为一体，成为组合精细的构造的媒介。门楣、拱边饰、过梁、拱墩（柱头上方）表现出的核心主题与"最后的审判"相关，表达对救赎的期望。与哥特式建筑不同的是，中柱没有通过主要人物来表现主题（这里本应将基督封为世界的主宰），而是通过墙上的传道者和圣徒强化救赎的理念。

阿尔勒，圣特罗菲姆（St-Trophime）
大教堂（西门）

有柱子的阶梯式大门

圣玛–恩布瑞欧奈斯修道院（圣希莱尔，十二世纪）装饰繁复的大门代表了一个过渡阶段。在这一阶段中，阶梯是通过装饰柱"假扮"的。过梁上描绘的场景（有关希拉里乌斯的场景）和门楣上的基督，独特的拱边饰肋条和"尖顶"半圆拱门，都使其完美地融入了哥特时代。

圣玛–恩布瑞欧奈斯修道院
哥特时期之初

图像布置方式

门楣表现出核心主题，次要主题则描绘在拱边饰上（如《新约》《旧约》或语言故事）。过梁、柱头上一般描述与门楣上核心主题相关的场景。墙面上雕塑下方描绘着圣徒的柱基通常有寓言场景。

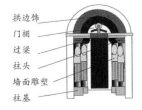

拱边饰
门楣
过梁
柱头
墙面雕塑
柱基

凹进或阶梯式大门

最具特色的要算是斯派尔大教堂（十一世纪）的凹进型大门。这座大门的拱向着中心轴级级深入，石料颜色形成对比，形成隧道的形状。人们认为这种门是后来装饰大门的原型，因为凹进部分常常包括了刻着生动场景的柱子。

有竖框的半圆顶窗户

穆尔哈特（Murrhardt）的瓦尔特里希（Walterich）礼拜堂（十三世纪）的半圆形窗户装饰华丽、雕塑形象，还有托架和顶饰，是德国最有特色的罗马式窗户。

扇形窗户（梅花形和夸张型）

在罗马式窗户中，形式最具变化的是扇形或三叶形窗户，均属多叶形窗户。诺伊斯（Neuss）圣奎林（St. Quirin）教堂（可追溯至十三世纪）的扇形窗户主体呈长方形，被称为叶或扇的各个部分呈放射状伸出。

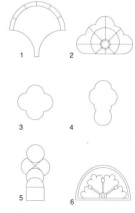

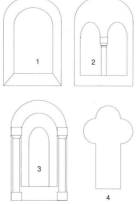

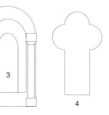

窗户

罗马式窗户就是缩小、精简的罗马式大门，可分为四种类型：1. 简单的半圆顶窗；2. 半圆顶双窗；3. 半圆顶格子窗；4. 三叶窗。第四种窗户演变成了哥特式的圆花窗。第三种窗户常常具有繁复的装饰，而第二种的窗户进光口可以达到三个或更多。至于第一种，其内弧面经常加以装饰。

1. 简单的扇形窗户。
2. 梅花形窗户。
3. 四叶形窗户。
4. 拉长的四叶形窗户。
5. 夸张的三叶形窗户。
6. 半圆形窗户。

墩柱和柱头

墩柱

拱顶的垂直推力通过支柱体系吸收，外向推力则通过外扶壁吸收。一座罗马式宗教建筑的支柱和墙体构造方式就存在于这种静态的张力关系当中。根据平面图形状，支柱可分为如下五个类型：1. 圆形柱；2.四叶形柱；3.十字形柱；4.壁联柱或带有附墙柱的墩柱；5.带有扶壁柱的十字形墩柱或复合墩柱。最后一种柱子一般带有直达柱头的扶壁柱。较细的 3/4 柱从柱头上方伸出，形成拱顶的横栱。

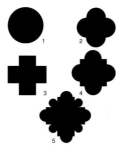

附墙柱或扶壁柱

这是塔兰特（Talant）的圣母大教堂（十三世纪）。壁联从拱廊处伸出，拱廊支撑着筒形拱顶的横拱。请注意圆形柱和立柱的变化所起到的支撑作用。

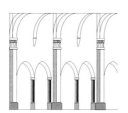

圆形柱

科摩（Como）的圣阿迪邦奥（S. Abbondio）教堂（十一世纪）具有典型的带拱廊的长方形会堂，中堂墙体由柱子支撑。圆形柱由砖块建成，顶端是大型垫块状柱头。这种柱子的主要作用就是支撑侧堂的墙体和平顶式的天顶。

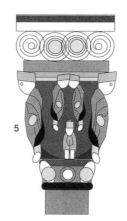

柱头

罗马式柱头是从简单的垫块状柱头（2）发展到人像柱头（5）。垫块状柱头的其中一种变体——所谓的锥形柱头（1）也可以认为是罗马式柱头的"原型"。爱奥尼亚式柱头的漩涡装饰或螺旋槽（3）就是一种早期的改变。风格化的叶形或盾形装饰将这种垫块状柱头转变成了装饰性柱头（4）。装饰元素表现出了非凡的想象力，而且有螺旋和植物花纹，创造出了全新的变化形式。随后发展出人面和动物形状，最后出现了人物场景。这些元素完全囊括在了人像柱头当中。

装饰柱头

在斯皮埃斯科佩尔（Spieskappel）的普雷蒙特雷修会（Premonstratensian）修道院教堂，柱头将装饰花纹和想象中的生物结合在一起。有些柱头也会表现人物场景。

垫块状柱头

科隆的圣母教堂就有这种厚重的柱头形式，这种柱头能平衡拱廊产生的压力，将压力传递到柱体上。

人像柱头

在勃艮第的原昂济勒迪克（Anzy-le-Duc）修道院教堂（十二世纪），中堂的人像柱头结合了装饰性的面部形态，场景十分生动。

长方形柱

萨尔茨堡（Sulzburg）的圣西里亚克斯（St. Cyriakus）教堂（十一世纪）就有这种简单的长方形柱，但不能算是独立的建筑结构。这种柱子是支撑墙结构的一部分，只是简单布置在圆拱廊两侧。

壁联

勃艮第原昂济勒迪克修道院教堂（十二世纪）的一大特色就是其壁联体系。半身柱（壁联）指向中堂，与长方形半露柱相连，直达柱头。横拱从柱头伸出。

连续腰线或带饰层

扶壁柱或半露柱等建筑元素时常围绕着飞檐或腰线。

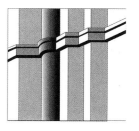

沃尔夫冈·凯泽（Wolfgang Kaiser）

德国的罗马式建筑

加洛林王朝（Carolingian）时期的前罗马式建筑

动乱和各民族的大规模迁移标志着罗马帝国的衰亡。因而，执政至八世纪的墨洛维王朝（Merovingian）历代国王对中欧建筑的贡献微不足道。贸易衰退、城镇处于贫困状态、建筑物通常都是用木头建造，仅有少数几个城镇能够保持住它们曾在罗马帝国时期享有的盛名。位于法兰克王国西部的图尔市（Tours），一度曾是圣马丁的势力范围，后来成为了法兰克人的圣地。相反，走下坡路的罗马帝国最重要的城镇之一——古老的特里尔（Trier）帝国城——在接下来的年代里，却再也难续往日的辉煌。

只有在加洛林王朝的查理曼大帝（Charlemagne）统治时期，一种里程碑式的建筑风格得以发扬光大。查理曼大帝致力于罗马帝国的复兴（Renovatio Imperii Romanorum），从而在其统治的法兰克帝国时期，将中欧和西欧统一起来。皇家修道院和学校促进了法兰克帝国的文化统一。起初，建筑处于摸索阶段，试图寻找一种有效的表达方式。建筑师们尝试过多种想法，同时出现了众多的建筑风格。根据功能和客户要求，三种形制同时得到了发展，即带或不带耳堂的长方形会堂，包含矩形唱诗堂以及一间或三间后堂的厅堂式教堂，以及十字中心式教堂。正是皇帝、贵族及从贵族家族选出的神职人员，特别是主教和修道院院长，推动了建筑发展并提供了大量的建筑委托任务。但在加洛林王朝时期建造的所有建筑之中，幸存至今的建筑数量只有几十座。

查理曼大帝时期的宫廷建筑中心

自796年起，查理曼大帝就开始建造著名的帕拉丁礼拜堂（Palatine Chapel）（见下一页图）。法兰克建筑师梅茨人奥多（Odo of Metz）负责工程监造。这项著名的建筑工程吸引了全帝国的能工巧匠——"网罗了地中海这一边所有地区的工匠"。798年，即就在皇帝加冕之前，礼拜堂框架建成。805年，教皇利奥三世（Pope Leo III）主持了礼拜堂的献祭仪式，以表达对耶稣基督和圣母玛利亚的尊敬。中央结构是皇宫南面四座连体建筑群的组成部分。中央结构经由很长的侧厅与正义大厅相连，而在侧厅的中间位置，有一条通道可通往皇家大厅（Aula Regia）。后者的中心部分至今在亚琛（Aachen）市政厅仍可看到。皇家大厅雄伟而壮观，两侧各有一间半圆形屋顶建筑，而西面为一间后堂。宽敞的大厅是查理曼大帝的王座室。帕拉丁礼拜堂并非一成不变地流传至今，查理曼大帝时代的长方形唱诗堂后来不得不让位于晚期哥特式唱诗堂。礼拜堂的主体空间为正八边形的八角房，四周为带楼廊的十六边形回廊。八角房的内部盖有一个八面回廊穹窿，看起来异常陡峭。八根庞大的结构墩柱，构成一定角度构成八角房的各角，从而勾画出中央空间界限。

拱廊上的窗户看起来仿佛是从墙上凿出来的。牢固的水平带饰砌层
引导人们从厚重的下层望向上层明亮而优雅的楼廊。巨大的楼廊窗户在
比例上比拱廊更高、更陡峭。各窗口中有两层由科林斯式立柱支撑的拱
券，一层拱券位于另一层的上方。古典的科林斯柱属于战利品，是查
理曼大帝亲自指示从拉文纳（Ravenna）送到亚琛的。两座城市的联系不
仅仅是这些战利品，还有拉文纳的圣维塔莱教堂（San Vitale，见第77页
图），因为它可能是亚琛帕拉丁礼拜堂的原型之一。建于六世纪查士丁尼
皇帝（Emperor Justinian）统治时期的圣维塔莱教堂，同样是一座三层八
边形中央空间建筑范例，四周环绕着八角形回廊——这并不是早期基督
教堂式样与亚琛帕拉丁礼拜堂之间的唯一不同之处。在拉文纳，墩柱的
设计更加纤细和狭小，并且看起来不像是墙壁的组成部分。拱廊窗口上
的立柱向后弯曲成半圆形，让房间看起来更加宽敞。而在亚琛，墩柱则
是笔直的柱身。在亚琛帕拉丁礼拜堂中，查理曼大帝努力按照早期基督
教的皇家礼拜堂的形式建造中央结构。这座建筑物被设计用于作为查理
曼大帝的象征——他是人民的保护者，是世俗与宗教、今生与来世之间
的调解人。因此，象征尘世间的方形与象征神圣的圆形结合在一起。最
终形成的八边形在数字象征意义方面，被视作是不朽的同义词。拉文纳
圣维塔莱教堂并不是亚琛采用的唯一模型：君士坦丁堡的圣塞尔吉乌斯
和圣巴克斯（SS. Sergius and Bacchus）教堂也非常重要。该教堂包含一间
位于方形建筑中的八角形中央大厅，是在六世纪三十年代，查士丁尼皇
帝统治时期建成的一座宫殿教堂。利用一座四面都突出的塔状建筑，使
得王座后方的西楼廊特别引人注目。这座从立面突出的塔楼是加洛林王
朝时期孕育的一种新形式，但在当时并没有持续开发。面向原中庭的地
方，入口正面及其很高的圆弧拱形壁龛引起人们对罗马式凯旋门浮雕的
关注，并且给该立面增添了壮观的气势。入口壁龛及小型半露柱和仿古
典形式柱头，是原帕拉丁礼拜堂灰泥外部保留下来的少数几处加洛林王
朝外观形式。小型半露柱原本只作装饰之用，并不用于任何结构功能。

原罗什（Lorsch）修道院（见第34页图）门房是外观保存得最好
的加洛林王朝时期的建筑典范。它是大概在774年左右建成的一类由
三部分构成的凯旋门，标志了教堂中庭西端的边界。

从历史方面来说，罗什修道院门房可追溯到古典主义时期，但改
变了凯旋门的设计构思，即三道拱门的高度和大小均一致，并且没有
按照古典方式强调中央拱门。上方置有檐部的立柱、带半圆拱的支
柱、刻有凹槽的半露柱及柱础和柱头的形状中都采用了古典风格。但
是，带有彩色织物状的墙饰面却采用了拜占庭式的概念。

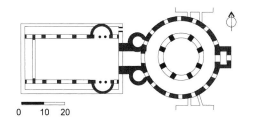

罗什修道院门房，建于774年。

大量的寺院房屋、小型庭院、花园和小径。教堂四周的设施设备对修道院的存续至关重要。

这些设施设备保证了修道院内部的自给自足，其运作与一个独立的小国家别无二致。修道院教堂为整座修道院的中心，周围附属建筑物有牧师会礼堂、饭堂和宿舍。在这中央区域周围聚集有内务室、杂役僧侣生活区、来宾室、马厩及其他的家畜圈舍、食品室、医院和园子。整个建筑群的规划非常精确，特别是在教堂部分，方形单元被用作平面图的计量单位。这种原理只有在接下来的世纪里才得到充分运用。正是在这一方面，圣加伦修道院的教堂与原来的长方形基督教堂不同，例如罗马圣母大教堂就没有确定的比例体系。

在圣加伦修道院教堂规划中，中堂为一系列的方形构造，而侧堂的大小为中堂宽度的一半。这就意味着每个方形中堂跨间等于两个方形侧堂跨间。方形十字交叉部——中堂与耳堂相交叉的部分决定整体的计量单位。教堂的整体平面图源自这个正方形，因此建筑的各部分直接与其他每部分相关。尽管这种二次型规划设计在加洛林王朝时期几乎没有被推广，但它构成了下一世纪宗教建筑中最重要原理之一。

上层的三角墙来源于北欧传统。立柱与半圆拱门的组合体现了中世纪的风格，这对于古典式建筑来说是不可思议的，古典式立柱上方只可能是水平的檐部。整体上来看，罗什的这座门房是一座极其完美的建筑物。尽管该建筑代表了西方中世纪建筑的开端，但同时它也是一件姗姗来迟的精品——一座差一点就再也看不到的建筑。

圣加伦（St. Gallen）修道院设计图：理想修道院平面图说明

位于罗什的门房曾经是一座大型修道院建筑的入口。该修道院现已不复存在，我们仅通过出土的文物和少数几处遗迹对其有所了解。加洛林王朝时期的所有其他修道院也遭受了与罗什修道院同样的命运。它们要么被改建、要么被重建或被摧毁。若要构思出一座加洛林王朝时期修道院的平面图，唯一方法就是参考康斯坦茨湖（Lake Constance）赖歇瑙（Reichenau）岛上出现的一张羊皮纸设计图。该设计图现存于圣加伦修道院藏书室中。这张修道院设计图是至今仍存在的最早的中世纪建筑设计图。个体建筑的分布符合依照圣本狄克教条想象出的修士的生活方式。在教堂周围，聚集着

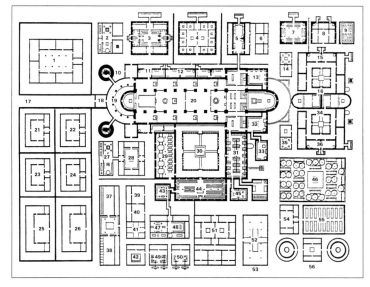

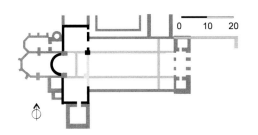

形制探索——十字中心式建筑、长方形会堂及单侧堂式教堂

加洛林王朝时期的少数几座十字中心式建筑，如上述的亚琛帕拉丁礼拜堂、富尔达（Fulda）的圆形米迦勒礼拜堂和杰尔米尼-德-佩（Germigny-des-Prés）礼拜堂。米迦勒礼拜堂由艾伊尔院长（Abbot Eigil）于820—822年间建造，杰尔米尼-德-佩礼拜堂是根据奥尔良主教狄奥多尔夫（Theodulf，查理曼大帝的亲戚）时期的二次型平面图，在卢瓦尔地区附近修建的，并且在806年举行献祭仪式。除了这几座单独的十字中心式建筑以外，教堂的主流结构均为长方形会堂式，带有一个中堂和两个侧堂，以及耳堂、唱诗堂前厅跨间和半圆形后堂。现存的加洛林王朝教堂并没有遵循圣加伦修道院设计图中清楚而准确的二次型建筑规划设计。侧堂通常比中堂宽度的一半还要窄得多。耳堂还不是与中堂成直角相交、形成单独方形区域的平衡结构。这块独特的交叉区域经由四道大小一致的拱门通往四方，其先决条件是中堂和耳堂的高度和宽度相同。这种类型在加洛林王朝时期的建筑中还不为人所知。在加洛林王朝建筑风格中，并没有完全形成十字交叉部，也就是说，十字横臂与中堂相比要低得多，并且给人感觉好像是在后来添加的。仅可经由小门从十字交叉部进入到耳堂。通过单独的墙体将耳堂与方形交叉部隔离开的一个例子，就是查理曼大帝的传记作者艾因哈德（Einhard）于827年在奥登林山米歇尔城（Michelstadt）附近修建的施泰因巴赫长方形会堂。如今，仅有带半圆形后堂的中堂和耳堂北翼仍矗立在那里。另一方面，艾因哈德在塞里根斯塔特（Seligenstadt-on-Main）建造的长方形会堂（见上平面图）有一个连续的耳堂。该耳堂通过一道巨大的半圆形拱门与中堂分隔开。然而，塞里根斯塔特教堂与施泰因巴赫教堂一样，并没有将中堂和耳堂真正地合并在一起。它并不是一座如施泰因巴赫教堂或塞里根斯塔特教堂中的，带有扶垛支撑中堂的长方形会堂，而是存于法兰克福附近的赫希斯特（Höchst）圣尤斯蒂努斯教堂（St. Justinus）中的一座立柱式长方形会堂。该建筑建于九世纪上半叶，令人印象深刻的是其刻有凹槽的柱头。除了扶垛和立柱式长方形大厅外，加洛林王朝建筑还有简单的单侧堂式教堂。这类教堂中，西端建有一间或三间后堂，例如南蒂罗尔（South Tirol）马莱斯（Mals）圣本尼狄克教堂或纳图尔诺（Naturns）圣普罗库卢斯（St. Prokulus）教堂建筑。带有三间后堂的教堂是阿尔卑斯山区最主要的特征，例如格劳宾登州的迪森蒂斯（Disentis）、米斯泰勒（Mistail）和米施泰尔修道院。米施泰

尔本笃会修道院教堂（见上图）是于800年左右在查理曼大帝的一处地基上建造的。天顶原本为平顶式，但在晚期哥特时期改为尖拱形。教堂东端的三间后堂令人印象深刻。每间后堂由很高的假拱构成，中间那间要稍微大一些，因此要突出一些。

与罗马的分歧——富尔达修道院教堂

在采用巴洛克风格进行重建之前，富尔达修道院教堂是加洛林王朝时期最宏伟壮观的建筑之一。791—819年间，富尔达修道院院长拉格（Abbot Ratgar）主持修建的一座庞大的新建筑取代了原有的教堂。这座长方形会堂式建筑包括一个中堂、两个侧堂和东端的一个半圆形后堂，并且在西面有一间巨大的带宽敞西后堂的耳堂。加洛林时期的其他建筑中都找不出一间如此雄伟的西耳堂了，其原型乃是罗马原圣彼得大教堂。在加洛林王朝时期，富尔达修道院是阿尔卑斯山脉北部地区最重要的精神中心之一，并且早在751年就从属于罗马统治。因此，富尔达修道院努力仿效罗马圣彼得教堂，这并不稀奇。加洛林王朝时期的所有长方形会堂和厅式教堂的一个共同特征就是建有海塆顶棚或者至少有空腹屋架。

左上图：
富尔达圣米迦勒天主教礼拜堂（St. Michael's Catholic Chapel），
圆形地下室，820—822年建造。

下图：
康斯坦茨圣母大教堂（Cathedral of Our Lady）地下室，780—890年建造。

右上图：
奥登林山或米歇尔城施泰因巴赫教堂，
827年建成，隧道式地下室。

地下室

只有中心建筑或者地下室为拱顶式结构。自八世纪晚期起，地下室就作为陵墓使用，大多位于高坛下方。其主要原因是想要为那些备受尊敬的圣徒遗物创建一处空间，使得人人都可以共享。可根据不同建筑物的特性，选用各种不同的平面图：圆形地下室、塞里根斯塔特等教堂中的筒拱半圆形通道、施泰因巴赫教堂中的十字形过道或隧道式地下室（见右上图）。在后加洛林时期，人们越来越重视遗物崇拜，便扩大了过道式或隧道式地下室。室内采用一根、四根或以上的支撑物建造。渐渐地，地下室本身发展成为礼拜仪式中心。许多令人印象深刻的建筑结构被创造出来，例如斯派尔大教堂（Speyer cathedral）的厅堂式地下室——可谓是教堂下方的教堂（见第46页图）。

西面塔堂——战斗教会

加洛林王朝时期最重要的发展之一，就是放弃了早期基督教建筑延续下来的长方形会堂中毫无例外的那种低矮而平淡无奇的特性，而推广了塔楼的使用。查理曼大帝的女婿安吉尔贝（Angilbert）着手修建的森图拉或索姆（Centula/Somme）修道院教堂，一点也没有那种趴卧式的安稳感，而以东端和西端成群的塔楼彰显其特点。西面塔堂塔楼结构的用意有二：提供单独的祈祷空间，作为突出另外的教堂赞助人的一个手段；或者作为教堂附属建筑的组成部分，保留供皇帝使用。加洛林王朝时期西部塔楼幸存下来的一个重要代表存在于科维（Corvey）修道院教堂中（822—848年）。科维修道院教堂西面塔堂是855—873年增加的，后来没有进行进一步的改建，所以仍然传达出加洛林时期全部的建筑理念（见第37页图）。低矮而庞大的地下室中，具有仿古典式柱头的墩柱支撑其弧棱拱顶，但没有横拱或跨间。地下室上方为广场。这是一处陡峭而开阔的中央空间，四周各有一间回廊和三条连拱廊，并且上方各有一间楼廊。一个半圆形拱门通往西面楼廊中央，从而可以一直看到皇帝宝座。

西面塔堂的主要作用是引起对皇帝或统治者的注意，尽管他们并没有亲自出现在此处。西面塔堂体现了国家权力和统治者的神圣性。建有西面结构的教堂中包含两个不同的重要意义：第一，东面专供圣徒使用的实际教堂——凯旋教会（Ecclesia triumphans）；第二，堡垒状的西面塔堂——战斗教会的象征，统治者保护教堂之场所。这就解释了被查理曼大帝征服的撒克逊有大量西面塔堂的原因。它们清楚地表明皇帝对这一地区的统治势力。

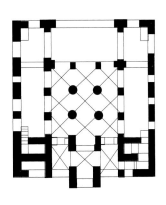

左上图：
科维修道院教堂，西面塔堂底层大厅。

左下图：科维修道院教堂，
西面塔堂室内图，内有庞大楼廊，
873—885年。

右上图：科维修道院教堂西立面，
加洛林时期的西面塔堂上方为建于
1146年的两座塔楼。

　　作为建筑结构的西面塔堂深深影响着加洛林王朝时期之后的建筑，并且在形式上有许多改变。十世纪结束的象征是科隆圣庞塔莱翁（St. Pantaleon）教堂的西面塔堂，包括由三座塔楼构成的建筑群。1090年，弗雷肯霍斯特（Freckenhorst）牧师会教堂的西面塔堂竣工，修建了三座具有典型威斯特伐利亚特征的塔楼群。十二世纪中期，源自于十世纪上半叶的明登（Minden）大教堂的西面塔堂被改建成一座撒克逊式耳堂。同样地，十二世纪上半叶，哈尔茨盖恩罗德（Gernrode）原有的奥托式圆形塔楼附近修建了一座西楼（见第38～39页图）。

科隆圣庞塔莱翁教堂西面塔堂，十世纪晚期建造。

弗雷肯霍斯特圣卜尼法斯（St. Boniface）教区教堂，
原牧师会教堂西端，1090 年左右建造。

盖恩罗德，原圣西里亚克斯（St. Cyriakus）
女修道院教堂，西端。十二世纪上半叶建造。

明登，圣彼得与圣戈尔戈尼乌斯（SS. Petrus and Gorgonius）总
教堂，西端
始建于十世纪上半叶。十二世纪中期改建成垂直式建筑。

盖恩罗德，原圣西里亚克斯女修道院教堂，中堂
东向视图，始建于 961 年。

希尔德斯海姆（Hildesheim）圣米迦勒教堂，
中堂东向视图，1010—1033 年。

奥托时期的早期罗马式建筑

在查理曼大帝的继任者统治时期，法兰克帝国分成 西、中、东三部分。皇帝权力被削弱，黑暗时代随之而来。一系列的战争造成土地荒芜，建筑活动也基本上停止。法兰克王国东部被匈牙利人吞占，西部的城镇和乡村遭受诺曼底人的大肆破坏。直到十世纪，处于分崩离析的帝国才在撒克逊皇帝亨利一世统治下重新统一，并最终在奥托大帝（Otto the Great）统治时期完全统一。东法兰克王国逐渐形成日耳曼民族神圣罗马帝国，而西法兰克王国则发展成为法兰西。东西王国地区开始过着各自的生活，这种发展很快在建筑中反映出来。东法兰克王国的政治中心和艺术中心逐渐向东转移，一直到历代奥托皇帝的故土——撒克逊。全国的建筑开始蓬勃发展。在新千年开始之际，大部分主教区都兴建了新的大教堂，例如美因兹、特里尔、雷根斯堡（Regensburg）、班贝格（Bamberg）、巴塞尔（Basel）、斯特拉斯堡，以及康斯坦茨。然而，奥托时期的建筑仅有一些少量残骸残存至今。奥托王朝领土范围内的建筑形成了自己独有的风格，不再仅仅是效仿和改造古典时期以及早期基督教建筑，而是寻找到了一种新方法。因此，在1000年左右，一种全新的教堂类型出现了，它包括耳堂式长方形会堂、中堂、两间侧堂以及一个方形十字交叉部，该十字交叉部通过四道拱券将中堂和耳堂分隔开。

955年，奥托大帝在列希菲德（Lechfeld）大胜匈牙利人后，委托建造马格德堡大教堂。该教堂成为新的大主教教区都市教会。奥托大帝想要仿效加洛林王朝时期的传统，为了修建这座教堂，他采用了意大利的宏伟立柱，其柱身为大理石和花岗岩。1207年，大教堂被烧毁后，这些立柱被重新用于修建高坛的墙幕，以示对奥托大帝的崇敬。

盖恩罗德与希尔德斯海姆——奥托建筑中心

哈尔茨盖恩罗德圣西里亚克斯女修道院教堂是保存最久的奥托式大型建筑。这座女修道院由边疆伯爵格罗（Margrave Gero）于961年建立。现今除了一些晚期罗马式回廊遗迹之外，修道院建筑已被湮没了。十二世纪，人们对教堂进行过改造，在西面修建了一间唱诗堂并加高了西部塔楼高度。保存至今的奥托式外观构件已很难分辨。仅有巨大的半圆拱窗户减轻了东部后堂的沉量感。这一时期建筑的重要特点在于没有墙基层，尽管由于十九世纪改建，现在只有在东部后堂才能领略到。这个典型的早期设计特点使得建筑物看起来像是拔地而起。

希尔德斯海姆圣米迦勒教堂平面图，1010—1033 年建造，东南向视图。

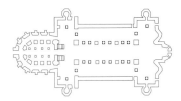

教堂平面图包括一间中堂和两间侧堂，侧堂中轴线稍微弯曲。东部原本连续的耳堂并没有完全与中堂成直角相连，表明这部分的修建不够精确，原本的十字交叉部并不是正规的正方形。现存的正规形状是十九世纪重建的。从耳堂沿台阶进入到抬高的唱诗堂，穿过唱诗堂前厅跨间和半圆形后堂，便进入位于唱诗堂下方的厅堂式地下室。在耳堂侧翼两面东墙上，为东端的唱诗堂配有两间小后堂。与加洛林王朝时期的建筑相比，圣西里亚克斯教堂内部在形状和比例上更优越且更丰富（见第40页左上图）。立柱和扶垛的使用形式多样，并支撑着从中堂通往侧堂的连拱廊拱券。通过立柱和扶垛的使用，使得中堂墙面韵律清晰、明了。在中堂的中途位置，一根矩形扶垛将连拱廊一分为二。扶垛两边有两道带立柱的拱道。通过中央矩形扶垛，不仅将墙壁，还将中堂的整体内部分为两块同等大小的区域。楼廊区域也反映出这类空间划分，尽管此处的窗户较小一些。

楼廊的双连拱廊顶上各自盖有一个大的半圆形拱，尽管楼廊层的节奏与连拱廊区域截然不同。楼廊的三间双拱廊与拱廊层的一间双拱廊相对应。相似之处在于通过一根中央扶垛有力地将墙壁分隔开。这种划分方法在到达最上层——高侧窗之下时便戛然而止。高侧窗设

置在墙上，并不与下层结构对齐。结构中的不一致性让人想起加洛林王朝及其各种试验性风格。正如高侧窗一样，东侧后堂的窗户也是如此，不连贯地开凿在唱诗堂前厅东墙上。但明确的中堂墙体分隔却明显不属于加洛林时期。奥托时期的建筑不再将中堂墙体构思成连续的成排连拱廊。连拱廊如今被中断，墙体为有规律的重复式样，并对特定部位予以突出强调。加洛林王朝时期的建筑中，仅在外观部分，我们才能看到通过突出某些特征从而强调个别元素的趋势。在建筑内部，楼廊是全新的设计，此外还具有女修道院特征：留有自用的特殊单独空间。楼廊的原型很可能来自拜占庭式建筑。连拱廊的柱头仍然沿袭古典科林斯柱式的风格，尽管它们在人物头像的表现中已显示出一定的独立性，在当时仍是一类与众不同的特征。

奥托时期的建筑在希尔德斯海姆原圣米迦勒本笃派修道院教堂达到顶峰（见第40～41页图）。996年，雄心勃勃的艺术赞助人——希尔德斯海姆主教贝恩华德（Bernward）将本笃会修士从科隆带到了希尔德斯海姆，并于1010年开始修建一座敬献给圣米迦勒的教堂。该教堂于1033年建成。据推测，曾游历过法国与意大利的大部分地区的主教贝恩华德亲自参与了教堂的设计。但后来进行的重建

工程破坏了原建筑结构，影响程度甚至比盖恩罗德教堂还更严重。而且，该建筑在第二次世界大战中又遭到了严重的破坏，现今的建筑结构是战后重建的。长方形会堂包括一间中堂、两间侧堂、一个双唱诗班和两间耳堂，其结构平衡非常引人注目。这种平衡关系在东西两端的塔楼处告终。与盖恩罗德修道院教堂相比，希尔德斯海姆的圣米迦勒教堂在设计上更具有平衡感。这种平衡甚至在平面图中也能看出，中堂的东西两端均添加了耳堂。中堂和耳堂的宽度一致，所以两者的交叉区域——十字交叉部为正方形。十字交叉部的方形结构在中堂中重复出现了三次，这成为建筑比例划分的基础。这类规则的直角交叉部通向四个方向，而高度和宽度一致。从而中堂与带有交替砌层交叉拱的耳堂相互形成一种全新的空间关系。尽管这种设计理念的基本特征存在于加洛林王朝时期的圣加伦修道院设计图中，但仅在希尔德斯海姆圣米迦勒教堂中首次付诸实施。然而，侧堂比中堂的一半宽度要宽得多，这一点表明二次型概念还未以其最纯粹的形式执行。中堂平面图的三个方形角点以扶垛标明。扶垛经由两根立柱上的三道半圆形拱两两相连。通过这样排列扶垛和立柱，从而形成交替支撑结构。这种形式的支撑结构—扶垛—立柱—立柱—扶垛，称为撒克逊式交替支撑体系。而扶垛—立柱—扶垛这种形式的交替则依其主要发生地区而被称为莱茵河交替支撑体系。拱墩上刻有铭文以及三位圣徒的名字，原意是传达出圣徒支持天国这一观点——立柱象征圣徒，而教堂则象征天国。这类象征手法在奥托大帝时期的马格德堡大教堂中也可找到。通过扶垛与立柱的交替，空间被分割为规则图样，并被分成三个区域。

与盖恩罗德修道院教堂不同的是，中堂墙体由一根单独的扶垛分成两部分。在希尔德斯海姆圣米迦勒教堂中，一条平嵌线位于连拱廊上方，而在平嵌线上方，一块平滑的墙面区域一直延伸至高侧窗。而高侧窗户同样不与下方的拱券对齐。平顶天顶覆盖了比例均衡的中堂。

主教贝恩华德时期遗留下来的为数不多的柱头形式简洁、清晰，被称为方圆柱头。这类柱头不再源自古典传统，而代表了奥托时期建筑的新发展。

奥托王朝时期的一个显著特点就是偏爱平整墙面。通过利用开口和窗户等特征，尽可能地使墙面不间断。空间分割清楚，墙面平整。最重要的装饰特征就是教堂中所有拱券层次各不相同，其中拱内圈上的红色和浅色石材交替排列，从而衬托出建筑结构。

下一页，左图：

苏斯特（Soest）的帕特罗克卢斯（St. Patroklus）牧师会教堂西塔，1200 年左右建造。

下一页，右图：

帕德博恩（Paderborn）圣母玛利亚、圣利博里乌斯与圣基利安（SS. Liborius and Kilian）大教堂，西塔于 1220 年左右建造。

将加洛林王朝建筑概念融合成一种新的风格

科隆圣庞塔莱翁教堂的西面塔堂（见第38页图）清楚地展示了奥托王朝时期建筑外观的连接方式。圣庞塔莱翁教堂由大主教布鲁诺（Archbishop Bruno）于964年主持修建，并于980年举行献祭仪式。这座具有古老外观的建筑包括宽敞而低矮的中堂和平缓的耳堂，在西端增建了一座高耸的西面建筑——一座方形平面设计的集中式空间结构。陡然升高的集中式空间的西面、南面和北面被楼廊围绕着。它的东面经由一道层次交替、又高又宽的半圆形拱通往中堂。在圣庞塔莱翁教堂中，可以看出加洛林王朝的西面塔堂概念在奥托时期的衍生发展。

除了西面塔堂之外，并没有任何其他加洛林王朝的痕迹。传统的西面塔堂完全转变成奥托式风格，这一点从展示出新连接方式的外观就可以看出。教堂西面塔堂正面的每一层采用柱条连接，而柱条则通过半圆形连拱廊檐壁两两相连。这些小的半圆好像一幅平浮雕镶在墙面上，似乎显得不够醒目。它们简单地从墙面突出，并不是位于后来流行的托架上。暗接与连拱廊檐壁代表中世纪建筑衔接方式的开端。因此，外观上被赋予精美的浮雕，从而可以一种新的风格对整体进行装饰。

原埃森女修道院教堂中同样采用了加洛林时期的设计。该教堂由院长马蒂尔德（Mathilde）在十世纪末主持修建，并在十一世纪中期举行献祭仪式。奥托时期的西部建筑至今保存完好（见第42页图），而中堂则被改建成一座厅堂式教堂。尽管埃森修道院的外观看起来像是一座西面结构，但事实上西部却是一间唱诗堂，位于教堂中堂或侧堂的尽头。这是一类新的特征：西面塔堂与西唱诗堂结合在一起。唱诗堂的室内立面以亚琛帕拉丁礼拜堂的八边形建筑为模型。平面图勾画出一个六边形的三边，被底层和楼廊层众多随意排列的小房间围绕。依照亚琛教堂式样，向内倾斜的支柱带有拱形开口。在支柱上方，是以檐口隔开的半圆形窗户，而圆柱嵌入其中，正如亚琛教堂中的一样。与希尔德斯海姆圣米迦勒教堂或科隆圣庞塔莱翁教堂一样，拱内圈以交替形式建造。一个采光的半穹顶横跨后堂。它故意重新采用了亚琛帕拉丁礼拜堂的建筑结构。这不仅在西唱诗堂的整体结构中有所显示，而且在古典爱奥尼亚式或科林斯式柱头等小细部上也有证实。

对亚琛建筑概念的发展和利用，在上莱茵河的原阿尔萨斯奥特马塞姆女修道院教堂中可以看到。在平面图和立面方面，奥特马塞姆教堂简单仿造了查理曼大帝的帕拉丁礼拜堂。十一世纪三十年代建造的八边形中心建筑同样由一条八边形回廊围绕着。西面为单塔正面，而东面则是一间带楼廊的矩形小唱诗堂。尽管亚琛和奥特马塞姆二者建

筑物的内部相似，但后者的局部设计反映了奥托王朝的时代特征，并摒弃了古典风格痕迹。立柱柱头为罗马式方圆柱头，单独的拱顶部分由横拱分隔开。空间变得更加均衡和稳定。中央空间与回廊之间具有较强的相互联系。总体上，建筑看起来更加简单和立体。

塔楼和塔楼群

受到亚琛教堂式样的启发，奥特马塞姆教堂借助一座塔楼使西端更加突出。在奥托王朝时期，不仅仅是奥特马塞姆教堂修建了塔楼，在原萨尔茨堡（Sulzburg）圣西里亚克（St. Cyriak）修道院教堂、韦尔登（Werden）圣卢齐厄斯（St. Luzius）教堂等众多其他教堂中也同样建有塔楼。在修道院院长贝尔诺（Berno）的领导下，1006年后为赖歇瑙岛米特泽尔（Reichenau-Mittelzell）教堂修建了西部结构——一座方形塔楼建筑。该建筑经由长柱条和半圆拱的檐壁连接。在大主教波普（Archbishop Poppo）统治时期（1040年左右），特里尔大教堂的塔楼和后堂合并在一起，形成一座西楼（见第23页图）。从而建成一座复杂而衔接华丽的建筑结构，包含四座塔楼和中央山墙。坚固的四角塔楼，以及附属的圆形楼梯塔构成巨大的后堂。

最令人注目的其中一座塔楼当然要属帕德博恩主教迈因韦克（Meinwerk）的奥托式大教堂塔楼（见第45页图）。根据最新研究显示，西端整体建于1220年左右，并不是之前推测的奥托王朝晚期。然而，塔楼的结构和外观明显复制了一座奥托时期的塔楼。塔楼的设计宗旨是引起人们对唱诗堂和大教堂的注意，因此未使用任何墙基，拔地而起，高耸入云，十分引人注目。在塔楼的两侧，建有圆形楼梯塔，高度为塔楼的一半。最主要的是，塔楼具有象征作用，向周边乡村地区宣传了主教教堂的重要性。这座非凡的建筑屹立在城镇中，威风凛凛地向世人宣告谁是这座城镇的统治者。

苏斯特帕特罗克卢斯牧师会教堂在1200年前也同样修建了这样一座壮观的塔楼（见第45页图）。不过，这座塔楼并不是由教士修建的，而是由那些通过经商而富裕起来的市民修建的，目的在于争取城镇对教会的独立性。塔楼包含当地的军械库在内，其前厅为庭院门廊，上方为会议室。特别在西端修建的单塔正面具有后世教区教堂的特征。主教教堂或修道院教堂通常具有双塔或西唱诗堂式正面。

远高于周围建筑物的塔楼能够传达出有力而且可见的讯息。塔楼俯视着所在区域，是身份地位的象征，从而证明谁是城中最有影响力的人。通过各种方法富裕起来的市民建造了一座塔楼，象征着从教会统治的土地中赢得了独立。

44

斯派尔圣母玛利亚与圣斯特凡大教堂（Cathedral of St. Maria and St. Stephan），中堂东向视图，1027（或1030）—1061年建造。

斯派尔圣母玛利亚与圣斯特凡大教堂厅堂式地下室图。1030年左右建造。

下一页：
斯派尔圣母玛利亚与圣斯特凡大教堂。
东北向视图。

萨利王朝时期的罗马式盛期建筑

在奥托历代皇帝统治时期发展形成的建筑，在萨利王朝时期得到进一步的巩固。萨利王朝对奥托时期建筑的一项伟大的创造性发展是一种独特的平面图的形成。的确，一种新的独立风格逐渐形成了，与奥托时期的风格具有明显的区别。拱顶问题是需要克服的重要建筑难题之一。萨利王朝历代皇帝统治的十一世纪修建的如此雄伟的拱顶建筑，或像勃艮第克吕尼修道院这样的拱顶建筑，可以说是空前绝后的。在十一世纪的这两座重要宗教建筑结构中，萨利王朝兴建的斯派尔大教堂和克吕尼勃艮第革新派修道院教堂清楚反映了教廷与宫廷的主教任权之争（Investiture Contest）。无比壮观的斯派尔大教堂成为无限皇权的化身——象征萨利历代帝王的威严声明。大教堂是基督教主宰世界思想的表达，即一种统治风格的表达。按斯特凡·魏因富尔特（Stefan Weinfurter）的说法，其特点就是体现了"帝国势力无处不在，用强硬的手段维护帝国的统一、严格控制帝国教堂，以及通过帝王的威严增强统治气势"。

斯派尔帝国大教堂——德国拱形结构开拓者

据奥德里克·维塔利斯（Ordericus Vitalis）的记载，萨利王朝统治时期的斯派尔成为"日耳曼大都会"——中世纪日耳曼帝国最重要地区之一。萨利王朝的四位帝王及其中两位配偶均安息于斯派尔大教堂。雄伟的斯派尔大教堂于康拉德二世皇帝统治时期的1027年至1030年间开始修建，并在亨利四世统治时期建成。该建筑于十七世纪遭受到重创之后一直荒废，至十八世纪末伊格纳茨·迈克尔·诺伊曼（Ignaz Michael Neumann）采用古典罗马式风格重新修建了西部结构。然而，1794年大教堂再一次遭到破坏，十九世纪早期甚至有人打算将其拆除，多亏拿破仑颁发的法令才使其免受毁灭。十九世纪，海因里希·许布施（Heinrich Hübsch）主持重建，用西部结构代替了西端。该结构至今犹在，并且忠实于原先的萨利建筑概念。

最新研究带来了与中世纪建筑历史相关的有趣信息。东面地下室是教堂最古老的部分，始建于1027—1030年间，后来在此之上增建了位于唱诗堂两侧的塔楼及最初的耳堂地基。到1035年左右，随着圣堂和耳堂的建成，地面建筑工程正在进行中。1035—1040年间，中堂支柱靠拢在一起，并且建造了侧堂外墙和教堂高坛的筒形穹顶。最初设计的中堂支柱原本要短一些。在1045年（或1047年），即康拉德二世去世之后，中堂才在亨利三世领导下被延伸至现在的长度。在1061年进行献祭仪式之时，中堂部分、西正面及塔楼肯定已经竣工。直到最

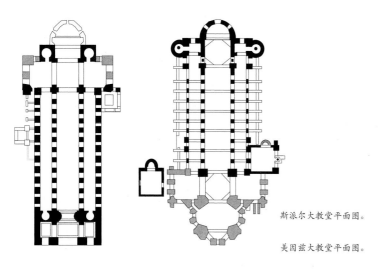

斯派尔大教堂平面图。

美因兹大教堂平面图。

近，仍有观点认为最初的斯派尔大教堂只将侧堂设计成拱形，但最新研究表明，康拉德二世着手修建的建筑物原本有一个巨大的横向筒形穹顶，其跨度为13.72米，可惜技术问题阻碍了这个穹顶的实施。所设计的横向筒形穹顶及其底部的窗户以勃艮第托努市（Tournus）修道院教堂为样板，建筑师失败的原因就是中堂的宽度过宽。由于石料的筒形穹顶没有实施成功，因此建筑物很可能有一个木拱顶，因为只有交叉拱顶和浮雕才可能按照适合中堂墙体设计和建造的方式将中堂封顶。

因太靠近莱茵河，下层地基不稳的问题导致建筑受损，亨利四世不得不在教堂落成之后不久就对大教堂进行基础改造。奥斯纳布吕克（Osnabrück）主教本诺（Benno）及班贝格主教奥托被先后委任进行这项帝国工程。在二期工程时，唱诗堂和耳堂按原有尺寸进行完整重建，取得的主要成就是成功修建了中堂的拱顶。每隔一个支柱就有粗壮的柱条附在墙面突出物上，从而支撑拱顶的筒形拱券。带有科林斯式柱头的宽大的半圆形立柱依次位于柱条上，横拱从此处开始起拱，从而将单独的拱顶部分分开。因此，中堂被分成六个跨间，每个中堂跨间对应两个侧堂跨间。中堂跨间与侧堂跨间的这种关系在德语里称为 "约束体系"（Gebundenes System）。与中堂东面相连的是耳堂、两侧有楼梯塔的唱诗堂前厅，以及半圆形后堂；而与西面相连的是西面建筑。该建筑曾按照萨利时期的设计理念进行重建。

与希尔德斯海姆圣米迦勒教堂（见第40～41页图）相比，斯派尔大教堂的墙体具有前所未有的稳固性和重量。墙体和巨大的浮雕造型十分华丽，并且全方位地发挥有效作用。以一个简单檐口收尾的支柱支撑着中堂连拱廊，拱廊上方的高侧窗首次对齐。甚至连侧堂窗户都在同一条中轴线上。如此连贯的连接方式在奥托时期的建筑中根本不存在。将顶层墙到侧堂之间的所有窗户对齐，这一步骤对以后的建筑来说具有最重要的意义，因为只有这样，整个中堂的拱形结构才成为可能。这种沿一条中轴线排列窗户的方式显示出更加重视垂直连接方式的趋势，以及水平连接方式重要性降低。

环绕连拱廊和窗户的大而平的半圆形拱状凹壁同样突出了这种垂直性连接。这些拱形凹壁在中堂重复出现了十三次。单独跨间之间的支柱上有半圆形的突出物，从柱基上升到阁楼的基础上。半圆形柱以罗马式方圆柱头收尾，构成平墙暗凹壁的半圆拱从柱上楣构处突出。凭借这种连接方式，中堂墙壁可用大量精雕细刻的浮雕来装饰。在这类设计中，暗凹壁用于突出向上的中堂的陡度。

墙壁造型——暗凹壁与低矮墙式外通道

尽管进行了一些很小的改动，斯派尔大教堂的东部仍是目前存在的最引人注目的中世纪建筑典范之一。与后堂相连的壁联从高柱基上升起，支撑着半圆拱，在其上方有一条低矮墙式外通道——位于屋顶边缘下方通道前方的一排连续的小型立柱拱廊。低矮墙式外通道环绕耳堂和中堂墙壁上方，不过，由划分跨间分隔区的墙壁部分进行有节奏的分割。柱基、壁联、假拱，以及低矮墙式外通道全都用于墙壁造型，以降低建筑上部的重量感。先前，一道中央正门从中堂通往西面建筑。正门并不是简单地从墙壁上凿出来的，而是逐渐向中间凹进并缩小（见第30页）。这种凹形正门将墙体分割成数层，并清楚地强调了砖石建筑的稳固性。这是首次使用此类凹形正门，这种设计随后就出现在几乎所有的大型教堂中。

1081年，在亨利四世皇帝统治时期，美因兹大教堂建成。这是一座长方形会堂，包括中堂、侧堂和弧棱拱顶。由主教维利吉斯（Willigis）与巴尔多（Bardo）建造的原大教堂在1081年被大火烧毁。新的建筑物于1137举行献祭仪式。美因兹大教堂的萨利式西端

外观现在已无法得知。目前尚不清楚的是，在现今的霍恩施陶芬晚期西唱诗堂遗址上，原来是否有一座类似的建筑物。在东端，中堂以一间半圆形后堂收尾，而侧堂则为平端，端头为第一座大教堂的楼梯小塔。后堂前方修建了一间方形跨间，顶部覆盖有帆形拱。这看起来像是建筑外部上的一座塔楼。这种类似于十字形的平面布局让人想起耳堂，但事实上，它们是两间侧堂的延伸。中堂五间跨间分别对应于侧堂的两间稍微横向的矩形跨间。弧棱拱顶横跨侧堂。原本，中堂也盖有类似的拱顶，但哥特式肋架拱顶取代了萨利时期的弧棱拱顶。在美因兹大教堂，中堂拱顶是构思计划的组成部分。这一点可从高侧窗设计中看出。高侧窗并不与连拱廊对齐。相反，它们成对组成一组，从而为拱顶留出空间。美因兹大教堂的中堂墙壁由浅的半圆拱凹壁连接。凹壁高于中堂支柱，一直延伸至高侧窗的下方。每隔一根支柱，都有一根半圆形半露柱，用于支撑中堂拱顶的其中一个横拱。与斯派尔大教堂相比，它的连接更平缓且呈现出浮雕状，因此不会出现斯派尔大教堂那样的有张力且生动的空间感。

49

双塔式正面——主教教堂与修道院教堂的地位象征

1015年，主教韦恩赫尔（Wernher）主持重建萨利时期的斯特拉斯堡大教堂（Strasbourg Minster）。这是一间很长的柱廊式长方形会堂，包括中堂、两边的侧堂、附联耳堂及半圆形后堂。唱诗堂部分和地下宽敞而宏伟的厅堂式地下室至今还在。长长的柱廊式长方形会堂来源于早期基督教建筑，但会堂的长度却与现今的哥特式建筑相当。哥特式西面中的萨利式墙壁遗迹表明，在十一世纪就已经可能存在中间带有门廊的双塔式正立面了。亨利二世统治时期开始修建的两座主教教堂——康斯坦茨圣母大教堂和巴塞尔大教堂，同样带有双塔式正立面。这类建筑正立面是大教堂及大型修道院教堂的特征。

1025年左右（大约在康拉德二世修建斯派尔大教堂的同一时间），哈尔特-林堡（Limburg-on-the-Haardt）大教堂开始修建。教堂的西面同样有一对双子塔。教堂于1045年建成，如今是一处让人印象深刻的遗迹（见第51页图）。保存至今的有中堂外墙、部分中堂立柱柱础、地下室，以及东面的唱诗堂墙体。带有中堂、侧堂及东部耳堂的长方形会堂有一个十字交叉部，通过四道拱券与中堂和耳堂分开。教堂高坛东端为平顶式，而不是半圆形后堂。在上莱茵河地区的建筑中，平房式高坛端是一个常见特征，并且确实是在该地区形成的。这种类型的高坛已在赖歇瑙岛奥伯泽尔教堂和康斯坦茨大教堂中有所发现。在两座教堂中，半圆形后堂由矩形墙体

环绕。随后，平房式高坛端成为伊尔松建筑学派（Hirsau School of Architecture）的独特特征之一。哈尔特-林堡修道院教堂的侧堂并没有像斯派尔大教堂那样盖以拱顶，而是以平顶天顶进行封闭，从而更准确地保留了修道院教堂传统。这种不采取现代拱顶建筑形式的做法应该是个有意识的决定。教堂东部充分连接。浅凹壁展示的浮雕要比斯派尔大教堂更少，位于墙基层上方。外部与环绕建筑的墙基层的充分连接和双塔式正面使哈尔特-林堡修道院教堂成为萨利时期建筑的典型代表。整座建筑与斯派尔大教堂相比，通过浩大的连接方式展现不朽的性质，一点也看不到奥托时期建筑的那种低矮、平稳的样子，已显示出追求纵向发展的趋势。

赫尔斯菲尔德修道院教堂毁于一场灾难性的大火，到1038年后才进行重建。重建的教堂十八世纪再次损毁，是德国最令人难忘的修道院遗迹之一。包括中堂和两侧侧堂在内的长方形会堂在东端有一间突出的罗马式耳堂及侧部后堂，后方耳堂一直延伸形成一间很长的唱诗堂，包括一间半圆形后堂在内。中堂经由九道半圆拱柱式拱廊与侧堂分开，拱廊拱券搁在巨大的方圆柱头上。一间抬高的唱诗堂耸立在西面，而唱诗堂突出的后堂坐落在矩形门廊大厅上方。入口正面和西唱诗堂结合在一起，可能是参照了原来教堂的西面塔堂。教堂中堂盖有平顶天顶。

这只是赫尔斯菲尔德教堂展现出的一些旧式风格特征。以往时代的特征，例如罗马式耳堂，并不是只通过再次使用部分旧式墙面得到解释，而是有意识地借鉴了过去的特征。正如赫尔斯菲尔德教堂一样，斯特拉斯堡教堂拥有一间长长的突出的耳堂，让人想起早期基督教的长方形会堂。而且，柱廊式长方形大厅概念十分符合早期基督教传统。尽管赫尔斯菲尔德修道院教堂的许多特征可能借鉴了过去的建筑，然而它无疑是当时的代表性教堂，是一座典型的萨利时期建筑创作物。对过去的孤立浮雕的借鉴并不会掩盖这样的事实，那就是这座建筑的基本总体性质是以大规模形式向我们展示各部分之间明显的相互关系。

莱茵河建筑学派——科隆与莱茵兰的三后堂式唱诗堂

莱茵兰是十一世纪最重要的建筑创新中心之一。尤其是原科隆主教所在地，发展成为重要的建筑中心，圣母教堂成为主要的艺术顶峰建筑之一（见上图）。这座教堂建筑是后来被称为莱茵河建筑

哈尔特 – 林堡，原本笃会修道院遗迹，1025—1045 年
内景，空中俯拍图（右上图）和东向视图（右下图）。

科隆圣母教堂（St. Maria im Kapitol），三后堂式
唱诗堂视图，1040—1049（或1065）年建造。

学派的代表作。教堂最显著的特征是其平面图的构思形式前所未有的完整，可惜在第二次世界大战中受到严重毁坏。其中特别值得一提的就是所谓的三后堂式唱诗堂，与中堂和两侧侧堂相连。在该建筑中，不仅在东端建有后堂，而且在南北两端还重复建有半圆形后堂，而非耳堂。

因此其平面图呈现三叶形状。三间半圆形后堂经由回廊结合成一整体，因而后堂与十字交叉部都成为统一的空间整体的组成部分，通过回廊通往中堂的侧堂。三间后堂构成的三叶形状很可能是参考了罗马式墓地，然而回廊延长至侧堂部分构成的统一体却主要是萨利时期的概念——努力尝试将一切内容整合到一个背景中。耳堂发展成为唱诗堂的组成部分，并成为圣堂的基础组成部分。侧堂和三后堂式唱诗堂的回廊盖有弧棱拱顶，而后堂前方的三条十字臂则盖有筒形穹顶。十字交叉部覆盖有帆形拱，这是一类之后常见于莱茵兰的拱顶。中堂的天顶原本为平顶式。至今仍存留下来的拱顶是罗马式后期风格，可能与建筑的其他部分一样，是可怕的战争灾难后重建的风貌。唱诗堂中的立柱和方圆柱头与希尔德斯海姆教堂相比具有更立体、更简洁的形式。圣母教堂的西侧可能建于更早的时期，矩形突出结构及位于拐角处的楼梯小塔让人想起圣庞塔莱翁教堂（见第38页图）。尽管受到战争破坏，但仍可在唱诗堂下部找出萨利时期的墙面连接，较高的墙基以坚固的檐口收尾。墙基上方，浅凹壁与墙相连。上方的部分墙体被认为源于霍恩施陶芬时期。自由空间感及室内各个部分的结合是这座很早拥有唱诗堂回廊的建筑物的特征。唱诗堂回廊概念借鉴于法国（图尔圣马丁教堂），直到很久之后才在希尔德斯海姆圣戈德哈德（St. Godehard）教堂中再一次被采用（见第25页图）。

上莱茵河萨利晚期建筑的黄金时期

阿尔萨斯穆尔巴赫（Murbach）修道院教堂（见第55页图）是萨利晚期最伟大的建筑成就之一。中堂、侧堂及其平顶天顶在十八世纪被损毁了。与之相连的东侧部分至今犹在，可追溯至十一世纪。耳堂仅从外部可见，因为被内部修建的礼拜堂遮住了。中堂与耳堂连接，一直延伸至唱诗堂及其平房式末端。主唱诗堂两侧为边坛，经由双拱廊与唱诗堂相连。这是一个从克吕尼借鉴来的特征。主唱诗堂与边坛两者均以上莱茵河典型的平房式末端收尾，

而方塔修建在耳堂侧翼上方。与斯派尔大教堂东端一样，穆尔巴赫教堂的东部唱诗堂确实具有不朽的影响力。主唱诗堂与边坛下方由高而陡的假拱廊进行连接。暗凹壁石头上凿有深窗。每一层都在墙上建造。中间位置，通过比侧面窗户稍微高且宽一点的中央窗户连接，从而产生优美韵律效果。上部窗户上方区域源于霍恩施陶芬时期，并且可追溯至十二世纪下半叶。各个部分非常精致，并且建造得非常仔细。尤其壮观和宏伟的是精确分层的方琢石或劈成方形的砖石。这类砖石建筑起源于勃艮第，是德国最早的代表之一。在阿尔萨斯，这类建筑也可以在马穆提修道院（Marmoutier，德语：Mauersmünster）中找到。该修道院中保存了一种最新罗马式西端形式（见第54页图）。

53

阿尔皮斯巴赫（Alpirsbach）原圣本尼狄克修道院教堂
1099—1125 年建造（图为中堂）。

伊尔松建筑学派

  本笃会在十世纪受勃艮第克吕尼修道院启发，进行了一次意义深远的革新运动。本笃会在德国的主要改革中心为黑森林地区的伊尔松修道院和圣布拉辛（St. Blasien）修道院，以及瑞士的艾西德伦（Einsiedeln）修道院。改革的大规模影响在十一世纪下半叶有所体现，其精神特质反映在建筑上就是早期基督教的回归。这在第二克吕尼修道院的修建中表现得非常明显，修道院的柱式连拱廊在十世纪末期以早期基督教的长方形廊柱大厅风格进行建造。正是本着同样的精神，部分伊尔松改革修道院的设计建造以礼拜仪式为目的，虽然随区域不同有所变化。1059—1071年，在伊尔松圣奥里利厄斯墓上方，修建了一座长方形会堂，包括中堂、两间侧堂、双塔正面、耳堂，以及梯形排列的礼拜堂。然而仅有中堂至今尚存。教堂唱诗堂末端和三间阶梯式后堂已出土并有挖掘记录。教堂在十二世纪进行了重建，增加了立柱和巨大的方圆柱头。

  1082年，修道院院长威廉着手修建了一座新的修道院综合建筑，包括圣彼得与圣保罗教堂在内。该修道院1091年举行献祭仪式，但在1692年被损毁了。仅留下了北端教堂前方的西塔。这座塔

实际上可追溯至十二世纪上半叶。不过，教堂的平面图至今仍清晰
可见。圣彼得与圣保罗教堂是另外一个柱廊式长方形会堂的代表。
会堂包括一间中堂、两间侧堂，以及建于东端的带小后堂的耳堂。
方形唱诗堂跨间与十字交叉部相毗连，而跨间两侧建有侧面唱诗
堂。侧面的唱诗堂是侧廊的延伸部分，位于耳堂对面。主唱诗堂的
末端是平的。中堂中，交叉部方形单元提供了建筑比例基础。在
交叉甬道之后，中堂立柱并未立即恢复连接，而是在十字形交叉处
的支柱西面，十字形平面图中另外还有一对立柱。在第一间中堂跨
间区域，侧堂盖有筒形穹顶，而教堂的其他区域则覆盖平顶天顶。
交叉甬道前方的这间明显的跨间是伊尔松教堂独有的，实际上也是
其他伊尔松风格建筑物的典型特征，例如黑森林地区的阿尔皮斯
巴赫教堂（见第56页上图）、沙夫豪森（Schaffhausen）诸圣大教堂
（All Saints）或图林根鲍林泽拉教堂（见右图）。第一间中堂跨间的
不连续空间可以理解为礼拜功能的建筑表现。此处正是修士专用区
域——唱诗堂的末端。东边的唱诗堂区域包括耳堂和交叉甬道，是
修士们参加教会仪式的场所。这就是所谓的"大唱诗堂"。沿中堂
方向"小唱诗堂"与之相连。伊尔松学派教堂的特征是中堂支柱。
"小唱诗堂"也多半经由圣堂栏杆与中堂隔开。"小唱诗堂"是克
吕尼修会教堂布局的组成部分，为礼拜仪式的需要而修建，因为那
些未参与教会事务的修士们正是在此处参加仪式。

阿尔皮斯巴赫修道院教堂、沙夫豪森诸圣大教堂（Allerheiligen），
以及鲍林泽拉修道院遗迹均显著表达出伊尔松革新教会及其建筑学派
的精神特质。这些教堂是伊尔松革新教会雄伟建筑的范例。几乎没有
什么精细的装饰，但正是这种装饰的稀缺，才展现了这种建筑的影
响，它看起来雄伟壮观，而非仅仅是质朴。在大比例规划方面，箱型中
堂符合斯派尔与美因兹皇家大教堂的空间概念。

陡峭的内部空间是这一时期德国所有教会建筑的共同特征，还有
萨利时期建筑的真正特性——宏伟壮观。这一时期，皇帝与教廷之间
精神上的对立无处不在体现。斯派尔大教堂与阿尔皮斯巴赫修道院教
堂两座建筑之间的对立清楚地反映了这种关系。两座建筑均代表高端
建筑，却具有完全不同的特征。斯派尔从细节和装饰方面宣称帝国的
不朽权威，而阿尔皮斯巴赫、沙夫豪森或鲍林泽拉则最大程度地体现
了简洁和质朴。

沃尔姆斯（Worms）圣彼得大教堂西唱诗堂，
十二世纪末建造。

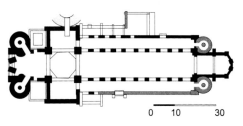

沃尔姆斯圣彼得大教堂，平面图

霍恩施陶芬晚期的罗马式建筑

　　施陶芬时期包括整个十二世纪和十三世纪早期，德国和意大利可以找到许多这一时期的艺术杰作。当时，贵族和骑士阶层开始成为文化事业的赞助者。在德国，艺术中心继续位于莱茵河地区，正如在加洛林与萨利王朝时期一样。特别是在科隆、莱茵河中上游地区，以及狮子亨利公爵的撒克逊地区，开拓性的新风格建筑不断涌现。最初，萨利式风格仍然根深蒂固。一直到施陶芬王朝后期，即十三世纪早期，施陶芬式风格与法式拱形建筑有了深入交流，才达到其鼎盛时期。外部结构通常主要是由东西两端相同的塔楼群构成，而正面则更深层次、更立体地进行连接。连接的主要元素为成对或成排的小拱券（一种建筑结构），上方依次架有稍大一些的拱券。通过假拱与成排立柱对墙面进行分隔，假拱与立柱以阶梯方式层层向内凹进。

玛丽亚·拉赫修道院（Maria Laach）——施陶芬修道院教堂代表

　　完整形式的罗马式教堂的本质特征一直保存在艾弗尔（Eifel）玛丽亚·拉赫本笃会修道院中（1093年奠基，见第59页图）。西唱诗堂、中堂及地下室于1156年建成，而东部唱诗堂则一直到1177年才完工，位于西唱诗堂前方的前庭是在十三世纪增建的。长方形会堂包括设有五间横向矩形跨间的中堂、各带五间矩形跨间的两间侧堂，以及双耳堂。这与基于交叉部方形单元模数的比例体系（见第48页"约束体系"）完全不同。从一开始，教堂的设计就包含了拱形结构，尽管非矩形跨间的拱形建筑确实会引起一些问题。拱顶外观为纵向筒形，弦月窗的弧形下表面已开凿出。与斯派尔大教堂相比，内部空间又大又低。拱廊的拱券和高侧窗不连贯地在墙上凿出，中间没有任何连接。施陶芬建筑的早期特征就是结实有力的立面及严格统一的墙面。外部则为典型建筑结构，东西唱诗堂上方建有塔楼群，彼此保持平衡。高且细的塔楼矗立于东部唱诗堂与耳堂之间的拱角上。十字交叉部上方以一座破损的八角楼作为封顶。圆塔与西部耳堂端相连，而十字交叉部上方矗立着一座方塔，塔顶盖有一个由四个菱形构成的屋顶。东西唱诗堂的设计有意识地突出了雄伟庄严、成群的高耸结构。变化的立体形式形成了鲜明对比，窄而平的柱条将外观表面细分成垂直的矩形区域，通过圆拱饰带在顶部终止。其施陶芬式特征在圆拱饰带中显而易见。饰带并不是简单地从萨利时期建筑墙面上突出，而是搁在小型支柱上，通过细微的装饰细节使外表变得活泼生动。无论是柱条、圆拱饰带或是假拱，各个单独的形状或组合均融合到强度与张力完美结合的单元中。

玛丽亚·拉赫本笃会修道院教堂，西
北向视图，平面图。
1156—1177 年（东部唱诗堂）建成。

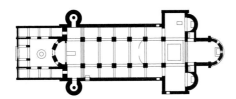

阿尔萨斯罗塞姆（Rosheim）
圣彼得与圣保罗教区教堂，
十二世纪中后期建造，
西南向视图。

阿尔萨斯罗塞姆
圣彼得与圣保罗教区教堂，
中堂东向视图。

砖石建筑作为一种造型材料

这种对于成群高耸建筑的喜爱，在沃尔姆斯大教堂（见第58页图）中进一步表现出来。该教堂于1120—1130年间修建。除了西唱诗堂，整座建筑肯定是在1181年完工的。该教堂是三座帝国大教堂中最小也是最后的一座，也是在施陶芬晚期建筑概念方面，风格最统一而且最清晰的代表性建筑。设有一间中堂和两间侧堂的长方形会堂，采用交叉部的方形单元作为建筑比例依据进行建造，也就是说，五间方形中堂跨间对应十间侧堂跨间的比率。东端有一间耳堂和一间较窄的半圆形后堂。耳堂延伸至方形的唱诗堂前厅跨间。东端后堂从外观上看不出来，因为东部唱诗堂被一堵笔直的墙隔开了，并且两侧边缘建有圆塔。教堂西面的中堂以一间多边形唱诗堂收尾，两侧同样建有圆塔。圆塔位于侧堂边界线上。多边形唱诗堂末端是一个全新的特征，因为当时仅有半圆形后堂或平房式唱诗堂。多边形唱诗堂是源于法国的一种建筑特征，直到十三世纪初才开始在德国流行。沃尔姆斯大教堂唱诗堂的直接原型是巴塞尔大教堂的唱诗堂。由于建设期相对较短，沃尔姆斯大教堂的内部并不统

一，然而这并不影响空间效果。教堂正面图参照了斯派尔与美因兹皇家大教堂。内部空间充斥着巨大沉重的支柱，雄伟的四分肋骨拱从圆凸线脚柱头及华丽造型的檐口上凌空飞架。尖形和圆形壁联为墙面增添了强烈的浮雕感。东面唱诗堂采用夹石层肋骨拱，中堂采用带状肋骨拱，反映了阿尔萨斯与勃艮第教堂对其的影响。而在西唱诗堂中可以看到施陶芬建筑的最新进展，这里将砌石工艺发挥到极致。石制品发展成为一种可以进行雕刻的材料，各部分可单独塑造。更引人注目的还有对美化墙缝的偏爱，以及用装饰物覆盖外墙均匀部分的做法。

该建筑表面特点就是巧妙地运用了各个部分雕刻带来的光线和阴影，尤其是在低矮墙式外通道上。尽管如此，这种设计实际上并不是为了让墙壁看起来更光亮一些，而是为了突出墙壁的力度。这是一种几乎不属于建筑的晚期风格，却体现在沃尔姆斯大教堂西唱诗堂中，同样是美因兹大教堂西唱诗堂的一个特点。墙面用壁龛和楼廊进行分隔，其中嵌入窗户，装饰以雕刻般的花边，但仍旧保持了其稳固性。这些罗马式晚期建筑的实例出现在伟大的盛期哥特式大教堂在法国建造的时期。

上莱茵河南部地区的施陶芬建筑中心

在施陶芬王朝的核心地带之一——阿尔萨斯，有很多十二世纪修建的新教堂。所有这些教堂的共同特征就是采用了肋架拱顶。一个典型的建筑景观特征就是建筑物内部与外部存在鲜明的对比。阿尔萨斯的教堂内部看起来相对厚重而紧凑，但外观华丽，装饰豪华。萨利王朝时期已出现过的双塔式正面在十二世纪得到进一步的发展。由于受到斯特拉斯堡大教堂和巴塞尔大教堂的影响，塞莱斯塔（Sélestat）、劳滕巴赫（Lautenbach）及盖布维莱尔（Guebwiller）的教堂均修建了双塔式正面。与之类似的是十字交叉部塔楼的流行。阿尔萨斯地区修建了大量这类塔楼，例如塞莱斯塔、阿格诺（Haguenau）、鲁法克（Rouffach）、盖布维莱尔及罗塞姆都有多层八边形交叉部塔楼。选用的平面图毫无例外都是长方形会堂式，包括中堂、两边的侧堂、耳堂、唱诗堂跨间、主后堂及耳堂侧翼上的侧后堂。中堂的方形十字交叉部用作建筑比例的基础，并且运用了交替支撑韵律。

罗塞姆圣彼得与圣保罗大教堂建于十二世纪中后期，被公认为是阿尔萨斯地区最美的施陶芬教堂之一（见第60页左图）。包括中堂、两间侧堂、耳堂、唱诗堂跨间，以及半圆形后堂在内的长方形会堂，在外观上进行了奢华的连接和装饰。整个外观带有多样造型柱基、暗凹槽和柱条上方的圆拱饰带。西面的横向立面和主后堂装饰得尤其奢华。教堂包含一座很高的八边形十字交叉部塔楼。该塔楼在哥特时期进行了翻新。与盖布维莱尔或塞莱斯塔教堂中一样，十字交叉部塔楼上靠近屋顶的倾斜部分有一些人物塑像。教堂内部表现出墙面严格一致的特征。中堂盖有肋架拱顶，而侧堂则为弧棱拱顶。十字形墩柱与坐落在很高的柱基上，以巨大块状柱头装饰的低矮圆柱沿拱廊交替排列。

斯特拉斯堡大教堂的施陶芬式东部规模非常庞大。自十二世纪晚期起，在原萨利时期的平面图上修建了东部唱诗堂和耳堂。半圆形后堂直接与耳堂相连，四周围有一堵与沃尔姆斯大教堂中一样的矩形墙。高柱基支撑着巨大的支柱，而支柱又支撑着高拱和交叉穹隆。尽管角度明显很陡，但东面部分看起来十分突出，具有施陶芬时期的风格特征。

巴塞尔大教堂内部同样看起来庞大而有力。该教堂是1185年在一场大火后又重建的（见右下图）。在该教堂中，楼廊位于拱廊与高侧

哈尔贝施塔特（Halberstadt）圣母教堂（Liebfrauenkirche），
1140年左右建造，东向视图。

奎德林堡（Quedlinburg）
圣塞尔瓦蒂乌斯（St. Servatius）牧师会教堂，
1070—1129年建造，中堂西向视图。

窗之间。每间楼廊包括三道由一对细长圆柱支撑的拱，位于平坦的半圆拱形凹壁中。巴塞尔大教堂的建筑受到了众多影响，上莱茵河传统与来自法国和意大利的风格在这里融为一体。因此，它呈现了一些与众不同的东西：一种宏大、强劲的内部空间，这是上莱茵河施陶芬建筑的典型特征。巴塞尔大教堂楼廊毫无疑问对斯特拉斯堡和弗赖堡（Freiburg）的大教堂均产生了影响。后者的罗马式东部结构仿效的就是巴塞尔大教堂。

传统的约束——德国中东部

1237年，雄伟的班贝格新施陶芬式大教堂（见第61页上图）连带其众多塔楼举行了献祭仪式。十字形长方形会堂包括东面地下墓室、西面耳堂及双唱诗堂。东面唱诗堂自由表现了罗马式晚期风格并且通过典型的华丽雕塑将砖石建筑连接在一起，而西面唱诗堂则采用了法国哥特式早期风格。东后堂、中堂三角墙及东面细高的塔楼都建立在很高的基底上。后堂下部为半圆形，上部为多边形，连接完好，并且在多边形的各面上有一扇大窗户。成型窗户的拱腹上装饰有细长圆柱和绕在拱券上的串珠饰。窗户拱腹内空凹处以球形饰和圆花饰填充。这些细小的装饰构造出花边似的墙体，给建筑增添了巨大的表现力。中堂比例基于方形十字交叉部的模数，盖有六肋或四肋拱顶。巨大的统一墙面区域与拱顶相结合，从而形成一个宏大的空间，传达出相当大的权力和威严感。因此，内部与活泼地向上突出的外部相比，具有一种简朴而庄重的特征。

1140年左右，哈尔贝施塔特圣母教堂进行了重建，尽管中堂前方原来类似于西面塔堂的部分保存完好（见上图）。教堂展现了几种源于伊尔松建筑风格的建筑主题，例如带有成梯形排列的礼拜堂的东面唱诗堂或柱式拱廊。该拱廊并未与十字交叉部直接相连，而是经由一面很短的带状墙与交叉部拱廊分开。包括中堂、侧堂和耳堂在内的长方形会堂有一个方形的唱诗堂前厅。前厅侧面建有小唱诗堂。半圆形后堂与主唱诗堂、侧面小唱诗堂及耳堂东墙相连。中堂墙体及其平顶式天顶以墩柱支撑，具有一种几乎无法察觉的韵律。使用方形与矩形两种墩柱，从而形成非常精细的交替支撑体系。而且，墙体连接非常少。仅在教堂东部盖有拱顶。交替支撑和平顶式天顶等至今留存的奥托式建筑传统与德国南部地区的影响完美结合在一起，例如教堂东部结构就受到了伊尔松学派建筑的影响。德国南部地区建筑的这种变形

柯尼希斯卢特（Königslutter）原圣彼得与圣保罗本笃　　柯尼希斯卢特修道院回廊。
会修道院教堂。从1135年到十二世纪晚期建造。
东向视图（下图），主后堂的半圆拱式饰带（上图）。

值得被仿效，这一点非常重要，因为正是这类修道院建筑使得平顶天顶式长方形会堂能继续存在。这一点同样适用于奎德林堡圣塞尔瓦蒂乌斯牧师会教堂（见第62页下图）。该教堂采用了与希尔德斯海姆圣米迦勒教堂中同样的撒克逊式交替支撑体系。

建于1130—1172年的希尔德斯海姆圣戈德哈德长方形会堂包括一间中堂和两间侧堂，同样采用了圣米迦勒教堂中的双交替支撑体系。其中特别重要的建筑就是唱诗堂（见第25页图），因为这是德国首次在唱诗堂四周修建了带半圆形礼拜堂（圆室）的回廊。这座回廊的灵感来源于法式建筑。在法国，自十世纪起这种圆室就已比较流行。圣戈德哈德教堂是这一建筑类型在德国的唯一代表。一直到哥特时期，这一类型的回廊才再次被应用，同样还是受到法国建筑的直接影响。

莱茵河畔的晚期施陶芬式建筑——与法国的相互影响

柯尼希斯卢特圣彼得与圣保罗修道院教堂是施陶芬式建筑的晚期代表，该教堂由洛塔尔皇帝于1135年至十二世纪晚期修建（见左上图）。唱诗堂与耳堂盖有弧棱拱顶。一方面，平面设计（包含两间位于主体结构两侧的唱诗堂）仿效了伊尔松学派的建筑式样——一种与帝国相反的建筑概念；另一方面，完好的连接清楚地显示了帝国的主顾委托建造该建筑物的意愿。东面主后堂的详细连接方式是典型的施陶芬晚期建筑风格。主要采用壁联和半圆拱檐壁进行连接，而墙体则以其风格进行雕刻装饰，利用古典装饰物表达出皇权。与斯派尔大教堂中的一样，古典装饰是由伦巴底石匠们完成的。

博伊尔－施瓦茨海因多夫的圣克莱门斯
帕拉丁教堂，1150 年与 1173 年建造。
东北方向外观图。

科隆大圣马丁教堂，原本笃会修道院教堂。
1150—1172 年建造，东南向视图。

下一页：
林堡（又称拉恩河畔的林堡，"Limburg
an der Lahn"）大教堂，原圣乔治与
圣尼古拉牧师会兼教区教堂，1215—
1235 年建造，西北向视图。

位于波恩附近的施瓦茨海因多夫（Schwarzrheindorf）圣克莱门斯教堂（St. Klemens）原先是一座帕拉丁礼拜堂，最早由科隆大主教阿诺尔德·冯·维德（Arnold von Wied）于1150年左右修建，但在1173年被改建成一座修女教堂（见左上图）。平面图以美因兹大教堂圣戈德哈德礼拜堂为基础，尽管圣克莱门斯教堂为十字形。在东面后堂的方向，建筑内部上下两层相通，从而形成一处宽敞空间。正是在此处，于1173年前不久建造了莱茵兰的第一个肋架拱顶。外部连接壮观而简洁。礼拜堂的下部墙体基本上没有进行装饰，但上部却全部进行了华丽装饰。一条低矮墙式外通道环绕整座教堂，上方盖有狭窄的屋顶。教堂主体结构耸立在通道上方，顶部是一座位于建筑中部上方的巨大塔楼结构。

华丽的表面比同一时期的另外一座教堂——玛丽亚·拉赫教堂要复杂精致许多。建筑物上层的窗户形状具有自己的风格。窗户不再是简单的圆拱形，而是完全与众不同的手法主义风格形状——四叶形或扇形。在后来的下莱茵河建筑中，这种窗形再次流行，并且出现了很多变化形式。

波恩大教堂（见第66页图）的外部连接显示出进一步的发展与完善。东面唱诗堂和半圆形后堂于1166年建成，而耳堂、中堂及位于矩形墙内的西面半圆形唱诗堂直到1224年才建造完成。塔楼与后堂位于一座单独的高基底上方，与上面两层的假拱一起为东端营造出统一性。后堂顶部建有一条低矮墙式外通道。教堂内部，东面唱诗堂看起来低矮而沉重。相反，中堂却雅致而明亮。这是因为

波恩圣马丁大教堂，1166年（东部），1224年（中堂与西唱诗堂），
东向视图（左图），三部式墙立面（右上图）。

林堡大教堂（右下图），原圣乔治与圣尼古拉
牧师会兼教区教堂，1225—1235年
十字交叉部视图与四部式墙立面。

在宽拱廊与三部式高侧窗之间增加了一条假的高拱廊。高拱廊从墙
面上缩进，但不能作为通道使用。高侧窗中继续采用较低的两楼双
层设计，带尖拱的小立柱林立在墙面上。波恩大教堂墙体构造的灵
感来自卡昂（Caen）圣三一教堂（Sainte Trinité）的设计，经修改
而形成一种晚期罗马式风格，墙体结构显得过分脆弱且单薄。这种
包含连拱廊、高拱廊及高侧窗在内的三层式样在莱茵河宗教建筑中
非常流行。高拱廊的一种常见替代物就是楼廊。楼廊首次在科隆圣
乌苏拉教堂中采用。施陶芬晚期时期形成的楼廊层结构同样出现在

拉策堡（Ratzeburg）新教教堂，原圣母玛利亚与圣约翰教堂，1160（或1170）年——1215（或1220）年建造，南面视图。

耶里肖（Jerichow）原圣母玛利亚与圣尼古拉普雷蒙特雷修会联合教堂，1144 年后的中堂视图。

莱茵河畔的科隆圣格利恩教堂、巴哈拉赫（Bacherach）、安德纳赫（Andernach）及诺伊斯（Neuss）。

圣乔治牧师会教堂（见第65页图）得到了进一步的发展。该教堂始建于1215年，于1235年举行献祭仪式，然而却直到十三世纪中期才建成。利用四层结构将两种立面结构——高拱廊与楼廊结合在一起。这是一种受拉昂（Laon）早期法国哥特式风格启发的设计。高拱廊位于楼廊与高侧窗之间。不过，总体上，四部式立面看起来比法国的同类建筑更厚重、更牢固。尤其值得一提的还有该教堂建造于岩层露头之上，景观非常迷人，连同其多座塔楼，给人极强的视觉冲击力。

这些建筑理念在科隆圣阿波斯坦教堂（见第53页图）和大圣马丁教堂（见第64页图）"全面开花"。这些宗教建筑结构的起源都离不开科隆传统，就像在这两座教堂中看到的一样，像卡皮拉尔圣母教堂的三叶草（苜蓿叶）式样概念再次被接纳。大圣马丁牧师会教堂是在1150年被烧毁的教堂旧址上修建的，于1172年举行献祭仪式。

后堂为三个半圆形穹顶结构（包括筒形拱顶式小前室）。后堂围绕在方形十字交叉部四周，而在十字交叉部上方矗立着巨大的塔楼及其附属的四座细高的八角形楼梯小塔。在十九世纪扩建大教堂塔楼之前，这座塔楼在科隆独树一帜。与庞大的东端及其高塔相比，中堂和侧堂看起来不过是附属建筑。半圆式假拱廊将半圆穹顶式后堂分成三层。位于横饰带上方的低矮墙式外通道围在教堂东部四周，从而将

教堂的各部分结合成一体。华丽的连接结构一直延伸到建筑物顶部。科隆教堂的显著特征就是两层墙体结构，在教堂室内外均有体现。因此，厚重的墙体被赋予了必要的稳固性，但同时看起来又很轻巧。拱券背后的凹壁或过道增添了十字交叉部的这种轻盈效果，并一直延伸至天顶。

这类墙体的连接方式受到诺曼底式建筑的影响，并且为施陶芬式建筑中与众不同的内部空间增添了几许优雅。

受狮子公爵亨利的影响，北日耳曼罗马式砖砌建筑

下萨克森的艺术中心位于归尔甫派成员狮子公爵亨利的大本营——不伦瑞克（Brunswick）。不伦瑞克大教堂在1173—1195年间以一种统一的风格进行重建。因其庄重和简朴性，以及沉重且几乎不相连的外观，建筑物看起来有点陈旧。十字形长方形会堂的比例根据方

形十字交叉部设计，整体呈拱形圆顶结构。教堂中堂支撑为交替体系，尽管其中间的支撑物不是圆柱，而是没有壁联的支柱，看起来像只是墙体的组成部分似的。它们与仅起采光作用的高侧窗和筒形拱顶结合在一起，形成一处巨大的、近乎洞穴状的室内空间。与这种有力且巨大的内部空间相配合的是光秃秃的石砌外观，仅靠少数的柱条或圆拱饰带进行点缀。北部不伦瑞克的严谨与南部沃尔姆斯的丰富共同组成了多样的风格形式，即施陶芬式建筑。

在日耳曼北部地区，砖块成为宗教与世俗建筑中最受欢迎的建筑材料。在最初使用了凿石后，砖块便用于耶里肖普雷蒙特雷修会教堂中。该教堂于1144年之后不久开始修建。这座建筑带有平顶式天顶，采用了伊尔松式简朴而严谨的形式（见67页右上图）。自古典时期后期以来，砖结构建筑技术并不是纯粹只用砖作材料，直到普雷蒙特雷修会与西多会修士才开始使用，因为北部地区缺少凿石。

西多会建筑

克吕尼修会古老理想世俗化的呼声（通常在极其壮观的克吕尼修道院里即可看见）促使一群修道士于十二世纪在西都（Cîteaux）建立了一座新的修道院。修道院遵循严格、苦行僧式的生活方式。1113年，克莱韦尔的圣贝尔纳加入该教会，并在很短的一段时间内，使教会大为兴旺。在贝尔纳的领导下，新建了500多座西多会修道院，所有修道院都灌输相同的苦行精神。这些建筑全都很简单和简朴，与西多会的教会观念一致。塔楼是不容许修建的，只可以修建屋脊小塔，小塔作为钟楼之用，并且仅能够稍微地突出屋脊一点。因此，西多会教堂大体上是一类低矮建筑，并且没有任何塔楼或突出结构。教堂内部的大部分装饰细节也被省略了。

莫奥尔布朗西多会修道院几乎保存完好。包括主建筑和附属建筑在内的建筑群在风格或年代上并不是统一的。修道院的中心包括教堂及毗连的作为修道士专用区域的禁地。离中心稍远的地方有内务室、花园、墓地及医务室。整个修道院被围墙包围，与外部隔离。包括中堂、侧堂、耳堂及平端式唱诗堂在内的长方形会堂原本盖有平顶式天顶，与贝本豪斯（Bebenhausen）西多会修道院教堂中的天顶类似（拱顶是在之后添加的）。

莱茵高（Rheingau）埃贝巴赫（Eberbach）修道院展现了与莫奥尔布朗修道院同类型的平面图，只是建筑物的比例是基于方形十字交叉部，并且建筑盖有弧棱拱顶。修道院教堂于1135年奠基，于1150—1178年间建造，至今保存完好，而且除了在侧堂增加了几间哥特式礼

莫奥尔布朗原西多会修道院，
修道院区域和西端入口门廊。

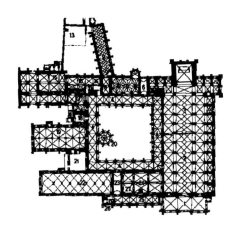

莫奥尔布朗修道院教堂，
平面图（左图），门廊内景（右图）。

盖尔恩豪森（Gelnhausen）皇宫遗迹，
十二世纪下半叶，
主楼、包括礼拜堂与塔楼的大门。

盖尔恩豪森皇宫遗迹，
主生活区连拱廊。

盖尔恩豪森皇宫遗迹，
墙体局部。

拜堂之外，之后并没有作出任何改变。矩形壁联从墙上拱墩顶部升起，支撑着弧棱拱顶间的横隔拱。每间跨间有两扇高侧窗，清楚地表明从最初的设计开始，结构就被设计用于为弧棱拱顶提供空间。西多会设计的典型特征在这座建筑中非常明显，即非常简单的连接、相对较少的装饰，以及清晰而简朴的室内。施陶芬时期的独特特征是低矮而沉重的内部及统一的建筑外表，显示出一种简朴的庄重性。

罗马式非宗教建筑

　　住宅建筑物与防御性建筑是中世纪非宗教建筑中最重要的两项。其简朴特征源于筑有防御工事的城镇和城堡，住宅区与防御区最大限度地相互进行功能协调。自中世纪早期起，帝国统治者一直偏爱以宫殿作为住宅场所。这些住宅的德语词语"Pfalz"（宫殿）也源于拉丁词语"palatium"。这些皇家宫殿建有宽敞的大厅、有屋顶的长廊、礼拜堂，以及前庭，遍布全帝国各地，因为这一时期皇帝倡导一种逍遥的生活方式，并没有固定的政治中心。国王执政多年，可以把这些宫殿全都依次造访。附属于宫殿的内宫用于满足宫廷的需求。彼此相连的建筑物的布局以罗马、拜占庭以及日耳曼的建筑为原型。

　　亚琛的查理曼大帝皇宫，及其功能性建筑的规模、性质、基本特征早已人尽皆知。在康斯坦茨湖畔的博德曼（Bodman）行宫，以及位于英厄尔海姆（Ingelheim）和奈梅亨（Nijmegen）的加洛林王朝宫殿

中，出土文物显示了有关宫殿结构与功能的有用信息。戈斯拉尔皇宫（见第71页图）于十一世纪上半叶，奥托三世与亨利三世统治时期进行修建。皇宫的部分大厅结构可追溯至这一时期。1865年，宫殿采用浪漫主义风格进行大范围的修复和改建，从而得到现有的皇宫面貌。

　　1158年首次提及的盖尔恩豪森皇宫遗迹（见上图）被认为是德国最美且最具有艺术价值的皇宫之一。1170年前，腓特烈一世（Frederick I）获得该宫殿，作为自己的封地。众所周知，几位日耳曼帝王曾居住在此。有时该宫殿还用作帝国议会举行之地。十九世纪，人们对宫殿遗迹进行了修复。

　　城堡的建造原则是根据地形的特征决定的。南欧与西欧追求尽可能标准的总体设计。而在北欧，尤其是在德国，城堡被设计成景观的有机组成部分，其防御性能适合普遍的地形。环状城堡由围墙和环绕的建筑物组成，位于一处四面八方受到同等保护的场所。地势平坦地区的城堡四周会有一条护城河环绕；而山顶上的城堡则可方便地以陡峭的山崖提供行防护。分开修筑的城堡主垒通常作为最后的避难所之用，而非第一道防线。因此，主垒上层结构有时修建成住所。主楼还应覆盖住宅区，包括主厅及若干供暖房间。城堡建筑是施陶芬时期取得的最重要的艺术成就之一。在十一世纪，城堡通常是功能性建筑。直到十二世纪，才发展出各种类型的独立城堡。最先出现的是塔式城堡。该类城堡可与法国的城堡主楼（见第174页及之后内容）相比。施

陶芬式城堡中增加了单独部分，从而构成一个延伸群体。城堡主垒被
设计成圆形、方形或者多边形，代表施陶芬式城堡的防御中心部分。

　　接待室与生活区位于单独的建筑——主楼中。主楼通常位于最里面
的城堡庭院中，置身于城堡主垒及城墙的保护之下。因为城堡不仅可以
用作住宅，还可以作为宫廷的代表，所以设计和布局应满足这些功能要
求。可供暖且用作住房的礼拜堂和会客室完整构成一座典型的城堡，这
种基础结构是所有城堡的标准结构，不论是皇宫、大臣华宅或拥有最高
统治权的王侯城堡都是如此。除功能要求外，还追求清晰的平面图
形式，尽管这总是要遵从地形因素。由此便有两类不同的选址方案：高
地与低地选址。位于山顶或岩脊的城堡代表的是最普遍的一类。有的可
能位于山顶，有的位于斜坡上。位于斜坡上时，城堡前方有一条沟渠，
而且有一堵巨大的城墙用于防护城堡和住宅区。山顶当然是最安全的城
堡所在地。主楼——住宅建筑位于长方形或多边形城墙的内侧，而城墙
的形状由地基性质决定。浮雕式砌石建筑让建筑物外观更雄伟和具有防
御性，是大多数施陶芬式城堡的典型特征。阿尔萨斯兰茨贝格城堡建于
十二世纪中期左右，城墙主要采用浮雕式石块建成（见左图）。

最左图:
雷根斯堡（Regensburg）的"鲍姆堡塔"（Baumburg Tower），
住宅楼，十三世纪中后期。

卡登（Karden），罗马式房屋（上图）；巴特明斯特艾弗尔（Bad
Münstereifel），罗马式房屋，1167（或1168）年（下图）。

弗赖堡，策林格（Zähringer）公爵所建城镇，
十二世纪上半叶，梅里安（Merian）版画，
1643 年。

中期，施陶芬家族才效仿策林格家族的榜样建立城镇，例如施韦比施格明德（Schwäbisch Gmünd）、罗伊特林根（Reutlingen）和阿格诺。然后，归尔甫家族创建了乌尔姆，而狮子公爵亨利建立了吕贝克。

策林格家族城镇规划为很大的椭圆形，四周围有坚固的城墙及城门和塔楼。一条宽阔的集市街道或两条垂直相交的街道确定城镇的布局。这几条街的尽头矗立着城门。与大街平行或垂直的是小街，而在小街背后是商人胡同。大街当然是大型集市区域。最后，在房屋与房屋之间留有教堂及墓地空间。

罗马式住宅很难保留下来，因为它们大多数是砖木结构建筑。只有一小部分石砌或木制建筑保存了下来，让我们至少能够稍微了解那时的房屋建筑技术。其中最古老的建筑要数可溯源至1167或1168年的巴特明斯特艾弗尔罗马式住宅（见左侧下图），以及1160（或1170）年的原奥伯兰施泰因（Oberlahnstein）门厅庭院。非常有趣的则是位于阿尔萨斯奥贝奈（Obernai）朝圣途中的一座壮观的石屋，它有一组双扇门三叶形拱的窗户，可追溯至1220年左右。另外一个例子则是阿尔萨斯罗塞姆的罗马式住宅（十二世纪晚期），那是一座塔形建筑，带有浮雕式墙角石。在一些日耳曼城镇中，仍残存着罗马式时期的重大住宅塔楼，例如追溯至十三世纪中后期的雷根斯堡鲍姆堡塔（见左侧左图）。埃斯林根的黄房子（Yellow House）建于1260年左右，是一座方形布局的晚期罗马式四层塔楼。塔楼的浮雕式石头立面上最突出的亮点是带尖拱的窗户。最后，已经证明有些位于埃斯林根、巴特温普芬（Bad Wimpfen）和施韦比施哈尔（Schwäbisch Hall）的砖木结构房屋可追溯至罗马式晚期。利用科学技术手段确定房屋建筑中所用木材的年龄，便可证明这一点。

主楼上层有四扇半圆拱式小窗户和带半圆拱饰带的凸窗。里博维莱（Ribeauville）乌尔里希堡（Ulrichsburg）教堂平面图完全适用于山地选址。十二世纪进行扩建，增加了一座主垒及其他建筑物。该教堂成为最好的施陶芬式城堡建筑典范之一（见第73页图）。

与城堡建筑一样，城镇建筑也是罗马风格晚期的一个重要特征。直到十二世纪早期，德国才有为数不多的几个城镇。它们通常全依赖于主教所在地或重要的商人定居地才得以存在。城镇经过很长时间逐渐形成，但并没有经过仔细规划。在十二世纪初期，情况发生了变化，出现了自古以来首次按照明确的设计图建立起来的新城镇。当时最重要的王室家族——施陶芬家族、归尔甫家族和策林格家族，建立了新城镇，从而巩固各自的领土并赋予其大量的特权。令人印象最深刻的城镇要属策林格家族建立的城镇，包括弗赖堡、威灵根（Villingen）、穆尔登（Murten）及弗里堡（Fribourg）。一直到十二世纪

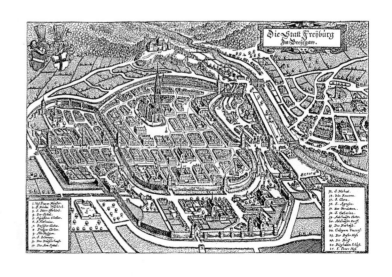

里博维莱，乌尔里希堡，十二世纪早期至十三世纪建造。

安韦勒（Annweiler）特里弗尔（Trifel）城堡遗迹。它是"施陶芬王朝时期最杰出的皇家堡垒"并且一度是皇室珠宝珍藏地。井塔（左下图）和礼拜堂凸窗（右下图）。

阿利克·麦克莱恩（Alick McLean）

意大利的罗马式建筑

1026年，阿雷佐（Arezzo）的主教泰奥戴尔杜（Teodaldo）（1023—1036年）委派建筑师马吉纳尔杜（Maginardo）到拉文纳（Ravenna）学习研究圣维塔莱教堂（San Vitale），并以此为蓝本修建阿雷佐大教堂（cathedral of Arezzo），同时让他借此机会完成建筑师学业。在泰奥戴尔杜主教的心目中，马吉纳尔杜是"最优秀的建筑艺术学者"（arte architectonica optime erudito）。阿雷佐大教堂在1561年遭到毁坏，但寥寥无几的教堂竣工资料仍显示，马吉纳尔杜在修建阿雷佐大教堂时，的确融入了圣维塔莱教堂的设计元素。他所采用的设计，对于了解罗马式建筑在整个意大利的发展情况，具有非常重大的意义。他把圣维塔莱教堂中央宫殿式礼拜堂的设计，与长方形教堂的设计结合在一起，从而使得他所建造的大教堂融合了宫殿风格特征。

参照另一座模仿圣维塔莱教堂修建的教堂，即建于200年前横跨阿尔卑斯山位于亚琛（Aachen）的查理曼大帝帕拉丁礼拜堂（Charlemagne's Palatine Chapel），就可以明显看出，马吉纳尔杜和泰奥戴尔杜建造这样一座具有大教堂和宫殿混合风格的礼拜堂，有其必然的用意。这座较早修建起来的加洛林王朝时期（Carolingian）教堂，比起泰奥戴尔杜修建阿雷佐大教堂在设计上的折衷要少些，尤其是它一开始就采用的完全集中式的设计方案，跟圣维塔莱教堂这座查士丁尼时期（Justinianian）建筑有着惊人的相似之处。公元800年的圣诞节，查理曼大帝登上西罗马帝国（Western Roman Empire）皇帝宝座，当时他就宣称，他在政治治国方面堪比东罗马帝王（Justinian），而他的帕拉丁礼拜堂，则在建筑艺术方面宣扬了他与这位古罗马基督教皇帝试比高低的决心。泰奥戴尔杜主教的阿雷佐大教堂回归到圣维塔莱教堂的设计蓝本，这就表明主教把自己当做罗马帝国时期基督教帝王的野心。然而，阿雷佐这座长方形大教堂镶嵌式的垂直设计方案，却跟其北方先驱查理曼大帝的教堂有着略为不同的设计意图：这座宫殿式的教堂不仅仅只是一座独立的教堂，还融入了一座可以向大规模聚集的会众讲道的建筑。因此，如果说圣维塔莱教堂是一座带基督式宗教特色的帝王宫殿，还不如说是位于传统的主教所在地、融合了社会和宗教权力及带有宫殿特色的宗教建筑。

十一世纪意大利的罗马式教堂，不论位于安科纳（Ancona），还是蒙蒂菲阿斯科尼（Montefiascone），或者更为著名的比萨，都采用了集中式和长方形会堂形式重复叠加的设计方法。这种现象说明，意大利的主教们在指定修建教堂计划及建造象征性建筑的时候，怀有雄心壮志，他们甚至不仅要跟过去神圣罗马帝国的建筑比美，还要与他们同时代的其他建筑争雄。他们坚持不仅借鉴罗马的教堂模

拉文纳（艾米利亚－罗马涅区）狄奥多里克的陵墓，
公元600—625年建造。

拉文纳（艾米利亚－罗马涅区）奥斯多克斯洗礼堂
公元五世纪建造
圆形建筑内部的马赛克镶嵌式装饰。

下图：
拉文纳（艾米利亚－罗马涅区）
加拉普拉西提阿的陵墓。
约425—450年建造。

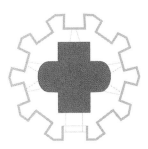

狄奥多里克的陵墓平面图

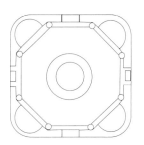

奥斯多克斯洗礼堂平面图

式，还借鉴了拉文纳的教堂模型，这表明罗马已再也不是罗马人的视角和思维习惯（Romanitas）的唯一参照样板。罗马帝国时期的建筑遗址至今仍然可在意大利半岛及整个阿尔卑斯山脉地区见到，只是某些地区，尤其是在拉文纳地区，那里的建筑遗址比罗马当地的建筑遗址还要保存得更完好。拉文纳后古时期的建筑，是意大利半岛保留最为完好的一部分建筑，它们的风格特征有助于确立拉文纳在意大利罗马式建筑中重要地位。另外，其追溯到罗马古代基督教统治时期的建筑风格，也是确立其重要地位的另一因素。而且，拉文纳的纪念性建筑不但具有罗马式和基督教的特征，还具有宫殿式建筑的特征。因此，如果要沿用东罗马帝王在拉文纳和君士坦丁堡确立起来的基督教皇家传统设计风格，那么拉文纳的建筑就提供了最为理想的设计模型。不仅如此，不论建于东罗马帝王时期之前或之后的建筑，都具有其独特的设计样式，因而很容易辨别，即使是建筑复制品也很容易区分。

它们都包含简单的大体积块状设计及明拱或封闭的拱券，比如狄奥多里克（Theoderic，见左上图）的陵墓和加拉普拉西提阿（Galla Placidia）的陵墓，以及毫无修饰的扶壁墩，比如圣维塔莱教堂的扶壁墩。它们的内、外部都同样以连拱廊装饰，比如拉文纳的奥斯多克斯

上一页：
威尼斯圣马可大教堂，始建于1063年
教堂内的马赛克镶嵌式装饰。

左下图：
圣马可大教堂，马赛克镶嵌的正门
1204年建造。

拉文纳（艾米利亚－罗马涅区）奥斯多
克斯洗礼堂和圣维塔莱教堂，526—547
年建造。教堂外观平面图。

洗礼堂（Baptistery of the Orthodox，见第75页图），或用马赛克的镶嵌作为装饰。马赛克镶嵌装饰后来在意大利罗马式建筑中广为运用，甚至在十三世纪及以后的哥特式建筑中仍继续得到采用，其原因主要是马赛克作坊传统工艺在东罗马帝国其他教堂和君士坦丁堡府邸上运用所产生的影响，以及马赛克作坊西拜占庭分支的镶嵌技师在威尼斯圣马可修道院（San Marco）的成功示范。

然而，这里所阐述的观点表明，拉文纳并非是意大利罗马式建筑设计的唯一参照模式，而在于指出源于古罗马不同时期和地域的多种可辨风格，构成了意大利罗马式建筑设计的参照模式。就像源于罗马这座城市本身的设计风格，不论圣彼得大教堂（St. Peter）的长方形或者十字形的设计方式，还是更早一些的异教圣殿的立面设计，或者是万神殿（Pantheon）的圆形设计，通常都会交替重复地出现于意大利的罗马式建筑中，比如阿雷佐大教堂。而且，意大利的罗马式建筑还受到了第三种迥然不同的风格影响，即另外一座伟大基督教传统城市——耶路撒冷的建筑风格。

接下来，人们就开始探寻长期以来，不同建筑赞助人在意大利半岛、西西里岛（Sicily）和撒丁岛（Arezzo）所采用的、结合的

和改造的不同建筑原型形式。正如阿雷佐大教堂一样，如此总结归类的最终结果显示，对这些建筑原型进行采用、结合和改造似乎并不只是出于正式建筑或技术方面的考虑，而更是受到建筑象征性意义的影响。正如汉斯·森蒂厄迈尔（Hans Sedlmeyer）和里夏德·克劳泰摩尔（Richard Krautheimer）在他们关于建筑象征学和影像学的研究中明确指出的那样，意大利的罗马式宗教建筑并不只是会众集会的场所，它们还可以跟会众对话，向他们传达特定信息，信息内容因规模、形式和会众的构成而异。基于会众规模及其重要性的不同情况，为了对建筑所传达的象征性意义进行调整，很多建筑都历经了几代赞助人和建筑师的设计改造，所以几乎没有建筑从未进行过改造而只以最初的形式存在。这些信息与建筑本源的结合虽不十分密切，但却从未间断过，从而表明了本土宗教机构甚至世俗机构和与政治、宗教或者道德秩序有关的三大本源（皇室基础、基督教皇权与使徒使命）的联系。在本章中，三大本源确立了建筑史的文化框架。这三种不同的象征性的结构虽然彼此融合，但十一世纪到十三世纪之间，在意大利的主教和神父、帝王和贵族、修道院院长和修道士、商人和艺术家的思维方式里，这三种结构却经常互相冲突。

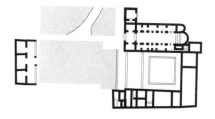

旁波萨（艾米利亚－罗马涅地区）修道院教堂（公元九世纪—十一世纪），从西往东看到的前厅和钟楼（左图），中堂和唱诗堂（下图），修道院的平面图（右图）。

意大利北部地区

拉文纳以北和以西的地区，被证明是意大利罗马和拉文纳式建筑艺术复兴的起点。长期以来，赞助人和建筑师对各种各样的建筑形式进行了采纳和改造，以迎合赞助人和公众的不同需求。所有意大利的城市中，与拜占庭文化保持最密切联系的城市是威尼斯。这座城市的建筑不仅在艺术和形式上，甚至在结构设计方面，都具有东罗马帝国时期及更早时期的古典建筑传统，同时又具有明显的地方特色，这就构成了该城市同时并存的建筑设计趋势。然而，威尼斯那时的主要教堂，在当时甚至现在都不算是一座大教堂，而是一座帕拉丁礼拜堂，即圣马可大教堂的总督礼拜堂。该礼拜堂始建于1063年，是为威尼斯选举出的世俗统治者而建的。礼拜堂的设计方案和内部装饰（见第76页图）显示出圣维塔莱教堂清晰明确的集中式设计风格与索菲亚大教堂（Hagia Sophia）的多穹顶设计和东罗马帝国时期五穹顶、六穹顶的希腊十字交叉部设计的结合，尤其是与君士坦丁堡的科隆圣徒教堂和艾菲索斯（Ephesus）的圣约翰大教堂（St. John the Evangelist）体现的后一种设计风格的交融结合。这座礼拜堂与其原型之间最大的不同之处在于，它与周围的圣马可广场有机地融合在了一起，这点可以从圣马可大教堂建于1204年、以马赛克镶嵌的正门（见第77页左下图）中看出。正门占据了教堂的整个东部侧面，它使教堂呈现出热情、友好的氛围，教堂东侧正门宽广，在吸引人的拱门之上有巨大的空间，同时，其圆顶结构与梅花状穹顶像星宿般高耸于周围城市建筑屋顶之上，成为城市的地标。教堂的内外部分看上去都好像是一个闪闪发亮的圣骨匣，非常适合于存放当时刚被偷窃而来的圣马可遗骨。公元九世纪，圣马可的圣人遗骨被威尼斯真正的实权所有者，即威尼斯商人（海盗）从埃及亚历山大偷运到威尼斯。圣马可大教堂内的圣人遗骨可以供公众瞻仰，这就使得圣人的遗骨及为保存遗骨新建的教堂，成为威尼斯整座城市的标志，而不只是城市的统治者或者主教的标志。

圣马可大教堂独特的结构特征和开放式的风格，暗示了在意大利结构性建筑中重复运用的一种建筑设计形式，即把建筑、社会、政治和宗教领域的革新相互融合在一起。整个十一和十二世纪，意大利的商人数量和其社会地位都在逐渐提高，这样的社会情况使得以上所述的各领域革新成为可能，也为修建意大利的罗马式建筑提供了资金来源。早期，大量商人开始出现在亚得里亚海的沿海地区。因此，这一地区的修道院不仅仅为当地众多的修士们所建，更多的是为世人修建和服务的，这种情况与当时横跨阿尔卑斯山的修道院截然不同。公元九世纪到十一世纪之间，本笃会的修士们在意大利南部地区位于波河（Po）入海口旁的旁波萨（Pomposa）建起一座修道院（见右上图）。

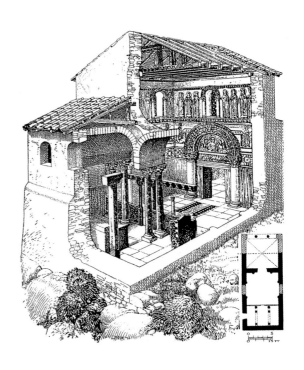

正如意大利北部地区加洛林王朝时期修建的早期修道院一样，这座旁波萨本笃会的修道院是一座具有多种功能的综合性建筑，它既是大面积范围农业种植的管理中心，又是研究修会厚重历史和基督教资料的图书馆，同时还采用了十一世纪阿雷佐的圭多（Guido d'Arezzo）创立的记谱法，是进行音乐创作和吟诵圣经《诗篇》的地方。这座修道院的门廊装饰得非常奢华、气派，其多层的伦巴底式（Lombard）钟楼高高耸立，这样的建筑风格鲜明地体现了它在当地的经济和文化活动中扮演的重要角色。该修道院甚至还专门建有一座为世人服务的建筑，即威尼斯风格的拉吉尼宫（Palazzo della Ragione）。教堂的砖体结构、盲连拱和扶壁墩借用了附近拉文纳地区的建筑特点，现在加盖了向西朝向的凯旋门，凯旋门没有采用古代的战利品进行装饰，而是以拉文纳马略尔卡（majolica）陶盘，以及源于商业贸易往来和伦巴底传统装饰风格的几何形装饰图案作为装饰。修道院还采用了与罗马圣彼得大教堂类似的凯旋门式门廊，这样的设计也似乎并不只是巧合。在修建修道院门廊时期，尽管阿博特·圭多（Abbot Guido）来自于拉文纳，但他却成功地使修道院独立于拉文纳主教的管理，而使其归于罗马圣彼得大教堂的直接管理之下，并在自己的修道院内采用了其母堂的设计样式。

砖体结构、拱形挑檐、原始的装饰形式及其顶部的钟楼，也让人联想到了跟罗马、拉文纳和耶路撒冷一样，对意大利罗马式教堂的建造和装饰产生了同样影响的另一类建筑流派，也就是伦巴底流派。伦巴底人是东北部阿尔卑斯山以北地区日耳曼人的后裔，伦巴底国王阿尔博因（Albonio）于568—572年发起对意大利的进攻，后来他在威尼斯泻湖以北的奇维达莱（Cividale）和阿奎莱亚（Aquileia）建立起政权中心，并占领了波河以西的大部分地区，以及从北部的科摩（Como）到最南端的大片地区，把拜占庭的埃克撒克特（Exarchate）包围在其中。位于奇维达莱瓦尔（Valle）的圣玛利亚圣殿（Tempietto of Santa Maria，见右图）大约建于公元762—776年（？）之间，这座圣殿是结合了拜占庭甚至撒拉逊（Saracen）风格的早期伦巴底奢华装饰风格的例证。拜占庭和撒拉逊（Saracen）的影响应该波及到了伦巴底人统治下的意大利南部地区。然而，更为典型的建筑风格，是起源于大约公元800年的米兰和帕维亚（Pavia）周围地区，在欧洲它们被称为"最早的罗马式"建筑风格。这种建筑可以在改造后的圣文森佐教堂（San Vincenzo）得到最好体现。该教堂位于普拉托（Prato），是一座米兰式长方形教堂，教堂大约修建于公元814—833年，在十一世纪经过了设计改造，但没有对教堂的原始设计进行较大改动。这种风格是从拜占庭的埃克撒克特发展起来的简化风格形式，它不仅源于上文所提到的宗教建筑，也源于公元712年以后为拜占庭拉文纳总督修建起来的总督宫（Palace of the Exarchs）。总督

宫的影响就在于圣文森佐教堂顶楼的盲连拱托臂支撑的拱顶，支撑拱顶的立柱要么抽象化为加固型半露柱，要不在开口墙的间隔内完全去除立柱。在普拉托圣文森佐教堂的主后堂里，这些连拱廊变为窗户，与盲连拱的支撑拱顶构成一体，形成一个连拱楼廊，这样的设计后来成为罗马式后堂的标志性风格，从意大利南部地区传播到伦巴底地区，然后又穿越阿尔卑斯山传播到西班牙北部、莱茵河谷，法国东部和诺曼地区，甚至传播到了匈牙利和达尔马提亚（Dalmatia）地区。

基于伦巴底风格并随之发展起来的罗马式楼廊、盲连拱、挑檐、扶壁和砖体结构等能获得成功，归结于当时实用、政治和象征意义方面的综合因素。虽然伦巴底国王和公爵们发起的诸多建筑项目的记录资料或残存资料不多，但从早期伦巴底时代位于其首都帕维亚的初级建筑管理机构，就可以看出他们对于建筑行业保护和尊重的态度。643年，伦巴底国王罗塔利（King Rotharis）确立了建筑师的权力地位。714年，利乌特普兰德国王（King Liutprand）颁布了具有法律性的建筑工程梯度价格目录，这些法律条款反映出在利乌特普兰德国王统治时期，对于整个意大利国内新建工程及改造工程的大力支持。如此的立法保护促进了罗塔利国王所称的"石匠师公会（Magistri Comacini）"的发展，该公会由伦巴底石匠师组成，是一个团结一致、训练有素的专业协会。虽然公会名称中包含的"comacini"一词可能来源于科摩的城市名称"Como"，但公会石匠师不仅限于科摩地区，但对于来自意大利半岛各个地区的泥瓦工匠来说，

维戈洛马尔凯塞（艾米利亚 – 罗马涅地区）
圣乔瓦尼修道院教堂和礼拜堂，始建于 1008 年。

80

阿尔美诺圣巴尔托罗梅奥（Almenno San Bartolomeo，位于伦巴底）
位于黎米尼（Limine）的圣托马索教堂（San Tomaso），
十二世纪建造。

穹顶内部（上图），
穹顶外部（下图）。

他们仍沉浸于罗马砖石结构的建筑传统中。伦巴底的国王们不仅对他们表示出尊重，而且还以法律的形式把他们组织成类似于行业协会的公会。

罗马建筑艺术历史久远但却日渐衰落，正是一个基于此建立起来的合法公会，使得早在七世纪兴起的意大利建筑行业，不仅在中心城市，而且通过石匠师们的匠人徒弟们，也在一些小城镇甚至乡村地区，重新恢复了生机和活力。然而，他们的建筑方法与其罗马的前辈们却有明显的不同。他们采用长条砖块或方形石块来加固碎石砂浆或者混凝土的墙壁，而他们的伦巴底前辈石匠师们却采用大断面的拜占庭式砖块来修建整个砖墙，而不用碎石填充。这样的方法大量简化了施工流程，使得模板工程这道程序变得没有必要。而且，该方法不仅适合小规模的建筑项目，对于大型的建筑工程也是同样有效，加工过的料石，甚至是挑选过的毛石都可以用来代替砖块。伦巴底的墙壁比传统的罗马式墙壁薄一些，这样就形成了精心装饰后的各类垂直扶壁。这样的设计最早出现于圣维塔莱教堂（见第77页图），该设计使墙面看起来更加坚挺，而拱形挑檐则起到了强化墙壁的上侧边缘的作用。

十一世纪初，罗马教皇开始执行新的宗教政策，这些政策大大拓展了伦巴底石匠师公会这个组织修建城市和乡村的建筑市场。就拿旁波萨修道院的例子来说，教皇们为了达到神学改革和临时管辖的新目标，开始赞助独立于地方主教的修道院基金会。许多修道院的院长，比如沃尔皮诺（Volpiano）的隆巴德·威廉（Lombard William），要么转到其他修道院担任新的职位，要么管理母堂之下的教堂或者修道院。这样，伦巴底的建筑方法和石匠公会的组织成员们，不仅在意大利，而且在意大利以外的其他地区迅速地传播和散布开来，比如始建于1001年、位于法国第戎（Dijon）的威廉修道院教堂（William's abbey church），以及远在法国诺曼的费康（Fecamp）城卫星修道院。这样，人口众多的意大利及意大利以北地区，过去以神圣罗马帝国国王和他们所任命主教的城堡为主要建筑特征，后来却成为了一个由设计简洁、建造精良、大有名气的修道院和教堂系统组织而成的庞大区域。因此，到了十一世纪末期，随着教皇和国王之间的紧张局面越演越烈，国王通过采用伦巴底罗马式的建筑方法和风格在领土上实施起自己的建筑规划，以实现象征性目的，作为一种回答方式，这也显得不足为奇了。

在意大利，伦巴底罗马式的建筑风格发展最早及最为纯正的地区，当属位于旁波萨以东的亚得里亚海（Adriatic）上方、有着337公里通航距离的波河流域。在该流域的大小城镇中心，使用红色波河河

81

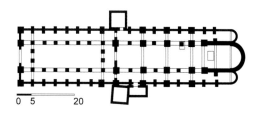

下一页：
米兰圣安波罗修教堂，中庭和西向视图。

谷砖砌墙、拱券和拱顶。反过来，利用这样的建造方法，以较大规模的象征形式（比如之前提到过的旁波萨修道院的门廊）来表现公共机构。在波河上游沿岸一个叫做维戈洛马尔凯塞（Vigolo Marchese）的小村庄，当地的封建领主马尔凯塞·奥贝托（Marchese Oberto），就采用这两种形式来新建圣乔瓦尼修道院（Abbey of SanGiovanni），即把传统的修道院建筑风格与当地建筑风格结合起来。除了这座修道院之外，还有一座同样叫做圣乔瓦尼的圆形礼拜堂，也结合了圣维塔莱教堂内拉文纳奥斯多克斯洗礼堂，以及可能是耶路撒冷圆形圣墓教堂（Holy Sepulcher，见第81页图）的风格特点。这座圆形礼拜堂的功能用途至今仍然是个谜：由于修道院礼拜堂数量稀少，一些学者认为这座建筑是间祷告室。然而，关于礼拜堂内早期洗礼池的记载表明，这座乡村修道院的大门虽然并不向附近的村庄开放，却对村庄的孩子们和皈依宗教者开放。

另一座位于维戈洛马尔凯塞的象征性建筑，是类似于旁波萨修道院钟楼的建筑，当然其用途也很明显。该钟楼跟整个罗马式建筑时代

意大利的其他钟楼一样，把罗马式的封闭式拱券和半露柱的多层设计，与公元八世纪老圣彼得大教堂著名的方形钟楼设计方案结合了起来。英诺森特二世（Innocent II）1134年颁布的教皇法令为该钟楼与梵蒂冈的早期联系提供了解释：正如旁波萨修道院一样，维戈洛马尔凯塞的圣乔瓦尼修道院，完全是属于圣彼得的遗产。

融合了伦巴底罗马式建筑风格与圣彼得大教堂建筑样式建成的教堂之中，规模最为宏大而且最具有重要性的教堂，要属位于米兰的修道院式长方形教堂，即圣安波罗修教堂（Sant'Ambrogio）。此教堂最初是用来安放殉道圣人普罗泰西乌斯（Protasius）和盖尔瓦西乌斯（Gervasius）遗骨的殉道教堂，它修建于圣安波罗修（St. Ambrose）时期，圣安波罗修在公元386年还把教堂封为圣堂。公元397年，圣安波罗修逝世，他自己也被安葬在这座教堂，教堂此后便更名为圣安波罗修教堂。公元784年，米兰大主教彼得主教，在该长方形教堂埋下准备新建的本笃会教堂地基。公元789年，查理曼大帝确定在此地基上进行修建，并在本笃会教堂的基础上增建了一所教士学院，以培养直接对城市公众进行传教的教士。这座长方形教堂和教士学院的修建，以及米兰公众人数的日益增加，导致他们不得不又在教堂的东端建起一座新的内殿和地宫，内殿和地宫是放置黄金祭坛的理想场所，该祭坛由822—849年在位的主教安吉莱伯特二世（Angilberto II）捐赠而建。不久以后，教堂南侧建起一座钟楼。钟楼的方形平面图、建筑材料、建造方法和装饰设计，使它成为保存至今的最早期伦巴底式钟楼，其设计也为前不久建成的圣彼得大教堂钟楼设计奠定了基础。1018—1050年间，复合式的半露柱被用以替代建于公元四世纪的立柱，为十二世纪在教堂的侧廊修建不带拱棱肋的拱顶，以及带拱棱肋的中堂创造了可能性。相同时期内，保留至今的中庭也被建成，1128—1144年间，中庭上方建起第二座更高的钟楼。后来，教堂西侧的部分隔间垮塌，十二世纪末期不得不对隔间进行加固和重建。1863年，教堂又被整体加以修茸改造。安波罗修教堂如此复杂而又连续的修建历史表明，教堂修士和教士的组织结构如何周期性地从建筑方面重新设计规划，以使教堂满足米兰这座政治、贸易和交通的中心城市，以及意大利与其北部地区的门户城市日益增加的公众人口需求。

到了十一世纪末期，伦巴底式的结构创新和罗马式的建筑语言已经在波河河谷很好地确立起来，而且开始被采用和改进，同时，它们也在意大利南北地区，甚至在伦巴底地区、艾米利亚-罗马涅地区和威尼托（Veneto）地区传播开来。科摩的圣阿彭迪奥教堂

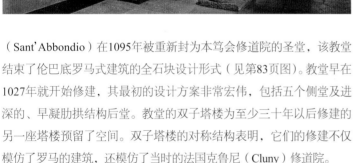

（Sant'Abbondio）在1095年被重新封为本笃会修道院的圣堂，该教堂结束了伦巴底罗马式建筑的全石块设计形式（见第83页图）。教堂早在1027年就开始修建，其最初的设计方案非常宏伟，包括五个侧堂及进深的、早凝肋拱结构后堂。教堂的双子塔楼为至少三十年以后修建的另一座塔楼预留了空间。双子塔楼的对称结构表明，它们的修建不仅模仿了罗马的建筑，还模仿了当时的法国克鲁尼（Cluny）修道院。

建于1100—1160年间、位于帕米亚的圣米谢勒教堂（San Michèle，见第85页图），是该地区建筑语言的另一种变异设计。该教堂有着跟圣安波罗修教堂同样巨型并跨越整个立面的三角墙，但立面却仍然以石头砌筑，上面饰有大量雕塑，并在倾斜的屋顶之下饰以较深的连拱廊。同样的设计模式也被运用到十二世纪修建起来的帕尔马大教堂（Cathedral of Parma）。该教堂项目中建于十二到十三世纪之间的八角形礼拜堂，采用了一种更为自由的立面和内部表达方式，其多层的横梁式楼廊上设计有精巧的连拱廊，连拱廊同时也强调了礼拜堂内八个墙面的边缘。帕尔马大教堂的门廊是一个单开间，对帕维亚的精致雕像进行了精简，用其表示一年中的月份。这样的设计也在洗礼堂里出现过。同样的门廊和雕塑设计也出现于其他的一些建筑，这是仅列举其中的一二，比如摩德纳（Modena）的鱼市场门（Porta della Pescheria）和费拉拉（Ferrara）的梅西门（Porta dei Mesi）。

十一世纪和十二世纪波河河谷地区的罗马式教堂具有浓重的雕塑性特征，从这方面来讲，它可以与意大利北部的教堂，比如相希

尔德斯海姆（Hildesheim）的圣米迦勒教堂（St. Michael）或者奥坦（Autun）的圣拉扎尔教堂（Saint-Lazare）相提并论。教堂的立面、门廊、铜门、室内柱头，甚至是地面和天顶，均以大型叙述性的植物雕塑设计进行表达。作为修道院和主教管理中心的城市吸引了大量的商人，以上设计的受众便是城市里数量日益增加的公众群体。农业作业工具和种植技艺的创新，以及农业生产日益完善的管理方式，尤其是修道院管理之下的农业生产，使得农业产出有富余，产量不仅能满足农奴、佃农和领地管理人员的需求，还足以为城市居民提供粮食。反过来，城市居民又为当地提供了劳动力，成为农业工具、衣物和奢侈品的劳动者和制造者，他们还是这些商品的进口商。威尼斯和托斯卡纳（Tuscan）地区，尤其是托斯卡纳地区商人们成功的商贸往来（我们将在下文讨论这个话题），以及日益成熟的交易方式，使得主要由许多农奴和农民构成的新阶层，开始远离他们生长的故乡，而他们不久前还是与土地捆在一起的农奴或农民。反过来，这样的远行也为社会带来了更多世故庸俗、狡诈诡辩的风气，同时带来了更多的财富。于是一些获得自由的男女，开始追逐他们他们自己对于物品和生活的独特品位，这样的品位在过去只是主教、修士或者贵族们的特权。我们之前已经讨论过建筑艺术转型的初级阶段，在该阶段中，宗教建筑不仅有建筑图像的形式，比如具有老圣彼得大教堂风格特征的塔楼和门廊，还有异教徒想象当中巨大而又奢华诱人的人物描绘方式，以便向更大范围的公共传达宗教思想。帕尔马大教堂的门廊、摩德纳鱼市场门及费拉拉梅西门上的月份图案，就代表了从过去想象中的恐怖形象设计，过渡到最初

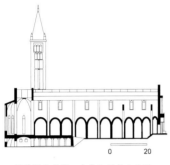

圣泽诺大教堂，中堂和侧堂立视图

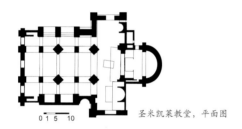

圣米凯莱教堂，平面图

呈现于希尔德斯海姆圣米迦勒教堂铜门之上更为成熟的叙述性设计风格。相较于圣米迦勒教堂的铜门，当时的雕塑还采用了农民的日常生活场景及农村的各种景象，因而显得更具有移情的表达效果。

十一世纪带有奇幻色彩甚至有些恐怖的雕像风格，在向十二世纪更具移情效果的雕像特征转化过程中，也伴随着建筑设计的变化。半露柱和盲连拱这两个意大利早期罗马式建筑的显著特征，也变得更加复杂，越来越多地从过去单纯结构性的系统设计发展为和谐、统一的表达形式。建筑设计的变化也伴随着当时音乐创作和交易方式的改变，人们不再采用以物换物的方式进行交易，而是基于抽象的、按比例换算大小不等的货币单位，比如里拉（lire）、索多尔（soldi）和德那罗（denar）等进行交易。

建筑设计发展的一个实例便是位于维罗纳（Verona）的圣泽诺大教堂（San Zeno，见右上图），该教堂是一座建在城区的本笃会的修道院教堂，在1123—1135年间建成为我们今天所看见的形式。教堂刻有图案的铜门和侧面大理石浮雕的镶板，均包含了一些象征性的场景，这些场景被分门别类后再被融会贯通到一起，讲述了《旧约》和《新约》故事，以及东哥德（Ostrogothic）国王和加洛林王朝（Carolingian）神话的叙述性章节。垂直的半露柱、立面的扶垛、教堂的侧立面和钟楼，让教堂的外墙划分为均等的几个部分，从而使外墙形成三个层次的韵律结构，分别为教堂主立面的三个隔间、侧立面的第四和第八个隔间和中部隔间，以及侧立面和钟楼的水平条纹部分。圣泽诺大教堂在伦巴底罗马式建筑结构之上进行了创新发展，把

帕尔马（艾米利亚－罗马涅地区）
大教堂的西立面，钟楼和礼拜堂。

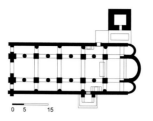

下一页：
摩德纳（艾米利亚－罗马涅地区）大教堂，
始建于1099年。西立面和平面图（左图）。

这座辉煌宏伟的建筑包括大教堂、钟楼和洗礼堂三部分结构，这三部分建筑的修建并没有同时进行：人们认为，大教堂的修建大约始于1090年，1130年的地震对教堂所造成的毁坏程度仍然存在争议，因为教堂也在1130年完工，所以可能毁坏的范围并不是很大。1170年，教堂增建了拱顶部分，几年以后，贝内代托·安泰拉米（Benedetto Antelami）主持了"码头改革（riforma del pontile）"，即对中堂和侧堂、地宫和唱诗堂的连接区域进行了改动。他还负责了教堂内半浮雕作品《下十字架》（Descent from the Cross）的修建，该浮雕于1178年开始创作，它原本是为教堂讲道坛（见第305页内容）设计，现在位于教堂南侧耳堂壁上。后来，安泰拉米又在帕尔马待了十八年，以主持大教堂洗礼堂（1196—1216年）的修建。最后，教堂的钟楼于1284年到1296年之间建成，教堂西侧小礼拜堂的扩建也在此期间进行。

帕尔马礼拜堂，门廊拱饰局部（顶图）
门楣中心局部（上图）

摩德纳（艾米利亚－罗马涅地区）大教堂
始建于 1099 年。十字隔屏和讲道台。

该结构单一的平面、三角墙、屋顶连拱廊、中庭和塔楼设计，转化为多重结构大小不一的主体层次。正如早在 100 年之前，阿雷佐的圭多在这间教堂附近的本笃会旁波萨修道院，创立起来的记谱法一样，圣泽诺大教堂水平和垂直方向秩序井然的符号标记，也把建筑和雕塑的元素以抽象化的叙述性方式快速地融合到了一起。

由于中堂多层次韵律化的分割，以及地宫带拱顶的隔间，圣泽诺大教堂立视图的平面抽象型特征到了教堂内部，突然就变得豁然开朗了。地宫占地面积很大，里面竖起的立柱看起来似乎没有边际。所以当教堂的修士们和本地的朝圣者来到这里的时候，会感觉时光倒流，觉得自己是在原始的教堂内祈福祷告。教堂地宫并没有层次结构的韵律变化，这样的设计解读为个人与永恒之间摇摆不定的关系，同时呼应了朝圣者与教堂赞助圣人金身遗骨的关系。中堂和教堂外观的层次构件取得的显著进步，绝不妨碍该教堂建筑本身能够继续传达城市和商业时代之前的信息。无论是教堂地宫仿古样式的柱头，还是早期基督教圣徒的古老肖像，都能传达这样的信息。早期基督教圣徒所救赎的对象不是劳苦、有德和精明之人，而是淫乱之徒和信奉身体器官和宗教建筑均有圣灵存在的盲信之徒。

圣泽诺大教堂外立面抽象化和叙述性的设计风格，刻意迎合了世俗众人与日俱增的成熟品位，显示出教堂的建筑师热切地希望俗人能够来到圣堂祈祷听道。然而，教堂内部地宫本身及其设计和效果表明，设计师在吸引众人进入教堂的核心部位以后，有意摒弃了世俗化结构次序的设计手法，而立即采用远古建筑手法和宗教信仰的表达方式，以情感和奇幻的场景代替理性有序的布局，从而唤醒信徒们泛神主义、恐惧和盲信等最原始的本能。

位于圣泽诺大教堂以南，距离流经圣泽诺大教堂的阿迪杰河（Adige）和波河交汇地不远处，有一座建于 1099 年到 1184 年期间的教堂，即摩德纳大教堂（Cathedral of Modena）。摩德纳大教堂内外部设计模式间的关联与圣泽诺大教堂截然不同，前者的外部立面通过采用以扶垛作支撑盲连拱的设计，来整合扶垛和条纹这两种巴比伦罗马式建筑的传统元素，而没有采用后者对这两种元素进行水平和垂直布局的设计方式。盲连拱、单拱券的弯曲部分再次细分成三扇窗户，三扇窗户的楼廊遍布整座教堂的外墙，再透过外墙延伸至教堂内部。然而，一旦到了教堂内部，半露柱的外层转变成了每两扇拱券出现一根半露柱这样的韵律，当然这样的排列布局比起哥特式拱顶显得更加无规律。教堂的内部楼廊仍然采用单拱券的三窗设计，但是这里的拱券却呈锯齿状，其周围是砖块砌筑的墙面，墙面上支撑拱顶的巨型半露柱排列整齐。中堂的末端是最后一扇三窗拱券，整个中堂一侧的墙面把三窗拱券环绕在其中。三窗拱券让参观者的视线透过瑰丽图案装饰的讲道坛和圣堂隔屏（见上图），透过猛狮哨位柱头支撑的立柱，看到承载着三角形后堂地宫拱顶的成组立柱和拱券。甚至在这个立柱和拱券构成的区域内，三对一的比例关系依然存在，这就使得地宫立柱的经典柱头与对立的动物柱头完美有序地融合到了一起。

圣泽诺大教堂远古神秘的地下工程设计特征，也出现在摩德纳大教堂的地宫内，但是地宫内摩德纳市的第一位主教，即圣赫米尼亚诺（Saint Geminiano）的祭坛同样采用了教堂三窗拱券的设计风格，这与神秘远古的设计风格不协调。摩德纳大教堂秩序井然、甚至带有经典主义的设计风格，表明了摩德纳市久远的居住历史，以及该地区与古代罗马的相互关联——维罗纳也与古代罗马有着同样的联系，但圣泽诺大教堂的设计并没有比较明显地体现这一点。摩德纳大教堂地宫与其立面设计的关联，体现出教堂与公众之间不同于圣泽诺大教堂与公共之间的关系，教堂不是要让公众被地宫的布局场景惊讶，而是要在教堂周围的地区，宣扬其神圣庄严的整体特征。关于教堂修建过程的详细记载，解释了为什么教堂与俗人公众间可能有着不一样的关系：从教堂修建之初开始，公众似乎就参与到了教堂的建设之中。1115 年以后不久，公众成立了一个自由公社，公社的常务会议可以投票决定教堂修建的各种问题。

罗马城外圣保罗教堂，1200 年建造。
回廊内的连拱廊。

罗马河对岸圣母堂，
约1148年建造，自西向东视图。

右下图：
福尔米的圣天使大教堂（Campania，坎
帕尼亚区）约1075年建造，自西向东视图。

罗马老圣彼得大教堂，始建于约320年。

左下图：
罗马科斯梅丁的圣玛利亚教堂
约1200年建造，自西北向东南向视图。

罗马圣克莱门特教堂，约1100年建造。图为教堂内景。

罗马城外圣保罗教堂1200年建造，回廊内大理石镶嵌详图。

佛罗伦萨（托斯卡纳）圣米尼亚托教堂，十一至十三世纪
高坛建造。

在公众与教堂牧师、建筑师兰弗兰科（Lanfrancus）、雕塑家维利杰尔莫（Wiligelmo）和卡诺萨的玛蒂尔达女伯爵（Mathilda of Canossa）共同努力之下，摩德纳大教堂成为所在地区的建筑新典范，当然可能是由于其创新性的设计风格，但更可能是由于建筑实用性方面的因素。尽管1117年还没有建成竣工，但该教堂却是波河河谷地区唯一一经受住了当年大地震的教堂，而格里摩那（Cremona）、皮亚琴察（Piacenza）和帕尔马大教堂，以及我们之前已经研究过的该地区大部分建筑，都在这次地震中严重受损或者完全垮塌。

罗马和托斯卡纳（Tuscany）

摩德纳大教堂拱券的运用，与卡诺萨的玛蒂尔达女伯爵统治前和统治期间托斯卡纳区亚平宁山脉（Apennines）地区修建的早期教堂建筑有着一定的关联。1069—1115年期间，卡诺萨的玛蒂尔达女伯爵统治着托斯卡纳和大部分艾米利亚-罗马涅地区。跟佛罗伦萨的圣米尼亚托教堂（San Miniato al Monte）、比萨大教堂及当时其他托斯卡纳教堂一样，采摩德纳大教堂采用了旁波萨修道院、圣安波罗修教堂以及当时和早期的罗马教堂 [如科斯梅丁圣玛利亚教堂（Santa Maria in Cosmedi）、河对岸圣母堂（Santa Maria in Trastevere，见第90页图）] 和老圣彼得大教堂等教堂中庭的设计元素。摩德纳大教堂效仿托斯卡纳的同类建筑，把本来与中庭立面分离的连拱廊拱券与教堂的西侧主立面融为一体，封闭式连拱上的浮雕彰显出中庭的深度和韵律。其结果就是在教堂单立面的厚度范围内，形成雕像式的入口，这样一

佛罗伦萨（托斯卡纳）圣米尼亚托教堂
十一至十三世纪建造，西立面图。

圣多梅尼科迪菲耶索莱（San Domenico di Fiesole）
（托斯卡纳佛罗伦萨）菲耶索拉纳修道院（Badia Fiesolana）
1025—1028 年及以后建造，修道院正立面图。

佛罗伦萨圣乔瓦尼洗礼堂，
十一至十三世纪建造，
外部和内景图。

佛罗伦萨圣米尼亚托教堂内景，东向视图。

圣米尼亚托教堂，地宫平面图。

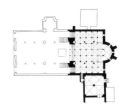

靠近丘斯迪诺（Chiusdino）的蒙特（托斯卡纳）圣加伦加诺教堂，约1185年建造，
内部和外部视图。

右下图：
皮斯托亚（托斯卡纳）圣乔瓦尼教堂，十二世纪中叶建造，正立面局部图。

来就可以抽象地把象征意义直接突显于教堂周围的空间。正如佛罗伦萨的礼拜堂、比萨大教堂、卢卡广场（Foro in Lucca）的圣马蒂诺（San Martino）和圣米谢勒教堂（San Michèle）、皮斯托亚（Pistoia）的圣乔瓦尼教堂（San Giovanni Fuorcivitas）、普拉托圣斯特凡诺大教堂（Santo Stefano）的入口设计一样，凯旋门拱券上的雕刻也出现在教堂所有可见的立面上，包括高高的盲连拱和与楼廊等高的拱券枕梁中楣或者凹进的连拱廊。这样就形成了更加结实、牢固的墙壁结构，墙壁加固和加厚的方式与早期伦巴底式的设计相同，但引人注目的是摩德纳大教堂能在地震中屹立不倒，说明它具有更强的抗震能力。教堂能经受住1117年的大地震，似乎也是对该种教堂风格的认可：托斯卡纳式的盲拱券教堂采用了比意大利北部同类教堂更古典化的结构设计，有时候还采用精心雕琢的科林斯式或复合式柱头来支撑和谐的浮雕拱券。托斯卡纳的罗马式教堂立面设计的精巧奢华，很多情况下几座教堂的立面彼此相连，并排朝向街道和广场。这些教堂的外部跟摩德纳大教堂的讲道台、圣堂隔屏和门廊的外表面一样，采用珍贵的大理石作为装饰。如此一来，几座教堂并列连在一起，其富丽堂皇的整体立面便呈现出堪比罗马圣殿、凯旋门和圆形露天剧院的综合效果。佛罗伦萨的洗礼堂（见第92页右上图）把这种效果演绎得尤为真实经典，甚至最早从十四世纪早期的乔瓦尼·维拉尼（Giovanni Villani）开始，后代子孙便误以为该建筑是罗马古代的战神庙。

值得注意的是，本章节所展示的托斯卡纳教堂图片，在外部立面的古典元素和结构组成方面，甚至超过了当时罗马的教堂。它们与十五世纪佛罗伦萨教堂的设计如此相似，所以一些更具目的倾向性的建筑史学家，给这种风格取名为"早期文艺复兴式（Proto-Renaissance）"。罗马十一世纪和十二世纪的纪念性建筑，采用了跟托斯卡纳地区建筑相似的精心设计方式，但更多的是其内部设计方面的相似之处，比如城外圣保罗教堂（San Paolo fuori le Mura，见第89页图）的回廊和圣克莱门特教堂（San Clémente）的中堂立柱、唱诗堂、后堂，以及这些教堂和当时其他一些罗马教堂的哥斯马特式（Cosmatesque）地板。然而，这些罗马教堂的门廊或中庭，把教堂珠宝般瑰丽堂皇的圣殿内部与教堂以外的城市环境（与我们在米兰或旁波萨见到过的）很好地进行了衔接缓冲。这样的传统设计，同样也出现于罗马南部福尔米（Formis）的圣天使大教堂（Sant'Angelo，见第90页右下图）和蒙特卡夏诺（Montecassino）修道院。

托斯卡纳地区对于教堂门廊立面的综合性装饰具有重大意义，这点可以从佛罗伦萨圣米尼亚托教堂的建造历史中明显看出。根据史料记载，教堂的地宫自十一世纪起开始修建，是教堂最早修建起来的建筑部分，主要为当时腐化堕落的佛罗伦萨主教希尔德布兰德（Hildebrand）和他的配偶阿尔贝加（Alberga）修建。地宫内的立柱和柱头装饰得十分奢华，它们把双色木镶的祭坛合围在其中。祭坛里面安放着据说是教堂守护神——圣人特米勒斯（Mimas）的遗骨，它位于地宫的后部，其双色木镶的装饰发散出熠熠的光彩。十一世纪中期，托斯卡纳地区的主教和教皇结成联盟，1069年，玛蒂尔达女伯爵也加入到该联盟当中，他们共同使佛罗伦萨成为该时期伟大改革运动的中心城市。圣米尼亚托教堂的设计师们为吸引信徒进入，对不仅仅限于亚平宁山脉以北的教堂进行了设计尝试。他们开始在圣米尼亚托教堂的地宫入口、神父宅邸和下北部立面，饰以相同的精美图案，并在整个城市的圣徒管辖区和神殿正立面将内部装饰肖像布置在突出的位置。圣殿的五个隔间由多色的拱券分开，拱券位于科林斯式柱头之上，而柱头又位于深绿色的蒙特–费拉托（Monte-Ferrato）大理石之上。这样的设计模式同样也用于内殿与中堂之间的转换部分，该部分的楼梯向上沿着侧廊、向下沿着中堂轴线延伸。立面下方五个隔间概括展现了设计构架和走廊形象，交替的盲连拱有三个门孔，是进入教堂的入口。圣米尼亚托教堂的上方立面，也明显地体现了五个多色隔间式经典设计的形象内涵。上方立面采用抽象化的经典圣殿立面设计风格，上面还镶嵌有耶稣、圣特米勒斯和圣母玛利亚的马赛克人物，他们守护着位于三角墙立面底部的窗户，这扇窗户看上去就像是通向奢华内殿的一道门。跟中堂的内殿一样，教堂的信徒看得见圣殿的大

比萨（托斯卡纳）米拉科利广场上的大教堂、洗
礼堂和钟楼。
1063—1350 年建造。

比萨大教堂内景，1063（或1089）—1272 年建造。　　比萨洗礼堂，1153—1265 年建造。

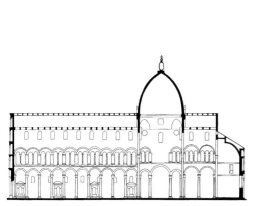

比萨大教堂中堂和侧堂的立视图。

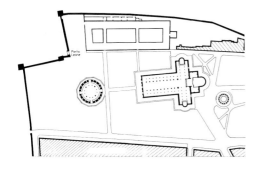

比萨米拉科利广场广场整体平面图。

门，但是大门高高耸立于教堂之上，似乎又难以进入。只有教堂的中堂和地宫仍可以进入，但只有圣人特米勒斯有权可以进入，或者在祭坛上方举行圣餐仪式的神职人员可以进入。教堂内外的设计模式传达了这样的信息：救赎本身丰富而又美好，但却只能通过教堂的宗教等级体系以及对圣人的崇敬才能得以实现。

　　沿着托斯卡纳地区的主要河谷（即阿尔诺河河谷）修建起来的教堂，具有一项共同主题，那就是通过古典式的连拱廊和色彩丰富的大理石设计，来形象化地表现耶路撒冷天堂般美轮美奂的瑰丽景象。这样的设计也出现在佛罗伦萨的洗礼堂（Baptistery, in the Vescovado）、主教教堂（Vescovado）、庞特圣斯特凡诺大教堂、圣阿波斯托利教堂（SS. Apostoli）及菲耶索莱的巴迪亚大教堂（Badia in Fiesole）。教堂的设计沿着阿尔诺河，越往上游方向，越多地融入了其他的设计元素，包括圣泽诺大教堂的条纹元素，以及比萨罗马式的雕塑外观元素。不管采用什么样的设计方式，就其目的而言，都是为了以早期或北部教堂的中堂或地宫中曾经出现的古典和救赎元素，并通过它们之间相互并列的模式，使城市显得更加充满生机和活力。大约在1185年，建于偏远之地蒙西佩（Monte Siepe）的圣加伦加诺礼拜堂，也采用砖块和白色石块互相交错的带条形式，建起与毗邻建筑同样奢华、气派的大理石墙壁。这样以来，教堂内部的条纹设计，就被投射到教堂外部的圆形鼓形壁上（见第94页上图）。

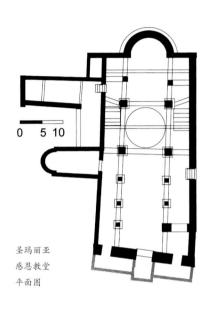

圣玛丽亚
感恩教堂
平面图

0 5 10

托斯卡纳罗马式建筑风格建成的最大规模建筑，是被称为米拉科利广场（Campo dei Miracoli）或者"奇迹之地"的比萨大教堂（见第96页和97页图）。正如广场名字所暗示的一样，这座大教堂大量采用雕塑形式，装饰得十分奢华气派，占据了一整块地的面积，与1063—1350年间建造的一排建筑物一起实现了协调的布置。这座教堂的首要特征，便是这是一座带有洗礼堂的大教堂，而洗礼堂的位置原本位于教堂以北。教堂于1063年始建，可能是为了荣耀圣母玛利亚成功地带领比萨海军，击退锡耶纳人（Saracens）并把他们赶出西西里岛的胜利。教堂立面上铭文的记载表明，修建教堂的资金来源于这次胜利的战利品，而修建教堂的目的，是为了庆祝比萨与热那亚一起崛起，成为第勒尼安海（Tyrrhenian Sea）两大主要的海上强国之一。在接下来一个世纪的前十年，比萨人把大教堂的立面向西侧延伸，到了1153年，他们又拆掉了原来的洗礼堂，并以新教堂入口为轴线，建起一座新的圆形结构建筑。这座带有洗礼堂的教堂，其纵横交错的非凡设计，与佛罗伦萨的教堂类似，但是这座教堂具有更为规则的圆形和十字形的几何结构，因而其轴线更加精确。教堂这样的设计方式，可能始于比萨大主教担任拉丁耶路撒冷王国新教区主教之时，当时也正是十二世纪前十年间，即教堂立面进行扩建的时候。通过当时的大主教，还通过比萨不久前派遣到圣城的十字军，使比萨这座城市与耶路撒冷在当时形成密切的联系，这样的联系也可以解释为什么比萨的米拉科利广场（Campo dei Miracoli），与耶路撒冷圣殿山（Temple Mount）上最为神圣之地有着惊人的相似之处。比萨大教堂洗礼堂和大教堂本身圆形和线条结构的组合，与圣殿山上的谢里夫至圣所（Haram-al-Sharif，英文为Noble Sacred Enclosure，意思是"高贵神圣的围栏"）的风格互相呼应。长方形的阿克萨清真寺（Mosque of Al-Aqsa），也就是当时人们叫

做"所罗门神殿"的建筑设计与谢里夫至圣所中间位置的圆顶清真寺（Dome of the Rock），也就是比萨人和十字军所知的耶和华殿（Temple of the Lord）的建筑风格保持了一致。比萨大教堂建成之时，它五彩斑斓的木质镶嵌、大理石，以及奢华装饰的雕塑立面，就像约翰在《耶路撒冷启示录》（Jerusalem of Revelation）中描绘的"天堂般的耶路撒冷"（the Heavenly Jerusalem）一样，如同镶嵌在大地之上珍贵的宝石发散出熠熠的光芒，所以教堂可能比它"天堂之路"（Holy Lane）的原始模型更加华丽辉煌。比萨大教堂增建的其他部分建筑，扩大了米拉科利广场镀金建筑物的面积。1174年建成的斜塔上无穷无尽的拱券，以及比萨人从各各他山（Golgotha）挖掘运输过来的泥土，把1278年建成的墓场地圣陵（Campo Santo）合围在其中，使比萨城的整个这片区域，好像成为了室外的巨型圣骨匣。

托斯卡纳罗马式教堂的建筑成就的影响力超越了托斯卡纳地区。比萨的商人，以及卡马多莱斯（Camaldolese）和瓦洛姆布罗森修道院（Vallombrosian）的传教士们，把这种富丽、奢华的古典建筑立面和五彩斑斓的室内风格，传播至远达撒丁岛（Sardinia）的第勒尼安海海滨城市，不论是博鲁他（Borutta）的圣彼得罗索雷西教堂（San Pietro Sorres），还是卡斯特萨尔多（Castelsardo）的捷尔古圣母教堂（Nostra Signora di Tergu，见第99页图）。博鲁他的圣彼得罗索雷西教堂，在前一世纪早期教堂的基础上修建，于1170年至1190年期间建成。该教堂将拱券中旋转广场的比萨风格和皮斯托亚、普拉托和佛罗伦萨的双色条纹和几何木嵌式特征（见第92~95页图）有机地融合在了一起。这些教堂与托斯卡纳的联系可能是通过卡马尔多利（Camaldoli）这间本笃会修道院实现的。十二世纪早期，该修道院掌握着位于萨卡贾（Saccargia）的修道院附近地区的地产，以及其司法和行政区域，即

托雷斯港（Porto Torres，位于托斯卡纳），
圣嘎乌舒教堂（San Gausho）。

布尔奇（Bulzi）圣彼得克罗奇菲索教堂
（San Pietro del Crocifisso），西立面图。

斯特萨尔多（撒丁岛）捷尔古圣母教堂西立
面，中堂和侧堂图。

博鲁他（撒丁岛）圣彼得罗索雷西教堂
1170—1190 年建造，后堂图。

圣安蒂莫修道院（托斯卡纳），本笃会修道院，
始建于1118年。回廊（左上图），回廊遗址（右上图）。

下一页：
圣安蒂莫修道院，自东南
向西北方向视图。

圣安蒂莫（Sant'Antimo）本笃会修道院

圣安蒂莫修道院是根据《本笃会规》（Benedictine Rule）修建，并遗留至今的中世纪意大利大型修道院中最后的一座建筑。虽然从十三世纪起，该地区的其他建筑也模仿该修道院的风格，建成了一些比如像圣加伦加诺西多会修道院（Cistercian San Galgano）一样的杰作，但是它们中间却没有一座教堂，能在建筑的整体效果和气势规模上，与圣安蒂莫修道院稍微有一点接近。然而，圣安蒂莫修道院的正立面，反映出该时期建筑艺术江河日下的局面，而且该立面也一直没有建成完工。后来，尽管西多会在各方面进行了不懈努力，社会和宗教还是开始了从农村到城市转移的变革趋势；各个大小不同的教区，有着跟修道院院长同样的财物资产，并把这些财产投入到教堂和大教堂的修建中。

瓦尔的圣彼得大教堂，位于翁布里亚，
(Umbria)，原本笃会修道院，公元十世纪—
十二世纪。

托雷斯的朱迪卡托（Giudicato）其他地区的地产。这间位于萨卡贾的修道院也向捷尔古圣母教堂传递了托斯卡纳的设计元素。捷尔古圣母教堂本身也是一座修道院教堂，它与意大利最初、最宏伟的本笃会座堂——蒙特卡夏诺修道院，也有着非常密切的联系。教堂修建似乎分为两个阶段，其早期的建筑修建于十二世纪初，而其非凡夺目的正立面则是一个世纪以后的增建部分。该立面采用当地色彩艳丽的石材与大理石结合的方式，来达到其厚重的双色效果。

比萨罗马式设计这种极具可塑性的建筑风格，其影响的范围也不仅仅限于第勒尼安海地区。阿雷佐的皮耶韦圣玛利亚大教堂（Pieve of Santa Maria Assunta）采用了跟比萨大教堂（Pisa Cathedral，见第96～97页图）类似的平坦柱廊式入口，虽然阿雷佐的地理位置与佛罗伦萨更为接近，然而教堂封闭门廊合围的三道正门，以及二层和三层拱券和四层楼廊上高高的浮雕，都跟比萨大教堂相似，所以它的设计风格更多地源自于比萨而不是佛罗伦萨。而且，教堂某些建筑部位的细节处理同样也反映出它与比萨的密切联系。教堂的建筑师完全依靠雕塑进行建筑元素间的衔接处理，而没有采用圣米尼亚托教堂或佛罗伦萨洗礼堂五彩木嵌或平面均衡分隔的方式。

然而，十二和十三世纪初，当皮耶韦圣玛利亚大教堂内部和新立面修建时，不论比萨和佛罗伦萨的建筑风格具有怎样的主导地位，如果只朝阿雷佐的西方观望寻找影响教堂风格的建筑元素，也是一种错误。实际上，这座平顶辉煌建筑的立面，以及后来在十四世纪早期修建的塔楼，也显示了作为意大利罗马式建筑风格初始来源之一的拉文纳式风格的痕迹。皮耶韦圣玛利亚大教堂的正立面，与拉文纳的总督宫有着相似之处，教堂的塔楼和旁波萨修道院的许多塔楼也有着相似之处。尽管人们很有可能会认为，这种相似之处是由于受到了拉文纳式建筑风格的直接影响，但本书作者却以为，皮耶韦圣玛利亚大教堂这样的建筑形式，有可能是只受到了建筑师马吉纳尔杜在1026年参观了拉文纳，也就是参观了拉文纳的阿雷佐大教堂和主教宫以后，为泰奥戴尔杜主教所修建筑的影响。皮耶韦圣玛利亚大教堂的建筑师，在矩形的城市建筑地块上运用十字形的教堂设计方案，并在教堂顶部建起一座穹顶，不过穹顶至今仍未完工。教堂的后堂和侧墙与顶层连拱廊排成一排，这样的设计明显来自于现已被毁的狄奥多里克的陵墓，这是一座最原始的拉文纳式建筑，陵墓本来带有二层连拱廊，不过连拱廊现在已经倒塌。皮耶韦圣玛利亚大教堂最为非凡的设计，是教堂穹顶的十字形设计与总督宫平顶楼廊式立面的明显结合，而这样的设计看起来很像是对于阿雷佐主教宫的模仿。这座教堂是一座宗教性的纪念建筑，但看起来又像是座民用建筑，后来增建塔楼坚不可摧的外观，更加强了其世俗建筑的特征。它曾经是一座圣殿，又是一座大教堂，还是曾经是一座宫殿，但实际上，它不是以上所说的任何一种建筑，它只是一座相对质朴的教区结构，其重要性仅次于泰奥戴尔杜的著名教堂。

然而，1200年之前，托斯卡纳的教区教堂起到了纪念性建筑的作用，其作用如同普拉托的圣斯特凡诺大教堂，或者类似于恩波利的牧师会和圣吉米尼亚诺的同类教堂。由于这些教堂距离其他大教堂座堂所在城市很远，因而也得到了很好的发展。而地方主教教堂的建造位置与阿雷佐的皮耶韦大教堂的位置不同，阿雷佐的大教堂离城市较

远，位于距离城市很远的皮翁塔（Pionta）山上加固的城墙内。教堂的地理位置很偏僻，事实上，1277年，教堂的主教不得不在城市中心重新开始建起一座新的大教堂座堂。同时，根据资料记载，从1008年开始，普通正厅（Platea Communis）成为该城市正式的市集，位于该地的阿雷佐的皮耶韦圣玛利亚大教堂也开始逐渐地去迎合当地城市人口的宗教需求。于是，直到十四世纪早期，这座起源于大众的教堂，其教会规模和建筑结构也随着阿雷佐商人数量的增加而日益扩大。跟亚平宁山脉北部的教堂一样，教堂建筑雕塑从荒诞奇幻的形象到叙述性的场景，包括月份的转换及后来皮耶韦教堂表现农业和城市场景的装饰图案，也标志着教堂发展的不同阶段。同样地，教堂内部也经过重新组织改造形成宽敞开阔的空间，并在内部饰以哥特式的建筑元素，而且仍然采用阿雷佐当地传统的罗马式——或者确切地说拉文纳式的圆形拱券和装饰线条，进行建筑元素间的处理连接。

在阿雷佐城市发展的同时，位于阿雷佐南部蒙塔奇诺（Montalcino）城堡下盛产葡萄酒的乡村地带，另外一个宗教结构也开始逐渐形成。圣安蒂莫修道院始建于1118年（见第100～101页图），跟欧洲其他地区一样，是一座纯粹的本笃会修道院。比起任何托斯卡纳或者意大利北部的其他纪念性建筑，这座修道院不论是在精神领域还是在建筑层面都要更加接近于勃艮第地区的建筑风格。该修道院图尔兹式（Toulousian）的雕塑风格、辐射式后堂礼拜堂和回廊及其遥远偏僻的地理位置，都明确地显示出克吕尼会式（Cluniac）风格的影响。作为意大利最大、最富足和最具影响力的罗马式修道院教堂之一，其宏大的建筑规模也受到了克吕尼修会式风格的影响。然而，确立该修道院地位的原因却与克卢尼（Cluny）修道院大相径庭：与勃艮第的教堂不同，圣安蒂莫修道院具有宫殿的基础，使人联想起法国卡洛林王朝的修道院，甚至该修道院的院长也被称为"自由伯爵"（Conte Palatino）。

然而，尽管圣安蒂莫修道院拥有雄厚的资金实力，以及兴建修道院时投入巨大，它却一直没能达到早期加洛林王朝修道院或者克卢尼三世（Cluny III）时期修道院的超大型规模。如果说建筑真能传递宗教理想，那么圣安蒂莫修道院的设计和修建，则在建筑的石块上体现了与十一和十二世纪修道院改革一致的情感精神追求。虽然修道院的设计方案和雕塑风格明显受到了勃艮第的影响，然而其大块的墙壁之间并不相连，墙壁的设计精简纯粹，甚至显得有点单调、黯淡，这又是受到了另一类勃艮第建筑传统的影响，即西多会建筑风格的影响。它们两者之间更多的是概念上而不是结构上的相似：圣安蒂莫修道院并没有完全去除雕塑的元素，只是没有把雕塑作为建筑的主要形式。修道院在后堂和内部楼廊，采用了西多会过去采用的单拱券和双层拱券窗户分层的设计方式，但是在西多会和后来的哥特式建筑师们，会采用肋拱棱和肋拱顶交错设计的垂直结构部位，圣安蒂莫修道院的建筑师却采用了抛光过的光滑石块的分层结构。修道院的侧面采用伦巴底式，甚至原始哥特式的扶垛支撑，它们位于窗户之间，并轻快地向上挑高至后堂位置。然而，当扶垛延伸至后堂位置时，在那里又出现一项非凡设计：墙面从建筑的整体结构韵律中分离出来，转为用最基本的建筑元素支撑，即弧形结构。位于地面的辐射式礼拜堂的扶壁是

阿西西（翁布里亚）圣鲁菲诺教堂，始建于约1134年，西立面。

斯波莱托（翁布里亚）圣玛利亚大教堂，始建于约1175年，西立面。

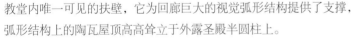

教堂内唯一可见的扶壁，它为回廊巨大的视觉弧形结构提供了支撑，弧形结构上的陶瓦屋顶高高耸立于外露圣殿半圆柱上。

圣安蒂莫修道院是根据《本笃会规》（Benedictine Rule）修建，并遗留至今的中世纪意大利大型修道院中最后的一座建筑。虽然从十三世纪起，该地区的其他建筑也模仿该修道院的风格，建成了一些比如像圣加伦加诺西多会修道院（Cistercian San Galgano）一样的杰作，但是它们中间却没有一座教堂，能在建筑的整体效果和气势规模上，与圣安蒂莫修道院具有稍微一点接近性。然而，圣安蒂莫修道院的正立面，反映出该时期建筑艺术江河日下的局面，而且，该立面也一直没有建成完工。后来，尽管西多会在各方面进行了不懈努力，社会和宗教的变革高潮还是开始从农村转移到了城市；各个大小不同的教区，有着跟修道院院长同样的财物资产，他们把这些财产投入到教堂和大教堂的修建中。

翁布里亚

阿西西和斯波莱托的教堂（The Churches of Assisi and Spoleto，上图），是位于托斯卡纳南部和东部地区的翁布里亚（Umbria）当地

罗马式建筑发展的几个例子。阿西西的圣鲁菲诺教堂（San Ruffino）年表，反映了翁布里亚罗马式建筑的历史，并暗示了哥特式建筑艺术对于意大利罗马式建筑艺术的最终取代。阿西西教堂始建于公元八世纪，最初被称为"草大殿（parva basilica）"，是当时用来安放该城市守护圣人、公元三世纪的殉道者鲁菲诺圣人遗骨的简单建筑。大约1028年，乌戈尼（Ugone）主教重新建起另一建筑物，取代之前的简单建筑，到了1035年，才最终建成这座阿西西的大教堂。一百年以后，即大约在1134年，克拉里斯默（Clarissimo）主教聘请建筑师乔瓦尼·达·古比奥（Giovanni da Gubbio），建起一座更大规模的建筑，来取代之前的长方形教堂，也就是我们今天所见到的阿西西的大教堂。教堂的立面下半部分，采用了乔瓦尼三重韵律的大隔间组合，并在单个隔间内再次采用三重韵律的设计。立面这样的水平和垂直分割方式，使人们想起了圣泽诺大教堂的设计。圣泽诺大教堂比阿西西教堂早十一年修建，但是这座教堂的垂直部分具有连贯的韵律结构，比阿西西教堂的垂直结构更加引人注目。圣鲁菲诺教堂同样也有水平和垂直分割设计的倾向，这样分割形成网络状的结构是主立面分割

103

上页：
图斯卡尼亚（拉丁姆，Latium），始
建于十一世纪末，正立面局部图。

斯波莱托（翁布里亚）圣尤菲米娅教堂，
十二世纪下半叶建造，中堂墙壁图。

下页：　瓦伦扎诺（Valenzano）诸圣教堂，
始建于 1060 年以后，穹顶的外部视图。

形式，看起来就像是更具垂直结构性的扶壁后层。这样的网络结构与斯波莱托的城外圣保罗教堂（San Pietro fuori le Muraat）采用的方法类似，只是同样地，后者的分割更有规律性，把建筑雕塑框在了其中（见第307页图）。圣鲁菲诺教堂下方立面的雕塑主要集中在正门位置，这部分的墙面又以叠加的网络图案装饰。网状的镶板并不只是雕塑的外框，镶板的大小与正门的尺寸相对应，这样使得位于三块主要立面镶板中心位置的正门看起来更加宽敞。就跟圣安蒂莫修道院修道院一样，建筑本身才是主要的表达媒介，而不是雕塑。圣鲁菲诺教堂采用了伦巴底的多层隔间结构，而没有采用多层墙面结构，这样就超越了圣泽诺大教堂抽象化的连续设计形式，而把其转变为与摩德纳大教堂或佛罗伦萨的圣米尼亚托教堂同样富有表现力的设计形式。在所有以上提到的教堂内，以"三"为韵律强调了西立面的主要功能：表达了一种通道功能。

这样经典的韵律设计被再次运用于之后修建的上方立面，与早期教堂的地宫内同样的经典设计相得益彰。三扇哥特式玫瑰花窗从边缘到中心位置的尺寸大小有所变化，恰好与各自下方的正门对齐，似乎在以圆弧形的光线穿越教堂的方式来勾勒出时光穿梭的影像。立面顶部高高的三角墙围合在内的尖顶拱券又是哥特式的风格，但是其尺寸却相对较大，从而与立面的其他部分形成协调的大小比例。两张起分割作用的挑檐和盲连拱的小型楼廊，淡化了二层哥特式的垂直元素，同时保持了上方带凯旋门入口圣殿立面的整体风格。然而，完全没有必要从距离教堂很远的圣米尼亚托教堂或恩波利的牧师会教堂（Empoli's Collegiata）寻求此种设计的灵感源泉，而在教堂附近的集市广场就可以找到这种设计的源头。集市广场的科林斯式立柱和密涅瓦（Minerva）古罗马圣殿式的三角楣至今仍然屹立不倒，明显体现出它们才是圣鲁菲诺教堂整体的设计和抽象形柱廊的设计模型。

圣鲁菲诺教堂早期修建的地宫具有明显的古典风格，地宫里的大部分立柱上都雕刻有古典样式的花纹图案，甚至，根据圣·鲁菲诺埋葬之地的传统，在罗马石棺的主教坐席上也刻有这种图案。圣鲁菲诺教堂，以及很多翁布里亚罗马式建筑的神奇之处，在于它们采用古典设计的结构特征和细节部局，完全没有把富有想象力的小型雕塑排除在外，而是跟圣鲁菲诺教堂哥特式的上方立面一样，自由地把小型雕塑融于其中。传道人的形象被描绘在早期修建的乌戈尼地宫内，然后又以雕塑的形式环绕在中央位置的玫瑰窗周围。他们混淆了进行抽象想象的简单概念，并特别强调即使是在修建圣弗朗西斯长方形教堂时，具体说在其上方立面完工之时，来自远古世界的生物也会分享并支持国际哥特式的建筑艺术。仔细观察中央玫瑰窗的底部，就会发现翁布里亚地区对于罗马式古典女像柱的两种重新解读之一。

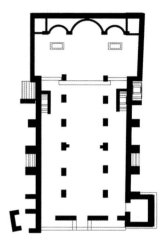

在翁布里亚的另一座大教堂，由另一根女像柱支撑着另一扇玫瑰花窗，那就是位于阿西西东南部的斯波莱托大教堂。这两根女像柱上的雕像，都框以精心雕刻的微型科林斯立柱和柱头，这表明，在十二世纪和十三世纪，翁布里亚的雕塑师和建筑师对于古典模型已经非常熟悉。正如阿西西有古罗马密涅瓦圣殿，斯波莱托大教堂的赞助人和艺术家们也非常幸运地拥有杰出的古典建筑模型，即克里图诺（Clitunno）和圣萨尔瓦多（San Salvador）的古基督教教堂。这两座大教堂的玫瑰花窗之上有修建于十三世纪早期的耶稣基督的马赛克画像，体现出与修建佛罗伦萨圣米尼亚托教堂后期工程的建筑师同样的设计直觉，后者完全突出彰显了耶稣基督的形象，以让全城的民众都能看见。大教堂丰富多样的设计灵感，来自于从阿西西地区到古基督教式风格、从罗马到威尼斯镶嵌手法的多种参照模式，这显示出斯波莱托大教堂在罗马式建筑时期丰富多彩、生气勃勃的艺术文化氛围。1155年，腓特烈·巴尔巴罗萨（Frederick Barbarossa）攻下该城并对它掠劫后，艺术文化的发展呈现出越来越深入的趋势。该地区自古以来持续的古典建筑传统，也为如此的文化氛围奠定了基础。反过来，由于伦巴底座堂在斯波莱托公国（Duchy of Spoleto）具有很大影响力，这样的建筑传统也在米兰和帕维亚得到传承发扬。到了公元十世纪，卡洛琳王朝的统治使得权力从伦巴底公爵转移至教皇和宫廷指派的主教，一直到十三世纪，他们都住在前任们住过的宫殿内。

斯波莱托的伦巴底建筑历史，在如同宝石般的圣尤菲米娅教堂（Santa Eufemia）得以完好的保存（见第105页图）。翁布里亚的中心地带坐落着一座建于十二世纪的教堂，它带有三座后堂，其半露柱上的条纹和挑檐使得教堂外部显得非常庄严、肃穆。教堂这些特征都是北部伦巴底式的基本建筑风格，被用作教科书上北部伦巴底设计原理的图例。教堂翁布里亚式的设计风格，从正门上方简单的双孔窗户和正门两边侧窗细腻的三重节韵律设计可以得到暗示。教堂的内部设计体现出斯波莱托罗马式的古代参照模式，抽象半立柱支撑着整齐沉稳的下部拱券、楼廊拱券及拱顶，这样的设计是米兰圣安波罗修教堂中堂和侧堂具体而微的设计形式，立柱之间还穿插着古基督教式立柱、扶垛和柱头。

普利亚

沿着意大利半岛向东南方向行进到达亚得里亚海沿岸后，受拜占庭王朝影响的又一风格出现了。位于普利亚，由瓦伦扎诺（Valenzano）修建的十一世纪修道院诸圣教堂（Ognissanti di Cuti，见第105页下图），与尤菲米娅教堂及很多其他早期罗马式教堂一样，拥有三重半圆形后殿，但沿着屋顶的三个方形突出部分表明其极为不同的内部空间结构。在这里，三个轮廓清晰的圆形穹顶从高墩和三角穹窿中突显出来，把内部空间分隔开来，就像威尼斯的圣马可教堂及早期基督教和拜占庭派风格建筑。然而，正如我们所常见的，更多来源于当地的建筑风格可能对于设计师来说同样重要，而这里所体现的建筑风格就是由承材支撑的圆形屋顶，或叫特鲁利（Trulli），这是当地从伊特鲁利亚时代（Etruscans）就形成的典型实用性建筑。类似的圆顶设计还可以从位于孔韦尔萨诺（Conversano）的圣卡泰里娜教堂（Santa Caterina）的八角穹顶中看到。该教堂建于十二世纪，是按照叙利亚四叶形教堂方案设计的典型建筑。

　　巴里（Bari）的圣尼古拉大教堂（San Nicola）是当地最古老的大型纪念性建筑。该教堂建于1089年左右，其设计相较拜占庭风格，似乎更偏向于伦巴底式，在布局及内部细节上与比萨及佛罗伦萨建筑也有相似之处。意大利北部建筑能够对意大利南端的建筑产生如此大的影响，其原因就是海洋。海洋提供了到达比波河或阿尔诺河谷还要遥远的地方的快速运输途径。实际上，巴里圣尼古拉大教堂的赞助人可能是当时世界上航行得最远、最能干的航海家，由于他们不久之前确立的诺曼底公国（Duchy of Normandy），他们又被称为古代挪威人（Norsemen）或者诺曼人。1041年，他们抵达普利亚沿岸；1059年，诺曼人罗伯特·吉斯卡尔（Robert Guiscard）被任命为普利亚和卡拉布里亚（Calabria）的公爵；1063年，他带领诺曼人把领土扩张到包括西西里岛的广泛区域。然而，尽管他们是法国诺曼人的后裔，他们在阿普利亚（Apulian）和西西里岛修建的建筑却很少有法国式的特征，而更多地受到其他地区建筑的影响。1087年，圣人尼古拉（Saint Nicholas）的遗骨从小亚细亚（Asia Minor）运至诺曼，巴里地区第一座也是最重要的一座建筑，就是圣人尼古拉所修建的教堂。教堂从1089年开始修建，其设计采用了相似于圣泽诺大教堂或摩德纳大教堂的伦巴底教堂三重韵律结构。教堂的垂直部分、陡峭的屋顶和两侧的塔楼，看起来与十一世纪郁美叶（Jumièges）教堂、圣米歇尔山大教

堂（Mont-Saint-Michel）和卡昂（Caen）教堂等诺曼式教堂的尖塔、西侧结构和高高的前厅大门有着密切的联系。教堂的内部采用与圣米尼亚托教堂和比萨大教堂呼应的水平拱券隔屏、成排扶垛、三重韵律、高拱廊和明窗等设计元素，如此的托斯卡纳式设计风格也只是体现在教堂内部。

　　特拉尼大教堂（The cathedrals of Trani，始建于1098年）和比托纳托大教堂（Bitonto，始建于1175年之后）与巴里的圣尼古拉大教堂之间如此多的相似之处表明，阿普利亚区的建筑风格是从圣尼古拉教堂建筑风格（见第108～109页图）衍生出的。两座教堂均未受到巴里双子塔楼设计风格的影响限制，虽然特拉尼大教堂高耸的塔楼几乎与教堂的立面保持在同一平面，但位于一层拱券之上的塔楼明显又是完全独立的结构。这座教堂的西立面与其巴里的教堂模型有所不同，该立面没有采用巴里或比托纳托大教堂通过加固扶垛形成的三重韵律立面结构，而采用平滑成片的简单立面结构。立面唯一存在韵律节奏的部位位于教堂的入口，原本突出于立面之上、精简和加宽的托斯卡纳式门廊，重新归位于立面，并在双螺旋扶梯之上把教堂的三扇正门合围在其中，形成引人入胜的建筑效果。特拉尼大教堂的单塔结构尤其符合教堂所在位置的地理特征：蔚蓝的亚德里亚海面上，呈现出教堂白色墙垣的摇曳倒影，倒影与地面上高耸的塔楼交相辉映。

　　特拉尼大教堂与巴里的圣尼古拉大教堂建筑的相似和差异之处，同样还体现在了它们各自崇拜的对象上。特拉尼大教堂也是为圣尼古

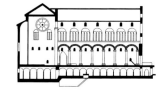

特拉尼（阿普利亚）大教堂，始建于1098年。
西立面（左图），
中堂西向视图（中图），
从东南至西北方向视图（下一页），
立视图（右图）。

拉专门修建的教堂，但是与巴里的教堂崇拜的圣尼古拉不是同一个人。特拉尼大教堂的圣尼古拉是一位来自于希腊的朝圣男孩，他把十字架背负到希腊的圣地，即达尔马提亚（Dalmatia）和意大利亚德里亚海的沿岸地区，他口中一直不断地唱着"卡尔李希特（Kyrie eleison）"弥撒曲，直到最后逝世于特拉尼圣玛利亚大教堂的原址附近。1094年，这个小男孩被封为圣人，为此，比桑齐奥主教（Bisanzio）在这座早期公元九世纪的教堂原址上，重新修建起一座教堂。特拉尼大教堂下面建有大型的新地宫，该地宫可能是之后的双层教堂，比如阿西西圣方济各教堂的起源。与圣尼古拉大教堂一样，阿西西圣方济各教堂也需要在不打扰教堂正常礼拜仪式前提下，接待大量的朝圣者。特拉尼大教堂的大型纵向耳堂，与其纵跨内部两层楼的外部后堂，富有象征性地把中堂和地宫与教堂传统和新的礼拜仪式联系起来。耳堂上方巨大的十三世纪哥特式玫瑰窗户，影射了朝圣男孩英勇献身行为和他生命的终结，以及最后在教堂中间十字架上的蒙恩救赎。

特罗亚大教堂（Cathedral of Troia）始建于特拉尼大教堂修建不久前的1093年，该教堂由吉拉尔多主教（Bishop Girardo）修建，它的建成宣告了该教堂从巴尼学派（School of Ban）的独立。跟圣尼克或特拉尼大教堂不一样，特罗亚大教堂采用大比例的设计方法，其立面上盲连拱的拱券内带有装饰性元素的镶嵌。这些都是源自于托斯卡纳罗马式的建筑艺术，尤其是源自于大约从1063—1108年间修建的比萨大教堂的建筑设计。特洛亚大教堂第二部分主要建筑的修建时间是在1106—1119年期间，与比萨大教堂的修建时期大致相同，当时主教古列尔莫二世（Bishop Guglielmo）已经建成了该教堂的大部分建筑。比萨嵌入式旋转广场和环形盲连拱的设计尝试，也是始于这两座早期的建筑工程中的一座。特罗亚大教堂与托斯卡纳十一世纪末到十二世纪初建筑风格间的相互联系，是由该教堂当时特殊的政治地位所决定的。这种联系当时是在罗马圣彼得大教堂直接管辖之下，这就

反过来使得该教堂在特殊时期的意大利半岛上，与托斯坎纳卡诺萨的玛蒂尔达女伯爵结成密切的联盟。不论是特罗亚本地的建筑师对比萨、佛罗伦萨、皮斯托亚、卢卡甚至摩德纳玛蒂尔达建筑的直接造访，还是通过朝圣者或者1096—1097年间离开特罗亚的第一批十字军与托斯坎纳建筑师的接触，都导致了托斯坎纳的建筑元素在特洛亚大教堂被采纳和运用。而且，巴里圣尼古拉大教堂的内部设计也显示出托斯坎纳的其他设计理念。远在托斯卡纳的建筑风格能够鲜明地呈现于特罗亚大教堂主立面，本身就强调了阿普利亚地区的主教们在修建作为他们府邸的大教堂时，对于宗教和政治独立性的重视程度。

西西里岛

诺曼拜普利亚区拜占庭、伊斯兰、诺曼和罗马皇家等多种风格并存的局面，在意大利南端以外由诺曼人建立的另一座王国，即西西里岛上体现得更为明显。伊斯兰教不久之前在该岛上的大量出现、诺曼人对待他们的大度宽容，以及拜占庭和罗马帝国时期基督教的兴起，显示出这座岛屿具有惊人的吸纳能力，能够把伊斯兰和拜占庭的建筑形式结合到一起，来修建拉丁式的教堂。同时，诺曼人也开始往来于北非地区，罗马式建筑时期的西西里岛，也持续受到非洲伊斯兰传统建筑艺术的影响。诺曼人在1061年从法国登陆西西里岛，并在接下来的三十年间持续占领着该岛。正如这些所谓的"北方人（Northmen）"在诺曼底、英格兰和普利亚的状况一样，他们从不安分的海上掠夺者，转变成为具有高度政治组织性的岛上永久居民。诺曼人的身份能够发生如此反差的巨大转变，其中的原因之一便是由于其拉丁基督教的信仰，该信仰不仅使之前饱受诺曼人侵扰的欧洲人与他们之间关系正常化，而且还为诺曼人提供了安抚统一占领地区的理想方法。正如之前查理曼大帝修建各式各样的宫殿、大教堂

和修道院，使其帝国统治延续了两个半世纪一样，英格兰黑斯廷斯（Hastings）的征服者威廉（William the Conqueror）、普利亚韦诺萨（Venosa）的罗伯特·吉斯卡尔（Robert Guiscard）和西西里岛巴勒莫（Palermo，西西里首府）的罗杰二世（Roger II），都积极地建造各项建筑工程，以期用石壁墙垣来确立他们的统治地位。

似乎是为了确立加洛林王朝式和罗马式建筑风格同步发展的政策，罗杰二世在巴勒莫为自己修建了一座宫殿和附属的宫殿官吏礼拜堂，用于奉供圣彼得。这座建筑修建于罗伯特统治时期的1130—1143年之间，就跟诺曼底和意大利半岛的其他礼拜堂一样，这座建筑也有三间后堂。礼拜堂的两间侧堂与中堂之间，以大理石立柱支撑的古典柯林斯式组合柱头间隔开来，柱头上高高的尖拱券采用典型的伊斯兰式设计，看起来仿佛是钟乳石的天顶一般。礼拜堂奢华的马赛克装饰在1143—1189年之间完成，采用的是拜占庭风格。礼拜堂内马赛克装饰和精致的非结构性拱顶样式，把墙壁和天顶的结构完全分解，使得中堂的矩形空间失去了其简单清晰的几何形布局，从而把空间布局更为复杂的三间后堂及它们的结构分区，投射到隔屏的拱券和十字形的穹顶上。这样的整

体结构以更简朴、低调的形式，营造出与索菲亚大教堂和圣维塔莱教堂等查士丁尼拜占庭式皇家教堂同样神圣的气息氛围。

同样地，十二世纪，丰富和混合风格的教堂建筑也在巴勒莫接连建成，其中就包括马尔托拉纳教堂（Martorana），即海军元帅圣母教堂（Santa Maria dell'Ammiraglio）、埃雷米蒂-圣乔瓦尼教堂（San Giovanni degli Eremiti）、圣卡塔尔多教堂（San Cataldo）和圣灵教堂（Santo Spirito）。巴勒莫最大的罗马式建筑工程是大教堂（Cathedrael，上图），该教堂由建巴勒莫米尔主教（Archbishop Walter of the Mill），即瓜尔蒂耶罗·奥法米利奥（Gualtiero Offamilio），于1069年至1190年间修建。教堂的后堂和侧立面，是在它初建之时整个建筑原始状况的最好证明。后堂交错排列的大小拱券、侧立面上波浪形排列的阶梯状窗户和锯齿状设计等，都是源于伊斯兰的设计风格。自1094年开始，在霍亨斯陶芬王朝（Hohenstaufens）统治时期进行了新阶段的西西里岛建设，该阶段又为教堂增建了四个角塔，而至今依然是诺曼、斯托芬国王和皇帝众神庙的教堂的其他立面和内部装修，到了后期，尤其是在1781年以后才得以进行改造。

切法卢（西西里岛）大教堂，始建于1131年，自东南向西北向视图。

切法卢（Cefalù）

罗杰二世本来准备修建另一座大教堂以安置西西里岛国王们的陵墓。该教堂不在巴勒莫，而是在切法卢以东的某个地方。教堂的耳堂和圣殿建于国王罗杰时期，他的继任者们在1180—1240年间完成了教堂中堂和立面的修建。但是，新建的中堂和立面不以罗马万神庙为设计原型，却仿照巴勒摩大教堂（Palermo Cathedral）的设计风格，因而显得更加简单、质朴。切法卢教堂的最初设计与建成之后的样式有着一定区别，这点可以从到了后堂、侧堂和耳堂交错排列的拱券下方以后，建筑规模便骤然减小的侧面设计中明显看出。拱券复杂装饰的处理痕迹，依然在新中堂的墙壁上呈现出来，从教堂的回廊可以看到这样的装饰处理，但拱券更加有层次，且仅在各自内部的分层，而不彼此交错。

拱券同时也出现在教堂西侧的上方立面，但是由于三拱券门廊的光滑琢石和教堂入口坚固的单体塔楼，拱券显得不那么刺目扎眼。教堂的内部设计同样也非常简单，未经装饰的中堂拱券规律排列，延伸至圣堂之中，而圣堂内唯一的独特诺曼装饰元素，便是其非同一般的拜占庭式马赛克半穹顶。

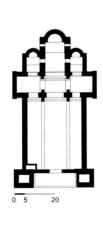

平面图。

中堂和侧堂。

回廊的楼廊。

111

蒙列阿来大教堂（西西里岛）大教堂，1147—1182年建造，自东南向西北
方向唱诗堂的局部（左上图）、东向内景（右上图）、回廊（左下图）。

蒙列阿来大教堂（Monreale Cathedral）

到了1172年，巴勒莫，尤其是巴勒莫大教堂的主教，具有很强的主导地位，甚至威廉国王也不得不在该教堂附近的蒙列阿来修建一座既是宫殿又是修道院的教堂来与之抗衡。1182年，国王已经建成教堂的大部分建筑；1200年，二十五个隔间构成的大型方状回廊也修建完工。威廉国王制衡巴勒莫大教堂主教的目标，也随着1183年教皇卢修斯三世（Pope Lucius Ill）把蒙列阿来提升为主教的职

位而取得成功。正如普利亚的其他国王一样，他对托斯坎纳建筑艺术的影响同样采用开放的态度。具体到蒙列阿来教堂的修建，他任命比萨的雕塑师博南诺（Bonanno）为教堂主要正门的铜门进行雕塑，铜门于1185年安装完毕。五年以后，特拉尼的雕塑师巴里索内（Barisone）又雕刻了另一件作品，加装在正门以北的部位。正如切法卢教堂一样，一系列交错排列的拱券向东部正门的上方延伸，两座明显尚未完工的低矮塔楼把正门框在其中。同样伊斯兰风格的拱券覆盖了蒙列阿来教堂的后堂和耳堂，它们之间的排列布局比起巴勒莫或者切法卢教堂耳堂上的拱券更加散漫凌乱，建筑结构外部的平面层次也因此而不明显。

教堂内的马赛克镶嵌同样起到消散物质化形态的作用。正如巴勒莫的宫殿礼拜堂一样，这些拜占庭式的马赛克镶嵌淡化掩盖了尖状拱券和承壁式科林斯古典立柱的结构。马赛克构成的场景图案还配有不同的说明性铭文，这些文字也揭示了其特别要达到的效果。中堂墙壁上叙述性的马赛克场景图案旁边采用拉丁文进行说明，这种文字对于公众和诺曼的宫廷更加熟悉，而在教堂后堂内，除了基督耶稣手上的文字之外，马赛克图案周围均采用希腊文字。中堂墙壁上的拉丁文和对应的马赛克装饰图案，引导信徒们沿着中堂走到教堂的十字架面前，场景图案和叙述性文字在这里才终断，并出现希腊文字和耶稣基督超世般的巨幅马赛克画像，该画像占据了后堂的整个空间。

从回廊庭院看中堂和侧堂的视图

虽然教堂采用了不同来源的极为多样化设计手法，蒙列阿来教堂多种风格特征只是以较为夸张的方式实现了整个意大利的罗马式建筑想要实现的多重功能：以富有想象力或具有移情效果的画面来吸引公众，然后再以令人生畏的神圣力量来征服他们。世俗存在于永恒救赎之间的媒介便是教堂内的永久居民，即圣人、牧师和国王（对于蒙列阿来教堂而言）等这些神圣的住户。他们以建筑的形式来张扬他们愿意代表尊重他们并且遵守他们律法的世俗众人，向神祈求祷告的意愿。

世俗建筑

意大利罗马式建筑时代的大型世俗建筑，与宗教建筑一样来自同样的设计源头。公元五世纪的狄奥多里克（Theodoric）宫殿和公元八世纪早期的拉文纳总督宫，把宫殿式的设计样本传递给执掌宫殿的主教和世俗建筑师。他们底层连拱廊和高层楼廊的设计，在具有不同地域特征的多个地区建筑中被加以模仿和复制，比如旁波萨的拉吉尼宫（Palazzo della Ragione）、巴勒莫的齐萨宫（Zisa），以及阿雷佐的皮耶韦、贝加莫（Bergamo）的市政大厅，还有米兰和奥维多（Orvieto）等地的建筑，这些建筑都建于十二世纪早期到十三

世纪中期之间。这些建筑构成了一种独立的市政大厅类型，即以底层连拱廊支撑二层矩形议事厅的设计，该设计在十二世纪到十四世纪之间广泛盛行。

然而，这样不加防护的拱券，使得这种城市宫殿的设计形式并不适合供皇帝、国王或者他们的诸侯居住。意大利的封建堡垒，就跟其北部地区和十字军东征沿路的堡垒一样，更加倾向于采用多层防御的形式：首先在整个建筑群周围建起第一层堡垒，然后又将城堡围入第二层堡垒，最后再修建一座险要的塔楼。这些堡垒通常建在山头的位置，比如阿西西腓特烈二世的堡垒。一般来说，他们更多地按照所在位置的地形特征，而不依据对称结构原理进行布局设计。腓特烈二世当时建起一系列对称结构和中央布局的城堡，其中包括普利亚的蒙特城堡（Castel del Monte，见上图）和托斯卡纳普拉托的大帝宫（Palatium Imperatoris）。他是当时唯一采用规整的结构和布局，来代替防御性设计的城堡修建人。这两座城堡均采用与斯普利特（Split）的戴克里先（Diocletian）皇家宫殿相同，在双子塔楼之间建起带三角墙正门的古典式设计，把坚不可摧的城堡形象与罗马皇家宫殿的形象融为一体。

随着意大利罗马式城市的日益富裕，这些城市也开始吸引一些乡绅贵族在市集附近进行修建。这些贵族带来乡村城堡和塔楼的设计形

上一页：
蒙特城堡（阿普利亚），始建于 1233 年左右。

上图：
圣吉米尼亚诺，十二世纪和十三世纪的住宅塔楼。

左下图：
中世纪房屋的剖面图，内部庭院角度视图。

右下图：
罗马民兵塔，始建于十三世纪初。

米兰拉吉尼宫，
十三世纪上半叶，正立面。

式，并对这些设计形式加以调整，使其更适合建筑所在街区或城市区域的整体布置。托斯卡纳的圣吉米尼亚诺城（San Gimignano，见第115页上图）就提供了这样一个例证。城市中乡绅贵族和与其竞争的富商所建塔楼鳞次栉比，该城市也为我们呈现出罗马式建筑时代大多数意大利城市的景象。甚至罗马教皇也有自己的塔楼，供他的贵权家族居住使用，比如住在民兵塔（Torre delle Milizie，见第115页右下图）的凯塔尼（Caetani）家族。

随着意大利城市公民政府财富、人口和军事抱负的与日俱增，他们开始在两个方面与贵族修建的塔楼建筑互相竞争。其中一方面便是修建政府自己的塔楼，这些塔楼通常增建于之前提到过的城市公共宫殿内。另一方面便是在城市周围修筑城墙，再按一定规则修建防护塔楼和城门。很多情况下，城市中已经建有这样的城墙，不过之前的城墙只是用来保护城内的个别纪念性建筑，比如原来就加固过的十一世纪阿雷佐主教的大教堂和宫殿建筑。在佛罗伦萨、普拉托和许多的其他城市，多数城墙都修建于十二世纪中期，与此同时，公共宫殿也在进行修建，设置在宫殿内的世俗性公共政府也正在成形。

在多数公社修建城墙的同时，公社的人口也急剧上升，这些人口也很快让城墙内的空间变得拥挤，他们建起的塔楼也越来越多，造成了城市内拥挤的空间和狭窄的街道。如此拥挤嘈杂、狭窄而不安全的环境，也将城市内罗马式宗教建筑的装饰外墙和宽阔的内部空间，映衬得更加富丽奢华。由于宗教建筑具有这样巍然高耸的强大气势，所以十二世纪几乎所有的市政厅都紧挨着社区的主要教堂修建，而且它们都以教堂窗户和正门的设计模式作为装饰，从而达到与教堂相匹配的效果。宗教建筑和市政厅之间在国家利益和建筑艺术方面的共同特征，也在建筑的某些部位，比如拉吉尼宫的正立面（见第116页图）明显得到体现。教堂底层连拱廊与顶层的三孔窗户之间有一单拱券，拱券内框着这座城市的官员（波德斯塔，Podestà），即市长奥尔德拉多·达·特雷塞诺（Oldrado da Tresseno，右上图）骑着马的雕像，雕像自1233年开始创作。雕塑上的铭文这样写道："他烧死了异教徒，这是他应该做的（catbaros ut debuit uxit）。"直到十三世纪中期，随着托钵会革命的展开，罗马式城市大而集中的布局才开始向城市所有的景观区扩散。这样一来，像博洛尼亚大型拱券一样的设计风格，就沿着所有的主要干道传播开来。同时，托钵会教堂和广场也在陆续地修建，建筑艺术与这种广受欢迎的新信仰一起，形成了可以与本地建筑风格媲美的另一种建筑艺术，即哥特式建筑艺术。

天堂般的耶路撒冷，圣谢夫（Saint-Chef）修道院教堂（法国）天顶上的画作局部图。

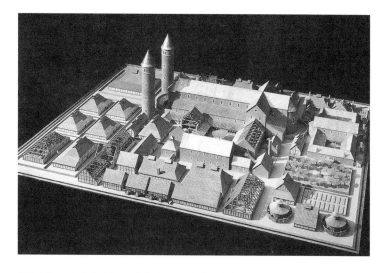

根据公元820年左右的平面图制作的圣加伦修道院的模型。

天堂般的耶路撒冷修道院

早期的基督教、中世纪的建筑和城市化进程从世间物质的形式和天堂中后世生活的允诺中获得了情感表达能力。关于人死以后所在世界的建筑描述，最早出现在圣人约翰（St. John the Divine）在《启示录》（Revelation）中对于天堂耶路撒冷的文学描述。他描绘了这样一座是城而又非城的城市，它建有城墙、地基和城门，悬浮于半空之中，全部以透明宝石这种永久性材料建成，而并不采用不透光的普通石头。城门的数量为十二个，这表明该城既是一座实实在在的城市，也是一个由耶稣的门徒和以色列众部落组成的群体。文中，圣约翰告诉我们，城中没有圣殿，只有基督和羔羊。因此，这座救赎之城也就没有必要存在什么建筑，然而又只能从建筑的角度才能描绘这座城市。

神学家圣约翰自相矛盾的说法，反映了直到宗教改革运动时期的修道院建筑状况。埃及最初修建的修道院建筑，只不过是隐士们建起来的隐居建筑群，建筑间仅仅以相近的距离和墙壁相连，墙壁既起到

把隐士们隐藏在内的作用，也起到把外界的邪恶挡在外面的作用。然而到了圣巴格模（St. Pachomius）时期，在他公元四世纪早期的建筑群内，一种更具设计性和结构性的建筑活动方式已经逐渐开始发展起来。建筑是快速表达每个隐士个体的隐居行为，以及他们越发强烈的使命感和共同需求最为有效的手段。他们组织形成一座理想城市，并以各自从事的行当划分为更小的群体。每个独立的建筑单元包括若干房间和一间公用房间。然而，隐士们个体的隐居行为与他们群体的生活方式却产生了矛盾，这样的矛盾持续存在于叙利亚、爱尔兰、以色列和北欧地区修道院的发展过程中。到了公元六世纪，西方明确地形成两大流派。一类是爱尔兰修道院，这一类修道院由像圣帕特里克（St. Patrick）一样的修士创立，其群体规模尽量维持在较小状态，而且其位置也处于偏远荒寂的地方。爱尔兰尖酸的极端倾向如此之甚，以至于修士们会彼此竞争攀比到底谁最更能自我克制，这让圣本笃（St.Benedict of Nursia）抨击他们的行为是疯狂的个人主义。圣本笃

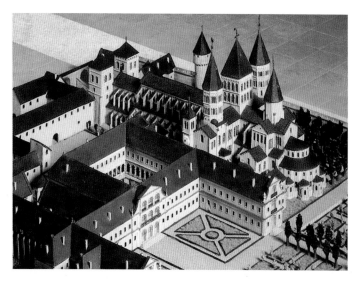

克吕尼三世，修道院教堂和部分修道院，部分模型。

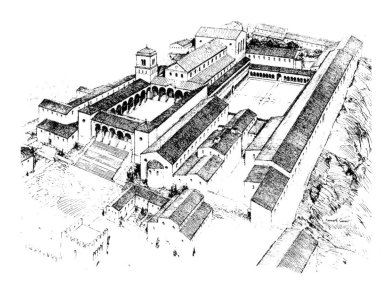

卡西诺山修道院，修道院约在1075年进行重建（在科南特之后）。

自己的修道院代表了另一大流派，本笃会制定了一份修道院法规，详细规定修道院日常生活每个方面的细节，于是修道院形成了军事化的组织形式，这为院内虔诚的信仰以及和谐的风气提供了保证。本笃会修道院在当时动荡不安的恶劣社会中，是一块和平稳定、秩序井然，甚至还有农业和经济产能的绿洲。

在查理曼大帝和虔诚者路易（Louis the Pious）时期，本笃会修道院成为向农村地区重传福音、组织农业生产和宫廷培训学习等政策的核心。加洛林王朝时期的修道院中，圣加伦修道院具有最为清楚的建筑设计。该修道院大约始建于820年，它几乎为整个神圣罗马帝国时期的修道院建筑提供了蓝本。

修道院环绕着回廊而建，回廊是当时最重要的建筑创新，圣加伦修道院之后的所有修道院建筑都把回廊作为整个修道院的核心。

罗马式建筑时期最伟大的三座修道院，都是基于圣加伦修道院的加洛林王朝式设计而建。第一座修道院是公元六世纪，在平原（Campagna）地区修建的卡西诺山（Monte Cassino）本笃会修道院。

公元十一世纪，阿博特·德西迪里厄斯（Abbot Desiderius）对这座修道院进行了重建，来自于附近航海小镇阿马尔菲（Amalfi）的石匠们，把伊斯兰式尖拱券和弧棱拱顶的设计，融入这座混合了早期基督教和伦巴底传统风格的修道院建筑中。

1083年，克吕尼修道院的院长克吕尼的休（Abbot Hugh of Cluny）造访了卡西诺山修道院。在当时，克吕尼已经是欧洲最重要的修道院中心地区之一。到了1088年，休回到勃艮第以后，又开始修建克吕尼三世（Cluny III）修道院。据凯文·科南特（Kevin Conant）的说法，罗马式建筑工程技术的改革通过卡西诺山修道院和克吕尼三世修道院，传播到了整个勃艮第乃至整个法国地区。

到了十一世纪后期，卡西诺山修道院和克吕尼的修道院宏大壮美的程度恐怕也只有修道院内豪华奢侈的生活才可以与之相配。修士们的生活起居有修道院的农奴伺候，他们制作出上等的佳肴美酒供修士们享用，修士们唯一要做的事情就是祷告、悟道和诵读经文。到了1075年，世俗和精神世界的关系已经变得如此不平衡，于是第一批克吕尼的修士们逃离了修道院，另外建起一座更加禁欲的隐居地。到了1119年，教皇加里斯都二世（Pope Calixtus II）批准了新立的修道院宪章，在欧洲第三大修道院内成立西多会，并以其所在地偏僻的河谷名命名为西都（Cîteaux）。至今为止，保存最为完好的西多会修道院是法国的丰特奈修道院（Fontenay）。该修道院位置远离任何城市中心，沿着一条修士们开挖小河而建，以方便获得水能和洗涤用水。这座建筑的设计避免采用烦冗复杂的图案装饰，而把建筑结构元素的层次感、表面和节点的质感及纯白色光线的氛围，提升至天堂建筑一般的表现效果。修道院内的活动场所与设置的分离，确保了修道院和回廊与世俗世界的隔离，使其很快回到本笃会规定的原则秩序，也使埃及和爱尔兰的隐士回到禁欲式的、与世隔绝的状态。

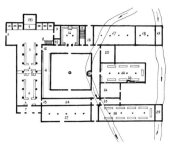

芳汀修道院（Fountains abbey）修道院遗址鸟瞰图。

左图：西多会修道院的理想设计图（W. Braunfels，布劳恩费尔斯之后）。

1. 圣所
2. 死亡之门
3. 修道士的唱诗堂
4. 荣军椅
5. 圣坛屏
6. 凡人修士唱诗堂
7. 前厅
8. 宿舍台阶
9. 圣器收藏室
10. 修道院图书馆
11. 阅读和洗脚时坐的
12. 修道士的大门
13. 凡人修士的大门
14. 牧师会礼堂
15. 宿舍台阶

16. 礼堂
17. 修道士的礼堂
18. 初学院
19. 修道士的厕所
20. 暖房
21. 水井
22. 修士休息室
23. 讲道坛
24. 厨房
25. 管客人的咨询室石凳
26. 凡人修士的通道
27. 仓库
28. 凡人修士休息室
29. 凡人修士厕所

伯恩哈德（Bernhard）和乌尔丽克·洛勒（Ulrike Laule）

法国的罗马式建筑

法兰西王国在查理曼大帝（Charlemagne）结束统治后建立

814年1月，查理曼大帝驾崩，大信徒路易（Louis the Pious）接管整个大帝国；只是在843年，帝国出现分裂。根据《凡尔登条约》（Treaty of Verdun）规定，大帝国一分为三，由路易的三个儿子划疆而治。路易二世（Louis II）分得东法兰克王国（East Francia）。洛塔尔（Lothar）分得皇冠和中法兰克王国（Middle Kingdom），领土包括弗里斯兰（Friesland）至普罗旺斯（Provence）的宽阔地带（东、西法兰克王国的中间地带）、伦巴底（Lombardy）、弗留利（Friuli）、意大利和贝内文托公国（Duchy of Benevento）。秃头王查理二世（Charles the Bald）分得西法兰克王国（West Francia），除了东部地区及西北部的诺曼底（Normandy）和布列塔尼（Brittany）外，领土相当于今天的法国。秃头王查理二世还统治了现在的比利时和荷兰的部分地区。但直到875年，秃头王查理二世才取得了统治西法兰克王国的皇冠，他将其疆域扩展至远及罗讷河（the Rhone）的沿岸地区、维也纳公国［Duchy of Vienne，包括维也纳和阿尔勒（Arles）等城市］，以及汝拉（Jura）和勃艮第（Burgundy）的部分地区［包括巴塞尔（Basle）、日内瓦（Geneva）和贝桑松（Besancon）等城市］。

这些边境地区长期保持相安无事，年轻的法兰西王国（可追溯至五世纪的加洛林王朝前期）也巩固了其地位。

罗马人占领高卢（Gaul），也在公元二世纪给这一地区带来了基督教，而法兰克王国很快便与基督教会建立了密切的关系。国王克洛维一世（King Clovis I，481—510年）皈依信奉天主教，并于497年的圣诞节期间接受洗礼。教堂与王国的联盟便证明了其在之后几个世纪中的价值所在。

九世纪和十世纪的资料文献记载了无数座修道院的修建，在许多城镇都有基督教早期新建的大教堂。必须记住，这些教堂仍延续了罗马传统：大型长方形会堂、带平顶式顶棚的中堂和带半圆形后堂的耳堂。原型仍是罗马的老圣彼得大教堂（Old St. Peter's）。

罗马风格的发展——唱诗堂和中堂中的新空间形式

当时，法兰克帝国（Frankish Empire）时期的许多早期基督徒被封为圣徒，同时加封的圣人也源源不断。关于圣人陵墓之谜的报道层出不穷，这些墓穴通常建于修道院内甚或促进了新墓穴的修建。虔诚的信徒远赴这些修道院朝圣，从而形成了重要的新朝圣路线。朝圣之旅的迅速发展，使大批朝圣者来到修道院，从而增大了住宿（尤其是各类宗教物品）的需求。这使修道院的收入显著增加，但也需有效的管理。人们寻找管理这些朝圣者的方法，使得在教堂中的出入的人不会干扰唱诗堂中举行的修道士礼拜仪式。圣人的陵墓通常坐落在主祭坛的下方。

自九世纪中叶以来，长方形回廊便修建在欧塞尔（Auxerre）和奥泽兰河畔弗拉维尼（Flavigny-sur-Ozerain）。这些回廊位于地下室中的圣人墓周围，从而使朝圣者从一个侧廊下楼，而从另一个侧廊上楼。在这些教堂中，回廊延伸至包括侧廊通道的圆形或八边形圣母堂。九世纪中叶前，位于大西洋沿岸地区的圣菲勒贝尔德格朗略（Saint-Philibert-de-Grandlieu）的地下室被扩建，以容纳圣菲勒贝尔教堂（St. Philibert）的圣物，这件圣物随后被移至托努市（Tournus）。这座地下室设有长方形回廊，而阶梯式祈祷室位于其东端。托努市的第一座地下室（建于875年后）必然与上述地下室有相似之处。这些最古老的回廊逐渐倾向于采用唱诗堂端部的曲率。早期的实例包括克莱蒙费朗教堂（Clermont-Ferrand）和阿伽尼圣莫里斯大教堂（Saint-Maurice-d'Agaune）的唱诗堂。十世纪下半叶期间，托努市的修道士便修建了这种带辐射状长方形小教堂的回廊，回廊中间是一个小教堂，其后方是带中堂和两个侧堂的地下墓室。第一座技艺纯熟的带半圆形辐射状小教堂的回廊位于图尔（Tours）的圣马丁教堂（St. Martin）。这座回廊建于1000年左右，但在法国大革命之后大面积被毁。

克吕尼（Cluny）修道院及其小修道院在下一个世纪对中堂的发展仍具有影响力。第一座教堂竣工后的短短几十年，即在948年，克吕尼修道院的修道士开始修建第二座大教堂［克吕尼大修道院第二教堂Cluny II］。然而，这座教堂或许因施工中遇到的困难直到981年才落成。其建筑形式仅可从挖掘物和书面记载中得知。这座教堂设有带两个侧廊的中堂及突出式耳堂。它还有带梯形祈祷室的唱诗堂，这便是起初竞相效仿的第一种类型。各个房间的功能从未得到淋漓尽致的诠释。克吕尼大修道院第二教堂的阶梯式祈祷室由七个对称布置的后堂构成。中间的三座后堂设有半圆形端部，并相互轻微交错排列。其幽深的前室（形如筒形穹顶）通过柱廊相互连接。这三座祈祷室的每侧上（略向后），分别设有一座带长方形端部的祈祷室。最后，在这些祈祷室的各个外侧上，设有位于耳堂墙壁上的小型后堂。中堂的立面应该分为两层。连拱廊之上是不带横拱的筒形穹顶。小窗户嵌入其底部，从而使第一种实例——带彩图拱顶的拱状教堂家喻户晓。

因此，直到1000年左右，才形成罗马建筑的典型建筑特征，即带辐射状小教堂和彩图拱顶的回廊。后者在当时仍处于发展的早期阶段，并在下一个世纪进行了持续的改进和完善。直到经过大约120年后，筒形穹顶才被其他拱顶形式（包括基于哥特设计原理的拱顶形式）取而代之。

在千禧年之交后的数年中修建的若干建筑物中，一些得以幸存，另一些有详细记载：设有奇特的唱诗堂圆顶圆形大厅的第戎（Dijon）圣贝尔尼大教堂（Saint-Bénigne）的大长方形会堂和塞纳河畔沙蒂永（Châtillon-sur-Seine）的沃尔勒圣堂（Saint-Vorles）的小教堂，均位于勃艮第公爵的领地内；法国北部有蒙捷昂代尔（Montierender）的长方形会堂、尼威尔斯（Nivelles）的圣格特鲁德教堂（Sainte-Gertrude）和兰斯（Rheims）的圣雷米教堂（Saint-Rémi）；法国最南边［位于前纳尔榜南西斯（Narbonensis）省］有卡尼古山圣马丁修道院教堂（Saint-Martin-du-Canigou）。

勃艮第——筒形穹顶的问题

1001年，第戎圣贝尔尼大教堂的男修道院院长——沃尔皮诺的威廉（William of Volpiano）委托对535年建在圣本尼格纳斯教堂（St. Benignus）（自274年起）的墓地之上的大长方形会堂进行重建。989年，克吕尼修道院改建，据推测沃尔皮诺的威廉可能对竣工于此的拱顶式长方形会堂有所耳闻并甚是欣赏。但威廉仍决定采用无拱顶的"老式"结构。一部分原因在于缺乏空间，但也必须记住，圣本尼格纳斯教堂当时已有500年的历史，拥有不计其数的圣物，还是著名的朝圣地（即，传统之地）。最后建成了带中堂、四个侧堂、耳堂和唱诗堂（设有五座放射式小教堂）的大长方形会堂。但中央后堂却被供奉圣母玛利亚的唱诗堂圆顶圆形大厅（见第122页图）所取代。唯有这座圆形大厅还保留了可追溯至新千年开端的这一结构，因为中堂在1137年和1271年被毁，且均由更为现代的结构所替代。

这座圆形大厅是一座带中堂和两座侧堂的三层圆形大厅。连续式中心轴向上敞开，伸入顶点处的圆形窗户内。8根圆柱围绕中心轴，但第一回廊和第二回廊之间却设有16根圆柱，外墙上设有24根附墙圆柱。第一回廊和第二回廊均形如筒形穹顶。外回廊中的半圆形筒形穹顶每隔三个跨间便被弧棱拱顶阻断一次。上一层设有单个宽回廊，其拱顶为直角筒形拱顶。在北侧和南侧，圆形大厅外部增设有半圆形突出式楼梯。东侧增设了一座小教堂，据说其前身可追溯至六世纪，塔矗立于高卢—罗马式（Gallo-Roman）墓地之上。

这座圆形大厅中的气氛仿佛大型地下室一般，因为侧堂和楼层的丰富多样的空间，给人以眩晕感和神秘感。然而，将其与耶路撒冷的

圣墓教堂（Holy Sepulcher）相比并非恰如其分，因为这座建筑物不够协调。更可信的是，这种特殊的设计方案是根据存在了几个世纪之久的圣人陵墓和守护神献词来制定的。类似的方案也出现在其他地方，如圣贝尔尼大教堂的设计方案，这些方案因独具一格的特征而证明其并非效仿。

圆形大厅的底层犹如一座规模浩大的地下室，位于整个耳堂和半个中堂之下。圣本尼格纳斯教堂的墓地坐落于耳堂和唱诗堂的分界线上的显著位置处。

中堂可能分为三层，方形墩柱上有连拱廊、楼廊、高侧窗与平顶式顶棚。起初发现的这座中堂甚至未被效仿。克吕尼的第二座教堂表明，尽管中堂和微型窗户宽度有限，但修建彩图筒形穹顶并非遥不可及。然而，数个世纪以来，克吕尼才修建了第三座教堂，再次冒险在大型中堂和四个侧堂的高侧窗之上修建筒形穹顶。

克吕尼大修道院第二教堂的拱顶结构

1000年左右，朗格勒（Langres）的主教布鲁诺·德鲁西（Bruno de Roucy）委任对或许是加洛林王朝的一座建筑（位于塞纳河畔沙蒂永）进行整修。带四个跨间的中堂和两个侧堂、带筒形穹顶的突出式耳堂、带五个祈祷室和圆筒形穹顶的圆室的残骸仍保持原样。时至今日，中堂和侧堂中均设有弧棱拱顶，而前者可追溯至十七世纪。起初，这座建筑应该设有筒形穹顶，或许该筒形穹顶的底部具有小窗户。建筑外部或许曾因其轮廓清晰的部分显得魅力无穷，而现在却以十字交叉部塔楼为主，但唯有一楼及其位于扁柱条之间的假拱尚存至今。

1020—1030年，托努市圣菲勒贝尔教堂的修道士新建了中堂和侧堂。1007（或1008）年，他们的教堂在匈牙利人的屡次入侵中毁于一旦，后进行了重修，并于1019年落成。与此同时，想必这些修道士认为其带平顶式顶棚的宽阔中堂过于老式，于是决定修建一座带拱顶结构的较窄中堂。东部比老式中堂狭窄，因此他们开始在教堂前面的西侧为中堂搭建三个跨间，跨间与唱诗堂的宽度相称。中堂跨间及其墙角处的大圆柱均为方形，而侧堂跨间为相应的长方形。当第一批跨间被建至达到连拱廊的高度时，便决定拆除老式外墙，并设法重建宽中堂的拱顶。刚修建的窄跨间便作为教堂前厅。由于弧棱拱顶难以横跨极长的长方形侧堂跨间，因此弧棱拱顶结构用于方形中堂跨间中，而侧堂采用直角筒形拱顶加盖。很可能修道士们摒弃了原始中堂方案，因为他们在修建宽中堂的拱顶上表现得更有信心。也可能是修道士们意识到带方形中堂跨间的跨间分区不适合筒形穹顶。

这一经验对夏佩兹（Chapaize）的圣马丁小教堂的修建大有裨益，圣马丁小教堂是一座独立于托努市的小修道院（见第123页下图）。墩柱的平面图和圣马丁教堂的尺寸与托努市的教堂前厅近乎相同。另一方面，跨间应在中堂中呈横向矩形，在侧堂中呈方形。这意味着这些气势磅礴的墩柱需紧靠着矗立。墩柱为两层楼高：连拱廊、开有小窗户（嵌入筒形穹顶）的尖拱和侧堂中的弧棱拱顶。圆形墩柱上方的半圆形壁联与顶壁相连并承载横拱。在十二世纪，最初的圆筒已倒塌（甚至现在顶壁仍摇摇欲坠），并被保存至今的尖拱取代。耳堂的高度低于侧堂和三座后堂，而中央后堂较大，构成了唱诗堂。圣马丁教堂也通过圆拱形横饰带与外部相连；人们可远远望见这座高耸的十字交叉部塔楼（设有上、下两座钟楼）。夏佩兹的圣马丁教堂建于1030年左右，略晚于托努市的教堂前厅底楼的修建时间；在圣马丁教堂中，可明确地感受到十一世纪的克吕尼教堂的磅礴气势及影响力。时至今日，这座教堂除了几排简易的长凳和一座小祭坛外，早已人去楼空。

漂亮的圣彼得与圣保罗小教堂的尺寸也与克吕尼大修道院第二教堂和托努市的教堂前厅的大小惊人地相似。这座教堂发现于小河诺佐河（Nozon）的上游，那地方原属勃艮第，现位于瑞士境内。

图尔的格列高利（Gregory）记载：圣罗马努斯（St. Romanus）及其兄弟卢皮奇努斯（Lupicinus）修建了一座小修道院，928年，在一份遗嘱中将这座教堂的所有权转让至克吕尼。直到一个世纪后，继两座小型建筑修建后，才在克吕尼的阿博特·奥迪奥（Abbot Odio）的指导下在罗曼莫捷（Romainmôtier）新建了一座建筑物。这座建筑物的中堂

和圆拱连拱廊下的带圆形墩柱的两座侧堂效仿了托努市和夏佩兹的教堂，或许说克吕尼大修道院第二教堂更为直接。罗马式建筑中一个改进的实例为连拱廊中的宽支撑件。侧廊支撑筒形穹顶，筒形穹顶的两侧均嵌入弦月窗，但自十三世纪以来，中堂便设有肋架拱顶。微凸的下耳堂仍具有最初的拱顶结构。这诠释了顶壁的特征，其上搭设几根拱券，拱券通常从现存的小枕梁处突出。不言自明的是，人们不想采用嵌入筒形穹顶的窗户，因此将耳堂中的高窗安装在宽敞的弯曲拱顶下方，高窗从顶壁上的小枕梁处突出，再嵌入圆形拱底面。这些拱券同时将拱底面的半径减少了至少1码（约0.9米）。幽深的筒形前室与两根柱廊相连，前者位于半圆形后堂前；后者在哥特时代被改建，其最初形式尚可识别。外部的连接方式是十一世纪上半叶的典型风格，即假拱形横饰带位于扁柱条之间，并带有一座漂亮的两层十字交叉部塔楼。设有中堂和两座侧堂的双层教堂前厅可追溯至1100年左右。中堂和侧堂中的十字形墩柱和弧棱拱顶均架于支承梁之上。双层教堂前厅的上层设有圆形墩柱，墩柱又设有雕刻装饰的拱墩。整个底层设有弧棱拱顶，其东侧设有一个延伸至中堂的小型半圆形壁龛。

1050年左右，托努市圣菲勒贝尔教堂的修道士为其老式中堂修建了拱顶，而使之富有现代气息（见第125页图）。在1020—1030年修建这座中堂时，它比原先设想的方案宽敞，从而使跨间呈方形。狭窄而极其陡峭的圆形拱门从坚固的圆形墩柱中突出。天顶为圆筒形拱顶，其底部设有小窗户。如夏佩兹的教堂一样，附墙圆柱嵌入墩柱拱墩上方的墙壁内，用于支撑采用砖石交替而成的筒形横拱。侧堂设有弧棱拱顶，弧棱拱顶与朝中堂略微倾斜的内室形成拱形，以支撑筒形穹顶。因为筒形穹顶在建后不久便倒塌了，所以中堂的这种形式并未保存下来。1070（或1080）年左右，坍塌的横拱被修复或更换了，而横拱未采用交替布置的砖石（老式拱券便清晰可见），中堂临时采用横向筒形穹顶作为权宜之计。

　　圣菲勒贝尔教堂营造的空间感极其与众不同，甚至以当代人的眼光来看，想必也无异于此。虽然镶嵌有大窗户的横向筒形穹顶能使中堂显得更明亮，但这却极大地破坏了空间的连续性，相同截面沿中堂平行推进的格局被阻断了。尽管已费尽周折对横向筒形穹顶加以诠释，但托努市的横向筒形穹顶实际上仅可视为特定情况的一种解决方案。其他地方未发现任何效仿实例。

　　1040—1050年，另一座大教堂以这种方式修建了起来，即建于帕耶讷的第二座修道院教堂（见上图），这座教堂与托努市的首例中堂拱顶属于同一时期。克吕尼的奥迪路（Odilo）认为勃艮第鲁道夫二世（Rudolf II）的女儿阿德尔海（Adelheid）是这座十世纪修道院的创始人。在阿德尔海的第二段婚姻中，她与奥托大帝（Emperor Otto the Great）结婚，自991年以来，她一直担任自己尚未成年的孙子奥托三世（Otto III）的摄政王一职。不容忽视的是，实际上是她的父母设立了这座修道院，因为阿德尔海的母亲贝尔塔（Bertha）的陵墓位于帕耶讷，而这里的一名修道士的职责便是为拯救她的灵魂而祈祷。新建的帝国修道院归克吕尼管辖。勃艮第的整个皇室横贯汝拉山，与克吕尼有密切联系。

　　在1025—1050年，在克吕尼的影响下，一座建筑物修建了西立面，起初的设计较窄，对设计图的修改想必是出于突发奇想。首先修建的是设有一个跨间的西楼，米迦勒礼拜堂（Michael chapel）位于上层楼，并设有十世纪的老式中堂。鉴于此，中堂的北墙和南墙均未沿着这座建筑物的轴线来修建。然后修建了中堂的方形墩柱，并增设了气势恢宏的突出式圆柱。侧堂中的阶梯式壁联与这些突出式圆柱交相辉映。起初，设计将十字交叉部建于第六个跨间中，但最终却位于第七个跨间中。这座建筑物的最后施工阶段是修建方形十字交叉部和高耸的突出式耳堂，后者设有五座祈祷室的圆室。所讨论的这类立面的所有先例或已倒塌或被重建。因此，这是保存至今的最古老的筒形穹顶实例，这座筒形穹顶凌驾于高而细长的连拱廊和嵌入拱顶底部的窗户之上。同样在托努市，筒形穹顶也设有横拱。然而，帕耶讷的横拱的底部由壁联支撑，而托努市的横拱却从圆形墩柱的拱墩处突出。这些长方形壁联，对采用带突出式圆柱的方形墩柱来代替圆形墩柱的决定产生了影响。中堂的立面延伸至长长的唱诗堂，并使主后堂中可安装双排窗户，从而使这座建筑与同时期的其他建筑物相比时，其室内显得无比高大和明亮。外部的连接方式和装饰风格使人联想起所讨论的其他教堂，但外部已在后来的多次增设后改变了原貌。

　　帕耶讷修道院教堂是至今保存完好的这类建筑物之一，它是克吕尼建筑师从近一个世纪的作品中总结的经验的结晶。这个教堂初次在中堂中实现了和谐的格调，这种格调连同壁联至横拱的平稳过渡为哥特式风格的形成埋下了伏笔。

124

托努市（索恩－卢瓦尔省），原菲勒贝尔修道院教堂，1020年后建造，中堂西塔的东南面（左上图），中堂东向视图（右上图）。

一份献词从1120年保存了下来，内容涉及对东侧的修复，包括为东侧设计了较旧平面图更为现代的风格。

托努市（索恩－卢瓦尔省），原圣菲勒贝尔修道院教堂，1020年后建造，修道院回廊（左下图）及平面图（右下图）。

比这座中堂还古老的是现存的修道院回廊北侧，修道院回廊的宽连拱廊通过坚固的半圆形壁联连接。1156年，男修道院院长阿尔丹（Abbot Ardain）长眠于此。他曾委任对教堂前厅和中堂的底楼进行修建，后来被封为圣徒。

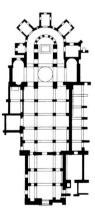

125

卢瓦尔河畔拉沙里泰［La-Charité-sur-
Loire，）涅夫勒（Nièvre）］，原圣十字圣母
隐修院的修道院教堂，于1056—1107年
建造，唱诗堂的内部视图及平面图。

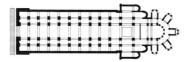

讷韦尔（Nevers，涅夫勒），原圣艾蒂安修道
院教堂（abbey church of Sainte-Etienne），
1063—1097年建造，中堂和唱诗堂。

克吕尼第三座教堂的蓝本

托努市的中堂和帕耶讷的修道院教堂早已设计完毕和竣工，可追溯至1049年塞米尔的雨果（Hugo of Semur）登上了克吕尼的男修道院院长的宝座。他位于卢瓦尔河畔拉沙里泰的圣十字圣母隐修院的新建教堂曾受克吕尼小修道院的启发，但在很大程度上他们属于同时代的产物（见第126页图）。

1056年，涅夫勒公爵（Duke of Nièvre）创立了一家修道院，这家修道院位于通往圣地亚哥孔波斯特拉（Santiago de Compostela）的朝圣路线沿途中非常有利的位置上。关于以克吕尼大修道院第二教堂（Cluny II）风格修建的第一座教堂和以克吕尼大修道院第三教堂（Cluny III）风格改建的教堂的文献资料尚存至今，这些文献可追溯至1107—1135年。中世纪仅存的部分为带内角拱圆屋顶的耳堂（现设有尖角筒形穹顶，位于高侧窗之上）、圆室的4个外后堂（最初为7个）、设有祈祷室的回廊及西塔。如果有人知晓在克吕尼的影响下建于十一世纪的建筑物，并洞悉雨果对克吕尼大修道院第三教堂的设计理念，则这些寥寥可数的残存部分足以使人构思出原始教堂的原貌。

按照当时的风俗习惯，最先修建的是设有7个祈祷室的圆室。如同帕耶讷的教堂一样，唱诗堂前厅中设有柱廊，主后堂中设有两层高侧窗，陡峭狭窄的耳堂设有直抵筒形穹顶的窗户。毋庸置疑的是，克吕尼的第二座教堂是拉沙里泰（La Charité）的灵感之源。中堂的平面

（可能设有四个侧廊）与10个跨间向西延伸。在尺寸上，克吕尼的第二座教堂显然是克吕尼大修道院第三教堂的直接原型。类似于克吕尼大修道院第三教堂，拉沙里泰的教堂起初也应该具有三层立面，包括连拱廊、实心拱廊和高侧窗；人们曾误以为，它是献祭文献中所指的十二世纪上半叶或1135年期间的改建建筑，但事实并非如此。这种近代修建的建筑是经上面的基墙改建而成，这显然不合情理。

人们也常常问及，与其他男修道院院长和主教相比，为什么男道院院长雨果直到他任职达40年之久后才开始修建新教堂。显然，他想充分试验所有建筑理念，以在其宏大的新项目中大展宏图。我们应该明白，他曾在诸多地方作出尝试，最终才可向其同代人展示基督教界中的无与伦比、完美至极的建筑物。1107年后，在拉沙里泰，仅有三座中央后堂被回廊和侧堂所取代，并于1135年落成。

在涅夫勒（距拉沙里泰不远），圣艾蒂安修道院教堂（见上图）于1063年破土动工，落成于1097年。涅夫勒在通往圣地亚哥（Santiago）的朝圣路线上也设有一个大站点，即克吕尼的一座小修道院。因此，不足为奇的是，建于涅夫勒的这座建筑物与传统风格的克吕尼大修道院第二教堂截然不同。中堂、带六个跨间的两座侧堂与设有方形十字交叉部的突出式耳堂、半圆形后堂和带三个祈祷室的回廊相连。

一个前室已不复存在。立面重新设为三层。相对低矮的连拱廊上方设有大致等高的楼廊拱门，拱门中嵌入巨大的门楣中心，仅开有狭窄的孔口。

圣博努瓦卢瓦尔大教堂[Saint-Benoît-sur-Loire, 卢瓦雷省 (Loiret)]，原圣博努瓦 (Saint-Benoît) 修道院教堂，

约 1070（或 1080）年至十二世纪中叶建造，教堂前厅（教堂前厅的塔楼）的西面视图。

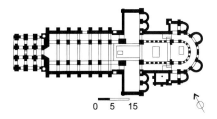

圣博努瓦卢瓦尔大教堂（卢瓦雷省），原圣博努娃修道院教堂的平面图（左上图）、唱诗堂（右上图）和教堂前厅的圆柱（右下图）。

127

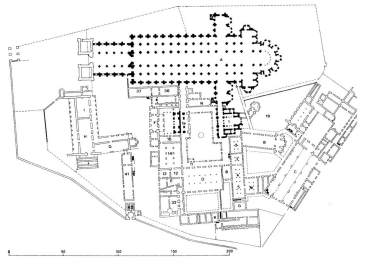

　　每个跨间中带陡峭窗台的小窗户构成了高侧窗。显然，修道士们并未对其拱顶技术抱有极大的信心。墩柱呈十字形，方形中部的每侧均嵌入了附墙圆柱，中堂和侧堂中的附墙圆柱与横拱平稳相接，而连拱廊中的附墙圆柱与支撑拱券相连。弧棱拱顶用于侧堂中，而楼廊中采用中堂墙壁支撑的直角筒形拱顶。低于交叉拱的拉弦拱使耳堂的翼部相互隔开。一组拱券（五根）穿过上方的墙壁，这一主题使人回想起加洛林王朝的建筑物，如杰尔米尼-德-佩（Germigny-des-Prés）礼拜堂及至今仍可见于涅夫勒的圣西尔与圣朱丽叶大教堂（cathedral of Saint-Cyr-et-Sainte-Juliette）的罗马式耳堂中的效仿建筑。在这根拉弦拱的每侧上，均有两排窗户嵌入耳堂的墙壁内。唱诗堂也分为三层，但高高的楼廊已被极低的假拱所取代。细长柱可谓是高窗的点睛之笔。

　　虽然外观不同于其他部分，但毋庸置疑的是，建筑物的组合方式占主导地位。这一情况还持续到中世纪盛期，但它并非建筑物的唯一决定性特征。方形小雕带在水平方向上与建筑物相连，并环绕大窗户的圆拱。短小的细长柱上的一组假拱（一种矮廊）装点了唱诗堂端部的高墙，后部为拱顶。十字交叉部塔楼低矮、呈八边形，但两座西塔均在法国大革命期间被毁。

　　尽管涅夫勒的教堂是无可挑剔的长方形会堂（带高侧窗），但男

修道院院长雨果却选择带实心拱廊的立面，因为他需要一座精美的仪式性建筑，由此需要空间连续性，而这种连续性不得因极其强烈的光线和阴影对比而荡然无存。另一方面，圣艾蒂安修道院教堂的宽敞楼廊对位于通往圣地亚哥的朝圣路线沿途中的教堂有一定的影响力。

　　在涅夫勒和拉沙里泰，修建拱顶的时间分别为1097年和1107年，在这之后，托努市的修道士也在三跨间教堂前厅的上层楼面中初次采用了这一技术。如圣艾蒂安修道院教堂一样，侧堂也建有直角筒形拱顶，每个跨间和圆筒形拱顶安装有两扇窗户。中间楼面被摒弃，教堂前厅的上层楼面可能在十一世纪末才修建。与此同时，两座无与伦比的西塔竣工。西塔凌驾于高高的正立面之上，已成为这座城市的地标建筑。

　　涅夫勒和拉沙里泰的这两座新建筑很可能使圣博努瓦卢瓦尔大教堂的男修道院院长倍受鼓舞，从而对其教堂进行现代化建设，施工时间可追溯到十世纪上半叶或十一世纪开端（见第127页图）。圣博努瓦卢瓦尔大教堂建于651年，自672年左右起，一直用于供奉蒙特卡西诺（Montecassino）的圣本尼狄克（St. Benedict）的圣物。这些圣物当时属于法国的无价之宝。

　　十世纪的上半叶，克吕尼的奥多（Odo of Cluny，927—942年）对这座修道院进行了改进。自1070（或1080）年起，男修道院院长

克吕尼（索恩－卢瓦尔省），原圣皮埃尔和圣保罗修道院教堂（克吕尼大修道院第三教堂）十六世纪的教堂东面视图，埃米尔·萨戈（Emile Sagot）绘制的平版画（1789年后），收藏于巴黎国家图书馆（Bibliothèque Nationale）铜版画小型收藏馆。

纪尧姆（Abbot Guillaume，1067—1080年）开始为东侧修建新部分，并在这座教堂的西侧修建了一座气势恢宏的设防塔楼，之后，各式各样的修建、修复和现代化建设项目便接踵而至。仅设有两座辐射状小教堂和幽深的唱诗堂前厅跨间的回廊建于地下室之上。两座小教堂耸立在这座回廊的两侧，并分别设有一个东侧后堂，顶部为塔楼。长长的唱诗堂前方，设有一座突出式耳堂，耳堂的两座后堂位于东墙。方形十字交叉部之上为内角拱支撑的圆屋顶。正如圣艾蒂安教堂一样，这座唱诗堂的立面也分为三层：连拱廊、实心拱廊、细长柱与圆筒形拱顶框出的窗户。长唱诗堂的回廊和侧堂也设有筒形穹顶。在这座唱诗堂的平面和立面中，显然可找到克吕尼第三座教堂唱诗堂原型的蛛丝马迹，克吕尼的第三座教堂于1089年破土动工。这里缺乏的唯一元素仍是位于唱诗堂前厅的筒形穹顶下的横拱，这些横拱能强烈地衬托了内部结构，并给人一种强烈明快的节奏感。鉴于此，在此发挥作用的不止男修道院院长纪尧姆的意向，这是无可争辩的。圣博努瓦卢瓦尔大教堂是克吕尼的雨果试验其建筑理念的第三座大型建筑物。结果证实了这种方法的可行性：所有细部和主题、内部空间的所有成形元素在这些"试验性建筑物"中均有体现。但实际上，在完美实施或构思一致性上，其他教堂无法与克吕尼的第三座教堂媲美。

1108年，圣博努瓦卢瓦尔大教堂的东侧落成，但中堂却直到十二世纪中叶才竣工。中堂与唱诗堂仅有略微的差别。连拱廊与实心拱廊之间空旷的墙面区域抵消了地面坡度。如同长唱诗堂的筒形穹顶一样，中堂的拱顶并不突出，且仅设有一根横拱，这根横拱并不与搭设在正下方的中堂墙壁上的任何壁联相辅相成。在这座教堂中，两层楼高的宏伟西端令人叫绝。底层大厅三面均设有带九个跨间和巨大墩柱的厅堂式窗户，墩柱用于支撑弧棱拱顶。这座教堂以其外部的柱头和小浮雕著称。上层以类似的方式连接，但为封闭式结构，且具有三座嵌入东墙的后堂。

1089年，男修道院院长雨果（1049—1109年）终于开始修建克吕尼的第三座教堂。早在1095年，教皇乌尔班二世（Pope Urban II）便可将主祭坛和另外三座小教堂祭坛落成。最终的献祭仪式于1131（或1132）年落下帷幕。设有中堂和两座侧堂的教堂前厅直到1225年才得以竣工。然而，直到1258年，这座昔日辉煌无比的修道院变得名不副实。1790年，这座教堂土崩瓦解；1798年，建筑物被变卖、拆迁。1811年，留下的仅有耳堂的南部、唱诗堂的柱头及寥寥可数的其他几个部分。

这座教堂具有一座中堂和四个侧堂（总长为184.17米，耳堂以外的部分长73.76米、耳堂长72.23米，中堂高29.56米、宽14.93米）、11个跨间、一座与中堂等宽且每个臂部均设有两座东侧后堂的耳堂、一座长唱诗堂（也设有四座侧堂）及一座带5个辐射状小教堂的回廊，回廊的两侧为第二座低矮的耳堂，回廊的每个臂部也设有两座东侧后堂。众所周知，这座教堂的原貌应该根据大范围的挖掘工作和大量的图片资料得出，尤其应通过其教堂原型和随后效仿它的教堂来还原，但具体细节仍存在很大争议。

中堂的立面分为三层：带尖拱的细长连拱廊、每个跨间中带三根拱券的实心拱廊和具有类似风格的高侧窗。在这三层中，连拱廊构成了外侧堂拱券和内侧堂窗户的框架。带半圆形或槽形壁联的凹式墩柱支撑尖筒形拱顶的横拱，并使内部空间显得均匀、和谐。方形十字交叉部顶部设有带圆屋顶的小型假楼廊。而楼廊的顶部又为方形十字交叉部塔楼。这些陡峭的横拱遍布9个跨间，第2个跨间和第8个跨间中的每根横拱的顶部分别建有两座塔楼（坐落于内角拱支撑的穹顶上）。两个外侧跨间的立面与中堂的立面大同小异。唯有南侧耳堂的塔楼和相邻的南面跨间未被拆除（见第128页图）。效

帕雷勒莫尼亚（Paray-le-Mondial，索恩 – 卢瓦尔省），原圣母院（Notre-Dame）修道院教堂 十一世纪上半叶修建，中堂和唱诗堂（左上图）、平面图（右上图）和外部东北面视图（左下图）。

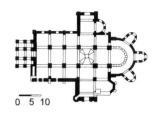

0 5 10

仿中堂立面风格的两个唱诗堂跨间朝东设计，毗邻第一耳堂。第二耳堂也与第一耳堂相邻，前者设有另一个方形十字交叉部和较远的八角塔，八角塔坐落于内角拱支撑的圆屋顶上。在第二耳堂中，唯有中间的三个跨间与中堂或大耳堂等高。每侧上两个毗连的跨间低矮，外形像小教堂。这座教堂的东端由较远的跨间构成，这个跨间与中堂和回廊等高，并设有环状筒形穹顶和弦月窗。连拱廊和高侧窗之间的墙壁的唯一装饰性元素便是扁平的槽形壁联，此处未设有实心拱廊。

因此，这座教堂可分为两个部分：中堂和东侧部分。前者与宏伟的结构相接、轮廓鲜明，而后者的整个空间和结构显得极其复杂。当然，东侧部分专供修道士们使用。在构思上，这两个部分因整个立面的交相辉映而融为一体。

教堂的装饰一定是雄伟壮丽、光彩尽显的。精美至极的柱头处处吸人眼球；除了它们之外，所有拱券、窗户和飞檐也被雕刻的装饰带所环绕，壁联均呈槽型。另外，想必这里一定装饰有壁画、地毯、色彩斑斓的摆件，巨大的辐射状枝形吊灯散发出神秘的光线，还有圣人画像、熏香、金色的礼拜服及用宝石镶嵌的闪闪发亮的金银装饰物。尤其可听见歌声，在克吕尼大修道院第三教堂时期，甚至在克吕尼大修道院第二教堂时期，歌唱都是礼拜仪式中不可或缺的一部分。

为了能够领悟这类沁人心脾的多面性艺术作品的魅力，我们有必要对人们在中世纪早期和晚期的生活方式有一定的了解。光和热仅来自太阳，因为木柴和蜡烛价格不菲，而仅限于少数家庭使用。除了牧羊人的长笛和最简单的歌曲外，他们对音乐一无所知，且这类图片仅存于修道院。普通人没有艳丽华美的服装，他们的住所暗淡而阴沉。甚至连居住在乡村庄园上的地位较低的贵族阶级也不能过着太享有特权或过于舒适的生活。因此，信徒在克吕尼看到了天国耶路撒冷的形象，并认为这就是奇迹。

这个时期的世俗建筑均不可与克吕尼的建筑媲美。一方面，世俗统治者通常会在士兵和军事装备上投入巨额资金。另一方面，基督教堂禁止信徒大肆敛财或声名显赫。因此，大笔慷慨的捐赠流向基督教堂和修道院。

克吕尼的第三座教堂如同其给同代人的印象那样，并未被其他教堂竞相效仿。一个原因是西多会的创立，西多会对浮华和装饰不屑一顾，而倾向于返璞归真。另一个原因在于，尽管已解决了筒形穹顶的问题并完善了形式，但未来属于肋架拱顶和哥特式风格。早在克吕

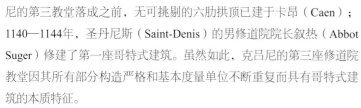

尼的第三教堂落成之前，无可挑剔的六肋拱顶已建于卡昂（Caen）；1140—1144年，圣丹尼斯（Saint-Denis）的男修道院院长叙热（Abbot Suger）修建了第一座哥特式建筑。虽然如此，克吕尼的第三座修道院教堂因其所有部分构造严格和基本度量单位不断重复而具有哥特式建筑的本质特征。

克吕尼大修道院第三教堂的传承

帕雷勒莫尼亚的圣母院（见第130页图）是克吕尼大修道院第三教堂的缩影，因此当知晓其建筑师正是克吕尼的男修道院院长雨果时，这也不足为奇。973年，这座修道院建于帕雷勒莫尼亚；999年，它归克吕尼所有；1004年，男修道院院长奥迪路（Abbot Odilo）在克吕尼落成了一座小教堂（可能与克吕尼大修道院第二教堂属同一类型）。在十一世纪上半叶，它增设了带双塔正面的教堂前厅（保存至今）。1090年，男修道院院长雨果着手修建现存建筑物、带三个跨间的中堂和侧堂、带后堂的突出式耳堂、带圆屋顶（由内角拱支撑）的方形十字交叉部、前室和带放射式小教堂的回廊。圣母院的立面证明它源自克吕尼大修道院第三教堂，即使后者竣工的时间要久远得多。圣母院也设有带尖拱的连拱廊（位于阶梯式墩柱上）、三段式实心拱廊和高侧窗、设有横拱的尖角筒形穹顶、槽形壁联、花边嵌条、陡峭的耳堂，但圣坛中未设拱廊。不过，相似性仅限于外形上。这座建筑在很大程度上未能实现克吕尼大修道院第三教堂的恢宏空间感和典雅精致。

细节上更自由，但效果上更接近原型克吕尼大修道院第三教堂的是奥坦（Autun）的圣拉扎尔教堂（Saint-Lazare，见第132页图）。1120年左右，克吕尼改革和礼拜仪式的热心支持者主教艾蒂安·德巴热（Bishop Étienne de Bâgé）开始施工，以更换九世纪典型的地基。在教皇参观时，转移了一份献词，但圣拉撒路（St. Lazarus）的圣物直到1146年才被带至这座教堂，当时教堂前厅仍在施工中。教堂前厅设有中堂和两个侧堂，教堂前厅的两个跨间均与中堂在宽度和高度上一致，中堂的七个跨间向东延伸。如同耳堂一样，十字交叉部也呈方形。耳堂被支承拱一分为二，这些支承拱是外中堂墙壁的延伸部分。两座前室构成了带三个后堂的唱诗堂的过渡部分。因此，圣拉扎尔教堂无需设置回廊和耳堂。尽管小教堂的延伸部分秩序有些混乱，但其内部却洋溢着节日的气氛，显得生机勃勃。凹式墩柱支撑尖拱的连拱廊。墩柱的四侧均附有槽形壁联，中堂的槽形壁联直抵横向筒形穹顶的正下方。在实心拱廊中，三个拱券的中部敞开；在高侧窗中，跨间均设有一扇窗户，而克吕尼教堂中设有三扇窗户。每个跨间之上为筒形穹顶。奥坦仍拥有极其重要的罗马遗迹，因此不足为奇的是，壁联和砖层的古典装饰经充分雕刻并精心设计来利用光线和阴影的效果，且柱头极其精美和逼真。为了实现空间的连续性，内部空间布局精美并洋溢着节日的气氛，并在设计中刻意省去耳堂，这两者是圣拉扎尔教堂的典型特征，它们使圣拉扎尔教堂与克吕尼大修道院第三教堂的联系，显得比其他任何建筑都更为紧密些。

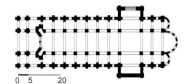

奥坦（索恩–卢瓦尔省）圣拉扎尔教堂
1120—1146 年建造，中堂的北墙（第132
页图），平面图（左上图）。

维泽莱［Vézelay，约讷省（Yonne）］圣马德莱
纳大教堂（Sainte-Madeleine），1120 年后建造，设
有哥特式唱诗堂的东向中堂（右上图），外侧的西
南视图和平面图（右下图）。

弧棱拱顶的尝试

可与在克吕尼修道院的赞助下于拉沙里泰、圣艾蒂安和圣博努瓦修建的大型建筑物媲美的建筑包括若干小教堂，比如昂济勒迪克的圣三一教堂（Sainte-Trinité）、圣克鲁瓦教堂（Sainte-Croix）和圣马里耶教堂（Sainte-Marie）。昂济勒迪克的施工始于十一世纪下半叶，可能直到十二世纪早期才得以竣工（见第131页图）。这座教堂是圣马丁教堂的小修道院，其平面效仿了克吕尼大修道院第二教堂的风格：中堂、两个侧堂、陡峭的突出式耳堂、设有5个祈祷室的阶梯式唱诗堂（一座半圆形圣母堂位于主后堂），这是昂济勒迪克的独具特点。然而，立面还需要改进。十字形墩柱的四侧均设有附墙圆柱。连拱廊的附墙圆柱承载拱下支架，而中堂和侧堂的附墙圆柱与下层壁联共同支撑阶梯式横拱。可能起初计划采用底部装有窗户的筒形穹顶，但随后便修改了设计图，中堂和侧堂改用弧棱拱顶。这样便可保留原有长方形会堂的横截面，并在顶壁中安装大窗户。这也是对哥特式设计原理一种无意识的萌芽。

耳堂和主后堂设有筒形穹顶，而通向主后堂的附属后堂的前室是侧堂的延伸部分，并设有弧棱拱顶。

1020—1030年，建于托努市的拱顶结构早在一世纪前就出现在昂济勒迪克，也就是中堂的弧棱拱顶解决了高侧窗的所有问题。不过，勃艮第仅有一小部分建筑物采用了这一发现。最重要的是阿瓦隆（Avalon）的圣拉扎尔教堂和维泽莱的圣马德莱纳大教堂（见右图）。

维泽莱圣马德莱纳大教堂的中堂在1120年经一场大火烧毁后立即被重建。这座修道院由吉拉尔·德鲁西永（Girard de Rousillon）创立于858年，它与克吕尼教堂一样，直属于罗马。1104年，这座加洛林式建筑的东部结构被新结构替代，再于1120年改为目前依然矗立的中堂。这座教堂中设有与中堂紧密相连的教堂前厅，还设有13个跨间，比克吕尼大修道院第三教堂多两个跨间。立面有所不同，但与昂济勒迪克的教堂的外形类似。四侧均设有附墙圆柱的十字形墩柱支撑中堂和侧堂中连拱廊的拱下支架和拱顶的横拱。方形壁联将半圆形圆柱与墙壁隔开，并使跨间的连接方式更清晰。平坦的墙壁上装有窗户，这些窗户由弧棱拱顶的附墙拱肋构成。

如同昂济勒迪克的教堂一样，圣马德莱纳大教堂的中堂和侧堂中也设有弧棱拱顶。与采用筒形穹顶的中堂相比，大窗户使室内明显较明亮。仅耳堂（未设侧廊）的下部为罗马式风格，其上部与哥特式回廊为同一时期修建。

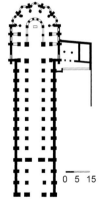

133

克莱韦尔的贝尔纳（Bernard of Clairvaux）领导的克吕尼修会抵制运动

在两个多世纪的发展历程中，克吕尼的修道院社区取得了巨大的财富，克吕尼的第三座教堂明确地向整个世界展示了其实力。这必然会引起批评家的关注。最具说服力的是克莱韦尔的贝尔纳。他严厉地批评了克吕尼教堂的豪华装饰、分散他们注意力的众多绘画和妨碍修道士从事体力劳动的无休止的弥撒。正如克吕尼的男修道院院长曾寻求改革一样，贝尔纳也想恢复圣本尼狄克的原有统治。祈祷和劳动（Ora et labora）——祈祷和体力劳动及杜绝奢侈（甚至包括教堂的奢华装饰）均是贝尔纳的信条。在勃艮第，他新创立了四家修道院，第一家修道院西都（Cîteaux）修道院将圣本尼狄克的新团体命名为西多会。这四座修道院中仅有一座——丰特奈修道院保留了其原貌。丰特奈修道院始建于1139年之后，省去了所有装饰。与克吕尼教堂形成鲜明对比的是，克莱韦尔的贝尔纳却恢复了朴素的风格和劳动的作风。然而，无需以牺牲内部效果为代价的这种朴素风格在丰特奈修道院教堂中得到了淋漓尽致的体现。按照典型的西多会平面图，丰特奈修道院包括带8个跨间的中堂和两个侧堂、每个端部的东墙上设有两个方形祈祷室的突出式耳堂及略深的角形唱诗堂。带附墙圆柱的方形墩柱支撑尖拱的连拱廊。上方的墙壁平坦、简朴，经结构单一的飞檐与尖角筒形穹顶分开。气势雄浑的横拱位于半圆形壁联上。侧堂的每根拱券均设有筒形穹顶，后者与中堂的轴线垂直。侧堂的每个跨间通过低矮的连拱延伸至下一个跨间。外墙及西墙上的高窗是唯一的光源。内部空间中的石头真正地体现了西多会的会规：杜绝浮华，崇尚纯洁、尊严和节制，从而使建筑物达到简洁并物尽其用的目的。唯有唱诗堂区域的祭坛上设有寥寥可数的几件装饰品，包括丰特奈修道院中的仪态优雅、妩媚动人的圣母雕像。

宁静而又空旷的修道院回廊也属于罗马式风格。在这座修道院中，效果也仅体现在运用的一些形式和单一材料上。

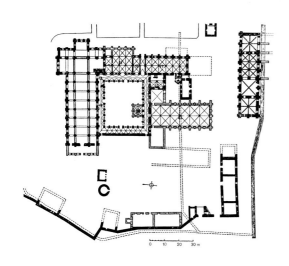

丰特奈修道院，整个旧址的平面图。

西立面。

唱诗堂外部。

丰特奈修道院［科多尔省（Cote-d'Or）］，原西多会修道院。这座修道院创立于1118年，于1130年被迁至现址。自1133年起开始施工。

教堂内部（见下一页图），修道院回廊的视图（下图）。

法国北部——无拱顶结构

在法国北部，各式各样的建筑物已从十一世纪上半叶幸存下来。现存的建筑均设有平顶式顶棚。直到本世纪末，筒形穹顶对中堂的宽度有明确的限制。建筑人员选择采用高而宽的中堂（设有大大的高侧窗），从而省去拱顶结构。早在1000年已竣工的蒙捷昂代尔（Montier-en-der）教堂是尚存的最早实例。

1000年，尼威尔斯的一座新教堂开始修建，它取代了在大火中被摧毁的老式复合结构（见右图）。这座双端教堂在皇帝亨利三世（Emperor Henry III）的见证下于1046年落成。在高而宽敞的中堂中重建的拉弦拱使这座教堂分为两部分。东区设有中堂的四个跨间、宽敞的突出式耳堂和带平坦端部的唱诗堂，其中上述平坦端部设有附属房间和祈祷室，均位于延伸的地下室之上。如同其前身一样，东区用于供奉圣彼得（St. Peter），而耳堂更窄、更短的中堂西端用于供奉圣格特鲁德（St. Gertrude）。在十二世纪开展的大规模重建使西唱诗堂变成了顶楼设有帝王大厅的多层复合结构。

正如带平顶式顶棚的两层柱廊式中堂一样，西侧耳堂也几乎无任何装饰。然而，在唱诗堂和东侧耳堂中，大量的假拱廊和壁龛是这一时期的典型结构。

与尼威尔斯的建筑相同的结构和宽敞度也出现于兰斯的圣雷米教堂，但后者的平面图和立面图设计得更为精致（见第137页图）。建于该位置上的第一座教堂于852年落成，由大主教安克马尔（Archbishop Hincmar）修建，用于纪念圣雷米吉乌斯（St. Remigius）。一座新建筑物由男修道院院长艾拉尔德（Abbot Airard）建于1005年之后，并根据男修道院院长蒂埃里（Abbot Thierry）略微简化的设计图于1034年后的一段时间内竣工。十二世纪，采用哥特式风格进行了改建，也就是对中堂的壁联、楼廊上的假尖拱、肋架拱顶和回廊进行了改建。随后的增设结构可能为细长柱廊上的门楣，细长柱廊位于楼廊的窗户中。

无疑地，圣雷米吉乌斯拥有一位非常虔诚的追随者，而男修道院院长艾拉尔德在他纪念这位圣人的新建筑中证实了这一点。圣雷米吉乌斯带来的深远影响早于前往圣詹姆士（St. James）朝圣的盛行，这股热潮风靡于整个欧洲，并将圣地亚哥确立为朝圣者最重要的朝圣地。这座新建筑的内部曾经是极其迷人的：一簇簇细长圆柱支撑十三个中堂连拱廊的拱券，连拱廊之上为楼廊，楼廊的窗户大小接近连拱廊的窗户。高侧窗的窗户远远高于空旷的墙壁区域。高侧窗之上为平顶式顶棚，其设计必然会和墙壁一样缤纷多彩；只需回想一下同

时期的赖歇瑙岛奥伯泽尔（Reichenau Oberzell）的修道院或康斯坦茨（Constance）的大教堂便不难证明。从高侧窗、楼廊和侧廊的窗户透过的强光必然会射入中堂，中堂的重墙在光线下显得光彩熠熠。

东侧便可暗示。侧堂及其楼廊沿西侧延伸，此前也沿极其细长的突出式耳堂的正面延伸。东侧设有五座互相连接的小教堂，其中四座具有半圆形端部。这必然经设有放射式小教堂的克吕尼唱诗堂改建而成，随着楼廊在这些小教堂上延伸，这显然是不可或缺的。这样，便营造了一种内部空间，效果上一目了然而又捉摸不透。圣坛的端部构成了带前室的大型半圆形后堂。带中堂和四个侧堂的类似平面见于奥尔良大教堂（Orleans cathedral），奥尔良大教堂是这座建筑的前身，也可追溯至1000年左右。

维尼奥里（Vignory）的教堂也属于这一类型。在1050年的赠与证书中，这座教堂被描述为刚已竣工，但这应该仅指修复或重建部分，因为这座无拱顶教堂的几乎所有部分均已在1000—1025年完工。

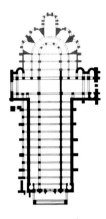

中堂径直通向唱诗堂，仅有一根拉弦拱标出了中堂与唱诗堂的分界线。三角墙中分两部分设置的窗户显得与众不同，三角墙位于拉弦拱之上。

这座教堂由遍布九个跨间的中堂和两个侧堂构成。高度各异的连拱廊（未设底拱）位于无装饰的方形墩柱上。连拱廊之上是平行窗户，其中间设有巨柱，侧面设有方形墩柱。这些拱券未进行分组，从而形成一排连续的拱券（带交替支撑）。高侧窗由一扇简易的大窗户构成，这扇窗户位于每个跨间中，跨间之上是敞开式屋顶框架。该结构完全由墙壁和窗户之间的拉力来支撑。几乎完全未采用雕刻装饰和连接结构的中堂显得年代久远、朴素无华。然而，与此同时，内部的光线非常充足。

唱诗堂包括不带楼廊或窗户的两个前室、半圆形圆柱柱头和带三座辐射状小教堂的拱形回廊。

中堂顶壁的连接

平顶式顶棚下墙壁的另一种连接风格现存于贝尔奈（Bernay）的圣母院（Notre-Dame）（见第139页图）。在1015年后的一段时间内，一座比例比较适中的修道院教堂建于此地。它是室内设计理念相同的一组诺曼底式教堂中最古老的教堂。拱形东侧增设了宽敞的无拱顶中堂和侧堂，中堂和侧堂设有三层立面和平顶式顶棚。使用平顶式顶棚的原因，一是光线可从高侧窗进入，二是修建中堂顶壁的可能性已得到了认可。另外，通过使这些墙面区域镂空并增加其连接的方式，不仅可以利用光影效果，还可在上层楼面形成有用的空间，上层楼面可通过日益盛行的西塔到达。如同克吕尼的教堂一样，这种发展在礼拜仪式上必然存在理论依据，因为几乎总是采用决定形状和形式的投影方式来利用空间或实物。

郁美叶［Jumièges，滨海塞纳省（Seine-Maritime）］，
原圣母院修道院教堂。
1040—1067 年建造，中堂平面图（上图）、
西立面（左下图）和中堂内部（右下图）。

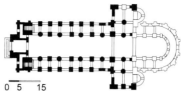

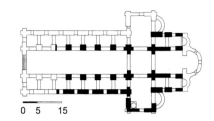
贝尔奈［厄尔省（Eure）］，原圣母院修道院教堂，约 1051 年及此后几年中堂墙壁，平面图。

0 5   15

在贝尔奈，光线暗淡的屋顶结构中仅设有小开孔，而与下方的墩柱和拱券相辅成。假壁龛紧靠每扇窗户设置。假壁龛之上是高侧窗和平顶式顶棚，后者很快便被木质筒形穹顶取代。无疑，这种筒形穹顶曾被视为最精美的天顶类型。在贝尔奈，筒形穹顶用于突出式耳堂及几乎完全效仿带五座辐射状小教堂的克吕尼圆室的结构。耳堂及唱诗堂的小楼廊还在使用，但暂时未安装窗户。十字交叉部的顶部为塔楼，但这座塔楼在1080—1090年倒塌，这也促使了对唱诗堂和耳堂的重建。唱诗堂的筒形穹顶被摒弃，取而代之的是高侧窗。耳堂也装有窗户，天顶的筒形穹顶被修复了。

在郁美叶的圣母院修道院教堂（见第138页图）中，中堂墙壁的设计有着显著的改进，这座教堂始建于1040年后的一段时间内，并于1067年落成。时至今日，其风景如画、草地环绕的遗址给人留下了深刻的印象。衔接华美的双塔直冲云霄，它们是设有中央山墙的双子塔立面中尚存的最早实例之一。也就是在这栋双塔中，首次采用了一种独特的比例方案，其中一个方形中堂跨间相当于两个侧堂跨间，且侧堂的宽度是中堂宽度的一半。兰斯的圣雷米教堂早已采用了这种方案，但这座教堂起初未设计壁联，而壁联会设有多对未分离的拱券，以形成一个正方形。郁美叶的教堂却采用了这些壁联，壁联从底层向上延伸，直抵高侧窗的窗台，它们还曾被用来支撑拉弦拱。于是，我们也首次发现了支架的交替形式。"强"墩柱呈方形，并设有四根附墙圆柱，而"弱"支架为结构单一的圆柱。每个连拱廊对应于一组拱券（三根），拱券连在一起，并位于二层的拱形壁龛和高侧窗的单扇窗户中。连拱廊之上是平顶式顶棚。

内部空间的外观随壁联的引入而发生变化。中堂不再呈盒形，窗户被固定得更为牢实。此外，壁联还对先前的水平连接结构构成了一种纵向平衡力。壁联使空间浑然一体，再将其分为多个部分，每个部分形似下一个部分，并可产生源源不断的部分。它们也突出了垂直面，即郁美叶教堂中精心营造的效果，因为中堂的高度增加至23.77米（克吕尼大修道院第三教堂仅高出5.48米），这是史无前例的。

这座建筑也设有突出式耳堂和带辐射状小教堂的回廊。遗憾的是，在十四世纪，这座回廊不得不被径直连接至耳堂西墙的新建筑物所取代。第一座唱诗堂的平面图显示该唱诗堂设有两个前室（带柱头）、一个回廊和三座辐射状小教堂。显然，中堂的立面在唱诗堂中延伸，但其高度变低，中堂和楼廊均设有筒形穹顶。在耳堂中，位于两个拱券上方的一种桥拱将中堂的楼廊与唱诗堂的楼廊连接起来。这明确地暗示这些区域曾被使用。

耳堂的西墙呈现出一种耐人寻味的特征。厚壁随后建于内墙前，这表明拱顶结构已设计好了。这也可能是为了减小拱顶横跨的宽度。然而，在诺曼底式设计的发展中，修建与窗户齐高的走廊更为重要，这可通过修建第二道墙来实现。这样，便诞生了窗户走廊的理念。这不仅摒弃了唱诗堂拱顶，还打破了高窗周围墙壁的连续性。

郁美叶教堂东侧的修建时间仅略晚于圣米歇尔山大教堂（Mont-Saint-Michel）的圣坛和耳堂。然而，郁美叶教堂中堂的施工时间早于圣米歇尔山大教堂的中堂（见第140页图）。

每座教堂的建造者对另一座教堂的情况了如指掌。圣米歇尔山大教堂的多边形回廊建于一座巨大的底部结构——地下室的上方，但因为地形倾斜，这座回廊未修建小教堂。它还设有耳堂和回廊，与郁美叶教堂具有相同的立面。此外，东侧以晚期哥特式风格改建。中堂装饰更为华丽，且并未按照郁美叶教堂的方式设定比例。所有墩柱完全相同，跨间呈长方形。连拱廊中的一根拱券对应两个楼廊拱券，每根楼廊拱券之上分别设有两扇窗户和一扇细长的高侧窗。显著突出的壁联不支撑拉弦拱，而延伸至木质筒形穹顶的边缘。拉弦拱可能被摒弃了，因为它们会减少从高侧窗进入的光线。此外，壁联形成的纵向连接在当时可能是不可或缺的。不过，这使圣米歇尔山大教堂中堂上的木质筒形穹顶显得格格不入。这座教堂未搭设壁联支撑的支撑拱券。两种不同的内部空间理念在这里不谋而合：旧理念见于尼威尔斯和兰斯的教堂中，而新理念对气势雄浑的纵向隔间产生强烈的影响。

诺曼底式建筑理念的完善

在郁美叶教堂和圣米歇尔山大教堂建后不久，便开始修建两座修

道院教堂——卡昂的圣艾蒂安教堂和圣三一教堂。数十年来，这两座教堂之间展开的竞争也见证了诺曼底式风格的完善（见第141页图）。其赞助人为征服者威廉（William the Conqueror）及其夫人玛蒂尔德（Mathilde）。1087年，威廉安葬于圣艾蒂安教堂。可能这座修道院一直被视为他最终的安息之地，但捐赠的直接原因是罗马对威廉与玛蒂尔德的联姻颇有争议。

这两座教堂均始建于1060—1065年，都具有一个气势非凡的双子塔西立面、一个中堂和两个侧堂（带三层立面）及一个无侧廊的耳堂。圣艾蒂安教堂的原有圣坛不得不被一种哥特式回廊所取代。尽管没有确切的证据，但瑟里西拉福雷教堂（Cerisy-la-Forêt）（受圣艾蒂安教堂启发）与圣三一教堂的类似结构强有力地暗示了它是一座设有贝尔奈风格的阶梯式小教堂的圣坛。

瑟里西拉福雷的圣维戈教堂（Saint-Vigor，见第143页图）也提供了一些关于这座圣坛立面的线索。因为其高侧窗本应为两层，且包括一个走廊，正如郁美叶的教堂一样，这座教堂的东侧也未设置拱顶。在唱诗堂前厅的连拱廊上，每个跨间中必然会设有一扇双拱窗户。在底层的主后堂中，这些双拱偏离墙壁，从而在双拱与墙壁之间形成了一条狭窄的走廊。后堂的两个区域均通过窗户采光。唱诗堂前厅与中堂一样，也具有一个三层立面，唱诗堂前厅的走廊和窗户前可能设有几组拱券（两根或三根）。更可能设有单根拱券，这根拱券框出窗户，并嵌入走廊前的墙壁内。

窗户前也设有走廊的耳堂幸存至今且保存完好。中堂始建于1070年后。后来增设了六肋拱顶，这改变了高侧窗的原貌。然而，连拱廊及上方几乎同样大小的楼廊窗户保留了下来。中堂的墩柱结构复杂，包括壁联和附墙圆柱，并形成"强"支架和"弱"支架的交替形式。以前常延伸至平顶式顶棚正下方的壁联也交替设置，但现在仅向上延伸至拱顶边缘。宽敞的楼廊窗户可能在细长柱上方设有门楣中心。

毋庸置疑，这里未采用花窗格栏杆。众所周知，几组拱券（三根）曾建于走廊前。墙壁的连接形式不仅见于楼廊区域，还见于高侧窗中，而它使筒形穹顶的修建变得渺茫，但使内部呈现出一种全新的特点。墙面不具有晚期哥特式建筑的飘渺性，但高侧窗中的连接却是朝此方向迈进的明确步骤。中堂和圣坛端部当时是采光良好的宽阔空间，而拱券由纤细的细长柱支撑，并由强度增加的光线提供背光，这座大教堂的上部会使用更多的拱券。

卡昂［卡尔瓦多斯（Calvados）］，原圣
三一教堂的修道院教堂，约1060（或
1065）年至约1120年建造，
带双塔的西立面，平面图。

卡昂（卡尔瓦多斯），原圣艾蒂安教堂的修道院教堂，约1060（或
1065）年至约1120年建造，
带双塔的西立面（中图），平面图，中堂的视图（右图）。

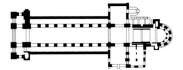

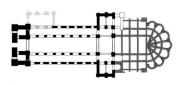

圣艾蒂安教堂的姊妹教堂——圣三一教堂女修道院的建筑楼层极其类似。圣三一教堂起初也建有一座带阶梯式小教堂的圣坛，这座圣坛因底层地下室的缘故而略微向上拱起。为了遮挡修女的视线，带两个前室的主后堂朝向侧面圣坛的方向关闭。在原有结构中，唯有带假连拱饰的长圣坛的底楼尚存至今。在圣三一教堂中，主后堂应该也设有这样一排拱券，这排拱券之上是简易的窗户和筒形穹顶，后者的中央横拱至今仍位于原位。从北面和南面的交叉拱可推测出耳堂可能较矮。

接下来是中堂（见第142页图）。与圣埃蒂安教堂相比，圣三一教堂中未设有交替排列的支架，但具有一个实心拱廊（而非楼廊）。这明显改变了内部的空间比例。现有高侧窗的形式已经改变，因为施工时（1075—1085年）的原有高侧窗想必更矮，也可能与目前的三柱式小拱廊的侧拱等高，侧拱可能也属于原有结构。衬托入墙较深的窗户的中央拱券可能也这样高，因为可推测（比如）圣艾蒂安教堂的高侧窗前曾设有一条回廊。高侧窗之上应该为平顶式顶棚，甚或木质筒形穹顶。两座塔楼构成了西立面。

很有可能，长圣坛的筒形穹顶（毕竟具有大约7.31米的跨度）不久便面临坍塌的危险。无论如何，这个筒形穹顶在1100—1110年被拆除。当时，还为长圣坛增设了双壁式高侧窗，但高侧窗的侧窗极其低矮。可是，窗户特别高。这一立面盖有弧棱拱顶。据勃艮第、昂济勒迪克和维泽莱所知，弧棱拱顶虽一直仅用于侧堂中，但可显著增加上层窗户的大小。这在圣三一教堂（甚至空心墙上）中有成功体现。后堂的内部增设了由两个重叠的柱形小拱廊构成的内层，从而使立面呈双层。

一旦成功掌握长唱诗堂肋架拱顶的设计，则这种拱顶形式可在各个地方占有一席之地。威廉自1066年赢得黑斯廷斯战役（Battle of Hastings）后一直担任英格兰的一国之君；自约1100年起，英格兰便开创了试用肋架拱顶的先河。未来的发展显然属于肋架拱顶；1120—1125年，这一理念传至诺曼底（Normandy），在这里，肋架拱顶用于圣艾蒂安教堂和圣三一教堂（见第142页图）中。肋架拱顶起初为六肋拱顶的原因仍是一个未解之谜。

肋架拱顶将两个跨间组合在一起，再以对角线方式横跨大致呈圆拱形的结构。第三根拱券与横拱一样，横跨整个中堂，并与另外两根

拱券相交于中间的交叉点。圣艾蒂安教堂中交替设置的支架与这种拱顶结构相称，实际上仿佛为其量身打造一般。但圣三一教堂却无交替排列的支架。

在圣艾蒂安教堂中，高侧窗的高度由楼廊的高度决定，而前者使拱顶结构的设计难以实现。横肋与每个双跨间中的外拱相交。将高侧窗区域底部之前的整个墙壁内层拆除，并设计了一种新的三柱式小拱廊，同时在侧面附设低矮而狭窄的拱券。显然，这些拱券在横肋区域仍显得过高，因为每个双跨间中的外拱后来均需填满砖筑结构，便形成了家喻户晓的非对称性高侧窗。

圣三一教堂的初步情况更为可观。高侧窗因实心拱廊的缘故而极低，并可保持原貌（除改造的窗户外）。高侧窗向上延伸，达到目前窗户的高度；如同圣艾蒂安教堂一样，中堂顶部为六肋拱顶。

诺曼底建筑师也作出了重大突破，随着肋架拱顶的引入，他们可为中堂设置拱顶，使中堂空间宽阔、光线充足，并呈现出连接方式各异并没有直抵顶棚下方的窗户的立面。数十年来，为了打破和减弱普通墙壁的一致性，建筑师们凑合着采用木质筒形穹顶，而这仅

限于东侧的拱顶结构，甚至摒弃的拱顶结构。中堂的尺寸清晰地暗示了他们的意图。中堂的宽度均为8.83—10.97米，远远超过1100年前筒形穹顶可充分横跨的宽度。克吕尼大修道院第三教堂通过修建净宽为约10.97米的尖角筒形穹顶首先突破了这一障碍。

卡昂的两座修道院教堂使诺曼底式建筑达到了其成就的巅峰。克吕尼大修道院第三教堂和卡昂的教堂几乎同时体现了一个多世纪以来让建筑师们绞尽脑汁来实现的理念的尽善尽美。

这一时期后，诺曼底不再是艺术思想的灵感之源，而是变得湮没无闻。但其成就遍布各地，因为世界在时间上和建筑上均正向哥特时代迈进。法兰西岛（Ile-de-France）成为哥特式建筑的摇篮。

1065—1070年，修建在诺曼底的为数不多的几座建筑物——莱赛（Lessay）教堂、圣马丹德博舍维尔（Saint-Martin-de-Boscherville）教堂和瑟里西拉福雷教堂均经圣艾蒂安教堂或圣三一教堂发展而来。尤其是瑟里西拉福雷的圣维戈教堂，它保留了诸多原始元素，至今仍处于同样的草地和苹果园的怀抱中（见第143页

瑟里西拉福雷（芒什省），原圣维戈教堂的修道院教堂，约 1080（或 1085）年建造，
设有后堂、耳堂、中央塔楼和两个中堂跨间的唱诗堂。

图尔奈（比利时）大教堂，
始建于1130年，中堂和东侧塔楼群。

图）。实际上，在1080—1085年，这座教堂被建为圣艾蒂安教堂的小修道院的一部分，但与其主建筑相比，前者从未搭设过拱顶。其圣坛，即一种带辐射状小教堂（如贝尔奈的小教堂一样）的圆室，与后堂一样，也为三层。两个唱诗堂跨间中未安装与后堂底楼的五扇窗户相对应的窗户，唱诗堂跨间中仅有平坦的墙壁，墙壁的门通向唱诗堂侧堂，可能设置于此的连拱廊随后采用砖砌结构修建。二层楼廊的每个跨间中分别设有两根拱券，楼廊延伸至后堂，好似狭窄走廊前的一根低矮的细长柱。高侧窗也为双层，每个跨间中分别设有三根纤细的拱券，中央拱券略高。改建侧堂的屋顶后，走廊的窗户变得更小。走廊延伸至穿过后堂的窗户；圣维戈教堂的三层楼差不多等高，这尤为引人注意。

耳堂特别高，顶部为塔楼。在其外跨间中，主教席横跨在中央支架和弧棱拱顶上。中堂仅有一个半跨间尚存至今。跨间的立面和唱诗堂的立面类似：连拱廊、楼廊中的双拱（经较大的拱券连在一起）和圆柱上的三根纤细的拱券（位于高侧窗楼梯前）。坚固的墩柱支撑拉弦拱，而细小的墩柱仅用于连接内部空间。

哥特时代的开端

图尔奈的大教堂是多种风格并存的产物。一方面，它借鉴了诺曼底式原型，而另一方面，又是典型早期哥特式立面的先河，即设有四层楼。这座新建筑物取代了中世纪早期修建的一座教堂，它始建于1130年，以中堂立面的修建为开端。但图尔奈直到1146年与努瓦荣（Noyon）分别自立门户后才成为主教管区。

巨大的中堂侧廊设有典型的诺曼底式墩柱，这种墩柱具有十字形中部结构和附墙圆柱。配齐柱头后，平面必然会发生变化。在以前，中堂的扁平壁联和附墙圆柱应该用于支撑拱顶柱身或拉弦拱，而现在用来支撑连拱廊的外拱，外拱中会嵌入两根副拱。上面的楼廊（与连拱廊等高、等宽）也设有三根叠内拱，其中位于最外面的那根由纤细的细长柱支撑。第二层为实心拱廊，它效仿了圣三一教堂的风格，并位于借鉴了圣艾蒂安教堂的楼廊立面之上。嵌入屋顶架内的小窗户阻断了细长柱墙肋下的双嵌墙的连续性，细长柱产生的节奏感是下方楼廊的两倍。高侧窗的窗户大得惊人。中堂现在设有巴洛克式弧棱拱顶，但起初应该为平顶式顶棚。可能是增设楼廊和拱廊的决定促使建筑人员将最初规划的纵向连接结构和拱顶结构弃而不用，而使中堂达到相当的高度。自叙热在圣丹尼斯修建唱诗堂以来，哥特式建筑中便仅设有四层立面，虽然仍包括纵向连接结构和拱顶结构，但这是向早期哥特式建筑理念靠拢的另一步。因此，图尔奈的中堂可能是叙热建于圣丹尼斯的建筑物的最为重要的灵感来源之一。

由此，每端都一直延伸至后堂的耳堂，是哥特式最早的一种建筑结构，并与苏瓦松（Soissons）、努瓦荣和桑利斯（Senlis）的大教堂密切相关。唱诗堂于1242—1245年竣工，它是哥特式风格盛行时期的优秀案例。

朝圣教堂和奥弗涅（Auvergne）

大约在法兰西国土的第一个聚集地与西班牙边境的中间位置处，沿通往圣地亚哥-德孔波斯特拉的四大朝圣路线中的每条路线上分别修建了一座朝圣教堂。这些朝圣教堂包括图尔的圣马丁教堂、利摩日（Limoges）的圣马夏尔修道院教堂（St. Martial）、孔克（Conques）的圣菲德斯教堂（St. Fides）和图尔兹（Toulouse）的圣撒图尼乌斯教堂［St. Saturninus，也称圣塞尔南教堂（St. Sernin）］。最重要的一座教堂当属圣地亚哥的圣詹姆斯教堂。利摩日的圣马夏尔修道院教堂荡然无存，图尔的圣马丁教堂仅剩基墙尚存至今。图尔的圣马丁教堂建于1000年左右，是五大朝圣教堂中最古老的一座教堂，也是最早发展

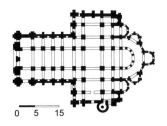

孔克［阿韦龙省（Aveyron）］，原圣福瓦（Sainte-Foy）修道院教堂，约1050—1130年建造，北侧的外部视图（左图）、平面图和中堂墙壁（右图）。

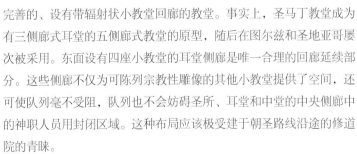

完善的、设有带辐射状小教堂回廊的教堂。事实上，圣马丁教堂成为有三侧廊式耳堂的五侧廊式教堂的原型，随后在图尔兹和圣地亚哥屡次被采用。东面设有四座小教堂的耳堂侧廊是唯一合理的回廊延续部分。这些侧廊不仅为可陈列宗教性雕像的其他小教堂提供了空间，还可使队列毫不受阻，队列也不会妨碍圣所、耳堂和中堂的中央侧廊中的神职人员用封闭区域。这种布局应该极受建于朝圣路线沿途的修道院的青睐。

在可追溯至九世纪上半叶的圣菲勒贝尔德格朗略修道院教堂中，发现了初次修建在圣坛端部周围的回廊。近半个世纪后，来自圣菲勒贝尔的修道士好像曾将这种圣坛布局用于托努市的修道院教堂中。1000年后不久，这里建起一座呈矩形、带辐射状小教堂回廊的教堂并尚存至今。

托努市与兰斯圣雷米教堂的三侧廊式耳堂和中堂似乎是同步发展的。因为建筑作品几乎创作于同一时期，所以不能确定哪件是原型。因此，审视立面会使人兴趣盎然。早期施工使唱诗堂前厅、中堂和侧堂侧廊设置拱形天顶的可能性相当渺茫。与圣雷米教堂一样，这座教堂最可能也是一座带楼廊和平顶式顶棚的长方形会堂。

在图尔开始施工后的半个世纪内，即在1050年左右，一座新教堂建于孔克（见左图）。这座教堂耗时八十年才得以竣工，它用以供奉圣菲德斯，这位圣人的雕像采用金和宝石打造，可追溯至大约1000年，且仍是被崇拜的对象（见第361页图）。这座雕像是西方国家最古老的大型雕塑之一。这座教堂最古老的部分为圣坛区，其内部和外部均装饰有错综复杂且令人叹为观止的艺术作品。设有三个半圆形小教堂的弧棱拱顶形回廊环绕三层圣坛的端部。各小教堂之间可安装窗户。楼廊没有采光，且从外部看，好似一座设有单坡屋顶的低矮而封闭的半圆形结构。

楼廊之上及小圆顶之下是高侧窗，它超过宽阔的底楼，并由外部的假拱连接。

然而，从平面图上看，似乎最初的意向是修建一座带七个半圆形阶梯式后堂的圣坛，这种阶梯式后堂与1056年修建在卢瓦尔河畔拉沙里泰的后堂有异曲同工之处。但在孔克，甚至在施工期间，这份设计图也必定被更改过，这是为了容纳大量的朝圣者，而回廊方案远远优于带阶梯式小教堂的唱诗堂，因为阶梯式小教堂毕竟是修道士的静思冥想之地。耳堂也必然被修改过，而形如一座带侧廊的假长方形会堂，其宽侧堂的屋顶支柱几乎与中堂屋顶的屋檐等高。

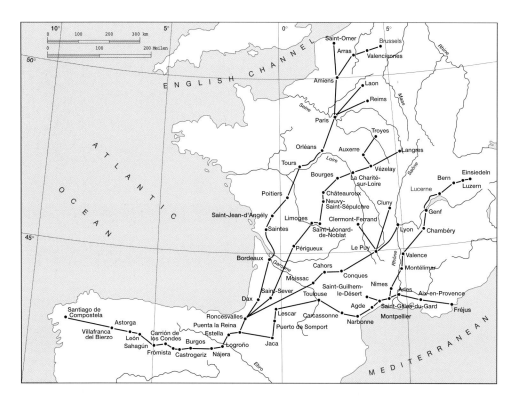

Tolosana），始于东部，经由圣吉勒 – 迪加尔（Saint-Gilles-du-Gard）、圣吉扬 – 勒德塞尔（Saint-Guilhem-le-Désert）和图尔兹。第二条路线——波登西斯之路（Via Podensis），大致与托洛萨纳之路平行，始于勒皮（Le Puy），贯穿孔克和穆瓦萨克（Moissac）；第三条路线——利摩日之路（Via Lemovicensis），始于维泽莱，穿过利摩日（Limoges）和佩里格（Périgueux），并在奥斯塔巴（Ostabat）与波登西斯之路汇成一条线。第四条路线——图尔之路（Via Turonensis），始于英吉利海峡（the Channel）海岸，经由图尔、普瓦捷（Poitiers）、桑特（Saintes）和波尔多（Bordeaux），再抵达奥斯塔巴，在此，它与上述提及的两条路线汇合。托洛萨纳之路上的朝圣者最终通往位于普恩特拉雷纳（Puente la Reina）的主要路线，所有四条路线汇合于此，一直抵达圣地亚哥。

转眼间，圣地亚哥 – 德孔波斯特拉便已成为整个基督教地区的三大最重要的朝圣地之一。另外两个朝圣地——罗马和耶路撒冷，自一世纪以来，已成为基督教朝圣者的中心之地，并用于供奉救世主耶稣（Christ the Redeemer）和耶稣十二使徒中的第一位——圣彼得。圣雅各布虽不是第一位使徒，却是西班牙人和穷苦之人的守护神。通常是他踏上这段历经艰险而又危险重重的旅途。旅程会持续数月，朝圣者跋山涉水，在风餐露宿中走过了数百千米。他们无法确定自己能否安全抵达圣地亚哥，更不用说重返家园。

因此，不足为奇的是，朝圣者也会拜访途中的其他圣人，寻求他们帮助，并借宿几日，再继续踏上通往圣地亚哥之旅。鉴于此，当时在路线沿途中修建了许多修道院。

圣地亚哥 – 德孔波斯特拉的朝圣之旅

据《黄金传说》（Legenda aurea）一书记载，使徒雅各在朱迪亚（Judea）被处死，他的门徒将其尸骨带回，并偷偷地放在一只小船上。然后，他们登上这只不带船桨的小船漂洋过海，最后抵达加利西亚（Galicia）海岸。据说，这位圣人安葬于此处的一座大理石陵墓中。后来，可能因为摩尔人占领了整个半岛的缘故，雅各的陵墓便淡出了人们的视野。这座陵墓的发现与查理曼大帝（Charlemagne）重新占领西班牙的时间吻合，这不可能是巧合。根据传说，813年，隐士贝拉基（Pelagius）遇到了一位天使，天使向他指出了这位使徒陵墓的旧址。伊里亚福拉比亚［Iria Flavia）（现名帕德龙（Padron）］的主教耳闻后，便对旧址进行了挖掘，确实发现了这座陵墓。重新发现圣雅各陵墓的消息为基督教军队发起战争起到了巨大的推动作用。几个世纪的占领后，陵墓旧址解除封锁。不过，这场著名的战役却惨遭失败，而西班牙当时仍归摩尔人统治。

在八世纪下半叶期间，这些圣骨应该被带到了圣地亚哥 – 德孔波斯特拉。然而，直到千禧年之交，朝圣者们才可通往圣地亚哥。不过，仅耗大约100年的时间就修建了四大经由法国的路线，法国各地的朝圣者可在路线沿途成群结伴而行。朝圣者可去往圣地亚哥，并时而停下脚步祈祷。四大路线中的第一条路线——托洛萨纳之路（Via

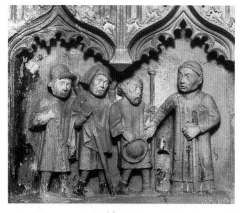

圣胡安·德奥尔特加修道院（San Juan de Ortega），刻画的朝圣者。

图尔兹［上加龙省（Haute-Garonne）］圣塞
尔南教堂
1080 年至十二世纪中叶建造。
唱诗堂、耳堂和中央塔楼（右图），
平面图、中堂墙壁（左图）。

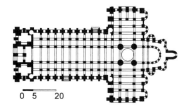

克莱蒙费朗（Clermont-Ferrand）[多姆山省（Puy-de-Dôme）]，
原港口圣母院（Notre-Dame-du-Port）
修道院教堂始建于约1100年，
东侧和中央塔楼（上图），
中堂和圣坛区（下图）。

欧希瓦（Oreival，多姆山省），原圣奥斯特修道士教堂（Saint-Austremoine）的修道院教堂，东面视图。

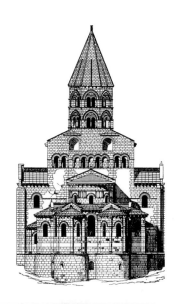

耳堂的两层立面包括连拱廊和高高的楼廊，楼廊又分为两个部分。省去了高侧窗，以便为中堂的筒形穹顶式天顶腾出空间。房间因侧堂和楼廊的窗户采光良好。东面的侧堂以直角拐弯，再延伸至唱诗堂前厅的跨间中，在该跨间中，高侧窗的轮廓被勾画了出来。

十字形墩柱的半圆形壁联分别支撑连拱廊和拱顶的叠内拱。中堂仅设有四个跨间，并与耳堂的平面和立面相同。唯有支架的形状在每两个跨间中变化各异。宽敞的地下室或多或少效仿了圣坛区的平面图，它旨在容纳圣物，并陈列这座修道院拥有的琳琅满目的珍宝（已保存于孔克）。

图尔的圣塞尔南朝圣教堂（见第148页图）结合并完善了在图尔和孔克获取的经验。施工始于1080年，直到十二世纪中叶才竣工。其平面图一律以一种测量单位计算，甚至布局细节都非常详尽。侧廊以相同的形状在中堂和耳堂周围延伸，但以回廊的形式在唱诗堂周围延伸。十字交叉部处的墩柱令人叹为观止，因为它支撑着一座不拘一格的塔楼，塔楼由五层连拱廊构成，并朝顶部渐行渐细，一直延伸至高高的细长柱。与圣马丁教堂的十个跨间相比，带五个侧廊的中堂包括十一个跨间。从设在塔楼之间的分开的入口跨间来看，仿佛看不到中堂的尽头。

其三层唱诗堂区与孔克的唱诗堂区极其类似，包括连拱廊、楼廊和高侧窗，并由向上延伸至天顶底部的侧廊支撑在延伸的跨间中。其他特征包括圆窗，它们被设置在回廊式小教堂的屋顶之间，照亮了唱诗堂之上的回廊。装饰也散发出无限活力：墙壁连接元素的各个部分形状各异，窗户设有多样的凹形内弧面和细长柱，装饰性雕带突显了拱券和拱墩的轮廓。圣塞尔南教堂也有一座巨大的地下室——一种空间层次不同的神秘建筑群，用于盛放价值连城的圣物。因此，整个地下室看起来更像一个博物馆，而非朝拜之地，这越发令人遗憾。

奥弗涅的修道院——位于圣内克泰尔（Saint-Nectaire）和伊苏瓦尔（Issoire）之间

奥弗涅的山区位于利摩日之路和波登西斯之路之间。自十一世纪晚期以来，这里开始修建一批修道院教堂，它们的设计灵感源于朝圣教堂和讷韦尔的圣艾蒂安教堂。在这批建筑物中，最著名的教堂包括圣内克泰尔教堂（可能始建于约1080年）、克莱蒙费朗的港口圣母院（可追溯至约1100年）、欧希瓦的圣奥斯特修道士教堂（也始建于十二世纪早期）和伊苏瓦尔的圣保罗教堂（Saint-Paul，建于约1130年，见第150页图）。

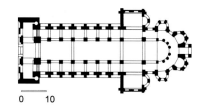

0   10

这四座教堂惊人地相似。它们均设有一座低矮的回廊，这种回廊又具有四座辐射状小教堂和一个幽深的延伸跨间。圣坛跨间的支柱式连拱廊之上为高侧窗。延伸的跨间由宽拱券构成，且因筒形穹顶支柱的缘故，可能未安装窗户。无侧廊的耳堂包括五个部分，其东墙设有两座后堂。耳堂的高度从对应于唱诗堂的突出式耳堂臂端朝中央穹顶逐渐增加，这经两个陡峭而又呈对角线设置的中央跨间来实现。然而，构成圣坛拱券水平上的十字交叉部的两根拉弦拱显著地减弱了这种增加高度的效果。唱诗堂墙壁的上部被三柱式小拱廊分隔。毋庸置疑的是，这一主题受圣艾蒂安教堂的启发，因为在圣艾蒂安教堂中，也分为五个部分的耳堂臂部由结构类似的拉弦拱分隔开。另一根拱券用于将较高的中堂与十字交叉部分隔开来。

这座中堂分为两层，连拱廊顶部为楼廊和筒形穹顶，这与朝圣教堂的布置相同。当然，比例有所不同，三扇式楼廊窗户设置低矮，这与圣艾蒂安教堂的布置类似。不过，这四座修道院教堂的建造者均未将高侧窗纳入考虑之列。

然而，最令人感到惊讶的是，它们未设置纵向墙壁连接结构。这一特征在诺曼底、讷韦尔和孔克家喻户晓的时间分别为1040年、1065年和十一世纪八十年代起。在圣内克泰尔，这组教堂中最古老的教堂缺乏任何纵向墙壁连接结构的原因仍可理解为采用了圆形墩柱的缘故。然而，在克莱蒙费朗教堂的圣母院，却已搭设了带三根半圆形壁联的方形墩柱，但它们均未面向中堂设置。在楼廊的西面和端部，壁联仅与第二组墩柱相连。圣奥斯特修道士教堂和圣保罗教堂也存在类似的情况：在这两座教堂中，带壁联的这对墩柱设置在中堂中央，但筒形穹顶下均未设置横拱。似乎对这三座教堂来说，中堂不采用任何纵向连接结构是经过深思熟虑的决定，但侧堂却并非如此。其原因可能是为了实现一种特殊的空间效果，这使修道士利用两种不同的来源，并进行自由调整，以达到他们的要求。

奥弗涅修道院教堂的基本施工理念别具一格，并可通过分析外部而非内部得到更深的理解。圣坛的后堂比回廊和小教堂的屋顶略高，从而显得矮矮胖胖的。耳堂臂端的屋顶与唱诗堂后堂的屋顶等高；但东侧的交叉屋顶的作用却被突出的中央耳堂跨间掩盖了，这些中央耳堂跨间构成了气势磅礴的大型块状结构，塔楼也从这里耸立。这个块状结构在唱诗堂和中堂之间巍然屹立，主宰了整个东面视野。单坡屋顶进一步突出了其阶梯式布置，后者在中央塔楼中达到极致。这四座教堂均具有该主题，如同省去中心轴的四座辐射状小教堂的主题一样。在十一世纪期间，唯有装饰变得更华丽了，但保留了原始结构和原有连接方式。

圣内克泰尔（多姆山省），原圣内克泰尔修道院教堂，
始建于约 1080 年，
整个结构紧凑的纪念性建筑群的视图。

加尔唐普河畔圣萨万教堂（Saint-Savin-sur-Gartempe，维也纳），

1065（或1080）年和1095（或1115）年建造，

透过圆柱状中堂（1095或1115年）的老式唱诗堂回廊（1065或1080年）的视图和平面图（右图）。

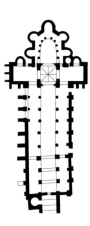

法国西部

在法兰克帝国的西部——卢瓦尔河（the Loire）和多尔多涅河（the Dordogne）之间的地区，我们发现了特征极其不同的罗马式建筑。可分为两大类别：厅堂式教堂和穹顶式教堂。

厅堂式教堂

加尔唐普河畔圣萨万教堂（见第152页图）似乎是普瓦图（Poitou）地区最古老的厅堂式教堂，其唱诗堂和耳堂可追溯至1060—1085年，中堂可追溯至1095—1115年。这座教堂设有低矮的回廊，回廊具有弧棱拱顶和圆柱，并与五座大小各异、几乎完全呈圆形的回廊小教堂毗连，其中离圣母堂最近的几座小教堂面积最大。两层立面示出了位于底层的连拱廊，连拱廊之上为高侧窗和小圆顶。唱诗堂区的前面设有三部分式耳堂，这座耳堂具有方形十字交叉部，其每个臂端分别具有一个东侧后堂。就这些特征而言，其建筑类型与奥弗涅的修道院教堂略微不同。然而，游客进入中堂后可能会非常惊讶，因为带弧棱拱顶的侧堂与中堂等宽且几乎一样高，中堂的高柱廊之上横跨筒形穹顶。这座筒形穹顶在从东侧延伸超过前六个跨间时很平坦；在最后三个跨间中，筒形穹顶由支撑拱券连接，支撑拱券的采用使墩柱的平面设计需进行改变。东侧的六对墩柱由带半圆形附墙圆柱的方形中心部分构成，而最后两对墩柱具有三叶面。虽然位于第一对支柱的中堂侧上的壁联向上延伸至筒形穹顶底部，但以下两对壁联的柱头均具有相同的高度。在中堂中，这些柱头和拱券的起始点由短小的纵向附墙元件连接。因此，便形成了采光良好的宽敞空间，这一空间分出单独的侧廊，但因侧廊的宽度和支柱太细长的缘故而颇为不明显。墩柱和拱顶上保留的大量原创绘画遗迹清晰地暗示了罗马式教堂鲜明而生动的特征。

始于圣萨万（Saint-Savin）的发展延续至普瓦捷的格朗德圣母院（Notre-Dame-la-Grande）教堂，这座教堂可能建于1125—1150年。回廊具有沿其多边形外墙延伸的三座辐射状小教堂。因为回廊仅为一层高，所以相当阴暗。狭窄的突出式耳堂也很阴暗，其十字交叉部的顶部为中央塔楼。中堂受它与侧堂的不同宽度和高度比例所支配。目前，中堂明显宽于侧堂，且因连拱廊之上的额外墙壁部分而显得更高。筒形穹顶不会再像圣萨万的教堂那样从高侧窗采光，相反，却营造了一种光线柔和的半明半暗环境。支柱效仿了圣萨万教堂的第六对墩柱的设计：方形中心部分已装饰有半圆形壁联，而中堂中的那些壁联延伸至直抵筒形穹顶的底部，并支撑拱券。格朗德圣母院的中堂受不同的比例支配，从而采光不同。尤为显著的韵律感使其

厅堂式特征毫不显眼，并突显了中堂，从而与侧堂形成对比。这一发展已在圣萨万教堂的最后几个跨间、墩柱的诸多改造和将支柱引入拱券之下这些方面有所体现。该风格将在查维尼（Chauvigny）和殴奈（Aulnay）的教堂中延续。

奢华而宜人的装饰象征着法国西部的罗马式风格，普瓦捷的正立面装饰是另一个例证（见第269页图）。整个墙壁表面实际上是建筑雕塑的样本图册。几乎很难看到整个正立面的石头未经装饰处理的墙面。底楼设有主要入口，入口还附设有三个拱边饰，并由两个宽大的盲壁龛环绕，每个盲壁龛都有一个双连拱廊。上方的拱肩通过假连拱饰在其顶部绘满了象征性场景。沿着两个部分，高高的中央窗户的两侧为带嵌入式画像的壁龛，后面是假连拱饰的第二个雕带，该雕带延伸至更高的中央窗户。门楣中心构成了装饰性石砌部分和大型椭圆区域的特征，该椭圆区域中绘有嵌入装饰性框架内的象征性场景。正立面由两座圆形塔楼构成，塔楼周围是组合式壁联。这些壁联一直延伸至高高的锥形屋顶下方的一排排窗户。普瓦图地区也有一些正立面具有类似的连接方式，比如锡夫赖（Civray，见第269页图）或埃希莱（Échillais）的正立面，但在华丽的装饰和象征性雕塑上，它们均不能与格朗德圣母院媲美。

153

最明亮且最雄伟的厅堂式教堂之一为康奥特的圣母院，它与卢瓦尔河的距离很近（见第153页图及上图）。这座圣母院建于加洛林王朝时期，而现存的这座教堂建于十二世纪上半叶，以适于越来越多的朝圣者的朝圣之旅。康奥特是存放圣马克桑蒂奥吕斯（Saint Maxentiolus）的圣骨、圣母玛利亚的订婚戒指及来自耶稣诞生之地——伯利恒（Bethlehem）的灰尘的所在地。这座建筑错综复杂的布局暗示了其设计已被多次修改。约1100（或1110）年，带有三座超大型辐射状小教堂的回廊开始了施工。尽管平面图和装饰会使人联想起附近的丰特莱（Fontevrault）修道院的唱诗堂区，但在康奥特，却省去了唱诗堂区的高侧窗，且圆室的筒形穹顶分别由侧廊和回廊的弧棱拱顶支撑。平面图的初次修改似乎发生在修建唱诗堂前厅的第三个跨间之后，且唱诗堂在修建第四座较幽深的跨间之后完工。带四个等高侧廊的中堂与唱诗堂毗

连。最外面的两个侧廊一直延伸至两个半圆形后堂。如果这个项目竣工，则会建成想象中最别具一格的罗马式教堂，它具有的一定高度和亮度的四侧廊式厅堂仅出现于哥特式晚期建筑。

然而，在建成另外两个跨间后，这个平面图也被摒弃了，当时中堂仅设有两个侧廊。直到那时，也就是1160—1170年，人们认为带筒形穹顶的中堂理念不可或缺，由此侧廊应低于中堂。但在当时，因为最后三个中堂跨间采用肋架拱顶，所以它们与侧廊高度相等。这些所谓的安茹王朝（Angevin）的拱顶呈穹顶形，并由八根极细长的圆柱连接，由此减轻了整个内部的重量感和方向感。

在教堂内部的少数的几个地方，可看到哥特时期的彩绘装饰的残余部分。部分原有装饰体现在格外漂亮的柱头上，这些柱头在过去几个世纪中得以幸存，且损坏微不足道，仅需稍微修复便可。

特蒙特 [Talmont，滨海夏朗德省（Charente-Maritime）]，
圣拉德贡德教堂（Sainte Radegonde），1100—1125 年，
东向视图 [后面为大西洋（Atlantic Ocean）]。

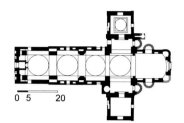

昂古莱姆[Angoulême，夏朗德省（Charente）]，
圣皮埃尔大教堂（cathedral of Saint-Pierre）
始建于1120（或1130）年，带穹顶式拱顶
的内部（左图）、平面图和装饰华丽的正立
面（右图）。

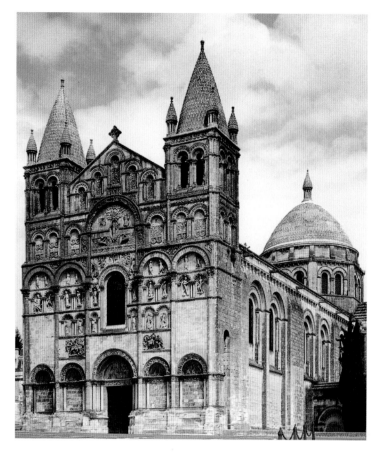

穹顶式教堂

在十二世纪初，法国西部便经历了穹顶式拱顶艺术突如其来的繁荣，穹顶式拱顶这一特征可能起源于中东（Middle East）。然而，这个灵感更可能是来源于威尼斯（Venice），威尼斯的圣马可穹顶式教堂（domed church of St. Mark）始建于1063年，并在1094年前举行圣职仪式。法国西部最著名的穹顶式教堂包括丰特莱的女修道院教堂、昂古莱姆的圣皮埃尔大教堂、佩里格的圣弗龙大教堂（Saint-Front）及普瓦捷的圣希莱尔教堂（Saint-Hilaire）（最后一座经修复过）。

大约1110年，罗伯特·德·阿尔贝赛勒（Robert d'Arbrissel）在丰特莱河谷获得了一些土地，用于在此修建一座女修道院（见第157页图）。在1117年前，唱诗堂区建成了；1119年9月15日，教皇加里斯都二世（Pope Calixtus II）落成了所有已建部分。罗伯特·德·阿尔贝赛勒还修建了另一座带回廊的唱诗堂，这座唱诗堂设有三座小教堂，并经设有两个东侧后堂的五部分式耳堂和带中央塔楼的十字交叉部一直延伸至西面。这座唱诗堂的一个不寻常之处是其连拱廊的巨大高度：连拱廊达到了整个建筑高度的一半。连拱廊之上为一系列低矮的假连拱饰，后面是安装于筒形拱顶式屋顶下的小窗户。陡峭的回廊被环状筒形穹顶横跨。原设计图中必然设计了带侧廊的中堂，以使东侧完善。也可能这座中堂与唱诗堂区具有相同的立面，但更可能为一座厅堂式中堂。支持后一种情况，不仅是因为窗户和尺寸和位置，还因为中堂外墙上设有扶壁墩，这暗示中堂是一个带八个跨间的内

部隔室。尚不清楚在开始外墙施工的阶段放弃这个设计的原因。无论如何，实际上建成的是一座无侧廊的教堂，其四个方形跨间被穹隅支撑的穹顶横跨。它们由较矮的横拱和侧向横拱券支撑，这两种拱券分别与外墙相连，且其高度仍低于唱诗堂筒形拱顶的顶点。所形成的中堂空间宽敞，且有些压抑。极其规则的石砌部分的暗色勾缝显得粗陋无比，而柱头却拥有极高的质量。底楼的侧墙由假连拱饰连接，这之上的每道墙壁分别设有两扇窗户，窗户侧面为细长柱。

昂古莱姆的大教堂（见第156页图）始建于约1120（或1130）年，其中堂似乎将丰特莱女修道院教堂效仿得惟妙惟肖。与丰特莱女修道院教堂相比，昂古莱姆的大教堂未设置回廊，且唱诗堂仅由带三个半圆形小教堂的另一座后堂构成。耳堂由五部分构成。方形十字交叉部的顶部为柱间墙支撑的八边形穹顶。一个狭窄的中间跨间从十字交叉部线向外延伸，它的每侧上分别设有一座东侧后堂，最后一个特征使人联想起传统耳堂，这个中央跨间之后是小型穹顶遮盖的方形跨间。耳堂的两个臂端均用于支撑塔楼，但实际上仅修建了北塔：它为四层楼高，甚至超过穹顶的高度。

这座大教堂的显著特征是正立面。它与普瓦捷的格朗德圣母院的西面类似，几乎被装饰性元素完全覆盖。这个正立面包括高度各异的三层楼，并通过半露柱再分为五个部分。这些部分由半圆拱连接，而半圆拱又横跨有塑像的小型侧面壁龛。每层楼中的侧拱的高度均不与中央拱券的高度一致；这个正立面无横向延续部分。最清晰的结构

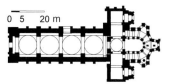

丰特莱（曼恩－卢瓦尔省），建于1110年，平面图和穹顶式中堂（左图）。雕刻装饰的墓石卧像：狮心王理查（Richard the Lionheart）和阿基坦的埃莉诺(Eleanor of Aquitaine)。

1189—1204年，丰特莱女修道院教堂是金雀花王朝（Plantagenet dynasty）的王室墓地。共有六名王室成员安葬于此，包括：亨利二世（Henry II）及其夫人阿基坦的埃莉诺、儿子狮心王理查、查理的姐姐英格兰的琼（Joan of England）、儿子雷蒙德（Raymond）、英格兰国王约翰的遗孀昂古莱姆的伊莎贝拉（Isabella of Angoulême）。

起初，这些陵墓的布局是孩子的陵墓总位于其父母陵墓的下部。但在这座教堂中，墓地的位置便不得而知。迄今还保存着四个漂亮的墓石卧像，即亨利二世、狮心王理查、埃莉诺和伊莎贝拉。

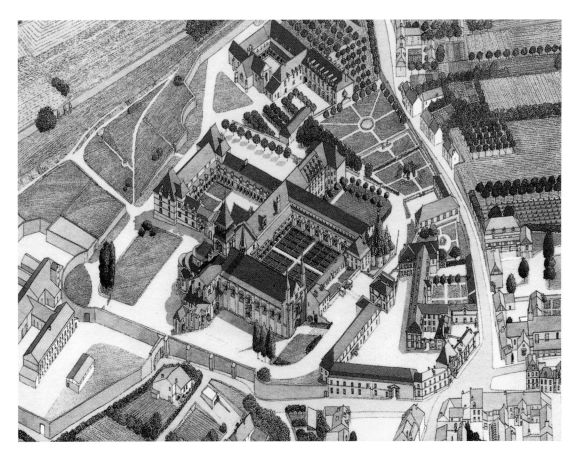

丰特莱
整个旧址的鸟瞰图（左下图）和厨房区（右下图）。

佩里格［多尔多涅省（Dordogne）］圣弗龙大教堂，
始建于约1120年，穹顶视图。

右下图：
修复穹顶式屋顶之前的圣弗龙大教堂（照片可追溯至十九世纪）。

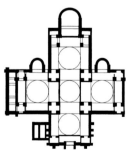

圣弗龙大教堂平面图，
始建于约1120年。

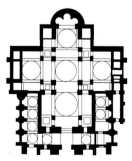

圣马可大教堂（威尼斯）平面图，
始建于1063年。

特征是，底层在纵向上分为五个部分，这暗示设有一座带五个侧廊的中堂。因此，进入一座采光良好的穹顶式内部会有出乎意料的发现。

如果丰特莱教堂和昂古莱姆教堂的两座厅堂式中堂及其一排排的穹顶不足以使参观者相信威尼斯对它们的影响的话，则佩里格的大教堂（见第158页图）必然会使他们的疑虑烟消云散。这座大教堂是一座呈希腊式十字架形并设有五个穹顶的大型建筑物。这座大教堂修建在十世纪或十一世纪的一座小型长方形教堂（毁于1120年的一场大火）的遗址上，它当时还是一座教堂前厅。与威尼斯的圣马可大教堂类似，这座大教堂的穹顶也由短筒形穹隔支撑。每个方形部分的角部上的巨大墩柱被设有弧棱拱顶的通道和威尼斯风格的小穹顶遮盖的通道穿通。封闭式装饰性连接元素穿过外墙。上述的每个外墙分别具有一组窗户（共三扇）。五个穹顶分别嵌有四扇窗户。在圣弗龙大教堂的东端，后堂设在十字架的北端和南端，较大的一座位于十字架的东端。一个低矮的前室构成了最后一个后堂和筒形穹顶东侧的纽带。后堂的两层楼也装饰有假连拱饰，二层安装有窗户。

圣弗龙大教堂与圣马可大教堂的区别在于装饰程度。如今佩里格的大教堂空无一物。除了沿着外墙装饰的假连拱饰外，佩里格的大教堂没有壁联、柱头、装饰性飞檐和装饰窗户的细长柱。它还缺乏圆柱状隔屏，而圣马可大教堂的圆柱状隔屏似乎用于将底楼的交叉臂分为三个侧廊。没有找到装饰画的蛛丝马迹，而这是中世纪教堂的一个不可或缺的特征。内部的五个部分呆板得出奇，拱券和窗户仿佛要脱离墙壁一般。组合立体形状和无任何装饰可暗示这座教堂是革命风格的产物。

法国西部的最后一例穹顶式结构是普瓦捷的圣希莱尔教堂的改建物（见右图）。圣希莱尔教堂的内部可追溯至十一世纪上半叶，并从约1130年起被彻底重建，当时还增设了带辐射状小教堂的回廊和建于每侧上的两个侧廊。正如中堂及其宽后堂的顶壁一样，原有的狭窄突出式耳堂及其两个东侧后堂也尚存至今。

在中堂中，搭设了三叶面墩柱，它们构成了前厅的侧廊并支撑横拱。这些墩柱的拱肩设有石砌内角拱，内角拱与八边形穹顶相连。八边形穹顶效仿了早期中央穹顶的传统风格。每个跨间的墩柱和横拱由相互重叠的两根桥形拱券支撑。因为穹顶的宽度，所有承重墩柱支撑在八个位置处。除了四个外侧廊之外，这座教堂还具有带六个侧廊的长方形会堂式空间，内部结合了不同元素，这并不常见。无论这是否是问题的权宜之计，圣希莱尔教堂在法国罗马式建筑中可谓是无与伦比。

普瓦捷（威尼斯）圣希莱尔教堂，始建于约1130年，带双层内部侧廊的中堂。

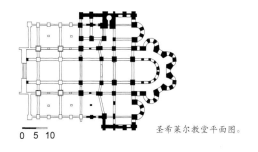

圣希莱尔教堂平面图。

0 5 10

圣居斯特－德－瓦尔加布雷大教堂（Saint-Juste-de-Valcabrère，上加龙省），
十二世纪末建造，东北向视图。

圣－贝尔堂－德－卡门热（Saint-Bertrand-de-Comminges，上加龙省），
修道院回廊的连拱廊。

圣吉扬－勒德塞尔［赫兰特（Hérault）］
原圣吉扬（Saint-Guilhem）女修道院教堂。

后堂（建于不同的施工阶段）、中堂（落成于十世纪）和西塔的视图。

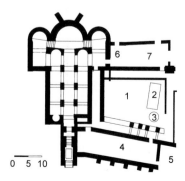

圣吉扬女修道院教堂平面图。

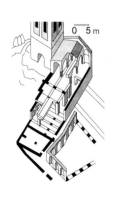

卡尼古山圣马丁修道院教堂，两层楼高的教堂的等距图。

卡尼古山圣马丁修道院教堂，东比利牛斯省（Pyrénées-Orientales）。这座山脉修道院由设计大胆的拱状扶墙支撑，它座落在一个风景秀丽的地方，该地方低于比利牛斯脉（the Pyrénées）东段的卡尼古山（the Canigou）的山顶。

鲁西永（Roussillon）和普罗旺斯

975年，七位主教在圣米歇尔－德库撒（Saint-Michel-de-Cuxa）落成了一座教堂，这座教堂由塞尔达涅伯爵（Comte de Cerdagne）——塞尼奥弗雷德（Seniofred）创立，此时勃艮第也正在修建克吕尼的第二座教堂。这座教堂设有一个中堂、两个侧堂和一个格外突出的耳堂，耳堂又与五或六座交错排列的后堂相连。中央后堂呈长方形。在十一世纪早期，其著名建筑师——男修道院院长奥利巴（Abbot Oliba）计划在主后堂周围增设一个拱形回廊，另外三座后堂设置在东侧。他还扩大了中堂，不久后，还在该地方的东侧修建了拉克雷什圣母院（Notre-Dame-de-la-Crèche）的圆形教堂。鉴于此，需摧毁才刚刚竣工的中央回廊后堂。泰什河畔阿尔勒（Arles-sur-Tech）的长方形会堂（自1064年起）和埃尔纳（Eine）的长方形会堂（1000—1025年）的原有非拱形天顶显示，圣米歇尔教堂（Saint-Michel）的中堂起初也应具有一个平顶式顶棚。

可是，整个尼古山圣马丁修道院教堂却设有拱顶。这座教堂属于塞尼奥弗雷德之子——吉菲德（Guifred）创立的修道院，并作为其家族的墓地。它坐落在比利牛斯山东段的一个偏远地区，该地区低于海拔2800米的卡尼古山峰（Pic du Canigou，见第163页图），这座建筑为两层。楼下教堂——拉苏泰赖讷圣母院（Notre-Dame-la-Souterraine）的中堂和侧堂均设有筒形穹顶。其中堂具有六个大小相同的跨间，后面是位于侧堂之间的另一个跨间，后来被砖墙隔开。带弧棱拱顶的唱诗堂设有与中间部分等宽的侧堂及三个相同的后堂。起初，支柱具有三对花岗岩圆柱，后者在这座楼上教堂的施工期间嵌入。仅东面的那对圆柱尚存至

今。这座楼下教堂既不与西侧的梯形教堂前厅相连，又不与圣马丁教堂的楼上教堂相连。

圣马丁教堂也具有一个中堂和两个侧堂，它们均设有筒形穹顶。楼下教堂的两个跨间相当于楼上教堂的一个跨间，但楼上教堂相对于楼下教堂更靠近东面：这座建筑始于第二个中堂跨间之上，并在其东端突出，超出楼下教堂的高度为一个半跨间。筒形穹顶下方有极其高且宽的拱券粗柱身支撑，柱身粗陋地装饰有垫块状柱头。一对带横拱的十字形墩柱将内部分成两半。内部空间经三个半圆形后堂一直延伸至东侧，中央后堂因中堂较宽而更宽。正如克吕尼大修道院第二教堂一样，这座教堂的筒形穹顶底部未设有高侧窗。可想而知，吸取楼下教堂的经验后，省去窗户并非心血来潮。

一座巨大的钟楼坐落在东北面，并由漂亮的假拱连接，这些假拱与楼上教堂后堂中的假拱类似。在西南面，设有梯形修道院回廊，因修复工程，它已被大肆改建。

克吕尼的修道院教堂很早以来便对南部的发展产生了必然影响，并鼓励建造者尝试采用筒形穹顶。这种风格在法国西部占有一席之地前的一世纪，一种带筒形穹顶的厅堂式教堂（比如加尔唐普河畔圣萨万教堂或康奥特教堂）建于卡尼古山（Canigou）。在罗讷河的西部地区——科尔内耶拉－德－孔弗朗（Corneilla-de-Conflent）、卡尔卡松（Carcassonne）和马西沃尔（Marcevol），另外三座带筒形穹顶的厅堂式中堂建于十二世纪上半叶。在罗讷河的东部，这一风格早在十一世纪中叶便已深得民心，先风靡于圣多纳（Saint-Donat），随后被圣雷米－德普罗旺斯（Saint-Rémy-de-Provence）、昂布兰（Embrun）和耶尔（Hyère）接受。

勃艮第的宗教建筑几乎仅在克吕尼的赞助下才得以发展。不过，它为整个十一世纪在南部的发展提供了主要动力，这可通过夸伦特利（Quarante）的教堂和圣吉扬－勒德塞尔的原本笃会（Benedictine）修道院（见第162~164页图）证实。夸伦特利教堂落成于1153年；正如克吕尼大修道院第二教堂一样，它还具有一座带筒形穹顶的中堂，中堂的筒形底部还安装有窗户。圣吉扬女修道院教堂坐落于韦尔杜斯峡谷（Gorge of Verdus），其创始人是查理曼大帝的一位战友——图尔兹的纪尧姆伯爵（Count Guillaume of Toulouse）。

1962—1970年，一座大概可追溯至十世纪末的方形地下室被挖掘了出来。这座地下室可能属于无侧堂的教堂，后者是现有教堂的第一个跨间和耳堂的两个微型后堂的原型。中堂支柱的地基和耳堂的一部分很可能也有相同的来源。

现存的圣吉扬女修道院教堂落成于1076年，并具有一座包括四个跨间的侧廊式中堂和一座格外突出的侧廊式耳堂，这座侧廊式耳堂设有三座可追溯至约1100年的后堂。这座中堂有两层楼；宽大的长方形

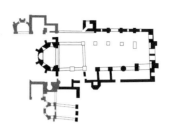

阿莱雷班［Alet-les-Bains，奥德省（Aude）］
原圣玛丽女修道院教堂（convent church of
Sainte-Marie），十二世纪上半叶，
中堂、中厅、后堂（左图），后堂的外视图。

墩柱和侧廊支撑带凹式支撑拱券的连拱廊，长方形墩柱的侧面设有朝向中堂的壁联。

连拱廊上方和筒形穹顶下方装有窗户。壁联是筒形穹顶支撑拱券的原型，并用作纵向连接元件。中堂的外部由布置规律的封闭部分连接。

单层唱诗堂区的窗户安装在一排宽大的假拱廊下方。这个建筑工程应该持续了一段时间：虽然在侧部后堂中，仍然可看到位于柱条之间的假拱，但北侧后堂却由屋檐下面的一个低矮的假拱廊连接，屋檐中嵌入了小窗户。宽阔的中堂后堂由极其牢固的扶壁墩支撑，前者甚至还设有带侧向细长柱的大窗户。屋檐之下是一排连续的连拱廊，透过连拱廊可看到小圆顶。讷韦尔的圣艾蒂安教堂中发现了一个类似的假拱廊。中堂的长方形会堂式立面也使人联想起那座建筑，这个中堂的筒形穹顶下方为高侧窗。当然，这座建筑无楼廊。

然而，影响并非仅来自勃艮第：朝圣教堂有时也对鲁西永区有一定的影响。当阿莱雷班的圣玛丽本笃会修道院于十二世纪上半叶增设一座新教堂时，男修道院院长雷蒙德（Abbot Raymond）便决定，这个带七个跨间的中堂应按照朝圣教堂的设计风格修建，而东侧仅由一座与中厅等宽的后堂构成。目前，这座建筑物已是一片废墟（见上图）。

目前大范围修复的墩柱可能设有十字形柱基，而在墩柱之间，大小相当的连拱廊和楼廊曾设置在筒形穹顶之下。楼廊必然用直角筒形拱顶遮盖，并在筒形拱顶外侧用细长柱和装饰性雕带框出大窗户；楼廊也可能设有一些圆窗。除了西面的双入口之外，南面的凹形门也仍尚存至今。在西面的第五个跨间的水平面上，高耸而细长的楼梯塔与中堂外侧相连。这些楼梯塔也可能为钟楼，因为在北塔的顶楼中，可看到设有消除声音的连拱廊的迹象。

中央后堂设有五个壁龛，壁龛的侧面为圆柱和三个圆顶窗。三角形外部由扶壁墩支撑在底楼的墙角处。较宽的三角形壁龛在扶壁墩之间突出，并支撑一个细长的三段式假拱廊，这个假拱廊位于平坦的柱基区域之上。二层设有隅角柱和装饰奢华的三段式额枋，二层后面是小圆顶。

除了这些"借鉴的"风格外，鲁西永区还形成了自己的风格：纵向中堂。这种风格出现在十一世纪，随后遍布鲁西永的整个南部地区。起初，纵向中堂未设有拱形天顶，比如莫纳斯提尔德尔康教堂（Monastir-del-Camp，1064或1087年）、塞拉波恩教堂（Serrabone，十一世纪末）、科讷-米内瓦教堂（Caunes-Minervois，十二世纪中叶后）和圣热尼德丰泰讷教堂（Saint-Génis-des-Fontaines，落成于1153年）。

蒙马儒［Montmajour，罗讷河口省（Bouches-du-Rhône）］，
原圣母院女修道院教堂，
约1140—1153年建造：地下室、唱诗堂和耳堂；
自1160年起建造：中堂和侧堂。
唱诗堂的对角视图（顶图）、整个旧址的视图（底图）。

普罗旺斯的晚期罗马式风格

十二世纪之前，罗讷河的东部地区很少修建罗马式建筑。当时，罗马式建筑在勃艮第达到了巅峰，并在克吕尼大修道院第三教堂和卡昂的两座修道院教堂建成后，在法国北部地区也达到了鼎盛。在罗讷河以东地区，直到1103年才有落成教堂的记载。普罗旺斯埃克斯（Aix-en-Provence）大教堂已经修复，当时也具有一座无侧廊的中堂，这座中堂无拱顶，但其侧墙设有圆拱形壁龛。大概在同一时期，圣马丁德朗格多克教堂（Saint-Martin-de-Londres）的（公认较窄的）中堂之上横跨着第一个筒形穹顶。于是，便形成了带嵌入式壁龛的无侧廊拱形中堂。直到1200年后，筒形穹顶才被肋架拱顶取代；当时在普罗旺斯，肋架拱顶仍是一种极其坚固的重载结构。带肋架拱顶的无侧廊中堂仍可见于卡斯特拉内（Castellane）、弗雷瑞斯（Fréjus）和格拉斯（Grasse）。

在南部地区，备受青睐的拱顶类型是筒形穹顶。尽管自1075—1100年以来，筒形穹顶可能用于长方形会堂，但它仍是一项高度复杂的施工任务。因此，在整个普罗旺斯地区，仅存在四座带筒形穹顶的长方形会堂：阿尔勒的圣托菲姆教堂（Saint-Trophîme）和圣何那瑞-德斯-阿利斯康教堂（Saint-Honorat-des-Aliscamps）、马赛（Marseille）的圣维克多教堂（Saint-Victor）及韦松拉罗迈讷（Vaison-la-Romaine）大教堂；这些教堂均可追溯至十二世纪的下半叶。

在无侧廊的中堂的旁边，要么设有一座耳堂和三座东侧，要么在教堂无耳堂的情况下仅设有一座后堂。这种中堂的空间不适于设置带小教堂的毗连回廊。这种类型仅有的几座设有回廊的教堂为圣吉勒（Saint-Gilles）修道院教堂（归克吕尼管）和蒙马儒的地下室。这些教堂的内部特别阴暗和简朴。阴暗的原因在于，可开设窗户的唯一位置是中堂和后堂的西墙。不可否认的是，本应装饰的中堂和回廊却无柱头；但圣坛区的盲连接元件和壁龛之间的壁联也省去了大量的装饰。因此，在罗马式建筑经历第一次大文艺复兴时，其内部颇显简朴。精美的雕塑仅出现在门廊上和修道院回廊中。

在普罗旺斯的诸多无侧廊教堂中，有一座教堂属于蒙马儒的原圣母院修道院（见第166页图）。修建在大蒙斯山（the Mons Major）岩壁上的地下室仅可在沼泽干涸后乘船抵达。这座地下室和楼上教堂的东侧均落成于1153年。如中央平面图所示，该建筑具有一个穹顶式地下墓室，墓室西面有一个前室，周围是带有五座辐射状小教堂的筒形穹顶式回廊。墓室前方是耳堂状隧道，隧道的中心轴设有两个东侧后堂和一个入口坡道。墙壁由仔细凿平的大方琢石砌成，方琢石装饰有石工标记；墙壁中无壁联、支撑拱券、飞檐或柱头。

除了回廊和小教堂之外，这座教堂的东侧借鉴了上述地下室的设计风格。在这里，一座内部呈半圆形、外部呈多边形的宽后堂通往长方形十字交叉部。形如坚固的夹石层的扁平拱肋连接着修复的小圆顶。耳堂的臂端低于中堂和后堂。这些臂端设有筒形穹顶；正如底楼一样，其东部设有后堂。中堂始建于1160年，且仅修建了计划的五个跨间中的两个。跨间由明显嵌入的横拱连接，横拱支撑始于狭窄的飞檐之上的尖角筒形穹顶。飞檐之上的嵌入式壁龛为敞开的。其至，楼上教堂也大致体现了西多会的简朴特征：唯有后堂增设一对圆柱，其卷叶形柱头显得朴实无华。1190—1200年，部分建筑倒塌了，因此需重建东侧，并翻新交叉拱顶。可追溯至1175—1800年的修道院回廊曾用于放置重要的罗马式雕塑作品，而目前，大部分作品藏于博物馆。在这座教堂的楼廊中仍可看到一些漂亮的墓碑。

莱斯－圣玛里埃什－德拉梅尔的圣玛利亚朝圣教堂建于1170年后的十年间，现为普罗旺斯最著名的纪念性建筑之一。它也是一座无侧廊的教堂，并具有五个跨间和连接外墙的嵌入式假拱（见第167页图）。呈梯形的第六个跨间通往半圆形后堂。早在1200年，这座建筑便被扩建成一座设防教堂。枪眼上增设了防御墙，圣坛区的顶部设有一座多边形塔楼。后堂的窗户关闭了，使得本已昏暗的室内显得更暗。除了后堂墙壁行的扁平假拱外，这座朝圣教堂的外部毫无装饰。因此，护墙及后堂之上的封闭式"城堡主垒"令人越发望而生畏，护墙的防御墙耸立在枪眼的一排半圆拱之上。需增加后堂和两个相邻跨间的高度，以便容纳安茹公爵勒内（René d'Anjou）捐助的地下室。

令人赏心悦目的圣加布列勒小教堂（见第167页图）距离塔拉斯孔（Tarascon）不远。这座教堂建于约1200年，现为普罗旺斯最重要的罗马式建筑之一。它也无侧廊，但具有一个尖角筒形穹顶。教堂内部以其嵌入式假拱和毫无装饰的风格著称于世。中堂设有三个跨间、位于东面的形如小教堂的短延伸部分及一座低矮的半圆形后堂。西面使人联想起罗马凯旋门。正立面分为两个部分——内部的墙壁部分和拱顶部分。三角墙的尖拱上装有一扇圆窗，这扇圆窗嵌入效仿古典风格的花边嵌条的框架中。在圆窗周围，罗盘仪的四个位置处设有福音传教士的标志。外框雕刻有卵锚饰图案的宽大半圆拱从底部敞开，从而构成微凹的门廊，门廊两侧立着两根圆柱，门廊配有三角墙，三角墙上有小型浮雕装饰板。三角墙顶部站着一只羔羊。圆柱之间的入口处还设有圆柱、带雕刻图样的门楣中心和拱门饰；门过梁已不复存在。中间的一段石阶通向墙壁支撑的平台。这个特征使这个漂亮的西面分外妖娆。

韦纳斯克［Vénasque，沃克吕兹省（Vaucluse）］洗礼堂，
十一世纪建造，设有八边形水池和祭坛（位于东侧后堂）的内部的视图。

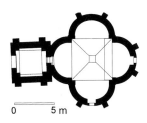

蒙马儒（罗讷河口省）圣十字小教堂（Chapel of Sainte Croix），平面图（右上图）。

法国南部的中心放射型建筑

普罗旺斯埃克斯、弗雷瑞斯和热兹（Riez）均有可追溯至五、六世纪的漂亮的洗礼小教堂。尽管这些小教堂的外部基于方形平面图设计，但外部却呈八边形，并具有壁龛和回廊。随着古典罗马风格的再次兴起，可能在十二世纪重新发现了这种中心放射型建筑。因此，修建在韦纳斯克、里厄-米内瓦（Rieux-Minervois）和蒙马儒的小教堂为中心放射型建筑，但与早期洗礼堂不同的是，这些教堂并非均按照相同的平面图设计。

最古老的一座为韦纳斯克洗礼堂（见第168页图）。据说，它落成于十一世纪，现为一座洗礼堂。其内部由矩形中央区域（约6米×9米）和四个后堂构成：北面后堂和南面后堂呈马蹄铁形，而东面后堂和西面后堂呈半圆形。这些后堂具有矩形外框，其内部装饰有位于圆柱上的一排假拱。柱基、轴身和柱头源于其他建筑物并经重新设置而成。一个八边形水池被嵌入内部中间的地面中。里厄-米内瓦小教堂（见下图）建于1150—1175年，并具有极其独特的特征。其七边形中央由交替设置的四根十字形墩柱和三根圆柱构成，它的周围是一个十四边形回廊，回廊上设有细长柱支撑的假拱，回廊顶部横跨着直角筒形拱顶。中央区域用穹顶加盖。整座小教堂几乎被凌乱排列的附属小教堂和圣器收藏建筑所环绕。1839年的新平面图为塔楼增设了穹顶及另外十四个通往回廊的独立式小教堂。优质柱头上雕刻有卡维斯塔尼大师（Master of Cabestany）绘制的一幅圣母升天画（Assumption of the Virgin）。

蒙马儒的圣十字小教堂（见右上图）是一座以四边形后堂为主的墓地小教堂。它与韦纳斯克洗礼堂在建筑完善程度上有所不同，后者在十二世纪末便已达到顶峰。与修道院教堂的地下室和楼上教堂一样，圣十字小教堂是一座无可挑剔的方琢石建筑物，其勾缝几乎已模糊不清。内部中间区域高耸且呈方形，并附设四座较矮的后堂，其中

一座后堂沿着每侧的宽度方向延伸。一个方形门厅与西侧后堂毗连。朴素无华的房间通过对建筑元素的组合和恰当比例，以及石雕工艺及细部处理的精密性达到杰出的效果。一个不起眼却极其有效的特征是，后堂之间的墙角持续朝中央结构延伸。空凹线不是设置在立方形的凸纹的旁边，而是持续延伸，以便可将立方形的四边拉长一英寸（2.54厘米）左右，从而形成一个希腊式十字架。同样令人欣喜的是立方形侧面之上的四面三角墙，它们具有交叉的鞍形屋顶和灯笼式屋顶。

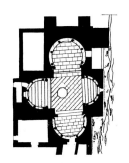

韦纳斯克"洗礼堂"平面图。

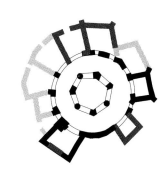

里厄-米内瓦（奥德省）圆形圣母升天教堂
（round church of L'Assomption-de-Notre-Dame），
约1150—1175年建造，内视图和平面图。

塞南克（沃克吕兹省），原西多会修道院，创立于1148年，修道院教堂始建于1150年，东面视图（左上图）、修道院回廊的翼部和内庭院（右上图）。

法国南部的西多会教堂

法国罗马式建筑时期的最壮观的建筑物包括坐落于阿尔卑斯山和比利牛斯山脉的山麓小丘上的西多会修道院。这些修道院建于十二世纪下半叶。与较古老的丰特奈教堂（见第134～135页图）类似，普罗旺斯的西多会修道院也是结构简单、轮廓清晰的空间结构，它们由质量最上乘的砌石筑成。如同丰特奈的教堂一样，西多会修道院也主要通过其田园诗般的背景及周围自然环境达到和平与宁静的效果。

塞南克（Sénanque）

1148年，卡维隆主教（Bishop of Cavaillon）将塞南克修道院修建在偏僻的塞南科莱（Sénancole）山谷中。这座修道院的教堂始建于约1150年，其东侧现具有典型的西多会传统风格，但其风格更盛行于法国南部。矩形圣坛区现被一座后堂所取代，后堂与中堂的宽度相等，并位于横拱之后。这根拱券的作用与延伸的跨间类似。附属礼拜堂已改为带矩形外框和延伸跨间的后堂。在这些后堂前面，延伸有设

有筒形穹顶和穹顶式中央十字交叉部的三段式突出式耳堂。带侧廊的中堂高于耳堂。中堂上方横跨着尖角筒形穹顶，筒形穹顶位于高侧窗之上，但无支撑拱券。然而，这些拱券用于直角筒形拱顶下方的侧堂中。壁联呈半圆形，并支撑简约的卷叶形柱头。从西面看，很难注意到大型宽立面后面的耳堂。

但从东面看，耳堂是一座单独的结构，设有中堂，并附设侧廊。耳堂的横向延伸形状被宽宽的后堂破坏了。

这座北向教堂的西侧设有一个令人赏心悦目的修道院回廊，回廊周围是其他修道院建筑，而该建筑在其朴实无华的风格上也效仿了西多会的传统风格。后来设有拱顶的宗教活动会议厅却是个例外。

西尔瓦卡恩（Silvacane）

1030年，首次提到西尔瓦卡恩修道院（Silvacane，意为"芦苇林"）与隐士的定居点相关。然而，一个多世纪后，才在迪朗斯河（the Durance）的山谷中修建了这座西多会修道院。这座修道院受到了至高无上的保护，并任命康拉德三世大帝（Emperor Konrad III）的同父异母的兄弟——奥托（Otto）为其第一任院长。修道院的修道士来自毛立蒙（Morimond）。这座教堂于约1160年终于完工，并尚存至今，几乎未进行改建。施工持续了几十年，带附属矩形小教堂的方形圣坛直到1191（或1192）年才竣工。然后，修建了带尖角筒形穹顶式天顶的耳堂臂端，再修建了被肋架拱顶横跨的十字交叉部。中堂最初应该是设计为一种带三个侧廊的长方形会堂，且中堂和侧堂均必然设有尖角筒形穹顶；这可通过北侧堂的东侧跨间中的拱顶结构和中堂的顶壁中的窗户证实。但因修改了平面图，从而形成了更幽深、几乎呈方形的中堂跨间，其筒形穹顶位于嵌入的横拱之上。侧堂设有尺寸各异的尖角筒形穹顶，其顶点明显朝中堂移动。

这座教堂直到约1230年才竣工。教堂的装饰也极少，但筒形穹顶和连拱廊的支撑拱券由带柱基和卷叶形柱头的半露柱支撑，这与塞南克的布局类似。为了符合教堂旧址朝北的陡下坡道的地形，三个侧堂的水平线也朝这一侧倾斜。窗户连接了封闭的房间，这给人的印象是，它们使中堂入口及其多个壁龛上呈现出淡淡的几丝装饰，但圆柱已不复存在。如同修道院建筑一样，修道院回廊可追溯至十三世纪下半叶。

西尔瓦卡恩修道（罗讷河口省），原西多会修道院，创立于约十二世纪中叶，修道院教堂大约可追溯至1160—约1230年，中堂南墙（下页）、侧堂和中堂（左下图）。

丰弗鲁瓦德（Fontefroide）

坐落于纳尔博纳（Narbonne）西南部的比利牛斯山的山麓小丘上的丰弗鲁瓦德修道院，由艾梅里一世（Ayméry I）——纳尔博纳的子爵（Vicomte de Narbonne）建于十一世纪末。1146年，这座修道院加入了年轻的西多会。1157年，这座教堂的创始人的孙女——埃芒加德（Ermengarde）捐资修建这座漂亮的修道院教堂，还修建了一座带侧廊的假长方形会堂，其具有五个跨间和一座带三个方形部分的耳堂。一座多边形中央后堂通往耳堂，中央后堂设有一个延伸的跨间、两个较小的小教堂和两个侧面后堂（也呈多边形）。尖角筒形穹顶横跨中堂，两侧是侧堂的直角筒形拱顶。但三个耳堂跨间和延伸的后堂跨间却已设有四部式肋架拱顶，因为它们直到十三世纪早期才得以完工。在十三世纪下半叶，修建了修道院回廊、宗教活动会议厅和宿舍，在教堂西面修建了凡人修士建筑，并在教堂东南面修建了精美的修道院院长小教堂。南面的这排小教堂是哥特时期晚期增建的。

如同所有西多会教堂一样，后堂和延伸的跨间也比中堂矮得多。这样，便可从东面提供额外的光线，因为这些中堂因其立面类似于长方形会堂而相对较暗。在丰特奈修道院的东墙中，沿着唱诗堂三角墙的方向装有五扇圆拱式窗户。然而，在丰弗鲁瓦德修道院中，这组窗户已改为一扇五段式花格窗户，这扇窗户占据了唱诗堂前厅跨间之上的整个顶壁区域（见左下图）。

唱诗堂本身也极其复杂。西尔瓦卡恩修道院的唱诗堂纯粹地沿用了西多会的传统风格，并设有一个大致呈方形的房间，而塞南克修道院和勒·托罗内修道院（Le Thoronet）的唱诗堂呈半圆形。

相比之下，丰弗鲁瓦德修道院却以分为一个延伸跨间和一个多边形后堂的唱诗堂著称。在此，不难看出，建造者逐步放松了对简朴的西多会风格的采用，而西多会风格在罗马式建筑的大规模直线结构中却有完美的体现。丰弗鲁瓦德（奥德省），原西多会修道院，创立于十一世纪末。修道院教堂建于1157年，旧址的鸟瞰图见上图，教堂的中堂见左下图，哥特时期早期的修道院回廊见右下图。

勒·托罗内

尽管法国南部的第四座西多会修道院的施工时间较晚，但勒·托罗内修道院的实际竣工时间却早于丰弗鲁瓦德修道院。教堂和修道院建筑仍无处不体现出西多会传统风格的简朴和高贵。这座修道院由图尔兹伯爵（Comte de Toulouse）——圣吉尔的雷蒙德（Raymond de Saint-Gilles）创立于1136年。它起初坐落在图尔图尔（Tourtour）附

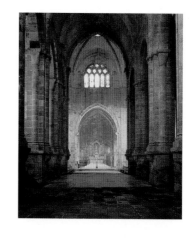

勒·托罗内［瓦尔省(Var)］，原西多会修道院，创立于1136年，修道院教堂建于1150（或1160)年至约1200年，中堂的东面视图。

修道院回廊朝向教堂的视图。

带泵房的修道院回廊（上图）及修道院的平面图。

近，随后在1150—1160年迁至现在的位置。教堂和修道院建筑的施工应该在这次搬迁后立即启动，并于约1200年竣工。1514年，仅有七名修道士留在了勒·托罗内修道院。不过，在十八世纪初，唱诗堂采用巴洛克风格进行了重建。现在的这座建筑是经雷瓦尔（Revoil）修复的结果。

宽而低矮的中厅两侧是狭窄的侧廊。尖角筒形穹顶延伸穿过十字交叉部，使得较低的耳堂臂端看似与其相连的小教堂一般。站在中堂内，人便会全神贯注于中堂中略高的连拱廊。十字交叉部后的后堂位于一个延伸的跨间之前，该跨间也具有尖角筒形穹顶。四座带矩形框架的小教堂通往耳堂臂端。尽管中堂未设有高侧窗，但教堂内部却采光良好，因为充足的光线可透过主后堂、南面侧堂、西墙中的窗户及后堂上的窗户照射进来。

这座教堂南侧的简单筒形穹顶式修道院回廊大得惊人，其侧面测得为43.28米。通常，这些回廊周围是修道院建筑。这些建筑也相当简朴，但东面的宗教活动会议厅（后来附设肋架拱顶）除外。

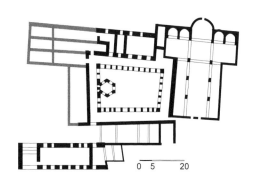

0 5   20

世俗建筑

城堡主垒——中世纪盛期的一种住宅建筑及权利的象征

在第一个千年结束时，法国宗教建筑形成了一种崭新的风格，此时，世俗建筑也开辟了一条新的道路。这一时期之前，统治者的城堡和府邸一直都主要由所谓的护堤（即陡坡形土堆）和不规则的木质围墙构成。居民区和住宅区似乎仅由非耐用性材料建成。挖掘发现，长方形多层木结构建筑或木框架建筑的地基位于护堤的平台上。

大约1000年，修建木材日益被石材取代，以修建这些住宅塔楼。一方面，这一改变的原因可能是对提高安全性的迫切要求：因此，需要更坚固的壁垒来承受发展的战争和围攻策略所带来的与日俱增的危险。另一方面，社会也在发生改变，从而使各位统治者有能力修建石塔。因此，城堡主垒不仅成为一种设防的住宅建筑，也是一种权力象征。

在法国发现的最早实例包括曼恩–卢瓦尔省的杜拉枫丹镇（Doué-la-Fontaine）城堡主垒（可追溯至约950年）和朗热（Langeais）的安茹伯爵（Count of Anjou）的富尔·克尼拉（Fulk Nerra）城堡主垒（近来证实可追溯至1017年）。这两座城堡主垒均呈矩形，其原有的薄壁由壁联支撑，壁联每隔一段距离便与这些墙壁连接。最近的研究表明，这两座城堡主垒起初更多地用于住宅性用途，而非防御性用途，它们只是在约1100年修筑了防御工事，当时，窗户被墙堵住，并加固了墙壁。

大约1070年，于列勒 [Huriel，阿列省（Allier）]的于列勒安博（Humbaud d'Huriel）根据相同的平面图修建了一座城堡主垒，但其设防特征却明显得多。测得为约6米×8.2米的空间区域由1.98米厚的墙围住，每道墙分别具有四个与墙壁外部相连的扁平扶壁墩。在原有的五层楼中，仅底楼设有拱形天顶，而其他楼层设有位于外墙上的平顶式顶棚，平顶式顶棚朝建筑顶部逐渐变细。居住者可能会使用梯子从一层楼达到另一层楼。两个入口设置在二层和三层之间。入口下方是梁孔，这表明这里应该有木通道和连拱廊，它们会在紧急情况下着火而不再可用。

据说，纪尧姆·勒鲁（Guillaume le Roux）也在十一世纪的最后几年在日索尔（Gisors，厄尔省）修建了一座城堡。现在，仅其高护堤保存了下来。在十二世纪初期，金雀花王朝的亨利（Henry Plantagenet，亨利一世）在护堤周围修建了环墙并用"筒形主垒"加顶（见上图）。筒形主垒和护堤平顶上的环墙是盎格鲁撒克逊人发明的，但法国并未广泛使用。通常，筒形主垒内设有居民区、住宅区、马厩和小教堂。然而，在约1170年，亨利二世在日索尔修建了一座八边形城堡主垒，这

乌当 [Houdan，伊夫林省（Yvelines）] 城堡主垒，1100—1125年建造。

日索尔（厄尔省）城堡，可追溯至十二世纪早期的筒形主垒，约1170年建成的城堡主垒。

座城堡主垒为同轴环形墙提供了壮观的凸形特征。筒形主垒和城堡主垒均由扶壁墩连接。

对于防御技术，如日索尔的设计一样，环形或八边形的引入代表着进步。这消除了矩形防御布局周围的角落存在的盲区，并为抛射体提供较小的攻击空间。尽管环形堡垒具有这些优点，但并未得到公认，而矩形城堡主垒在整个十三世纪和十五世纪期间不断被建起。

乌当的城堡主垒（伊夫林省，见左下图）堪称最奇特的堡垒之一。它由蒙特福特的封建领主（Seigneur of Montfort）和埃夫勒伯爵（Comte d'Évreux）——阿莫利三世（Amaury III）建于1100—1125年。其大致呈方形的内部空间（设有斜边）被一个不规则的环形物所环绕，环形物上附设有巨大的半圆形壁联，壁联朝向罗盘仪的四个位置处。其中一个塔状壁联设有螺旋梯。嵌入墙中的这种楼梯意味着巨大的进度，不仅因为这种楼梯使用方便，还因为高贵的领主及夫人更易于避开其侍从。当时，各个楼层相互独立，因此无需经过另一个房间便可到达每个房间。二层的漂亮的双拱窗（Biforia）可能体现了贵族区中的居住者对简朴自然、毫无喧嚣的生活的向往。底楼也设有小窗户——或许暗示了乌当的城堡主垒曾经也有坚固的宫庭围墙的防护。

埃唐普 [Etampes，埃松省（Essonne）]的城堡主垒延续了乌当的发展，这座城堡主垒建于1130—1150年。其设计基于一个四叶形平面图，因此其半圆形部分的四座塔楼均占据了方形内部的整个宽度方向，从而建成了一座每层楼上均设有五个单独的房间并具有若干螺旋梯的城堡主垒，它就是塔楼中名副其实的宫殿。然而，四叶形是否具有防御优势值得怀疑。自本世纪中叶以来，重要性便不亚于矩形塔楼的圆形和多边形塔楼更有利。另一座设有八边形平面和四座半圆形塔楼的城堡主垒——普罗万的凯撒塔（Tour César，见第175页图）与日索尔城堡主垒大致建于同一时期。

普罗万（Provins），设有矩形城堡主垒
的城堡（可追溯至十二世纪早期）。

德吕莱贝勒方丹(Druyes-les-Belles-Fontaines, 约讷省),始建于约1200年。

　　一座20米×20米的方形底层结构坐落于高而陡峭的护堤上，该结构用于支撑底楼宏伟的城堡主垒和塔楼。大约在建筑上方一半的位置处，外墙逐渐消失，从而为通向塔楼的防御性通道腾出了空间。第二个防御性通道曾沿着顶楼上的防卫墙延伸。内部有两座穹顶式大厅。这种错综复杂的布局（包括诸多部分）再次使人对这座建筑的防御效果产生了质疑。凯撒塔受城墙和城壕的精心防护，护堤意味着这座塔楼远远高出侵略者的视野范围。然而，护堤的建筑风格也必然与树立威信的欲望相关。

　　十二世纪末，四叶形平面再次风靡安布勒尼（Amblény）。然而，一道连续的墙仍独立于半圆形塔楼之间。整个建筑群由精心凿平的大块琢石建成。与大多数城堡主垒一样，安布勒尼城堡主垒在中世纪后期进行了翻新，当时重新将它视为一种住宅建筑。今天，安布勒尼城堡主垒仅剩下一片废墟。在十二世纪开端，人们便目睹了法国城堡建筑的根本性变化：几个世纪以来，围墙一直用于围住一个形状不规则且任意设计

的地段，当时却变得更狭窄、更规整。大约1200年，两座建筑将这种风格引入法国：古老的巴黎卢浮宫和德吕莱贝勒方丹（约讷省）的城堡。它们分别受国王菲利普二世·奥古斯特（King Philippe II Auguste）及其表弟皮埃尔二世·德考特尼（Pierre II de Courtenay）委托修建。现在仅可通过出土文物和旧图片来了解十三世纪早期的卢浮宫，而德吕莱贝勒方丹的城堡却是一片风景如画、令人心驰神往的遗址，它高高耸立于自然环抱的岩礁上（见上图）。这个方形建筑的墙角受圆形塔楼的保护。生活区位于陡峭的岩壁之上，俯瞰着山谷。生活区沿着整个正立面延伸并设有均匀间隔的双窗户，这是这一时期很罕见的。

　　气势磅礴的门塔及其背面中间的尖角拱廊和扶壁墩尚存至今，几乎完好无损。与围墙相比，门塔由优质琢石建成。门塔的顶部一直延伸至位于多个凹式和模制枕梁之上的枪眼。

　　两个多世纪以来，这种堡垒仍常见于法国，唯有生活区的装饰有所改变。

176

上图：
欧塞尔（Auxerre）的原主教宫，约1120（或1125）年建造，楼廊翼部视图。

左图：
圣安托南（Saint-Antonin），格拉诺耶家族（Granolhet family）的市内宅邸，1125—1150年建造，临街立面视图。

下图：
阿维尼翁圣贝内泽桥（Pont-Saint-Bénézet），约1170（或1175）年建造。

主教和贵族的城市宅邸

在城市中，单个住宅的防御能力无足轻重。建筑并非要形成特殊的建筑类型，而要集中于正立面装饰的设计，以形成以连拱廊、楼廊和双窗户为主的宏伟正面。许多住宅因时光的流逝和十九世纪的修复工作而严重受损，通常仅部分建筑保存了下来。比如，欧塞尔的原主教宫仍具有令人心旷神怡的连拱廊（见右上图），但连拱廊上方的栏杆（可追溯至十九世纪）却黯然失色。轴身装饰奢华且各不相同的精美双细长柱支撑半圆拱，半圆拱具有石球装饰的空凹线。这座连拱廊是楼廊翼部的一部分，于格·德蒙泰居（Hugues de Montaigu，1115—1136年在位）将该楼廊翼部建于一座建筑（其旧址位于此）的东墙上。一座保存最好的罗马式城市建筑是圣安托南的格拉诺耶家族的市内宅邸，这座宅邸可追溯至1125—1150年（见左图）。这个三层正立面的三层截然不同。在底楼上，尖拱通向一个拱形大厅。在二层，正立面的整个幅面被一扇窗户所占据，这扇窗户嵌入线脚精细的框架中。三个部分的划分通过两个带重叠图案的

墩柱来实现，这与修道院回廊中采用的技法类似。每个部分设有三根双细长柱，其柱头装饰得华丽无比。最后，顶楼装有三个双窗户，其轮廓被凸砖层勾勒出来。

虽然罗马时期的建筑侧重于宗教建筑和世俗建筑，但也日益注重可实施的技术任务：比如丰特莱修道院（见第157页图）设有著名的厨房，但也筑有磨坊、渠道、砖房、矿井、道路和桥梁。这些结构很难造得经久耐用，但各地也有保存下来的木桥和石桥。最著名的罗马式桥是圣贝内泽桥或阿维尼翁桥（Pont d'Avignon）。据说，圣贝内泽桥的创始人是圣本尼迪克特（Saint Benedict），他于1185年安葬于这座桥的第二根墩柱支撑的圣尼古拉小教堂（chapel of Saint-Nicolas）。在1226年的一次大规模军事围剿期间，这座桥被严重损坏，并进行了重建，其水位线比以前略高。十五世纪，进行了进一步的修复，但这座桥自十七世纪以来，便不再完整，仅剩下三个宽平拱和三根墩柱。设有多边形后堂和筒形穹顶式中堂的圣本尼迪克特陵墓小教堂坐落于其中一个墩柱之上。后来，这座小教堂被分为两层。

布鲁诺·克莱因（Bruno Klein）

西班牙与葡萄牙的罗马式建筑

历史背景

    罗马式建筑在西班牙和葡萄牙的起源与发展过程与其他大多数西欧和中欧国家不同。这两个国家的历史背景不同，自711年后，几乎整个伊比利亚半岛都受摩尔人的统治。直到罗马式建筑时期，"收复失地运动"（即基督教再次占领伊比利亚半岛）才第一次取得重大胜利。此运动始于阿斯图里亚斯（Asturian）山区，该地区从未完全落入摩尔人的手中。924年，阿斯图里亚斯王国变成莱昂（Leon）王国，即后来的卡斯蒂利亚（Castile）与莱昂王国。收复失地运动也在加泰罗尼亚（Catalonia）的弗朗哥——西班牙边境地区（自795年起）和纳瓦拉（Navarre）与阿拉贡（Aragon）王国展开。当地统治者力图将其与穆斯林的冲突变成涉及整个基督教世界的事件。去加利西亚（Galicia）的圣地亚哥（Santiago）朝圣的组织活动最能体现这一意图。十至十一世纪这种朝圣作为十字军东征的一种形式仍被大力提倡。第一次向东到耶路撒冷的十字军东征始于1096年。十一世纪末，穆斯林的威胁被解除，至少从西班牙北部到圣地亚哥的旅行才开始真正体现了朝圣的特点。朝圣者到达圣地亚哥教堂中的圣詹姆斯墓，请求那里的圣徒代为求情拯救他们的灵魂，但这种拯救已不再主要靠使用武器对抗来实现。

    基督教统治在西班牙的巩固在开始阶段取决于对抗穆斯林的军事胜利。但自十一世纪起，军事行动越来越需要以文化发展作为后盾。朝圣沿途，修建了几座可容纳很多人的济贫院，为历尽艰辛去圣地亚哥朝圣的人提供歇息的地方，这些济贫院后来很快发展成为颇具规模的定居点。当地统治者通过积极的人口增长政策鼓励这些定居点的发展，他们授予准备定居于此的人很多特权。同时还进行了一系列的宗教改革，最后罗马礼拜仪式取代了当地的莫沙拉比礼拜仪式。很多僧侣团体负责照顾朝圣者的心理和身体健康，并通过修建新的宗教建筑满足他们的精神信仰需求。

    必须结合当时的历史和文化发展背景看待伊比利亚半岛上罗马式建筑的发展，在这里我们只能对此进行简单介绍。安达鲁斯（Al-Andalus）附近地区、西班牙南部、伊比利亚半岛穆斯林地区的建筑风格以及收复失地运动及其直接后果都影响了建筑风格的发展，仅在开始时其建筑风格是比较独立的。很快它又越来越多地受到欧洲大陆特别是法国建筑文化的影响。在十二世纪末，又体现出明显的区域性特色。

    当然这并不是说十二世纪的西班牙建筑在跟随外国流行趋势时失去了自己的独创性，相反西班牙建筑在逐渐融入欧洲风格的同时并没有失去自己的特点。

奥维耶多（Oviedo）纳兰科山（Monte Naranco）圣米格尔德利诺教堂（San Miguel de Lino）。

奥维耶多纳兰科山拉米罗一世（Ramiro I）时期（842—850）的宫殿观众席。

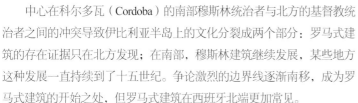

中心在科尔多瓦（Cordoba）的南部穆斯林统治者与北方的基督教统治者之间的冲突导致伊比利亚半岛上的文化分裂成两个部分：罗马式建筑的存在证据只在北方发现；在南部，穆斯林建筑继续发展，某些地方这种发展一直持续到了十五世纪。争论激烈的边界线逐渐南移，成为罗马式建筑的开始之处，但罗马式建筑在西班牙北端更加常见。

前罗马式建筑

西班牙北部阿斯图里亚斯王国时期的早期基督教建筑现仅剩下一些残骸。在奥维耶多旧省会城市附近发现了最为重要的纪念式建筑：国王拉米罗一世（842—850年）在纳兰科山上修建了带观众席的宫殿群（见右上图）。他的继任者奥多尼奥一世（Ordono I）修建了圣米格尔利诺教堂（见左上图）。这两栋建筑都明显融合了大量的建筑衔接元素，如壁柱饰带、假拱、檐口和浮雕中的很多装饰形状。宫殿的观众席在当时显得十分特别，从只有部分残存下来的这种教堂，可以更加容易地将其与现代的其他教堂在类型上联系起来。它的主要空间分成几条短侧廊，宽度不超过侧廊的耳堂边有蜂房状的长方形隔间（被用做侧堂和祭坛）。

不久这种建筑风格经历了一次重要的转变，主要是因为在摩尔人居住的西班牙地区出现了"莫沙拉比"基督徒，他们因为压力增

大而向北迁移。在他们的影响下兴起了一种新的建筑风格。这种风格融合了古老的当地传统与摩尔式建筑元素，同时还带有罗马和拜占庭风格的痕迹。这种"莫沙拉比"风格的建筑早期出现在安达鲁斯。最重要的代表性建筑可能位于托莱多（Toledo），但这些建筑都没有被保存下来。相反，在基督教统治的西班牙北部现在仍然存在完整的带有早期阿斯图里亚斯风格和新兴元素的建筑群。其中的教堂布局较简单，带有拱廊和后堂，后堂有马蹄形的拱券和中央圆顶。正方形的后堂样式较古老，通常保存完整，但仅仅作为围绕着马蹄形内室的外墙，建筑上的装饰越来越丰富。

伊比利亚半岛上基督教统治区域内的这种建筑风格不久后被罗马式建筑取代。

这一从旧到新的转变过程并不是循序渐进的，而更像是突然的转变。其中的一个原因可能是十世纪末政治上的变革高潮。"战无不胜"的摩尔统治者阿尔曼祖尔（Almanzûr）占领西班牙北部的一些王国，985年他摧毁了巴塞罗那，988年摧毁了莱昂，997年摧毁了伊里亚福拉比亚（Iria Flavia），即后来的德孔波斯特拉（Compostela），在那里的圣徒墓上建起了一座教堂。但是不久后阿尔曼祖尔在卡兰塔纳佐（Calantanazor）附近战败，1002年他死后不久，曾经强大的科尔多瓦哈里发政权分裂成几个被称为"泰法"的公国，这些公国后来

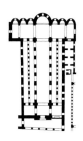

里波尔［赫罗瓦（Gerona）省］圣玛利亚修道院教堂。
1032 年新建并献祭。带七座后堂的东部平面图。

一个接一个地被收复。所以，从一定意义上来说，这种收复为当时的新建筑工程创造了一块"白板"，在此白板上可以根据增强后的基督教影响力修建新建筑。几乎就在同时，法国的僧侣秩序出现了一次变革，主要由克吕尼（Cluny）的本笃会修道院领导。在意大利也开始努力改革教堂。这些改革对建筑的影响就是各地兴起回归早期基督教建筑形式的风潮。

罗马式建筑在加泰罗尼亚、阿拉贡和纳瓦拉的发展

这种新式风格的建筑最先出现在比利牛斯山两侧的加泰罗尼亚地区几乎是一件顺理成章的事情。该地区先开始受查理曼大帝（Charlemagne）统治，865年获得独立，由巴塞罗那伯爵统治。因为该地区靠近地中海的基督教国家（法国和意大利），因此成为摩尔文化与基督教文化相互交融的地方。另外，巴塞罗那伯爵与科尔多瓦的摩尔王国实现了和平相处。在十世纪，伯爵可能需要向科尔多瓦王国纳贡。但十世纪末摩尔人大肆侵略之后，摩尔帝国开始迅速衰落，形势发生了逆转。波塞罗纳伯爵要求那些小的摩尔公国对自己效忠并纳贡。

贝达鲁（Bedalú）和塞尔达尼亚（Cerdana）的男修道院院长伯爵奥利瓦·凯布瑞塔（Oliva Cabreta）担任要职，他对加泰罗尼亚经济快速发展时期的建筑有重要影响。与他的其他几位同僚一样，这位具有贵族身份的高级教士到意大利旅行时遇到新改革。他是加泰罗尼亚两座修道院的院长：位于如今法国鲁西永（French Roussillon）境内的圣米歇尔-德库撒修道院（Saint Michel de Cuxa）和里波尔（Ripoll）的圣玛利亚修道院（Santa Maria）。两座教堂都按照新风格进行改建。自1018年起，奥利瓦·凯布瑞塔同时兼任维克主教。

现已成为废墟的圣米歇尔德库撒修道院曾经是十世纪最重要的莫沙拉比风格的建筑群之一。奥利瓦·凯布瑞塔下令在东侧新建一个圣坛区，在西侧新建一个带双塔的正立面。里波尔另一座样式古老的教堂于九世纪末献祭建成。在十世纪，该建筑被扩建了两次，最终形成一个带五条侧廊和相应数量的后堂的大厅。奥利瓦·凯布瑞塔当上维克主教后，再一次改建此建筑，这一次他修建了一个大耳堂，与中堂和侧廊相连。后堂的数量现达到七个，与耳堂的东墙相连（见下图）。1032年该教堂的重建工作开工，就在同一年，科尔多瓦哈里发政权分裂。

似乎里波尔教堂的外形是通过上述一系列的改建和扩建而偶然逐渐形成的。

　　但我们可以推测十一世纪的大部分建筑均为新建，重新使用过去的地基、墙体或柱头的只占很少一部分。新教堂的布局与早期的罗马式基督教堂风格类似：独特的五侧廊大厅和增建的耳堂使新教堂与罗马君士坦丁式（Constantinian）长方形公堂建筑样式的老圣彼得教堂（Old St. Peter）具有相同的特征。整个中世纪一直重复使用这种建筑样式，但值得注意的是其总量仍然较少，所以每次人们见到这种样式的建筑就会直接联想到罗马的老圣彼得教堂。在里波尔，这种关系体现在到过意大利的委托人身上。但在建筑史上显得更重要的是这样的事实：里波尔的圣玛利亚教堂代表的当地建筑风格开始明显脱离伊比利亚半岛上的传统模式。

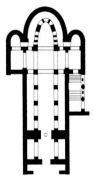

　　在里波尔之后，这种新的建筑风格很少融入莫沙拉比建筑元素，罗马元素已占主导地位，或者至少在最宽泛的意义上，这种形式与罗马相关。

　　换言之，里波尔的建筑让西班牙重新回归到欧洲主流建筑风格中。在此之前，西班牙的建筑风格因为伊比利亚半岛上特殊的地理位

181

圣米歇尔－德库撒修道院（法国，
比利牛斯山东部），修道院教堂
1040年竣工，平面图。

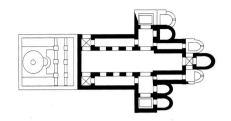

顶图：
达乌［Tahull，莱里达（Lérida）省］圣克里明特教堂（San Clemente），于 1123 年献祭。

下图：
塞拉波恩（Serrabone，法国，比利牛斯山东部）圣母院（Notre Dame），于 1080 年献祭，扩建工程于 1151 年竣工。

置和政治形势而与欧洲大陆主流风格渐行渐远。尽管里波尔的教堂如此重要，但遗憾的是这座教堂屡遭破坏（尤其是在十九世纪），现已成为一座半心形质量低劣的杂乱建筑。

屹立在海上引人注目的圣佩雷德罗斯修道院（见第181页图）则并不如此。这座于1022年献祭的建筑如今也已成为废墟。但与沦为多次重建牺牲品的里波尔教堂不同的是，圣佩雷德罗斯修道院保留了更多原始的特点。除了突出的耳堂臂外，这座三侧廊教堂还有一条两侧建有小教堂的回廊。带筒形穹顶的极高的侧廊支撑起中央中堂的穹顶，坚固的横向拱券也同样支撑着中央中堂。横向拱券反过来由突出式立柱支撑，突出式立柱分成两排，一层一层地重叠在极高的柱基上。正方形扶垛两侧的突出式立柱支撑着拱廊的拱券，整体上形成一种非常立体感的效果。但墙的上半部和圣坛区域（其中的拱廊由半露柱而非立柱构成，看起来就像被从实心墙中切出去一样）的大部分墙面都很平坦。

所有这些不同的元素都体现出这种风格的来源。一层一层的立柱表明圣佩雷德罗斯修道院的建造者熟悉西班牙南部的摩尔式建筑，这是科尔多瓦清真寺中被研究得最多的主题。柱头上精美的雕刻也体现出这一点。从另一方面讲，回廊是一个大致不为人知的建筑元素，在西班牙的罗马式建筑中非常罕见，它肯定来源于法国。扶垛的形状也是如此，它那突出式的柱身呈对角线形式。另外，长方形会堂式的空间构造和高度不一的隔间按中轴线对齐都属于莫沙拉比建筑的典型特征。最后，现已知带横向拱券的筒形穹顶属于九世纪的阿斯图里亚斯建筑风格。

因此我们可以发现圣佩雷德罗斯修道院并不像较早时期的里波尔建筑一样处处遵循罗马建筑样式。但是很明显，加泰罗尼亚地区的建筑师已不满足于仅仅从当地传统中寻找灵感，他们有自信能够将各个不同地区较复杂的建筑元素融合起来。即使是在更广的范围内，此教堂也远远超过了西班牙国内以前修建的所有建筑，足以与欧洲南部的其他建筑媲美。

加泰罗尼亚地区的建筑业在当时十分繁荣，现存的大量建筑可作为证明，不过我们在这里不再详述。但必须提及的是赫罗纳教堂，特别是维克教堂。维克教堂于1038年献祭，据我们所知，当时是对建筑极为感兴趣的奥利瓦担任主教。遗憾的是，这两座修于十一世纪的建筑都仅剩一些残垣断壁。

卡多纳（Cardona，巴塞罗纳省）圣比森克
教堂（San Vicenç）1029—1040 年左右。东
北向视图及平面图。

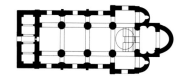

下一页：
卡多纳（Cardona）圣比森克教堂，带圣坛的中堂（左上图）
中央中堂墙（右上图），
交叉甬道（左下图），
侧廊（右下图）。

但幸运的是，卡多纳壮观的圣比森克教堂（见上图和第185页图）保存完好。此教堂建于1029—1040年之间，因为其极其匀称和清晰、简洁而出名。教堂前厅后的中堂中有三个接近正方形的跨间，支撑起楼廊。交叉甬道中伸出带高高的后堂的分支短耳堂。与耳堂臂同样宽的圣坛区位于地宫之上，末端有一个大后堂。整个建筑完全呈穹顶状：内角拱支撑的圆屋顶位于交叉甬道之上，圣坛、耳堂臂和中央中堂均带有筒形穹顶，侧堂跨间内有三个小型的弧棱拱顶与此结构形成呼应。此前的西班牙建筑中没有这种特点。墙壁和扶垛上的浮雕装饰新颖。圣坛的内墙中挖出一些深壁龛，这些壁龛的开孔为阶梯状而不是直接在墙面上开凿。在壁龛相连的地方，用细长的壁联柱隔开，另外壁联柱还支撑着上方的假拱。教堂西部的墙面浮雕也同样采用了这种精妙的设计，其中没有融进墙体的壁龛。中堂和侧廊中的主扶垛乍一看就像是在实体墙上切割出来的一样。但它们狭窄的那一面却是有拱墩，并从中引出拱廊的阶梯式拱券。沿着拱廊有双级拱墩，较低的拱墩刚好与拱廊齐平，较高的拱墩支撑着筒形穹顶上阶梯状的横向拱券。拱廊侧廊面的构造方式与此类似。该建筑的外部采用了奢华的装饰元素，如壁柱饰带和假拱。

墙面浮雕的层级排列是欧洲罗马式建筑的一个主要特点。当时主要关注的不再是单纯地将各种本身很难连接起来的空间间隔组合起来，而是增加一些建筑装饰。当时尤其关注的是空间边界，即墙的设计和各个房间的顺序。

通常人们认为这种新的墙体接合方式由活跃在加泰罗尼亚的伦巴底（Lombardy）建筑师创造，书面资料中也曾提及他们。确实，在意大利北部也发现了大约同一时期的建筑形式，它们被视为对当地早期拜占庭和基督教建筑的进一步发展。但也不能过于强调伦巴底建筑风格的影响，因为加泰罗尼亚地区出现同样丰富的建筑形式和样式的时间仅稍稍晚于意大利，两地的建筑发展不仅平行而且有着各自的轨迹。因此在提倡复兴各种建筑形式的时代背景下，自然可以在欧洲南部的很多地方发现特殊的卡多纳层级浮雕。然而即使是创新的墙面装饰让卡多纳的建筑与外国建筑平分秋色，也掩盖不了其建筑样式仍然符合当地建筑传统这一事实。圣佩雷德罗达斯修道院中的一些建筑特征，如高高的侧廊和由横向拱券支撑的筒形穹顶可以证明这一点，因为这些建筑特征在意大利并不常见。

自十一世纪起，加泰罗尼亚地区比利牛斯山两侧的建筑风格基本上都遵循这种模式，鲜有例外。比利牛斯山法一侧的塞拉波恩教堂（见第183页图）可以证明这一点，但1175年开始重建的拉塞德乌尔（La Seu d'Urgell）大教堂（见第186页图）使这种风格体现得更加明显。该教堂两侧有带非常宽阔的侧廊的宏伟中堂，通向突出的耳堂。各分支侧廊都有两座从东墙进入的小型后堂。后来耳堂进行了扩建，总体宽度不变，两边各立起一座巨大的塔。因此教堂的东墙非常连贯，只有后堂入口处被断开，形成一种气势恢宏的感觉。

我们已经熟悉了卡多纳圣比森克教堂中的中堂和侧廊的结构。此处也是用十字形扶垛支撑起侧廊的弧棱拱顶，中堂上有带横向拱券的筒形穹顶。

该教堂的中堂穹顶起拱位置略高于卡多纳教堂，留出了在拱廊上安装圆形的小窗户的位置，阳光透过这扇窗户直接照进中堂。交叉甬道上的圆顶和耳堂中的筒形穹顶也是两座教堂的相似之处。但是后堂融进东面耳堂的方式则完全不同：因为它们不及耳堂墙的一半高，筒形穹顶起拱位置以下的后堂墙壁上留有足够的空间来开一扇窗户。墙壁上高高的窗户比后堂窗户大很多，相比之下后堂窗户看起来就像狭缝式窗户一样。

拉塞德乌尔教堂［莱里达（Lérida）建于
1175年。东向视图及平面图。

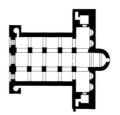

圣萨尔瓦多－莱尔（San Salvador de
Leyre，纳瓦拉省），于1057年献祭的修
道院教堂。地宫平面图（右上图），地
宫内部视图（右下图）。

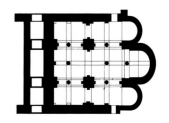

从外看，耳堂仿佛照亮了教堂宫殿般的上层。巨大的主后堂的设计也非常独特。主窗的凹进式拱券衔接很普通，但其末端通向实体墙内一个四分之三圆形小教堂，其特点是有壁龛和圆形穹顶。从外看只能看见一扇小小的窗户，因此很难注意到这个中央小教堂的存在。上面是一个窗深深凹进去的巨大窗户，是主后堂的采光点。从该后堂的外墙结构来看，可以清楚地看出建筑大师——雷蒙都斯·兰巴尔都斯（Raimundus Lambardu）非常熟悉伦巴底建筑。墙柱体通过几根半露柱辅助连接，末端有用低矮墙式外通道饰顶的檐口，很容易让人想起意大利帕维亚（Pavia）的圣米歇尔教堂（S. Michèle，见第85页图），该教堂可能建于十二世纪中叶前。

拉塞德乌尔教堂西侧正立面有三个深深凹进去的入口，其深度由中间向两边递减，另外上面几组装饰华丽的窗户也容易让人联想到这栋意大利建筑，甚至还有可能联想起科摩市（Como）建于十一

世纪晚期的圣阿迪邦奥教堂（S. Abbondio，见第84页图）。但另一方面，延长后的耳堂臂端两座壮观独特的塔未必是效仿意大利的奥斯塔（Aosta）大教堂而修建。经证实，十二世纪末，比利牛斯山另一侧的末圣米歇尔－德库撒的加泰罗尼亚教堂（见第182页图）被视为修建拉塞德乌尔大教堂的灵感来源，因为他们的平面图相同。因此十一、十二世纪的加泰罗尼亚建筑不可能是所谓的伦巴底建筑的"衍生物"。总体上讲，尽管可以证明加泰罗尼亚建筑与意大利建筑有着千丝万缕的联系，但它仍具有自己的特点，它与意大利建筑相似的地方几乎全在外部装饰上。另一个典型例子是于1123年献祭的达乌教堂（见第183页图）。这个例子生动地说明了加泰罗尼亚的建筑不仅从传统的当地建筑模式中寻找灵感，而且能够融合其他建筑元素。

尽管在位置更靠西的纳瓦拉省也出现了一些新的建筑，但这个地方的建筑发展完全不能与加泰罗尼亚相提并论。

在纳瓦拉省新出现的建筑中，最重要的可能是圣萨尔瓦多－莱尔修道院教堂（见第186页图），该教堂同时也是纳瓦拉王的陵墓。阿拉贡王在圣胡安－德拉佩纳修道院（Monastery of San Juan de la Pena，见第187页图）也有一座类似的陵墓，位于一块大岩石之下，因此躲过了摩尔军队的侵袭。现在圣胡安－德拉佩纳修道院仅余些许残砾，但这栋建筑的规模一直不大，也不十分引人注目。但莱尔的这座修道院则不同：该修道院中，带一条侧廊的中堂建于十三世纪，与三条侧廊相连的圣坛区于1057年献祭。

伯爵的地宫是当时最特别的建筑：它恰好位于其上方教堂的两座东侧跨间之下。在它们狭窄的单侧廊之下的地宫同样也有相应的侧廊，但下面的中堂较宽，还有两条侧廊，顶饰有带横向拱券的莫沙拉比通道式穹顶。在这种情况下，它们的推压力并不是直接传到地宫的地板上，而是压在了立柱上，尽管立柱既细又短，但其柱头非常宽阔且突出。乍一看地面好像是后来才大幅度垫高的，所以看起来柱子像是沉入了地面。但仔细观察后我们会发现，这其实是尝试将两种很难协调的建筑系统融合在一起的结果。一方面，建筑师不想放弃使用被视为高贵建筑元素的立柱和柱顶。另一方面，需要用拱顶结构支撑起楼上教堂的地面重量。此外，人们还认为穹顶完整的建筑特别壮观典雅。但已经无法使穹顶不那么显眼，因为筒形穹顶占据了拱券分隔中堂和侧廊及柱头到柱头之间的空间。需要承认的是，柱头装饰也初步模仿了古典主义风格的大致样式，但却没有留下以古典原则为基础理解的建筑痕迹，古典主义建筑所要求的比例完全不同。

九世纪摩尔人入侵时，圣萨尔瓦多－莱尔修道院被暂时当作王宫和潘普洛纳（Pamplona）主教们的栖身之处。甚至在此后的十一世纪，它仍然具有相当的宗教和政治地位。在纳瓦拉和阿拉贡王桑乔·加尔塞斯三世（Sancho Garcés III，1000—1035年）统治时期，以强大的法国克吕尼修道院中心为范例，圣萨尔瓦多－莱尔修道院与圣胡安德拉佩纳修道院的教令规则进行了修改。这清楚地表明加泰罗尼亚西部的西班牙各省在统治者的鼓励下开始逐渐学习和模仿法国文化。到圣地亚哥－德孔波斯特拉（Santiagode Compostela）朝圣是其中的一个主要原因。朝圣路线非常严格，且纪律严明，这在中世纪不常见。朝圣者沿途所遇到的，其中当然也包括建筑特征，大部分都属于法国文化。因此后面几页谈到的建筑与加泰罗尼亚地区的建筑不同，既不属于意大利风格也不属于"伦巴底"风格，而是具有同时期法国建筑的特点风格。但这并不是说当时的西班牙建筑只是法国建筑的衍生物，而本文的观点仅仅是提醒大家该地方的建筑发展与加泰罗尼亚地区的建筑发展方向不一致。

圣地亚哥朝圣路线上的建筑特征

在十世纪的最后几年，开始流行到圣地亚哥－德孔波斯特拉朝圣，而且这种朝圣显得越来越重要，并作为体现虔诚的一种方式。最开始，圣徒被描绘成传说中与摩尔人作战的斗士。但是朝圣逐渐变得越来越有吸引力，朝圣者希望能够借此请求上帝原谅自己所犯的罪恶。有时候朝圣被当作一种苦修。除了这个原因之外，在整个欧洲圣詹姆斯神殿还是除罗马以外圣徒唯一到过的地方，后来报告的几件神迹事件进一步增加了其吸引力。通过当时留下的大量资料我们可以得知朝圣的情况，其中最重要的资料当属十二世纪中叶的《朝圣指南》（Pilgrim's Guide）。其中不仅提到了一系列的罗马式教堂和圣人神殿，还相对细致地描绘了朝圣路线。

需要承认的是旅途中各个阶段的叙述有点简略，但很明显这是为了吸引更多的人参与朝圣。四条主要路线的起始点在法国：普罗旺斯（Provence）的圣吉勒（Saint Gilles）、勒皮（Le Puy）、维泽莱

皇后桥（Puente de la Reina，纳瓦拉省），朝圣路线上的这座桥建于十一世纪晚期。

圣胡安—德拉佩纳修道院［韦斯卡（Huesca）省］回廊中的两柱头。

（Vezelay）和图尔（Tours）。来自更东地区的朝圣者成群结队地在沿途汇合。三条西部路线在到达比利牛斯山之前汇合并一起穿过朗塞瓦尔峡谷山隘。东部路线在皇后桥（见上图）与其他路线汇合，在此之前它是唯一一条经过松坡（Somport）的路线。汇合后的路线由此通向加利西亚（Galicia）的圣地亚哥。

朝圣者走的这条路线使沿途西班牙区域的某些建筑受到法国风格的影响，这是很自然的。这看起来是一种刻意的发展，而且有两个原因。其一是保证那些为看见神殿而到外国的法国朝圣者能够看到一些熟悉的特色，他们可能占到圣地亚哥朝圣者中的大部分。其二是当时的统治者通过给予一定特权的方式鼓励人们沿"朝圣之路"定居。大部分定居点被法国定居者占领，其中一些殖民地一直保留到中世纪末。因此，有时会发现加利西亚最西端与法国南部很多地方的艺术风格几乎完全一样，这种现象在第一次看到时会让人非常吃惊。这种现象主要出现在雕塑和建筑领域。

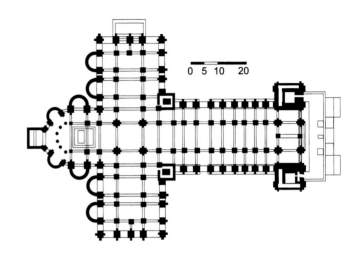

"朝圣教堂"在法国和西班牙都很流行，这种教堂包含一条带小教堂的回廊、突出的耳堂和中堂穿顶为筒形的楼廊。比利牛斯山北部有利摩日（Limoges）的圣马歇尔（Saint-Martial）教堂和图尔的圣马丁教堂（Saint-Martin），这两座教堂都因为受到宗教改革的影响而被摧毁。但孔克（Conques）的圣福瓦教堂（Sainte-Foy，见第145页图）和图卢兹（Toulouse）的圣塞尔南教堂（见第148页图）却被保存下来。在西班牙，相同的建筑风格出现在朝圣目的地——圣地亚哥，即圣地亚哥－德孔波斯特拉大教堂。相同的建筑风格并没有表明活跃在不同地方的是同一批建筑师和建造者。这是不可能的，因为各个教堂修建的时期不同，而且一些细节部分有着非常明显的区别。但如果不了解其他建筑，可能也是建不成其中的任何一栋建筑的。

所谓的朝圣教堂体现的不是同种建筑风格在不同地区的普及，而应认为是在朝圣的影响下西班牙南部和法国南部的社会流动性较强，两者间的文化有相互影响。

通常人们认为迭戈·佩莱斯（Diego Peláez）主教与国王阿方索六世（Alfonso VI）共同在圣地亚哥·德孔波斯特拉大教堂的奠基仪式上立下了基石（见右上平面图和第190页图）。他们还被绘制在祭坛区圣母礼拜堂中的两根柱头上。教堂的整体布局与当时的建筑物平面图一致，只有西侧入口处不同，我们将在后面详细讨论。因为各种各样的问题，刚开始施工时进度很慢而且有时还被中断。开始是因为资金问题，后来迭戈·佩莱斯主教又于1088年被捕。圣地亚哥当时没有了精神领袖，迭戈·赫尔米雷斯（Diego Gelmirez）几次负责管理主教教区的行政事务，但直到1101年他才被任命为主教。1117年，圣地亚哥的居民为反抗主教的统治而发动暴乱，大教堂未完工的部分遭遇大火。尽管历经曲折，圣坛小教堂还是在1105年的和平时期内顺利完工并献祭。

一开始，施工项目由伯纳德斯（Bernardus）负责。据推测他可能是项目行政主管，实际的建筑师应该是"博学的建筑大师伯纳德斯·森内克斯（mirabilis magister Bernardus senex）"，他画出了最终的图纸，后来的继任者都遵循此图纸进行施工。这个教堂的布局特点为三条侧廊和一座同样带三条侧廊的耳堂，圣坛区环绕着侧廊，形成一条回廊。圣坛外墙上附有五座小教堂，中间的教堂为正方形，与其他四座小教堂的半圆形形成对照。耳堂臂的东墙上各有两座小教堂。高高的祭坛位于至圣所中央，下面是存放圣徒尸骨的地宫，代表着朝圣的最终目的地。整栋建筑，甚至是引人注目的耳堂的内部正立面都配有高高的楼廊。因此，大教堂的内部正视图为两层。根据上文提及的《朝圣指南》中的记载，由于有楼廊，可以判断出大教堂是以某宫殿

为模型的。主教堂和耳堂的中央侧廊中有筒形穿顶，由从扶垛中引出的横向拱券对该穿顶进行加固。

圣地亚哥－德孔波斯特拉大教堂不仅是西班牙也是整个欧洲最大的罗马式教堂。尽管其规模宏大，但该建筑各个部分之间的衔接部件尤其纤细。特别是与相同建筑风格的法国建筑相比，这一特点体现得尤为明显。扶垛较细较高，其中十字饰扶垛与带圆楔的十字饰扶垛交迭相间：后者的柱基为圆形，而十字饰扶垛的柱基则为方形。这样就在拱廊中体现出了节奏上的变化，避免了整个建筑内的单调之感。扶垛面全部与半圆形的壁联相连，侧廊和主拱廊的横向拱券从其中的三个壁联处起拱，第四个壁联高度达到穿顶柱础，中间只被一个狭窄的檐口隔断。

在更高的位置，高耸主拱廊与楼廊拱廊相互呼应，前后排列的成对立柱将它们细分成单个假拱内成对的孔口。

光线仅能通过侧廊和楼廊中的窗户及中央塔射入教堂中，这意味着阳光不能直射进教堂宏大的中堂。因此，整个教堂笼罩在半明半暗的氛围中，使得各个建筑部分的视觉衔接效果更好。圆室单独有一圈窗户，让至圣所和殉道者神殿的照明状况更加神秘。后来对最初的光照设计进行了修改，因此不能够再进行彻底重建。

大教堂的外部也屡经修改，需要在此提及的是十八世纪对塔的重建，同一时期还对前庭进行了重新规划。除了耳堂的三角墙外，大教堂其他所有部分都因为后来的扩建工程而变得拥挤不堪和面目全非。因此，现代的参观者更容易被其奢华的内部装饰所吸引。最初，从外面就可以看见这种精巧的整体设计。带高楼廊的南北正立面墙壁与坚固的类似普通沟渠的假拱廊相连，同时圣坛东端的正立面墙壁装饰更加复杂精细。下面的小教堂中列有很密的壁联，壁

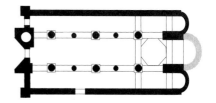

联上散布着深凹进去的铸模窗户，圣坛的上面两层围有假拱廊。相反，宽耳堂的东墙除了小教堂外，没有什么特别之处。上层宽大的窗户表明建于十二世纪末的拉塞德乌尔（La Seu d'Urgell）大教堂可能是受此教堂影响。

正是因为外部装饰的丰富多样，到圣地亚哥的朝圣者从远处就能够体会到大教堂的各个构成元素的单独意义。

凯旋门沿线设计的耳堂三角墙在此起着特殊作用，北边三角墙比后建成的南边三角墙起到的作用更特殊，因为来自北边的朝圣者是通过南边进入圣徒神殿上方的耳堂的。根据朝圣领袖的报告，此处曾有一座带顶棚的前院和装饰有狮子图案的大喷泉，朝圣者进入圣殿前在此洗濯。

圣地亚哥大教堂无疑是西班牙罗马式教堂中的杰出代表，它的建筑风格与同时期的法国建筑联系最为紧密。值得注意的是，圣地亚哥的重要性除了在西班牙范围内不容置疑外，还拥有重要的国际地位。朝圣者在加利西亚的朝圣目的地还包括其他一些位于比利牛斯山山隘之间的教堂，其中一些教堂的建成时间甚至早于大教堂。但与圣地亚哥－德孔波斯特拉大教堂不同，这些教堂主要遵循当地的建筑传统。最著名的几座教堂拥有很多明显的相似之处，这些相似的风格不仅被运用在建筑上，而且还被运用到雕塑上。

松坡隘口另一侧的朝圣者会见到的第一座大型宗教建筑为哈卡大教堂（见右图）。该城镇曾经是阿拉贡的首府，后来在收复失地运动中阿拉贡的首府进一步南移到韦斯卡。尽管此处距离法国很近，阿拉贡王却认为有必要通过授予新定居者特权的方式促进该城镇的发展。哈卡的优惠权条例后来被推广到其他城市。

即使在今天，该教堂的具体修建日期仍然没有定论。有证据表明，在阿拉贡王拉米罗一世统治时期，就已经开始兴建该教堂。就在1063年（阿拉贡王拉米罗去世），举行了隆重的献祭仪式，数位主教参加了此仪式。另一方面，我们得知主要的施工工程由拉米罗一世的女儿多娜·桑查（Dona Sancha）下令修建，她死于1094年。对于其中的时间差，有人试图将其解释为，前一个日期是指唱诗堂的东部和耳堂的修建日期，后一个日期指中堂的修建日期，对比原始图纸可以看出，中堂进行了部分改动。但新旧两个部分的建筑雕塑在风格上几乎没有任何差异，让人很难相信各部分是在如此大的时间跨度内完成的。规模较小的哈卡大教堂受到的外国建筑风格的影响比圣地亚哥大教堂要少。因此，这似乎表明，在哈卡勉强保存下来的较早时期的一种建筑风格，可能是由于在开始阶段对建筑方案有点犹豫不决，只是在项目接近尾声时才下决心确定建筑风格。

因此，唱诗堂和耳堂与侧廊墙对齐，这种布局基本上符合早期的莫沙拉比风格传统，并且加泰罗尼亚的早期罗马式建筑仍然采用了这种布局模式。这种风格的其中一个典型特征是平坦的中央圆顶，我们在卡多纳曾经见过类似的结构。同时，这些部分的外部衔接已经体现出与圣地亚哥大教堂相似的特点。相反，中堂拱廊在坚固的扶垛与立柱间交错，扶垛在平面图上凸起（与卡多纳建筑中的扶垛相同），立柱的柱头上刻有精美的纹饰。这种设计在当时的西班牙非常少见。因为对这一段建筑史并不确定，到底是成名不见经传的哈卡教堂借鉴圣地亚哥大教堂中这种类型的拱廊（这两种建筑都有圆形的柱基）还是圣地亚哥大教堂反过来借鉴哈卡大教堂，这是一个值得思考的问题。小建筑从大建筑中吸取灵感，这种情况发生的概率可能要高一些。

左上图：
洛阿雷（韦斯卡省）城堡，十一至十三世纪建造。

下页：
弗罗米斯塔［Frömista，帕伦西亚（Palencia）省］圣马丁教堂 1066（？）之前至 1100 年之后（？）。西南向视图（上图）、中堂与唱诗堂（左下图）及东南向视图（右下图）。

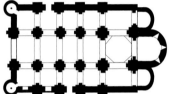

通过比较哈卡大教堂与半个世纪之前修建的卡多纳教堂（见第 184～185 页图），可以很好地说明阿拉贡地区教堂建筑传统的保存情况，还可以更加清楚地体现出其中的创新之处。

首先，两个教堂的扶垛很相似，都在四边并朝向中央中堂，甚至它们都有相同的冗余的突出式半露柱，这种半露柱在墙上露出一截后，在较高的部位消失。哈卡教堂是否也曾有与卡多纳教堂或圣佩雷德罗斯修道院相似的筒形穹顶，至今仍然是一个疑问。但需要记住的是，与那些老式建筑不同，哈卡教堂的扶垛上有额外的非常纤细的突出式立柱。这让建筑形成了一种统一感，而且与圣佩雷德罗斯修道院相比，没有一种"刻意加进去"的感觉。

现在已无法得知十八世纪重建的哈卡大教堂的主后堂是否是主后堂原来的样子。但可以肯定这是整个教堂中装饰最为奢华的一部分。其设计可能与洛阿雷的防御小教堂相似。这座小教堂是城堡的一部分，城堡建在哈卡和韦斯卡之间地势较高且险要的岩石之上，俯瞰着向南延伸的大片平原（见左上图）。建筑群最古老的部分位于一块陡峭的岩石面上，看起来摇摇欲坠，并且有点向西倾斜。十三世纪，城堡增建了十座塔和围墙，从外面将城堡包围起来，保卫着城堡免受来自东南方向的侵袭。

自然地形让西面任何坚固的防御工事都显得多余，但从地势逐渐升高的西面来看，高高的围墙让城堡看起来更加雄伟庄严。小教堂位于城堡的东南角，并且融入了整个建筑群中。小教堂下的楼梯通向一扇深凹进去的大门，通过此门可以进入城堡的主院。正门之上有带画像的雕带遗迹，描绘着最后的审判中的场景。为了减少天然石块与小教堂地面间的高度差，需要建一个小地宫。

宗教建筑在整个城堡建筑群中占了特别大的比例。小教堂主要包括一座半圆形的后堂、一个正方形的圆顶跨间和一座与西墙呈对角线的短中堂。如果你仔细分析，会发现这个单独的建筑其实是带耳堂的多侧廊建筑的精简版。中央跨间的边墙与后堂稍稍重合，其圆顶位于层层凹进的内角拱之上。深深的侧向横拱券让空间进一步扩大。短中堂中有位于假拱之上传统的筒形穹顶，同时形成一种通向侧廊的感觉。因此洛阿雷小教堂可被视为哈卡大教堂的精简版，但是其艺术价值丝毫不逊于哈卡大教堂。两栋建筑上的雕塑甚至有可能是出自同一名艺术家之手。在一个其他地方装饰都很朴素的城堡中，其小教堂中的装饰却精美异常，这种情况很罕见。因此有人会质疑整个建筑群的整体功能是什么。可以肯定的是，在洛阿雷城堡修建时抵御摩尔人的入侵已经不再是一个主要目的。因此，更加具有合理性的推断应为它是阿拉贡王的居住之地，象征收复失地军事行动的成功，同时可承担一些宗教义务。

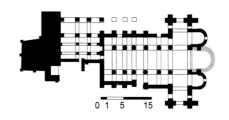

如果从哈卡出发沿着朝圣路线继续南行几天，就会到达弗罗米斯塔的圣马丁教堂（见第193页图）。据说该教堂于1066年之前，由纳瓦拉王桑乔·加尔塞斯三世埃尔·马约尔（El Mayor）的遗孀多娜·马约尔（Dona Mayor）下令修建。但是建筑风格特别是雕塑上的一些风格特征与后来的一些教堂，如哈卡教堂、莱昂教堂和圣地亚哥教堂相似，因此很难让人相信这座教堂建于十一世纪以前。当然其修建年代的问题不会影响对其质量的评价。这座教堂很对称，三个筒形穹顶下有六个跨间。带有三角墙的耳堂与它们相邻且齐平，通向东端的三座后堂。拱廊正视图几乎可被视为圣地亚哥大教堂中拱廊正视图的缩减版：支柱和穹顶的形状完全相似，但规模小很多的弗罗米斯塔教堂没有上层楼廊。但是，认为该教堂仅仅是因为代表朝圣目的地才被称作大教堂就错了，通过与圣佩雷德罗斯修道院比较，便可以知道这一点。我们已经知道该教堂的拱廊设计至少在本质上与圣地亚哥大教堂

非常相似，但有一处却是例外，圣地亚哥人教皇的两根实山式立柱上下重叠，而在弗罗米斯塔教堂中唯一的壁联与横向拱券齐平。外部结构概念形态的组合非常协调：圆形的小塔与西立面相连，交叉甬道被一座八角形的塔围绕，相邻的是一组带有精美浮雕的后堂。

到现在为止，我们所讨论过的朝圣路线上的所有建筑都是由皇室下令修建的，或者至少有国王参加了奠基仪式，我们由此可推断西班牙北部各个王国的统治者们都对修建教堂十分感兴趣。他们不仅希望可以从大批朝圣者身上获得经济利益，而且很明显他们一定还期望通过修建引人注目的教堂使自己青史留名，从而实现精神上的自我满足。莱昂的圣伊西多罗教堂体现得最为明显，它是朝圣者到达圣地亚哥之前所遇到的最后一个重要建筑。

该罗马式教堂（见左图）建于其他几座教堂的遗址之上。其中最后一座教堂建于莱昂和卡斯蒂利亚的首位国王菲尔南多一世（Fernando I）统治时期，他的妻子多娜·桑查是莱昂王阿方索五世之女。修建这座教堂的目的是为了存放菲尔南多一世派人从塞维利亚带回的圣伊西多罗教堂（St. Isidore）中的圣物。挖掘出的部分地基表明这座教堂最初只是一栋普通的建筑，有三条侧廊，但没有耳堂。1063年这座教堂完工后不久，国王就驾崩了。后来多娜·桑查在教堂西边修建了"国王先贤祠"（见第195页图）。国王埋葬地纪念建筑的先贤祠是建筑群中保存至今的最为古老的一部分。先贤祠的平面跨度为3米×3米，东侧有独立式支撑立柱，西侧有成组的支柱。这座教堂吸引参观者眼球的地方不仅在于墙与穹顶之间完美的衔接，还有其雕刻精美的柱头，穹顶和弦月窗上都装饰着湿壁画。

用作皇室和王朝统治者陵墓的先贤祠证明卡斯蒂利亚的统治者们将自己葬在与伟大的西班牙统治者相近的地方，希望借此能够救赎自己的灵魂。另外需要考虑的一个重要因素是他们希望调解朝圣者在去圣地亚哥的路上所发生的争端。据推测可能这就是为什么在先贤祠建成后，又将教堂重新修了一遍，改建成一座全部加穹顶、带侧廊和耳堂的长方形公堂建筑，末端还有三座后堂的原因。1149年，在国王阿方索七世和几位主教，其中包括圣地亚哥主教的见证下，该教堂举行献祭仪式。可以知道负责工程最后阶段施工的建筑师的名字，因为教堂西南角有他的墓志铭，阿方索和他的姐妹桑查将他葬在了这里。

圣伊西多罗教堂的新建筑比更早时期的先贤祠面积更大，因为它将新教堂前的狭窄建筑计算了在内。但已经不能完全确定中央中堂的顶棚是否平坦。但通过中堂中的拱廊设计推测这是有可能的，承重墙的壁联仅支撑着筒形穹顶交替的横向拱券，中间扶垛面与中堂齐平。

因为有这种拱廊，所以尽管各个立柱的顺序不同，圣伊西多罗教堂实际上模仿了我们熟悉的哈卡大教堂。

无论在何种情况下，突出的耳堂和末端独特的半圆形建筑更加相似，它们相隔得也更近，如已发掘出的西洛斯的圣多明戈（Santo Domingo de Silos）修道院教堂遗迹（建成于1088年，现已被摧毁）或古老的布尔戈斯（Burgos）大教堂（于1075年献祭），它们的平面图相似。因此可以推断这种带突出式耳堂却没有回廊的建筑是圣地亚哥大教堂的简化版。圣伊西多罗教堂正门上的雕塑与圣地亚哥大教堂正门上的雕塑非常相似，这进一步体现了圣地亚哥与莱昂两地在建筑风格上的紧密联系。

十二世纪中期的地区风格

前面章节中对建筑的分析显示出到圣地亚哥朝圣沿途的教堂和小教堂在各个方面都相互联系。这些建筑拥有惊人的相似之处，但它们

与西班牙的其他罗马式建筑有区别。但需要谨记的是朝圣路线上的罗马式建筑风格属于西班牙罗马式建筑风格的第二阶段。起先有加泰罗尼亚地区的建筑群，后来主要是更南地区的教堂。

后者因为体现出当地的建筑传统而显得与众不同，因此与朝圣路线上的"国际化风格"相差渐远。其中特别突出的例子便是萨阿贡典型的砖砌教堂，在西班牙被称为"萨阿贡风格"。原型可能是萨阿贡的圣蒂尔索（San Tirso）修道院（见第197页图）。该修道院距莱昂约64.3千米，是朝圣途中重要的一站。十一世纪在克吕尼的影响下进行了改革，不仅任命了托莱多教区的主教还任命了莱昂和卡斯蒂利亚其他教区的主教。

萨阿贡还是罗马主教法昆都斯（Facundus）和普里米蒂乌斯（Primitivus）的殉道之处。教堂最初叫作"德圣法昆多"（De Sancto Facundo）教堂，后来被改成"圣法贡"（Santfagund）教堂，最后才被改成了"萨阿贡"教堂。后来修道院周围发展起来的村庄也叫这个名字。十二世纪该修道院进行了重建，但如今仅剩些断瓦残砾。相反，萨阿贡的圣蒂尔索教堂则保存相当完好，但仍需要进行大规模的恢复重建。但不能确定是否该教堂即为某文件中提到的建于1123年的教堂，不过圣蒂尔索教堂的修建日期不大可能迟于1123年。它从主后堂开始施工，教堂的下面部分有修琢石。

教堂从距地面约3米高的部分才开始使用砖块，但从那个时期起该部分几乎全部使用修琢石。这种做法可能来源于"莫沙瑞菲"（Mozarifes）建筑技术，当地的建筑工人在伊比利亚半岛上建造摩尔建筑，曾在很长的一段时间内用砖修建古典建筑。

从教堂的外观可以很明显地看出最初也是希望修建一座与朝圣路线上其他教堂的后堂相似的后堂。换言之，用伸出的支柱衔接各个部分。但在修建上层砖砌结构时计划出现了变动，结果出现了一种用一排排重叠的半圆形拱券紧密衔接的样式。气势宏伟的塔也具有非常相似的特征，1949年原塔倒塌，但重建的新塔完全符合原设计。其位置相当独特：因为没有耳堂，所以该教堂就没有位于交叉甬道之上。相反，地基为金字塔形的四层塔建在狭窄的筒形穹顶后堂跨间之上。因此其平面图为长方形，而且因为这个原因，从教堂的唱诗堂端看，塔几乎就像一个正立面。

萨阿贡的圣洛伦佐教堂（见第196页图）看起来与其非常相似，而且全部用砖建成。与圣蒂尔索教堂相同，该教堂有一座中堂和宽阔的侧廊，狭窄的跨间前有三座后堂。后堂中的拱券为马蹄形，圆室中的拱券带有尖顶。这两种建筑元素都明显借鉴了摩尔式建筑，摩尔式建筑在后来对西班牙的罗马式建筑影响逐渐增大。

　　葡萄牙的罗马式建筑也可被视为"地区性发展"建筑。葡萄牙北部的杜罗（Douro）河沿岸地区，在被摩尔人占领后不久又重新被基督教统治，而实际的收复失地运动在卡斯蒂利亚和莱昂国王费迪南德一世统治时期才开始兴起。阿方索六世将葡萄牙赐给他的女婿勃艮第的亨利（Henry of Burgundy）作为他的封地，亨利的儿子阿方索·恩里克（Alfonso Henrique）继续进行收复失地运动。1139年恩里克在欧里基（Ourique）附近大败摩尔人后，他加冕成为葡萄牙国王，几年后卡斯蒂利亚和莱昂国王阿方索七世承认了他的地位。在收复失地运动中的另外几次胜仗后，1297年通过签订条约划定了现代葡萄牙与卡斯蒂利亚的边界线。

　　十二世纪，葡萄牙仅是伊比利亚半岛上诸多小国中的一个，因为与勃艮第王室的关系，葡萄牙的文化发展部分地借鉴了法国的文化发展，同时与卡斯蒂利亚和莱昂保持着紧密的联系，尤其是其北部邻省加利西亚。

　　这在宗教建筑中体现得相当明显。在葡萄牙的可因布拉（Coimbra）、埃沃拉（Evora）和里斯本（Lisbon）的大型罗马式建筑

大致遵循了相同的基本设计图，都是由圣地亚哥大教堂的设计图略微修改而成的。

　　西侧区块通常被设计成带两个塔楼的西立面，邻近侧廊上带楼廊的侧廊中堂和穹顶为筒形的中央中堂。更靠东是一座带中央塔无侧廊的耳堂，三座后堂呈阶梯状排列。布拉加（Braga）和波尔图（Porto）大教堂也保存至今，但它们屡经重建或改建，现已面目全非。

　　在经历了相当长的一段施工期后，前葡萄牙首府可因布拉的"塞维哈"（Sé Velha）老教堂最终在1180年完工（见第198页图和199页平面图）。尽管人们很自然地认为该教堂始建于1140年，即第一任葡萄牙国王加冕之后不久，但还没有证据能够证明这一观点。从外面看，紧凑的布局和中堂墙顶上的环状雉堞让该教堂带有防御特点。同时，唱诗堂区域沿墙大量装饰着附属的半圆形壁联还有大量刻着人物形象的支柱，与朝圣沿线建筑中常见的支柱类似。这可能与法国奥弗涅（Auvergne）地区的建筑，如伊苏瓦尔教堂有联系：耳堂的高墙向东延伸至中央塔之下，并在此处通过楼廊与中央塔交叉，这是奥弗涅地区建筑的典型风格。可因布拉教堂正立面的中央有一条宏伟壮观的两

197

层入口门廊，地面上的主要入口向内深凹，上面有一扇设计相似的窗户。其内部装饰清晰地显示出可因布拉大教堂与朝圣沿线教堂之间的紧密联系：看起来就像是圣地亚哥大教堂的缩小版复制品。

里斯本大教堂的构造和设计也非常相似（见第199页图）。早在1147年，即从摩尔人手中夺回该城市的那一年就开始修建该教堂，建造在原来清真寺的位置。但直到十三世纪该大教堂才竣工。据说负责建造的建筑师为罗伯特乌斯（Robertus）和伯纳德斯（Bernardus）。前者可能就是建造可因布拉大教堂的那位罗伯特乌斯。只有中堂和耳堂为原建，具有防御教堂的特点，符合早期的葡萄牙罗马式建筑风格的传统。宏伟壮观的双塔正立面直到十四世纪才完工。可以想象出，这座教堂原本打算在正立面中央建一座突出式的双层圆柱式门廊。但通过增建侧塔，很快将其融进了正立面的主轮廓中。里斯本大教堂中那条巨大的楼廊由两条拱廊分开。与侧廊相比，它要低矮得多，因为有细细的立柱，看起来就像是被格栅隔开一样。与可因布拉大教堂一样，这座教堂也与法国的伊苏瓦尔教堂相似，因为伊苏瓦尔教堂运用此主题的方式也相似。

相反，其扶垛则相当特别：扶垛呈阶梯状，各个扶垛较窄的一侧均有三根圆形的支柱，它们最后与多处凹陷样式丰富的拱廊内弧面融合。

只有这些扶垛上的雕塑量可与后罗马时期的一些德国教堂相比，但据此就认为它们之间有直接联系仍显得比较牵强。相比之下，认为它与我们后面将讨论到的西班牙萨莫拉（Zamora）大教堂的联系更为紧密是更为合理的，但萨莫拉大教堂的扶垛和内弧面要朴素得多。

在1340年的一次地震中，罗马式的唱诗堂倒塌。后来被一座具有鼎盛时期哥特式风格的新唱诗堂取代。但1755年的另一场地震将新的唱诗堂也震塌，因此所有遗迹都变成了一片废墟。当时的人们对部分受损的正立面进行了重建。

葡萄牙最"年轻"的罗马式教堂是埃沃拉大教堂：埃沃拉大教堂始建于1186年，于1204年举行献祭仪式，尽管那时教堂未全部完工。埃沃拉大教堂设计与可因布拉大教堂相似，但其中堂更加狭长，有七个跨间，而里斯本大教堂的中堂只有六个，科因布拉大教堂的中堂只有五个。埃沃拉大教堂的结构比例和设计细节，如玫瑰花窗，已经预示着哥特式风格的到来。因此，非常引人注目的是，年轻的葡萄牙王国将其传统的建筑风格一直保留到十三世纪。

同时在西班牙，莱昂王国的南部也开始出现地方主义的倾向，即这些地区的建筑风格回归到了不久前的摩尔风格。

里斯本（葡萄牙）大教堂
始建于1147年,西立面视图。

　　十二世纪中叶在这些地方修建了萨莫拉大教堂、萨拉曼卡（Salamanca）大教堂和托罗（Toro）的神学院教堂。这三座教堂有很多共同之处，萨莫拉大教堂和托罗教堂之间的相似之处尤其让人感到惊讶（见第201页两座教堂的平面图）。萨莫拉教堂和托罗教堂都有相对较短的中堂和两条宽阔的侧廊。东面耳堂的位置比直线排列的侧廊稍稍突出，且位于三条狭长的耳堂之前。只有托罗大教堂中的这一特征仍然保持着原样。

　　萨莫拉大教堂（见第200页图和第201页平面图）是三座教堂中最古老的一座。1151年它由埃斯特万主教（Bishop Esteban）下令修建，于1174年举行献祭仪式。在十二世纪中叶左右，开始出现了建筑解放

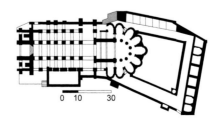

里斯本大教堂平面图。

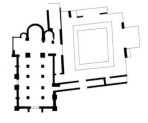

可因布拉大教堂平面图。

运动，试图打破莱昂王国的建筑传统。中堂扶垛的结构更加复杂，与较早时期的建筑相比，雕塑效果更加明显。

侧廊方向视图明显体现出其创新性，突出体现了它与传统教堂的不同之处。在原则上保留了扶垛长方形或者正方形的墩芯，这在莱昂的圣伊西多罗教堂、弗罗米斯塔和圣地亚哥的教堂中均有体现。与上面提及的建筑相同，这种墩芯在中堂墙，侧廊穹顶的弧棱上同样得以保留，共同形成一个相同的空间单元。

该教堂中还加入了雕塑元素，各扶垛前的高柱基上立有马蹄形断面的立柱。中央立柱比两侧立柱更加厚实。它们一起支撑着横向拱券和拱廊，几乎完全遮住了扶垛的墩芯。在中堂，中央壁联支撑着宽阔的隔开各个跨间的横向拱券，两侧的壁联与穹棱拱顶的肋条相连。因此整个空间同时由一个平坦的外壳和隐藏的三维框架相连。与较早时期的建筑中的筒形穹顶不同，此处的肋条穹顶表明顶棚也融进了整体空间衔接之中。

当然，这种创新方式并没有马上被接受，托罗的神学院教堂可以体现出这一点（见第201页平面图和第202、203页图）。始建于1160年的托罗教堂在整体布局上与萨莫拉大教堂非常相似，但该教堂没有采用更加现代化的穹棱拱顶，其中央中堂的顶棚仍然为传统的筒形穹

顶。但有趣的是，与萨莫拉大教堂相反，托罗大教堂的侧廊中采用了穹棱拱顶，两个西侧跨间也有分成八个部分的肋条穹顶。

属于同一风格的第三座教堂是萨拉曼卡大教堂（见第201页平面图和第204、205页图）。十六世纪早期，在原来的大教堂旁边修建了一座规模宏大的新建筑，为了修建这座新建筑拆掉了原教堂的北墙，但其他部分未受任何损坏。所以从此以后萨拉曼卡的两座教堂开始被区分开，新教堂被称为"Catedral Nueva"（新大教堂），旧的罗马式教堂被称为"Catedral Vieja"（老大教堂）。老大教堂的始建时间现已不详。1152年国王阿方索七世的文件中首次提到这栋建筑，其中涉及与建筑工人报酬相关的问题。但老大教堂有可能早于该日期开始修建，虽然因为风格原因，工程的主体部分拖到十二世纪后半叶才开始修建，并且直到十三世纪才完工。

粗略地看这三座教堂的平面图可以发现，萨莫拉和托罗大教堂与萨拉曼卡大教堂之间的相似之处甚少，因为萨拉曼卡大教堂的中堂要长很多，它的跨间也比其他两座教堂多。它的耳堂也相对而言更加引人注目，这个特点让人回忆起前面提及的更早时期的教堂，如圣地亚哥大教堂、布尔戈斯教堂和西洛斯教堂。另一个重要因素可能是萨拉曼卡大教堂建于萨莫拉和托罗大教堂之前，因此其设计更加传统。

另一方面，它们的内部结构具有很多相似之处。萨拉曼卡大教堂不仅全部采用了穹棱拱顶，而且与萨莫拉大教堂相同，其中堂中带尖顶的横向拱券雄伟壮观，令人称奇。

另外萨拉曼卡大教堂内部因为有额外的壁联，形成了一种非常明显的雕塑特点。扶垛的直径也增加了：坚固的十字形的扶垛群建于圆形柱基之上（与圣地亚哥大教堂相似）并且伸入到中堂，看起来几乎要把中堂阻隔一般。

阿维拉（Avila）的圣比森特教堂（San Vicente，见第206页图）更能体现新旧建筑风格之间的过渡。由勃艮第的雷蒙德伯爵（Count Raimund of Burgundy）与其妻子乌卡拉（Urraca）下令修建的圣比森特长方形公堂于1109年前动工，它建在殉道者姐妹之墓的上方。其平面图与萨拉曼卡老教堂几乎完全相同，都有狭长的中堂与侧廊，以及突出的耳堂，东端有阶梯状的三座后堂。这种布局显示出阿维拉最初想遵循朝圣路线沿路那些规模宏大的宗教建筑的传统。但是1109年后，施工项目经历了长期停工。十二世纪中期之后重新开始建造时，风格出现了变化，这可以从中堂清楚地看出。扶垛比早期建筑中的扶垛更大，而且位于巨大的圆形柱基之上。十字形柱基的扶垛上有半立柱。现已不清楚修建扶垛时，教堂的顶棚打算设计为何种样式，最终建成的顶棚为样式非常复杂的肋条穹顶，与中堂墙壁上垂直的建筑构件形成照应。中央的半立柱支撑着横向拱券，两边平坦的壁联支撑着对角线形的肋条。两者间的柱头让长方形扶垛实现了到呈对角线配置的肋条之间的巧妙过渡。

后罗马时期或者哥特式早期的法国建筑，如勃艮第的蓬提尼西多会教堂（Cistercian church of Pontigny）也使用了这种技巧。

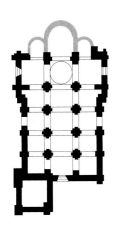

萨莫拉大教堂平面图。

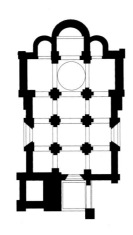

托罗神学院教堂平面图。

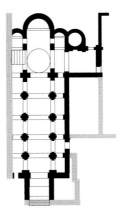

萨拉曼卡大教堂平面图。

201

托罗（萨莫拉省）圣玛利亚神学院大教堂，始建于 1160 年。
中央塔内部视图（上图）及北侧入口视图（下图）。

下页：
托罗（萨莫拉省）圣玛利亚神学院大
教堂，始建于 1160 年，南向视图。

在对这些建筑的内部进行分析以后，我们没有理由忽略萨莫拉、托罗和萨拉曼卡教堂在外观上最一致的地方：它们的交叉甬道都被一座特殊的圆形或者圆顶塔包围，这座塔被称作"采光塔"（Cimborio），现已很难解释其来源。萨莫拉教堂中的这种塔可能是其中最古老的一座：它位于从交叉甬道引出的三角穹隅之上，与圆顶下面的圆形柱基成直角。高柱基上的立柱也位于此圆形柱基之上，支撑着圆顶中央相互交叉的十六根肋条。肋条间的穹顶格像灌满风的风帆一样向后鼓起。立柱下方的圆环间点缀着深凹进去的窗户，其窗框的样式繁复。从外面看，中央塔看起来更加连贯，因为与圆顶内部不同，环状布置的各个窗户样式不统一。相反，对角轴线上有附加的角楼，纵轴和横轴上有其他一些建筑特征，其顶上都有一排排带圆顶或者三角楣的袖珍拱廊。所有这些特征都让中央塔的外部看起来像是袖珍型建筑，如某些人头上的华盖或者金匠制作的某件艺术品的放大版。

而且这种奢华的外部衔接不仅仅用作装饰，还有很多结构上的功能，因为小型的角楼正好位于内部穹隅之上。因此，它们可以吸收中央塔的侧向推力，同时中和圆顶的对角推力。

在托罗和萨拉曼卡教堂中，这种类型的中央塔被进行了修改，额外增加了一层，这样在这些教堂的圆顶下就有两排窗户。托罗神学院教堂的设计师将萨莫拉教堂中这种复杂的衔接方式进行简化。他在模型中省略了纵轴和横轴上带三角楣的壁龛和对角线上两侧角楼顶上的装饰物。另外，这些角楼因为采用了不同的装饰风格而使中央的圆形塔显得截然不同，各层的装饰风格都不相同，因此中央塔的墙壁比萨莫拉教堂中央塔的墙壁更加引人注目。另一方面，萨拉曼卡的建筑师更忠实于原型，特别关注主轴上的窗户的凹进（这一点在托罗大教堂中被省略）与极其奢华细腻的装饰。因此它们成为影响萨拉曼卡大教堂中央塔四个主要侧面的实际正立面的形态的几个主要因素，并因为顶上的风向标而被称作"雄鸡塔"（Torre del Gallo）。很明显，圆形的角楼在高度和雕塑装饰上与这些正立面协调一致。在塔的内部，我们会注意到其中的装饰从下到上渐次丰富。在此处我们会发现与萨莫拉教堂相似的一种特点，即多层墙接合。但是萨莫拉教堂中相对朴素的立柱内环在这里变成了大量巨大的壁联，其轮廓为四分之三圆形，将上下两层紧紧固定在一起。

相反，托罗教堂则更加保守，没有使用任何额外的建筑构件将两个拱廊圈连接起来。

它们的圆顶与萨莫拉和萨拉曼卡教堂中的圆顶不同，有铸模肋条和波浪状起伏的穹顶方格。托罗教堂的圆顶为一个简单的半球，带有不具备实用结构功能的细肋条。

这三座非常引人注目的中央塔是西班牙罗马式建筑中的特例，因此被认为是地方性发展成果。此后，仅在葡萄牙城镇埃沃拉修建过一座这种类型的塔，但略有改动。学者们试图在整个地中海地区寻找这种塔的原型，并提出拜占庭、安曼（Amman）或巴勒莫（Palermo）城中可能有其原型存在，因此将这种塔归为地方主义似乎是矛盾的。另一方面，这些塔毫无疑问地与法国普瓦图（Poitou）地区的建筑风格相似，当地有类似的雕塑衔接样式，如普瓦捷（Poitiers）的格朗德圣母院（Notre-Dame-la-Grande，见第269页图）。一些历史事实可以进一步证明这种联系的可能：卡斯蒂利亚与莱昂国王阿方索六世（1072—

1109年）娶了勃艮第伯爵之女——康斯坦丝（Constance）。他的另外两个女儿特雷莎（Teresa）与乌卡拉（Urraca）也嫁给了伯爵，乌卡拉在其父亲去世后曾暂时执政。1170年，大概在修建萨莫拉、托罗和萨拉曼卡中央塔的时期内，阿基坦（Aquitaine）的埃莉诺（Eleonor）嫁给了阿方索八世（1158—1214年）。虽然还有一种可能是大批法国艺术家涌入西班牙，但这种可能的可信度不够高。西班牙罗马式建筑中异常丰富的建筑形式早已成为传统。在更早时期的建筑中就发现了与上述提及的中央塔相似的建筑元素，其中最明显的就是圣地亚哥大教堂正立面中南面耳堂的上层。

特别有趣的是这里为"多面体"拱券，这种拱券的支撑不连贯而且依次形成小的拱券，这三座中央塔的里面或外面都可以看到这种结构。

圣地亚哥也体现了墙壁接合的趋势，即一种非常细致的装饰特点。特别是在萨莫拉，我们意识到中央塔不是其独特的特点，而是受到大教堂其他部分的影响。很明显，无论如何也不能把这座塔与教堂的其他部分割裂开来。南面耳堂正立面（见第201页图）已经明显体现出大量使用各种装饰元素的趋势，其中包括"主教之门"（Puerta del Obispo）和大量内凹墙壁中的浮雕。正门上的拱门饰包含带孔的拱石，与摩尔式建筑相同。正门两侧带凹槽的立柱与一些细节部分，如内置玫瑰花形装饰可让人回想起古代建筑和摩尔式风格中的一些特点。

在索里亚（Soria）圣多明各教堂（见第207页图）正立面中这种风格的装饰受了到更为严格的控制，省略了所有明显的摩尔元素。这里没有装饰细节，但教堂的西墙有两排拱廊，带有装饰性的特点，中间有一个大的内凹式入口将拱廊截断，这个入口处布置了大量的立

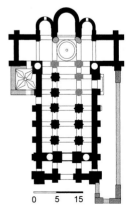

阿维拉圣比森特教堂平面图及
中堂内部视图。

柱。萨莫拉和托罗教堂中的其他门的布置类似。这种类型的门比最外面的墙略微向外突出一点，拱券附近的拱肩处有两个圣人像，成为早期门的现代版，这种类型的门在朝圣沿线的教堂中也有，如莱昂的圣伊西多罗教堂。

另外，寻找法国建筑中影响了这种设计的具体实例可能毫无意义，因为那样做可能就忽略了西班牙地方传统的重要性。

然而，忽视法国建筑风格对这些建筑的影响是不明智的。我们必须注意的是，这些建筑简洁、明快的衔接方式（而非其内部装饰）似乎受到法国现代建筑很深的影响。首先值得一提的是由扶垛合理布局的肋条穹顶，当然还有随处可见的尖顶拱券。这种用于空间构造的大部分元素在其代表性设计中都相当简单，并不比凹进式设计复杂多少。在法国建筑中，这种简朴的建筑形式在西多会建筑中更为常见。莱昂王国的第一座西多会修道院于1131年在国王阿方索六世和妻子桑查的授意下建于莫雷鲁埃拉（Moreruela）。西多会是一个组织非常严密的宗教团体，十二世纪和十三世纪初遍布于欧洲的大部分地区，其会员须遵守非常严格的教规。但这并不意味着仅仅是因为西多会才再次出现了法国建筑风格与西班牙建筑风格的融合，1100年后通过到圣地亚哥朝圣首次出现了这种融合。西多会及其特殊的建筑风格是解释那个时期法国文化深入西班牙各个地方的诸多原因中的一个（尽管也相当重要），这种观点更为合理。体现这种风格转移的例子在西班牙随处可见。

国际化与地方传统

虽然具体的过程远比下面这个简单的说法复杂，但西班牙建筑吸收法国元素的过程大致可分为三个主要的阶段。在开始阶段，朝圣路线上的国际文化氛围使现代的法国建筑元素在西班牙生根。这种发展即使不是克吕尼修道院规划的，至少也是得到了他们的支持。首先，克吕尼教会不仅信奉到圣地亚哥朝圣，并且通过覆盖整个伊比利亚半岛的修道院网络将西班牙与葡萄牙联系起来。

可能西多会是将法国与西班牙联系起来的第二大重要因素，这在建筑历史上体现得十分明显。在十二世纪，因为他们关注对死者灵魂的救赎而逐渐得到大众的信赖。因此各个王国的统治者都鼓励西多会兴建修道院，并将这些修道院作为自己身后遗体的最后安息之处。正如上面提及的一样，西多会拥有非常严格的教规，各个修道院的院

长每年在西都（Citeaux）聚集召开宗教大会，会上将重申教规。当然西多会修道院在整个欧洲的兴盛意味着位于法国的教会中心与其辐射范围甚广的附属区域间存在着持续的积极的思想交流。

除了宗教教会外，其他一些团体也致力于促进伊比利亚半岛上国际文化的发展。其中包括源于法国文化的骑士团，他们是十字军东征时期一个典型的社会现象。需要谨记的是在西班牙，骑士的首要职责不是收复位于中东的圣地，而是重新建立基督教在伊比利亚半岛上的统治地位。虽然单独的各位成员可能具有很强的国家意识，但那些有影响力的骑士团的成员总体上属于一个庞大的国际贵族阶层。

最后，我们需要记住的是自十二世纪末起，因为纯粹的美学原因现代法国的早期哥特式建筑风格开始被视为一种典范。因此，所有想下令修建或修建一座雄伟的教堂的人都无法忽视这种新的法国建筑模型。应该承认的是在十三世纪前，西班牙没有真正的哥特式建筑模型。十二世纪末，特别是西班牙东部地区的"后罗马式"风格逐渐受到哥特式建筑风格的影响。

至此，我们已确定了伊比利亚半岛逐渐接受法国建筑风格影响的几大原因。

这些因素在其他欧洲国家的相关程度也不一样，因此十二世纪末各个欧洲国家的罗马式建筑风格迥异。但即使是在西班牙，那段时期内的建筑也不仅仅是受到法国建筑风格影响的结果。萨莫拉大教堂可以体现这一点：我们的分析已经证明这座教堂的特殊风格是受到很多不同因素（通常是指某些具有地方性色彩的建筑特色）影响的结果。

圣地亚哥大教堂本身可作为研究朝圣路线上非西班牙建筑元素影响的范例。1125 年左右，因为城中发生了严重的动乱和主教与国王之间的矛盾加剧，大教堂的建造工作一度停滞。似乎在佩德罗·古德斯泰主教（Bishop Pedro Gudesteiz，1167—1173 年）统治时期首次出现了重新修建西面中堂跨间和正立面的机会。1168 年建筑工人签署了施工合同，具体的施工可能开始得更早。当时需要首先修建像地宫一般的前厅，它从最西端的中堂跨间一直延伸到正立面。因为主教堂地面与向西成斜坡的地形高度不一致，因此必须实施这一工程。

在圣地亚哥下教堂，肋架拱顶这种新式的法国建筑技巧被首次用于实践。一些建筑元素，如柱头边的檐口，与勃艮第的早期哥特式建筑相似。首先想起的是某条重要朝圣路线的起始点——维泽莱（Vézelay）的修道院教堂的唱诗堂。维泽莱教堂的风格进一步体现在圣地亚哥教堂的入口门廊之上，它被称为"荣耀之门"（"Portico de la Gloria"，见第298页图）。一些资料显示该门廊的建造负责人为马特奥（Mateo）。自 1161 年起，他一直在加利西亚从事桥梁建设工作，似乎在 1217 年他仍然活着。马特奥在下教堂之上修建了一座两层的入口门廊，两塔之间增加了前厅。前厅的底层保留至今，但其外部正立面在十七和十八世纪变化较大。上面的铭文告诉参观者这些门在 1188 年就已经建好。该正门主要是因为上面的雕塑而闻名，它是十二世纪最重要的雕塑作品之一。从建筑角度来看，此门完美地体现了十二世纪中叶法国壁联——肋架系统的发展。

扶垛边有很多支柱，但其墩芯已无法区别。但是如果将荣耀之门归为早期哥特式建筑则是错误的，因为马特奥明显曾努力让此门廊与更早时期修建的大教堂的其他部分融合。历史的建筑样式在一定程度上经过修改，但并未从根本上改变。

西班牙骑士团与圣地亚哥的朝圣有着紧密的联系。首先，基督教驱逐摩尔人的运动是在圣徒詹姆士的领导下进行的。在多次胜利之后，他被尊为收复失地运动的个人领袖。1113年耶路撒冷圣约翰医院骑士团（The Order of the Hospital of St. John of Jerusalem）在西班牙成立分支机构，1118年圣殿骑士团到达西班牙。尽管这两个骑士团具有国际地位，但他们受到法国和法国文化很深的影响。在西班牙还有其他一些骑士团，如卡拉特拉瓦（Calatrava）骑士团和阿尔坎塔拉（Alcantara）骑士团，后来在葡萄牙继圣殿骑士团之后还有圣地亚哥骑士团和耶稣骑士团。这些老的骑士团的一个共同特点是他们不仅在建筑上融入了法国和地方的建筑元素，还尝试模仿圣地中的圣迹，从而形成了真正的国际化风格。十二世纪和十三世纪初在伊比利亚半岛上出现了很多由骑士团修建的具有鲜明风格特点的建筑并不是一个巧合，因为正是在这一时期，岛上具有很明显的国际化氛围。

这些教堂中最大的一座位于葡萄牙的托马尔圣殿教堂（见第208页图和第211页平面图）。1159年，国王阿方索一世恩里克斯（Henriques）曾将一座城堡赐给圣殿骑士团，对他们在收复失地运动中所做出的贡献进行祝贺。该城堡处于非常不利的战略位置上，因此很快被迁到现在这个地方。但这个新的防御工事留存至今的仅是一些废墟和教堂。如今它位于耶稣骑士团某城堡的中央，其主体部分建于十五至十七世纪之间。自1318年起，耶稣骑士团取代圣殿骑士团占领了葡萄牙，早在1312年圣殿骑士团实质上已解体。

罗马式教堂被称为"圣殿骑士礼拜堂"（Charola），建于十二世纪后半叶。它包含一座带十六条边的中心辐射型建筑，中心有一座独立的八边形小教堂。其外部防御式的风格与内部优雅的装饰形成鲜明对比，常常让参观者感到疑惑。中央小教堂不像教堂外部一样有厚实的墙壁，但有细长的拱廊，底层有样式丰富的扶垛，上面有陡峭的、带窗户的顶层。两层间通过内外壁联在采光上形成联系，穹顶上的肋架在壁联之上。它们在建筑的中央交汇形成小圆顶，小教堂外面的肋架与围墙相连。因为后者有十六条边而中央小教堂只有八条边，所以呈坚固的石带状的穹顶肋架从外墙的各角引伸至内墙。两条肋条中只有一条与壁联相连，另外一条与中央小教堂上层窄窗户上的支柱相连。

尽管十六世纪早期，"圣殿骑士礼拜堂"的内部使用了多层灰泥，但仍可看见其最初的结构。

教堂中出现这种特殊的布局形式，即中心辐射型建筑的中间带一座有回廊围绕着的小教堂，目的是复制耶路撒冷的圣墓教堂（Holy Sepulcher）。中世纪的复制品与如今的复制品意义不同：其目的并不是对原型的完全重现，而是让参观者联想起原型的某些基本建筑样式。托马尔的中心辐射型教堂完全属于这种形式的复制品。该教堂由圣殿骑士团修建，该骑士团建于耶路撒冷，旨在保护圣地和朝圣。因此他们试图在葡萄牙基地中复制耶路撒冷的教堂就显得很自然了。另外，十二世纪后半叶修建托马尔教堂的时间几乎与耶路撒冷落入阿拉伯人之手的时间——1187年，以及和十字军在试图收复圣城的第三次和第四次东征中几次失败的时间大致重合。因此可以推测修建"圣殿骑士礼拜堂"旨在让参观者回想起圣城中丢失的圣迹。就在同一时期出现了越来越多的圣墓教堂的复制品，这可以进一步证实这种推测。

塞戈维亚附近的维拉克路兹（"Vera-Cruz"）教堂或者圣十字教堂（见第210页图和第211页平面图）在建造日期和设计上都与托马尔的"圣殿骑士礼拜堂"有着紧密的联系。于1208年举行献祭仪式的维拉克路兹教堂最有可能由圣墓骑士团修建。就像在托马尔一样，中央小教堂由带筒形穹顶的圆形回廊环绕。但教堂的两个部分呈十二角形，因此内墙和外墙之间没有差异。另外，维拉克路兹教堂东端有带三座后堂的圣坛，西面有深凹的入口。这座教堂既可被看成是中心辐射型也可被看成是线性布局形式。教堂中央的小教堂不如托马尔教堂中的小教堂装饰精美，但其设计更为复杂。小教堂建在一座低矮的地宫状的建筑之上，可通过西侧的两条楼梯到达该小教堂。小教堂的外墙壁较厚实，因此其唯一的采光点就是高高在上的窗户，在此处小教堂从主教堂的屋顶上高耸而立。小教堂顶上有小圆顶，由两对在中央不交叉的平行肋条支撑。

另外一座在朝圣路线上，位于纳瓦拉（Navarre）托雷斯德里欧（Torres del Rio）的中心辐射型教堂（见第211页图）也有相似的穹顶系统。尽管这座教堂肯定与圣墓教堂相关，却不能肯定它是否属于圣殿骑士团。与托马尔和塞戈维亚教堂不同的是，这座布局呈八边形的教堂没有中央小教堂。与以前的建筑相比，此教堂因其相对奢华的外部，又尤其因其内部装饰而闻名，其穹顶显得异常雄伟壮观。

与塞戈维亚教堂中两对平行的肋条不同，托雷斯德里欧教堂有四对支撑圆顶的肋条，圆顶中央的顶上有灯笼式天窗。穹顶中央雕塑由很多额外的肋条衔接，这些肋条由教堂角落中的壁联处起拱。外部建筑上层的巨大窗户在内部建筑上缩减成一道小缝，仅有少量光线透过此窗户照进来，这些狭缝窗户位于交叉肋条的柱基上。

托雷斯德里欧教堂充分体现了十二世纪的西班牙建筑的兼收并蓄和国际化风格。托雷斯德里欧教堂的平面图为中心辐射状，属于圣墓教堂式风格，因此可以被视为反抗阿拉伯人的十字军东征的一种形式。但是，建造者将用于朝圣沿途教堂外部的传统装饰风格与科尔多瓦清真寺第二壁龛的圆顶模型运用自如地结合了起来。索利亚附近安达卢西亚的圣米格尔教堂可能是这种发展过程中过渡时期的代表作，因为其圆顶与托雷斯德里欧教堂的圆顶相似，但建造日期略早。附近的乌纳德也有以托雷斯德里欧教堂为原型建造的建筑（见左下图），比利牛斯山法国一侧的圣布莱兹医院（Hospital of Saint-Blaise）同样以托雷斯德里欧教堂为原型，它们都位于朝圣路线上。

所有这些中心辐射型建筑都代表了十二世纪后半叶西班牙建筑发展的一个特殊趋势，其重要性不及由西多会建造的建筑。十二世纪最后三十余年，整个伊比利亚半岛上出现了很多建筑风格新颖的建筑。在这段时期内，位于莫雷鲁埃拉的最古老的西班牙女修道院修建了教堂（见第213页图）。现在已经不能确定这是否就是1168年的记载中所提到的建筑，因为为容纳唱诗和尚而最先修建教堂东侧部位通常是西多会的做法。这个部分也比教堂的西侧部分先举行献祭仪式。但莫雷鲁埃拉教堂不会晚于1168年很久才修建。可能它与另一座受勃艮第文化影响的教堂——圣地亚哥的荣耀之门同时兴建。

现在莫雷鲁埃拉教堂仅剩一些如绘画般漂亮的废墟。但是我们可以通过这些废墟看到这座教堂曾经的模样：布局为十字形，有一座中堂和带九座跨间的两条侧廊，耳堂的另一面有一条回廊，几座小教堂呈辐射状分布于回廊两侧。在此之前西班牙建筑中很少出现这种布局模式，它直接参照了法国的克莱韦尔圣母女修道院。莫雷鲁埃拉教堂中那条带放射状小教堂的回廊修建起来明显有些困难，因为七座小教堂中最外面的一座距离耳堂非常近，几乎将西多会教堂中其他小教堂的空间全部占完。尽管存在这样的空间问题，但还是加了两座耳堂小教堂，但为了不与圣坛区的小教堂发生冲突，这两座小教堂特别小。

托雷斯德里欧（纳瓦拉省）圣墓教堂，
十二世纪末（或十三世纪初）建造，
圆形建筑的外部和内部视图。

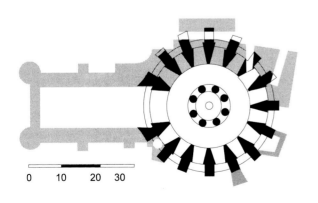

托马尔圣殿教堂平面图。

塞戈维亚维拉克路兹平面图。

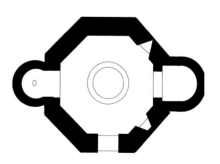

托雷斯德里欧圣墓教堂平面图。

圣克雷乌斯（Santes Creus）西多会女修道院教堂，
塔拉戈纳（Tarragona）省，1174—1211 年建造。

下一页：
莫雷鲁埃拉（Moreruela，萨莫拉省）
西多会教堂废墟，1168 年之后建造。
圣坛内部视图（上图）和东南方向的圣坛和中堂视图（下图）。

莫雷鲁埃拉教堂中所采用的建筑样式很快被再一次用于加泰罗尼亚的波夫莱特（Pöblet）西多会修道院［1153年由巴塞罗那伯爵拉蒙·贝伦格尔（Ramon Berenguer）四世修建］。两座建筑有两大主要的区别：莫雷鲁埃拉教堂的中堂跨间更加紧凑，因此该教堂有九座跨间，而波夫莱特教堂只有七座。另外，波夫莱特教堂的回廊上只有五座放射状的小教堂，因此留有足够的空间让耳堂的五座小教堂大小相同。

圣克雷乌斯西多会女修道院教堂（见左图）看起来有些不同，它同样位于加泰罗尼亚且建于1150年。与波夫莱特教堂相同，该教堂的修建得益于巴塞罗那伯爵以及阿拉贡王的支持。两座修道院都包括大量伯爵和国王陵墓，并于十三世纪末十四世纪初进行了扩建，扩建后的修道院包括居民区。

一开始女修道院的选址似乎不太合理，因此经历两次搬迁，如今这座教堂的施工工作始于1174年，最后在1211年献祭。其中堂为狭长形，两条侧廊包含六个跨间。紧邻的是一座不带侧廊的非常狭窄的耳堂，东边有四座长方形的小教堂和同样狭长的不带回廊的唱诗堂。因此该教堂的平面图与德国莫奥尔布朗（Maulbronn）西多会女修道院（见第68～69页图）大致相似。但是其内部属于典型的西多会风格。各个跨间和侧廊由高大的十字形扶垛隔开。最外面的垂直壁联向中堂方向倾斜（西多会建筑的典型特点），因此它们可以进一步支撑起坚固的横向尖顶拱券。这些拱券之间为穹棱拱顶，宽阔的穹顶肋条为石带形，直接位于支柱之上，且不与壁联相连。两层墙体上除了拱廊和明窗外，没有采用其他衔接方式，让教堂内部看起来既简洁又非常大气。教堂外部坚固厚实的墙也同样有一种简洁、大气之感。十二世纪修道院初建时的很多建筑都保留至今，其中包括穹顶为石带形肋条穹顶的六角形水泵房、宗教活动会议厅和宿舍。从1191年起，宿舍就成为南面耳堂的扩建部分，其特点是一排尖顶拱弦拱上的上升横梁顶棚。很有可能在修建该教堂之后，出现了很多相似的建筑，后来成为加泰罗尼亚地区哥特式建筑的典型特征。

加泰罗尼亚地区后罗马式风格最早且最壮观的范例为圣克雷乌斯教堂，完美地阐释了简洁、大气这一理念。另外两个典型例子是莱里达（Lleida或Lérida）大教堂和塔拉戈纳大教堂。这两座教堂都受到传统建筑风格很深的影响，它们的建造期估计一直持续到了十三世纪，这一时期法国修建的大教堂已经明显体现出鼎盛时期哥特式风格的特点。

莱里达和塔拉戈纳大教堂内部明显的雕塑衔接风格与萨莫拉、托罗和萨拉曼卡大教堂的传统风格一致。

唱诗堂的整体设计采用了西多会时期以前勃艮第建筑中使用的传统样式。例如在克吕尼，低矮的小教堂的顶部为半圆顶，与较高的肋架拱顶回廊相连，回廊的唯一采光点为小教堂窗户之上的小窗户。立柱拱廊为尖顶形，从回廊处起一直通向唱诗堂内部。唱诗堂上面一层的窗户在檐口之上，与聚集在穹顶下的支柱相连接。这些复合型的穹顶支柱位于半圆形的窗户之间，支撑着唱诗堂后堂上半圆形穹顶上的肋条。

在莫雷鲁埃拉，西班牙的罗马式建筑不论是其整体布局还是唱诗堂内部极为细腻的设计都达到了令人叹为观止的地步。如果没有上面提及的法国建筑风格的影响，就不可能实现这种成就。事与愿违的是，莫雷鲁埃拉从中吸取了灵感，同时期法国建筑却已全被摧毁。因此西班牙的修道院教堂可以让人重新领略早期法国西多会建筑的风采，相反在法国本土却已无法享受这种乐趣。

莫雷鲁埃拉教堂的中堂和耳堂的保存状况远不如唱诗堂，但可经过恰当修复还原。两个部分均为筒形穹顶，由横向拱券支撑。尽管这种建筑样式直接借鉴了法国的西多会教堂建筑，但在西班牙本土这种传统的建筑样式被使用了几个世纪。唯一的现代元素是筒形穹顶的尖顶拱券和侧廊中的肋条穹顶。

塔拉戈纳大教堂，
1174 年之前至十四世纪，
大教堂和回廊的东北向视图。

塔拉戈纳大教堂唱诗堂外部注明日期的铭文（见第214页图）显示该教堂是1174年之前开始修建的，但一直到十四世纪才完工。东北侧的教堂回廊最能体现最初的设计样式，因为西面所有的建筑，包括正立面都是后来修建的。教堂的墙面很朴素，接合甚少，窗口带有炮眼，使得这座教堂看起来像防御城堡，与已经讨论过的葡萄牙大教堂或者圣克雷乌斯修道院教堂相似。另一方面，回廊非凡地融合了各种不同元素，包括更加精美的金银丝细工饰品状的元素。从整体上看，回廊带有后罗马时期建筑的所有特征，某些个别的立柱和柱头明显借鉴了古典时期的建筑。三重拱廊上细致的玫瑰花形装饰和多拱券的饰带体现了摩尔建筑传统。

中堂的侧廊在耳堂的另一侧延伸，与大小各异的耳堂相连。教堂统一采用穹棱拱顶，由坚固的扶垛支撑，每根扶垛的前面都带有一对轮廓为四分之三圆形的立柱。立柱支撑着横向和拱廊拱券，同时檐口上更细的壁联与呈对角线分布的穹顶肋条相连。

莱里达老教堂（见第215页图）位于镇上地势较高之处。尽管该教堂晚于塔拉戈纳教堂开工建设，但早在1278年即已完工，比塔拉戈纳教堂要早很多。在西班牙王位继承战争中，该教堂曾被用作兵营，

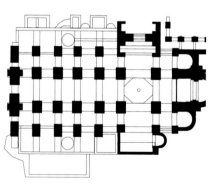

塔拉戈纳大教堂，平面图。

从1707年开始一直到1926年，一直如此。教堂内部不像其他大多数的西班牙教堂一样屡经修改，所以分析起来更加容易。莱里达大教堂的重建工作直到1946年才开始动工。

该建筑的历史拥有完整的记录。据某纪念性石碑上的记载，该教堂于1203年举行了奠基仪式，由阿拉贡王佩德罗二世（Pedro II）和于尔塞勒的埃芒加都斯伯爵（Count Ermengadus of Urcel）主持奠基仪式。我们进一步得知贝伦加瑞斯·奥比西翁斯（Berengarius Obicions）负责工程管理，建筑师为彼得鲁斯·德康巴（Petrus

214

Decumba）。直到1149年，莱里达才重新被基督教统治，修建教堂的场址是一座清真寺的原址。也许这可以解释为什么这座教堂的布置有些特别。西侧的回廊在教堂之前，与传统清真寺中的外部庭院相似。教堂整体上特别宽，中堂却相对较短（仅有三个跨间），主要是因为重新利用了清真寺较宽的地基墙。另一方面，需要谨记的是加泰罗尼亚地区传统的教堂有突出的耳堂，如里波尔教堂和拉塞德乌尔教堂，这一特征进一步体现在朝圣沿线的教堂中。莱里达教堂的侧面入口带有用支柱装饰的门廊，让人回想起朝圣沿途中的旧门廊，这并不是一个偶然情况。但是莱里达教堂中却没有摩尔式风格中排列在教堂入口处两侧的壁龛。

莱里达教堂曾有五座后堂，它们的高度从两边向中轴线递增。其中只有两座保存至今，且状态完好，我们可以通过它们了解教堂的墙壁有多么厚。扶垛也很厚实，前面配有对柱，支撑着巨大的横向和拱廊拱券，与塔拉戈纳教堂的设计相似。但是在莱里达，横向拱券与其他支撑建筑构件同时使用，支撑对角线形肋条的拱券旁边安有壁联，对拱券边缘进一步进行加固。这种设计意味着莱里达大教堂中的扶垛比塔拉戈纳大教堂中的扶垛多一级。因此，扶垛进一步凸向中堂，同时，尽管墙壁很厚，看起来却仿佛被夹在中间一样。萨莫拉大教堂、托罗大教堂和萨拉曼卡大教堂中也有类似的效果。它们的内部空间也与莱里达大教堂有着相同的一个特征：天窗位于与扶垛柱头相连的檐口之上。与萨拉曼卡教堂一样，莱里达教堂中的柱头上同样有着非常精美的雕塑装饰。

加泰罗尼亚地区所有这些后罗马时期的大教堂在结构衔接和肋架拱顶方面明显与法国的哥特式建筑风格有联系。个别建筑元素，如玫瑰花形窗户进一步显示加泰罗尼亚地区的建筑师熟知哥特式风格。但是这些建筑不能被归为"哥特式"。首先，墙体和穹顶结构并没有支撑和承重系统；坚固的扶垛的功能主要是视觉功能而不仅仅是一个静止的结构。另一方面，如圣地亚哥教堂中所示，墙体逐渐变薄成为罗马式建筑鼎盛时期的一个巨大进步。将这些加泰罗尼亚教堂视为加入了现代建筑元素的地区传统的一部分而不是一种过渡风格会更加合适。实际上，在西班牙，从罗马式风格到哥特式风格的过渡并不是一个渐进的过程。新的建筑风格在十二世纪二十年代后很久才开始在西班牙出现，但出现之后立刻产生了巨大的影响力并广为传播。

新风格的第一组例子为托莱多大教堂和布尔戈斯大教堂，它们几乎是某些法国哥特式建筑的翻版。新风格出现的时间与由王位继承战争引发的冲突的最后平定阶段吻合。这些冲突在十一和十二世纪不断爆发，造成了西班牙国内持续不断的四分五裂。当时已仅剩葡萄牙、加泰罗尼亚与阿拉贡、卡斯蒂利亚与莱昂三个王国。卡斯蒂利亚与莱昂国王试图以法国为蓝本建立起中央集权的独裁政府。新风格的哥特式大教堂似乎成为体现其雄心最合适的载体。所有这些发展昭示着建筑史上新纪元的到来，这新纪元摈弃了所有传统的、地区性的和国际性的价值观，而这些都曾是西班牙罗马式建筑的特征。

海因弗里德·维舍尔曼（Heinfried Wischermann）

英国的罗马式建筑

诺曼征服之前

对英国罗马式建筑进行一个提纲挈领式的概述是件颇有难度的事情。虽然自1975年以来英国考古协会（British Archaeological Association）做出了很大的努力，但是这个领域的研究结果仍然不尽如人意。

尽管早在1819年，威廉·冈恩（William Gunn）就杜撰出了"罗马式建筑（Romanesque Architecture）"这个术语，但英国却没有创造出指代罗马式建筑的相应术语，冈恩创造的术语也没有被广泛采纳，英国作者一直来回使用"诺曼式（Norman）"和"盎格鲁-诺曼式（Anglo-Norman）"两个术语。

此外，英国罗马式建筑真正开始的年代也很难确定。处于埃塞雷德二世（Ethelred II，978—1016年）统治之下的新千年的头十年，社会环境动荡不安，当时修建的教堂更多地具有后盎格鲁—撒克逊建筑的特征。诸如1013年丹麦（Danes）入侵之类的政治动乱，以及与此相连的经济衰退，明显地阻碍了英国汲取早期罗马式建筑风格，而这种风格恰恰就是在千年之交的欧洲大陆发展起来的。带领丹麦人入侵的是卡努特（Canute），他也是1016—1035年间的英格兰国王，在他的统治下，英格兰成为他的北方王国的中心，但是此间却很少修建建筑项目。他最重要的活动基地是位于萨福克（Suffolk）的圣埃德蒙教堂（St. Edmund），该教堂于1032年举办献祭仪式，但这仍有待考古证实。圣埃德蒙教堂可能采用了亚琛（Aachen）宫廷教堂式的建筑风格。

新一轮修建浪潮是在忏悔者爱德华国王统治时期（1042—1066年）出现的。1050年，兰斯博瑞的黑雷曼主教（Bishop Heremann of Ramsbury）在给教皇的信中曾说道，英国天天都在修建新教堂，甚至在原来从没有建过教堂的地点也进行修建。大约从1045年开始，即在1066年诺曼征服以前，不带侧堂的小型盎格鲁-撒克逊式教堂就开始逐渐被带有侧堂和圆形拱券的教堂所取代。新建的教堂还包括了许多新的设计元素，如尝试性的拱顶设计、东端的多面布局、十字交叉部和西侧上的塔楼，以及带有盲连拱和多组圆形拱券的外墙装饰等。

1042年，卡努特逝世，他并没留下后嗣，所以王位传给了埃塞雷德（Ethelred）和爱玛（Emma）的儿子爱德华（Edward），爱玛是法国鲁昂（Rouen）理查德伯爵一世（Count Richard I）的女儿。爱德华从小在法国诺曼底过着流亡的生活，因此，他对于法国西部的文化非常熟悉，是他把欧洲大陆的主教和建筑样式带到了英国。

尽管相关的资料来源并不可靠，而且很多建筑也没有注明修建的日期，欧洲大陆对于英国早期罗马式建筑的影响，还是可以按不同的可信度从如下四个例证中追寻到一些线索。

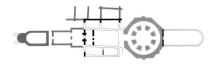

坎特伯雷修道院教堂，1049 年以后
伍尔夫里克修建的八角形回廊平面图。

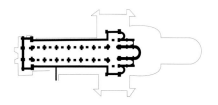

伦敦威斯敏斯特大教堂，
1065 年献祭。
忏悔者爱德华修建的教堂平面图。

1049年，阿博特·伍尔夫里克（Abbot Wulfric）造访兰斯，随后他在坎特伯雷教堂建起一座八角形的回廊。坎特伯雷教堂位于老圣彼得和圣保罗大教堂与圣玛利亚教堂之间，是英国最为古老的修道院中心。阿博特·伍尔夫里克于1059年逝世，当时这座建筑尚未修建完工，其考古挖掘工作是本世纪初期才开始进行的（见第217页左图）。这种在重要古老建筑上增建新部分的做法是英国的典型传统，尽管新建部分采用了欧洲的建筑模型：即法国第戎（Dijon）的圣本尼格纳斯教堂（St. Benignus）及欧特玛歇姆教堂。在多尔塞特（Dorset）的舍伯恩（Sherborne），主教艾尔夫沃尔德二世（Bishop Aelfwold II，1045—1058年）在原来的老教堂旁边建起一座新教堂（老教堂继续使用）。不得不说，除了知道它建有一座巨大的西侧塔楼，以及一个连接南向柱廊的独特大门之外，对于这座新教堂的其他情况，我们实在知之甚少。位于林肯郡（Lincolnshire）的斯托教堂（Stow），它的十字交叉部通过四个拱券与教堂的中堂和耳堂（连同教堂的耳堂臂）间隔开来，仍然保留了麦西亚的利奥弗里克伯爵（Duke Leofric of Mercia）修建的牧师会教堂（约1053—1055年）风格。教堂十字交叉部位上拱券的深浮雕和它以单独石块堆砌的建筑方法，也体现了欧洲大陆的罗马式风格。

英国第一座真正的罗马式建筑，正是由忏悔者爱德华命令修建的，而不是其他人。约1045—1050年间，他下令把位于自己伦敦府邸旁边的、原属圣彼得修道院（Abbey of St. Peter，建于公元730—740年）的各种古老建筑拆除，并修建了一座大规模的建筑取代之（见第217页右图）。根据当时的建筑说明、巴约（Bayeux）挂毯上的图案，以及一些挖掘出土文物提供的佐证，我们可以对当时的教堂做出如下的复原：西侧的两座塔楼与中堂相连，中堂有十二个开间，采用交替支撑系统，耳堂的位置突出，其十字交叉部位上方建有塔楼，耳堂的两臂分别建有后殿，唱诗堂的各个礼拜堂呈阶梯式排列。仅仅从教堂中堂的长度（42.67米），就足以看出其皇家钦定建筑的属性。其建筑风格是诺曼底式教堂的翻版，因为当时爱德华刚从诺曼底回来。公元911年以后，古挪威（Norse）的入侵者就在那里定居下来，他们在十一世纪初期开始修建一系列的大型教堂，以展示他们的权力和胆略。

早期最重要的诺曼底式建筑是郁美叶修道院教堂（Abbey Church of Jumièges），该教堂始建于1040年，由阿博特·罗伯特·尚帕尔（Abbot Robert Champart）修建。尚帕尔正是1044年爱德华国王任命的伦敦主教，他后来在1051年成为坎特伯雷大主教，于1052年又重新

回到郁美叶。郁美叶修道院教堂和威斯敏斯特教堂采用相同的立面设计，这可能是尚帕尔的主张，可惜前者现在已经成了断壁残垣，而后者也仅存教堂的平面图。两座教堂的修建都试图达到相同的目标，即建起一座带有巨型拱顶的长方形会堂式教堂。郁美叶修道院教堂及其效仿者在英国具有一种开创性和决定性的意义，不仅仅影响了威斯敏斯特这座英国君王墓葬教堂的建造，而且还影响了绝大多数"盎格鲁-诺曼"罗马式建筑的修建。鉴于此，建议读者仔细阅读第140页以后的内容。

威斯敏斯特教堂于1065年献祭，这座爱德华国王所建的教堂可能并非是唯一清晰反映了罗马式风格影响的一座诺曼征服前的建筑。罗马式建筑设计理念也在其他地方的建筑上得到体现，比如诺丁罕郡（Nottinghamshire）的维特尔林教堂（Wittering）、多尔塞特的韦勒姆教堂（Wareham）和剑桥郡（Cambridgeshire）的大帕克斯顿教堂（Great Paxton）等，这种罗马式风格的影响不仅体现在建筑物不同部位间的清楚衔接上，而且更明显地体现在教堂支撑部位和墙壁的三维分割上。这些建筑的存在表明，不仅仅只有一座建筑，能够作为英国罗马式建筑风格的研究样本。

把诺曼征服确定为英国罗马式建筑鼎盛时期的开始，似乎也是合情合理的。因为从那时开始，那些委托修建建筑的人们，更加严格地执行了1058年来到英国的建筑师格塞林·德·圣·贝尔廷（Goscelin de St. Bertin）的建议："如果想要修建更好的建筑，必须得先把已经在那儿的建筑给拆除掉"，这样新建筑才能"气宇轩昂、精妙绝伦、宽敞明亮，而且华美壮丽"。

一幅长约73.15米、宽仅为0.5米的巴约挂毯（刺绣作品），上面按史诗般的规模讲述了诺曼征服的故事——虽然没有背景。挂毯上五颜六色的刺绣展现了征服的准备情况，以及以黑斯廷斯战役（Battle of Hastings）为标志的结局（刺绣的最后一部分已经遗失），一些同时发生的事件也被排列得有了先后顺序。挂毯上的场景活灵活现，简直令人叹为观止，而且上面的人物众多，每个人物都以不同颜色的羊毛线在漂白后的帆布上创作而成。挂毯的风格从始至终保持一致，画面的组合巧妙，并不刻意营造透视效果，其人物也仅呈现出大概的轮廓。上面详细的拉丁文字可能写的是"献给巴约的奥多主教（Bishop Odo of Bayeux，威廉的同母异父兄弟）"，落款是"坎特伯雷学校（Canterbury School）"——该学校是一个重要的图书装饰中心。这幅挂毯为建筑、武器、战争、服饰和军事装备等文化历史的诸多层面，提供了极为广泛的信息来源。

217

黑斯廷斯战役及其政治后果

黑斯廷斯战役是英国历史最重要的转折点之一，因此这里有必要对这场战役的历史背景做个简要的介绍。由于爱德华国王没有后嗣，因此，王位继承人的问题一直是他的一大心病。1051年，他放逐了他的岳父戈德温（Godwin），同年立诺曼底的威廉为他的继承人。1053年，戈德温逝世，他的儿子哈罗德（Harold）继任为威塞克斯（Wessex）伯爵。同年，王位的指定继承人威廉与蒂尔达（Matilda）结婚，蒂尔达是佛兰德斯伯爵的女儿，也是阿尔弗雷德大帝（Alfred the Great）的后代，这样的联姻为威廉登上王位提供了支持。1064年，威廉抓获了哈罗德，并强迫他立下誓言要支持自己登上英国王位，而这也是巴约挂毯所表现的最重要场景之一。

不管哈罗德实际上有没有立下誓言，即使真的立下了誓言，他显然并不认为一定要遵守。爱德华国王临死之前，在他的病床上，把哈罗德立为他的继承人，1066年1月，哈罗德正式成为英国国王。所以，威廉对王位继承的竞争似乎并没有多大的胜算，然而正是他非同一般的运气以及常人难以企及的精力，最后帮助他获得了胜利。他坚决认定自己重获王位的正义性，于是在教皇的道德支持下，他发起了争夺王位的战争。另外，还有两个外因帮助了他，一个就是当时

的天气情况，另一个就是挪威国王的入侵，当时哈罗德在斯坦福德桥（Stamford Bridge）成功地阻击了敌人的进攻。1066年10月14日，威廉和哈罗德在黑斯廷斯刀刃相见。

哈罗德在黑斯廷斯战役中以失败告终，英国对于侵略者的抵抗也功亏一篑。1066年的圣诞节，威廉在爱德华新建的威斯敏斯特大教堂内加冕登基。

然而，黑斯廷斯战役的胜利并没有给侵略者带来和平与安定。在长达五年多的时间里，诺曼底人一直保留了驻军，他们在英格兰北部地区和威尔士都遇到巨大的问题。

最初，威廉试图保持忏悔者爱德华建立起来的国家和政府的组织形式——接受盎格鲁-撒克逊人的协助。但是地方性的叛乱，以及追随他的人们对于"恰当"奖赏的要求，挫败了他的这一想法。于是，一个由集权式皇族家庭、封建贵族、大议会和改革后教会组成的强权系统逐步形成。威廉治国政策所强调的重点是这些政策的连续性——他在伦敦颁布的法令就是一个例子，他在法令中向众人提供这样的保证："保持你们在爱德华国王时期的法律和习惯也是我的愿望。"但是，他同时也想要对他新掌握的财富和财产进行登记和组织。他通过著名的《末日审判书》（*Domesday Book*）实现了这一想法，在1066—

被威廉击败的对手哈罗德,被安葬在伦敦北部埃塞克斯(Essex)沃尔瑟姆修道院(Waltham Abbey)内的高坛之下。这座纪功寺(苏塞克斯)于 1094 年献祭,右图为平面图。

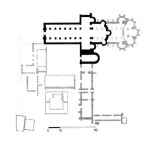

1087 年间,他派出专门人员到各地查访,对英国国土情况进行一次系统的梳理,详细记录了英国每一个庄园和每一个县郡的土地情况。

然而,威廉公爵二世(加冕后称威廉一世)在 1070 年以前已不太可能兑现修建教堂的想法。他的当务之急是修建尽可能多的城堡,因为需要靠城堡来抵抗军事威胁并保卫他的政权。不过威廉并不是唯一可以委托修建建筑的人,他还给多个贵族在英国掌握实权的高位,有的是政权的高官,有的是宗教的高僧,这些贵族对于国家未来的发展都具有发言权。诺曼征服之前的英国贵族被欧洲大陆的入侵者所取代。到了威廉国王统治的后期,仅仅还有 8% 的英国土地由盎格鲁-撒克逊的贵族占领,另外 20% 的土地隶属于英国国王,还有 25% 是教堂的土地。除此之外,还有将近一半的土地,由诺曼底、弗兰德斯和布列塔尼(Brittany)地区追随威廉国王的小团伙占据。

教会组织也经历了跟贵族阶层同样的过程,诺曼人接替了过去由盎格鲁-撒克逊人担任的职位。1070 年,经过罗马教皇的同意,征服者威廉解除了斯蒂甘德(Stigand)坎特伯雷大主教的职位,并任意大利人兰弗朗克(Lanfranc)接替他担任该职。兰弗朗克担任过卡昂(Caen)圣艾蒂安大教堂(圣史蒂芬大教堂)的院长,这是一座威廉为自己建造的墓葬教堂,自从兰弗朗克担任该教堂的院长以来,他一直是威廉所信赖的顾问人员。兰弗朗克统一了英国教堂,并且对修道院进行了改革。当时,诺曼底人已经管辖了三个大教区,分别是鲁昂、坎特伯雷和约克。1070 年,巴约的托马斯(Thomas of Bayeux)被任命为约克大主教,结果导致了对英国第一大主教这一职位的持续争夺。这次改革最重要的部分,就是取消了几个主教教区,并对英国的教会会规进行了修订。

实际上,主教教区的调整从忏悔者爱德华执政时期就已经开始。1050 年,利奥弗里克的主教教区就从克雷迪顿(Crediton)转移到了埃克塞特。1070 年,伦敦的教会议会就把埃尔姆汉(Elmham)教区转移至塞特福德(Thetford),后来又迁到诺维奇(Norwich)。同年,利奇菲尔德教区移至切斯特(Chester),塞尔西(Selsey)教区移至奇切斯特(Chichester),舍伯恩(Sherborne)教区移至索尔兹伯。最后,1072 年,雷米吉乌斯(Remigius)把他的主教教区从多尔切斯特(Dorchester)移至林肯。

兰弗朗克在对教会会规进行修订时,发现了一项有趣的安排:有四座英国大教堂处于修道士的管理之下,它们分别是坎特伯雷、舍伯恩、温彻斯特和伍斯特大教堂。其他几座大教堂的修道士们,也被鼓励采取一种跟修道院类似的生活方式:立誓过独身的生活,在教堂食堂里吃,在教堂宿舍里住。兰弗朗克本身也是修道士出生,因而也支持把修道士立为主教的政策。另外还有三座大教堂采用了修道院式的体制,它们分别是赫夫法斯特(Herfast)管理的诺维奇大教堂、冈道夫(Gundulf)管理的罗切斯特大教堂,以及威廉管理的达勒姆大教堂(Durham)。但是,舍伯恩或索尔兹伯大教堂的主教却反对这样的安排。最后决定,奇切斯特、埃克赛特、赫里福德、里奇菲尔德、林肯、伦敦、索尔兹伯、威尔斯和约克大教堂,由大教堂的全体教士或者牧师来进行管理,这与诺曼底的教会系统相似,这九座大教堂被人们称为“古老的基石(Old Foundation)”。

每一座上述大教堂都由四位高级教士执掌(主持牧师、领唱人、院长、司库)。在英国政府体系中这些高级教士的地位也非常明确:他们是大主教的直接下属,也是很有权势的封建领主,还是国家军事结构中的重要组成部分。

到了 1080 年,伍斯特教堂的伍尔夫斯坦是剩下的唯一一位盎格鲁-撒克逊的主教。除了威尔斯的吉索来自于洛林地区以外,从血统或所受教育来讲,其他的主教都是诺曼人。1066 年,当时所有还在的三十五座独立本笃会修道院的院长对于征服者都持敌对态度,因此都在头六年被撤换掉。尽管也有些错误的决定,但是威廉国王任命的大多数修道院院长都受到了很高的评价,他们包括卡昂圣奥尔本斯修道院(St. Albans)的保尔、伊利圣欧文修道院(St. Ouen)的西蒙、格罗斯特圣米歇尔山修道院(Mont. St. Michel)的塞洛(Serlo)和威斯敏斯特特贝尔奈修道院(Bernay)的维塔利斯(Vitalis)。

英国罗马式建筑的鼎盛时期

不论教会组织及其建筑怎样进行改革,威廉和他的诺曼追随者们还是优先强调它们的连续性。诺曼式修道院和主教教堂本来就是忏悔者爱德华修建的威斯敏斯特大教堂的模型,诺曼式建筑风格对英国大型建筑的影响一直持续到十二世纪。

这一点可以用以下按年代顺序编写的概要来加以证明。概要从第一座大型石砌里程碑式建筑——纪功寺(Battle Abbey)介绍起,到最早以哥特式风格改建的坎特伯雷大教堂为止。

征服者威廉修建的第一座教堂便是位于苏塞克斯(Sussex)的纪功寺(见上图),修建地点选在他击败哈罗德的地方。这座本笃会修道院始建于 1070 年,在 1094 年献祭,然而却在宗教改革运动中遭到摧毁。威廉修建这座修道院,到底是由于传说中所讲述的,他在战争开始之前的头天晚上曾发誓,如果战争胜利他就修建一座修道院,还是

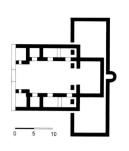

沃尔瑟姆修道院（埃塞克斯）平面图，1060 年献祭。

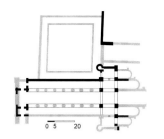

坎特伯雷大教堂，1089 年前完工，由兰弗朗克建造，左图为教堂平面图。

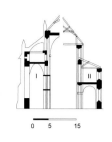

中堂和侧堂的立视图。
I：现阶段的情况。
II：兰弗朗克当时的情况。

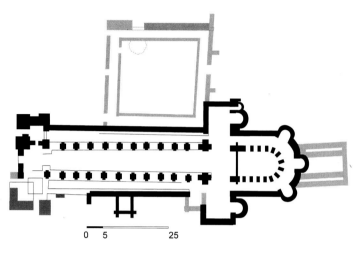

坎特伯雷，圣奥古斯丁的修道院。新圣彼得与圣保罗修道院。始建于 1070—1073 年之间。由阿博特·斯科特兰修建，上图为教堂平面图。

因为他想要为自己发起的血腥侵略进行弥补，真正的原因已无从查证。不论出于什么原因，这座修道院是他维护新征服海岸地区安全局势的一种手段。

我们对于这座修道院的平面图并不陌生，其内的祭坛就位于哈罗德国王被杀的地方。修道院的中堂带有侧堂，长约 73.15 米，与诺曼底修道院教堂长度相当，同样也是带楼廊的长方形会堂形制。修道院的耳堂带有后堂和带辐射式小礼拜堂的回廊——这可能是英国第一次修建的回廊。修道院得到了其修建人威廉的慷慨捐赠，在他逝世之前，他又把他的斗篷、遗物和他在战场上携带的小型祭坛遗留给修道院，但是他自己却没有葬在那里。威廉这位盎格鲁-撒克逊王国的奠基人，被安葬于卡昂的圣艾蒂安大教堂。

修道院是由他自己修建的，始建于 1053 年，并在 1060 年献祭。几年前的考古挖掘使老式的沃尔瑟姆修道院（连续的耳堂和独立的小后堂）的平面图（见左上图）得以重见天日。很有可能，这座哈罗德大量施以圣物和黄金装饰的教堂，有意采用了老式的设计方案，目的就是要通过教堂古老的形象，显示其对罗马老圣彼得教堂或圣丹尼斯修道院（St. Denis）的追随——明显与威斯敏斯特大教堂"诺曼化"设计风格相反。

英国第一座罗马式的大型建筑始建于 1070 年，它位于坎特伯雷，也就是圣奥古斯丁在公元 601 年成为英国第一位主教的城市，从 1070 年夏天开始，意大利人兰弗朗克成为坎特伯雷大主教。兰弗朗克 1045 年离开帕维亚前往勒贝克修道院（monastery of Le Bec）担任副院长。后来威廉派人去邀请他主持在卡昂新建修道院的工作，然后又把他提升为坎特伯雷大教堂的大主教。在 1060 年至 1063 年之间，兰弗朗克开始修建卡昂的教堂，他甚至亲自设计了这座威廉的墓葬教堂，该教堂的大部分建筑至今仍然保存完好。他还把这座教堂的设计形式运用到他新建的肯特（Kent）基督教堂（Christ Church）中，该大教堂 1067 年被前任盎格鲁-撒克逊主教焚毁。肯特的基督教堂在兰弗朗克 1089 年逝世以前就已经完工，它的平面图（见中图）看起来也很眼熟，其西北侧原有塔楼在十九世纪初的教堂改造中已被拆除重建。基督教堂的正立面带有两座塔楼，它与支柱支撑的八开间中堂相连；三个部分组成的耳堂带有突出的楼廊；唱诗堂由五个部分组成，它的小礼拜堂呈梯形排列；教堂的地宫位于主后堂下方。

基督教堂的立视图大致可以通过推断得出：带有弧棱拱顶的侧堂立于中堂侧面，中堂的三层为连拱廊、楼廊和高侧窗，高侧窗带通道，每个开间有三扇窗户。耳堂的楼廊也由弧棱拱顶支撑，唱诗堂每面侧堂的弧棱拱顶，以及后堂外部顶楼的桶形拱顶表明，这样的设计目的是要让处于主要位置的唱诗堂呈现出拱状顶部。没有证据表明中堂和侧堂的楼廊上方有拱顶设计，因此中堂的上方也不可能有石制的桶形拱顶。鉴于之前修建中堂拱顶的失败尝试（比如在卡昂修建的教堂），几乎可以肯定，兰弗朗克可能决定在中堂和耳堂采用木制拱顶；如果那样的话，从视觉上来看应该是不错的替代。

这座肯特基督教堂重要的竞争对手是位于肯特城东面城墙以外、由阿博特·斯科特兰（Abbot Scotland）重建的圣彼得与圣保罗修道院（Abbey of Peter and Paul，1070—1087 年）。这是圣奥古斯丁在公元 598 年创建的修道院，因此这座修道院后来也叫圣奥古斯丁修道院（St. Augustine's Abbey），它是肯特最早的大主教和国王们埋葬的地方。斯科特兰是第一位诺曼人的修道院院长（他来自于圣米歇尔山修道院），他于 1070—1073 年间开始对这座大型建筑进行翻新重建。新建起的修道院比原来的建筑高出几米，保留了原来建筑的基本形状（双子塔楼的立面、立柱支撑未经任何改造的中堂和侧堂、带后堂的突出耳堂，没有后殿），改造的地方只有修道院采用以回廊环绕唱诗堂，以及在宽敞地宫上方修建辐射式小礼拜堂这两种更为奢华设计方案，代替原来阶梯状排列小礼拜堂的设计形式。很显然，对于圣奥古斯丁遗骨的瞻仰需要修道院的唱诗堂带有回廊，斯科特兰通过圣米歇尔山修道院也熟知了这种设计形式。

林肯大教堂，1073（或1074）—1092年修建，
西立面的中间部分由雷米吉乌斯修建（局部），
右下图为教堂平面图。

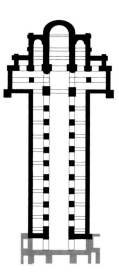

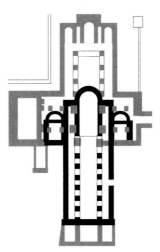

它具有"逻辑的精确性、明确的组织结构性以及宏伟壮丽的风格样式"。教堂最引人注目的部分是形状看起来像是凯旋门的建筑立面；如果真如1982年杰姆（R. Gem）所推测的那样，该区域原本只是设计为不带塔楼、经过加固的教堂，那么就可以解释汉廷顿亨利（Henry of Huntingdon）的说法，即雷米吉乌斯建的教堂像"强壮的男人，美丽的女人，纯洁的处女"。

当时修建教堂的人们对于教堂的安全一定有着显著的要求。1075年，曾经担任忏悔者爱德华宫廷牧师的佛兰芒的赫尔曼主教（Bishop Herman the Fleming），把舍伯恩和兰斯博瑞的主教教区转至索尔兹伯北部的老塞勒姆（Old Sarum），这个事实也支持了上述观点。他的新教堂（见左图）并没有建在城市里面，而是建在一座大型诺曼式城堡之下宽阔的山头上，这意味着为了安全的考虑，甚至缺水也是可以接受的代价。

圣彼得与圣保罗修道院1538年遭到了毁坏，但是我们还是可以从坎特伯雷草坪地下挖掘出的废墟中看出其建筑的平面设计方案，它的整体立面以诺曼底地区的修道院为模型，与稍早些时候修建的坎特伯雷大教堂也有相似之处。

继圣史蒂芬大教堂以后，在卡昂建起的另一座英国式教堂便是位于林肯的盎格鲁-诺曼式大教堂。这座教堂就像当时许多的教堂一样，到了哥特式建筑时期又被以早期英国式的风格进行重建。1067年，雷米吉乌斯这位原来诺曼底费康修道院的施赈人员，被任命为主教。1072年，作为诺曼征服以后主教教区改革的一部分，雷米吉乌斯位于泰晤士河畔的多尔切斯特（Dorchester）主教教区被转到林肯，林肯的这座盎格鲁-诺曼式大教堂位于威瑟姆河畔（River Witham）加固后的林肯山上。圣玛利亚大教堂（Cathedral Church of St. Mary）始建于1073—1074年之间，最后于1092年完工并且献祭。雷米吉乌斯就在教堂献祭的前一天晚上逝世，因此，教堂交由他的继任者罗伯特·布勒特（Robert Bloet）进行管理。这座雷米吉乌斯修建起来的教堂，现在仅留下了教堂正立面的中间部分（见第221页图），它由劈开的石头砌成，上面细小的开口看起来好像是城堡的箭孔。由于考古挖掘的成果，复原的教堂外观也很具有可信性：带双子塔楼和两个开间的教堂正立面与立柱支撑带九个开间的中堂和侧堂相连，教堂突出的耳堂带有后殿，后殿原来分为两部分，唱诗堂带有阶梯状排列的五间小礼拜堂。侧方后堂的矩形侧面也是诺曼底地区教堂的共同特点，大教堂本身也一定是一座带楼廊的长方形会堂。有证据证明，侧堂后殿的下方和外部四间阶梯状排列的小礼拜堂内，建有弧棱拱顶。唱诗堂中间部分的屋顶可能由桶形拱顶构成，耳堂和中堂也应该采用了木制的拱顶。但是，我们对于十字交叉部位塔楼的形状知之甚少。1911年，约翰·比尔逊（John Bilson）曾非常恰当地赞美过这座建筑，说

赫特福德郡圣奥尔本斯大教堂中堂视图。

赫特福德郡圣奥尔本斯大教堂十字交叉部位的罗马式塔楼，外观视图。

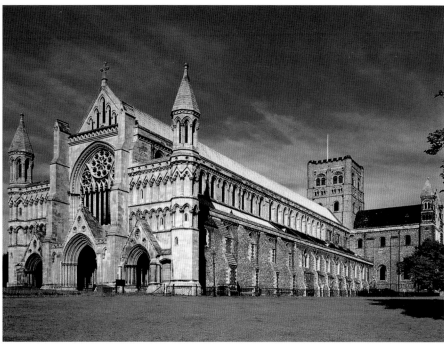

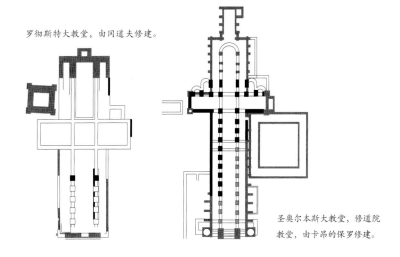

罗彻斯特大教堂，由冈道夫修建。

圣奥尔本斯大教堂，修道院教堂，由卡昂的保罗修建。

1092年，老塞勒姆教堂由圣奥斯蒙（St. Osmund）建成完工，但是就在要举行献祭仪式前，一场暴风雨却将其摧毁。1912—1913年之间，教堂的基石在一片田地里被挖掘出来，从中可以看到，这座建筑与诺曼底的教堂几乎不具有什么相似之处，其原因有可能跟下令修建教堂的人有关系。

教堂立面的横截面与中堂和侧堂之间以支柱相连，它的耳堂和塔楼与阿尔萨斯（Alsace）的穆尔巴赫修道院教堂（Murbach，见第55

页图）有着惊人的相似性，其后面也带有五座阶梯状排列的后堂。

肯特的罗切斯特大教堂（见左下平面图和第222页图）由冈道夫主教（1077—1108年）在被任命为主教后不久开始修建，该教堂旁边还建有一座本笃会的女修道院，这两座建筑都表明，防御在当时仍然是一项重要的考虑因素。跟兰弗朗克一样来自于勒贝克修道院的冈道夫，很有可能在教堂北侧耳堂和新建大教堂的唱诗堂之间的位置，建起一座加固的老式塔楼。

我们知道，这座教堂与盎格鲁—撒克逊式的早期教堂一样，其基本形式是仿效圣安德烈教堂设计的，而且这座教堂也是英国第二古老的主教教堂（建立于公元604年）。教堂的地宫带弧棱拱顶，地宫的两个西侧开间和分隔矩形唱诗堂三条侧堂的墙壁（25.29米）一直保留到了现在。教堂东侧的小礼拜堂内，可能保存着圣保利努斯（St. Paulinus）的遗骨，圣保利努斯是罗切斯特公元七世纪的一位主教。教堂的耳堂位置突出，南侧耳堂的方形开间上方很有可能建有一座塔楼，用来平衡加固后的北侧塔楼。两座侧堂和中堂都带有楼廊，它们的内部在十二世纪中期曾重新进行了装饰；跟老塞勒姆大教堂一样，侧堂和中堂的末端是教堂立面的横截面。显然，该教堂与卡昂圣艾蒂安大教堂，或者坎特伯雷基督教堂的平面图几乎没有任何的相似之处——尽管冈道夫与兰弗朗克一起修建了这两座建筑。

223

赫特福德郡（Hertfordshire）的圣奥尔本斯修道院教堂（1877年改成一座大教堂，见第223页上图）与罗切斯特大教堂同时修建，这座教堂明显基于卡昂威廉的教堂修建，其原因也很容易解释。

1077年，兰弗朗克委派卡昂的修士保罗（Paul of Caen）前往弗尔河（River Ve）畔靠近罗马维鲁拉米亚姆教堂（Verulamium）废墟的一个小镇。这是大约公元304年英国第一位殉道者圣奥尔本被砍头的地方，公元793年麦西亚的奥法国王（King Offa of Mercia）曾在这里建起一座本笃会修道院。

保罗采用前人从罗马建筑废墟中积攒起来的砖头建造起一座最为坚固的盎格鲁-诺曼式建筑，其长度超过125米。这座建筑至今依然耸立：这是一座由支柱支撑的教堂，中堂有十个开间，带一座宽敞的耳堂及七间阶梯式排列小礼拜堂。跟罗切斯特大教堂一样，唱诗堂小礼拜堂两侧的侧堂并不相互连通。教堂中堂和侧堂建有阶梯状拱廊和低矮楼廊，其高侧窗上每个开间开一扇窗户，而且里面的砖块上都涂抹了一层石灰，这就解释了为什么中堂和侧堂看起来显得如此古老、宏大而且厚重，教堂内部如果以绘画装饰的话也许可缓和这种压抑感。跟小礼拜堂一样，侧堂也采用了弧棱拱顶，中部唱诗堂小礼拜堂还采用了桶形拱顶。中堂内突出的支柱可能对木制拱顶的拱棱肋提供了支撑。教堂墙壁的厚度很大，所以我们有充分的理由确定，教堂原本的计划是要以石头或砖块来修建中堂的拱顶，但是由于中堂的宽度太大

而不可实行，甚至连教堂的楼廊也没有修建拱顶。中堂开放式的楼廊到了耳堂的位置后被低矮的双拱券所取代，双拱券后面是一条狭窄的通道，通道上是高拱券的高侧窗。教堂十字交叉部塔楼采用了城垛式的锯齿状设计，它是唯一尚存的十一世纪英国教堂塔楼，很有可能教堂最初设计的立面包括了两座塔楼。

巨型白塔（White Tower，见上图及第250页图）具有多种功能：它既是一座防御性和居住性的建筑，同时又是征服者威廉统治伦敦的象征性建筑。该塔楼在英国罗马式神圣建筑的历史中也扮演了重要的角色。冈道夫这位已经具有修建罗切斯特大教堂经验的主教，从1078年起就开始为他的国王修建这座白塔，而且还亲自对空荡荡的圣约翰小礼拜堂（St. John's Chapel）进行装饰布置，使其具有私人小礼拜堂的功能。小礼拜堂可以从建筑外部辨认出来：它位于建筑东侧最南端的半圆形突出部分。这是一间带有侧堂楼廊和回廊、由圆形支柱支撑却没有高侧窗的小礼拜堂，占据建筑的第三和第四层，其规模（16.76米×10.05米）与坎特伯雷圣奥古斯丁等大型教堂的唱诗堂大致相同。小礼拜堂尤为值得注意的地方是跨越了整个礼拜堂的石制拱顶，还有中堂的桶形拱顶和侧堂的弧棱拱顶，以及楼廊上方覆盖着的半圆形拱顶。这座礼拜堂以较小的规模体现出诺曼建筑师们试图达到的建筑水平：完全以石块建起整座建筑，在这种情况下，中堂内没有光源。塔楼的中堂仅有4.57米宽，然而建筑师们却决定不在中堂内设

约克大教堂，由巴约的托马斯修建，大约始建于
1079年（？），重建后东北向视图及平面图。

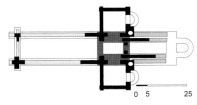

温切斯特大教堂，
耳堂北臂内景图。

立高侧窗，这一事实表明，十一世纪的建筑师们试图在大型长方形会堂中采用石制拱顶的过程中，一定经历了不少失败的挫折。

约克大教堂（见第225页上图）的地位仅次于坎特伯雷大教堂。约克大教堂的主教控制了十四个主教教区，被称为"英格兰的大主教（Primate of England）"，而坎特伯雷的大主教则是"全英国的大主教（Primate of all England）"。这座教堂位于罗马人称为艾波罗肯（Eboracum）的城市中央，一直以来它就是一座大教堂，那里也从来没有过修道院。约克大教堂在公元四世纪拥有了自己的第一位主教。公元625年的复活节，保利努斯主教在一座木制的教堂内为诺森布里亚（Northumbria）的埃德温国王（King Edwin）进行洗礼，这位主教后来在公元634年被提拔为该城的第一任大主教。

该地最后一座盎格鲁-撒克逊大教堂——圣彼得大教堂，在1075年丹麦人入侵时遭到破坏；1079年左右，巴约的托马斯大主教（1070—1100年）开始重建这座教堂，重建教堂的一期工程在大主教逝世之前就已经完工。约克大教堂在当时一定被视为能与坎特伯雷大教堂一比高低的教堂，这在某种程度上解释了教堂罕见的长度（111.55米），教堂遗址于1967—1972年间由德里克·菲利普斯（Derek Philipps）挖掘出土。就如昂热大教堂一样，约克大教堂的中堂也很宽大，其长度为46.93米，宽度为17.67米。教堂突出的耳堂上方建有一座坚固的十字交叉塔楼，有楼梯的小塔通向东边和后堂；长长的唱诗堂建有侧堂，侧堂尽头是半圆形主后堂，主后堂下面建有小

地宫。这部分底部结构的宽度超过了1.5米，这可从十字交叉部的下面看到。砌石结构下层部分的材料取自罗马建筑物的战利品，砌筑在橡树做成的框架结构上。我们今天所看到的中堂支柱依然竖立在罗马式中堂地基之上，所以托马斯主教修建的这座教堂，对于之后大约始于1215年新建的哥特式建筑，产生了深远的影响。残存下来的罗马式墙壁，以及墙壁上原来涂抹的灰泥和十字交叉部的着色方琢石（位于北面的侧堂上方），使得重新恢复建筑外墙成为可能，原来的外墙可能是由高高的盲壁龛和几排窗户进行分隔的。

然而，约克大教堂仍然是个例外。在汉普郡（Hampshire）的温切斯特，卡昂的沃克林主教（Bishop Walkelyn，1070—1098年）取代了之前的盎格鲁-撒克逊主教斯蒂甘德。沃克林主教曾经是国王的牧师，他在1079年开始修建一座新的大教堂（见上图和第226页图）；这座教堂完全从零开始修建，是一座"基础性（Fundamentis）"教堂，它表明诺曼底人尽管对教堂的风格进行了一些改动和装饰，但这座教堂还是以坎特伯雷大教堂为原型修建的教堂。

在伊钦河畔（River Itchen）的山上，沃克林修建起一座教堂。这座教堂直到克吕尼三世（Cluny III）时期，都是当时北欧最大的一座教堂。该教堂的长度（162.45米），表明这座曾经目睹国王加冕和葬礼的城市，是圣·斯威森（St. Swithin）墓葬朝圣之旅的目的地，具有重要地位。1093年，旁边老约克大教堂的本笃会修士们得以搬迁至建成后的新堂东侧建筑内。

温切斯特大教堂，始建于 1079 年，由沃克林修建，
重建示意图和平面图。

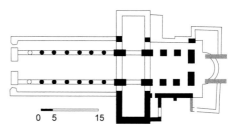

赫里福德大教堂大约始建于
1080 年，由罗贝尔·德·洛
辛加修建，左图为平面图。

下一页（左下图）：
赫里福德大教堂
南侧耳堂的东墙视图。

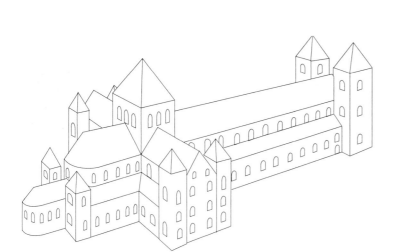

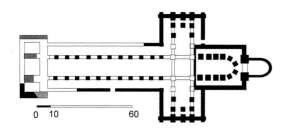

1107 年，教堂的十字交叉部塔楼垮塌，但很快就以更坚固的支柱予以修复，同时也对教堂耳堂的开间进行了维修，最引人注意的是对于教堂柱头的维修。这座教堂大约完工于 1120 年。

教堂的正立面两边有两座塔楼，立面与十一个开间的中堂和侧堂相连，中堂直到楼廊的部分都保留了后哥特式的表面覆层风格。教堂的耳堂设计涵盖了欧洲大陆的新式设计理念，是整个教堂给人印象最深的部分。耳堂在 1085 年左右进行了重新设计，增建了侧堂，这样一来，中堂两侧的侧堂仍然还是耳堂的翼楼。耳堂两端的塔楼被用以临时替代十字交叉部塔楼，教堂的耳堂明显以诸如图尔兹教堂和圣地亚哥教堂（Santiago）等朝圣教堂中带楼廊的耳堂为设计原型。教堂的唱诗堂分为几个部分，位于坚固的地宫之上，唱诗堂内也设计有侧堂。唱诗堂的一端环绕着半圆形的回廊，类似后堂的圣母堂附在其矩形的一端。支柱和立柱间富有韵律的排列方式，以及位于坚固墙壁之前的垂直支撑，表明在唱诗堂的修建之初，建筑师计划在中间位置的侧堂内采用石制桶形拱顶的设计。但是，1085 年左右，唱诗堂修建到了楼廊位置的时候便放弃了这个方案。

在十二世纪末期，对教堂进行哥特式改造的过程中（改造以老式唱诗堂开始），耳堂（见第 225 页右图）几乎没有进行任何改建，

使人们有机会能亲身感受这些罗马式鼎盛时期建筑的宏伟气势。粗大的、高度变化明显的支柱分布在耳堂的两侧，而且随着耳堂的高度升高，支柱的高度也逐步变低，形成了错落有致的布置，包括位置较低的连拱廊、带小立柱和山花壁面中心的楼廊窗户，以及形状不规则的高侧窗，这种不规则是由于原本计划要在耳堂两端修建小塔楼而导致的。整个耳堂都被夯实加固，表明原本计划为耳堂修建拱顶的。侧堂的连拱廊一直延续到了耳堂的前侧，但耳堂的另一侧却以开放式的后殿收尾。

在 1079—1095 年间赫里福德教堂主教罗贝尔·德·洛辛加（Robert de Losinga，洛林）决定重新修建圣玛利亚和圣埃塞尔伯特大教堂（Cathedral of SS. Mary and Ethelbert），罗贝尔主教还是修建诺维奇大教堂建筑师的兄弟。阿瑟尔斯坦主教（1012—1056 年）在这个位置修建的教堂在 1054 年的大火中遭到毁坏；尽管后来进行了一些修复，但是显然修复后的教堂并没有达到诺曼人的要求。

该教堂的东侧部分在 1110 年献祭，该部分的平面图和立视图沿用了英国持续已久的一种设计风格：中堂和侧堂与突出的耳堂相连。直至今日，南侧耳堂壁的东墙仍然保留了下来。教堂的修建（盲连拱、高拱廊和带通道的高侧窗）表明，该建筑曾经多次进行过重新设计和改建，而且跟朝圣者教堂一样，在原本的中央唱诗堂中间侧廊上的楼廊内，曾经计划修建桶形拱顶。从墙面不同部位明显的垂直线条可以看出，耳堂东墙最古老的建筑是其外缘部分。十字交叉部边缘楼廊开间的设计形式显得很古老，但明显在十二世纪经过了修复，修复可能是由于 1110 年左右的塔楼倒塌（塔楼的倒塌使得修复唱诗堂成为必要）。唱诗堂其余的三个开间和两层楼，以奢华支柱构成连拱廊交错支撑，它们还带有低楼廊，中间的侧廊还以粗大的垂直立柱支撑。这样的设计表明，其最初的设计方案是以桶形拱顶或者是以高侧窗上的弧棱拱顶作为屋顶。

中堂的弧棱拱顶如果建成，就会是现代四点拱顶的早期例证，更早一点的例证是斯派尔二世（Speyer II）大教堂和卡昂艾蒂安教堂的唱诗堂。侧面高坛内第一个开间上方的东侧塔楼也让人想起了斯派尔大教堂。雷内姆主教（Bishop Raynelm，1107—1115 年）负责这些部分的设计，在他的墓碑上，他被称为"教会的创始人（Fundator Ecclesiae）"。教堂的中堂和侧堂——底楼的圆形支柱仍然是罗马式的风格——直到罗贝尔·德·贝蒂娜（Robert de Béthune，1131—1148 年）的统治时期才建成完工，教堂在 1142 年和 1148 年献祭。

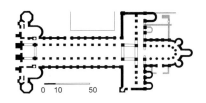

伯里－圣埃德蒙兹修道院，
始建于1081年后，
位于入口大厅之上的塔楼（右图），
修道院教堂的平面图（左图），
修道院教堂的鸟瞰图（下图）。

　　十一世纪八十年代，几座重要的修道院教堂又陆续开始修建，它们的风格与伍斯特、伦敦和格罗斯特的大教堂都有很大的区别。不幸的是，也正是这些最为突出的教堂，成为了宗教改革的牺牲品。存留的有信息价值的遗址中，有一座长度为152.4米的修道院教堂（见左上图）。该教堂是圣丹尼斯修道院院长鲍德温（1065—1097年）为建立于633年的富有的本笃会设计的，地点位于东盎格利亚（East Anglia）最后一位国王圣埃德蒙兹（St.Edmund，卒于公元870年）的寝陵附近。在萨福克修建这座伯里－圣埃德蒙兹（Bury St. Edmunds）教堂的计划始于1081年年初，同年，征服者威廉使该修道院脱离了主教的管辖。通过分布于大片绿地之下的教堂残存建筑，我们得以勾画出教堂的平面图，以及教堂每一层起始的部位——根据十字交叉部位支柱的高度。

　　教堂的耳堂通过侧堂连接东面和小礼拜堂，中堂和侧堂内有三层的楼廊，西面结构宽75.28米，建有三座塔楼，还有一个带辐射式小礼拜堂的回廊，整座教堂规模甚至超出了被作为原型的坎特伯雷圣奥古斯丁教堂。埃德蒙的遗骨有可能早在1095年就被移至这座新建的教堂内，整座教堂可能在该世纪末就已经建成竣工。在遗骨转移的时候，赫尔曼（Hermann）修士在《埃德蒙的奇迹》（*Miracula Eadmundi*）一书中就高度赞扬了建在新唱诗堂上方的拱顶，他还把这座建筑与所罗门的圣殿作比较。毋庸置疑，决定修建新教堂的一大主要原因，是为了增加到圣埃德蒙墓地朝圣的信徒人数。

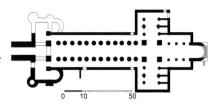

伊利大教堂，始建于1081年之后。中堂墙壁的结构（上图），西米恩所建建筑的平面图（中图），从东南方向看到的塔楼、中堂和侧堂（下图）。

下一页：伊利大教堂西立面视图。

一撮反抗势力。1081年，威廉授予西米恩（Simeon）伊利大教堂院长的职位。西米恩是诺曼人，他曾任温彻斯特大教堂的副院长，还是沃克林主教的兄弟。

西米恩担任伊利大教堂的院长以后，马上就开始了对于该教堂的修复改建工作，除了十字交叉部和唱诗堂以外，原来修道院的其他部分都被保留了下来。跟圣奥尔本斯修道院教堂一样，教堂的唱诗堂建有三层楼，并且带有侧堂，唱诗堂的一端建有半圆形的后堂。跟温彻斯特大教堂的耳堂一样，这座教堂的耳堂也是一座三层楼的建筑。教堂十字交叉部位上的大型八角形塔楼，建于1322—1344年之间，八角塔楼在很大程度上打乱了诺曼式狭长开间的有序排列。教堂的东侧到了1106年，修道院创始人的遗骨移至该堂的时候才最后建成。1109年，教堂升级成为大教堂，布雷顿·阿博特·埃尔韦（Breton Abbot Hervé）成为伊利大教堂的主教。

从教堂最古老部分的建筑，即没有壁联毫无修饰的耳堂南侧建筑（包括底楼交替支撑系统、楼廊和带走道的三格窗，三格窗可能是1111年交叉部塔楼垮塌以后建造的），穿过由于支柱前面的建筑元素而具有明显垂直结构的北侧耳堂、带十三个开间的中堂和侧堂（包括交替支撑系统、连拱廊、楼廊和带走道的三格窗，见左图），再到教堂的正立面，就好像经历了从罗马式建筑的鼎盛时期到后期的旅程。开放式耳堂西臂的墙壁建于十二世纪后期，墙壁上饰以奢华的成排盲连拱。虽然教堂中堂的修建耗费了较长时间，但中堂不仅气势宏伟，而且还惊人地保留了其原本的设计形式。中堂楼层以6：5：4的比例水平排列，用细长的壁联柱进行分隔，壁联柱（而不是已破落的木制顶棚）支撑起一个木制的筒形拱顶。就跟彼得伯勒大教堂（Peterborough）和诺维奇大教堂一样，这是一座以罗马式建筑鼎盛时期的设计风格修建起来的近乎完美的教堂。中堂和侧堂的外部也包括了一系列盲连拱的设计，而且装饰得比内部更为奢华。

位于萨里（Surrey）的柏孟塞修道院（Bermondsey Abbey，见第230页顶图），是一座跟苏塞克斯的刘易斯修道院和萨洛普郡（Shropshire）的文洛克修道院（Wenlock）类似的克吕尼修会（Cluniac）修道院。最近考古挖掘的发现，才让人们对修道院的东侧部分有所了解。就跟修建罗切斯特和约克大教堂唱诗堂的解决方案一样，修道院东侧部分也很神秘，直到现在人们还是很难解释。修道院的耳堂带有四座后堂，它与19.8米的圣堂相连，圣堂的东侧还环绕着五座后堂。这座修道院始建于1082年，它是模仿克鲁尼二世修道院修建的所有建筑中一座与众不同的建筑。

这座修道院教堂仅有部分建筑遗留下来，是由来自法国圣莫里茨（Séez）的建筑师罗杰·德·蒙莫朗西（Roger de Montmorency）在

当然，仔细研究一下剑桥郡的伊利大教堂（见第229页图），也可以让我们了解到伯里教堂西立面的大致情况。伊利大教堂用以敬奉"三圣一（Trinity）"的宽大立面，明显是要与伯里教堂直截了当地一比高低。跟伯里教堂一样，伊利大教堂也有一个前身，那就是中世纪建立起来的修道院——由诺森布里亚的王后圣埃塞德丽达（St. Etheldreda）创建，王后于公元679年逝世。在伊利大教堂附近的沼泽地里，威廉国王在修士们的援助之下，击退了盎格鲁-撒克逊人最后

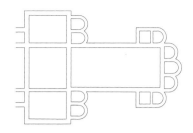

柏孟赛修道院东段平面图。

1083年为本笃会修建的。中堂和侧堂内的三个开间大约建于1100年，圆形的支柱及楼廊内通常采用的山花壁面给开间提供支撑，但是高侧窗前面并没有设计走道。

对解释诺曼底建筑师与英国诺曼建筑师之间保持的关系而言，伍斯特圣玛利亚大教堂（见下图），提供了尤为充足的信息来源，然而在关于欧洲罗马式建筑的出版作品中，这座教堂却很不合理地被忽略掉了。虽然这座以红色砂岩建成的大型教堂，在很大程度上是座哥特式的建筑，然而它之前诺曼式教堂的重要部分（地宫、正立面的底部、拱券和壁联）仍然保留了下来。教堂所在的城市于公元680年被划为主教教区，当时这座教堂还叫圣彼得教堂，处于世俗修士的管辖之下。圣伍尔夫斯坦（St. Wulfstan，1062—1095年）是唯一一位诺曼征服以后仍然在位的盎格鲁-撒克逊主教，他把这座公元十世纪后期由圣奥斯瓦尔德（St. Oswald）建起、后来由于丹麦人入侵而遭到毁坏的教堂拆除，并在1084年开始重建教堂。由于教堂教士们的数量日益增多，教堂的规模也必然跟着扩大。到了1089年，教堂修建的进度已经有了很大进展，教会的神职人员可以从圣奥斯瓦尔德所建的老教堂搬进新建的大教堂内。伍尔夫斯坦在搬迁了奥斯瓦尔德的遗骨以

后，就对原来的老建筑进行了拆除；原来的建筑可能就位于现在所见的中堂旁边。伍尔夫斯坦所作的记录表明，1092年，他在修建来敬献给玛利亚的地宫内，召开了一次宗教大会。1095年，伍尔夫斯坦逝世，这位主教没能看到大教堂的全部竣工——尽管马姆斯伯里的威廉（William of Malmesbury）有相反的说法。经十二世纪上半叶陆续遭遇的火灾和1175年塔楼垮塌之后，到十二世纪末期，中堂西侧两个开间建成完工，这座大教堂终于在1218年献祭。

伍尔夫斯坦所建的教堂带有侧堂、耳堂和回廊，回廊还建有辐射式的小礼拜堂。由于它是所在主教教区最为杰出的教堂，所以这座教堂很有可能不仅仅只是英国西部"塞文河教派（Severn Group）"的宗教中心，而且还是这一地区的艺术中心。"塞文河教派"的教堂包括了大马尔文（Great Malvern，约1085年及其后）、图克斯伯里（Tewkesbury，1087—1092年）、格罗斯特（1089年及其后）、珀肖尔（Pershore，1092年及其后）和伊夫舍姆（Evesham，十二世纪）等本笃会修道院。作为该教派所有建筑的领军建筑，伍斯特圣玛利亚大教堂的设计为该教派其他一些后期修建的教堂留下了烙印，也可能是由于这个原因，使得人们会对其建筑整体进行理论归纳。

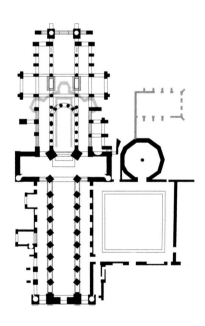

伍斯特大教堂，始建于1084年，由伍尔夫斯坦修建，上图为教堂平面图。

伍斯特大教堂，地宫（左图）。

230

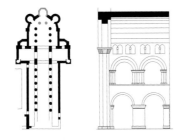

格洛斯特修道院教堂，由塞洛
修建，右图为平面图。

格洛斯特修道院教堂，由塞洛修
建，唱诗堂立视图（左图）。

格洛斯特大教堂，始建于1089年，
中堂的东向视图（下图）。

格洛斯特大教堂（见第231页右图）至今仍然保留下来的原唱诗堂两层楼立视图可以用来与伍斯特大教堂的唱诗堂立视图作比较。自从公元七世纪起，格洛斯特大教堂所在之处就建有一座修道院。1058年，修道院被敬奉给圣彼得；1088年，它遭到大火焚毁。当阿博特·塞洛（Abbot Serlo，1072—1104年）在1089年7月为这座新建筑埋下基石的时候，就可以确定，他实际是在修建一座示范性的建筑。

格洛斯特的圣彼得修道院自1540年起成为一座大教堂，是带有侧堂、耳堂、回廊和辐射式小礼拜堂的长方形会堂。跟伍斯特大教堂一样，这座修道院地宫的长度与唱诗堂的长度相当，且带有好几间侧堂。多边形的主唱诗堂用圆形支柱支撑着上方的连拱廊。修道院的回廊采用弧棱拱顶，回廊上方是带筒形拱顶的楼廊。圆形支柱本身还带有四根半圆形的壁联，其中只有三根保留下来。圆形支柱上朝向内侧的壁联，在后哥特时期的建筑改造中消失。回廊下面两层楼的高度相同，两层楼上方是后哥特式的高侧窗。修道院的耳堂有五个开间，不带侧堂，其北侧建有小礼拜堂，耳堂的平面图及部分立视图采用了罗马式的设计风格。这样一来，与唱诗堂的立视图相比，中堂和侧堂的立视图完全不同。圆形立柱之上没有壁联的位置，貌似楼廊的装饰延伸至走道。修道院的高侧窗到了十三世纪被改造为肋架拱顶，但是在拱顶下方却可以清楚地看到之前结构留下的痕迹：交错的三体连拱廊、走道和中央窗户。修道院的侧堂也采用了肋架拱顶的设计，侧堂的外墙以三根和五根壁联交替排列的方式作为装饰。

唱诗堂内遗留下来的两层罗马式楼廊，为重新复原此前的上层建筑提供了重要的信息。它们都建有半圆穹顶，用以支撑中央唱诗堂上的拱顶。对于上层建筑，共有六种可能的解决方案，如果该方案是为了在侧廊顶部修建石制拱顶，那么很有可能第三层结构就是带有走道的高拱廊，高拱廊上是否带有小窗户就不得而知了。

这样的解决方案，可能对于任何一位在法国罗马式建筑风格的熏陶下成长起来的建筑师，都会觉得非常奇怪。但是，事实也证明，恰好正是这种方案，也存在于"塞文河教派"的其他两座座筒形拱顶的建筑中，即格洛斯特郡图克斯伯里和珀肖尔的教堂（赫里福德教堂和伍斯特教堂，见第232页图）。两座教堂东侧的中央侧廊的上方都建有拱顶，拱顶跨越了楼廊、高拱廊和走道；这是由三个部分组成的立面，而不是让·博尼（Jean Bony）在1937年重建的四部分立面。图克斯伯里和珀肖尔两地教堂的耳堂曾经采用了石制拱顶结构，这一点也为推测

出它们唱诗堂的立视图提供了线索，虽然两座教堂的唱诗堂已经不复存在。由于两座教堂都是隶属于伍斯特大教堂和格洛斯特大教堂的小型修道院，可能在它们各自的建筑设计的初始阶段，都设计了相同高度的立面。然而可能是由于中堂的宽度，尽管立面设计得新颖独特，但是采用石制拱顶的计划还是失败了。根据推测，伍斯特和格罗斯特大教堂都被重新设计过，以梁柱支撑的木制拱顶代替了石制拱顶，该设计也是唯一能够达到教堂预设空间效果的屋顶形式。

伍斯特大教堂和格洛斯特大教堂的复原也很容易。图克斯伯里和珀肖尔教堂的耳堂保存状况相对较好，跟这两座教堂的耳堂一样，伍斯特和格洛斯特大教堂也带有一个侧堂和五个开间，在教堂的东侧都建有两层楼的小礼拜堂，边角位置还建有带楼梯的塔楼。这两座教堂都是三层楼，设计时计划修建石制拱顶，有可能实际上也修建了石制拱顶。

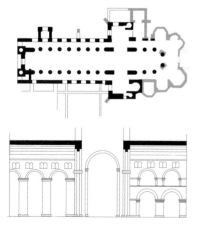

图克斯伯里教堂，平面图（上图）、中堂和唱诗堂的立视图（右图）。

伍斯特大教堂罗马式中堂和侧堂的复原，只有极为稀少的残存建筑作为参考依据。然而，即便这些少许的建筑残垣，也可以证明这座教堂不仅只是采用了格洛斯特和图克斯伯里大教堂圆形支柱的设计。它们中堂和侧堂的立面与建筑东侧的立面大不相同。中堂和侧堂建有

高高的连拱廊、高拱廊和走道；自从1110年开始，高拱廊就开始逐渐替代了楼廊，因为人们认为楼廊无论从建筑结构还是从礼拜仪式上来讲，都已经没有存在的必要了。不久以后，格洛斯特大教堂就开始修建，大约在1120—1130年之间，建筑师们在连拱廊下方的中间楼层过渡位置开凿孔眼；这就明显体现出建筑师们想要采用当时最为现代的拱顶形式，即发明于诺曼底地区的六分肋架拱顶（见第142页图）。然而，格洛斯特大教堂的上层结构与拱顶之间体现出明显的不连续性，为了避免这样的问题，伍斯特大教堂的设计方案很有可能进行了修改，最后中堂和侧堂采用了交替的支撑系统。

由于"塞文河教派"的教堂的楼廊建有拱顶，而且位于拱顶之下的高拱廊还带有走道，这两样特征使得这些教堂在英国罗马式的建筑中占据了特殊的地位。这些教堂的主要建筑师一定意识到，如果长方形会堂的跨度达到10米以上，那么根本就不可能在教堂的顶部建起石制的拱顶。所以，这种石制拱顶的方案只可能在一些小型建筑上实现。

赫里福德大教堂的主教小礼拜堂有与图克斯伯里教堂相同的拱顶系统，可惜这座建筑在1737年被摧毁。当时的资料把这座主教的小

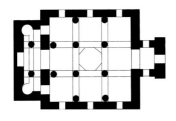

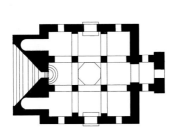

赫里福德大教堂，主教的小礼拜堂，
由德林克沃特（Drinkwater）重建。

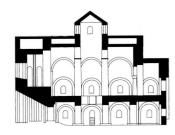

剖面图，顶楼的平面图及底层的平面图。

礼拜堂称为亚琛宫廷小礼拜堂的继承者，它是一座由洛林的罗伯特主教（1079—1095年）修建起来的两层楼集中式建筑（见左上图）。教堂的复原也很容易：教堂的底层与地宫相似，并建有支柱制成的弧棱拱顶；底层以上的建筑部分是中堂和侧廊，中堂上建有拱顶和中央塔楼，侧堂上建有半圆形的穿顶。这座主教小礼拜堂的设计，与斯派尔大教堂（Speyer Cathedral）的圣埃默拉姆小礼拜堂（chapel of St. Emmeram）和戈斯拉尔（Goslar）皇宫内的圣母教堂（Church of Our Lady）具有一定的关联性，这就证明，在十一世纪的后期，建筑师们的客户把萨利（Salian）可能还有勃艮第的影响引入到了英国。

然而，令人惊讶的是，不论是忏悔者爱德华任命的罗伯特主教和威廉主教，还是威廉国王任命的第一任主教休·德·奥里瓦尔（Hugh de Orival，1075—1085年），他们都没有对伦敦的圣保罗大教堂（见右下图）进行重建。直到1087年一场大范围的火灾，莫里斯主教（Bishop Maurice，1086—1107年）才有了重建教堂的机会。1113年，教堂又一次发生的火灾导致了教堂的重建，这次改造可能一直持续到了1127年才完工，此后教堂一直到十二世纪下半叶都没有再进行过改造。因此从如今已经是巴洛克风格的圣保罗大教堂，我们可以知道它前身那个大教堂平面图的大致轮廓。大教堂有一间厅堂式的地宫，地宫上面可能像伯里教堂一样，建有辐射式小教堂的回廊。异常突出的耳堂与回廊相连，支柱支撑的中堂和侧廊通过十二个开间有力地表达出来；完整的教堂结构还包括楼廊、高侧窗和哥特式的肋架拱顶，十七世纪的文策尔·霍拉（Wenzel Hollar）对这些教堂状况都有完整的记录。如果方方的小型塔楼真正建在教堂立面横截面的位置，那么塔楼就应该是在十二世纪下半叶后才增添的建筑。

十一世纪的最后十年，人们在开始修建大教堂的同时，也开始修建起克鲁尼修会的修道院教堂。如位于诺福克的卡斯尔艾克（Castle Acre）的修道院教堂（见第234~235页图）。这座教堂在1089年瓦伦（Warenne）的威廉一世奠基以后随即就开始动工修建。教堂的中堂和侧廊建有六个开间，教堂立面上的盲拱券按顺序排列，这样典型英国式的立面（十二世纪中期）至今依然存在。苏塞克斯的刘易斯修道院教堂（见第235页图）也始建于1090年以后，这是另外一座由瓦伦的威廉一世在1078年至1081年之间奠基的教堂。考古发掘结果表明，这座教堂效仿的是始建于1088年的克鲁尼三世修道院（Cluny III）：这座克鲁尼三世修道院在英国的传承者也建有两间耳堂和带有辐射式小礼拜堂的回廊。

这十年当中修建的第一座大教堂是位于苏塞克斯的查切斯特大教堂（Chichester，见第235页图）。这是一座敬奉三圣一的大教堂，公元681年左右在塞尔西（Selsey）落成，属主教教区管辖，建造者是圣威尔弗里德（St. Wilfrid），他曾经担任约克大教堂的院长和主教。1075年，伦敦议会决定把"乡村主教教区（Village Sees）"从乡村迁移至城市，这样一来，主教教区也就被迁移至查切斯特（奈梅亨，Noviomagus）。斯蒂甘德（Stigand）是这座教堂搬到新址以后的第一任主教（1070—1087年），他可能从1080年左右就开始着手修建一座新教堂，以取代临时使用的圣彼得教堂。这就可以解释，为什么查切斯特大教堂这座大型的建筑，会呈现出特别古典老式的风格。这座教堂的大型建筑部分，在哥特式建筑时期的现代化改造中得以保留下来（尽管在1187年该教堂还发生过一次火灾）。

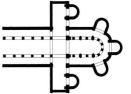

伦敦圣保罗大教堂，由莫里斯
修建，左图为平面图。

233

上一页：
卡斯尔艾克（诺福克），
原克鲁尼式修道院教堂，始建于1089年，西立面视图。

这座大教堂由拉尔夫·卢法主教［Bishop Ralph Luffa, 1090（或 1091）—1123年］委任修建，马姆斯伯里的威廉评价说卢法建的教堂是一个"创新（Novo）"。教堂的东侧（包括带三间辐射式小礼拜堂的回廊和无侧廊、东边有两层楼小礼拜堂的耳堂）始建于1091年之后不久，教堂中堂和侧堂的东面四间开间，可能到了1108年教堂献祭前才建成完工。唱诗堂的立视图已被复原出来，它对于了解建筑的发展历史具有重大的意义。唱诗堂高度仅为7.9米，这就意味着可以修建跟伦敦的小礼拜堂塔楼或者温彻斯特大教堂一样的石制拱顶；这也表明在斯蒂甘德担任教堂主教时期，就已经制定了该建筑的设计方案。唱诗堂的石制拱顶，应该以底层支柱构成的连拱廊和石头拱券加固的楼廊作为支撑。1114年，查切斯特这座城市和教堂在一场大火中遭到焚毁，然而依然可以看到这座十一世纪建筑的十字交叉部和旁边的耳堂留下的断壁残垣。卢法又重新开始进行教堂的修建，他建起圣母堂、支柱支撑带三间侧堂八个开间的长方形中堂、衔接有力的三层立面（连拱廊、无拱顶的楼廊和三拱券高侧窗，外部仍然采用罗马式的风格）及建有双子塔楼的教堂正立面（教堂于1184年献祭）。柴郡（Cheshire）切斯特城（Chester）城墙附近有一座红色砂岩建筑，原是敬奉圣韦伯格（St. Werburgh）的一座教堂（在1541年起成为大教堂），在十三世纪中期进行了大范围的哥特式改造。教堂前身是位于同位置的一座牧师会教堂，建于公元907年之后不久。1092年，休·卢普斯（Hugh Lupus）将该教堂改作为本笃会修士们的修道院。休·卢普斯是切斯特的伯爵，也是征服者威廉的侄子。勒贝克的夏尔主教（Bishop Richard of Le Bec, 1093—1117年）开始动工修建一座新的建筑，依然保留的部分是大教堂的北侧（侧堂的墙壁和北侧耳堂），但是已经不能够对整个建筑进行复原。

事实上，并没有什么直截了当的方法，能够确定肋架拱顶的设计新理念最初出现在哪里，到底是在建于十二世纪二十年代的伍斯特大教堂，还是在经历了1122年火灾之后的格洛斯特大教堂。这两座采用肋架拱顶的大教堂，还有我们认为建有肋架拱顶的林肯大教堂，都应该早于达勒姆大教堂肋架拱顶的修建时间，但人们仍然错误地认为修建带肋架拱顶的开始时间是修建达勒姆大教堂的那年。

达勒姆大教堂建在威尔河（Wear River）环绕之中的城市的最高点，与达勒姆主教城堡比邻而立。这座教堂最纯粹地体现了诺曼式建筑风格（见第236～237页图），它是诺曼人严格维护他们宗教和世俗权力的象征，是他们统治臣民的象征，同时还是防御苏格兰的堡垒。大教堂的前身是一座修道院教堂，该修道院由阿尔邓恩主教（Bishop

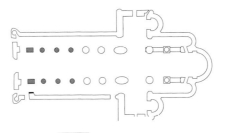

卡斯尔艾克（诺福克），
原克鲁尼式修道院教堂，
平面图。

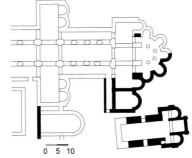

刘易斯修道院（苏塞克斯），
修道院教堂，始建于1090年
之后，平面图。

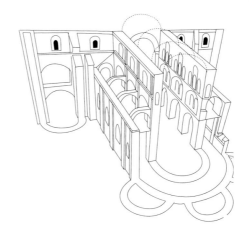

查切斯特大教堂，苏塞克斯
始建于大约1080年，
由卢法（Luffa）修建，
唱诗堂的立视图。

Aldhun）在公元993年开始修建，并在公元998年献祭。林迪斯法恩主教（bishop of Lindisfarne）圣卡思伯特（St. Cuthbert，卒于687年）的遗骨安放在这座修道院里。

我们现在所见的大型建筑——带侧堂、采用交错支撑系统的长方形会堂、西侧的门廊、双子塔楼的立面、带两间侧堂的耳堂、东端的唱诗堂和矩形小礼拜堂（代替了原来的三间罗马式后堂）——由圣卡里勒弗的威廉主教（Bishop William of St. Carileph），即纪尧姆·德·圣卡莱（Guillaume de St. Calais, 1081—1096年）在1093年开始修建，雷纳夫·德·弗兰巴德（Ranulph de Flambard, 1099—1128年）担任主教以后又继续修建。大教堂的东侧完工时间约为1104年，圣卡思伯

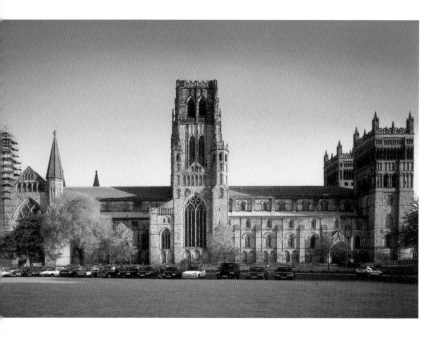

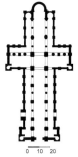

达勒姆大教堂，北向视图（左上图）及平面图（左下图）（圣卡里勒弗的威廉所建的建筑）。达勒姆大教堂，始建于1093年中堂东向视图（右图）及教堂西向视图（下页图）。

0 10 20

特的遗骨也是于当年被转移至这里。此后教堂又增建了楼廊、高侧窗、东侧的弧棱拱顶，可能还有中堂木制拱顶，最后大约在1128年全部修建完工。人们通常认为，在教堂的开建伊始就进行了肋架拱顶的设计和修建，然而这样的观点是毫无根据的。

中堂的肋架拱顶直到1120或1121年左右，才在诺曼底（准确地说是在卡昂的圣安堤雅教堂）被"发明"出来的。这座教堂早期的设计方案是一座石制屋顶的大型长方形会堂，但是由于建筑横跨的宽度，当时采用石制天顶是不可能实现的；最后是肋架拱顶使这样的跨度成为了可能。圣安堤雅教堂是征服者威廉的安葬教堂，它的第一例大型肋架拱顶由六个部分构成，这是由于教堂采用了交错支撑系统的缘故，同时也为了与教堂垂直的建筑元素相匹配。达勒姆大教堂内的四分肋架拱顶缺乏任何立视图的记载，很显然是后来〔从1128（或1133）到约1160年〕增添的建筑，它架在楼廊上方的支座上并以隐形的扶壁支撑，在这个过程当中，教堂的高侧窗进行了修改，教堂的内部也按照后罗马式的风格进行了华丽的装饰。后来，侧堂自然也在其下方建起弧棱拱顶作为支撑，就像在英国许多地方看到的一样。

另外一个事实能作为达勒姆大教堂肋架拱顶修建时间并没那么早的论据，就是当时始建于世纪之交的建筑（比如诺维奇大教堂、圣安塞尔姆在坎特伯雷大教堂修建的唱诗堂及彼得伯勒大教堂），都没听说采用过这种类型的拱顶设计。

相反地，诺维奇大教堂和彼得伯勒大教堂最后都决定不在中堂采用拱顶设计，而是对中堂墙上的"输水道系统（Aqueduct System）"加以完善。这种前哥特式的建筑结构，去掉了墙壁上沉重的元素，在这些建筑上面表达出其最华丽的风格特征。

东盎格利亚主教教区的历史，可能要追溯到公元630年左右由勃艮第的圣费利克斯（St. Felix）在萨福克的邓里奇（Dunwich）所建立的主教教区。公元955年左右，该主教教区与诺福克的北埃尔汉姆（North Elmham）合并；1075年，教区迁移至赛特福特，直到1094年，埃贝特·德·洛辛加主教（Bishop Herbert de Losinga，1091—1119年）才最后搬到了相对安全的诺福克。洛辛加主教曾经担任费康修道院的副院长及拉姆齐修道院（Ramsey）的院长，他当时的主教职位显然也是从征服者威廉贪得无厌的儿子威廉·鲁弗斯（William Rufus）手中买来的。他下令把这座萨克森（Saxon）城的部分建筑拆除，并在1096年开始修建一座新的大型建筑（见第238页图）。教堂的东侧于洛辛加主教生前建成完工（完工部分包括带回廊和三座小礼拜堂的三层楼唱诗堂、不带侧堂的耳堂和中堂内的第一组双开间）。这座圣所跟伊利大教堂一样，

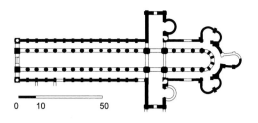

诺维奇大教堂，始建于1096年。
埃贝特·德·洛辛加所建建筑的平面图，
西南方向视图（左图），
中堂三级墙壁的结构（中图），
唱诗堂东向视图（右图）。

修建得特别长，建筑的整体结构在某些方面也沿用了卡昂圣艾蒂安大教堂的设计：连拱廊支撑着同样高度、连在一起的楼廊，高侧窗前设计有走道，高侧窗上还带有三个窗。楼廊前方的双壁联表明，该结构采用了如达勒姆大教堂石制拱券的方式加以固定。由几部分构成的后哥特式肋架拱顶，可能是之前木制拱顶的替代。教堂底层的支撑结构显得非常引人注目：它们就像弧形的拱券一样穿过教堂的东西两侧，圆柱和束柱支撑看起来好像与拱券融为了一体。教堂典型的英国式特征，便是耳堂东西两侧（耳堂本身带有两层楼的小礼拜堂）形式不同。

到了埃博拉尔杜斯主教（Bishop Eborardus），即埃弗拉德·德·蒙哥马利（Everard de Montgomery，1121—1145年）逝世的时候，教堂中堂全部建成竣工（多达十四间开间），其西端是简单横截面的正立面。

我们也要从头至尾梳理一遍公元1100年前后修建的中型修道院，它们其实也非常值得研究：诺森伯兰郡（Northumberland）的林迪斯法恩修道院（Lindisfarne，1093年及其后，见第239页图），它曾在达勒姆大教堂本笃会修士们的鼓动之下重建为肋架拱顶，但现在只剩断壁残垣；汉普郡的基督城修道院（Christchurch Priory，1094年），由后来成为达勒姆大教堂主教的雷纳夫·德·弗

兰巴德奠基修建，其连拱廊柱头采用了罗马式后期样式的设计；诺福克的比纳姆修道院（Binham Priory，约1091年及其后），至今已只剩下一座大厅，其尖状的屋顶表明双壁联上支撑的一定是筒形拱顶；埃塞克斯科尔切斯特修道院（Colchester Priory，约1095年及其后），是英国第一座奥古斯丁修会的建筑，它的拱形墙壁沉重牢固，不过现在也是一座废墟；还有诺福克的怀门德姆修道院（Wymondham Abbey，1107年及其后），两层的罗马式中堂，由威廉·德·阿尔比尼（William de Albini）奠基修建，是模仿圣奥尔本斯修道院的后代建筑。

这一时期建成建筑中的顶峰之作，是坎特伯雷大教堂的唱诗堂，但该建筑现在只留下了外墙部分（见第239页图）。唱诗堂由安塞尔姆（1093—1109年）和他的副院长埃尔纳尔夫（Ernulph，1096—1107年）在1093（或1096）年开始修建，由副院长康拉德（Conrad，1108—1126年）最后建成；他们把兰弗朗克所建的三间后堂替换成唱诗堂，唱诗堂是如此之长，以至于大教堂的整体长度增加了一倍。教堂的东侧是耳堂，耳堂两臂各带两间唱诗堂，耳堂还建有回廊，回廊建有几间彼此并不相连的辐射式小礼拜堂，以及一间矩形的圣母堂；这些建筑都建在延长的地宫上方，能够容纳许多的祭坛。教堂扩建部分在1130年献祭，这部分建筑应该是以圆体的支柱支撑，其楼廊的光

238

林迪斯法恩（霍利岛）
修道院教堂遗址。

坎特伯雷大教堂，唱诗堂由安赛尔姆修建
始建于 1093（或 1096）年。

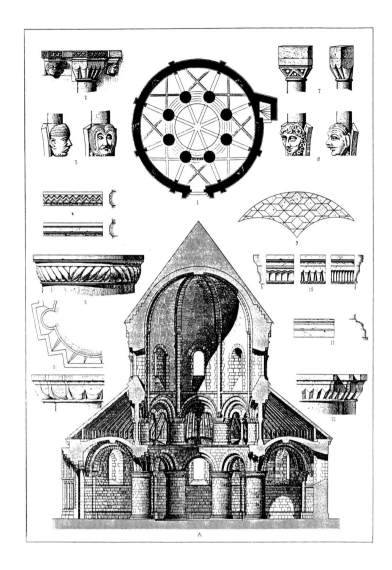

剑桥圣墓教堂，始建于约1120年。
西向视图（右图），
横截面、平面图和
建筑雕塑类型（左图）。

线很暗，高侧窗前建有走道。根据坎特伯雷盖尔瓦西乌斯的记载，建筑的顶棚上装饰有油画。

英国集中规划式建筑的数量并不多，其中最引人注目的例子是位于剑桥的圆形圣墓教堂（Church of the Holy Sepulchre，见左图）。这座教堂始建于1120年，然而我们并不知道其修建的原因。这是一座模仿耶路撒冷圣墓教堂修建起来的建筑，当教堂在1841年由剑桥的卡姆登会（Camden Society）重新改造的时候，其教堂的形式仍然是值得信赖的。教堂的八根圆体立柱环绕着教堂的中间部分，四周是不带拱顶的楼廊及圆形拱券窗户，其屋顶建在八部分构成的穹顶上。教堂坚固的肋拱棱与最初规划的设计形状大不相同，最初的设计跟回廊内的肋拱棱相似。

除了对于一些教堂——比如老塞勒姆大教堂、维尔特郡大教堂（建于约1110—1130年）和罗切斯特大教堂（建于1111—1125年）——的唱诗堂进行改造之外，十二世纪的前三十年也"见证"了几座重要的修道院和主教教堂的动工和扩建。1110—1160年之间，埃塞克斯的沃尔瑟姆修道院增建了一座带有回廊和耳堂的新建筑（IV）。这座修道院带楼廊的中堂和侧堂至今依然耸立，中堂和侧堂内刻有图案的圆形立柱和连拱廊拱券上可看到达勒姆大教堂的

影响。在约克郡的塞尔比修道院（Selby Abbey），可以清楚地看到罗马式建筑到哥特式建筑的过渡。修道院唱诗堂原来的小礼拜堂始建于1100年，它们以梯形的样式排列，后来被一座后哥特式风格的建筑取代。但是该修道院罗马风格的无侧堂耳堂和耳堂较低的十字交叉部位，以及中堂和侧堂东面的两个开间，仍然保留了下来。从第二个双开间开始，哥特式建筑的个别特征就开始以非常怪诞的形式呈现出来。萨里的彻特西修道院（Chertsey）修建于1110年之后，我们只知道这座修道院教堂平面图的大体布局，以及在耳堂臂上方修建的两座大型塔楼，此外我们对于该建筑知之甚少。德文郡（Devon）的埃克塞特大教堂由威廉·瓦伦瓦斯特主教（Bishop William Warelwast，卒于1137年）修建于1114年，于1133年献祭。对于这座建筑，我们所了解的资料也非常少。

彻特西大教堂和老塞勒姆大教堂，以及诺丁罕郡的索思维尔大教堂（Southwell Minster，见第241页图）和汉普郡的拉姆西修道院（Romsey Abbey，见第241页图，于1120—1250年左右为本笃会所建），是最早建有矩形唱诗堂或者回廊的早期建筑。索思维尔大教堂由约克的托马斯大主教二世（Archbishop Thomas II of York，1108—1114年）开始修建，建立之初是一座牧师会教堂。这种类型的回廊似乎是

诺丁罕郡索思维尔大教堂，始建于1108—1014年。中堂的东向视图。

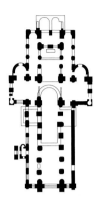

老塞勒姆大教堂（汉普郡）约1120—1250年。西立面平面图。

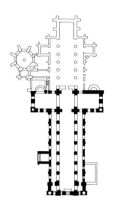

诺丁罕郡索思维尔大教堂，西立面平面图。

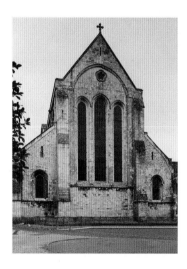

英国罗马式建筑时期的设计创新，其历史可以追溯到后加洛林王朝时期欧洲大陆式的回廊地宫。

　　这些建筑当中，保存最为完好的要算是拉姆西修道院的唱诗班席，与最初的构成相比，这座建筑可能只是失去了其两层楼的东侧小礼拜堂。两座牧师会主持的教堂中堂的设计，是英国罗马式建筑鼎盛时期丰富建筑风格的变体形式，富有特色。在索思维尔大教堂，高度逐层减小的三层楼结构（带圆体支柱的连拱廊、不带门楣的楼堂及过道后面的圆形窗户）支撑着木制拱顶，侧廊内早期样式的肋形拱顶嵌入后安装在支柱上。拉姆西修道院也采用了英国典型的三楼式"输水管道系统"，而且也采用了木制拱顶的设计。索思维尔大教堂在避免强调建筑垂直性设计的同时，教堂第一个隔间内的大型圆体支柱，看起来好像穿过了楼廊，从而制造出一种如同牛津或者杰德堡（Jedburgh）修道院内"巨柱式"的效果。

　　大约在1120年左右，有一些教堂进行了以木制拱顶替换十一世纪所建石砌拱顶的改造，以上所提到的教堂属于被改造教堂中的两座。这两座建筑以其交错排列的支撑结构和不断增加的装饰特色，以及后来多次增建并且日益潮流化的肋拱棱——虽然只是在侧廊中使用，在众

多的建筑中脱颖而出。这类型的立面也发生了改变：拉姆西修道院采用横截式立面，而索思维尔大教堂采用比例谐调的双子塔楼式立面。

　　剑桥郡的彼得伯勒修道院（Peterborough Abbey，见第242页图），是罗马式建筑鼎盛时期末期最为重要的大型建筑（长145.69米）。该建筑大约始建于1118年，到了1541年提升到了大教堂的地位，这座本笃会修道院教堂是用来敬奉彼得、保罗和安德烈的建筑。原来的教堂在公元972年举行了献祭仪式，到了1116年遭致大火焚毁，阿博特·让·德·圣莫里茨［Abbot Jean de Séez，即约翰·德·赛斯（John de Sais）］，于1114—1125年又重新建起一座建筑来替代原来的教堂；原来的修道院教堂是在公元653年，皮达（Peada）这位麦西亚国王（King of Mercia）摄政后不久创建的。阿博特·让·德·圣莫里茨不仅在早期哥特式建筑开始在法国兴起的阶段完善了伊利大教堂和诺维奇大教堂的特征，而且还在很大程度上解决了墙壁和内部照明的问题。新建教堂的唱诗堂带有三间侧堂，侧堂末端是后堂，唱诗堂以八边形和圆形的立柱以交错的方式进行支撑，到了1143年，唱诗堂最后建成完工；教堂侧堂的拱肋是后期增建的。教堂双层覆盖的主后堂，决定了唱诗堂楼层的次序，是非常重要的建筑部分，这座三

剑桥郡彼得伯勒大教堂，
大约始建于 1118 年。
中堂的东向视图。

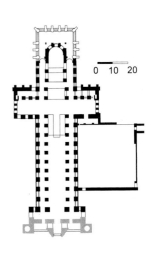

让·德·圣莫里茨所建建筑的平面图。

层楼建筑的每层楼上都建有窗户。双侧廊的耳堂也是座三层楼的建筑（跟唱诗堂、中堂、连拱廊、带门楣的三韵律楼廊一样），这座建筑被以壁联和飞檐构成的隔屏间隔开来。阿博特·威廉·德·沃特维尔（Abbot William de Waterville，1155—1175年）也开始对教堂的中堂和侧堂进行修建，这里他没有采用交错支撑结构或者带拱顶楼廊的设计。阿博特·本尼狄克（Abbot Benedict，1177—1199年）按照建筑原来的设计方案，在1193年之前完成了中堂和侧堂的修建。中堂内已经损坏的木制屋顶始建于十三世纪，几乎可以确定的是，木制屋顶替代的是之前木制的桶形屋顶。教堂的西侧采用哥特式风格，建有角塔及让人联想到林肯大教堂的巨型壁龛，1238年教堂圣化时其西侧应已经建成完工。

英国罗马式建筑的鼎盛时期到了1135年的尾声，随着亨利一世摄政时期的结束，也走向了最后的终点。亨利修建的主要建筑是位于伯克郡（Berkshire）的雷丁修道院（Abbey of Reading），这座建筑除了位于福伯瑞花园（Forbury Gardens）一端耳堂的少量遗留建筑，其余的大部分建筑都已经不复存在。该修道院始建于1121年，它的教堂由贝克特（Becket）在1164年举行了献祭仪式，这座教堂也是亨利国王埋葬的地方。克鲁尼修会的修士们从刘易斯的各地来到这里，守护这座高祭坛之前的坟墓。

但是，我们只要看看赫里福德和伍斯特的莱明斯特修道院（Leominster Priory，见左下图），就可以了解到雷丁修道院（Abbey of Reading）的大体情况。这是一座雷丁修道院的后代建筑，该修道院同样是一座带有侧堂、耳堂、十字交叉部塔楼和辐射式小礼拜堂的庄严建筑，该修道院是在亨利一世将盎格鲁-撒克逊地基交给他在博客

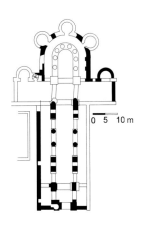

莱明斯特修道院（赫里福德和伍斯特）平面图。

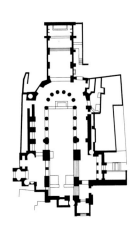

伦敦原圣巴托罗缪修道院教堂，唱诗堂和耳堂的平面图。

郡修建的墓葬堂以后，才开始进行修建的。这座修道院只有带奢华阶梯式门廊的中堂和北面的侧廊，在1539年的建筑拆建中保留了下来。

伦敦圣巴托罗缪教堂（St. Bartholomew-the-Great，见第243页图）修道院教堂，由亨利的宠臣雷希尔（Rahere）在1123年开始修建，这座建筑也带有回廊和辐射式的教堂。雷希尔曾经去罗马朝圣，路上他在生病的时候，就发誓一定要修建一座医院。他是圣巴托罗缪教堂的第一任副院长，于1143年逝世；他不太可能亲眼看到修道院的完工，奥古斯丁黑袍修士（Augustinian Black Canons）在他逝世之后代替他监管修道院的修建。修道院带侧堂的唱诗堂以厚重坚固的圆体支柱作为支撑，里面还建有楼廊和明窗，这些建筑都给人留下了非常深刻的印象。

从外观来看，多尔塞特的温伯尼大教堂（Wimborne Minster）看起来完完全全就是一座哥特式的建筑，但是教堂的内部却反映出1120年以后数十年内建筑的重要风格。教堂的中堂已经减至两层楼，中堂内的圆体立柱覆盖了后罗马式建筑时期的"V"形臂章图案。剑桥郡卡斯特（Castor）的圣基尼伯格哈教堂（The Church of St. Kyneburgha，见上图），其交叉部大型塔楼占据了教堂的主要位置，塔楼也是教堂唯一保留下来的罗马式建筑；交叉部的支柱以浅浮雕柱头装饰。

帕特里伯恩教堂（肯特郡）是一座罗马式风格的教堂。

英国罗马式晚期

尽管随着1160年左右伦敦的圣殿教堂（Temple Church）的修建，哥特式建筑风格在亨利二世摄政时期就传播到了英国，英国后罗马式建筑时期大致与英国三位国王的摄政时期同步，这三位国王分别是史蒂芬（1135—1154年，布洛瓦的史蒂芬一世）、亨利二世（1154—1189年）和理查德一世（1189—1199年，狮心理查德）。在后罗马式建筑时期，英国并没有修建起大型的建筑。该阶段主要对原来已经修建起来的大型教堂（比如伊利大教堂的西端）增加建筑装饰，以及新建一些小规模的建筑。

其中给人以最深印象的有以下这些建筑：赫里福德和伍斯特的基尔佩克（Kilpeck）教区教堂，这是一间带有方形唱诗堂、后堂及装饰奢华的南侧门廊的殿堂式教堂，它的修建始于大约1150年（见第325页图）；位于牛津的前奥古斯丁修会修道院教堂（Christ Church），该教堂建有奢华突兀的装饰拱券；诺丁罕郡的沃克森修道院（Workson Priory）的中堂和侧堂，以圆形和多边形交错结构的支柱支撑；维尔特郡（Wiltshire）马姆斯伯里修道院（Malmesbury Abbey）中堂的南侧门廊，其装饰也显得非常奢华、华丽；萨洛普郡（Shropshire）马齐文洛克（Much Wenlock）矩形牧师会礼堂的墙壁结构（建于1160—1180年间）；布里斯托尔大教堂（Bristol Cathedral）的牧师会礼堂；索默塞（Somerset）格拉斯顿伯里修道院（Glastonbury Abbey）圣母堂内交织的盲连拱，以及1200年左右在温切斯特郊区圣十字医院教堂内同样的盲连拱。采用后罗马式建筑风格装饰的主要建筑有以下这些小教堂的门廊：牛津郡（Oxfordshire）的伊夫雷教堂（Iffley，见第245页左上图）、肯特郡的巴尔弗雷斯托恩教堂（Barfreston，见第245页右图）和肯特郡的帕特里伯恩教堂（Patrixbourne，见第244~245页图），这些教堂的门廊都建成于十二世纪的最后三十余年。

西多会修道院

虽然英国的大教堂和本笃会的修道院教堂沿用了诺曼底教堂的模式，从1120起，西多会就把各种不同的法国文化特色引入英国。到了1160年，改革后的西多会在英国已经拥有了51座修道院，虽然大多数的教堂被摧毁，但在大多数地方我们还是能够看到，这些教堂和修道院（见第246页图）模仿了勃艮第罗马式建筑的设计形式。在圣克莱尔沃伯纳德（St. Bernard of Clairvaux，始建于1153年）时期建成了五座堪为样板的修道院，这些修道院形成了一种设计理念（丰特奈修道院，见第134~135页图），让英国大部分西多会修道院都试图模仿。西多会的修道院有三个（如弗利的萨里韦修道院，始建于1128年）、五个（如格温特的廷特恩修道院，始建于1131年；约克郡的罗氏修道院，始建于1147年）或七个（如约克郡的里沃兹修道院，始建于1132年；约克郡的芳汀修道院，始建于1135年）矩形后堂、耳堂和带侧堂的中堂。这些修道院都没有修建塔楼，也只有很少的装饰，修道院各个建筑部分间的衔接非常谨慎。但是，据我们所知，这些建筑与其法国模型相反，很少采用石制拱顶。这些朴素、简单的建筑渲染出庄严肃穆的宁静气氛，然而在现代的英国却已经无法体验这种氛围，因为所有这些教堂都仅仅留下了如画的废墟。

伊夫雷教堂（剑桥郡），
罗马式教堂的西立面视图（左上图）。

巴尔弗雷斯托恩教堂（肯特郡），罗马式风格的教堂，教
堂外观（右上图）和正门局部（右下图）。

帕特里伯恩教堂（肯特郡），罗马式风格的教堂，拱门饰详图（左下图）。

芳汀修道院（约克郡）
之前的西多会修道院，
始建于 1135 年，
修道院教堂遗址的外观和内部视图。

下一页：
里沃兹修道院（约克郡），原西多会修道院，始建于 1132 年。
修道院教堂及其墙壁遗址的外观视图。

白兰修道院平面图。

卡舍尔岩（爱尔兰），科马克小礼拜堂，1127—1134 年建造，塔楼立面视图。

在廷特恩和芳汀修道院，以及约克郡的柯克斯托尔（Kirkstall）修道院和什罗普的比尔德沃斯（Buildwas）修道院，勃艮第西多会修道院风格的最大特点便是其平面设计、支柱的形状、尖形拱券构成的拱顶及切割得干净利落的琢石。法国也是西多会修建修道院侧堂和唱诗堂尖拱顶的灵感源泉，虽然尖状拱顶是这种欧洲大陆修道院不带窗户的中堂经常采用的经典设计，但似乎并没有受到人们的青睐。西多会修道院的中堂似乎采用木制屋顶，虽然柯克斯托尔和比尔德沃斯修道院的唱诗堂早期采用的是肋形拱顶。

这些始建于十二世纪后期的西多会修道院——约克郡的白兰修道院、约克郡的罗氏修道院、兰开夏郡（Lancashire）的弗内斯修道院（Furness）和约克郡的杰维斯修道院（Jervaulx）——表明该世纪上半叶严格执行的建筑规则到了英国就被放宽了尺度。白兰修道院（见第248页左上图）的耳堂建有带走廊的侧堂和回廊，而罗氏修道院则体现出十二世纪七十年代早期拉昂周围地区的哥特式风格。

乡村地区的教区教堂罗马式的建筑风格一直保持到了1200年左右。1174年，坎特伯雷大教堂发生了一场大火，随后该教堂开始重建，这次重建成了首次沿用欧洲大陆早期哥特式建筑模式进行的大规模建筑工程，比如桑斯大教堂的所有建筑细节上都进行了模仿。

威尔士、爱尔兰和苏格兰的圣殿建筑

相对于英格兰圣殿建筑所占据的领先地位，威尔士、爱尔兰和苏格兰的教堂的地位相对就显得比较平庸。在这些地区，并没有太多的建筑被保存下来，让我们能够清晰地复原这些建筑的发展过程。然而，诺曼式建筑的影响却随处可见：比如位于一块凹地的圣大卫威尔士大教堂（Welsh cathedral of St. David，1190—1198年），其中堂和侧堂显得毫无特色。

在爱尔兰，这个自大约1170年起便是诺曼王国领土的地区，值得一提的有以下这些建筑：位于卡舍尔岩（Rock of Cashel，右上图）上的科马克小礼拜堂（Cormac's Chapel，1127—1234年），其大厅采用桶形拱顶的设计；西多会梅利方特修道院（Mellifont）的废墟（现在仅剩下这座1157年举行了献祭仪式的教堂的基墙部分）和哲伯恩特（Jerpoint）这座始建于十二世纪下半叶的教堂；高达28.34米的阿德莫修道院（Ardmore）细高的圆塔；克朗佛特大教堂（cathedral of Clonfert），其门廊上订满了无数的装饰性颗粒。兰达洛（Glendalough）的圣凯文教堂（St. Kevin's church）是一座建有陡峭屋顶和圆形塔楼的微型石砌建筑，这座建筑证明了早期爱尔兰修士们的小型石砌教堂实际上一直持续地存在。

苏格兰最重要的罗马式教堂，要追溯到大卫王一世（1124—1153年）的摄政时期。法夫（Fife）的邓弗姆林（Dunfermline）本笃会修道院始建于1070年前后，这是一座埋葬了十一位国王和王后的墓葬堂。这座修道院在1150年举行了献祭仪式，修道院三层楼结构的中堂和侧堂（见第249页左图）拱券，明显复制了达勒姆大教堂的设计风格，而修道院的外观则让人想到了约克大教堂的一种建筑模型（由巴约修建）。同样具有罗马式建筑后期阶段风格（1180—1200年）的，还有鲍德斯（Borders）的凯尔索修道院（Kelso Abbey）西端的巨型塔楼。这座塔楼在1126年开始修建，后来遭致毁坏。就在修道院附近的农村，改革后的修会建立起"边界修道院（Border Abbeys）"，这个12世纪宏伟建筑的废墟后来成为许多浪漫主义画家的灵感源泉。西多会在1136年开始修建梅尔罗斯修道院（Melrose），奥古斯丁会在1138年开始修建杰德堡修道院（Jedburgh，见第249页右图），罗普雷蒙特雷修会（Premonstratensians）在1140年开始修建德瑞伯（Dryburgh）修道院；西多会的修道院是其他修会建筑的范本。这些修道院的平面

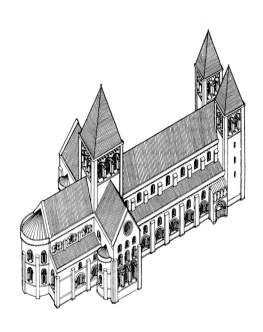

设计和它们各自独特的设计显示，不可能还有另外一种"苏格兰–诺曼"式的风格。圣安德鲁斯大教堂（Cathedral of St. Andrews）遗留的少量罗马式建筑也表明了这一点。这座大教堂于1160—1170年之间开始修建，教堂的唱诗堂采用了石制拱顶的设计方案。

世俗建筑

像诺曼人这样的军事征服者，不得不更加重视防御性建筑（城堡、城墙）的修建，以保护他们在城市和乡村的统治，而不是为上帝修建这些城堡。这些防御性的建筑遍布整个英国地区，尤其是南部的海岸线和城市，其中就包括了体现他们军事贵权的纪念性建筑。这些建筑恐吓性地展现了君主的权力，而且它们外观起到了使已经获得的国家统治权永久维护下去的作用。对于一些圣殿式的建筑，可以把它们解释成征服者追求的"统治（Regnum）"和"圣职（Sacerdotium）"的统一，这样一来，防御性的建筑便可被明确理解为权力的架构。另外，如果考虑到罗马式教堂实际代表了社会和宗教的秩序，作为封建社会的真正超越，在此，被侵略者神圣和世俗力量的征服被视为非常值得研究的历史事件，那么这些通常由主教建造和管辖的建筑，就是异域统治者维持他们对所征服地区统治的保障，而且它们也可能是在经济、政治和文化等方面实现对当地人的统治的阵地。

奥德里克·维塔利斯（Ordericus Vitalis，1075—约1142年）是一位来自圣埃夫鲁（St. Evroul）的诺曼底历史学家，他认为是他的同胞

们所修建的城堡让诺曼人得以在英国永久定居下来。"被称为城堡的诺曼要塞，"他写道："对于英国的各个省份来说却闻所未闻，这就是为什么英国人虽然英勇善战却不能够对他们的敌人进行一点点反抗的原因。"1137年，盎格鲁–撒克逊的编年史这样控诉道："诺曼的征服者强制他们的同胞们，为修建诺曼的城堡而辛苦劳作，一旦城堡完成修建，这些征服者又在城堡内派驻魔鬼和坏人。"

征服者在英国最早修建的防御工事就是所谓的"泥土和木材"城堡。考古发掘表明，建于十一世纪后期和十二世纪的城堡主要可以分为两种类型，"丛林土丘和城墙式（Motte-and-Bailey）"城堡和"环形工程"城堡。在英格兰和威尔士，丛林土丘和城墙式城堡（这种城堡以其最重要的特征，即土丘来命名，大约750座）比环形工程城堡（大约190座）数量要多很多，而且目前尚不清楚为什么会这样。当然，环形工程城堡的修建会更加迅速，而且修建的成本也更加低廉，但土丘和城墙式城堡防御所需的士兵数量要少很多。丛林土丘和城墙式的城堡包括四个部分：城堡通常会有人工堆砌的土丘，土丘大约有5~10米高；土丘顶部建有木制塔楼；有壕沟和城墙；有一个或多个堡场（Baileys），堡场以土墙和栅栏保护，堡场内建有生活区和马厩。巴约挂毯（见第218页图）上绣有当时这样的土丘式城堡的图案：挂毯上的图案不仅描绘出黑斯廷斯（Hastings）土丘式城堡的整个建筑，而且还描绘出多尔（Dol）、布列塔尼（Brittany）的迪南（Dinan）和雷恩（Rennes）及诺曼底巴约的土丘式城堡。其中，人们进行了深入研究的便是林肯郡的哥顿城堡（Gotho，见第250页右上图）和蒙哥马利郡（Montgomeryshire）的

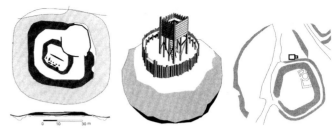

伦敦白塔，大约始建于1078年，外观视图。

从左到右：哥顿城堡（Gotho，林肯郡），城堡布局图；阿宾格城堡（萨里），土丘和塔楼；阿什利城堡（汉普郡）。

昂多芒城堡（Hen Domen），昂多芒城堡可能是在1071年由蒙哥马利的罗杰开始修建的。土丘式城堡的木结构差异很大。有一些土丘式城堡就是简单的瞭望塔，比如位于萨里的阿宾格城堡（Abinger，见第250页右上图），而另一些土丘式城堡则是加固后的多层居住性塔楼，比如位于克卢伊达郡（Clwyd）的罗德兰城堡（Rhuddlan）。

环形工程城堡也具有各不相同的大小和形状，它们大多数采用圆形结构。城堡都建有壕沟和城墙，城墙都以木栅栏加固；城堡内建有各种类型的建筑。环形工程城堡并不是由诺曼人发明的，因为爱尔兰有着数量众多的环形工程城堡，其修建历史可以追溯到公元六世纪。汉普郡的阿什利城堡（Ashley，见第250页右上图）便是一个有说服力的例证。

在许多情况下，诺曼人在原来防御工事的位置建起他们的要塞，比如一些罗马时代的堡垒（汉普郡切斯特港的堡垒，见第251页右上图）、普勒希（Pleshey）所在地或类似埃塞克斯的盎格鲁-撒克逊村庄建造要塞。在城镇和城市（纽约、诺威治、林肯等）地区，为了修建诺曼底人的堡垒，整个城镇和城市的居住区都会被拆除和迁移。

跟法国一样（见第174页及之后图），诺曼人也采用了石砌建筑及木制塔楼的结构。虽然石砌的城堡主楼（Donjons，即加固后的居住性塔楼）在公元950年左右首先出现于法国（曼恩-卢瓦尔省的杜拉枫丹镇和安德尔-卢瓦尔省的朗热），但直到威廉·菲茨·奥斯本（William fitz Osbern）在1067—1070年间，在格温特（Gwent）的切普斯托（Chepstow）修建一处大型矩形防御据点时，英国才开始修建石砌的城堡主楼。

另外，就像法国一样，诺曼还有大量遗留下来的城堡，使我们能够对各种形状主塔的发展过程追根溯源：从方形或者矩形的主塔，如坎特伯雷的城堡（见第251页右下图）及埃塞克斯的卡莱尔（Carlisle）和黑丁汉姆（Hedingham）城堡，到如同约克郡考伊斯布劳城堡（Conisborough，见第251页图）的圆体主塔，以及如同西米斯（Westmeath）阿斯隆城堡的多边形主塔，再到中世纪后期如同林肯郡塔特萨尔城堡（Tattershall）一样带有许多房间的城堡高塔。其中保存完好的例子包括由威廉委任罗切斯特主教修建的白塔（White Tower，见第250页左图），白塔位于泰晤士河畔，始建于1078左右，修建的白塔既是一座堡垒，又是宫殿和政府的办公地点。人们认为，另一位同样具有天赋的冈道夫主教，修建了埃塞克斯郡的科尔切斯特城堡。这座城堡塔楼的外墙模仿教堂的装饰，设计有壁龛、多组盲连拱、拱头饰和正门——这座城堡可以与诺福克的赖辛堡（Castle Rising）相比。这两座建筑很可能是由相同的建筑师负责设计修建的。

我们从王室活动记录和描述中（斯塔福郡的因维尔森林）知道，其实英国建有许多罗马式风格的居住性建筑，但此类建筑少有保留至今。人们在埃塞克斯的瑞特尔（Writtle）挖掘出了一间皇家的狩猎小屋。在诺福克，卡斯尔艾克的乡村别墅遭到了不寻常的命运。始建于十一世纪后期一座略微加固的两户人家的住房，大约在1140—1150年之间，被改造成为一座几层楼高的坚固据点。位于莱斯特的诺曼城堡内，保留了最为古老带侧廊矩形大厅的遗迹，这也是封建领主府邸的起始建筑。这座始建于十二世纪中期的木制结构建筑，其周围以石砌围墙环绕。

几乎没有什么罗马式风格的城镇住宅遗留至今，仅有的两个例子便是位于伯里-圣埃德蒙兹的莫伊斯大厅（Moyse's Hall）和位于莱斯特郡阿什比·德·拉·拉祖什主教（Ashby de la Zouch）的主教宫殿。

罗马式风格的世俗建筑大概在1200年左右已经走到了尽头。在欧洲大陆，外国的影响（比如东方的建筑风格）、新的建筑技巧（肋形拱顶）、修建进攻和防御性建筑的新方法（突出的塔楼和射箭孔使弓箭手能沿着堡垒侧面射击），以及日益增加的需求（对于建筑的气派和舒适性方面的需求），改变了这些建筑物的外观特征和内部结构。

康尼斯堡圆体主塔，以塔楼
加固，十二世纪建造。

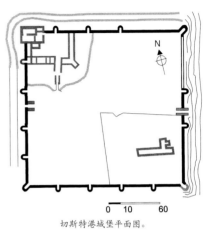

切斯特港城堡平面图。

0 10 60

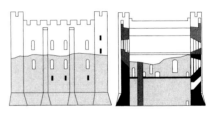

外部立面。

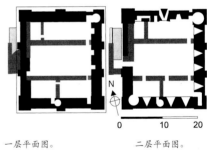

一层平面图。   二层平面图。

0 10 20

坎特伯雷大教堂。

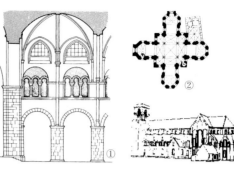

①里伯大教堂（Ribe Cathedral）。中堂墙体正立面视图。
②凯隆堡（Kalundborg），圣母院（Vor Frue Kirke）平面图。
③丹麦罗斯基勒大教堂（Roskilde Cathedral），正立面视图，1175—约1240年建造。
④奥斯特拉斯科尔的奥斯特拉斯（Øster Lars Kirke）教堂，剖面图和平面图。

不能简单地认为只有西欧为欧洲建筑史做出了贡献。因此，怎么也有必要说说北欧和中欧地区的典型罗马式建筑。很遗憾，因篇幅有限，本章并未讨论东欧地区（塞尔维亚、马其顿、保加利亚、罗马尼亚、乌克兰及伏尔加河以西的俄罗斯）的传统建筑。

丹麦

在丹麦，罗马式时期始于维京时代（800—1060年）之后，接近十一世纪末期。在此之前，丹麦的主要建筑材料都是木材，从罗马时期才开始使用石头和砖块。在国王瓦尔德马尔（Valdemar）一世统治期间，丹麦在日德兰半岛（Jutland）修建了受到下莱茵河地区教堂很大影响的里伯大教堂［见252页右上图。建于1150（或1170）年—1225年间，长方形的会堂有侧廊和楼廊，西立面有塔楼；1250年加建早期哥特式肋条拱顶］和维堡（Viborg）大教堂［是瑞典隆德（Lund）教堂的姊妹建筑，于1150年前后建成。在1864—1874年间翻新成新哥特式后，仅带侧廊的地下室得以保留］。日德兰半岛的奥胡斯（Århus）大教堂（约1200—1250年）的罗马式部分非常杰出，只是在1400年后重建成了哥特式；它和西兰岛（Zealand）林斯泰兹（Ringsted）的本笃会教堂（始建于1160年，长方形会堂采用砖头建成）一样，都是仿照伦巴底的几座教堂、西兰岛索勒（Soro）的西多会教堂（长方形会堂带有耳堂，建于1161年后）以及西兰岛凯隆堡的中心布置式五塔堡垒教堂（见第252页左上图，建于1170—1190年）建造的。

还有一些著名的多层圆形教堂也建于十二世纪下半叶。这些教堂既是礼拜之地，又具有防御功能。七座教堂中留下的四座，都在博恩霍尔姆岛（Bornholm）上［尼克尔（Nyker）、奥尔斯克（Olsker）、尼拉斯科尔（Nylarsker）、奥斯特拉斯（Osterlarsker）］。

哥特时代在北欧地区起步较晚：西兰岛的罗斯基勒大教堂（见252页右上图）曾由主教阿布萨隆于1170年开始用砖块建造，准备作

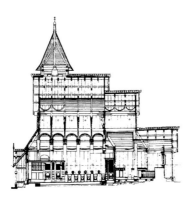

特隆赫姆（Trondheim）大教堂，北面耳堂墙体的三部分结构视图。

奥尔内斯木造教堂。

隆德大教堂，东北侧面观视图及平面图。

为国王的祭拜堂；1200年前后，又按照法国北部早期哥特风格将其重新规划。这座教堂有一些楼廊，取代了之前在1040—1084年间修建的丹麦的第一座石砌教堂。

挪威

九、十世纪，从德国北部开始的"基督化"分别在丹麦和瑞典完成，而挪威从十世纪晚期才开始信基督，直到1030年奥拉夫二世

博尔贡木造教堂。

（Olaf II）在史狄克斯达德（Stiklestad）之战中去世之后才完成。奥拉夫二世曾在一段短暂的分裂之后再次统一挪威。挪威的两座非常重要的大教堂都受到了丹麦和德国罗马式建筑的很大影响。斯塔万格（Stavanger）教堂始建于1130年左右，由一位英国主教修建，其带有侧廊的中堂和被毁的哈马尔（Hamar）大教堂一样具有典型的英国式圆柱。始建于十一世纪的北欧最长的教堂（约105.76米）——特隆赫姆的尼德罗斯大教堂（见253页左上图），其扁平的唱诗堂与八角堂相连通，圣奥拉夫（卒于1030年）就葬在这八角堂中。这座教堂与耶路撒冷的圣墓教堂、查理曼帝国在亚琛的教堂十分相似。位于卑尔根的圣玛利亚教堂之前是属方济各会的一座教堂，但是目前仅残存其建于十二世纪的双塔正立面。在众多1100年之后不久修建的石砌小教堂中，还有两座值得一提，就是奥斯陆（Oslo）、廷格尔施塔德（Tingelstad）的老教堂及松恩-菲尤拉讷郡（Vik i Sogn）的霍夫教堂。

挪威对斯堪的纳维亚艺术最重大的贡献就是众多修建于十一、十二世纪的教堂（原本有1000座）当中28座留存下来的木造教堂。木造教堂是一种用木头建造的教堂，只在北欧地区发现过。这种教堂有圆形的角柱，支撑着主体的屋顶桁架；角柱之间是竖直的厚木板。

教堂外面常常围绕着一圈廊道，廊道有拱廊；教堂屋顶一般有两个斜坡。这种教堂中最抢眼的要数奥尔内斯（Urnes）教堂（见第253页左上图，建于1130年前后）、有尖顶塔楼的洛姆（Lom）教堂（始建于十二世纪，1630年扩建），以及博尔贡（Borgund）教堂（见第253页左下图，建于1150年前后）。尤其是博尔贡教堂，其大门上的雕刻精致，三角墙呈龙头状，刻满了具有传奇色彩的花纹和北欧古代的鲁内文，双斜坡屋顶共有六层。

在斯堪的纳维亚半岛上，最漂亮的中世纪非宗教建筑是于1261年建成的哥特式建筑，位于卑尔根的哈康尼斯王宫（King Håkonís Hall）。

瑞典

瑞士仅剩的一座木造教堂在西约特兰（Västergötland）的海达勒德（Hedared），是建于1500前后的一座朴素的教堂。乌普兰（Uppland）西格图娜（Sigtuna）的宫廷中有一座1100年前后用碎石建成的教堂，曾是一位主教的府邸。也不知圣佩尔（St. Per）一处十字形的废墟是否就是这位主教的教堂。

西约特兰的胡萨比（Husaby）教堂更为宏大，也修建在宫廷当中，被誉为"瑞典建筑的摇篮"。在十二世纪初，一座1020年左右修建的木造教堂被改建成了石砌教堂。西约特兰的斯卡拉（Skara）还有一座大教堂，历经多次重建，地下室可追溯到十一世纪。如果老乌普萨拉（Gamla Uppsala）的那座仅剩下唱诗堂和交叉甬道的教堂确是建于1130年左右的话，那斯卡拉大教堂真算是瑞典最古老的主教教堂了。

1145年，当时还属于丹麦的马尔默（Malmöhus）的隆德大教堂东侧被神圣化。这座教堂由国王尼尔斯（Niels，1104—1134年）和首任大主教阿塞尔（卒于1134年）于1110年开始修建，其长方形会堂有交替的支撑体系和突出的耳堂、唱诗堂，正立面有两座塔楼。这座教堂是继斯派尔大教堂之后，北欧地区最重要的一座教堂。后堂外浓重的浮雕，圣坛和耳堂下厅堂一般地下室中的条条立柱，恢弘壮丽。虽然拱顶经过大力整修，中堂和侧廊还是从整体上透露出一种美妙的协调之感。

从十二世纪末的瑞士建筑上，我们可以看到各种风格的影响。西多会的修士们将勃艮第修道院的布置方式引入了东约特兰的阿尔瓦斯特（Alvastra）教堂〔1143年由克莱尔沃（Clairvaux）开始修建。1185年，这座神圣化的教堂被毁〕、斯马兰（Småland）的尼达拉（Nydala）教堂（同样建于1143年，现已被毁）、西约特兰的瓦恩赫姆（Varnhem）教堂（建于1150年，隶属于阿尔瓦斯特拉教堂，1234年因火灾重建。长方形会堂有肋条拱顶，中堂的墙体支撑在柱子上）及哥特兰（Gotland）的罗玛（Roma）教堂（建于1164年，隶属于尼达拉教堂，现已是废墟）。托钵会从德国北部购入砖块，在马尔默首次用砖块修建具有弧棱拱顶式大厅的古摩罗撒（Gumlösa）教堂；这座教堂也在1191或1192年神圣化。

芬兰

芬兰西南部直到1150年左右才转而信仰基督。1156年，乌普萨拉的主教亨里克（Henrik）在传教过程中被谋杀，随后安葬在今诺西艾宁（Nousiainen）一座教堂的前教堂中。此后，直到十三世纪早期，芬兰都没有设立主教职位，而且直至1276年才在图尔库（Turku）设立了教区。

芬兰的木造罗马式建筑，无论是世俗还是宗教建筑，均未留存；大多数石砌建筑（约有125座建于中世纪的石砌教堂）都是采用碎石修建的，也就是说装饰非常少，时代的确定也很困难。图尔库大教堂的前身是一座罗马式木造教堂，建于十三世纪上半叶。

阿兰德（Aland）的教堂罗马式的外表更加明显。比如汉马尔兰（Hammarland）教堂（建于十四世纪晚期）粗犷的石头大厅，芬斯特伦（Finström）教堂（十三世纪下半叶）的石砌圣器收藏室（属木造教堂的一部分）。

罗马式时期的中欧

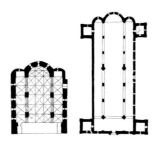

佩奇（Pécs）教堂，以及楼下教堂（左图）的平面图。

罗马式时期，中欧地区修建了若干大型建筑。不过，从单个国家（匈牙利、波西米亚、波兰）来说就很少，而且这些国家受到了非常多样化的影响，所以它们几乎不可能修建出形式独立的建筑。同时，也没有一些明显的特征可以明确区分匈牙利、波西米亚或波兰的罗马式风格。

匈牙利

阿尔帕德王朝（Àrpâd）大公盖佐（Géza，972—997年）试图合并各个马札尔部落，建立一个主权国家，但是没有成功；儿子斯蒂芬一世（Stephen I，998—1038年）继承了父亲的遗志，终获成功。他于1001年加冕，将国家划分为若干行政区，并设立了两个大主教区：埃斯泰尔戈姆（Esztergom），格兰和考洛乔（Gran and Kalocsa）。本笃会从波西米亚来到帕农哈尔玛（Pannonhalma）；罗马天主教廷从那时起取代了一直以来处于优势的希腊东正教。斯蒂芬与邻国建交，尤其是其西部的几个国家；这也在一定程度上解释了巴伐利亚和德国的建筑对匈牙利早期的罗马式风格产生了很大影响。到了十二世纪下半叶，意大利和法国的影响逐占上风。

匈牙利的早期罗马式建筑风格表现形式多种多样。艾斯特根（Esztergom）和维斯普雷姆（Veszprém）的圆教堂（圣乔治礼拜堂）也许是在十世纪晚期或十一世纪早期修建的。这些早期主教教堂或联合教堂要么没有耳堂的大厅式教堂，要么有三间后堂的长方形会，比如用于国王加冕或王室成员下葬的塞克什白堡（Székesfehérvâr）大教堂。这座教堂由斯蒂芬国王在1018—1038年间修建，其遗址位于主教宫殿后方。其他相似的教堂还有考洛乔大教堂（1735—1754年间进行重建，用大后堂和西面塔楼代替大厅）、阿尔巴尤里亚（Gyulafehérvar）教堂［罗马的阿尔巴·朱利安（Alba Julia），有一段时间属于罗马尼亚，后于十二世纪末归还给匈牙利］、蒂豪尼（Tihany）本笃会修道院教堂（建于1055年，于1060年神圣化；除大厅式地下室外，其他部分于1740—1754年重建）和塞克萨德（Szekszârd）教堂［国王贝拉一世（Béla I）安葬在这里，1060—1064年］。费尔德布罗（Feldebrö）教区教堂建于十一世纪上半叶，酷似拜占庭式建筑，仅有地下室留存下来。这座教堂是希腊十字式，

中间部分是穹顶。在佩奇（Pecs），旧教堂于1064年被大火烧毁，新建的楼下教堂有三个侧廊，侧廊上方是现存最古老的有三个侧廊的长方形会堂，没有拱顶和耳堂，只有三件后堂塔楼（见第255页上图）。这种建筑在十二世纪分布非常广泛，另外还有1831年开始翻新的埃格尔（Eger）教堂和有两座冬面塔楼的波尔多瓦（Boldova）教堂。

从十二世纪下半叶开始，贵族在西面修建两座塔楼和一条楼廊为其所用，成为修道院教堂的标志。其中包括阿可斯［Akos，罗马尼亚称"阿西（Acís）"］教堂和卡博纳克（Kapornak）教堂。

在宫廷或神职人员和贵族的支持下，艾斯特根的皇宫（约建于1200年）是后罗马式建筑的巅峰之作，尤其是东翼和礼拜堂。

西多会原有的齐尔茨（Zirc）教堂（建于1182年左右）、皮利什（Pilis）教堂（建于1184年）和圣戈特哈德（Szentgotthârd）教堂（始建于1183年，1748—1764年间重建），目前已经消失得杳无踪迹。这几座教堂对本笃会帕农哈尔玛（Pannonhalma）修道院教堂有一定影响；这座教堂于996年落成，1224年神圣化。

本笃会的勒贝尼（Lébény）修道院教堂与杰尔（Györ）家族有关，建于十二世纪初，频繁重建；本笃会的亚克（Ják）教堂（见第256页左上图）由亚克的马顿·纳吉（Mârton Nagy）建于1210年；另外，普雷蒙特雷修会（Premonstratensian）的萨姆贝克（Zsâmbék）教堂（见第255页下图）是由艾纳尔（Ainard）家族在1220年之后几年修建的：这些教堂都采用碎石建成，有三个侧廊，均为拱顶，正立面都有两座塔楼，外表也都有繁复的装饰。在1241—1242年蒙古入侵

萨姆贝克（Zsâmbék）前修道院教堂。

图姆联合教堂。

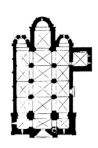

亚克（Jak）教堂平面图，原修道院教堂。

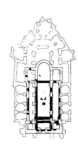

波兹南大教堂平面图。

克拉科夫圣乔治教堂平面图。

之前，还有一些更为重要的后罗马式教堂建成，比如普雷蒙特雷修会的奥斯卡（Öska）教堂（首次记载为1234年，受到勃艮第早期哥特风格影响）、第二座阿尔巴尤里亚（或阿尔巴·朱利安）大教堂（始建于十二世纪末，是保存最完好的罗马式大教堂）和本笃会的威尔特森克尔茨（Vertésszentkereszt）教堂（约建于1200—1231年，现已成废墟）。

波兰

波兰大公梅什科一世（Mieszko I）于966年接受基督教洗礼，波兰至此信仰基督。虽然波兰早在奥斯曼帝国时期就有罗马式建筑，比如克拉科夫（Krakow）、格涅兹诺（Gniezno）、波兹南（Poznan）的大教堂，但是对德国产生很大影响的罗马式建筑却是从1000年格涅兹诺主教区设立之后开始出现的。从那时起，直至西多会自1250年前后开始推广哥特风格，波兰修建了很多大教堂、修道院、联合教堂，以及城堡教堂，如伊诺（Inow）教堂（大厅西面有圆形塔楼，建于十一世纪晚期）。一些世俗建筑也保留下一部分，如博尔库夫（Bolköw）的皮亚斯特（Piast）城堡。波兰的大教堂都没有保持其原有的罗马式风格。

建于克拉科夫瓦维尔山（Wawel）上的圣文策尔（St. Wenzel）和圣斯坦尼斯劳斯（St. Stanislaus）大教堂就是哥特式建筑，取代了罗马式教堂圣格利恩（St. Gereon）教堂（1018—1142年）。圣格利恩教堂的长方形会堂有两处末端建筑，中堂墙体支撑在立柱上，中堂西侧有两座塔楼；但是最后仅剩下西面的地下室。自1342年起，格涅兹诺大教堂也重建成为哥特风格；不过，建于十二世纪下半叶的青铜门还是沿用了更古老的罗马式大教堂的门。

970—977年，梅什科一世在波兹南的一处异教祭拜地上修建了教堂。999年，也就是他被封为圣徒这年，圣沃伊切赫［St. Wojciech，即阿达尔贝特布拉格（Adalbert of Prague）］的遗物被送到这座教堂。梅什科一世将波兹南选定为首个波兰主教区，皮亚斯特王朝统治的中心。这些前罗马式和罗马式的主教教堂（见第256页上图）的遗址至今仍然在哥特式圣彼得和圣保罗大教堂之下。

虽然位于弗罗茨瓦夫（Wroclaw）的修道院教堂（奥古斯丁修会的"沙丘圣母（Our Lady of the Sand）"修道院，以及本笃会或普

雷蒙特雷修会的修道院）仅残留十二世纪时的三角墙，其他地方仍然还有像样的修道院，尽管与同时期的建筑相比，这些修道院已稍显陈旧。圣安德鲁（St. Andrew）教堂是克拉科夫最美的宗教建筑（见第257页右上图）。这座教堂建于十一世纪，是第一座既是君主教堂，又是教区教堂的建筑，后来成为修道院教堂。由于东侧带有唱诗堂的长方形会堂比较短，这座教堂原有的大厅于1200年改建；侧后堂也被挖了。其流畅的正立面两侧建有两座多边形塔楼。

以人像柱著称的普雷蒙特雷修会教堂斯切尔诺（Strzelno）教堂可能修建于1175年，并与1220或1233年竣工。其长方形会堂有三条侧廊和一间耳堂，中堂和侧廊不是拱顶，由柱子支撑；另外，唱诗堂还有侧廊，这在波兰不是很常见。奥古斯丁修会的泽文斯克（Czerwinsk）修道院始建于1148—1155年.1150—1175年间，其前面加建了一间简单的长方形会堂和两座塔楼。长方形会堂最值得称道之处就是其刻有浮雕的阶梯式大门。十二世纪初，奥古斯丁修会在切梅什诺（Trzesmeszno）从本笃会手里接管了一所旧修道院。这间修道院的长方形会堂建于1130—1146年，有一间耳堂，正立面有两座塔楼；十八世纪时，这座修道院被一座晚期巴洛克式教堂替代。

波兰的罗马式联合教堂也没有拱顶。克鲁茨维木（Kruszwica）教堂是专门祭拜圣彼得和圣保罗的教堂，其长方形会堂的中堂墙体就是支撑在立柱上的；教堂屋顶平坦，有一间耳堂和三间后堂（建于1120—1140年）；第二次世界大战后，这座教堂重现光辉。奥帕图夫（Opatów）的圣马丁（St. Martin）教堂建于十二世纪中叶，其长方形会堂的中堂同样也支撑在立柱上，也是平坦的屋顶，也有一间耳堂，三间后堂，正立面有两座塔楼。这座教堂的外面采用大块碎石建造，装饰有壁柱和圆形拱门。图姆（Thum）的教区教堂专门祭拜圣玛利亚和圣亚力克修斯（Alexius），部分毁坏后经过重建。这座教堂就是上述一类建筑中最精致的一座（见第255页下图）：有两处末端建筑，侧廊上有几条廊道。中堂屋顶采用木材建造；其东侧与筒形拱顶的唱诗堂相连，唱诗堂有几间侧后堂；中堂东侧是一间后堂，两侧是塔楼。西多会在十三世纪上半叶将肋条拱顶引入波兰；苏勒佐夫（Sulejow）修道院（建于1176年，于1232年神圣化）、瓦奇奥克

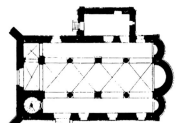

提斯麦斯（Tismice）圣玛利亚教堂平面图。

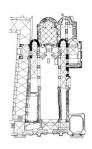

克拉科夫的圣安德鲁教堂的平面图和立面图。

（Wachok）教堂（建于1179年）和戈不里斯夫尼卡（Koprzywnica）教堂（建于1185年，1207年神圣化）都采用了这种形式的拱顶。

波西米亚

这一地区曾是捷克斯洛伐克，出土了很多木造建筑。但是，这些建筑似乎都不是在该国早期历史阶段［比如从普莱米希尔（Premysl）王朝掌权时期到九世纪末］修建的。921年，瓦兹拉夫一世（Vaclav I）成为波西米亚大公。他加快了基督化的脚步，直到929年他被其弟波列斯拉夫一世（Boleslav I）谋杀去世。973年，本笃会的撒克逊人蒂特玛尔（Thietmar）被任命为首位布拉格主教。

波西米亚最古老（九世纪中后期）的石砌基督教教堂出土于布拉格及其附近地区［城堡区（Hradschin），圆形城堡］和南摩拉维亚［Southern Moravia，米库尔齐采（Mikulcice）］。这些教堂，甚至波西米亚最古老的大型建筑，都只剩下地基。在哥特式圣维特（St. Vitus）大教堂下面，紧邻城堡的一座小山上，是两座圣维特教堂，一座是圆形教堂，建于926—930年间，双层建筑，有四间后堂；一座建于1060年，有长方形会堂，两处末端建筑，一个祭坛，三间后堂和两个地下室。

1068年，弗拉季斯拉夫大公（Duke Vratislav）被亨利四世升任为国王之后，波西米亚大公对神圣罗马帝国的政治依赖便让其建筑也在很大程度上依赖德国的形式。

其大型建筑可分为两类。一类是长方形会堂，有三间后堂，但是没有耳堂。这种类型的教堂出现在伦巴底或者德国南部，建于波西米亚的斯塔拉博莱斯拉夫（Starâ Boleslav）（即圣文策尔教堂，于1046年神圣化）、提斯麦斯（圣玛利亚教堂，波西米亚保存最完好的长方形教堂，建于十二世纪末，见第257页左上图）、布拉格-斯特拉霍夫（Prague-Strahov）（有一座普雷蒙特雷修会教堂，建于1148年），以及迪亚科夫达（Diakovce）（有一座本笃会的修道院教堂，1228年神圣化）。另一类是有耳堂的长方形会堂。这种类型通常根据以交叉甬道为基础而确定的建筑比例体系来进行修建，一般有一间后堂，前面有两座塔楼。这类教堂很多地方都在修建，包括克莱卓别（Kladruby）（本笃会教堂，1233年建成）和多克萨尼（Doksany）（普雷蒙特雷修会修道院，建于1144年）。

不过，波西米亚也有三种独特的小教堂：一是圣坛教堂，这种教堂遍布欧洲西北部地区［如米库尔齐采、布拉格附近的基耶（Kyje）］；有的后堂有一条供贵族使用的楼廊［如斯塔拉-博莱斯拉夫的圣克莱门特（St. Clement）教堂，建于十二世纪中后期；雅各布（Jakub）、1165年神圣化；莫海尔尼采（Mohelnice）的圣玛利亚教堂，建于十二世纪末；达佐维斯（Dazovice）的圣米夏埃多（St. Michael）教堂］；还有的祭坛塔楼建于教堂后部（比如托帕诺夫的教堂）。二是除了有楼廊的大厅式教堂之外，还有另一种为贵族修建的教堂值得一提，即帕拉丁礼拜堂，如切布（Cheb，帕拉丁礼拜堂，建于1167年之后）和易北河畔的扎波里（Zâbori，十二世纪中后期）。三是"波西米亚圆形教堂"，即有一间后堂的圆形小教堂，它是分布最广的一类教堂，如利浦（Rip，建于1039年后，1126年竣工）、兹诺伊莫（Znojmo，十一世纪中前期）、布拉格高堡（Prague-Wischerad）的圣马丁教堂（十二世纪）和白鸽教堂（Holubice，建于1224或1225年）。

大型建筑所留下的最宝贵的东西就是波西米亚采用的各式各样的特色形态。布拉格的圣乔治教堂（建于974或976年，见第256页右上图）的长方形会堂具有撒克逊式的楼廊，支撑系统变化多端，于1142年修复。普雷蒙特雷修会在米莱夫斯科（Milevsko）的修道院教堂（建于1184或1187年）其长方形会堂的中堂墙体仅有若干柱子支撑。巴伐利亚（Bavaria）之外的特普拉（Teplâ）教堂于1232年神圣化。特热比奇（Trebic）教堂是一座本笃会教堂，建于1225—1250年，其唱诗堂上的穹顶与昂儒（Anjou）发现的类似。

维拉迪斯拉夫二世（Vladislav II，1140—1172年）允许西多会进入波西米亚，后者将哥特风格带入了该国。西多会修士首先在1142（或1143）年定居塞德莱茨（Sedlec），随后，这里的建筑就被改建成了哥特风格。建于1144（或1145）年的普拉西（Plasy）教堂如今依然伫立，不过，原来长方形会堂不是拱顶，中堂墙体支撑在柱子上，还有一间耳堂。韦莱赫拉德（Velehrad）修道院教堂（教堂建于1218—1238年）和奥塞克（Ossegg）修道院（建于1191年）在很大程度上仍然保持着晚期罗马式风格，而奥斯拉瓦尼（Oslavany）教堂（建于1228年后）和提斯纳乌（Tisnow）教堂（建于1232或1233年）的肋条拱顶最终融入了哥特风格。

乌韦·格泽（Uwe Geese）

罗马式雕塑

概述

十世纪，大型雕塑开始脱颖而出，但直到1000年左右，许多地区突然掀起建筑活动浪潮，雕塑才得以广泛发展。罗马式雕塑几乎全部紧紧地附属在建筑物上。这一风格先在欧洲罗马天主教和基督教国家传播，并具有统一的内容和形式，因此，艺术史学家们认为有理由称之为继古典时代之后的第一个新时代。

这类雕塑主要呈浮雕形式，故如此强烈地依附于建筑物。这也是它与符合解剖学的独立式古典雕塑的重要差异。传统上认为浮雕属于雕塑，但介乎于壁画与独立雕塑之间。浮雕之所以特别是因为其融合了触觉和视觉的作用，而眼睛真正感知的是三维立体形状。根据突出的雕像与背景之间的距离，浮雕可分为浅浮雕（也称之为"半浮雕"）、中浮雕和深浮雕。五花八门的罗马式艺术作品出现。浅浮雕通常是罗马式前期和早期的特点，后来多用于装饰工程，而门楣中心的叙述性场景和柱头往往采用中浮雕或深浮雕。

罗马式雕塑最早只出现在建筑构件上，比如西班牙帕伦西亚（Frómista）的支柱（见第259页上图）和支柱间类似间板的墙面，以及鲁西永（Roussillon）大门的过梁（见第260页图）。这些支柱展示了丰富的世俗图案，而大门过梁更适合横排雕像，比如"最后的晚餐"等。很快，门楣中心就开始出现于过梁之上的拱形部位；而这种作品最初仅见于泰什河畔阿尔勒（Arles-sur-Tech），是一种用砂岩填埋的拱券，中间包含了基督圣像的十字象征（见第259页中图）。在后来的岁月里，门楣中心成为罗马式雕塑作品的中央处最引人注目的地方。

柱头，即立柱中支撑拱顶的部分。整个立柱的形象发源于树木的形态。正如参天大树拥有树根和树冠，立柱也要有柱基和柱头。而在宗教领域中这种联系从未消失过。此外，立柱与拱顶所构成的格局象征着宇宙——上帝居住的地方。而在它们之间，即支撑物与被支撑物的中间结构——柱头，其下面为人世，而上面则是天堂。这便是柱头上罗马式雕塑发展的大背景。

就其形式和内容而言，罗马式雕塑具有严格的等级制度；即它严格依循那些约定俗成、僵化而死板的风格样式，而这些样式是从宗教传统中演变而来的。因此，衣饰的褶皱和身体的姿态，以及手、脚和脸部的描绘拥有普遍化的特征，可看作是某国乃至国际罗马式雕塑的标志性特点。此外，罗马式艺术拥有数不胜数的象征内容，而这些内容往往无法被当今社会所理解（见第330页图）。这些不仅包括千奇百怪的动物和混杂灵兽，数字和宝石的象征意义也各有不同。

上图：
弗罗米斯塔（帕伦西亚省）
圣马丁教堂，
带有托架雕像的三角楣，
十一世纪晚期建造。

中图：
泰什河畔阿尔勒（西比利牛斯山脉）
圣玛丽德–瓦莱斯尔教堂，
门楣中心1046年后。

下图：
查维尼（维也纳）
原圣皮埃尔牧师会教堂，
回廊内柱头："东方三贤人的崇拜"署名
十二世纪下半叶建造。

然而，谁是创作这类作品的雕刻家呢？人们对于罗马式艺术持有一种普遍的偏见，即认为艺术家们故意隐姓埋名，因为其作品专用于颂扬神之荣耀。尽管大量作品的艺术家确实无法确定，但在法兰西、西班牙和意大利等地出现了成百上千的艺术家署名，由此表明各艺术家之间并没有一定要隐姓埋名的明确说法。所出现的名字通常是创作门楣中心、柱头部分或整个回廊的雕刻工作室的负责人——雕刻大师。

人们曾尝试解释这些署名的意义，有人甚至认为它们可能是应参观者的要求，将艺术家的名字纳入到了他们的祈祷对象之中；而与艺术家故意隐姓埋名的普遍观点不同，前面的推测似乎缺乏说服力。这种不留姓名的做法更有可能是因为艺术家最初并不受人尊敬，而仅仅被看作是匠人。这一说法的依据是在政治、经济和社会越先进的地区，艺术家署名越普遍。具体来说，若某人承接了一项工程，无论是出于世俗或宗教的缘由，他都会希望通过一位重量级大师或一间著名工作室的加入来展示他的自豪感。莫代纳（Modena）的大师威利盖尔茨（Wiligelmus）详细的铭文似乎可支撑这一观点。在资产阶级与城市化迹象出现的首个历史时期内，艺术家们因创作能力和作品的品质而使得他们的自我认知度与自豪感大幅度提升，而他们也希望通过署名来铸就自己的名气。然而，我们不能忘记，有些姓名，比如"某某作""他创作了它"（见下图），往往只是说明客户而非雕刻家的姓名。

此外，也有大批作品拥有共同的风格特征，表明它们属于同一类，然而其雕刻家的名字却不为人知晓。因此，艺术史学家们往往根据其中一件主要作品的发源地，为作者捏造姓名。因此，例如"卡维斯塔尼大师"（Master of Cabestany）是以卡维斯塔尼命名，卡维斯塔尼是法兰西南部佩皮尼昂（Perpignan）的一个小郊区。这里的门楣中心风格特色与许多其他地区的门楣特色相似。

法兰西的罗马式雕塑

罗马式雕塑在法国的最初表现形式并不是纪念性的雕塑，反之，一系列的固定雕塑作品可能并不是根据最初的建筑背景而创作的。比如，伯恩哈德·鲁普雷希特（Bernhard Rupprecht）认为圣热尼德丰泰讷教堂（Saint-Genis-des-Fontaines）内著名的大门过梁（见第260页左图）是比利牛斯山（Pyrenees）内一间工作室的作品，而这间工作室还创作了其他宗教装饰品。事实上，这道大门也属于比利牛斯山东面的相关系列作品，其中包括圣热尔附近城镇圣安德烈–德索

圣热尼德丰泰讷教堂（西比利牛斯山脉）
圣热尼修道院教堂，
大门过梁"天使和先知中间的基督"，
大理石雕像1019或1020年建造。

托努市（索恩—卢瓦尔省）
原菲勒贝尔修道院教堂，
西面上层"热尔拉纳斯式"拱券：
假面人像1025—1050年建造。

托努市（索恩—卢瓦尔省）
原菲勒贝尔修道院教堂，
西面上层"热尔拉纳斯式"拱券：手拿铁
锤的人1025—1050年建造。

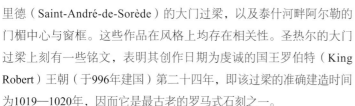

里德（Saint-André-de-Sorède）的大门过梁，以及泰什河畔阿尔勒的门楣中心与窗框。这些作品在风格上均存在相关性。圣热尔的大门过梁上刻有一些铭文，表明其创作日期为虔诚的国王罗伯特（King Robert）王朝（于996年建国）第二十四年，即该过梁的准确建造时间为1019—1020年，因而它是最古老的罗马式石刻之一。

过梁中央，基督端坐于"曼朵拉"（Mandorla）的宝座之上，两位天使抬着曼朵拉。左右两边马蹄形的连拱饰之中分别竖立着三尊使徒像。此处，雕塑与建筑的联系仍十分紧密，这一点从使徒的剪影便可看出：它们是根据连拱饰的形态而非正常人像塑造的。尽管这些雕像具有相似性，但圣安德烈的塑像在方位朝向和动感方面还是体现了巨大差异。

所有此类浮雕与框架式装饰物均为极为平整的浮雕，而在古代雕塑中几乎无法找到它们的原型。那些用作典范的手稿和金匠艺术更有可能是受到了平面湿壁画或象牙雕等小型艺术品的启发，对此鲁普雷希特曾做过十分精辟的评论："从规格与可移动性说明这件作品并不是某纪念性建筑雕塑的前身，而是工作室艺术的扩大。"

同一时期内，圣菲勒贝尔（Saint-Philibert）的新教堂于勃艮第的托努市（Tournus）开始修建，其铭文所称的"热尔拉纳斯式拱券（Gerlanus arch）"（见右图）也在那时诞生。柱头上装饰物与植物图案粗略雕刻，每个柱头采用一种拱墩石支撑着厚厚的石板。其中一个为带有胡须的假面人头像，而另一个是手拿铁锤的男人。后者被普遍认为是建筑设计师热尔拉纳斯本人。

尽管我们无从验证此事，这里还有一个非常敏感的问题——它可能是西方艺术史上第一幅个性化的自画像。然而，与鲁西永地区的建筑物情况不同，勃艮第罗马式风格最早的经典作品表明，人们在寻求艺术表现形式时，石材以及其他建筑材料的一致性成为尚未克服的问题，所以可以明显看出"人们的努力，作品构思及想象力，仿佛都花在努力克服大块石头造成的障碍上"。

图尔兹（Toulouse）

毋庸置疑，图尔兹是法国西南部地区罗马式风格的中心，这里曾拥有三座宏伟的回廊，可惜都在大革命中毁于一旦。而自1792年起，这些回廊的遗迹就珍藏在原奥古斯丁男修道院世俗化后的奥古斯丁美术馆（Musée des Augustins）。圣赛尔（Saint-Sernin）牧师会教堂尚且存在；克吕尼三世之后，这座教堂就是法国罗马式时期最宏伟的建筑。这座教堂的雕刻师可谓十一与十二世纪之交艺术发展史上一群具有高度创新力的人才，可以确定的是，至少三家风格不同的工作室曾在这里工作。著名的祭坛大约与1096年5月24日被教皇乌尔班二世（Pope Urban II）奉为神坛。这件作品不仅首次呈现了朗格多克（Languedoc）地区古典时代的直接影响，而且它通过运用光和影子作为赋予作品空间感的新方法，发挥了浮雕作品的立体效果。其石板上刻有一长串铭文，末尾处为雕刻家的署名："伯纳德斯·格尔杜纳斯创造了我（BERNARDVS GELDVINVS ME FEC）。"这位雕刻家或这间工作室的作品还包括回廊中1096年左右的七幅浮雕，而这些浮雕最

上图：
图尔兹（上加龙省）
圣赛尔牧师会教堂
米耶热维尔大门，
门楣中心："耶稣升天"，
大门过梁："使徒"。

下图：
图尔兹（上加龙省）
圣赛尔牧师会教堂
米耶热维尔大门，
"伯爵之门"柱头。

初并不是都属于那个地方。即便是"基督""天使"和"使徒"塑像的塑造方法也休想否认它们发源于小型雕塑作品或金匠艺术的事实。无论怎样，这些雕像被放大至半个真人大小时标志着纪念性雕塑的重大转变。

圣赛尔南面的两道大门就是早期罗马式雕塑发展历程中的又一里程碑。南耳堂处修建于1100年左右的伯爵之门（Porte des Comtes），其柱头（见下图）的品质虽无法与其他工作室的作品相提并论，但这件作品史无前例地将图像画面刻于大门之上。这一特征后来成为大多数罗马式雕塑所拥有的一个重要主题。而罗马式大门发展史上更为重要的一件作品是南侧堂的大门——米耶热维尔大门（Porte Miègeville）。它的名字源于"中间村"（Media Village）——村庄的中心，说明了它在整个城镇内的中央地位。这道大门可能修建于1118年该教堂被奉为神殿之前，它与西班牙的莱昂（Léon）和德孔波斯特拉（Compostela）一道被称为首批将各种重要元素融为一体的大门。包括门楣中心、过梁和门拱饰的融合，石雕工艺中将柱顶和圆柱的融合，以及雕塑支柱与结构正立面上浮雕的融合，所有这些元素都被进行了统一的大融合，而在其他教堂建筑物中，上述元素都是相互独立的。

米耶热维尔大门的门楣中心（见上图）是朗格多克省最早的一件作品；其主题"耶稣升天"占据了整个场景的中央部位。两位天使共同护送基督进入天堂。基督上举双臂，左腿也微微抬起，与他高抬的头和仰望的姿态相呼应，从而构成了一种动态形象，真是前所未有的石像升空。雕刻师好像并不完全信任自己的才华，因而他在左右两侧分别设置了一位天使，协助"升天"。一条叶形雕饰腰线将拱券内的区域与额枋分割开来，从而也就划分了天堂和人世。雕带下方有几位使徒，他们仰头望着正在发生的事。而门楣中心之内，左右两侧刻有大雕像。左侧是与"托洛萨纳之路"（Via Tolosana）[一条通往圣地亚哥-德孔波斯特拉（Santiago de Compostela）的主要朝圣路线]有关的大雅各（St. James the Great）；画面的右侧为与"升天之路"（the Ascension）有关的圣彼得（St. Peter）；他脚下的浮雕展示的是坠落的魔法师西蒙。

穆瓦萨克（Moissac）

在翁贝托·埃科（Umberto Eco）的小说《玫瑰之名》（*The Name of the Rose*）中，年轻的阿德索步入教堂大门之时，眼前"无声无息的石雕"让他看得眼花缭乱，而后陷入异象之中。整个故事采用了过

穆瓦萨克（洛特—加龙省）
原圣皮埃尔修道院教堂南门，门间柱的东面："先
知耶利米"局部，
1120—1135 年建造。

穆瓦萨克（洛特—加龙省）
原圣皮埃尔修道院教堂南门前厅的
西面，局部："富人的灵魂正在被恶
魔折磨"，
1120—1135 年建造。

下一页：
穆瓦萨克（洛特 - 加龙省）
原圣皮埃尔修道院教堂南门，
1120—1135 年建造。

去完成时态来叙述。埃科以一位老者的口吻叙写全篇，同时以异象为题材，描绘了那些让他铭刻于心的宗教记忆。在他眼前，他仍能看到他曾经走过的大门。埃科对于穆瓦萨克之大门（见第263页图）的描绘之所以如此感人至深，是因为这些描述能让我们明白当时僧侣们的切身体会。而事实上，穆瓦萨克的门楣中心就是一道异象。更确切地说，这是圣约翰在其《启示录》中所描绘的异象。

画面中央登在王座上的为带着皇冠的基督，他威风凛凛而高不可攀，并被护送到了人世之外，整个雕像本身体现了天堂的秩序。基督被"四人像"——四位福音传道士的化身所包围，而持有经卷的两位天使浮现于他们的两旁。

这一切单单是指"最后的审判" 剩下的区域由二十四位长老像所占据：上部区域两侧各有两尊，下部区域左右各有三尊，而其余的雕像位于整个顶部画面底边波澜起伏的"晶体海洋"之下。与众不同的回形纹饰从门楣中心边界处的"野兽"口中延伸出来，它被看作是海格拉斯（Hercules）用来拴住赛尔伯吕（Cerberus，来自地狱的狗）的缰绳。门楣中心之下的大门过梁上刻画着"火轮"，其象征《启示录》中的地狱之火。这一切都由下部两根粗大的立柱支撑，立柱的边缘如波浪一般向里突出，十分独特；左立柱上的瘦长浮雕为彼得像，他是这座修道院的保护神，而右立柱是一个以赛亚人（Isaiah）。

上图和中图：
穆瓦萨克（洛特－加龙省）
原圣皮埃尔修道院教堂回廊式走廊，
1100 年建造。

底图：
穆瓦萨克（洛特－加龙省）
原圣皮埃尔修道院教堂回廊，
两根立柱的浮雕，
1100 年建造。

"这三对纵横交错的跃立石狮，如同拱券一般，后爪在地，前爪抓着同伴的后背，它们是谁？它们要传达怎样的信息？"获得上天的应允之后，阿德索用他的异象描绘了门间柱的外观，而他的疑问正是任何人看到这道大门时都会提出的问题。这些石狮意味着什么？生理学（见第341页图）说明了它们各个方面与基督有关的部分。此处，由于石狮支撑着过梁，因此它们似乎也代表力量。然而，门间柱上石刻的狮子却出现在额枋上圆形"地狱之火"背景前，而且这在如此出类拔萃的作品中营造了一点点邪恶。这件经典作品展示了罗马式视觉构图的高深莫测，同时又呈现了善与恶之间仅有一步之遥，这也是罗马式风格经常揭露的主题。

门间柱两侧的雕像具有卓尔不群的高超品质：左侧为使徒彼得，右侧为先知耶利米（见第262页图），尤其是后者可谓穆瓦萨克地区雕塑作品的巅峰之作。这尊雕像极为瘦长，与立柱相吻合，它那竖直的形态又带几分弯曲。鉴于古典著作所描述的雕塑形态，从宗教意义上讲，这是可以理解的。整个雕像虽看似稳固地站立于"双腿"之上，然而"左腿"斜跨于"右腿"之上并拉开较大距离，因而"彼得"看似在"跳舞"。他扭曲的"臀部"微翘于立柱之外，而"上半身"又十分死板地贴在立柱的上部。他以完全相反的方向埋着头，"双手"握着跨过他躯干的"经卷"，尽管"经卷"上看不到任何东西。这个头像带有长长的头发与胡须，结构十分精美，直接效仿了穆瓦萨克的以赛亚（见第267页图）。大门左右侧壁均拥有双连拱廊，连拱廊描了两幅画面；而画面上方的雕饰展现了补充的情节内容。左侧为与贪婪（Avaritia）诅咒相关的拉萨路（Lazarus）的故事（见第344页图），而右侧场景的主题为"耶稣的一生"。

根据铭文的解释，穆瓦萨克的回廊于1100年落成，是首件采用柱头描绘圣经故事和其他场景的作品。角柱之上共有十幅浮雕，而88个柱头使其成为现存的装饰最为繁复的罗马式回廊。由于这里采用了单双柱头依次更迭的形式，因而其画面的大小比例也随之变化，而雕塑柱头之间余下的区域，花样图案或装饰物零星分布。整条回廊又被带有浮雕的角柱和两侧中间的方形立柱进一步分解。

上图：
穆瓦萨克（洛特－加龙省）
原圣皮埃尔修道院教堂
回廊的两个柱头，
1100 年建造。

下图：
穆瓦萨克（洛特－加龙省）
原圣皮埃尔修道院教堂
回廊式楼廊，
1100 年建造。

266

苏亚克（Souillac）

在苏亚克内，建于1075—1150年间的原圣玛丽修道院教堂于胡格诺战争中遭到严重破坏。它那布满雕饰的大门已严重损坏，十七世纪，人们将其残余部分复原。现在，教堂内壁上仍可见到这些支离破碎的残片。

遗失大门原来的门间柱（见上页右图），其外部布满了相互缠结的狮身鹰首怪兽，以及与其他动物打斗的狮子。在顶部，一头怪兽正在吞噬一个人。整根门间柱采用类似穆瓦萨克门间柱的样式，野兽扭打的场面也并非杂乱无章，而是通过怪兽的匀称布局加以控制；因此，混乱与秩序在这里以一种相互平衡的方式来对抗——因而符合了罗马式艺术最为主要的风格原则之一。若仅就这种方法而言，穆瓦萨克的门间柱可谓野兽立柱的雏形（见第338页图）。其左侧描绘着亚伯拉罕的牺牲（见上页左下图）。

特奥菲卢斯（Theophilus）浮雕（见上页左上图）可能是将各种碎片以三联画的形式融合在一起。左右两侧的雕像分别为彼得和本尼狄克（Benedict），它们原来可能位于门楣中心的两侧，与图尔兹的米耶热维尔式大门的雕像彼得和大雅各一样。中央的浮雕呈现了特奥菲卢斯的传说，特奥菲卢斯是第六世纪西西里岛（Sicily）主教辖区的长官。因撤职而愤怒不已的特奥菲卢斯与恶魔签订了契约，以期官复原职。就在他追悔万分时，他向圣母求救，仁慈的圣母在异象中将契约还给了他。这个故事分三个场景描绘。第一个场景，即左下部分展示的是"与恶魔订立契约"。其旁右侧的场景展示了"恶魔试图抓住特奥菲卢斯"。在它们之上便是第三个场景"圣母像"——这座教堂的守护神。她才是整个浮雕最重要的雕像，这便可解释为什么此处描绘了一位圣人而非一名罪人的故事。从风格上看，"特奥菲卢斯"浮雕中央构图相比其左右两侧圣徒，更类似于先知以赛亚（Isaiah，见右图）。

描绘以赛亚的作品不仅是苏亚克地区有争议的主流作品，而且还是罗马式艺术描绘先知的最为重要的作品。在风格上，这尊雕像直接效仿了穆瓦萨克的耶利米像。然而，其中主要的不同点在于：耶利米雕像是静止的站像，而以赛亚像却是走动的。从雕像的姿态看，以赛亚正在挪步，他那摇曳的衣衫赋予了整尊雕像一种新的动感。尽管如此，这里并没有任何结构统一的意味，若它真是一尊走动中的雕像，则据推理他的右手和右腿应处在对于身体而言相反的位置上。另一个重要细节在于他那带有富丽装饰边的宽大斗篷，这件斗篷填满了整个浮雕背景，如此产生一种新的雕塑构造方式。这种夸张的大幅度动作引发一些批评家针对"幻想动态的表现"展开讨论。这幅浮雕可能描绘的是以赛亚被上帝传唤时的情景。

西部

法国中西部地区，大概是北部普瓦捷（Poitiers）与南部皮伊佩鲁（Puypéroux）之间，拥有现存最为丰富的罗马式宗教建筑与雕塑。大量典型特征在此地通过正立面和正门的构成方式得以发扬光大，而这里的正门明显区别于其他作品的地方在于它们没有门楣中心。除了昂古莱姆（Angoulême）和普瓦捷以外，其他地区的整块正立面都是一件展示品，其雕塑装饰品大都局限于门拱饰上。也有极少数例外，比如殴奈（Aulnay）的门拱饰上的雕塑和建筑元素是被同等对待的。

昂古莱姆（Angoulême）

昂古莱姆的圣皮埃尔大教堂（见上图）之正立面展现了罗马式艺术最为繁复的构图。这道正立面由主教吉拉尔德二世（Bishop Girard Ⅱ）负责，于1115—1136年间建造。其画面可谓错综复杂，我们可将其看作两个不同时期的作品，分为底层（门楣中心和高大的连拱饰）和上层（中央区域和天使）。中央区域更像是极为高大的门楣中心，延伸至正门和大窗户之上。正中央的基督站立在突出于正立面之外的"曼朵拉"中，围绕在他周围的是福音传道士的化身，这些化身镶嵌在平躺的壁龛之内。正立面上雕塑元素高高低低各有不同，这种凹凸不平的层次感体现了昂古莱姆与众不同的特征，而此特征以天使的形式反复出现于窗户上方，雕带与拱券之间的四位天使与福音传道士的化身一样镶嵌于壁龛之内面向基督。相反，拱肩上的天使则突出于墙

面之外，面向外侧。这构成了一种复杂的关系结构，然而这种结构的确体现了内涵。拱肩处的两尊天使突出于墙面之外，与内含基督站像的"曼朵拉"一样；基督头顶上的那片云朵从教堂飘出，巧妙地飞到墙外，笼罩于曼朵拉之上。

《使徒行传》（Acts of the Apostles）（1、9）描绘了"升天"过程最初的情景："正如他所说，当他们抬头仰望时，他被高高举起。就在他们的见证下，一片云彩将他带走了。"两位天使即"两位穿着白衣裳的男子"（1、10），扭头告诉使徒"同样的耶稣……将以原来的方式重返人间"（1、11）。乍一看，用福音传道士的符号描绘耶稣"升天"的尖椭圆光轮似乎很不寻常，但它只是在暗示耶稣将按照预言重返人间，进行"最后的审判"，壁龛内的四位天使是其中的一部分。

就此而言，我们几乎是逐字逐句地理解石刻所蕴含的一条《新约》（New Testament）中的重要信息。因此，相关的圣经人物集中于侧面的拱形图饰之中：拱形区域展示的是"审判日"当天"被选中的子民"；使徒下方的双拱形图饰展现的是"升天"。这些场景通过"圣母像"在左侧窗户的中间区域连接。罗马式艺术中还有另一件经典作品同样呈现了如此单一而独立的意义。当"使徒们"在现场见证"最后的审判"之时，他们旁边都还有"恶魔"以及被恶魔折磨的"人"。

圣乔治（St. George）与圣马丁（St. Martin）的骑马像位于内部双连拱饰之下，中央大门的门楣中心旁边。它们是十九世纪添加的雕

锡夫赖（维也纳）
原圣尼古拉修道院教堂，
十二世纪下半叶建造。

普瓦捷（维亚纳）
原格朗德圣母院
西向正立面视图，
局部："耶稣的诞生""圣婴洗浴""约瑟夫"，
十二世纪中叶前后建造。

像，而左右两侧盲连拱饰中拱圈与拉梁之间的部分则是原来就存在的作品。然而，就风格而言，它们早于正立面上的其他雕塑作品，而且它们同样与"升天"主题相关，因为它们展示的是正在告别的使徒。大门右侧盲连拱饰中的雕带展现了骑马人之间的争斗，而这已被阐释为"罗兰之歌"。

普瓦捷

普瓦捷的原格朗德圣母院（Notre-Dame-la-Grande）修道院的三层式正立面（见第271页图）与昂古莱姆相似，由显著的垂直线标定结构；这些垂直线由中央大门、中央大门上的窗户及三角墙上巨大的"曼多拉"构成，左右两侧还设有角楼。除此之外，正立面结构的布局并不统一。第一层，含有中央大门和盲连拱饰，是带有多个侧堂的建筑物，而第二层则由两个雕像连拱饰区域构成，其形态就像是放大的石棺壁或神殿壁。

相比之下，其构图方式却十分简单。突出于三角墙之外的"曼多拉"内含站立的基督与福音传道士的化身，与之相伴的还有第二层的十二尊使徒像。第二层下部区域的使徒分别坐立于八道连拱饰之中，而其上的使徒均为站立像。据说，外连拱廊里站立的两位主教分别是圣伊莱尔（Saint-Hilaire）、圣马丁（Saint-Martin）或圣米迦勒（Saint-Martial）然而，第一层的雕塑装饰仅限于第二层的连拱饰腰线与大门拱券之间的空间。左侧盲连拱饰最高点之上为《旧约》中的四位先知：摩西（Moses）、耶利米、以赛亚和丹尼尔。他们的左侧是国王尼布甲尼撒（Nebuchadnezzar），而左拱肩描绘的是"人类的堕落"。

先知的右侧描绘着"天使报喜"（the Annunciation）、"耶稣身世"（the stem of Jesse），而正门右侧则是"圣母往见"（Visitation of Mary）。

右侧假拱券的右拱肩上（见右上图）描绘着"耶稣的诞生""圣婴洗浴"和"约瑟夫"。此处的柱头、拱券和连拱饰均比昂古莱姆的数量多，而且它们采用了华丽装饰，从而形成人物雕像的明显差异。尽管如此，正立面的一系列元素仍体现了许多风格上的不一致性。

尽管没有任何书面材料说明这幢建筑的修建过程，但据说这项工程大约始于十一世纪末，完成于十二世纪中叶。这个正立面就是自那个时期——法国罗马式时代后期修建。

锡夫赖（Civray）的圣尼古拉（Saint-Nicolas）教堂之正立面（见左下图），其构成方式与普瓦捷的正立面十分相似。其共分为两层，每层含三个高大的拱券。中间的都是真拱券：底层拱券内含一道大门，而上层拱券内设一扇窗户。大门两侧的盲连拱饰各包含两个连拱饰，而上层的则与之不同包含一些雕塑作品。右侧的拱券区域与其下部的区域分开，其内设有四尊福音传道士雕像。它们之下为圣尼古拉，他保护着三位女孩，而这些女孩的父亲正阻止她们出卖自己的灵魂。

与之相对的左侧原本为骑马像，但现在仅存有一些碎片。尤其是，门拱饰和拱券完全由雕塑装饰所覆盖。最后，大量罗马式建筑样式开始发生不同程度的分解，而后迷失于越来越繁多的装饰中，人们在里尤（Rioux）圣母院的多边形唱诗堂中可以看到这种情况。

里尤（滨海夏朗德省）
圣母院，
多边形唱诗堂的外壁视图，
十二世纪晚期建造。

下一页：
普瓦捷（维亚纳）
原格朗德圣母院，
西向正立面视图，
十二世纪中叶前后建造。

殴奈－德－赛因托格（滨海夏朗德省）
圣皮埃尔－德拉托尔
南耳堂大门视图，
1130 年后建造。

殴奈（Aulnay）

建筑和雕塑相互融合是西部法兰西罗马式风格的特征之一，殴奈－德－赛因托格（Aulnay-de-Saintogne）（见第272页图）和桑特（见右上图）的门拱饰最简洁地表现了这种融合所产生的直接效果。殴奈的圣皮埃尔（Saint-Pierre）朝圣教堂之南耳堂正门拥有四层门拱饰，外面三层是呈放射式分布的小雕像。由于每座雕塑都单独采用一块石头雕刻，所以各层门拱饰中的每块石头都具备两项功能：装饰作用与支撑拱券。

然而，内圈门拱饰并未呈现这种结构与装饰的一致性。此处，整条拱券只刻有动物和蜿蜒盘绕的藤蔓装饰。其上陈列着二十四位带光环的雕像，他们手捧书卷和钵盂，似乎代表着圣徒与先知。然而，第三层门拱饰上，圣经传说与美学布局、建筑构造的要求出现了严重冲突。各尊雕塑头戴桂冠，手持器物与钵盂，暗指《启示录》中的长老。然而《启示录》仅提及了二十四位长老，这里的塑像却多达三十一尊。考虑到美学要求，这一层的塑像只能比上一层略大一些，而且为了充分发挥拱券建筑结构的价值，石块的数量增至三十一块，雕塑的数量也随之增至三十一尊。这两层门拱饰的所有塑像都由其底部的小巧男像柱支撑，而这些男像柱只能从下方看

到。在第四层门拱饰中，众多珍奇异兽挨个排列，其中狮身人面和半人半鱼的海妖等混种灵兽可追溯至古典主义时期。另一些则是源自当地神话传说，比如携带器物的驴等，那是邪恶的化身。整条拱券以凸圆线脚为边框，其上各尊动物雕塑"呈切线式"排列，其身体轴线触及拱券而朝向中心。

桑特

圣马尔瑞－德丹姆斯（Sainte-Marie-des-Dames）修道院教堂的正立面包含两层楼，分三个部分，即效仿西部法兰西普遍采用的设计。余下的雕塑汇集于大门周围，而门拱饰由动物和藤蔓雕带组成。此处，雕塑同样呈放射式和切线式分布。最里层的门拱饰上，六位天使朝向最高点，呈切线式分布，其中两位天使共同举起一枚刻有上帝之手的圆雕饰。第二层门拱饰为"福音传道士的化身"，其周围环绕着藤蔓，顶部刻有"上帝的羔羊"。第三层门拱饰包含众多雕塑，每尊雕塑均带有拱石，其表现了在伯利恒（Bethlehem）大肆屠杀无辜百姓的场面。而在第四层门拱饰上，雕刻师根据拱石的数量将《启示录》中的长老雕像增至五十四尊。

273

右上图：
沙尔略（卢瓦尔省）
原圣福蒂纳修道院教堂
西门之门楣中心，
十一世纪末建造。

下一页：
沙尔略（卢瓦尔省）
原圣福蒂纳修道院教堂，
教堂前厅北面的门楣中心和大门过
梁；其右侧为教堂前厅北面窗户之
上的过梁、门楣中心和拱边饰。
十二世纪中叶建造。

左下图：
圣玛－恩－布瑞欧奈斯（索恩－卢瓦尔省）
原圣希莱尔修道院教堂，
西门之门楣中心与过梁，
十二世纪中叶建造。

右下图：圣朱利安－德琼兹（索恩－卢瓦尔省）
圣朱利安教堂，
西门之门楣中心与过梁，
十二世纪中叶建造。

勃艮第

　　长久以来，勃艮第就是法国的罗马式艺术景观的一朵奇葩，其地处索恩（Saône）与卢瓦尔之间，兼具外部安全性和内部稳定性。因此，早期君主制度在这里复兴，西方世界最宏伟的克吕尼（Cluny）修道院在这里耸立，这一切绝非偶然。该地区对于罗马式艺术影响深远，尤其是雕塑。

勃艮第式门楣中心

　　沙尔略（Charlieu）的圣福蒂纳（Saint-Fortunat）修道院之西门（见右上图）在艺术史上占据重要地位的原因有二。其一，它是现存最古老的圆柱式大门，各处均以雕塑装饰。其二，这里首次采用了将耶稣圣像嵌于尖椭圆光轮之内的表现手法，此方法后来被用于雕塑作品《最后的审判》之中。这一创新应该出现在勃艮第。伯恩哈德·鲁普雷希特（Bernhard Rupprecht）将此解释成古典主义时期采用的一种

具体表现手法。古典主义时期注重"建筑与雕塑的不朽结合"，这被看作"皇室的姿态与权力"。克吕尼之改革演变为十一世纪教会的政治运动，最终导致统治西欧的宗教势力与世俗势力、教皇与帝王之间的根本对立。因此，耶稣圣像的雍容华贵形象地表现了上述对于权势的看法，这一观点看似合理。

　　圣福蒂纳教堂建于十一世纪下半叶，在法国大革命之后毁于一旦。现只剩下带有门楣中心的西面以及在它前方的教堂前厅，其建于十二世纪上半叶，设有两道朝北的大门。今天，我们还有眼福观赏到这件贯穿勃艮第罗马式风格时代始末的建筑雕塑，实乃一大幸事。

　　这面西门约建于1090年左右，其门楣中心的全部高度由加冕的耶稣雕像所占据。"曼朵拉"（Mandorla）之内，耶稣端坐于宝座之上，周围环绕着一圈神圣的光环，左右辅以一对天使。这是此类大型塑像最早期的作品，它呈现了一种庄严肃穆的宁静与和谐，从而让人能够

从内容上理解这件作品的不朽性。这一神圣的景象又通过连拱饰下方的过梁之上的一排正襟危坐的使徒而得以突显。

之后，此类雕刻景象反反复复地出现在无数门楣中心，直至勃艮第罗马式雕塑晚期；与此同时，其在风格上也经历了翻天覆地的变化。若有人将沙尔略早期的西面门楣中心与后来修建的北面门楣中心（见上图）作比较，则会发现前者的浮雕工艺多么平整和缺乏立体感。此处，各雕像的身体仅是"轻描淡写"地勾勒，平整而无凹凸之感；雕像轮廓则主要以线型元素突出。浮雕背景与跨过门楣中心的门拱饰完全平整。这让人对门楣中心的构件产生一种特别的感觉——自重感。自重主要是通过天使双手扶着"曼朵拉"来表现的。他们向中央微微弯腰，双手扶着圣像周围的"曼朵拉"，两条腿略微外曲。看似是天使支撑着"曼朵拉"，而"曼朵拉"又巧妙地在各端取得了平衡。此外，天使的翅膀设于整个门楣中心和拱顶的边缘。这表明，此处真正的主——天堂之主正在被加冕。

教堂前厅的北门结构修建于十二世纪中叶，远远晚于西门结构，形态上也与之大相径庭。镶嵌于石雕之内的圆柱和墩柱支撑着门拱雕饰，门楣中心则由坚固的过梁支撑。尽管如此，看到它时，人们还是有一种截然不同的印象。所有的建筑元素均被装饰所覆盖，以至于它们像是渐渐消失于装饰之中一样。装饰物甚至出现于雕塑之中，二者相互混杂交融。门楣中心雕有威严的基督肖像，配以福音传道士的化身，整件浮雕作品比西门的高大许多。此处摒弃了人物的线型雕法，而采用衣服的褶皱突显立体的起褶部位，这不仅遮盖了身体而且达到了装饰的效果。此外，人物姿态出现了更明显的改变。"曼朵拉"之中的基督不再以神圣的姿态端坐于宝座之上，而是从其宝座上离开，这似乎是一种姿态的改变。天使的大幅活动范围因此处增加了福音传道士的化身而受到限制，这种样式通过在同一场景中合并与分化两个不同方向的运动，而超越了之前的所有作品。

上。克吕尼市内，建于1100年左右的原圣皮埃尔和圣保罗修道院教堂之柱头机缘巧合地被保留下来，其对科林斯式柱头独具匠心的效仿使之尤为与众不同。两个柱头上刻有人形格利高里圣咏调式雕像，突出而清晰地反映了这一点（见左下图）。与此同时，其效仿了古典模型的基本样式，两侧因尖椭圆光轮的形状而变得开阔。此处的后光并非用作雕像的光环，而是为雕像提供一个便于展示的碗状区域。在强拆"音乐"柱头时，转角处的科斯林式涡卷饰被弄掉了，而其他地方（譬如"人类的堕落"柱头等）的涡卷饰仍然保持完好；它们清晰地展现了勃艮第式柱头的风格特征。建筑的内在联系与拟人化的元素之间的张力演变为尤为出众的可塑性设计，将柱头两侧联系起来。

吉斯勒贝尔（Gislebertus）是中世纪最杰出的雕刻大师之一，他曾把自己的名字刻在奥坦的门楣中心。圣拉扎尔（Saint-Lazare）教堂内部的多根柱头就是他的作品；这些雕塑大部分镌刻于半露柱之上，因而与墙面牢固地连接。可以说，他的雕塑是罗马式雕塑中最富有人性且最感人至深的一类佳作。"东方三王"的雕像（见上图）原来镌刻于东北角立柱的各面，呈现的是三位头戴皇冠的人共同盖在一张大而圆的被子之下。他们中的两人尚在酣睡，另一人却被天使轻轻唤醒，天使指着外面的星星让他看。"逃往埃及"（见下一页左上图）位于立柱的背面，有人认为该作品出自另一位雕刻家之手。这尊雕塑中，玛丽一边注视着我们，一边展示着她的孩子，神态逼真，仿佛真人就在眼前。她似乎并未骑着毛驴，而是漂浮在半空，这种姿势与宝座上的"圣母子"极为相似。然而，雕刻师已将自己的理解赋予神圣的"上智之座"：圣母微微低头，手臂紧紧地搂着她的孩子，保护着他，这让人感到母爱的深刻与敏感。与之相反，犹大上吊自杀（雕塑见下一页右上图）则表现出一种邪恶的愤怒与惶恐景象，而吉斯勒贝尔在门楣中心却采用更生动、形象且更为积极的人类情感来描绘这一场景。

犹大受恶魔挑唆而背叛基督，这里也出现了两个恶魔似的形象帮助犹大上吊自杀。尽管如此，三者之头构成了对称的三角形，使整个结构富有平衡之感，从而以绝妙地方式表现了陷入绝望之中的巨大悲痛。

索略（Saulieu）的原圣安多什（Saint-Andoche）修道院教堂之中堂和侧堂内，留存下来为数不多的柱头之上可见到奥坦式柱头的进一步发展，以及鲁普雷希特所谓的"末期北部勃艮第式柱头"。表现"首次诱惑基督"（见第277页左下图）的柱头之上，树木和撒旦的风

支撑"曼朵拉"的天使之手与其身体的位置并不协调，他们看起来是分开的，好似两位天使正试图打开这团"曼朵拉"。这种后期样式又进一步用于圣朱利安-德琼兹（Saint-Julien-de-Jonzy）（见第274页右下图）和圣玛-恩-布瑞欧奈斯（Semur-en-Brionnais）（见第274页左下图），因而艺术史学家发明了罗马式风格的"巴洛克"一词，以对此进行界定。

就历史而言，沙尔略的老门楣中心年代更久远，但终究还是克吕尼——当时继罗马之后最强大的基督教中心将艺术的种子播撒四方。其门楣中心同样包含这种样式（加冕的基督位于天使支撑的"曼朵拉"之中），可惜后来遭到了破坏。

勃艮第柱头

勃艮第罗马式雕塑的重要影响亦体现在富于雕塑的柱头设计之

下一页：
维泽莱（约讷省）
原圣玛德莱娜修道院教堂大门、门楣中心
"圣灵降临之奇迹"。
1125—1130 年建造。

维泽莱（约讷省）
原圣玛德莱娜修道院教堂大门、过梁局部
"长着大耳朵的帕诺缇安人"。
1125—1130 年建造。

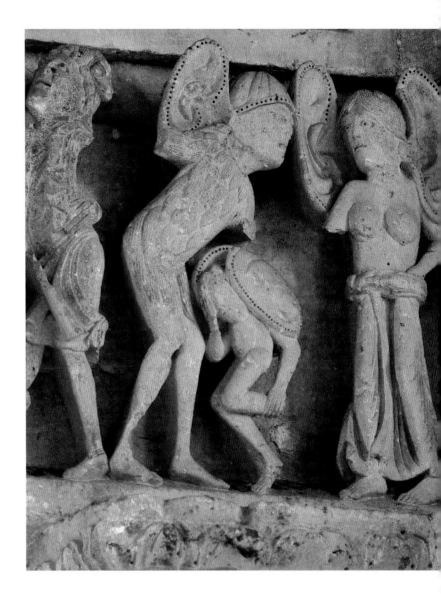

格变换充分展示了该柱头与奥坦的密切关系。得益于半圆柱式壁联柱之雕塑的布局设计，索略的柱头比奥坦半露柱的柱头更具立体感，而且又平添了几分戏剧性。又比如，因害怕而三次躲开天使宝剑的"巴兰之驴"（见第277页右下图）。该作品未利用深凹式的浮雕手法，而是让立体的驴头突出而惊恐地偏向一边。尽管"逃往埃及"等雕塑场景仍然与浮雕完全贴合，但此处，驴背上的巴兰和天使齐齐从柱头突出，好似布置于科林斯式柱头上相应缩小的图案之前。

维泽莱

作为去往圣地亚哥·德孔波斯特拉（Antiago de Compostela）的四大朝圣路线之一"利摩日之路"（Via Lemovicensis）的起始城市，维泽莱成为无数朝圣者的聚集地，他们拉帮结对，共同踏上朝圣之旅。这座城镇最初因传说圣玛利亚·玛达肋纳（St. Mary Magdalene）的圣骨保存于此，而获得人们的青睐，所以，维泽莱本身就是朝圣者的目的地，加之1103年它赢得了教皇的认可，从而地位一路攀升。

1104年，为圣玛利亚·玛达肋纳修建的新教堂于圣马德莱娜（Sainte-Madeleine）修道院教堂原址修建，但该教堂于1120年被大火烧毁。之后又重新修建了教堂，并于1140（或1150）年增建了教堂前厅（见第278页图）。正是在这里，在1146年的复活节，发生了一件具有重大历史意义并波及当时整个基督教界的事件：站在包括众多世俗君王在内的庞大人群之前，克莱韦尔的贝尔纳（Bernard of Clairvaux）号召人们进行第二次十字军东征。因此，维泽莱不仅是欧洲朝圣者的聚集地，而且是十字军的据点。

教堂门楣中心部位的中央，"曼朵拉"之中的基督坐于宝座之上，双腿向左弯曲。左右两侧，他伸展的双臂之下伫立着一个个手捧书本的使徒，而圣灵降临的过程则由耶稣手指发出的光芒来表现。与耶稣一样，使徒们未直接面向观者，并且未按传统方式安排成一排。这给各个人物赋予了鲜明的个性，并增强了他们的形体存在感，使他们在浮雕背景中特别显眼，这一点在身着长袍的人物身上最明显。根据《使徒行传》（Acts of the Apostles）（2~5行），放射式藻井描绘了需要劝其皈依基督教的民族；他们当中的一些人有着异于常人的外表，这一观点可追溯至古希腊时期。过梁右侧，圣徒彼得、可能还有保罗带领着一队人马向前行进，其中包括来自塞西亚（Scythia）的大耳帕诺缇安人（Panotians）（见右上图）、小矮人（Pygmies）和巨人（Giants）。而左侧则是一幅原始而粗野的献牛祭祀的场景，其后排列着罗马人和塞西亚人，象征着基督诞生之前的人类。此外，《旧约》与《新约》的相互关系通过门间柱之上与基督同轴的圣徒约翰代表性塑像而得以体现。

维泽莱门楣中心的主题，即将圣徒派往世界各地以及宇宙空间（周围门拱饰之上黄道带和各月劳作符号所表示的）担当传教士，是一种要求极高的神学观念。这就是大部分产生于1125—1130年的雕塑常常被赋予这种图案的原因之一，该图案的产生背景即十字军东征的准备阶段（1146年左右）。

内部柱头富含雕塑，反复呈现了善恶形象，错综复杂，令人眼花缭乱；中堂和侧堂之内，《旧约》主题被看作《新约》之预言，而《新约》主题在教堂前厅和正立面扩充了这一方面的内容。这组柱头逼真地展现了一位知识渊博的智者，人们猜测此人是男修道院院长蓬斯（Abbot Ponce）的兄弟，原名皮埃尔·德蒙布瓦西耶（Prior Pierre de Montboissier），他曾以彼埃尔·维尼拉比利（Petrus Venerabilis）之名担当克吕尼之主教，是十二世纪最受欢迎的雕塑对象之一。

上图:
塞拉波恩(西比利牛斯山脉)
原圣母院修道院教堂,
唱诗堂后殿视图,十二世纪中叶后建造。

下图: 埃尔纳(西比利牛斯山脉)
原圣欧拉利娅大教堂,修道院的罗马式楼廊,建于1172年后。

鲁西永(Roussillon)

法国罗马式早期的雕塑可见于里昂湾(Golfe du Lion)附近的南部地区。此处,由于圣米迦勒-德库撒(Saint-Michel-de Cuxa)修道院欣欣向荣的发展,各种推动艺术发展的力量涌现出来。这就是对于整个地区有着深远影响的推动力。

塞拉波恩(Serrabone)

远离鲁西永的要道,比利牛斯山北支上:卡尼古山丘(Massif du Canigou)东面便是圣母院教堂的所在地。这座教堂属于原塞拉波恩修道院;由于与该修道院相连的建筑群遭到破坏,这座圣母院教堂便成为独栋建筑,突兀于周围的农村之中。它与罗马式雕塑的联系集中体现在一个雕塑特征——南部楼廊和后殿的雕塑设计(见左上图及下页图)上。

教堂西面结构建于1150年左右,各后殿朝向教堂中心,有的建于十七世纪,有的建于十九世纪。它们包括跨过中堂的三联拱,同时形成了两个跨间,并由柱头布满雕饰的立柱、圆柱和成对圆柱支撑。而拱顶则采用坚固的圆形肋架拱顶支撑。西面被各式各样的浮雕覆盖;花朵与藤蔓雕饰浮现于连拱廊拱券之上,拱角处镌刻有基督教的标记。位于北拱廊和中央拱廊之间的是羽翼狮圣马可(St. Mark)和圣鹰圣约翰,位于中央拱廊右侧的拱角上的是圣餐羔羊和天使圣马太(St. Matthew),而位于中堂南墙的拱角上的是圣卢克(St. Luke)的公牛。

柱头经圆环面与柱身分离,并饰以高凸浮雕,而拱墩石块则由花饰、棕叶饰和藤蔓饰所围绕。所描绘的形象包括各种珍奇异兽,它们伫立于圆环面之上。这些形象的脑袋大都外伸,其上为拐角的涡卷饰,涡卷饰旁通常有人头或面具。它们的内容将正邪之间的战争栩栩如生地表现于有限的画面之内,技艺令人惊叹。

这种结构大概是针对唱诗堂的歌咏者而设,其采用红白相间的大理石建造,与内部的其他平面构成鲜明的对比。后殿的雕塑与南楼廊柱头的雕塑一样,呈现了精美绝伦的雕刻技艺,间接表明可能曾有两位大师在这里工作。同时,我们可以假定在这里工作的雕刻师与附近圣米迦勒-德库撒修道院回廊的雕刻师是同一人。因而,整座后殿有可能就出自那里的工作室,之后再以零件的形式运往赛拉邦,最后在赛拉邦组装。类似的制作流程还可能发生于密切效仿库撒雕塑的其他地方。总的来说,该唱诗堂之后殿可谓是鲁西永内罗马式雕塑的巅峰之作。

"卡维斯塔尼（Cabestany）大师"

  库撒雕塑体现了某种风格上的统一，与之完全相反的风格特征可见于另一位至今尚不知其名的雕刻家。他的风格如此超凡脱俗而独具个性，让人一眼就能认出是他的作品，从意大利途经法国到西班牙，从托斯卡纳途经鲁西永到巴斯克的国家，他的作品遍布四方。人们曾根据佩皮尼昂（Perpignan）附近卡维斯塔尼小镇教堂内的门楣中心（见左上图）为他虚构了一个名字。罗尔夫·勒吉耶（Rolf Legler）非常贴切地写道："卡维斯塔尼大师是整个罗马式风格时代最具与众不同且最令人神魂颠倒的个性大师之一，堪比奥坦之吉斯勒贝尔（Gislebertus）、图卢兹之吉拉贝尔乌斯（Gilabertus）和贝内代托之安泰拉米（Antelami）"。

  此门楣中心包含一些描绘"圣母升天"（Ascension of Mary）的场景，此处不同寻常的是从右侧开始展现圣母玛丽的灵魂从死亡之眠中苏醒过来。中央的情景描绘的是玛丽给将她的腰带交给仍然怀疑不定的托马。因为他先怀疑耶稣的复活，自然也不相信圣母升天，而圣母正是要用这条腰带向他证明此事。此处的雕像拥有大脑袋、扁平的额头、肥大的鼻子和斜瞄的杏仁状眼睛，尽显这位雕刻家惯用而非凡的风格。其他特征还包括古典风格的宽大手掌、细长手指和起皱的长袍。然而，此处并没有任何一个特征是用来突显普罗旺斯等地雕塑的古典效果。

  佛罗伦萨之南，佩萨河谷圣卡夏诺（San Casciano Val di Pesa）艺术博物馆（Museo di Arte）的残骸于几年前被翻新。它包含一根矮小的圆柱，其上镌刻着繁复的浮雕（见右上图）。底部刻有"天使报喜"（the Annunciation），其上为"向牧羊人报佳音"（annunciation to the shepherds）——天使将其中一位牧羊人举过头顶。与"圣母升天"场景一样，这里表现了人的温情，而此类温情在罗马式雕塑中是罕见的，仅吉斯勒贝尔的作品偶尔有所体现。该雕像之上为"耶稣出世"：其一，襁褓中的婴孩雕像向后盘绕于石柱之上，像是被托付给

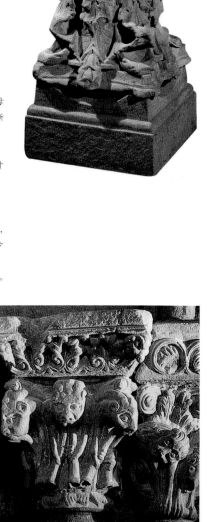

"卡维斯塔尼大师"或其团队，一组柱头，里厄－米内瓦（奥德省）圣母升天之圣母院教堂，十二世纪下半叶建造。

282

后来的命运；其二，婴孩在牛与驴的守护下安然入睡，而最后的场景表现的是婴孩洗浴的形象。这尊雕像尤其不可思议，其呈现了耶稣的诞生并流露出完美之感，而且避免了自身被轻易地划入艺术史学的任何一类。这些图案间接表明它可能是洗礼盆的石柱。

圣撒图尼乌斯（Saturninus）石棺（见上图）圣母升天之圣母院教堂（Notre-Dame-de-l'Assomption，圣伊莱尔－德奥德），这里原来还可能建造祭祀台，是鲁西永的主要罗马式雕塑作品之一。它讲述了图尔兹第一任主教圣塞尔南（Sernin）殉教的过程，此处这位大师采用了大量逼真可见的风格特征进行刻画，使整个画面栩栩如生。

他的身份至今还是一个谜。最常见的猜测为他是一位来自托斯卡纳的旅行雕刻家，其多数作品出现在鲁西永。由于他不必遵循任何一种模型，他能够将自己的视觉思维转变至其雕塑之中，这又让人猜想他是十二世纪最后二十几年异教学说盛行时的一位在卡特里派（Cathar）教区工作的异教徒。

圣吉勒－迪加尔（加尔省）
原圣吉勒修道院教堂，西立面视图。
正门、北向门窗侧壁："大雅各与保罗"，
1125—1150 年建造。

圣吉勒－迪加尔（加尔省）
原圣吉勒修道院教堂，西立面视图。
正门、北向门窗侧壁："约翰与彼得"，
1125—1150 年建造。

普罗旺斯

这座美丽的城市毗邻地中海，并将悠长的隆河（Rhône）分成两支。普罗旺斯之名取自古罗马，那时该地区曾一度向西扩展，被称为"加利亚纳伯恩尼塞斯省（Provincia Gallia Narbonensis）"。尽管不计其数的罗马时期艺术作品早已成为中世纪建筑师和雕刻师争相效仿的重要模型，但罗马式风格在此处达到鼎盛的时期还是相对较晚，尽管它异乎寻常的成熟完善。难怪普罗旺斯最主要的两类罗马式风格作品采用了罗马凯旋门的形状。

圣吉勒－迪加尔（Saint-Gilles-du-Gard）

与维泽莱相似，圣吉勒不仅仅是一座朝圣之城——传说这个第八世纪僧侣集散地的创建者是富足的雅典商人埃吉迪乌斯（Aegidius），而且这里还是乘船前往罗马的法国朝圣者之出发点。此外，到圣地亚哥（Santiago）的朝圣者也在这里聚集，他们中的多数人从意大利经阿尔勒（Arles）来到此处，再沿着"托洛萨纳之路（Via Tolosana）"继续前往西班牙。这座城市的多重功能使其拥有重要地位，而此地当时众多的人口反过来也印证了这一点：十三世纪之初约4万人居住于此，而今天只有9000人。

原修道院教堂的正立面（见上页图）在罗马式风格时代可谓别具一格，其被墙体分成三个部分，墙体设于距离较远的大门之间，门旁耸立着高高的角楼。而中间的大门因凸起的过梁、过梁上的门楣中心和门间柱而得以突显。此外，罗马式凯旋门的运用与古剧院建筑（比如保留下来的橘色舞台式正立面）的效果相得益彰。

整座建筑采用了繁复的梯级式布局，建筑物的整个正面分布着雕带，在雕带下方过梁旁边的侧门中也采用了梯级式布局。这条最完整且最悠长的循环雕带刻画了许多形象，以中世纪雕塑向世人呈现了"受难

圣吉勒－迪加尔（加尔省）
原圣吉勒修道院教堂，西立面视图，
雕带局部"洗脚"雕像，
1125—1150 年建造。

记"。雕带起于北门的左侧壁上的"准备进入耶路撒冷"，"耶路撒冷之门"恰巧位于额枋上，再延续至北隔墙的"犹大之报应"及"从寺庙驱赶出来的商人"，最后以中央门北向侧壁上的"彼得之预言"收尾。

此处的额枋展示了"洗脚"（见上图）和"最后的晚餐"，而南向侧墙为"犹大之吻与犹大被捕"。"彼拉多（Pilate）"和"鞭挞耶稣（the Flagellation）"（见上页图）出现于南隔墙之上；其右侧为已严重受损的背负的"十字架"端部；"耶稣受难像"横跨整个南门楣中心。与之相反，南门的雕带则呈现了耶稣死后的故事。由于此处某些添加的场景并不是"受难记"的内容，因此特别古怪，这些内容包括北部隔墙与侧壁之间的"拉萨路复活"，以及南门侧壁上的"圣母玛利亚·玛达肋纳为耶稣洗脚"。汉斯·费格斯（Hans Fegers）认为添加的内容（即这些分割的不同场景）是设计师希望将普罗斯旺的先知，以及莱斯－圣玛里埃什－德拉梅尔（Les-Saintes-Maries-de-la-Mer）、拉萨路（Lazarus）和马克西米讷斯（Maximinus），全部融入循环雕带之中。

隔墙以及中门侧壁的四方形壁龛共包含了十二尊真人大小的雕像，人们根据其光环上仍清晰可见的铭文辨认出它们中的一些"使徒"。北隔墙的第一块壁龛就镶嵌着使徒马修（Matthew），他旁边是巴托罗缪（Bartholomew），其后跟随着托马斯和小雅各（James the Less）。南侧墙中为约翰与彼得（见第285页右图），他们对面是大雅各与保罗（见第285页左图）；余下四位使徒位于南隔墙之中，可惜已无法辨认。北部壁龛所描绘的圣米迦勒正屠杀一条恶龙，而南面的垂饰上一位大天使正与恶魔争斗。

与十七世纪中门的门楣中心（可能效仿了1562年毁坏的"新教徒"，以展现"基督圣像"与"福音传道士的化身"）不同，此处旁门的门楣中心独具原创性。壁龛中的使徒与雕带内容的联系似乎再现了耶稣的受难历程，它们的存在似乎是要确认这些故事的真实历史依据，然而门楣中心的图案却偏离了这一范畴。"耶稣受难像"这一主题，在雕带中省掉了，而在南门楣中心具有"得胜基督"的特点。教堂会众（Ecclesia）（象征罗马天主教教堂）和天使所支持的犹太教会堂（象征犹太教）等场景的增加，将这一主题提升到了讲述基督教救赎教义的层面。人们已注意到这幅画面的大背景恰恰是于1143年在圣吉勒被活活烧死的异教徒皮埃尔·德布勒伊斯（Pierre de Bruys）；这意味着这件作品在当时本来是用作宣传品，而这可能不无道理。北门楣中心的"圣母加冕礼"也是根据"受难记"场景中神圣的象征性内容而雕刻；这幅场景独立于中央，以圆柱为界，左侧雕刻着"东方三王"的故事，右侧雕刻着"约瑟夫之梦"。

关于这件作品的创作年代，人们一直争论不休，而里夏德·哈曼（Richard Hamann）认为其完成于1129年的早期观点已被否认。这个问题又因浮雕"使徒巴托罗缪"背景上雕刻师的署名"布鲁斯创造了我"（BRVNVS ME FECIT）而疑云重重；人们据此将其与1171年和1186年提到"Brunus"这个人的资料联系起来。关于此类风格，人们也是众说纷纭，有人认为在这里工作的所有雕刻师之中，创作大天使米迦勒的那位大师在雕带和门楣中心的设计上最具影响力；然而各种说法都不能得出一个满意的解释。现在，人们认为这些雕塑于1125—1150年开始雕刻。圣吉勒教堂与整个作品有较深的渊源关系，据推测该教堂的设计在修建过程中可能历经数次改动；争议至今仍未停息。

阿尔勒（Arles）

继圣吉勒之后最为宏伟壮丽的雕塑大门出现在阿尔勒的圣特罗菲姆（Saint-Trophime）大教堂（见第289页图）。这道大门效仿古老的单拱凯旋门式设计［如附近的圣雷米（Saint-Rémy）］，其并不像往常一样嵌入墙体之内，而是矗立于不加任何修饰的正立面之前。整个大门保存得相当完好，令人称奇，于1995年夏天竣工的修复工程按照其原貌整修，保留了它的原汁原味。

大门的整幅雕刻画面让人想起"最后的审判"，不过这里少了穆瓦萨克（Moissac）或奥坦雕塑中的那份迫切。门楣中心之中，

圣吉勒－迪加尔（加尔省）
原圣吉勒修道院教堂，西立面视图，
雕带局部"鞭挞耶稣"，
1125—1150 年建造。

上图：
阿尔勒（罗讷河口省）
圣特罗菲姆修道院回廊式楼廊，十二世纪下半叶建造。

下图：
阿尔勒（罗讷河口省）
圣特罗菲姆修道院回廊之柱头，十二世纪下半叶建造。

"基督"端坐于"曼朵拉"内的宝座上，两旁设有福音传道士的化身，而最里层的门拱饰上众多"天使"围绕在基督周围。水平过梁上，一条延续的雕带环绕在大门前；而过梁之中描绘着坐立的使徒。雕带起于北外壁，首先描绘了"人类的堕落"，随后是正立面前端的"被选中者（the Chosen）"，他们的灵魂被深藏于侧壁内"亚伯拉罕（Abraham）"的胸膛之中。侧壁的对面描绘着"罪人之惩罚"；他们离耶稣越来越远，你推我挤地坠入地狱之门。下方的小雕带则展现了"耶稣诞生"的场景。侧壁之内伫立着几位使徒，左边是彼得与约翰，右边是保罗与安德鲁，而大雅各与巴托罗缪位于北外壁的厢式壁龛中，小雅各与腓力则位于南外壁的壁龛内。

大门左侧为教堂资助人圣特罗菲姆，与他相对的是圣史蒂芬（St. Stephen）大理石浮雕。后者的骸骨亦保存于阿尔勒。

整个大门可追溯至1250—1275年，由于此处简化为单一的大门，所以它拥有极为和谐匀称的外观。此外，沿各层面装饰的雕带因其雕塑近乎毫无变化的一致性突显了视觉上的强烈联系。尽管如此，这还是表明罗马式风格的表现力开始僵化，有很多人认为这里有沙特尔早期哥特式风格的影子。

圣特罗菲姆修道院还拥有普罗旺斯最富丽堂皇且最奢华的雕塑回廊。北翼和东翼是唯一保留了罗马式风格的部分，可追溯至1150—1170年或十二世纪末之前。北翼建筑中，雕塑柱头上的场景图案主要以"耶稣受难"为主题，其间点缀一些旧约故事，而东翼建筑中柱头雕塑主要以"基督童年"为主题，同样有一些旧约故事作点缀。正立面上的这条雕带以及小雕带活灵活现地展现了基督教的救赎思想。

阿尔勒有别于姆瓦萨克（Moissac）的特征之一在于每对圆柱都有自己的柱头，通过其上的拱墩石而相互连接，以便支撑连拱廊的重量。因此，柱头上的雕像可占据整个柱头的高度，而类似于大门装饰的拱边饰不再占据包含雕像的区域，而是仅用作框架，发挥独立的功能。以上便是普罗旺斯罗马式晚期通过运用古典样式的特殊性突出强调的几个方面。

此外，有迹象清晰地表明阿尔勒的雕刻家曾与意大利罗马式风格雕刻家密切交流。同时，与圣吉勒"狮子"的做法一样，这里的"狮子"支撑着圆柱和半露柱，而它们仅仅是一种形象元素而已。东厢房的柱头便是支撑上述理论更为明显的证据，其展现了"东方三王"和"逃往埃及"；这件作品已被确认为贝内代托·安泰拉米（Benedetto Antelami）的早期作品，而这位雕刻家是公认的意大利罗马式风格顶级大师之一。

阿尔勒（罗讷河口省）圣特罗菲姆
大门视图，
十二世纪中叶建造。

波斯特拉（加利西亚）
圣地亚哥大教堂，南耳堂上的"银匠之门"，左门的西侧壁："国王大卫""创造亚当""基督赐福"，北门的残片搬移至此，十一世纪末建造。

波斯特拉（加利西亚）
圣地亚哥大教堂，南耳堂上的"银匠之门"，完成于1103年。

西班牙罗马式雕塑

　　由于佛朗哥（Franco）法西斯统治（Fascist Regime）所导致的政治孤立，西班牙艺术研究，特别是西班牙的中世纪艺术，长期停滞不前。此外，因为对法兰西的研究突出体现了其艺术史霸权的想法，所以据此想法，早期西班牙罗马式风格势必被看作是基于法兰西的罗马式风格。与之相反，新一代的艺术史学家于过去的二十年成功将西班牙艺术史从西班牙的政治孤立中解放出来，回归至国际研究水平。这让研究中世纪的国际艺术史学家将目光投向西班牙罗马式风格，并因而得到了一些令人惊喜的发现。

　　例如，霍斯特·布雷德坎普（Horst Bredekamp）在几项调查研究中已证实弗罗米斯塔（Frómista）早已建立了独立的雕塑生产中心，其典雅高贵而富于艺术性的环境反映出该中心大约建于1070年。他还证实了"从艺术发展史中来看，这既可被看作是与以往的决裂而且颇具个性，也可被理解为一次显著的飞跃"。这一论述的学术重要性主要在于它让早期西罗马式风格脱离了对法兰西的依赖，同时确认了其独立的起源。

　　我们势必要根据两个因素看待早期西罗马式风格的起源与发展。最重要的便是莱昂（Leon）、卡斯蒂亚（Castille）和阿拉贡（Aragon）的皇室。鉴于它们之间密切的朝代联系，早在十一世纪下半叶人们就建造了一些重要的教堂，并配以与之相称的建筑雕塑。除了始建于1066年的圣马丁-德弗洛米斯塔（San Martin de Frómista）教堂以外，其余还包括古阿瑟尔（Iguácel）的圣玛利亚教堂（1072年）、莱昂的圣伊西多罗-德杜埃尼亚斯（San Isidoro de Dueñas）教堂（1073年后）和圣伊西多罗（San Isidoro）教堂（1072年后），以及哈卡（Jaca）的圣佩德罗（San Pedro）教堂（约1085年）和圣佩德罗-德洛瓦尔特（San Pedro de Loarre）教堂（1080年后）。它们展示了大量独立的西班牙雕塑，而对这一领域的研究，除了民族主义的作品以外，其余均尚处于初级阶段。其次，这些建筑雕塑主要沿着前往圣地亚哥-德孔波斯特拉的朝圣线路分布。

上图：
莱昂圣伊西多罗（Colegiata de San Isidor.）
之联合大教堂，
门楣中心视图，
十二世纪早期建造。

下图：
莱昂圣伊西多罗（Colegiata de San Isidor.）
之联合大教堂，
"赦罪之门"视图，
十二世纪早期建造。

十二世纪初的西班牙雕塑

在长途跋涉了数百英里甚至几千英里之后，朝圣者们便会迫不及待地憧憬着他们在目的地会有怎样的见闻。1077（或1078）年，在无数欧洲朝圣路线的终点——圣地亚哥-德孔波斯特拉（Santiago de Compostela），一项大教堂修建工程开始动工。该石匠工程，包括其雕塑部分，均由"令人仰慕的大师"贝尔纳（Bernard，后来人们称他为"大贝尔纳"，以便与之后出现的"贝尔纳"区分）亲自指挥完成。他的工作室共聘请了五十位石匠，而他的助手之一便是人称"兢兢业业的罗贝尔"。

除了内部柱头采用古代科林斯（Corinthian）式叶饰以外，这座教堂的各道大门还包含了西班牙罗马式风格早期的重要作品。尽管西大门现在的外观呈现出晚期的西班牙罗马式风格，但若按照其最初的设计，完成这道大门的建造仍是天方夜谭。耳堂的北大门"法兰契杰纳之门（Puerta Francigena）"于十八世纪被毁坏。北耳堂之前的旁门"阿扎巴车瑞亚之门（Puerta de la Azabacheria）"也早在1117年反叛期间被一场大火烧毁，剩下的只有那极富艺术美感的残柱。现存完整大门只有南耳堂的"银匠之门（Puerta de las Platerias）"（见上一页右图），其整个构造糅合了其他大门的某些元素。两道大门上五花八门的石板被拼凑在一起，两道大门的门楣中心均于1103年完成，但二者却呈现了迥然不同的外观。右门的门楣中心里，下方的中央区域刻画的是"鞭挞基督"，其左侧为"荆棘之冠"和"瞎子复明（healing of the blind）"；门楣中心上方区域刻画的是"贤士来朝（Adoration of the Magi）"的典故，但已严重受损。左门楣中心融合了更为迥异的石板，其描绘的是在沙漠中"诱惑基督"。至少法国的研究认为此处的大多数浮雕效仿了孔克（Conques）的风格，而"瞎子复明"则运用了莱昂的雕塑风格。

嵌入"银匠之门"侧壁内的那些浮雕（见上页左图）与墩柱扶壁一样宽，其可追溯至十一世纪的最后十个年头，它可能是已破坏的原"法兰契杰纳之门"的一部分。柱头刻画了抚琴弹曲的大卫王和创造亚当的典故，体现了高超的雕刻技艺；后一场景中上帝正把右手按在亚当的心口上，以神的形象赋予他生命，整个场面散发出纯朴温馨又高尚庄严的气息。

在莱昂，圣伊西多罗的联合教堂（Colegiata del San Isidoro）于1100年左右建造了两道大门；它们是南耳堂的"赦罪之门（Puerta del Perdón）"（见下图）和"科尔德罗之门（Portal del Cordero）"，后者方便人们从南侧堂进入这座建筑。后者的门楣中心（见上图）呈现了"亚伯拉罕献以撒（the Sacrifice of Isaac by Abraham）"这个故事的全部细节，而《圣经》仅提到了其中的某些细节，比如以撒爬上父亲亚伯拉罕所搭建的祭台，并在他们到达目的地时立即脱下了鞋子和衣服。这个拓展的故事强调了亚伯拉罕之子将自己献给了神圣的天意，并自愿接受了他的命运。

291

弗罗米斯塔（帕伦西亚省）
圣马丁
中堂和侧堂之间的半露柱柱头
1066—1085（或1090）年建造。

弗罗米斯塔（帕伦西亚省）
圣马丁教堂，
柱头："人类的堕落"雕像
1066—1085（或1090）年建造。

292

弗罗米斯塔（帕伦西亚省）
圣马丁教堂，
内景，1066—1085（或1090）年建造。

哈卡（阿拉贡）大教堂，
南门柱头：巴兰与他的驴雕像，
约1100年建造。

哈卡（阿拉贡）大教堂
南门柱头：献以撒雕像，
约1100年建造。

下图：
哈卡（阿拉贡）
圣萨尔瓦多与圣西内斯（San Salvador y San Ginés）
多娜·桑查之石棺，约1100年建造。

其中一个特别的细节隐射了当时基督教收复失地的历史。左侧的两尊雕像为夏甲（Hagar）（亚伯拉罕之妻萨拉的埃及女佣）及她和亚伯拉罕的法定儿子伊斯梅尔（Ishmael）（12、16）（所谓的"一头野驴"）。他们母子被遣送至遥远的沙漠中，成为基督教所称的亚伯拉罕后裔"伊斯梅尔人（Ishmaelites）"或流浪者的祖先。雕像中，"伊斯梅尔"头戴象征阿拉伯文化的穆斯林头巾，骑马飞奔，张弩拔箭，对准祭台上"上帝的羔羊"。由此可见，它表达了一种对阿拉伯所有一切的深深谴责。鉴于建造该门楣中心时正值西班牙收复失地（Reconquist）运动如火如荼，西班牙人与摩尔人展开了争斗，因此这也就不足为怪了。

其他作品创作于该世纪之交，如哈卡大教堂的南侧堂大门两侧相对而设的两个门拱饰柱头（见上图）。左侧展现了"巴兰与他的驴"，

而右侧再次呈现了"亚伯拉罕献以撒"。后者是罗马式风格时代最流行的主题，因为它象征着个人的命运谦恭地顺从于神的旨意。这个柱头在两方面出类拔萃。首先，它展示的是"献祭"中最扣人心弦的时刻：以撒站立在那里，双手被捆于背后，他神色虔诚，心甘情愿地将自己祭献，而亚伯拉罕正要做他人生中作为一个人、一位父亲最痛苦的事。就在这千钧一发的时刻，上帝的天使一把抓住亚伯拉罕手中的长剑，告诉他上帝明白他的虔诚之心，不用再行此献祭之礼。

其次，这位雕刻师直接借鉴了古典的裸体形象。"以撒"一丝不挂地站在圆环面之上，而亚伯拉罕尽管身披一条长绢但也是裸体的。尽管此处的是罗马式风格，但古代雕塑的实体感显然对此仍有影响。这里仍效仿弗罗米斯塔（Fromista），因为那里的雕刻家根据胡兹罗斯（Huzillos）圣玛利亚修道院的奥雷斯特斯（Orestes）石棺的直接复制品设计了一种天堂的景象。那块石棺现保存于马德里的普拉多（Prado），其中奥雷斯特斯的古典形象变成了罗马式风格的亚当雕像。

西班牙罗马式风格时代最重要的作品之中，有一件作品与建筑雕塑毫无关系，它就是国王拉米罗一世（Ramiro I）和图尔兹皇室遗孀的女儿——多娜·桑查（Doña Sancha）的石棺（见下图）。这块石棺曾保存于哈卡附近的圣克鲁斯-德拉瑟若斯（Santa Cruz de la Serós）女修道院。石棺前面连拱饰之下，是纪念这位死于1097年的女伯爵的几幅画面：右侧为"多娜·桑查"端坐于两位"修女"或者是"侍女"之间；左侧是她的葬礼；而中间，亡者的灵魂显现于两位天使之间的"曼朵拉"之中，展现了一幅救赎之景。出于怜悯、天真和淳朴之情，德里艾特（Durliat）称这位雕刻家为"多娜·桑查的大师"。石棺的背面的三联拱中展示了一场比赛，虽然这件作品同样笔法简单而生动形象，但显然是出自另一位雕刻家之手。

潘普洛纳（纳瓦拉省）大教堂
修道院回廊柱头的四面："约伯受难像"
约1145年，
潘普洛纳的纳瓦拉博物馆（Museo de Navarra）。

十二世纪中叶

　　大约是在十二世纪中叶，各式建筑相关的雕塑于欧洲遍地开花，而在西班牙，建筑雕塑成为艺术描绘最喜闻乐见的形式。那时创作的优质雕塑最能体现这一点。十二世纪中叶的两件西班牙本土雕塑之中，"约伯受难像"（见上图）就堪比"基督受难像"。这个成对柱头位于潘普洛纳大教堂原来的回廊中，它运用了叙事手法，于柱头四面按年代顺序依次描述了这个故事。整件作品如此栩栩如生，乃至于就算是现今的连环画也鲜有比之更逼真的。此"约伯柱头"的第一面较窄，可分成两个层次：上层是，耶稣与撒旦由于意见不合打赌约伯是否真心敬畏上帝；下层是，约伯儿子大摆宴席，招待宾客。随后的连体柱头面描绘的是就其他人见到约伯后传达的信息：即底部展示的，小偷盗走了约伯的牛羊，而第二个窄面描绘的是他的房屋坍塌了，里面的人都命丧黄泉。第二个连体柱头面可垂直划分，其展现的是，身患麻风病的约伯与他的妻子和亲友谈话，亲友中无人能理解为什么尽管各种灾难已降临到他的头上，约伯仍然信奉上帝。在最后一幅画面中，约伯再次出现，形象上几乎与前者一模一样，而这次是为了描述他因为上帝的赐福而最终获得补偿。各幅画面流畅自然，情节细腻，形象逼真而富有戏剧表现力，使得整个浮雕作品成为欧洲最为出类拔萃而经久不衰的作品之一。

　　另一位雕刻家——被马塞尔·德里艾特（Marcel Durliat）称为"温卡斯蒂略（Uncastillo）的大师"——在萨拉戈萨（Zaragoza）温卡斯蒂略的圣玛利亚教堂南门展现了他精湛的雕刻技艺，这座教堂始建于1135年。这道大门没有门楣中心，取代它的是由若干拱门构成的拱门饰，在此之上，这位大师刻画了众多世俗生活场景，比如原始的放肆举动和暴力行为等（见第296页图）。这件作品明显体现了幽默风趣、滑稽夸张的笔调，与下方支撑门拱饰的柱头的宗教场景形成极其鲜明的对比，这使人们很难从图像表现法的角度来解读这幅场景。

　　然而，加泰罗尼亚的里波利（Ripoll）修道院教堂的西立面可能呈现了那个时代最错综复杂的基督教画面意象（见第297页图）。不幸的是，在1835年，该修道院发生了大火，损毁了部分雕塑。这道大门虽没有门楣中心，但却拥有阶梯式的七道门拱饰，门拱饰由半露柱与圆柱支撑，其装饰图案包括树叶、花朵和采用罗马式风格绘制的动物。第三道门拱饰由两侧分别由刻有"使徒彼得"和"使徒保罗"的一对雕像圆柱支撑，而且这道门拱饰上展现了两位先知生活和受难的多个画面。第三道门拱饰之内是一系列雕刻的拱券线，再往里则是装饰的门拱饰。再下一层门拱饰上刻有雕像，讲述了约拿（Jonah）与大卫的故事。最后一道拱券是一种拱形结构，它的侧壁之上描绘了"各月劳作"的情景，而其顶部则是由"天使"所围绕的"耶稣圣像"。

温卡斯蒂略（萨拉戈萨省）
圣玛利亚教堂，
南门"温卡斯蒂略大师"雕刻的门拱饰，
十二世纪中叶建造。

下一页：
里波利（赫罗纳省）
圣玛利亚修道院教堂，
西立面与大门，1125—1150年。

包围大门的正立面采用五花八门的图案进行装饰，极为繁复、奢华，其包含六幅画面，画面由柱基支撑，柱基以怪物圆雕饰为特色，展现了"头等大罪"场景。画面的中央部分一直延续至门拱饰之顶，这里竖立着正立面最大的雕塑——天使围绕的"耶稣圣像"和约翰与马修（Matthew）的福音传道士的化身，《启示录》中的二十四位长老伫立于两侧。其下方的门拱饰之拱角处镌刻着另外两个福音传道士卢克（Luke）与马克（Mark）的标志，而他们之后是一群先知。

佩德罗·德帕洛将两幅上部画面解释为"教会胜利"的象征，而其下方则是"争论中的教会"。两幅画面均包含了圣经的故事，而其描绘手法显然受到了加泰罗尼亚十一世纪解读圣经思想内容的影响。下一区域为底部上方的区域，两侧可分为五道盲连拱饰。左侧为国王大卫和他的乐师，右侧为上帝赐福的民众，人们认为他们是贝萨卢（Besalu）的伯爵奥利娃·卡贝瑞塔（Count Oliva Cabreta）、瑟尔丹纳及其儿子阿博特·奥利娃（Abbot Oliva）和另外一个人。画面底部的场景极为狰狞恐怖。整个大门拥有凯旋门式结构，与古代凯旋门相似，这可能通过由缩微版卡洛琳风格表现出来。

十二世纪末

布尔戈斯（Burgos）之东南，圣多明各-德拉卡萨达（Santo Domingo de Silos）修道院回廊的角柱柱头与浮雕（见第298、299页及340页图）当属现存最卓越出众的罗马式雕塑。整座修道院大约始建于该世纪中叶，共有两层楼；直到一楼楼廊完全竣工时，整个工期耗时25年时间。其成对柱头位于东面和北面的厢房之中，具有最重要的艺术价值。

许多柱头以绿叶和果实图案装饰，呈现了某种成对的一体性，同时也显示了一种连体柱头将像其他柱头一样分开趋势。它们描绘了成群变幻莫测的鹰身女妖——希腊神话中的怪兽，它们长着老妇人的头和鸟的身体。一些柱头上镌刻着动物（鸟或鹿一样的生物）的脑袋，周围盘卷着绿叶。这些作品似乎出自一位大师之手，而南厢房的一些柱头则截然不同，它们似乎以粗犷而卓越的描绘手法为主。那些动物看似被繁叶所捆绑，而鹰身女妖已幻化为邪恶的顽童。

从艺术史的观点看，这道回廊之中，最引人注目且最重要的作品便是浮雕。这是世界上第一件描绘圣经故事的角柱装饰品，比穆瓦萨克（Moissac）的还要早半个多世纪，之后该技术传遍了整个南部法兰西。"基督死而复生"的连环图案从东北角立柱北面的浮雕"下十字架"（见第298页左上图）开始。事实上，罗马艺术津津乐道于这一主题，而不是"受难记"，因为它显示了基督的力量及他征服死亡的过程。"十字架"的横梁直抵两旁的柱头，因而两根立柱就如同十字架的支柱。这个横梁将画面分割成两部分：下面是世人哀悼基督的场景，人们正把死去的基督从十字架上放下来；而拱弧与横梁之间的部分刻画的是天堂与宇宙区域。

这些人物的脚下，雕刻师采用象征的手法描绘了骷髅地（Calvary）——耶稣受难的地方（拉丁语：Hebrew Golgotha）。画面中央，受难的耶稣脚下——人类的始祖亚当打开了棺材，为其复活作准备。耶稣头部之上拱券中部反映了这一过程。天使们手捧香炉，而人形日月手持绢布。把"基督复活"和天堂的存在融合表现在这个概括性画面上，对于死去的耶稣的描绘同时表现出耶稣的成功转变：从"全能的主"到"救世主"。

而该立柱东面的浮雕更为繁复；它展示了"复活"与葬礼相结合的场景（见第298页右上图）。两幅画面从中间开始分隔，中间部位描绘的是尼科迪默斯（Nicodemus）和亚利马太（Arimathea）的约瑟夫正将耶稣放入石棺之中。打开的棺盖将呈对角线式，将上部画面一分为二，这样做不仅创造了该区域的二维画面，而且使得该场景更具有空间深度感。

上一页：

拉卡萨达（布尔戈斯省）

圣多明各修道院修道院回廊，角柱上的浮雕，"下十字架"（左上图），
"葬礼与复活"（右上图），
"基督朝圣以马忤斯的圣雅各神殿"（Christ as a pilgrim to the shrine of St. James in Emmaus）
（左下图），"怀疑的托马斯"（右下图）。
十二世纪中叶建造。

拉卡萨达（布尔戈斯省）

圣多明各修道院，回廊与成对柱头，
十二世纪中叶建造。

孔波斯特拉（加利西亚）
圣地亚哥大教堂，"荣耀拱门"，中门
与中堂入口，大师马特奥的杰作，
1168—1188 年建造。

中门右侧壁，刻有使徒彼得（左图）、保罗、
大雅各（圣地亚哥）与约翰（右图）。

而尸体的左手臂放在石棺底部，右手臂搭在棺盖上，指向左上方，那里是复活天使。在石棺背后，站在一边的是表情真切的三个复活圣母。石棺之下，坟墓中酣睡的卫兵占据了整个浮雕三分之一的高度。

"复活"场景之后是西北角柱的西面，其描绘的是"怀疑的托马斯"（见第298页右下图）。按照原罗马式风格的设计原则，"使徒"站成三个横排，队列呈阶梯式重叠。因为他们都侧头关注左边正在发生的事情，所以他们的头体现了一种微妙的韵律。这里描述了一个著名的故事：托马斯受到邀请，将他的手指放到耶稣身体左侧的伤口中，以便向他证实耶稣已真正从死亡中复活过来。基督的话语将整个故事推向高潮："你相信我，是因为你能看见我。而那些即使看不见却仍然相信我的人，才是幸福的人。"

尽管后排的人物与往常做法一样缩减为半身像，然而在前排完整塑像之间的空隙中展现第二排使徒的手和脚却是切实可行的。这种

自然主义是连拱饰之上的区域常用的主题。此处，在人物的腿部和前排站立人物的处理上也体现了这一点。雉堞状墙壁之后，塔楼之间，伫立着四位乐师。其中两位男乐师吹着号，两位女乐师敲着铃鼓。这是有关基督教信仰的主要场景之一，其世俗构思设计非比寻常。在迈耶·夏支罗（Meyer Schapiro）篡写的最优秀的一篇罗马式艺术论文中，他曾指出这代表修道院周围新城市环境的世俗力量，它使绝对信仰和经验性知识发生了冲突，而后者是一种基于史实的新知识，这是一个教会不得不作出回应的一个问题。

托马斯听从耶稣的指示，用他的食指触摸着耶稣的伤口，而事实上圣约翰的福音书从未直接提起此事。他通过感官感知复活的耶稣来支撑自己的信念。然而，雕刻师在整幅画面的中央表达了他相反的思想。当时其实保罗并不在场，而且他从未见过生前的耶稣，而他却站在比真人还高大的"耶稣"之左侧，因而他的脑袋成为整幅画面的焦点。

阿维拉（卡斯蒂亚），巴西利亚－德圣文森特，圣文森特之墓。
浮雕："刽子手立斩三圣贤"（上图）
"天使将圣贤的灵魂带至天堂时，他们的头颅已被刽子手粉碎"（下图）。
约 1190 年建造。

　　他是绝对虔诚的典范，位于圣徒的旁边，恰恰与疑心重重的托马斯相对。同时，这尊雕像呈现了教会对于城市中探求真知的新动态作出的反应。余下的三幅浮雕展示了"基督与信徒们一道朝圣马忤斯（Emmaus）的圣雅各圣殿""圣母升天"和"圣灵降临之奇迹"。

　　圣地亚哥－德孔波斯特拉的大师马特奥之杰作"荣耀之门"（见下页左图）是西班牙罗马式雕塑末期的经典作品。其建造工期（包括建筑工程在内）共耗时近半个世纪之久。自1168年2月22日起，马特奥开始接受国王费迪南二世（Ferdinand II）提供的丰厚终身年金；然而，除此之外，他不仅要养活自己还要承担雕塑制作的费用。整个工程最终于1121年结束，也是在这一年这座教堂被奉为神殿。

　　这里构建了一个类似地下室的结构，与地台相得益彰。地台之上为标志性的教堂前厅，前厅围绕在"荣耀之门"和三道入口大门周围。三道大门中，仅中间的大门设有门楣中心，并以多个部分构成的复合立柱支撑。门间柱之前又是圆柱，其柱身以"耶西树"（Tree of Jesse）装饰，而柱头描绘了端坐的使徒大雅各——这座教堂的守护神。他左侧的小旗上面写着"主差遣我（Misit Me Dominus）"。

　　门楣中心的中央是放大的耶稣加冕像。耶稣雕像由福音传道士及其标志所围绕；耶稣本人高举满是伤痕的双手，而他的长袍敞开着，露出身侧的伤口。左右两侧，天使展示着象征"受难"的"基督的武器"。在此之上为天国中被救赎的人。门拱饰中，《启示录》中二十四位长老的塑像排列成线。他们成双成对地面向彼此，吹拉弹奏着乐器。

　　侧门虽没有门楣中心，却在三道门拱饰中分别雕刻了不同景像。各种不同说法均推测左侧耶稣站立于"被选中者"或犹太人中间，右侧为"鬼魂"或"外邦人（the Gentiles）"。此观点之不同的原因在于整幅画面可被看作是描绘"最后的审判"或"救世者战胜死亡与罪恶"。然而，若有人认为门楣中心的大部分空间由"基督的武器"所占据，则"审判"场景的解释就变得不太能站得住脚。这更像是人们对"上帝之子"的认识发生了根本性的改变，从人类的"审判者"到人类的"救世主"。侧壁圆柱的柱身上雕刻着十六座雕像，表明这道大门预示着西班牙中世纪风格新时代曙光即将出现。

意大利罗马式雕塑

意大利北部地区

与其他地方一样，意大利罗马式雕塑的发展与同时代建筑业的欣欣向荣有关。尽管如此，由于意大利要注重宗教仪式的需求，所以这里的雕塑并不像法国雕塑那样符合建筑的结构需要。与之相反，早期作品通过运用动物饰品展现出强烈的装饰性，同时浓缩了源于伦巴底（Lombard）艺术的各种复杂样式。

旁波萨（Pomposa）的圣玛利亚教堂建于1125—1150年；其正立面位于前庭前方，它的原貌保留至今天。这座建筑十分宽大而低矮，由五颜六色的砖块堆砌而成；因而，这幢建筑装饰精美，其中心墙壁被三道入口大门分隔（见上图）。最里层的门拱饰装饰着藤蔓式雕带，其前端以门拱饰为构架，门拱饰由放射式、称切线分布的砖块构成。此正立面的三个水平区域由两条长长的赤土墙带分割而成；下赤土墙带为连拱饰，上赤土墙带于拱券顶点之上，沿墙体延伸。藤蔓装饰的面积大于门拱饰，均匀一致地盘绕在无数雕像周围，它还用于构成两个十字，渗入拱肩之上的赤土墙带。两侧连拱饰的顶部均设有神兽，而中间连拱饰上方为大理石做成的小十字。侧面墙体有圆孔，它们旁边刻有碑碣，嵌入于墙体之内。碑碣右侧是艺术家大师玛祖罗（Mazulo）的签名，可惜他并未写明作品的创作时间。有人认为大师及其工匠均来自拉文纳（Ravenna），因为正立面的结构尤其具有东方特征，甚至是拜占庭（Byzantine）风格。

1100年左右，雕刻家们开始感受到朗格多克地区的影响，尤其是大师威利盖尔茨（Wiligelmus），他从1099年开始就为摩德纳（Modena）的大教堂建筑设计师兰弗兰科（Lanfranco）工作。我们之所以能知道他的名字，是因为他在四面正立面的浮雕上留下了姓名，而浮雕的主题基本出自《创世纪》（见下页右上图）。按照其原有连贯雕带的顺序来看，其首先描绘了上帝。天使手扶着"曼朵拉"，上帝端坐其中，手捧翻开的经卷。下一幅场景是上帝摸着亚当的头"创造亚当"，又用亚当的脊柱"创造夏娃"，还描绘了"人类的堕落"。下一幅展示的是"上帝审判有罪之人""驱逐有罪之人"和"犁地的命运"。第三幅浮雕展示的是"该隐与亚伯"的故事："他们的贡品""该隐弑兄""该隐被传唤至主的面前说明其兄长的下落"；第四部分继续描述这桩弑兄案件，而这个故事节仅在《旁经》（Apocrypha）中提到过。十二幅场景的最后两个场景出自"诺亚方舟"。这四个浮雕及其强大的表现力似乎是意大利罗马式雕塑的出发点；而回归古典式风格是威利盖尔茨刻画人物的特色。

两层楼高的大门的圆柱底部挺立着两头古代雄狮（见下页左下图），这引起了美国史学家阿瑟·金斯利（Arthur Kingsley）的大胆假设。他认为这两头狮子于罗马废墟中被发现，而它们是兰弗兰科和威利盖尔茨的珍宝，用以支撑圆柱。非常巧合的是，这反而导致此处建造了一座更宽阔的大门。这类大门常见于波河（River Po）平原、普罗旺斯的圣吉勒-迪加尔和德国柯尼希斯卢特（Königslutte）。

中堂之尽头即唱诗堂边界处竖立着唱诗堂隔屏，它简直与1920年建造的原版一模一样。隔断墙由五件大小不一的大理石手绘浮雕构成，浮雕由六根圆柱支撑，大多数圆柱采用装饰有雕塑的柱头，而其中四根圆柱由四头石狮支撑。浮雕画面从左侧"洗脚"开始描绘了"耶稣受难记"的内容。旁边的宽大区域是"最后的晚餐"及"犹大之吻"。最后两块大理石板展现了"犹太巡抚彼拉多面前的基督"和"鞭挞"，其后为"背负十字架"。

艺术史学家已确认这件重要的意大利罗马式风格作品创作于1160—1180年间，至少四位大师参加创作，而安塞尔莫·达·坎皮奥内（Anselmo da Campione）被认为是这些浮雕作品最主要的创作者。在为数不多的著名坎皮奥内派罗马式雕塑家中，安塞尔莫（Anselmo）是我们所知的第一个。该门派源自卢加诺湖（Lake Lugano）岸边的坎皮奥内市（Campione），因此以坎皮奥内派之名而为人所知。人们认为是这些建筑师、雕刻师和石匠继承和发扬了古代的建筑方法，也是由于他们的原因，北部意大利、法兰西乃至日耳曼的罗马式建筑才得以发展。坎皮奥内派雕塑令人不由地想起普罗

旺斯之雕塑，而且可能效仿了阿尔勒的圣吉勒的作品。后来1208—1225年间在码头左前方修建的圆形讲道台也被认为是坎皮奥内派的作品，且从拉皮达瑞宫博物馆内石碑的铭文可知，它是大师博扎瑞乌斯（Bozarinus）的杰作。这些浮雕展现的是"四个福音传道士的化身簇拥着基督""教父"及"圣彼得的呼唤"等典故。

然而，值得注意的是，石碑上赞美雕刻家的碑文（于大教堂正立面落成当日作为附言雕刻）："维利杰尔莫（Wiligelmo），你在雕刻师们中间倍受尊敬，现在你的作品就是明证！（INTER SCULTORES QUANTO SIS DIGNUS ONORE, CLARET SCULTURA NU［N］C WILIGELME TUA）"。这便是阿尔贝特·迪特尔（Albert Dietl）所说的"雕塑的超越"，即那些从"其他所有竞争对手中"脱颖而出的雕刻家可以享受很高的声誉。这种现象表明，随着雕刻技艺和作品的声誉日益提升，雕刻家地位大大提高，已经不再是被人看不起眼的一般匠人（比如石匠等，原来雕刻师也属此列）。

摩德纳大教堂（Modena Cathedral）的"原则之门"（Porta dei Principi）上刻有一位雕刻家的肖像，迪特尔称其为"一位来自维利杰尔莫工作圈的无名雕刻家之自画像"。这件作品展示了1100年左右艺术家已有了自我表达的意识和方式。就自画像而言，其诞生方式隶属于上帝创造亚当的做法；雕刻家与之类似，他用瓦砾按照自己的形象创作了自画像。灵魂升至天堂而永生不死的两位先知"以诺"（Enoch）和"以利亚（Elijah）"手举刻有威利盖尔茨之颂词的石碑，这暗指这位雕刻家的灵魂似乎也被带到极乐世界，可企及到达另一个宇宙的特殊生活。

费拉拉（菲登扎艾米利亚－罗马涅地区）大教堂
正门前华盖局部视图，
石狮上的男像柱为尼科洛的作品。

下一页，上图：
菲登扎（艾米利亚－罗马涅地区）大教堂，
壁龛雕像：大卫（左图）、以西结（右图）
为贝内代托·安泰拉米之作，
十二世纪末建造。

下一页，下图：
菲登扎（艾米利亚－罗马涅地区）大
教堂，正立面，大门区域：石狮支撑的
华盖、壁龛雕像和侧门。
十二世纪末建造。

面（1137年）；据推测，他曾是摩德纳市（Modena）威利盖尔茨的学生。相比之下，尼科洛的作品虽然受到了古典时期的影响，但更多的是还是来自其前辈的启发，尽管他的前辈们的作品几乎无法与他的表现力相提并论。然而，他创作的雕像仍旧通过穿着的衣饰表现得活灵活现。尼科洛还在维罗纳（Verona）工作过；圣泽诺（San Zeno）教堂，尤其是上述大教堂大门侧壁的人像（见第306页下图）也是出自他和他的工作室.奇怪的是，这些雕像与费拉拉的雕像一样，与法国早期哥特式侧壁雕像极有渊源，可是又很难解释。

菲登扎（Fidenza）教堂的大门上镌刻着一组雕像与浮雕（见第305页图），其风格与帕尔马（Parma）的洗礼堂（Baptistery）相似，这表明这件作品与贝内代托·安泰拉米及其工作室有关。其大门区域的结构包括由纵横交错的线条构成的巧妙系统，以及三道高耸的大门，而这样的结构赋予整个正立面错综复杂的立体感。侧门与中间的大门由墙体前两根粗大的半露柱分隔。横向结构的主要元素为浮雕带。这条浮雕带从北面半露柱的柱头开始一直延伸至南面柱头，描绘了有关圣多尼纳斯（St. Donninus）生活、受难和奇迹的故事。

此处的雕像和场景栩栩如生、活力四射，其风格颇似贝内代托·安泰拉米的风格，以至于若排除贝内代托·安泰拉米本人参与该工程的可能性，则"圣多尼纳斯的大师"应被看作是贝内代托·安泰拉米之学徒的杰作。中门两旁的两尊先知雕像（左为"大卫"，右为"以西结"）就是他的作品，彰显了非凡的自信。这两尊雕像位于壁龛之中，是立体的罗马式雕塑中极为罕见的珍品。

我们之所以了解这位意大利罗马式风格鼎盛时代最重要的雕刻家，是因为他在两件作品中留下了他的名字；其中细节更为丰富的作品是帕尔马（Parma）大教堂的浮雕"下十字架"（见第307页图），其时间记录为"创作于1178年2月，雕刻家贝内代托，即安泰拉米（ANNO MILLENO CENTENO SEPTUAGENO OCTAVO SCULPTOR PATUIT MENSE SECUNDO ANTELAMI DICTUS SCULPTOR FUIT HIC BENEDICTUS）"。安泰拉米是否真的是雕刻家的姓氏并不确定，但是无论如何，这是一个有着悠久传统的名字，指的是来自英特威之山谷（Valle d'Intelvi，位于科摩与卢加诺湖之间）的一群建筑专家，他们被称为"英特威人"；另一个名称"马基斯特里·安泰拉米"可追溯至罗马时期，也是指建筑师。

正因如此，我们才会在帕尔马见到贝内代托的名字，据记载，这里的洗礼堂就是他设计的。这里的雕塑装饰品，其画面突显了"基督诞生"对于人之救赎的重要性，这件作品同样出自安泰拉米及其工作

大量罗马式艺术家的名字发现于意大利，这一现象十分特殊，尽管人们对此所开展的研究尚处于起步阶段。彼得·科尔内留斯·克劳森（Peter Cornelius Claussen）认为其原因是"意大利北部城市（Upper Italian cities）对荣耀的渴求以及对声誉的迷恋……使艺术家即便是在中世纪也能成为英雄。"

十二世纪三十年代末，在艾米利亚－罗马涅地区（Emilia-Romagna）的费拉拉市（Ferrara），大师尼科洛（Niccolò）签约建造大教堂正立

左上图：
洛迪（伦巴底）大教堂
大门雕像：夏娃（局部），
1175—1200 年建造。

右上图：
佛罗伦萨（托斯卡纳），
圣米尼亚托教堂
讲道坛之支柱（由狮子、人、鹰组成），
十二世纪下半叶建造。

右下图：
威尼托（维罗纳）
圣泽诺大教堂，
左门侧壁局部：先知雕像，约 1135 年建造。

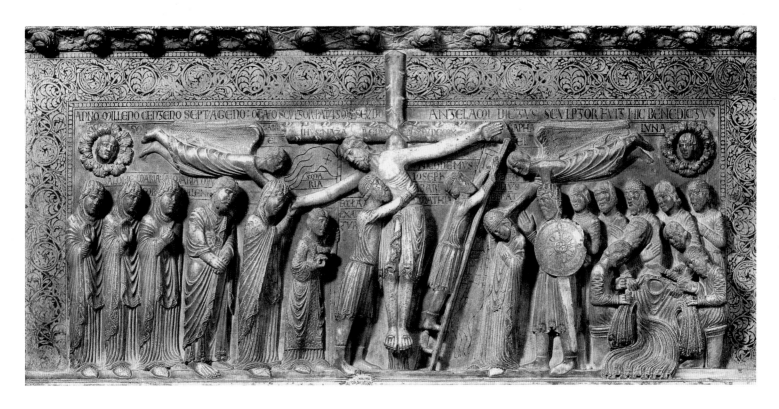

室。浮雕"下十字架"为大教堂之唱诗堂隔屏或讲道坛原有部分，是我们所知的安泰拉米最早期的作品。整个场景采用乌银技术制作，以宽幅织锦似藤蔓卷须为边。整幅画面可分为三部分：中部是复活的身体；左侧哀悼者按队列依次排开，上方配有"教堂会众"人像；右侧可分为两层，后排是男犹太人的队列，前排是犹太教会堂的士兵，他们正用扔骰子的方法争夺基督的长袍。

这种队列式严格布局尤其令人想起阿尔勒的门雕饰，而这就是人们所发现的安泰拉米式之起源。安泰拉米的作品继承了意大利罗马式雕塑的衣钵。其他雕塑作品也效仿了他在风格上的几项创新，比如尼古拉·皮萨诺（Nicola Pisano）及其学徒阿诺尔福·迪坎比奥（Arnolfo di Cambio）的作品就折射出此类创新的影子。

卢卡大教堂的正立面（见第308页右图）明显受到了皮萨（Pisa）建筑学派的影响；根据碑文，这个正立面由朱德托·科摩（Giudetto da Como）于1204建造完成，是整座教堂最古老的部分。在第一层，包含大门在内三道大拱券与教堂前厅连通。其上为三层楼廊，楼廊的圆柱与连拱饰与皮萨派的截然不同，其内镶嵌着丰富的雕塑与石块。教堂前厅右侧拱门的拱肩上刻有较为古老的画面，描绘的是圣马丁骑马塑像，他正将自己的长袍剪开，以便分一半给乞丐。千百年来，这

个传说如此感人至深，以至于人们在宗教节日时总会为该雕像穿戴披肩和帽子。现在，这尊雕像已被1950年水泥浇筑的墙体取代，而原罗马式塑像则被搬移至教堂内。这件作品在雕塑史上的重要性在于它是著名的意大利骑马像之一。

卢卡最出类拔萃的罗马式雕塑之一为1150年左右建造的圣佛烈地阿诺（San Frediano）的洗礼盆（见第308页左图）。布满雕饰的大水盆坐落在圆形基座上，水盆中央是一根火焰模样的圆柱，圆柱上装饰有几个小魔鬼的塑像，托起一个带小神殿的钟型花瓶。这件作品是几位雕刻家合作的结晶，其中一位便是大师罗伯托（Roberto），他将自己的姓名刻在基座边缘处。他采用拜占庭式风格创作了"善良的牧羊人"和六位"先知"。另一位雕刻家可能曾在伦巴第学习，他创作了一系列有关摩西（Moses）的雕像，所描述的场景均取自《摩西五经》（Pentateuch）的故事；各尊雕像笔法简单而栩栩如生，并不带有建筑结构的框架。

翁布里亚（Umbria）的斯波莱托（Spoleto）城外圣皮得罗（San Pietro fuori le mura）教堂正立面（见第309页左上图和左下图）的浮雕可能建造于1200年前后。整个正立面上共有十六个四方形浮雕，围绕在正门周围的中间部分是其最古老的部分。大门之上为马蹄形的二心尖拱饰，配以科斯马蒂式（Cosmati）马赛克，两旁的装饰带上雕有"老鹰"。

大门以藤蔓卷为边，周围配以几层楼高的连拱饰，连拱饰采用花朵和动物的图案装饰。左右两边分别雕刻有五幅浮雕，它们描绘了圣经故事和动物寓言。右侧顶部石板描绘的是忏悔的罪人之死，这个罪人释放了被捆绑的圣彼得。上面的"恶魔"十分懊恼，标注的文字解释了原因："我很生气，因为在此之前他是我的。"

天使长袍上那平行的皱褶体现出伦巴底雕塑的影子，特别是贝内代托·安泰拉米的风格。第二块石碑表现的是，没有忏悔的罪人被恶魔折磨至死。他的头朝下脚朝上，整个人被倒栽葱似的扔进滚烫的热锅里；与之相对的另一侧，大天使米迦勒留下天平，准备离开。在此之下的三幅浮雕描绘了狮子的故事。第一幅浮雕展示了伐木人跟踪狮子的爪印来到一个树桩前，以此显示出人类相对于动物的优越性。下一幅浮雕刻画的是人双膝着地跪在狮子面前，而最后的浮雕描绘着狮子袭击士兵。根据托斯卡纳动物寓言集，这头狮子象征上帝，因而此处描绘的主题是忏悔。这头狮子饶恕了谦卑恭顺之人，而不放过那些继续牢牢抓住世俗事务的人。右侧上部描绘着"洗脚""圣彼得与圣安德鲁的呼唤"，在此之下两幅浮雕描绘了狼的寓言故事。底部浮雕是另一头狮子——基督打败恶龙的象征。

奥尔恰（Orcia）的圣奎里科（San Quirico）牧师会教堂的宏伟圆柱大门（见第309页右上图），对于正立面的比例而言，其规模的确非常大。这道大门建造于十二世纪晚期，是锡耶纳（Siena）省保存相当完好的伦巴底式大门精品。它突出的特色在于中间的耸立结构由左右两侧两根"绳结栓接"在一起的圆柱支撑，而两根圆柱之下又有石狮支撑，其位置与正立面平行。大门的左右侧壁则由成排的立柱构成。立柱之上为门拱饰。此处，多数柱头采用叶形装饰，仅有两根柱头上描绘着动物的脑袋。门楣中心为拜占庭式雕塑，人像被认为是教皇达玛苏二世（1048年）。额枋上雕刻了两个恶魔争斗的场面，使这座托斯卡纳式大门巨大的维度充分得以呈现，与法国罗马式时期宏伟的大门极为相似。

左上图和左下图：
斯波莱托（翁布里亚），城外圣皮得罗教堂
正立面浮雕局部图，
约1200年建造。

右上图：
奥尔恰（托斯卡纳）
圣奎里科牧师会教堂，
绳结式圆柱支撑的大门视图，
十二世纪晚期建造。

罗马，意大利中部和南部

　　自十二世纪初到十四世纪初，罗马和拉丁姆（Latium）地区最关注教堂艺术装饰的是科斯马蒂人（Cosmati）。除了建筑以外，他们擅长的领域还有雕塑与马赛克。"科斯马蒂"是一个集体名词，指以"科斯马斯（Cosmas）"为名的罗马雕刻世家。我们之所以能知道他们的名字，也是因为他们偶尔将自己的姓名和创作时间刻于作品之上。除了科斯马斯以外，其他广为人知的艺术世家还包括梅利诺（Mellinis）和瓦萨勒托。

　　这些工作室最不同凡响的作品是标志性的复活节烛台（1190年），这种烛台现仍可见于加埃塔（Gaeta）大教堂或城外圣保罗（San Paolo fuori le mura）罗马式教堂（见下页中图）。后者的烛台基座上装饰有狮身人面和人像，其圆柱装饰有几幅画面，让人联想起古代的凯旋中柱。这件作品由彼得罗·瓦萨勒托（Pietro Vassaletto）和尼科洛·迪安杰洛（Niccolo di Angelo）共同创作，雕刻画面包括"受难像""复活"与"升天"，均是关于复活节的题材。而与之类似的加埃塔复活节烛台同样描绘了出自"受难记"的场景，尽管它还包括取自"基督的童年生活""伊拉斯谟的生活"及"加埃塔的保护神"等其他场景。

　　罗马工作室并不仅仅是为罗马的教堂和修道院工作。他们也会预先制作雕塑的部件，再将其出口至其他地方，以便在目的地进行组装。例如，萨比亚科［Subiaco，位于拉提姆（Latium）地区的蒂沃利（Tivoli）和阿纳尼（Anagni）之间］的圣斯柯拉丝蒂卡（Santa Scolastica）修道院的最先建造的部分就刻有雅各布斯·罗马纳斯（Jacobus Romanus）的签名，他的儿子对此进行了补充："科斯马斯、儿子卢卡斯（Lucas）与雅各布斯，三位罗马市民和大理石艺术大师于院长兰迪（Landi）执政期间共同创作了这件作品"。拉特兰

（Laterano）圣乔瓦尼教堂（San Giovanni）和城外圣保罗教堂（见中图及右图）等是现今保存最为完好且最重要的罗马式修道院，它们由瓦萨勒托家族于十三世纪上半叶建造。

有证据表明，这对父子是拉特兰宫（建于1215—1232年）的建造大师，这座宫殿的一些连拱廊就采用了形态各异的成对麻花状立柱。这些成对的麻花状立柱上通常都镶嵌有精美的马赛克条纹，庭院入口处的两对立柱还有动物石像做支撑。数不胜数的雕像装饰着檐槽、拱角和柱头。连拱廊之上，面向内院的地方则是富于装饰的马赛克雕带，具有罗马风格的特色。城外圣保罗修道院修建与1205—1241年间，规模可能不比这座宫殿，但其装饰更为富丽堂皇。

阿普利亚（Apulia）坐落于东西方交界处，这里是十一世纪之前各种艺术诞生的摇篮。其中，除了建筑以外，最主要的就是各种宗教陈设品。

比托纳托（阿普利亚），圣瓦伦蒂诺大教堂
讲道坛鹰雕，
包括大师尼古拉建造讲道坛残部。

巴里（阿普利亚）圣尼古拉大教堂
"埃利亚之宝座"大理石雕像，
十一世纪末或十二世纪初建造。

下一页：
莫斯库夫（阿布鲁奇）
圣母之湖讲道坛，1159年出自罗伯特乌
斯和尼科迪默斯雕塑工作室。

巴里（Bari）的圣尼古拉（San Nicola）之主教埃利亚（Elia）的宝座（见右图）具有卓越的品质，主教座椅由三根逼真的男像柱支撑。其主要重量由左右两侧的雕像承受，而中间的雕像作用甚微。这尊男像手持拐棍，说明他是一位朝圣者，因而我们认为它象征前往圣尼古拉的朝圣者，而对于巴里及主教埃利亚的新地位而言，他们是至关重要的"支持者"。尽管按照惯例这件作品被推测为1105年之前的作品，但最近有人提出它可能出现于1150—1175年。

意大利罗马式时期的其他教堂礼拜仪式用具包括大型讲道台——讲道坛的前身。在阿普利亚地区的比托纳托（Bitonto），大师尼古拉的罗马式讲道坛残部被保留了下来（见左图）。十八世纪时，人们将其与1222年建造的圣坛华盖的碎片合并在一起，从而赋予了它们现在的模样。

莫斯库夫（Moscufo）的圣母之湖教堂之内陈列着最重要的意大利罗马式讲道台（见下页图）。这件作品由雕刻家罗伯特乌斯和尼科迪默斯工作室于1159年创作，是唯一一件原地保存且完好无损的阿布鲁奇讲道台。方形讲道台的三面为读经台，其下方突出的表面刻有福音传道士的化身，该标志同样具有礼拜仪式的功能，按照教堂礼拜仪式，这里是《新约》所在地。福音传道士化身旁便是《旧约》的雕像。"然而叙述节奏最强的部分是楼道旁描绘'约拿（Jonah）'故事的部分"，罗格·威廉森（Roger Willemsen）写道。然而真正令人称奇的是"男孩拔刺"的描绘。这件作品位于一根角柱之上，其非同一般地率先且直接运用了古典雕塑的风格，而古典风格在文艺复兴之前尚未成为主流特色。

盖恩罗德（萨克森－安哈尔特），
原圣西里亚克斯女修道院教堂
圣墓教堂。
墓室的西向外墙（上图）、墓室内部、西墙壁龛里的殉道者和主
教麦特罗纳斯（下图）建造。
1100 或 1130 年建造。
麦特罗纳斯之头，
始建于十一世纪末。

德国的罗马式雕塑

与地中海国家相反，德国的罗马式雕塑发展并不顺畅连贯。它发源于教堂内的奥托（Ottonian）铜像等宗教陈设，此类铜像包括主教贝恩华德（Bernward）管理的希尔德斯海姆（Hildesheim）工作室于十一世纪之初创作的作品，或其他奥托雕塑中心的金属作品。尽管十二世纪的确出现了石雕，但其主要用于教堂内部装饰。原来毫无装饰的方块柱头上逐渐出现了植物、动物及其他模样的装饰。与此同时，由于意大利北部雕刻家造访德国，这里明显受到了意大利风格的影响。赖纳·布德（Rainer Budde）将这一时期总结为"1100年左右，德语地区内，几乎所有建筑装饰都以北意大利风格为基础"。

以科隆（Cologne）作为中心的莱茵兰（Rhineland）地区，其情况可能恰恰相反。因为这里与古典雕塑末期遗风的直接冲突依然存在，而且正是这个缘故，十一世纪时这里出现了各种尝试性和试验性技术的实际运用，比如石材应用技术等。因此一种别具一格的高品质雕塑从很早以前就在这里生根发芽。

从保留下来的遗迹来看，盖恩罗（Gernrode）的原圣西里亚克斯（St. Cyriakus）女修道院圣墓教堂（Holy Sepulchre）其繁复的雕塑装饰同样具有非凡的品质（见左图）。南耳堂两个东向跨间之间的厢房，其西面墙壁尤为出众，这里的装饰如此淋漓尽致，以至于人们常将其称作"石头里的祈祷"。包含三块壁龛的中央区域以两条雕带为其框架。中间的壁龛内镶嵌着刻有圣母玛利亚·玛达肋纳（Mary Magdalene）雕像的石膏板，两旁的半圆形壁龛内分别设有一根圆柱。靠外的细长雕带由一条藤蔓饰带组成，这条饰带从假面人和动物的嘴巴中"吐出"，而靠内较宽大的雕带刻画了一些真实的情景，同样以藤蔓装饰为边。左上角为"施洗者圣约翰"，其对立面的右侧为"摩西"。二者作为基督教的先驱，一起指向上层雕带中央的"上帝之羔羊"。两尊雕塑旁均有"狮子"，右侧"狮子"嘴里叼着的一串"葡萄"证明它们是"好狮子"。在它们之后，"上帝之羔羊"的两边是两只鸟——左为"凤凰"，右为"老鹰"，二者均是"复活"的标志。上部主题为"复活与救赎"，而下部刻画的是生理学意义上的动物，作为符号来象征人性的亮点与弱点。

圣墓教堂西面墙壁的图画意象同样告诉了我们宗教仪式的重要性。"主之墓（Sepulcrum Domini）"为耶路撒冷之基督石棺的仿制品，许多罗马式教堂都保存有这样的石棺，用于存放基督的尸体；在

"基督受难日"纪念仪式期间，他的尸体将被抬下十字架，存放于石棺的内室之中。复活节当天庆祝"耶稣复活"之时，人们将举行仪式将其抬出室外，呈现于公众面前。

建造年代最晚在1100—1130年间的盖恩罗德（Gernrode）圣墓教堂可能是德国最古老的罗马式教堂。

中世纪坟墓最主要的形式为采用石材或青铜制作墓碑，墓碑置于教堂地板之上，覆盖着下面的墓穴或石棺似的坟墓。然而，罗马式教堂和地下墓室最初专用于埋葬殉道者和圣人，后来神职人员逐步埋葬于此，最后甚至世俗贵族或教堂的创始人也可在这里墓葬。

梅泽堡（Merseburg）大教堂的十字交叉部分是斯瓦比亚的鲁道夫（Rudolf of Swabia）的坟墓（见右下图），这位勇士于1080年战死埃尔斯特战役（Battle of Elster）。尽管他从未真正被加冕，但作为国王

亨利四世（Henry IV）的反对者，鲁道夫曾手持帝国球体和权杖，头戴箍形皇冠。此外，他的铜质墓碑原有黄金镀层，散发着贵族气质，而这招致了同时代的一些人，尤其是亨利四世的支持者的严厉批评。对于艺术史学家而言，其最重要的特征在于这可能是最早期的雕像墓碑。直到那时，神职人员才能墓葬于此，而石碑周围的铭文说明了墓碑出现于该教堂的原因：这是一位因本教堂而牺牲的英雄，因而他有权长眠于此。

特克轮博格（Tecklenburg）附近的赫斯特尔-瑞森贝克（Hörstel-Riesenbeck）乡村教堂雷银海迪斯（Reinhildis）的阶梯形墓碑（见下图）可能是石棺原来的棺盖。这幅场景以叶形雕带为边，展示了铭文告诉我们的故事："……圣女雷银海迪斯，生父之继承者，而后其生母在继父的教唆下，将其谋害。她很快升天以行使天堂之职，并与基督一起同作神圣的后嗣。"这位年轻的姑娘头戴光环，身穿拜占庭式服饰，配有宽大的衣袖与头巾。她举起双手，抬头仰望。空中孩童天使正将她的灵魂带至天堂。这块石板原创作于1189年左右，因为正是在这一年，奥尔登堡（Oldenburg）的主教格哈德（Gerhard）掌管了奥斯纳布吕克（Osnabrück）主教教区，而他的名字正好与捐赠这块墓碑的人重名。然而，这块墓碑的风格与1135年左右的风格一致，也就是说可以排除主教就是捐赠人的可能。

德国罗马式风格最不同凡响的作品之一是浮雕"下十字架"。这尊雕像高5.48米，宽大于3.2米，位于西伐利亚之西，霍恩（Horn）附近的外来石林（Externsteine，见右上图）。这是一尊独立的标志性雕

盖尔恩豪森（黑森）
原圣母玛利亚新教教区教堂。
唱诗堂、连拱廊、"S"形托架：主要为藤蔓装饰。
约 1240 年建造。

塑，相较于罗马式雕塑，它似乎更类似于南达科塔（South Dakota）罗斯莫尔山国家纪念公园（Mount Rushmore National Memorial）石壁之上的巨大总统头像。人们常常只会想到它与人造宗教建筑作品相关。事实上，它是异教徒举行宗教仪式的古老场地。帕德博恩（Paderborn）本笃会修道院阿布丁霍夫（Abdinghof）于1093年获得产权，因为修道院院长贡佩勒（Gumpert）希望在此地建造一座隐居所。最后，韦尔（Werl）帕德博恩主教海因里希（Heinrich）决定效仿耶路撒冷建造宗教场所的方法，将其开凿于岩石之上。浮雕背后

的洞穴式小教堂被看作是亚当小教堂，根据其铭文，这座小教堂于1115年被奉为神殿。这个日期间接表明了"下十字架"原作的创作日期，而少数人认为它与小教堂被奉为神殿的时间一致。然而，布德（Budde）认为其更接近1129年建造的弗雷肯霍斯特（Freckenhorst）洗礼盆，如此一来它的创作时间可能是1130年。

浮雕中央巨大的"十字架"见证着其前方正在发生的事情。据推测这尊浮雕以前是用作复活节演出的场景。浮雕上描绘着亚利马太的约瑟夫和尼科迪默斯正忙于复原基督的身体，圣母站就站在浮雕左侧。与圣母相对的右侧是捧着经卷的约翰。十字架横杆的两头，左侧为太阳，右侧为月亮。这幅画面之下，亚当与夏娃双膝跪地，一条毒蛇缠绕在他们周围。十字架左侧横梁之上为一位老者，留着长长的胡须，带着神圣的光轮。他正用左手扶着十字架的横梁，而右手指向圣母玛利亚。这尊雕像现已被看作是"复活的解读"或"上帝"本人。

虽然有一些例外情况，但总的说来，在德国教堂中很难看到像西班牙、南部法兰西和勃艮第等建筑柱头上的那种丰富的故事性雕饰画面。大多数柱头上仅装饰有几何形状、动物和植物装饰、假面人和怪兽。然而，雕刻家并没有那样强烈的自我意识，戈斯拉尔市内著名的哈特曼（Hartmann）柱头上就有这样的签名："柱身和基座雕像为哈特曼所作"（见下页右图）。

罗马式大门

巴塞尔圣母大教堂（Basel Minster of Our Lady）之北耳堂的加卢斯（Gallus）大门（见第318页右下图）看起来就像是镶嵌于罗马凯旋门之内的。这道大门建于大约十二世纪末，后来数年之中历经多次整修。原罗马式结构中，仅门楣中心的上部和侧壁内的雕像得以保留。门楣中心上，"基督"作为审判者端坐于宝座之上，左手手持《生命之书》（Book of Life），右手拿着十字架，这是后来添加上去的。侍奉左右的分别为保罗和彼得。右侧角落处，一位留着胡须的男子双膝跪地，手捧建筑模型；左侧的保罗正将一对手挽手的男女带到基督面前。左侧壁雕刻的是福音传道士约翰与马修，而右侧壁为马可和卢克。他们的象征（化身）被刻成矮一点的柱头，添加在各自的头顶之上和真正柱头之下。

1356年的一场大地震使大教堂受到严重破坏，尤其是其东面结构，需要进行大面积的整修。额枋上的聪明童女与愚蠢童女的雕像可能就是修复时重做的，圆柱也是那时添加的，使得现在已很难看清门框侧壁内的雕像。

奎德林堡（萨克森–安哈尔特）
原圣塞尔瓦蒂乌斯牧师会教堂
中堂，
带有雕塑装饰的方形柱头。
1129 年前建造。

斯皮埃斯科佩尔（黑森）
原普雷蒙特雷修会施洗者圣约翰修
道院教堂中堂，
长着胡须的假面与头像装饰的柱头。
约 1200 年建造。

希尔德斯海姆（南萨克森）
原本笃会修道院圣米迦勒教堂中堂，
带有叶形饰和人头像的柱头。
1186 年之前建造。

戈斯拉尔（南萨克森）
原西蒙与于德修道院教堂，
带有假面和恶龙的哈特曼圆柱柱头。
1150—1175 年建造。

317

正门镶嵌于浮雕装饰墙面之中，墙面采用了纵横交错的元素。下部区域的高度与侧壁高度一致。这一区域中，大门左侧为三道盲连拱券，雕刻着宝座上圣母子，而大门右侧盲连拱券也刻画了宝座上的统治者——圣母的敌人，即中世纪所称的反基督者。这些雕像旁都配有善与恶的标志性象征，其中一些根据生理学寓意对动物加以划分。上层被门拱饰围绕的区域由盲连拱饰分成两部分，而下部分由女像柱支撑。右侧的一尊雕像被确认为路西瑞亚（Luxuria）。其确认依据为雕像胸前的毒蛇，因此其他雕像也可被认为是各种邪恶的化身；而对面圣母一侧的雕像，则被认为是善良的化身。上部门拱饰之上，由十三尊雕像组成的浮雕群嵌入于墙壁之内，而中间的那尊雕像，因其举起右手和《生命之书》，让人一眼便知这是基督。他的两旁为"使徒"，整排雕像左右两侧则以描绘圣母和施洗者圣约翰的浮雕为边。

根据最后的审判，这面墙壁的主题是善与恶对决。正门和门楣中心，再次描绘了基督，其两边分别设有雕像"大雅各"与"施洗者圣约翰"之间。

大门区域两旁各设三座神龛，它们堆叠而上，其中摆设着象征善举的雕像。而它们之上是更为高大的壁龛结构，左侧摆放着施洗者圣约翰的雕像，右侧为斯蒂芬（Stephen）执事。左右两边的顶部均有一位"天使"吹奏最后的审判号声，而右侧那尊天使雕像可追溯至十六世纪早期。他们旁边的小浮雕描绘着正在更衣的复活者。轮廓鲜明的檐部带着棕叶饰雕带形成大门上部的顶端。显然，加尔斯大门受到了意大利和法国风格的影响，而且以后者为主。尤其是福音传道者的长袍，它体现了勃艮第式雕塑风格，尽管其整体并不完全是那种风格。

雷根斯堡的原本笃会修道院圣詹姆斯教堂，其北门的整个布局同样类似于古代的凯旋门（见下页上图）。

因为这尊雕像右手上举，左手拿着《生命之书》，赖纳·布德认为他就是基督，散播救赎这一神示的导师。大门的侧壁逐渐向内收缩，各侧壁前矗立三根精雕细刻的立柱，立柱间墙面的顶部和底部刻有蹲伏的小人像，有观点认为，其中的一尊雕像可以确认是一位石匠。

尽管具有统一性，但这道大门是德国罗马式时期一件独具匠心的作品，它朦朦胧胧地体现了来自其他地区的影响，比如北部意大利和南部法兰西，以及盎格鲁-撒克逊（Anglo-Saxon）地区。据推测，其建造时间大约为十二世纪末，但并没有充分的证据来证明这一点。

德国罗马式风格的最后一件作品为德累斯顿（Dresden）附近弗赖贝格（Freiberg）教区教堂西门（见下图），被称为"金门"。左右侧壁共分八层，融合了雕塑在结构和风格上的各种影响。它们可追溯至发源于十二世纪中叶法兰西哥特式大教堂的风格。

整个大门的主题为"赞颂圣母子"。门楣中心上，圣母作为"天后"（Queen of Heaven）端坐于宝座之上，抱着她的孩子。圣母的左侧是携带节杖的天使和约瑟夫，右侧为东方三圣人。侧壁的八尊雕塑烘托了赞颂圣母这一主题，它们描绘的是基督和圣母的一群先人。左侧壁为丹尼尔（Daniel），因为他在狮子的洞穴中脱险幸存，所以他被认为是圣母的贞洁证明。与丹尼尔相对，大祭司亚伦（Aaron）也应被看作是这个故事中的人物。拔示巴（Bathsheba）和示巴（Sheba）女王——两尊妇女雕像面面相对，符合她们各自在《旧约》中有关圣母的内容所包含的意义。《旧约》中所罗门国王（Kings Solomon）与国王大卫作为基督的前人出现。大门左右侧壁内的雕塑好似描绘了基督的一生，左侧为施洗者约翰，右侧为福音传道士约翰。

侧壁雕像之后，这一主题在四道门拱饰中得以延续。最里层的门拱饰雕刻着基督，他的旁边有大天使和加冕的圣母相随。第二道门拱饰的最高点描绘着被选中者的灵魂被带至亚伯拉罕处的场景，而他那长长的下摆正是天堂的象征。左右两侧为两位天使和四位使徒。第三道门拱饰中央为圣灵（Holy Ghost）的白鸽，旁边同样有天使和余下的八位使徒相随。外层门拱饰上，描绘着"天使的审判"及"复活者离开他们的坟墓"。有人曾因此认为大门的主题为"最后的审判"。布德十分准确地指出此处最重要的元素，比如神圣的"审判""罪人"和"地狱之入口"等，均被省略掉了；此外，若这里是"最后的审判"，则会完全舍去"赞颂圣母"的内容。"另外，"他写道，"门拱饰中的复活者应当被看作是被赐福并由'审判天使'（米迦勒）引向'天堂'的人。"

上一页：
巴姆贝格（巴伐利亚）
国王骑马像，
被称为"班贝格骑士像"。
乔治唱诗堂北面第一根立柱
砂岩像，2.36 米高
1237 年前建造。

弗罗伊登施塔特（巴登 – 符腾堡）
新教教堂洗礼盆。
水盆座由石狮和人像作支撑，水盆外刻有
蛇怪和带胡须的假面。
约 1100 年建造。

英国的罗马式雕塑

至少从第八世纪开始，即包括盎格鲁-撒克逊早期"哥特式"的影响在内，英国艺术就积淀着浓郁的盎格鲁-撒克逊（Anglo-Saxons）传统。这一风格因1000年左右丹麦人的入侵而停止发展。直到丹麦国王克努特（Canute）巩固了他在英国的政权并成为基督徒后，新的艺术创作力，尤其是宗教建筑方面，才得以发展。1066年，征服者诺曼底人威廉来到这里，又掀起了另一场文化变革。最终，英国的罗马式雕塑在一系列截然不同的影响下得以发展，本土样式将斯堪的纳维亚（Scandinavian）风格与欧洲大陆的风格融为一体，从而形成与众不同的盎格鲁-诺曼式风格。事实上，罗马风格在英国通常被称为"诺曼式"。

伦敦之西，雷丁郡（Reading）本笃会修道院于1121年修建。这里保存下来的回廊柱头，一些采用相互缠绕的串珠带为装饰；另一些则采用雕塑装饰，比如天使等。其中一个柱头刻画的是圣母加冕的典故，被认为是表达此主题的最古老的柱头。这些柱头后来被伍斯特（Worcester）大教堂之南耳堂的柱头及拉姆西（Romsey）修道院的柱头所超越，而那些柱头又效仿的是坎特伯雷大教堂地下墓室的柱头（最晚建于1100—1120年）（见上图和中图）。这些柱头的共同点在于其创作的出发点均为盎格鲁-撒克逊模型、金属制品以及类似坎特伯雷缮抄室的那些发人深省的手稿。

在教堂制造的家具中，有许多洗礼盆流传了下来，尽管有的是用铅制作的，但多数还是石材制品。英国东南部维尔特郡（Wiltshire）的莫尔伯勒（Avebury）村庄中，圣詹姆斯教堂保留下来的石质水盆采用平浮雕装饰；其下部为一圈紧密交错的盲连拱饰，围绕着整个水盆或洗礼盆（见下图）。这一图案非常流行，常可见于英国罗马式教堂的建筑装饰中。该图案之上为长短不一的藤蔓。与其他石质洗礼盆一样，此处盎格鲁-撒克逊的元素十分显眼。

苏塞克斯（Sussex）查切斯特（Chichester）大教堂内的两幅浮雕原来可能是十字架坛隔屏的一部分（见下页图）。其中一幅浮雕展示的是伯大尼（Bethany）大门前"马大和马里亚拜见耶稣"，另一幅浮雕描绘着耶稣的密友"拉萨路（Lazarus）升天"。这两幅场景的内容是有关联的，因为在耶稣进入耶路撒冷的小村庄前，拉萨路的姐妹曾陆续拜见耶稣，告诉他她们失去兄弟是多么痛苦，而且还抱怨说如果耶稣在那里的话，她们的兄弟就不会死了。耶稣回答说他将让拉萨路起死回生，两位妇女理解了他的话，也就是说在审判日当天她们的兄弟将会复活，这才让她们得到一丝宽慰。《圣经》中的一篇小诗随后记录了这一感天动地的一幕："耶稣哭泣"。

这幅浮雕将原本是两个姐妹分别遇见基督的故事浓缩为一个场景。

查切斯特（苏塞克斯）大教堂
浮雕：拉萨路升天
1120—1125 年建造。

查切斯特（苏塞克斯）大教堂
浮雕：马大和马利亚在伯大尼大门拜见基督
1120—1125 年建造。

两位"妇女"都跪在"耶稣"面前，祈求他让她们的兄弟真正起死回生。这幅浮雕现已被损坏，主要是基督的左手和右臂部分。这似乎是故意破坏。有人曾作合理假设：破坏者为了抹杀掉约翰所记录的耶稣与拉萨路的私人交情而蓄意毁坏圣像。浮雕"拉萨路升天"原本可能就在这幅浮雕旁边，因为两幅浮雕在风格上也有联系。两幅场景中，长袍褶皱的高线均通过深切而得以突出，同时在结构布局上，二者都将耶稣设置于中央，无论是站立或坐下，以便让他背后的使徒与他面前的部分分开。

查切斯特大教堂的唱诗堂始建于1091年，于1108年被奉为神殿。乔治·扎内奇（Georg Zarnecki）认为这面十字架隔屏修建于主教拉尔夫·德卢法（Ralph de Luffa）在任期间，而这位主教死于1123年，据推测他是德国人。如此则可以解释这座教堂为什么与希尔德斯海姆和科隆的奥图作品有几分相似。那些浮雕可能创作于1120—1125年间。诺曼建筑装饰的传统铸就了英国罗马式大门不凡的宏伟气

势。位于伦敦和布里斯托尔（Bristol）之间，维尔特郡的马姆斯伯里（Malmesbury）的圣玛丽与圣奥尔德赫姆（St. Mary and St. Aldhelm）教堂前厅的大门不仅是这座教堂的主要雕塑，而且是此类雕塑中最为与众不同、出类拔萃的一件作品。

细长的圆柱直接构成门拱饰的边界，而并未采用柱头加以分隔。四道拱券由一条纤细的装饰使之相互分隔，又被另一装饰带团团包围，构成边界。这些拱券有圆形和杏仁状的圆形浮雕，浮雕上刻有取自《圣经》故事的塑像。教堂前厅的侧壁上，一对半月楣相对而设，各半月楣包含六尊使徒坐像，他们的头顶上飘浮着手持小旗的"天使"（见第325页上图）。这些瘦高的雕塑与1130年左右勃艮第的作品相似，其品质堪比奥坦的雕塑作品。

伊利（Ely）和科里佩克（Kilpeck）的大门同样显现出大不列颠尤为喜爱装饰丰富的作品。剑桥伊利大教堂（Cambridgeshire）"院长大门"（Prior's Door）1108年曾为主教专用，它是整座教堂罗马式回廊里三道大门中装饰最为奢华的一个（见第325页左下图）。

伊夫雷（牛津郡）
大门侧壁局部视图，
十二世纪最后三十几年建造。

下页上图：
马姆斯伯里（维尔特郡）
圣玛丽与圣奥尔德赫姆教堂
南门前厅侧壁上的二心尖拱饰，
约 1155—1170 年建造。

下页左下图：
伊利（牛津郡）大教堂
院长大门视图，
1139 年前建造。

下页右下图：
科里佩克（赫里福德郡）
圣玛丽与圣大卫教堂
带有动物圆柱的大门，
约 1140 年建造。

大门圆柱之下有石像支撑，虽已模糊不清，但其中一个看似为老式石狮，一种类似意大利的样式。然而门拱饰却由圆柱与立柱共同支撑。它们位于左右两侧，一致延伸至其所支撑的门拱饰，以半圆饰条与门拱饰分隔。外圈门拱饰由宽大的叶形饰带所覆盖，与圆柱的平浮雕相称；而内圈门拱饰向门楣中心卷曲从而与支撑它的圆柱相呼应。

门楣中心雕刻的是天使手扶曼多拉，基督端坐于曼多拉之中。这一图案虽源自法国，这里却以一种稀奇古怪的方式得以发扬。这么说是因为此处"曼朵拉"的底端及天使的下肢延伸到过梁底部，并占据了过梁一半以上的宽度，以至于此处无法再安排独立的场景。

这也显示出英国罗马式大门雕塑的一个与众不同之处：许多小雕像设置在同样数目众多的圆形浮雕（其实是涡卷形藤蔓装饰物）里，占据了大量的空间；而相反地，用于装饰大型浮雕却很少留有空间。因而，"院长大门"集中体现了本土传统与欧洲影响之间的矛盾。

赫里福德郡（Herefordshire）科里佩克之圣玛丽和圣大卫教堂的南门则采用了截然不同的样式（见下页右下图）。乔治·扎内奇认为这是一类建筑雕塑和洗礼盆等作品中保存最为完好的一件经典作品，此类作品由英国西部一支有影响力的雕塑流派于1125—1150年间在西部威尔士边境创作。

科里佩克教堂在威尔士边境拥有特殊的地位。我们可以假设，奥列弗·德梅尔勒蒙特（Oliver de Merlemont）不仅特地前往圣地亚哥·德孔波斯特拉朝圣，甚至发誓他发现了一座教堂，但他也不可能将那里熟稔欧洲大陆风格的雕刻师一同带回英国。尽管如此，大陆式风格还是迅速被英国罗马式装饰语言所淹没，只有极少的遗迹还可以确定其发源地。

此处的细长立柱最好描述为动物圆柱，采用了蛇一样的怪兽装饰。它们构成大门的外部框架。蛇饰立柱顶部向内倾斜，形成其内侧另两根雕梁画栋立柱的柱头。左右两侧巨大的拱敦石突出于外，以支撑同样巨大的门拱饰。其中一道门拱饰比支柱更宽，它包含了多个描绘动物的圆形浮雕。内圈门拱饰的正中为一根环形圆杆，上面坐着动物和恶魔，如同鸟儿栖息在高杆上，而在每尊动物或恶魔雕像之下是一个个的托架。而门拱饰的中央顶部描绘着一位飞翔的天使正舞动着小旗。这道带有锯齿形雕带的门拱饰支撑着门楣中心，门楣中心上刻有象征"生命之树"的雕塑。这道大门创作于1135—1140年间，是一件英国罗马式晚期作品。

芭芭拉·戴姆林（Barbara Deimling）

中世纪教堂门廊及其在法律史上的重要性

1. 韦登，威斯特伐利亚，带有西面塔堂的圣萨尔瓦托教堂，西北向透视图。

2. 斯特拉斯堡大教堂南大门。

3. 伯恩哈德·乔宾，斯特拉斯堡大教堂，南大门的雕刻，1566 年建造。

4. 法兰克福大教堂，礼拜堂中被封堵的红门。

在1209年6月18日那天，法国南部的圣吉尔杜加尔（Saint-Gilles du Gard）镇上的居民几乎无人呆在家里，因为图卢兹的雷蒙六世（Raymond VI）公爵在去修道院教堂的大门途中要路过这个镇的街道。之所以会发生这种情况，并不是他华丽的长袍吸引了好奇的看客，恰恰相反，雷蒙当时一丝不挂，"他要一丝不挂地到教堂大门去"，当时的编年史就是这样记载的。这一让人颜面扫地的行走活动正是教会对他的惩罚，因为他谋杀了教皇使节卡斯泰尔诺的彼得。

只有这样，他才有可能与教会和解，并被重新接纳进这个宗教团体。在公爵通过修道院教堂大门之前，他还必须去看主大门门口门楣中心上的浮雕，因为这代表着基督第二次降临到他的面前，也证明了忏悔与和解的价值。这就是《启示录》里圣·约翰和迈杰斯特·多米尼在一起的景象，他俩的周围还有四只野兽。对这一场景的广泛流传，说明对中世纪像雷蒙那样的人来说，"来世论"里所传达出来的信息对他的影响是何等之深。事实上，在中世纪西欧的教堂大门上，上帝的启示录及末日审判中的景象是最为常见的雕塑主题。对于这两个常见的景象，必须联系定期发生在教堂大门前最重要的活动才能理解其意义，这种最重要的活动就是"世俗和宗教判决"。许多法律案卷都记录了教堂门口发生的判决和裁决，如："在格里亚"（佩拉赛莱福，1108年），"在副门廊"（费拉拉，1140年），"在锥间谷"（雷根斯堡，1183年），"在安特格雷达斯艾克西"（法兰克福，1232年），"在安特波特"（法兰克福，1248年），"在鲁福奥斯汀"（戈斯拉尔，1256年），在这些地方都有案例记载。这种法律传统可以追溯到奥图王朝（Ottonian）

和加洛林王朝（Carolingian）时代。在813年，皇家发布了法令，禁止在教堂主大门前对世俗事项进行判决，说明这个习惯的影响范围有多广。该法令甚至不得不在各种场合多次重申。可是到了943年，有一份文献记载，威斯特伐利亚（Westphalia）韦登（Werden）的圣萨尔瓦托教堂（the church of St. Salvator）主大门前的西面塔堂建成后是专门用来举行宗教会议的（见图1）。

在整个中世纪，世俗和宗教法律事务在教堂大门前进行是一种非常普遍的现象。在13世纪的斯特拉斯堡，市议会法庭就设在南大门附近的《旧约全书》中所描写的国王和法官及所罗门的塑像之下（见图2）。1200年的一项法令规定："如果市民之间发生争执……任何人都不准伸手去拿武器，他们应该在圣母院大教堂外听从议会委员判决。"另一份文件，清楚地说明了大教堂南大门外议会委员们的判决位置。该大门上还修筑了一个顶，周围还设置了一些栅栏，以便保护这大门。该画面被伯恩哈德·乔宾（Bernhard Jobin）的雕刻记载了下来，其历史可追溯至1566年（见图3）。这些栅栏等防护设施是为了免受围观人群的干扰，以保护法律诉讼程序的正常进行。教堂大门前作为审判的世俗场所的另一个例子是在西班牙的里昂大教堂（cathedral of Leon）。在教堂门口大厅的中央入口和右入口处有一尊所罗门塑像，塑像下有一铭文："Locus Appellacionis（申诉之地）"，此外还有一枚卡斯提尔（Castile）和里昂（Leon）的盾形纹章。纹章的历史可追溯到13世纪，铭文的历史可追溯到11世纪。铭文上写明了该门口大厅是皇家审判之地。

5. 帕德博恩大教堂红门。　　　6. 奥顿，圣拉扎尔。西大门门楣中心之局部视图。　　　7. 斯蒂芬·洛克纳，末日审判，科隆瓦尔拉夫理查尔茨博物馆，约1435年建造。

在西班牙的巴伦西亚（Valencia），至今法院开庭还在教堂大门口进行。农民们每星期都在巴洛克大教堂（Baroque cathedral）的主大门前集合；选举出来的法官走上水事法庭听取灌溉用水方面的争论。门的颜色常常用来表示审判的场所。在许多情况下，教堂大门口的审判场所都是用红色栅栏围起来的，这在北欧已经成为一个惯例了。

海尔马桑（Helmashausen）的修道士罗杰（Roger）是一位艺术家，他在1110—1140年间写了一本名为《艺术综合便览》（Schedula Diversa Artium）的专著，其主题是"怎样给门配上红色框架"，里面用了整整一章介绍各种艺术技巧。在德国的一些城镇如法兰克福、帕德博恩（Paderborn）、明斯特（Münster）、维尔茨堡（Würzburg）、马格德堡（Magdeburg）、班伯格（Bamberg）、爱尔福特（Erfurt）的一些大教堂里，红门都被用作审判之地。在法兰克福（见图4），早在13世纪上半叶的文献就记载了"南大门（Rode Dure）"自从用砖封堵后，其门前就常被用作签约之地。在帕德博恩（Paderborn），直到1452年，诉讼事项都还在大教堂北面的"红门（dei roden Doer）"前举行（见图5）。

自古以来，红色被认为是权力和地位的象征，而在中世纪，红色还与法律事务相连。因此，皇帝还以授红旗的方式举行其司法管辖领地的仪式，这样的仪式在1195年就发生了一次，当时亨利六世把王权的标记授予了克雷莫纳城（the town of Cremona），这是有历史记载的。红色还暗指血腥的死刑判决。因此，中世纪决定人们生死的最高法院被叫做血腥法院（Blood Court），而其法典也被叫做血腥法典（Blood Books）。此外还有血滴石，有时候也叫做红石，存在于法兰克福、帕绍（Passau）和沃姆斯（Worms），这些也是有历史记载的。在中世纪初，那些地方都是司法判决和死刑执行之地，那些石头的名字显然来自于流在那石上之血。由于这些传统和习惯，红色就这样成了司法的象征。于是这一颜色就受到了司法人士和法官的偏爱，甚至"审判日（Judgement Day）"画面中的基督也穿了一件红色的服装。这一点从斯帝芬·洛克纳（Stephan Lochner）的画中就可以看出来（见图7）。结果，在中世纪，不但教堂的门是红色的，而且还出现了红塔、红凳、红树和红城门，这些地方的红色都与其当初的司法职能有关。

除了红色外，另一个与教堂大门的司法职能有关的象征物是教堂门口两边的一对狮子（见图8、图9）。狮子常与所罗门的御座相联系，而且常出现在御座的两侧。由于在《旧约全书》中，所罗门是最具代表性的法官，因此那两只狮子也成了司法权和审判权的象征了。正如法国修道士皮埃尔·伯休（Pierre Bersuire）在其《论道德》（Repertorium Morale）一书中写道："法官与两只狮子联系在一起，狮子则蹲在建筑物门口台阶的两侧。由于狮子蹲在那里，人们就不能轻易地走过去，因此在有法官惩处贪婪之人的地方，就会有狮子。"

而且，确实有许多司法审判是在两头狮子之间进行的。其中一个案例发生在威斯特伐利亚（Westphalia）的韦登（Werden）的圣尼古拉斯教堂（the Church of St. Nicholas）前，那教堂前立有两根柱子，每根柱子上有一只狮子。可惜该教堂后来被毁了。大教堂的法官在这样的两根柱子之间行使审判权，这在十八世纪后已经成了风气，而且法官的司法行为也有了一个表达的习语："Inter Duos

8. 博尔扎诺，特伦蒂诺·阿尔托阿迪杰区。大教堂大门。　　　9. 费拉拉大教堂，重建的丹梅希大门。

10. 奥洛龙（大西洋岸比利牛斯），圣玛丽大门局部：食人怪。

11. 沃姆斯大教堂。

12. 沃姆斯大教堂北大门。

13. 罗伯特·康宾，玛丽与约瑟夫之婚礼（局部），马德里普拉多。

Leones（两头狮子之间）"。还有一个类似的例子在意大利北部一些大教堂的门廊里，那儿也蹲着成对的狮子。在12世纪40年代，有许多案件是在费拉拉大教堂（Ferrara Cathedral）的丹梅希大门（Porta dei Mesi）前进行的，大门前蹲着的两头狮子虎视眈眈地望着门前的集市广场（见图9）；可惜该大门后来被毁了。

在非开庭期，教堂大门口也有一些司法活动。教堂大门口也常常进行宣誓活动。早在8世纪，在北方的一些地区，"在教堂大门口"或者"在教堂的两扇门前"发誓这一风气已经开始蔓延了。例如，在瑞士瑞吉斯堡（Rüeggisberg）的克吕尼修道院（Cluniac priory），有一份文件记载道：伯尔尼教堂（the Bernese church）提议克劳斯（Krauchthal）的彼得曼（Petermann）立誓保护教堂及该地区的所有人民。彼得曼是这样立誓的："左手握住教堂门上的挂环，再举起右手重复了一遍誓言。"在文学作品中也有一些在教堂前宣誓的例子，如德国中世纪长篇叙事诗《尼伯龙根之歌》；该作品写于约1200年。其中写道：克玲希德（Kriemhilde）和布琳希德（Brünhilde）两位王后因无法在宫廷的妇女议院内解决她们之间的

14. 海得尔堡圣灵教堂和市场（左图）。

15. 弗莱堡大教堂，1270年、1313年及1320年的面包和面包卷之尺寸规定（上图）。

争端，于是将矛盾提交到了沃姆斯教堂（the cathedral in Worms）大门前解决［一般认为是在北大门（见图11、图12）］。在那里，她们请求她们的丈夫西格弗里德（Siegfried）和巩特尔（Gunther）作为见证人，最终西格弗里德在教堂门前发了誓。作为在教堂大门口司法的证据，与任何历史文献相比，这一文学作品有一个更为基本的特征，就是这些悲剧人物是理想化的王后、国王及英雄；正如沃姆斯大门的司法功能一样，它本来只是教堂的两扇门，但它已经升华至神话的领域。该大门在法律上的重要性体现在，就在这座大门的门口，德皇腓特烈一世（Frederick Barbarossa）在1184年把特权授予了这座城市。

在中世纪，教堂大门也是一个寻求庇护之所。当时有许多文献记载了逃亡者在教堂的两扇门前寻求庇护的事例。在法律上，握住门环是一种决断行为。在教堂的两扇门前的庇护权也被编成了法典。在德意志南部有一本法律汇编《萨克森明镜》（Sachsenspiegel），其在1215年左右出现的最早版本中有一条规定是这样说的："如果一个人不能进入教堂，但能摸到教堂的门环，他应该能体验到教堂里面的安宁了。"

契约（包括婚约）的签订也是在教堂大门口进行的。在中世纪，教堂的两扇门前还是举行婚礼的地方。新娘和新郎结婚后，才能一起进教堂作弥撒。这一传统也解释了为什么有时候，教堂的大门也被称为"新娘的通道"，这一称号在班伯格、不伦瑞克、美因兹、纽伦堡的教堂中都有。由于这个缘故，当时的画家在创作时常把玛丽和约瑟夫的婚礼场所选在礼拜堂或者教堂的门口。例如，罗伯特·康宾（Robert Campin）描绘了一幅在教堂大门前举行的婚礼图，该图用了许多奢华的雕刻物装饰了起来，其创作时间约为1420年（见图13）。贸易合同也是在教堂大门口签订的，教堂周围的许多市场也证明了这一传统（见图14）。在不少教堂大门口的墙上，官方的度量衡规定至今仍能看到。其中一个最为广泛的例子是在弗莱堡的教堂，各

种度量衡制度及其颁布的年份，都刻在教堂塔楼门口大厅的墙上。这些度量衡还包括了1270年、1313年及1320年的面包和面包卷的尺寸大小（见图15），还有玉米、木材、煤和砖的度量基准，以及鲁普雷希特（Ruprecht）国王授予的每年两次的集市权。

中世纪教堂大门口在法律上的重要性还表现在前面提到的雷蒙六世的忏悔之行。像这样在教堂大门前发生的公众仪式也是一种法律行为，这种法律行为还包括了对罪人的惩罚及和解。根据忏悔仪式规定，受罚的罪人须在圣灰星期三（Ash Wednesday）被驱逐出教堂，就像亚当被逐出天堂一样。通过罪人和亚当这两幅类似之画的比较，就可以看出，为什么雷蒙会被要求裸体去教堂大门口，这并不是一个公开羞辱他的问题，而是为了揭示他与亚当之间的类似关系。公开忏悔活动在濯足星期四（Maundy Thursday）的和解仪式到达了高潮。罪人们来到教堂大门口，牧师拉住他们的右手，然后把他们领入教堂。这一仪式表示罪人们已与教会和解，并被重新接纳为忠实的教徒。这一画面在许多艺术作品中被多次复制，尤其是在末日审判的场景中多次出现。其中一个例子是在孔克（Conques）的门楣中心局部上（见图16），上面描绘了一位天使拉住一位有福者（the Blessed）的手，以引导他通过大门走向天堂。在中世纪的象征主义作品中，教堂大门相当于天堂之门，它能让信徒进入教堂，也能让信徒升入天国。在斯帝芬·洛克纳（Stephan Lochner）的《末日审判》中（见图7），天堂之门被描绘成教堂大门。但是，为什么在中世纪，教堂大门会获得如此之高的法律地位呢？这个问题回答起来比较复杂，但有一点必须指出，从历史和神学角度来看，这一问题是与教堂大门的法律功能有关的。在公共大门口，司法已形成了一个风俗习惯，其历史可以追溯得很久远。在《旧约全书》中，城门在许多场合都是一个长老执法之地。上帝命令犹太人："憎恶爱善，在城门口维持正义"（阿莫斯书，第5、15

17. 乔托，正义的化身，壁画，帕多瓦的阿瑞那礼拜堂，约1305年。

18. 乔托，非正义的化身，壁画，帕多瓦的阿瑞那礼拜堂，约1305年。

页）；博阿兹（Boaz）走到城门口，以便与长老们商讨他与路得（Ruth）的婚事（路得记，第4页）；押沙龙（Absalom）将"站在通向大门的路旁……只要有人要到国王的法庭去诉讼"（撒母耳记下卷，第15、2~6页）。

在中世纪人们的眼中，教堂大门相当于城门。例如，当一个教堂被视为神圣时，其大门也被看作是城门。这种类比在帕多瓦（Padua）阿瑞那礼拜堂（Arena Chapel）壁画中的两幅乔托作品《正义》（Iustitia）和《非正义》（Iniustitia）（见图17、18）中也可看到。正义（Justice）的化身坐在王座上，其背景是开放的，让人可以看到远处的蓝天。那画面的形式会使人联想到教堂的大门，因为教堂的两扇门也是开着的。与此相反的是，非正义（Injustice）的化身却坐在关闭的破城门前，该城门就指代旧约。旧约（The Old Covenant）是上帝与古希伯来人签订的协约，但已经被上帝与基督所签之新约（New Covenant）取代了，在这种情况下，新约就成了一个象征性的正义之化身。在这一时期的许多画作中，犹太教堂的化身往往被描绘成手持一杆断矛，其王冠掉到了地上，这是"旧约"中的一个形象；与此相对应的是，教会人物的化身爱克里西亚则是一个胜利者的形象。在这里，正义与非正义似乎是通过旧约与新约之间的对比而展示出来的。关闭的破城门与开放的教堂大门形成鲜明对比。开放的大门是基督的象征，他说："我是大门。任何人进入我门中，都可得救"（约翰福音，第19、9页）。所以说，基督是一道通向天堂之门，他向一切信奉基督教并过着正直生活的人开放着。所以中世纪教堂大门的意义应该被解读为：这是一个审判之地，也是一道正义者通向天堂之门。

16. 孔克，圣·福伊，展示有福者的门楣中心之局部。

图像及意义

末日审判

  在中世纪，当一位信徒要走进教堂的时候，他脑海中就会浮现出自己所能想象到的最可怕、最残酷的事情——世界末日。死亡威胁阴魂不散，而在中世纪早期更易被人感知——这就是《旧约》中复仇天神带来的威胁。而此时复仇天神已登上了《新约全书》中所述的教堂大门前的世界审判者的宝座，该塑像雕刻在的门楣中心上，是罗马雕塑中最重要的核心发明之一。《末日审判》是该类罗马式大门雕塑的主要题材。

  在中世纪，生命时刻面临着赤裸裸的死亡威胁。人们的平均寿命仅在30~35岁之间，而婴儿和儿童的死亡率更高，各种疾病和流行病不计其数；因此，死亡是一种如影随形的强大劲敌，亦是人生的永恒主题。正如奥托·波尔斯特所言："在中世纪生活的人除了胆怯地、畏缩地与死神携手而行之外，别无它策，死神就像一个伴侣，人们也只能明白在世界上死亡是永恒的，是生命的一部分……死亡，是人生的基础。"人对于死亡的畏惧无论在肉体上还是精神上，都是一种根深蒂固的宗教畏惧。因为按照阴阳两界的信条，死亡并非是生命的终结，而是生命在来世的延续。每一个即将寿终的人都会面临这样一个燃眉的困惑：他或她将会得到天堂的宽恕还是会受天谴而遭受地狱之苦。这些，都会在世界末日作出判决，这个"世界末日"在人们的心目中就是"一切都了结了"。

该雕塑于1125—1150年间创作完成，位于前鲁格省孔克镇（Conques-en-Rouergue）的圣弗尔（Sainte-Foy）修道院教堂的西大门上的门楣中心。基督像位居雕塑中央，周边环绕着神圣的光轮（见第329—331页图）。光轮之外环绕着一圈云彩和星星，以此来彰显雕塑人物的神圣地位。在这个环形的雕塑中还有四位天使，位于上方的两个天使手持圣旗，分居两侧；其他两个天使位于耶稣脚下，手持火炬。

据《马太福音》所述的末日审判之景象，自基督把绵羊放到右手，山羊置于左手之后（马太福音，第25、33页），他张开双臂将世界划为两级——右手之外是伊甸园，左手之外是地狱——从而对世界进行了善与恶的界定。该界定在中世纪主宰着整个基督教艺术，也成为其文化权益的决定性因素，并流传至今。

在蟠龙河畔多尔多涅的门楣中心（见上页图）上，基督也是坐在正中位置，它们几乎创作于同一时期。但是后者没有光轮映衬，只有两个吹号的天使陪伴左右。基督的双臂向两边平伸着，这一形象暗示了他被钉死在十字架上的苦难历程；而十字架就在他的右臂后面，由两位天使扶着。另外还有一位助手，他正站在基督左臂的后面提着十字架的钉子。这些器物合起来就是基督之武器，这些武器展示了他是如何受难和战胜死亡的。这些器物在《末日审判》之雕刻图案中是非同寻常的，应该被解读为胜利和基督威严之象征；而降临在右边一排使徒上空的一位天使，则带来了一顶判官之冠，这一景象，也是对基督的胜利和威严的一个佐证。《末日审判》整幅画面的含义就是"基督再临"，即基督的第二次来临。至于"灵魂审判"，则是未来之事了。到了时间的尽头，活着的人们和从坟墓中起来的死者都将集中在审判席下。

楣梁上的记事画面可分成两个部分；下面的一个画面描写邪魔，其中包括《启示录》中的七头怪。这一画面对地狱中的情景描写得比较清楚；但是对上面的一个记事画面人们却有不同的解读。有人认为这一画面描绘的是地狱中的景象，因为怪物在吞食着永受惩罚者；但也有人认为，这些情景与兰兹伯格城（Landsberg）的赫拉德（Herrad）之《极乐花园》（Hortus deliciarum）一书［1125（或1130）—1195年］中的情节相符，该书中有一句话这样写道："在上帝的指令下，曾经被野兽、鸟类和鱼所吞食的人类躯体和四肢还将复活，因此，那些完好无损的圣徒肢体将从圣洁的人类本体中获得重

生。"关于当时这些情景的意义，在早期文献中还有一种说法：被吞食也可被理解为被吐出，因为这一解释更符合"基督再临"之含义。

与蟠龙堡（Beaulieu）不同的是，孔克镇的基督是一位严格的判官，他把来世分成了天堂和地狱。这条天地分界线垂直地穿过十字架的主干后，又穿过了下面的灵魂审判场；在十字架的前面，有一个光环和一把宝座。基督的右上臂水平伸开，右前臂则垂直地弯向上面。这一姿势似乎代表着一个直角坐标系，在这个坐标系中，天堂的秩序才能确立。玛丽、彼得、还有一个可能是修道院的创立者正从那个方向笔直地向他走来，后面还跟着几个圣徒，因为距离太远了，看不清楚是谁，也许其中还有查理曼大帝。在他左侧近旁的是四个天使，其中一位捧着《生命册》来让他查看，另一位则端着一个香炉。另两位背对着他的天使手持着盾牌和尖旗矛，守护着他，以防与此邻接的冥界之魔的侵扰。

下面一个记事画面描绘的是一个连拱形建筑，上面还有一个三角顶，这就是《启示录》中所述的新耶路撒冷的天堂之府。在中央拱廊，

门楣中心局部：永受惩罚者被
推入地狱之口（上图）。
魔王在地狱登上宝座后开始对
永受惩罚者动刑（下图）。

下页：
前鲁格省孔克镇（阿韦龙）圣弗尔修道院
教堂。西大门，门楣中心。1125—1150 年
建造。

可以看到就座的亚伯拉罕（Abraham）与两个被救赎者在一起；在两边的拱廊中，可以看到成对的圣男和圣女。左边的拱肩上，上帝之手正伸向乞求的圣·福伊（St. Fides）。在这位圣徒人物后面，有几个画面展示了一些挂在拱廊上的镣铐。这些镣铐是用来束缚犯人的，这些犯人当初没有听从她的忠告。在右边的拱肩上，天使们正在打开坟墓，让死者从中出来，以便在审判灵魂后把他们送入天堂或打入地狱。通往来世两个不同世界的两扇门敞开着，但却被一堵坚固的墙隔了开来；两扇门上还配有附件和锁，这一自然主义的画面特别引人注目。

判官的左臂向下斜指着地狱中的永受惩罚者说："从我这里滚开，带着你的诅咒，到永恒的火坑去吧，那里有魔王和他的使者在等你"（马太福音，第25、41页）。天堂的井然秩序与冥界的混乱状态形成了鲜明的对照。通过地狱之门后，就会碰到海中怪兽的血盆大口，这张大口会把永受惩罚者吞下后再扔进地狱（见上图）。这一怪兽源自腓尼基人的神话，在圣经中，它被称为混乱之怪（the monster of chaos）。在创世之时，被上帝打败的就是这怪物；但是如果现行的秩序被诅咒了，这头怪物就容易被唤醒，并摆脱束缚冲出来。在孔克镇的教堂大门上，有一幅末日审判画面，该怪物被描绘成地狱之口，其后面的世界被魔王统治着。像亚伯拉罕一样，魔王也坐在一个门廊的三角顶下，在地狱中举行第二次审判，根据罪人所犯的罪孽来量刑。

魔王的左边吊着一个男人，脖子上围着一个口袋，此人被认为是犹太（Judas）；还有一个裸体女人和一个修道士（或者说一个教会中人），正等着受地狱之刑。在他们的后面，一个骑士和他的马正头朝下被扔进地狱。然而，画面所展示的并不仅仅是这些地狱之苦，其实，人类的每一种皮肉之苦都是对其堕落和罪孽所进行的惩罚。掉进地狱的那个骑士代表的是一种傲慢，那个修道士和裸体女人象征着通奸。在上面的一幅记事画面里，甚至还有一个主教，他被指控为滥用教会的职权。还有一个贪吃的人正腿朝上被倒吊着。

在勃艮第的奥顿，8世纪就供奉了圣·拉撒路（St. Lazarus）的圣骨，而那里的圣拉扎尔大教堂则是在1120—1146年间建造的。在这个教堂的门楣中心，也有一个末日审判画面，画面的中央坐着基督，天使替他托着光轮（见第334页图）。而且每一侧的楣梁之上也有两个记事画面。上面的画面展示的是圣母玛利亚和两位使徒，她们是审判见证人。在基督右边下面的一个记事画面中，站着八位使徒，以请愿者的姿态面向着宝座上的基督。拿着钥匙的圣·彼得看守着天国耶路撒冷的大门，该大门被描绘成拱形结构，在天使的帮助下，那些复活者正费力地向那大门内挤去。

在对面一个十分鲜活的罗马式雕塑画面中，大天使米迦勒和魔王之间正在进行着一场灵魂审判。在他们的后面站着拉克西里亚（Luxuria），她胸前挂着蛇（见第335页图）。在米迦勒后面，第十二位使徒正面对着基督，翻开《生命册》（Book of Life）来审判灵魂。楣梁上的画面描绘的是复活者被中间的一位天使分隔为被救赎者和永受惩罚者。上帝挑选出的灵魂得救者排在左边，其中有两位朝圣者；右边排列的则是永受惩罚者。这群灵魂正胆战心惊地走向某处，在那里那些可怜的罪人将被魔王抓住，扔进可怕的地狱。在外面的拱门缘饰上有一些圆形浮雕，浮雕上的各月劳动场景和黄道十二宫图案意指末日审判更广阔的宇宙背景。

奥顿（Autun）教堂门楣中心上的画面尤其生动而逼真，因为那里的塑像被按比例拉长了，其肉身之形体几乎也被展示了出来。此外，

善恶对比也增强了戏剧性效果，譬如在灵魂审判画面中，其戏剧性之生动几乎再也找不到出其右者。大天使（以细丝工艺技巧雕刻的石雕）身披丝绸，站在一群怪异恐怖、四肢瘦长的魔鬼对面。无法想象还有什么能比再看一眼这最后的日子更为迫切的了——因为在那之后将一去不复返，再也不能忏悔，再也没有回头路可走了。在时间的尽头，在审判者的脚下，"末日审判"真的在这门楣中心发生了。有罪孽的人在走过这大门的时候，就会好好想一想：等待他的将是什么。

在奥顿教堂末日审判画面的正中央，在那触及楣梁的椭圆光轮的下部位置，在基督脚下，在那天使分隔上帝选出的灵魂得救者和永受惩罚者画面的上面，雕刻师巧妙地刻上了他的名字：GISLEBERTUS HOC FECIT（吉斯勒贝尔制作）。由于他的名字恰好位于门楣中心的视觉中点，他的身份也被抬高了，而他的杰作也进入了神圣之列。

上页图和下图：
奥顿（卢瓦尔省）圣拉尔大教堂主大门，
门楣中心：末日审判。下图为局部图：灵魂审判。
1130—1145 年建造。

丰富多彩的柱头雕塑

大门上激动人心的上帝像与教堂内部神奇的罗马式柱头雕塑交相辉映。除了奇形怪状的动物外，还有许多现代人很难看懂的怪物，这些怪物不但与基督教的历史及古希腊罗马时期有关，甚至与近东和非洲的一些国家也有关系。基督教化和早期禁欲主义使得这些视觉形象未经理解就被吸纳进了基督教中，并代代相传，直到它们在法国、西班牙、意大利的罗马式教堂中以一种新的雕塑形象展现出来。对于纳入基督教塑像创作空间的异教徒形象的传承和诠释，阿尔卑斯山以北的国家均具有相似性，而对于雕塑作品，凯尔特人和日耳曼人则有着神奇而丰富的想象力。

另一方面，雕刻师们还直接采用了古代艺术。传统流派认为，"古文物研究线索"在所谓的加洛林文艺复兴（Carolingian Renaissance）和12世纪古风效法之间那段时期已经断裂。霍斯特·雷德坎普最近指出，在西班牙北部，"早在11世纪80年代，已经有人开始采用古代样式了，当时艺术家们的那种大胆和创新精神是12世纪难以企及的"。对艺术史学家来说，这一认识非常之重要，因为这一观点是与传统观点相抵触的，传统观点认为法国罗马式时期的艺术要比西班牙罗马式时期优秀。另外，雕刻师的"图像学诙谐"手法及画面的强烈动感也促使了那种神秘而开放的图像学视觉格调的发展，这种格调并不局限于根据当前情景来诠释某一特定的明确意义。艺术史这方面的研究非常引人入胜，但还不成熟，因为在这方面，一个问题解决了，另一个问题又来了。

在罗马式时期大朝圣路线的引导下，无数的民众穿越欧洲去瞻仰著名的圣骨匣，去朝觐使徒彼得（Apostles Peter）和罗马的保罗（Paul in Rome），去西班牙最西北的圣地亚哥德孔波斯特拉（Santiago de Compostela）祭拜使徒圣雅各（James the Great）之墓。1095—1099年的第一次十字军东征意味着耶路撒冷再次对基督徒开放。同现代的旅游一样，这些旅行者对促进中世纪的文化交流起到了很大的作用。例如，这些来自北方的旅行者到了西班牙，他们所见的教堂大门、柱头，以及突梁不但使他们感到震撼，而且他们很快把这些东西带回了自己的家园。如果旅行者是画家或雕刻师，他们就会把所见到的图像融入到自己的视觉语言中，并在他们自己的工作场所赋予这些图像以新的生命。

但更重要的是，这一切已经融入到日常的布道活动中了，已经通过"撒旦和他的主人"这一作品渗透在"创世纪"中了；这一作品描写的是，只要邪魔能找到机会，它就会袭击人类。其实邪魔能找到许多这样的机会，如：在粗犷的森林和峡谷、险恶的暴风雨和乌云、疾病和饥荒、肉欲的诱惑，以及违背基督教信、望、爱三德之行为。每当朝圣者走进一个新教堂，他都会面对邪魔的侵扰，让他心神不宁。在这方面，圣马太的福音中有许多故事都讲到耶稣如何对付邪魔：利用恶魔别卜西（Beelzebub）来驱除邪魔（马太福音第9、34；12、24~27页）。罗马式雕刻师把这种驱魔法也融入到他们的雕塑作品中去了。布雷德坎普（Bredekamp）解释道："教堂中的邪魔都被做成一种石像形态（stone form），目的是让邪魔像在镜子中一样看到自己的形象，于是被自己吓跑。"

面对着"创世纪"，许多人会突然体验到一种无尽的孤独感，结果就形成了各自的个性，个性的存在一直是有争议的，尤其是19世纪初期以来，有不少罗马式艺术家的签名史料可资证明。许多人最终在各地不断涌现的的宗教运动和宗派中寻求庇护。

纵然肖维尼教堂（Chauvigny）中的圣皮埃尔（Saint-Pierre）柱头雕塑的质量未达到图卢兹（Toulouse）工场雕塑的高超水平，但这些雕塑仍然堪称法国罗马式时期表现力最丰富的作品。唱诗班席位和回廊之间的柱子上共有三十多尊雕塑，向世人展示着费解的圣经及邪魔人物和场景。魔王自己穿着一件鳞片状衣服，手持一个不可思议的死亡徽记，双腿分开站在北十字柱上，在他的双腿之间，地狱之火正在燃烧，这在祭坛上就可看到。还有一个穿着鳞片状衣服的邪魔正从左边转身向他走来，在另一边，有一个皮肤光滑的邪魔正把一名永受惩罚者拖向他面前。在南十字柱上，有两只象征复活的鹰，正拍打着翅膀，用它们的爪子和喙把赤裸而渺小的人类抓住。这些人是死者的灵魂，他们被救赎后正被送往天堂（见第337页右上图）。每一个有罪孽的基督徒都会对这个世界上一些不可思议的力量感到恐惧，并且对将要遭受的恐怖惩罚感到忧虑。而且，他也看到过这样的画面：翼龙正在吞食永受惩罚者的赤裸灵魂，这景象似乎正预示着他自己的命运（见第337页左下图）。那些狮身鹫首的怪兽，尾巴上长着人手，真是一种不可思议的东西（见第337页右下图）。

在这组雕塑上，主雕刻师也留下了他的签名。与在孔克（Conques）的相似，他把签名雕刻在宗教等级最高的位置上，这个位置在供奉着由东方来朝见初生之耶稣的三贤人的柱头竖框边上，他在那里写道："GODFRIDUS ME FECIT（戈特弗里特制作）"（见第259页图）。

肖维尼教堂（维埃纳），原圣皮埃尔牧师会主持的教堂。回廊中的四个柱头。十二世纪后半叶建造。

展示祭坛（带有死亡徽记）的魔王吞食基督徒的龙（象征死亡）。

将灵魂带往天堂的鹰，尾巴上长着手的狮鹫。

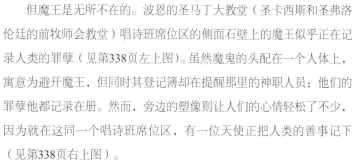

但魔王是无所不在的。波恩的圣马丁大教堂（圣卡西斯和圣弗洛伦廷的前牧师会教堂）唱诗班席位区的侧面石壁上的魔王似乎正在记录人类的罪孽（见第338页左上图）。虽然魔鬼的头配在一个人体上，寓意为避开魔王，但同时其登记簿却在提醒那里的神职人员：他们的罪孽他都记录在册。然而，旁边的塑像则让人们的心情轻松了不少，因为就在这同一个唱诗班席位区，有一位天使正把人类的善事记下（见第338页右上图）。

动物柱子

在一些独立的立柱及支柱上，各种形状的动物都在那儿盘踞着，而且连那里的柱头和底座上它们也找到了栖身之所。这里已成了邪恶的动物王国，里面既有可怕的战斗场面，也有别致的装饰景点，还常常有些人类出现。这些动物柱子是一种罗马式雕塑的特殊形式，主要出现在法国教堂的一些大门口；在那里，它们要么现身在间壁上，要么爬到支柱上，就像苏亚克（Souillac）的那个"动物王国"一样（见第268页图）。在宗教战争的反偶像运动中，圣玛丽教堂的大门被破坏了，于是这些动物柱像被藏到了教堂内。而在欧洲的其他地方，这种雕塑形式则比较罕见。在意大利卢卡城广场上的圣马蒂诺和圣米凯莱（San Martino e San Michele）画廊立面上也有这样的一根小柱子。英格兰赫里福郡的凯尔佩克（Kilpeck）教堂里也有一些相似的柱子（见第339页右图）。而在德国，只有在弗莱辛大教堂（Freising Cathedral）的地下室里能找到一例（见第339页左图）。弗莱辛大教堂的雕塑历史可追溯到约1200年，其中的画面描绘的是两条翼龙与一些骑士之间的搏斗。两个骑士已经被吞食掉了，剩下的几个正遭到从下方上来的几条蛇形龙进攻的威胁。这一柱子的雕刻方式相当粗略，这样的雕刻法在其他地方几乎是找不到

弗莱辛（巴伐利亚州）圣玛丽及圣科比尼亚诺大
教堂地下室，动物造型柱子。
高 2.59 米，约 1200 年建造。

凯尔佩克（赫里福）圣玛丽和圣大卫教堂
南大门，动物造型柱子。十二世纪中叶建造。

西洛斯（布尔戈斯省）圣多明各修道院回廊中的
三个对柱柱头，约1085（或1100）年建造。

的，因为其图像学分析顶多只能作一些大概的象征性诠释：那些龙的搏斗场面代表的是善与恶之间的战斗。柱头上的鹰被一根魔绳与人世间隔离，其样子看起来似乎是基督的象征。东边的半身塑像展示的是一个女人，绑着头发，雷纳·布德（Rainer Budde）认为她是《启示录》里的妇女形象玛丽或教友会的象征。

形象与符号

在中世纪，人们把周围的事物，如动物、森林、山脉、自然景观等以艺术形象再现出来，并给这些形象赋予了各种含义。若拘泥于这些事物简单的物理存在，那将毫无意义。伟大的荷兰历史学家约翰·赫伊津哈（Johan Huizinga）对此表达了他的独特见解："人们都应牢记，如果一个物体的现实意义只局限于其眼前的功用和外表，那么这样的物体是没有意义的，因而，一切物体在很大程度上都反映了来世。"因此，"神圣之形"几乎可以在任何看得见摸得着的事物上显现，无论那事物是树木、石头或雷雨。这是因为上帝是无所不能的，他能以任何形式向人类展现自己。这一现象说明了中世纪人们对"化身"的追求。尽管那些"化身"的塑造者出身不纯，但正如米尔

里弗托德阿达（伦巴第），圣西吉斯蒙多
柱头：双尾美人鱼，约 1100 年建造。

下图：
圣古艾萨（亚拉贡），圣玛丽亚拉雷亚尔
立面详图：狮身人面像和传奇生物。
12 世纪末建造。

恰·伊利亚德（Mircea Eliade）所说的，他们"似乎是拼命地想把眼前事物中隐藏的神秘形象展示出来"，并且还小心翼翼地按照基督的期望来展示这些形象。

除了一些简单的艺术手法外，这其实是一个具象派雕塑艺术世界，这个世界充满了象征主义手法，有着层次明晰的艺术含义。无论是善良还是邪恶，这些主题都符合中世纪特殊形式的艺术取向——这种艺术取向决定了这些事物的艺术存在。一切事物都被一张"相似性"或"关联性"网络编织在一起，于是在事物的表面形象下，都潜伏着它的符号象征。中世纪的人们持续不断地在物体的表面形象与其内在的本质或者超自然的属性之间寻找一种"链接"。然而，这种链接并不总是清晰明了或者根据充分，因此这种链接所表现出来的形象可以随时随地更改或者套用到另一事物上。对于这种象征意义，必须通过考察并强调相互之间的特征联系才能有所领悟。比方说，蓝宝石的淡蓝色这一特征可以与晴空的淡蓝色联系起来，于是宝石就被赋予了一种天堂的符号象征。而且，蓝宝石的象征力量可以根据不同的环境延伸或者改变。

这里揭示的是中世纪人们的一种思维特点，这种思维特点与以一系列因果关系为基础的正常的认知方式不同，因为它被简化成了一种特定的外在形象之间的联想。翁贝托·埃科（Umberto Eco）把这一思想特点描述为一种观察事物的走捷径能力："在这方面人们的思路走了一条捷径，他们不是去探究两个事物之间复杂的因果关系，而是跳跃式地去寻找两事物意义与目的之间的关系。"

"生理学家"

这种思维方式来源于一本被称为《生理学家》（*Physiologer*）或者是《自然科学精通者》（*One Versed in Natural Science*）的书中。这是最早的评释性著作之一，对罗马式雕塑动物形象的诠释可以从中找到依据。这本书的核心部分可能在公元200年就已经成文了，当时《新约圣经》的教规早已基本统一，而这本书的出现，一方面，也是自然科学的一种研究成果。但在随后的一千年中，它也经历了不断的改造和延伸，以便使其更好地符合基督教义。

在用引人深思但又通俗易懂的语言写成的55个故事里，描述的都是动物。这些动物按照它们的特点或习性分类。而这种分类就成了它们的品质或行为与基督徒的生活方式，甚至与基督本人的品质相似与否的评判基础。这些内容都是以朴素而生动的寓言故事写成的。例如，对于"太阳蜥蜴（Sun Lizard）"的特性，故事中

黑尔姆施泰特附近的马林塔尔（下
萨克森州）修道院教堂
迫害善良的狮子，捕获了一只羔羊。
约1140年建造。

巴里（亚普利亚）圣尼古拉教堂主大门，
1098年前建造。

是这样描写的：据说它年迈时双目失明了，于是它在黎明时分爬进一堵墙的裂缝中，以便让初升的太阳光芒治愈它的眼睛。这段故事的下面还有一个对老年人的忠告："当你穿着老年服装，目光呆滞的时候，你就去寻找基督正义的阳光吧，那正义之光会打开你心灵的眼睛，把一切黑暗都驱除干净。"基督教里所有著名的动物寓言在《生理学家》这本书里面都有，例如狮子掩盖自己的足迹，以此来隐喻救世主在人间的活动凡人是看不见的。另一个例子是凤凰，它身披各种宝石，每过500年要飞到黎巴嫩雪松（Cedars of Lebanon）那儿为其翅膀添加香气，在那儿它会把自身投入祭坛的火中，当祭司把它从灰烬中拖出来的时候，它已被烧成了蠕虫状，但它很快就会长出新的翅膀。就像基督那样，他可以失去自己的生命，但他还可以复活。

在罗马式雕塑中，有着为数众多的动物和传说中的生物画面。对于这些动物和生物的含意，要从神秘的角度去理解，明确的意思是没有的，因为这些画面采用的都是象征主义和比喻性的手法。这是一种很难用现代思维去理解的艺术，除非像上述故事那样从源头上去寻找它的含义。

演员、艺人和杂技表演者

在中世纪教堂的拉丁语里，巡游艺人被叫做"Joculatores"，他们偶尔会出现在柱头上。这些艺人没有地位、家园和头衔，因此被称为"不诚实的人"。他们在社会上无依无靠，成了流浪者，虽然他们在集市上的杂技赢得了人们的赞美。英博格·特茨拉夫（Ingeborg Tetzlaff）认为，描写他们的一些画面通常是在表现心灵的罪恶。这种

描写把杂技表演者的地位给扭曲了。她写道："无论他们是象征着理性的思索还是'心理扭曲'，都可以得出同一个结论，是教堂剥夺了非教条的或者是异教的思想，当然，这种思想里含有一些对不容置疑的精神力量不太敬重的成分。"当杂技表演者把双腿搁到肩膀上，双手捋胡子时，那么这幅画面可能是在表达这样一个意思：他肯定怀有目的。沙里约的圣福尔图纳特本笃会修道院的一根柱头上就有这样一尊雕塑（见上图）。霍斯特·雷德坎普，在研究了布尔戈斯（Burgos）附近的弗劳米斯塔的圣马丁教堂屋顶上的突梁雕塑后指出，这种画面的含意与即时避邪目的有关。这座教堂，建于约1066—1090年间，它在通往比利牛斯山脉（the Pyrenees）南边的圣地亚哥德孔波斯特拉的朝圣路上处在第7站的位置。由于该教堂保存了总共达400多尊的塑像，因而它的地位相当重要。赤裸的两性杂技表演者在各种娱乐性软功表演中都会出现，这些画面是在警告：行为放纵将会遭到天罚。在拉谢兹乐子爵（La-Chaize-le-Vicomte）有一组塑像，包括一位音乐家、一个杂技表演者和两名摔跤手（见下图）。他们的脸面被歪曲成动物相，其意思是指，他们被魔迷住了。

性行为的妖魔化

虽然那些放纵的人体像展示是被禁止的，这一点在音乐、跳舞、杂技和幻术之类的表演画面中都可以明确地看出来，但对性行为的遣责却变成了一种扭曲的石像。朝圣者把这些雕塑"作为一种驱除恐惧的手段"，这一点是非常明显的。许多罗马式教堂的柱头上有被囚禁的动物或人类的雕塑，它们大多还带着盘绕的藤蔓。现代神学家们认为，这些藤蔓构成了撒旦的狩猎武器。有些画面还带有淫猥甚至排泄内容。例如在奥尔奈（Aulnay）的雕塑画面中，一个邪魔正在排泄藤叶，他扳起双腿，以便让撒旦的镣铐随着这些粪便进入人世间（见第344页下图），在那里，这些镣铐将会变成罪人们凶险的陷阱。

对于这一凶险诡计的说法并非空穴来风。莫鲁斯（Pseudo-Hrabanus Maurus）认为，人世间将会变成一个群魔乱舞的混乱之地，这个世界的目的就是要折磨人类。塞维利亚（Seville）的伊西多（Isidor）在一本名为《词源》（Ethymologiae）的书中写道：罪人们总是要被魔王惩罚的，总是要吃魔力植物的，然后他们就会转变成各种动物或杂种生物。

正如许多罗马式柱头上所描写的那样，这些从邪魔的孔道中生长出来的动物，如果还要从原路返回这个世界，它们就得变成怪物。这说

上图:
波斯特拉(加利西亚)圣地亚哥大
教堂。普埃塔代拉斯普拉特里亚,
左门楣中心:淫妇或原罪。12世纪
20年代建造。

下图:
奥尔奈德萨通(滨海夏朗德省),原圣皮埃
尔德拉图杜牧师会主持的教堂。环形殿中
的柱头:长着藤蔓的邪魔。十二世纪初建造。

明,这些华丽的画面绝不仅仅是一种装饰附件,而是一种"框架催化
剂",只有在这一框架的催化下,这些邪魔现象才能被理解。

描绘性器官本身所展现出的对性的妖魔化是很粗俗的,达到了怪
诞扭曲的程度。例如,在圣马丁教堂塔楼的北侧有一个雕塑:一名赤
裸修士在弹琴,同时却露出了他的阴茎。这种画面不仅出现在建筑物
角落,也出现在一些显眼的建筑部位,例如,在同一教堂的三角墙
上,有一个露出阴茎的男人,间隔两个突梁的地方,还有一个露出阴
部的女人。在圣马丁教堂的另一处,一个男人的阴茎强有力地伸到他
的手臂上(见第345页左图)

在英国的凯尔佩克(Kilpeck),有一个女人的露阴像(见第345
页右图),这应该算是一幅最特别、最令人困惑不解的画面了。布雷
德坎普(Bredekamp)认为,弗劳米斯塔(Frömista)的那个雕塑是
为了某种目的而作模型用的,如在圣昆廷德兰开斯(St-Quentin-de-
Rancannes)的突梁雕塑上就是一例,因为凯尔佩克的圣玛丽和圣大
卫教堂的创立人奥利佛·德·马利蒙特(Oliver de Merlemont),是在
去圣地亚哥德孔波斯特拉朝圣中,看到从未见过的景象,带着深刻
的印象回来后建造这座教堂的。这个塑像的历史可追溯到12世纪中
叶,它是按照透视法缩小了画面的深度而创作出来的,其头形不像女
性,看起来更像一个邪魔。她的手臂在她的双腿下面,就像沙里约的
那个杂技表演者一样,正用双手展示其阴部。这一画面名曰"Sheela-
na-gig",其意为"丑恶的罪孽";在罗马式雕塑中还有一些它的复制
品。在伦巴第(Lombardy)的里弗托德阿达(Rivolto d'Adda)的圣
西吉斯蒙多(San Sigismondo)教堂柱头上的双尾美人鱼(见第341
页上图),也是这一系列雕塑中的一例。这种对女性生殖器的描绘
可以追溯到石器时代,在许多亚洲国家也能找到这样的例子。这种画
面在那里以及在古希腊都有一种神秘感。在罗马式欧洲艺术中,这些
画面成了困扰和折磨许多牧师和特别是修道士的有力证据。

阴户的涵义是指"吞食"。在《旧约全书》的冥界入口画面中,
被野兽和邪魔、敌人或者对手吞食了,是一种常见的景象。而在罗
马式风格时期,这种吞食意味着进入魔王之口。肖维尼教堂柱头上
或者孔克门楣中心的雕塑对此均有描绘。在那些罗马式柱头和动物
柱子上,对于这个主题有着许许多多的变体。在圣经和当时的经
文上也有许多例子,如这一通向地狱的口子被联想成了"阴户口
(Mouth of the Vulva)"。

弗劳米斯塔（帕伦西亚省）圣马丁教堂。
突梁塑像：阴茎人。
约1085（或1090）年建造。

凯尔佩克（赫里福郡）圣玛丽教堂和圣大卫教堂。
突梁塑像：丑恶的罪孽。
十二世纪中叶建造。

害怕到恐怖世界去，并且知道那恐怖世界就是从这个口子进去的，这样就产生了一种与禁欲主义完全不同的效果，以致最后出现了一种说法：一切性行为都是邪恶的。同时，这个口子也是男性欲望的一个目标，但它又在女性的自主控制之下，于是对这个口子就产生一种根深蒂固的恐惧，这种恐惧在无数的画像中描绘成被吃掉。每位朝圣者，除了在穿越法国和西班牙北部时不得不面对各种险情之外，还要不断地承受一系列心理上的害怕和恐惧。朝圣这件事本身应该是让那些参加朝圣的人脱离由罪孽带来的苦恼，但事实并非如此。因为人们无从知道，用这种石像来抵御邪魔的方法究竟有多大作用。这种石像的使用目的完全是为了提出一种压抑性的伦理道德，但事实上，却导致了雕塑构思艺术的

解放。正如布雷德坎普所说的："在被要求对观念解放进行谴责时，这些雕刻师却把邪恶描绘得如此逼真，结果他们把一些本该远离的东西也描绘了出来了。"

这种原始的恐惧还带有一些道德方面的因素，如圣地亚哥德孔波斯特拉的普埃尔塔德拉普拉特里亚（Puerta de las Platerias）的门楣中心上，一位美妇披着松散的长发，穿着一件透明的衣服，却抱着一个骷髅（见第344页上图）。以往她被诠释为一个抱着情人骷髅的淫妇，但最近的说法则是，她是夏娃化身的"死亡之母（Mother of Death）"。她的肉体之美是非常明显的，这揭示了邪恶是如何通过伪装来吸引人的。性魔披上一层温柔的外衣，似乎是为了便于释放魔性。

345

裸体与罪恶

    在普遍谴责和取缔一切色情活动的环境下，令人惊讶的是，罗马式雕塑品中竟然会有这么多的裸体画面。正是这种对肉体的放纵才使得雕刻师在道义谴责与雕塑形象之间的灰色地带别出心裁地创作裸体形象。而且这些雕塑又处在一些重要的建筑物场所，人们到了那些地方后禁不住会去看一看。

    拉克西里亚最有名的一个塑像是在穆瓦萨克（Moissac）大门口的西墙上（见左图）。该塑像把财主迪夫（Dives）与穷人拉撒路（Lazarus）以及罪孽与贪婪都编到了一个故事里，这个故事是那西墙雕塑工程的最后一部分。其中女性的形象自然而富有魅力，她边向前走边转过头往后看的姿态尤其吸引人；她赤裸着身子，其波浪式长发更突出了她的性感，这真的是一幅荒淫画面。她的后面跟着魔王，魔王挺着大肚子，长着一张怪异的脸，拉着那女人的右臂。这女人是他的情妇，抑或是他所惩罚的牺牲品？对该女人行为的谴责是通过蛇（常为邪恶的象征）咬其乳房来表现的。此外，还有一只蟾蜍在袭击她的生殖器。这就是图像学内容变得更为复杂的原因，因为自古以来，子宫常常被描绘得像一只蟾蜍，那蟾蜍有时候还以接生婆的角色出现。在中世纪，邪魔很容易被描绘成一种动物的形象，所以动物形象也就有了象征意义。尽管这些塑像遭到了相当大的破坏，但是它们对现代人们思想的影响力仍非常明显。

    贪婪与淫荡是直接相连的，这在法国南部的罗马式影视节目中可以看得出来，而且在罗马式艺术中也是一个真正的主题，或者更准确地说，是一种当代社会变迁的表现。用万恶之源贪婪来取代神学上罪恶的傲慢，于是一个新的社会阶层就成长起来了，但它却遭到了抨击，因为这个社会阶层要通过放债、生产或者贸易来聚集物质财富，以便把自己打造成为一个城市资产阶级。货币交换和易货贸易使人们逐渐摆脱了封建制度下的债务束缚，因为人们已经越来越有能力偿还债务了。可是，被人们认为是一种刺激感官的淫荡性的东西，却成了早期自由主义者在追逐利润中的副产品，成了个人在追求新的自由中的补品，并且大有把人们从教会的感化区中拉走之势，而且还要诱导人们去质疑中世纪初封建制度下的宗教和伦理基础。从这一角度来看，穆瓦萨克浮雕不像是对画面中描绘的罪恶的宗教谴责，而更像是神职人员对中世纪社会上逐渐形成的历史变革的抵抗。

    裸体毕竟是人类在天堂的一种状态，一种摆脱羞耻和罪孽的条件。由于被狡猾的毒蛇出卖并受到能变得聪明美貌的诱惑，夏娃冒着牺牲自己和所有子孙后代幸福的危险。然而原罪一现，她即刻就看清了自身，并认识到自己的过错。

在弗劳米斯塔（Frömista）的一根柱头上（见第292页图）有这样的一个镜头：亚当和夏娃穿着上帝创造的长袍，站在善恶树的两边。一条毒蛇正盘在树干上。恰恰在那个时刻，夏娃伸出左手去摘苹果，这样自己及整个人性就处在了罪孽的境地，这使她意识到羞耻，于是他们便设法遮掩赤裸的身体。亚当右手扣住喉咙，露出一副恐怖的样子。这时，两个邪魔早已守候在两边了。

在罗马式艺术中，奥顿教堂中的夏娃（见上图）有着一种与众不同的美貌和魅力。这幅塑像可能也是吉斯勒贝尔的作品，因为他在门楣中心签了名。可如今，夏娃只是圣拉扎尔北大门的过梁残留下来的一个片段，因为亚当的塑像早已失传。在右肘和双膝的支撑下，夏娃爬行在伊甸园中，仿佛自己已成了一条蛇。她看着亚当，轻声地叫他去做她刚才做过的事情，并把右手放在嘴边，以便让声音传过去。她的左手往后伸出，要把那枝头上的苹果摘下，而那根树枝正好向她弯垂下来，尤如一只玩弄女性的手。她的上身是朝着观察者这一方向

的，但身体姿态显得有点夸张。

这一卧姿夏娃像是独一无二的，要是不去探究当时这一姿势的意义，那真得要让人费解了。礼拜仪式要求忏悔者拜伏在地上，用双膝和双肘支撑身体。雕刻师把这一忏悔动作与诱惑合并起来了，但这一合并招致了人们的质疑，因为那忏悔的姿势很像一条蛇在游动，而且还出现了夏娃朝着亚当轻声呼叫这一引诱性的画面。这样一来，这桩大罪的最初版本就演变成了一种莫名其妙的感官游戏，在这方面，吉斯勒贝尔的做法真的有点荒唐。当然，他本来是想用这个主题去表达他要反对的东西。

在欧洲的雕刻品中，这尊夏娃塑像的确很富有时代想象力。那与众不同、自由奔放的艺术表现力在这尊塑像上发挥得淋漓尽致，而这绝非是无名雕刻师所能做到的。不久，这种自由度被应用到了沙特尔的西大门雕像上，并且还成了"实际上无生命力的身体之灵性"的一部分，进而又被转化为一种软弱而又肯定的视觉内容。

右上图：
木质群雕，泰尔的圣玛丽亚
十二世纪建造。
收藏于巴塞罗纳阿特卡塔卢纳美术馆。

左下图：
阿匹尔斯巴赫，圆木做的教堂坐席。
十二世纪建造。

木材雕刻

在中世纪，木材的应用是如此的广泛，但在雕塑中的应用比例又是如此之小，要不是因为罗马式艺术中几个杰出的木质雕塑品的存在，这一微小的比例几乎可以忽略不计。虽然木材雕刻师们刻意与其他工匠保持距离，但人们仍然认为他们不如其他行业的艺术家，因为通常他们制作出来东西只是一个基本模型，还需要进一步装饰——需要上漆、镀金或镀银。但是，在经历了修复工程，当那些雕塑品的表层油漆或者镀金层逐渐脱落后，木材雕刻师高超的艺术水平就显现出来了。

除了建筑物的装潢外，木材雕刻师的工作还包括教堂内部的家具制作和门窗上的雕刻，而这种门窗雕塑品是最易被外人看到的。当然，这种雕刻是在木材表面上进行的，而且是一种浅浮雕。从某种程度上来说，这是一种按规定雕刻的图案。木材雕刻师们除了制作教堂的家具外，还要制作高浮雕部件和独立式塑像的部件，例如在泰尔（Taull）的圣玛丽亚群雕中单个雕刻的塑像，这些塑像可以追溯到12世纪（见右上图）。阿匹尔斯巴赫（Alpirsbach）的修道院教堂中有名的诵经台（见第352页图）是一件独立式雕塑。

在中世纪初，有一种罗马式雕塑风格流传了开来，如代表"智慧之宝座"的"上座的圣母与圣婴雕塑"（见第353页及以下各页图）。这种风格常常被人们拿来与拜占庭艺术的偶像相比较，因为神职人员对塑像的正面描绘有着严格的要求。即使是个孩子，无论是在玛丽面前坐着还是站着，都要强调一种严肃的气氛，直到约1200年，玛丽被描绘成转过头来看着孩子，这种严格的风气才有所消减。这个被描绘出来的庄严形象不禁让人猜测，这一雕塑形象在罗马式雕塑品中的地位肯定相当重要。当时在弘扬基督教过程中，出现了教外崇拜母

亲女神的现象，在许多地方的礼拜仪式中，这一现象还很普遍，然后这一母亲女神又转化成了童贞圣母玛丽这样一个中心人物形象。塑像完全镀金的目的是为了把它加工成昂贵的金雕像的仿真品，当然，本身有闪光色调的塑像就不用镀金了。由于这些雕像大部分移动方便，因而可以把它们从原来的祭坛位置上搬走，用到礼拜仪式或者宗教戏剧中去。

许多上漆的彩色十字架（见第350页及之后图）通常被用在基督被活活钉死在十字架上的场景中。这些画面的含义是与当时所强调的观点一致的，即上帝的儿子能忍受痛苦并战胜死亡。死在十字架上的基督塑像比较少见。基督塑像中，通常活着的基督穿紧身短衣，死后的基督系着宽腰带；当然有几尊塑像是例外。此外，在不同的地区还有许多不同类型的十字架，有些已经发展成了整个系列的样板。

下页：
科隆（北莱茵河西华里亚）圣玛丽亚凯比特教堂。
左门局部图：对牧羊人之天使报喜，耶稣诞生，希律王以前的三国王，由东方来朝见初生之耶稣的三贤人。木质，上漆。
门的总体高度为4.82米，宽为2.31米；约1065年建造。

赫罗纳省，十字架上基督之威严，奥罗特地区。
木质。基督像高 0.91 米。
十二世纪中叶建造。
收藏于巴塞罗纳阿特卡塔卢纳美术馆。

下页：
科隆（北莱茵河西华里亚）圣乔治教堂
十字架，核桃木材质。高 1.95 米，约 1070 年建造。
十字架基督之首。收藏于科隆施纽特根博物馆。

上页：
诵经台，阿匹尔斯巴赫的修道院教堂。上半身像。木质，上漆。高 1.39 米。十二世纪中叶建造。弗罗伊登施塔特（Baden-Württemberg），新教的教区教堂。

圣母与圣婴，出自雷诺（Rarogne）。林登木，上漆。高 0.91 米，约 1150 年建造。收藏于苏黎世瑞士国家博物馆。

圣母与圣婴，出自阿库托（Acuto）。木质，上漆，并嵌入次等宝石。高 1.11 米，约 1210 年建造，收藏于罗马威尼斯宫博物馆。

奥弗涅（Auvergne）。圣母与圣婴。材质为木
材和铜，镀银。高 0.73 米。十二世纪建造。
奥西瓦尔（Puy-de-Dôme）圣母院。

圣母与圣婴，"圣母院（Dame-la-Brune）"。
木质，上漆和部分镀金，1860 年重新上漆和镀金。
高 0.73 米。十二世纪下半叶。
图尔尼（卢瓦尔省）圣菲利贝尔的亚贝教堂。

圣母与圣婴，出自盖尔（Ger）教堂。木质，上漆。
高 0.53 米。十二世纪建造。
收藏于巴塞罗纳阿特卡塔卢纳美术馆。

科隆（北莱茵河西华里亚）圣墓会的天使，
材质为白杨木，上漆。高 0.63 米。约 1180 年建造。
收藏于柏林国立美术馆雕塑馆。

希尔德斯海姆（下萨克森州）大教堂。
西大门、渥德门。双面门，带浮雕，描绘旧
约和新约全书中的景象。
建成于1015年。

虽然很坚硬，但容易加工，而且耐腐蚀。锡或锌含量比较高的青铜合金具有在熔融状态下流动性好的优点，因此当注入模具中时，就可以制成极其精巧的塑像。

中世纪一般的塑像铸造工艺是：先做一个蜡模，再在外面包覆上一层黏土或石膏（见第381页图）。浇铸时的高温使蜡融化，留下了一个中空的芯，这样熔融金属就可以在这个芯中成型了。这就是所谓的熔模法或者蜡模铸造法。模子放在砂底盘上，这样它就不易裂开。模子上有大量的排气口，以便在浇铸时让空气跑出来，这样才能保证熔融金属充满整个型腔。

在中世纪的两个铸件的铭文中，就有关于这些复杂铸造工艺的简明记载。例如，在特里尔大教堂（Trier Cathedral）的狮头门把手上写着："蜡制的型芯，被火烧掉后由青铜来填补。"正是青铜铸造良好的造型效果才拓展了艺术家们的雕塑选材范围。但还必须考虑到这一工艺的费用问题：如果铸造过程出现差错，那么在这个模子上就不能进行

渥德门的两幅详图：门环，耶稣生平场景（左）和逐出伊甸园（右）。

青铜雕塑

青铜被认为是最好的基本金属材料。青铜并不是纯铜，它是一种铜锡或者铜锌合金材料。合金的配比根据塑像的制作时间、地点、工厂的不同而有所差异。青铜是使用最广泛的金属之一，因为青铜

356

公爵狮子"狮子亨利"。青铜复制品。放置在布朗斯维克（下萨克森州）城堡广场。原件也是青铜铸造。收藏于布朗斯维克，赫索格安东乌尔里克博物馆。

第二次浇铸了，除非再做一个蜡模。还有一篇铭文刻在奥格斯堡大教堂（Augsburg Cathedral）的罗斯虎哈特主教（Bishop Wolhardt of Roth）的墓碑上，上面记载了青铜雕塑制作的分工："奥托（Otto）用蜡制造了我，康拉德（Konrad）用青铜制造了我。"要铸造大型物件时，就需要招募铸钟工，因为他们在处理大量的熔融金属方面有操作经验。

在上面提到的那篇铭文上，我们只知道奥托和康拉德这两个人的名字，对于他们其他的情况，我们几乎一无所知；尽管如此，我们还是从那篇铭文上了解到许多其他人的情况，如：于伊（Huy）的雷尼尔（Renier），他在比利时的列日（Liège）制作了著名的洗礼盘（font）（下图）；贝内文托（Benevento）的奥德里斯（Oderisius），他制作了特罗亚大教堂（Troia Cathedral）的青铜门（见第361页图），他还在卡普阿（Capua）的圣乔瓦尼（San Giovanni），以及贝内文托的圣巴尔托洛梅奥（San Bartolomeo）制作过青铜门。特拉尼（Trani）的巴里萨努（Barisanus）和比萨的博南诺（Bonanno）也值得一提。然而问题是，既然柱头、门楣中心及其他建筑物上的这些铭文都记录了这些艺术家的名字，我们应该怎样去理解这些记载？他们的委托人是否也留下过纪念他们自己的东西呢？

有许多精美的教堂青铜门都保存得相当完好。希尔德斯海姆（Hildesheim）渥德门（Bernward door）就是其中的一例（见第356页图），其历史可以追溯至1015年。那道门的每扇门上有8个浮雕，描绘的是旧约和新约全书中的景象。不伦瑞克（Brunswick）的枝状大

烛台几乎高达5米（见第358页图）；那烛台上有7个分枝，跨距有4.6米，要安装这么大的物体还真是个问题。该烛台的狮脚在风格上很像狮子的雕像（见上图），其细节如耳朵和鬃毛都非常相似。著名的不伦瑞克的狮子是中世纪残存下来的最古老的三维独立雕像；它可能是根据意大利的模型制作的；那个模型也许是更加有名的罗马卢帕（Roman Lupa），或者是一系列中世纪的狮子雕像，这些雕塑品的存在史实只能通过查看文字记载来证实。

在十二世纪，优雅有礼及骑士式的生活方式已经变得越来越精细和复杂了，尤其是在餐桌礼仪上；这在器皿使用上可见一斑，当时铸造了大量的青铜水罐，这些水罐有各种花型图案，包括人物图形，它们是供膳食时洗手用的。

洗礼盘。于伊的雷尼尔之作品
青铜材质，12世纪初制作。
列日（比利时）圣巴泰勒米教堂。

不伦瑞克（下萨克森州）大教堂。

有七个分枝的枝状大烛台。

青铜材质，镂雕。高约 4.87 米。

底座的镶嵌件历史可追溯至 1896 年。

约 1170—1190 年制作。

希尔德斯海姆（下萨克森州）大教堂
洗礼盘。青铜材质，
高 1.72 米，直径 0.96 米，约 1225 年制作。

维罗纳市（威尼托区）圣泽诺教堂 西大门的一扇门
右段，局部：耶稣的家谱、骑马的先知、圣泽诺钓鱼、王妃的康复、
发疯的马车夫被救、格林诺斯和圣·泽诺，材质为木材和青铜。
全高4.87米，宽3.65米；
图像镶板高0.43～0.5米，宽0.4～0.43米，约1138年制作。

下页：
特罗亚（亚普利亚）大教堂
西大门的一扇门。
青铜材质。高3.7米，宽2.05米。
1119年制作。

圣安诺的权杖，象牙材质。
高20厘米，约1063年制作。
西格堡圣塞尔瓦蒂乌斯之宝藏。

刻有基督童年和圣尼古拉斯生平场景的权杖。
出自金雀花王室统治区。
象牙材质。高约12.7厘米。
十二世纪中叶。收藏于伦敦维多利亚与艾伯特博物馆。

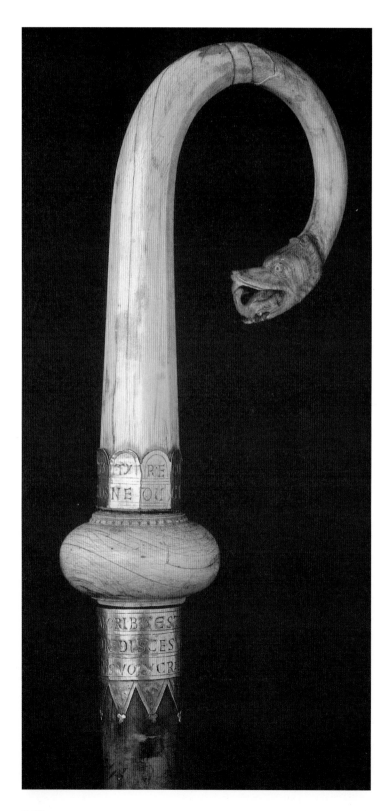

教堂之宝

　　金银一直都被人们所看重。然而在中世纪，这些贵金属却比不上圣骨匣。结果，这两种金属一起成了做圣骨盒的最佳材料，那些圣骨盒也就成了一种最为崇高的艺术品。这些金属光彩夺目，这一点当然很重要，但更重要的一点是，一个修道院或者教堂拥有的金银越多，它们的地位就越重要。而且这对圣徒遗骨也表示出一种敬意。而那些捐赠来源比较少的修道院就只能用青铜和紫铜来满足一下他们的追求欲望了。由于圣徒遗骨非常稀有，要得到一些当然是特别难。但无论如何，一个教堂应该至少拥有一件圣徒遗骨，否则它就不能被视为神圣的。由于新建了许多罗马式教堂和修道院，对圣徒遗骨的需求量也就大大增加了。于是便发生了偷窃和伪造现象，圣徒遗骨的数量因此激增，甚至还发生了分解尸体的现象。牙齿、指甲、手足这些东西都成了最有价值的圣徒遗骨。在这一现象的背后又出现了一种假说：圣徒存在于其尸体的每个部分之中。

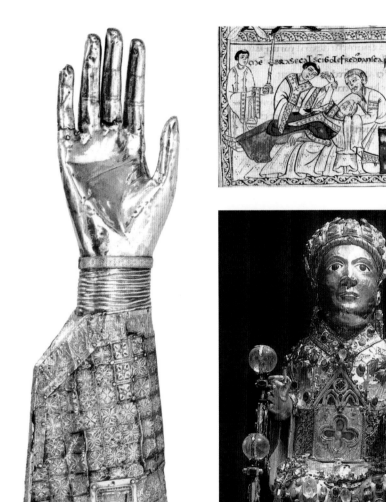

今天，要是有人看到中世纪的原稿中描写一位主教砍掉了一位圣徒尸体的手臂，定会大吃一惊，因为这样的事真的是前所未闻。可是在中世纪，如果有人错过了从圣徒尸体上砍下一块圣骨机会的话，是要受谴责的，因为这样的机会对其教堂或修道院来说是很难得的。

主教哥特福瑞德斯（Bishop Gotefredus）对于自家教堂或修道院的利益自然十分上心，他切下整个圣阿波罗尼奥斯（Apollonius）的手臂（见第363页右上图）。而后，据推测，他将其保存于手臂圣骨匣中，从而为他的教堂增添又一法宝。柏林美术工艺博物馆（Kunstgewerbe Museum）内珍藏的圣劳伦斯之手臂圣骨匣是早期"会说话的"圣骨匣的经典之作，其外观清晰地反映了所保存的圣骨部位。这幅中世纪的绘画作品同样表明意义重大的圣骨将为其所有者带来无尚荣耀。1162年，科隆（Cologne）的大主教达塞尔（Dassel）的雷纳德（Rainald）请求施陶芬王朝的国王巴尔巴罗萨（Barbarossa）允许他从被征服的城市米兰（Milan）中获取三位国王的圣骨，因为它们是"最为珍贵的战利品，一件世间无与伦比的宝物"。这些圣骨与众不同的特征在于它们被认为是第一位向王中之王耶稣表明敬意的那个国王的化身。恩斯特·京特·格里梅（Ernst Günter Grimme）曾称其为"政治"圣骨，他写道："他们因此成为基督国王的化身。任何一个拥有此类'基督教守护'（Christian Palladium）并向'东方三王'（Kings of the Orient）寻求保护的人都拥有其基督教统治特权。"与其说科隆的大主教特别在意这个基督国王，倒不如说，他是想保留加冕国王的权力。正因为如此，他于1165年亲自参加了将查理曼大帝（Charlemagne）追封为圣人的典礼，并企图获得该国王的圣骨。作为三王之都，科隆现在的盾形纹章中仍设有三个王冠。

圣劳伦斯之手臂圣骨匣，
香柏木，银，部分镀金 约 1175 年制作，
收藏于柏林国立普鲁士文化遗产博物馆（Staatliche Museen Preußischer Kulturbesitz）
美术工艺博物馆（Kunstgewerbe Museum）。

莱昂（Léon）或阿斯图里亚斯（Asturias）
圣骨匣的浮雕镶板："以马忤斯（Emmaus）之旅"（上图），
"不要碰我（Noli me tangere）"（下图）。
象牙雕，高26.67厘米，十二世纪上半叶制作，
收藏于纽约大都会艺术博物馆（Metropolitan Museum of Art）
皮尔波因特·摩根（J. Pierpoint Morgan）基金会。

意大利［萨勒诺（Salerno）或阿马尔菲（Amalfi）］，
象牙雕，高24.13厘米，约1084年制作，
收藏于萨勒诺大教堂博物馆（Museo del Duomo）。

象牙

自古典时代后期开始，象牙就作为天然材料广泛用于小型艺术品的制作。经威尼斯和其他意大利港口进口的非洲象牙是使用最为广泛的原料。然而，河马、独角鲸、抹香鲸和海象的牙齿也具有同等重要性。即使是深棕色的犀牛角也与象牙类似，被视为同等重要的稀有资源。象牙雕刻师的主要作品为早期中世纪书籍的封面，此类封面通常采用微型浮雕描绘圣经故事并以各种稀有金属和宝石加以装饰。由于他们的工作，这些仅可为少数人所享有的宗教仪式用书具有极高的宗教重要性。除了稀有金属以外，象牙是人们制作立体人像等小型艺术品最为钟爱的材料。大众对于中世纪象牙雕的喜爱一直延续至十二世纪。除了小雕像的生产以外，人们还发现了象牙的其他用途，然而这些也大都与宗教有关；即便是象牙制作的梳子、盒子和其他物品也是用于宗教仪式。

下页：

科隆圭尔夫（Guelph）珍宝馆之圆顶圣骨匣。

木芯、铜胎掐丝珐琅、镀金，用海象象牙制作的浮雕与雕像。

底座下表面用深褐色的亚麻仁油涂刷，底座本身采用青铜铸造并镀金，

高 43.18 厘米，宽 40.64 厘米，

约 1175—1180 年制作。

收藏于柏林国立普鲁士文化遗产博物馆

装饰艺术博物厅。

巴勒莫（Palermo）（西西里岛）

象牙彩绘盒 橡木芯，青铜配件，高 16.51 厘米，宽 24.13 厘米，深 17.78 厘米，

十二世纪制作，

收藏于柏林国立普鲁士文化遗产博物馆

装饰艺术馆。

德国北部或丹麦

用作十字架基座的色彩丰富的圣骨匣

橡木材质、镶嵌式搪瓷板。

高 13.97 厘米，宽 20.32 厘米，深 12.7 厘米，

十二世纪上半叶制作。

收藏于柏林国立普鲁士文化遗产博物馆

装饰艺术馆。

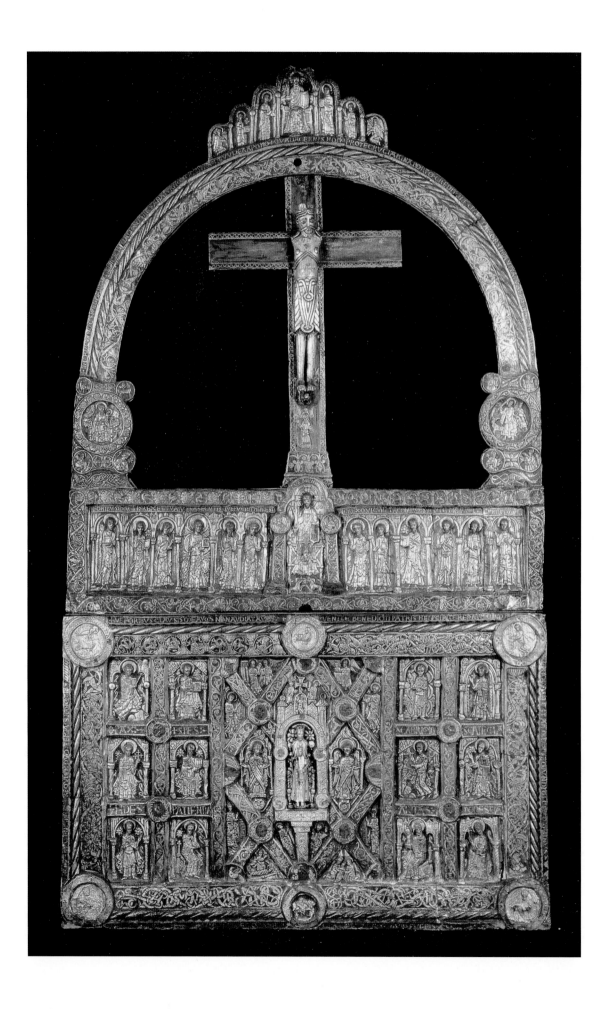

上页:
祭坛，丽萨布洁格（Lisbjerg）收藏
轧制的压花铜片、镀金、褐珐琅类似物装
饰"圣母子"镀金青铜铸件。
宽1.6米，
约1140年制作。
收藏于哥本哈根国家博物馆。

右上图：
奥顿塔楼（Alton Towers）的三联画。
铜、镀金、宝石和镂雕景泰蓝
高36.83厘米，
1150—1160年制作。
收藏于伦敦维多利亚与艾伯特博物馆。

左下图：
利摩日［Limoges，上维埃纳省（Haute-
Vienne）］马斯特·阿尔佩斯
作品：圣坛华盖铜、镀金、雕刻宝石、镂
雕景泰蓝
高34.29厘米，
约1160—1180年制作。
收藏于巴黎卢浮宫（Musée du Louvre）。

右下图：
英格兰鲍尔弗（Balfour）圣坛华盖
约1160—1170年制作，
收藏于伦敦维多利亚与艾伯特博物馆
（Victoria and Albert Museum）。

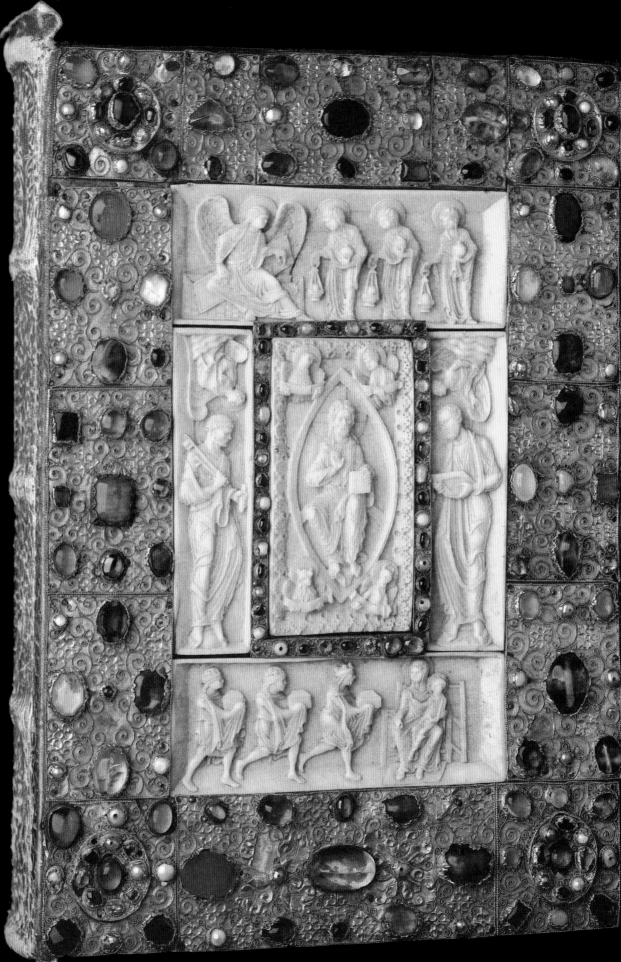

潘普洛纳［Pamplona，纳瓦拉省（Navarra）］祭坛作品局部：
长着翅膀的狮子——福音传道士的标志（左图），戴皇冠的
圣母（右图）。
铜、镀金、鏨胎珐琅和景泰蓝材质，
1175—1180 年制作。

法国西部，利穆赞（Limousin）
天使雕像，具福音传道士马修之属性，局部
铜、镀金、錾胎珐琅与景泰蓝材质。
高 24.13 厘米，约 1140—1150 年制作。
收藏于圣叙尔皮斯 – 莱弗耶（Saint-Sulpice-les-Feuilles）教堂。

马斯（Maas）地区
人首马身版画，铜、镀金、镂雕景泰蓝材质。
高 10.16 厘米，约 1160—1170 年制作。
收藏于巴黎卢浮宫。

利摩日（上维埃纳省）公爵若弗鲁瓦·普朗格热内的墓碑（Geoffroi Plantagenêt，阿基坦之埃莉诺的父亲，卒于 1151 年）
镂雕，景泰蓝、珐琅材质。高 63.5 厘米，1151—1160 年间制作。
收藏于勒芒泰塞博物馆（Musée Tessé）。

珐琅盒的洗礼盒
利摩日（Limoges），1180 年左右制作，
收藏于伦敦大不列颠博物馆（British Museum）。

亚琛（Aachen）圣母神龛
橡木，银薄膜与铜、镀金、镂雕景泰蓝、
浮雕装饰、青铜铸造、宝石镶边。
高 96.52 厘米，宽 54.61 厘米，长 1.86 米
约 1215—1238 年制作，
收藏于亚琛教堂珍宝馆。

下页：
科隆三王神殿，橡木、金、银、铜、镀金、錾胎
珐琅和景泰蓝、宝石和半宝石、古代刻有浮雕的
宝石与贝壳。
高 1.54 米，宽 1.11 米，长 2.23 米，
约 1181—1230 年制作，收藏于科隆大教堂。

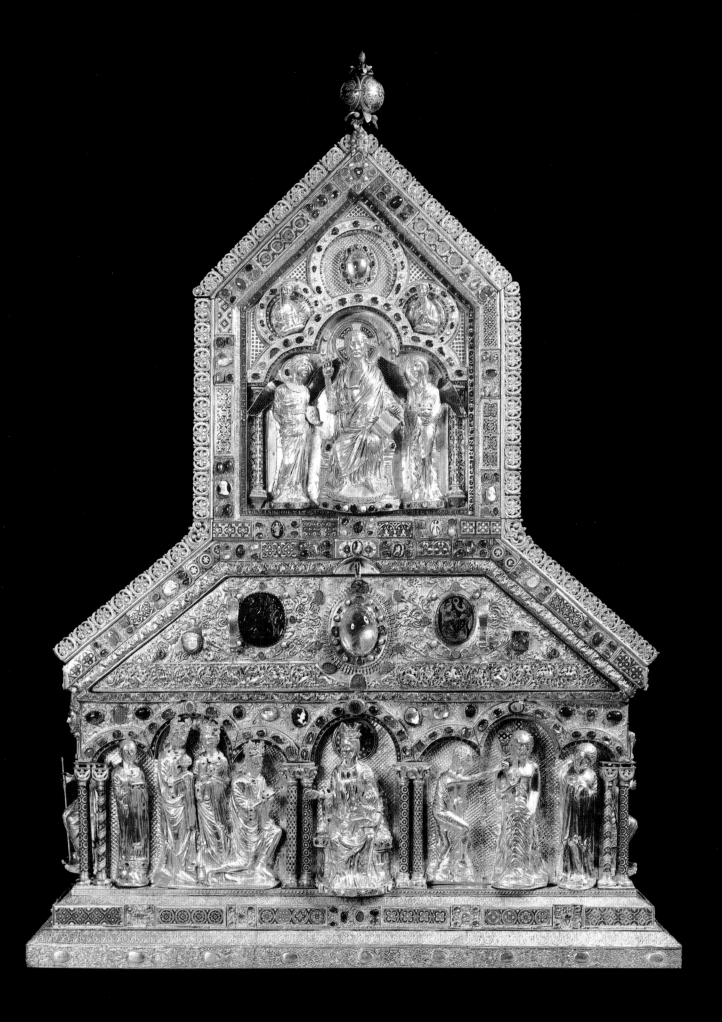

埃伦弗里德·克卢克特（Ehrenfried Kluckert）

工艺美术技法

"在起初已有圣言，圣言与主同在，圣言就是主。"（"In principio erat Verbum, et Verbum erat apud Deum, et Deus erat Verbum."）这里三次提到"圣言"。上帝通过语言创造了世界，这一语言便是由许多关于创世纪神话故事构成的一种独特语言。圣约翰（St. John）采用上述文字作为其《福音书》的开头，其实是指创世纪的犹太神话。祷告文里书面文字流露出的狂热宗教崇拜是因上帝而起，即上帝通过圣言来启示众人。基督教教义的建立和流传与书面语言流露的高度崇拜密切相关。

《圣庞塔莱翁（St. Pantaleon）福音》（十二世纪中叶）描绘了圣约翰精力充沛地握着羽毛笔，将笔尖戳在羊皮纸上，准备写下《福音书》的第一段文字。在这本《福音书》中，书写这一行为几乎被当作一个辅助的主题，以此向伟大的艺术表示敬意。文章阐释了准备写书的各阶段以及实际写书的过程：圣马修（St. Matthew）刚刚拿起那根羽毛笔，并将它的笔尖部位削尖——这是进行任何漫长的写作之前，所有缮抄室都要做的准备。圣马克（St. Mark）抬着头，仔细检查着这根已准备就绪的羽毛笔。最后，圣卢克（St. Luke）将羽毛笔插入墨水瓶中，蘸了一蘸。

这样一来，四位福音传道士便给人们塑造了关于缮抄室的一些印象。缮抄室通常位于本笃会修道院宗教活动会议厅的楼上。由于药酒、纸张、木板和蜡纸等高易燃性的材料的存在，此处密切关注安全性规则绝对十分重要。正因为如此，这里禁止使用明火。由于抄写员必须专注于他们的工作，因此说话在这里也是被禁止的。而要纠正抄写当中的错误代价是十分昂贵的，有时甚至是非常困难的。人们只能小心刮去墨水痕迹，重新制备书写面。按照古埃及人（Egyptians）的制

法，黑色墨水采用血液和煤灰制作，几乎与浆糊一样黏稠。在开始书写以前，羽毛笔必须用水打湿。墨水瓶形如小碗，其边缘向内弯曲，有时还带有小孔，以便将羽毛笔插放于此。许多中世纪书籍提到了角状墨水瓶，那是墨水壶的替代品。

"刮去"是一种较便捷的纠错方法，在当时被称作"Stilum Vertere"，指"将尖笔翻转过来"。尖笔和石笔的原料通常为骨头、木料或金属，一端做成尖头和另一端做成抹刀。尖头用于在书写面的顶层刻画，而抹刀用于在必要时刮去写错的地方。

如此一来，写字的人必须要翻转尖笔。书写板是榉木做成的，这一做法从古典主义一直流传到中世纪，从未改变过。书籍单词"book"也是从古英语的山毛榉树"boc"衍生而来。书写板其实是将亚麻籽油、木炭和兽脂混合物处理过的一种浅托盘。用蜡填满整个托盘后，它便可用作书写面。在古典主义后期，通常的做法是将几种蜡板融合为一块，即后来所称的"古抄本（Codex）"（来自拉丁语"Caudex"）。这一术语也适用于早在第四世纪时捆绑在一起的羊皮纸手卷。因此，尖笔和蜡板是任何一座修道院不可或缺的东西。至少，这就是圣本尼狄克对僧侣的要求。

中世纪的缮抄室周围通常设有多间工作室。其中一间用来生产书写用品、墨水和颜料。而其他工作室中，僧侣们制备塑造浮雕用的中空模子或模型，铸造青铜器用的蜡质模型或用于制作装饰花样的模具图案。工作室内还有说明书与教科书，指导僧侣们如何进行各种作业。这些技术论文详细描述了中世纪工艺美术品的制作，是难得的无价之宝。

可以将这些文章看作是一种特殊的文学体裁，这种文学体裁的鼎盛时期为八世纪至十二世纪之间。

僧侣们会向知识渊博的长者请教，比如赫拉班·毛鲁斯（Hrabanus Maurus）或塞维利亚（Seville）的伊西多罗（Isidor）。他们还会查询大量制作颜料或浆糊的老方法，以及加工玻璃和金属的方法。保存于十二世纪古抄本中的《绘画小重点》（*Mappa Clavicula*）便是这样的一个例子〔美国纽约州科宁市（Corning），

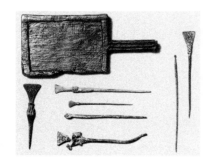

莱茵兰（Rhineland）
喇叭状墨水瓶。
九世纪
收藏于科隆施纽特根美术博物馆。

科隆
带把手的书写板。
十三世纪 科隆罗马－日尔曼博物馆（Römisch-Germanisches Museum）与科隆市博物馆（Kölnisches Stadtmuseum）（共同财产）。

莱瑟斯（Liessies）的福音书：福音传道士在写作（局部）1125—1150 年绘制，收藏于阿韦讷勒孔特（Avesnes）考古学会博物馆。

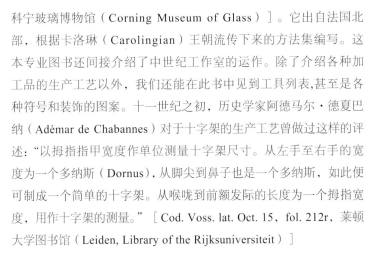

科宁玻璃博物馆（Corning Museum of Glass）]。它出自法国北部，根据卡洛琳（Carolingian）王朝流传下来的方法集编写。这本专业图书还间接介绍了中世纪工作室的运作。除了介绍各种加工品的生产工艺以外，我们还能在此书中见到工具列表，甚至是各种符号和装饰的图案。十一世纪之初，历史学家阿德马尔·德夏巴纳（Adémar de Chabannes）对于十字架的生产工艺曾做过这样的评述："以拇指指甲宽度作单位测量十字架尺寸。从左手到右手的宽度为一个多纳斯（Dornus），从脚尖到鼻子也是一个多纳斯，如此便可制成一个简单的十字架。从喉咙到前额发际的长度为一个拇指宽度，用作十字架的测量。"［Cod. Voss. lat. Oct. 15, fol. 212r, 莱顿大学图书馆（Leiden, Library of the Rijksuniversiteit）]

关于中世纪工艺品最重要的论文是由特奥菲卢斯牧师（Theophilus Presbyter）撰写的《论诸艺》（De diversis artibus）。这本纲要性书籍于1100年左右，在德国西北部问世，标题为"Schedula diversarum artium"。传承至今的还有另外两个例子：一是在维也纳奥地利国家图书馆［（Österreichische Nationalbibliothek）Cod. 2527］，另一个在不伦瑞克芬比特［奥古斯特公爵图书馆（Herzog-August-Bibliothek）Cod. Guelf Gudianus Lat. 2069）]。据可靠推测，僧侣和牧师特奥菲卢斯与罗格·冯·海尔玛斯豪森（Roger von Helmarshausen）是同一人。他的专著包括三本书，涉及绘画、玻璃生产与金属加工。第一本书专门说明绘画及一切与颜料制作方法有关的内容。由于特奥菲卢斯把真表面与仿真涂层区分开来，因而金银在这里具有特别重要的作用。他的方法常常包含一些建议，比如什么样的颜色最适合描绘哪种特殊主题："准备清晰的胶与水的混合物……用此

物与所有颜料混合，但除了绿色、铅白、铅丹和洋红以外。含有盐的绿色不适合用于书籍。为了实现浓重的阴影效果，可添加一些鸢尾、卷心菜或韭葱的汁液。"

第二本书的主要内容是玻璃生产。特奥菲卢斯（Theophilus）清楚地说明了如何制作工具及各种不同窑房的建造。第三本书的内容最为丰富：此处作者着重描述金属的生产与加工。在概述最开头的部分，他重点介绍了工作室、工作室的设备及其维护。这有助于强调中世纪时工艺品的重要性。作者好像有意激发读者——手工艺人的兴趣，他以这样的文字为专著开头："那么，我聪明的朋友……让你的心中升腾起更为强烈的艺术灵感，让制作教堂缺乏的用具（没有它们就无法进行神圣仪式和现场表演的东西）成为你心中至高无上的使命。"

英国百科全书编纂人和神学者亚历山大·尼克汉姆（Alexander Neckham，1157—1217年）也写了一本有关加工品的技术说明书。

他的《论器具》（De utensilibus）是一本教学用书，其中许多章节都是讲述如何培训工作室学徒。由于原料采购常常会产生很多问题，作者还对此提出了建议。另外，他还披露了有关各种器具的信息及其使用方法。作者特别强调了技术与艺术技艺的传承。教导后世手工艺人的愿望在他谈到培训时变得特别明显。介绍工作室的大师时，他写道："作为没有经验的学徒，他需要蜡板，更确切的说，是带有蜡层或黏土层的木板，这样他就能用它来设计或者模仿各种书卷中的内容。为了不被欺骗，他必须认识金银；他应学习如何区分纯金、黄铜和铜，这样才不会在采购时把黄铜当成黄金。"

国王腓特烈·巴巴罗萨（Emperor Frederick Barbarossa）的半身像，
其教父奥托·冯·卡朋伯格（Otto von Cappenberg）的赠品。
材质为青铜、镀金、部分镀银
高 32 cm，1155—1160 年左右制作。
收藏于卡朋伯格的圣若阿内斯·卡朋伯格（St. Johannes Cappenburg）教堂。

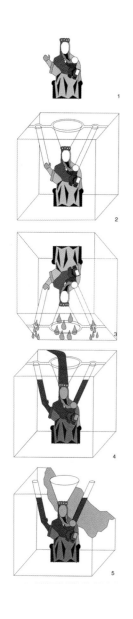

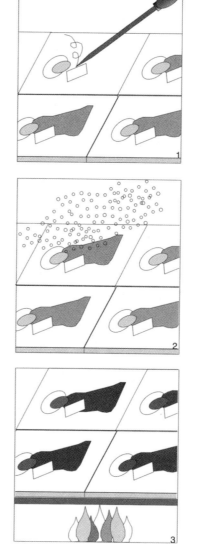

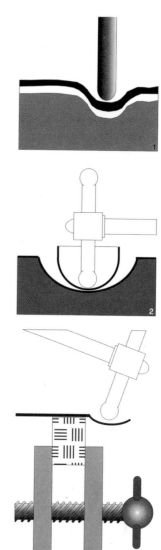

脱蜡法（Cire Perdue）

首先，用石蜡构造模型，并在上面安插细管和塞子，以便让后来烧热的石蜡从这里流出。然后，用黏土将模型封闭起来，细管和塞子应延伸至黏土盒表面（2）。之后将模型连同黏土模具放入烧热的窑房中（3）。热蜡流出来之后，再将熔化的金属灌入模具内（4）。等到金属冷却后，打碎模子并拆除细管和塞子。

雕镂术

无论是金属铸造还是压花加工，修整表面的工艺包括抛光和除去铸造或压制的过程中产生的瑕疵（比如，拆除金属铸件的细管）（1）。压花加工的差错可在反面纠正或重做。因此，须将物品加热，并放置在具有柔韧性的基座上（2），再用铁锤和钢针进行加工（3）。

乌银

意大利语的乌银"Niellare"是指"填满"。它是指，将铅、铜或硫黄擦在刻有图案的金属板，从而让这些混合的金属粉末在抛光的金属表面形成深色的图案。制作过程是：首先在金属板上刻好图案（1），再涂抹金属粉或硫黄（2），然后连续烧制（3），最后抛光金属板。

仪式用十字架（局部），收藏于科隆施纽特根博物馆。

可能是罗格·冯·海尔玛斯豪森的作品。

锤版

将金属板放在柔软的表面上（如有韧性的木板）用钢针进行加工（1）。初步造模后开始铸造。而初始模型也可用金属圆头锤完成。此外，将金属板放在表面凹陷的木块之上，再用压花锤加工金属（2），如此便可构成中空的形状。对于薄板类形态，将金属放置于方形的木料之上，若有必要可用铁锤进行加工（3）。

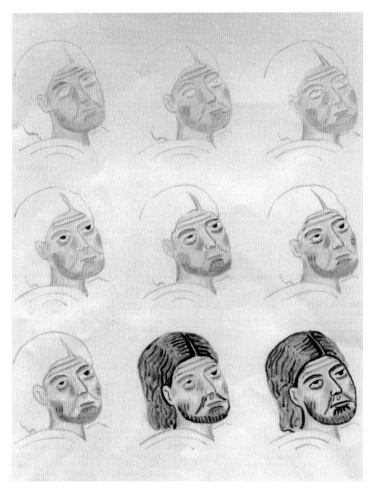

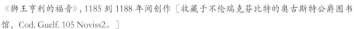

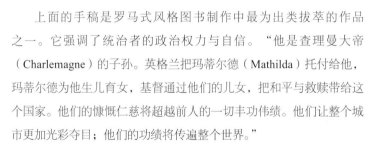

《狮王亨利的福音》，1185 到 1188 年间创作［收藏于不伦瑞克芬比特的奥古斯特公爵图书馆，Cod. Guelf. 105 Noviss2。］

上面的手稿是罗马式风格图书制作中最为出类拔萃的作品之一。它强调了统治者的政治权力与自信。"他是查理曼大帝（Charlemagne）的子孙。英格兰把玛蒂尔德（Mathilda）托付给他，玛蒂尔德为他生儿育女，基督通过他们的儿女，把和平与救赎带给这个国家。他们的慷慨仁慈将超越前人的一切丰功伟绩。他们让整个城市更加光彩夺目；他们的功绩将传遍整个世界。"

这些话是《福音书》中的赞美诗，用以赞颂公爵和公爵夫人的荣耀。最后的一幅加冕图（见上页图）展现了贵族婚姻的奢华与重要性，同时它也在表现他们的权力是神的恩赐。这幅画的顶部展现了被使徒和圣人包围的基督。

整幅画作上贯"天堂"下探"人间"按固定的模式宣扬公爵和公爵夫人的权力。"神圣的手"拿着两顶皇冠，扣在谦卑的新人头上（他们正拿着十字架）。可以看出，这场加冕礼表达了萨克森公爵亨利的愿望。他对政治权利的抱负通过这种表现救赎愿望的艺术形式表达出来。当然，这场"加冕仪式"应该理解为"天堂加冕礼"，看作是他来世的一个清醒的梦想。

这幅圣马可图（见右上图）呈现了丰富的装饰、形象的建筑元素和描述性的文字。其引人注目的特征是不同样式的融合，比如回形纹饰、圆花饰雕带或平面框架。《狮王亨利的福音》就是在海尔玛斯豪森的缮抄室里写成的。这本手稿展现了宝贵而丰富的说明，使之与特奥菲卢斯牧师（别名：黑尔默斯豪森的罗杰）的《诸艺集锦》（Schedula diversarum artium）相关，因为它所阐释的装饰技术与人像刻画在特奥菲卢斯牧师的说明书中也可看到。例如，说明书第1卷第1~13章制定的头像模型（见左上图）与上述"加冕图"中亨利的头像很相似。在第10~12章中，特奥菲卢斯牧师按照年龄的顺序，即从男孩、男人到老人，阐述了头发和胡须的刻画。区别不同年龄段人像是《福音书》的重要特征，尽管马可像有胡须，表明他是一位智慧而体面的老者，他的头发却是男孩子的浅色头发。《狮王亨利的福音》是南萨克森州（State of Lower Saxony）、巴伐利亚自由州（Free State of Bavaria）、德意志联邦共和国（Federal Republic of Germany）和普鲁士文化遗产基金会（Stiftung Preussischer Kulturbesitz）的共有财产。

埃伦弗里德·克卢克特 (Ehrenfried Kluckert)

罗马式绘画艺术

概述：《查理曼传》(Libri Carolini）的开头

"……，在庆祝耶稣基督诞辰之日，国王查理谦卑地听从于主，并且应主教及整个基督教会的请求，接受了由罗马教皇利奥授予的皇帝称号。于是，查理大帝让神圣的罗马教会恢复了昔日的和平与和谐，结束了教会内部存在的纷争。"这是《查理曼传》的开头。

这是罗什编年史家［很可能是特里尔大主教里奇博德（Archbishop Richbod von Trier）］于801年所作评论，记述了公元800年圣诞夜教皇利奥三世在罗马为查理曼（亦称"查理大帝"）加冕称帝的情形。对于教皇而言，这一仪式象征了拜占庭与罗马之间的形势明朗化跨出了第一步。圣像破坏之争及王位继承问题引发的动乱打破了地中海地区政治力量的平衡。这时，终于出现了一位统治者，统一了整个基督教社会，其中包括拜占庭帝国的基督教会：他就是查理曼大帝。顺便提一下，由于公元812年签订了《艾克斯拉沙佩勒条约》，查理曼大帝才能够从政治层面上掌控这一新局面。条约规定，拜占庭帝国皇帝米哈伊尔一世认可查理曼称帝，从而为其提供了一个讨好性的"两位皇帝问题"解决方案。不过，查理曼不得不为此付出代价，那就是让出威尼斯、伊斯的利亚半岛及达尔马提亚。

当然，编年史家所提到的"纷争"指自八世纪中期起，拜占庭帝国如火如荼的圣像破坏之争。拜占庭皇帝利奥三世（Leo III）及其儿子兼继承人君士坦丁五世（Constantine V）想要取缔所有的宗教绘画和圣像。他们谴责通过绘画作品表达对神的崇拜为异教并且对宗教有威胁。而且，他们想让修士们都规规矩矩的，不乱说乱动，因为他们从绘画作品交易中获取利益。787年，第二届尼西亚会议（Council of Nicea）作出决定，支持那些通过画像和圣像进行祈祷的人。随后，查理曼大帝批评了这个决定，认为"希腊人"所绘图画的目的恰恰是因为"爱好装饰，而不是摆脱装饰"。查理大帝宫廷学校文化宣言——《查理曼书》，由奥尔良的狄奥多尔夫起草。他们对热情过头的圣像热爱者和极端的圣像破坏者作出了评价。这位法兰克皇帝关注的是"恰当的评估"：宗教图像不应作为圣物进行交易，而应看作是表述圣事和圣经信息的真诚信仰指南。耶稣、圣母以及圣人圣像被看作是盲目崇拜，而遭到否决，尽管一些使用过圣像的人不再受到迫害。这项法令直到825年巴黎宗教会议对《查理曼书》进行讨论和修改之后才放宽。例如，那些值得描绘的主题数量扩大了，包括代表世界统治者的基督图像在内。因此，后来成为罗马式绘画中心主题的《基督圣像》题材最终出现在宫廷中。

东西方教会的这种"对立、统一"文化观点说明，罗马式绘画艺术开始的时间正巧是《查理曼书》问世的时间。

书中主张的加洛林王朝文化政策不仅仅包括与圣像作用相关的基本原则决定，而且旨在提高皇室与教会的整体教育水平。如今，绘画艺术具有特殊的任务。那就是对赏画者进行基督教救赎真理的教育。正因如此，绘画艺术达到一个如此高的技术水平，而且变得非常流行。

可以说罗马式绘画艺术的开端就是查理曼加冕称帝。确定中世纪的确切时间，一样具有争议。恩斯特·罗伯特·库尔提乌斯（Ernst Robert Curtius）在谈到这一打算时表示，这是史学讨论中"最没有意义的观点"。"中世纪早期"或"早期基督教艺术"等词语可最早追溯至六世纪和西方修道院制度开始时期，并且这些词语还指多种多样的艺术作品。因此，中世纪早期绘画作品可包括拜占庭式微型画、爱尔兰抄本，以及加洛林时期的图书插画和湿壁画。就奥托时代而言，出现的一种倾向是将奥托时代划归为中世纪鼎盛时期。这个时期常常被视作从罗马式绘画艺术分离出来的时期。罗马式绘画艺术——正如雕塑和建筑一般，开始于千禧年之际。不过，每次想要定义罗马式巨幅绘画的类型和设计时，就会引用加洛林和奥托时期的代表作品。事实上，人们常说，没有看过加洛林绘画作品，就不能理解罗马式湿壁画的主题。

无论是作为单独部分或者是整体部分，加洛林和奥托式艺术作品均属于罗马式绘画艺术，并且与之息息相关。因此，我们的观察应该包括这两段对我们的文化历史作出了如此巨大贡献的时期，尤其是因为这两段时期的抄本和插画最有特色、发展最成熟，并且保存得也最好。遗憾的是，罗马式巨幅绘画却并非如此，流传下来的作品不完整，而且大部分情况很糟糕。

有时，罗马式绘画艺术结束的时间被认为正巧是"罗马式绘画艺术的鼎盛发展时期"，即十四世纪意大利板面绘画，以及杜乔、契马布埃和乔托等艺术家出现的时期。这些艺术家的作品毫无疑问参考了罗马式绘画艺术，虽然更多的是参考图像表现方面，而非形式层面。但这些艺术家也开创了一个新的艺术时代，即"后中世纪"时期。这一点仅适用于意大利。乔托的作品中已经可以看到涉及"空间中的图形"，并且这种图形空间探索逐渐发展成为文艺复兴的中心透视理论体系。

就欧洲其他地方而言，尤其是法国，第一座哥特式大教堂的建造意味着绘制罗马式湿壁画所需的巨大墙面的丧失。事实上，在德国，罗马式风格持续使用了很长一段时间，一直到1250年左右。在罗马式风格最终结束的前几十年，出现了一些特殊的形式，例如"之字形风格"和"施陶芬古典主义"的大量的人物处理手法。

将罗马式绘画艺术时期确定在800—1250年的这一时期，似乎合情合理。《查理曼书》意指"古典主义模型"，表示拜占庭古典艺术形式和类型。除拜占庭式微型画之外，我们还应把爱尔兰-撒克逊早期学校的镶嵌作品和抄本看作是具有启发意义的对比用例子。

壁画的流行

加洛林王朝绘画艺术

想要阐述加洛林时期艺术的概要情况，我们应忽略国家边界。通常的欧洲准则在此几乎没什么用处。查理曼大帝几乎统治着全西欧，包括意大利和西班牙北部的一些省份。但他所统治的帝国并不是和谐统一的，并没有将经受过时间考验的政府行政管理机构继承下来。正是由于这些原因，加上当时非常有限的教育水平，查理曼大帝想要建立一个具有高雅文化的社会几乎是一项办不到的任务。帝国的大多数臣民都未接受过多少教育，而其中有很多人却成功地在其军队中服役。因此，查理曼大帝优先考虑的是，在其王国内促进科学发展，提高文化水平。查理曼大帝将拜占庭帝国和阿拉伯国家视为榜样。由于古典科学实践的不断复兴，帝国实现并保持了很高的教育和文化水平。

因此，查理曼大帝将包括拜占庭意大利艺术家在内的欧洲杰出学者都聚集在其宫廷中。第一位到达查理曼宫廷的古典主义学者就是诺森布里亚约克人阿尔昆。还有之前提到的《查理曼书》作者——西哥特人狄奥多尔夫（奥尔良人）。这些博学多才的学者的出现，大大地推动了科学、教育体系及艺术的发展。他们不仅关注基督信仰赞颂，而且还特别关注尽可能广泛的教育规划制定。阿尔昆是富尔达修道院的老师。他认为在其学生中最出色的就是赫拉班·毛鲁斯（Hrabanus Maurus）。阿尔昆以自由七艺为基础，设计了一幢教学楼。自由七艺包括文法、算术、几何、音乐、天文、逻辑及修辞。之后，这几种艺术以象征形式出现在图书插画中，并且在大门雕塑中特别流行。

由于这些杰出学者在查理曼宫廷的出现，艺术与科学得到深入推广，从而形成了许多缮抄室。有关缮抄室的内容，稍后将进行详细叙述。艺术与科学的推广还产生了许多伟大的巨幅绘画作品。然而，大多数作品已被毁坏了。因此，对加洛林壁画进行综合评述及详细分析，是不太可能的。

我们可以将每间教堂内部是否进行了大范围的绘画装饰为出发点来确认教堂是否完工。例如，亚琛帕拉丁礼拜堂穹窿据说是以壮观的镶嵌图画进行装饰的。

现存的信息不完整，因此我们至今不能确定镶嵌画的主题到底是《基督圣像》——一幅表现世界统治者基督位于星空中的图像，还是《羔羊的崇拜》。

据其他文件记载,查理曼的帝都被认为曾是一系列历史绘画的发源地。不过,其主题和设计均不清楚,而且无法进行评论。尽管如此,这些模糊的线索仍然显示出,亚琛及加洛林帝国的其他中心是艺术宝库所在。我们应记住,缮抄室(见下文)和作坊是繁忙的宗教艺术创作中心。

至于以历史事件为主题的大型绘画作品,我们可以提供更详细的有关莱茵河畔英厄尔海姆皇宫的信息。查理曼大帝的儿子、继承人之一——虔诚者路易(Louis the Pious)委托艺术家在其私人寓所的墙面上绘制了一幅世界历史图。图中描绘了从古代早期一直到君士坦丁时代的历史事件,以及狄奥多西大帝(Theodosius the Great)、查理·马特(Charles Martell)等伟人的生平事迹,当然还有查理·马特的父亲查理曼大帝的生平场景。

至今仅剩下一件查理曼大帝时期的大型艺术作品,并且该作品已经稍稍进行了一些修复。该作品就是杰尔米尼-德-佩礼拜堂奥尔良狄奥多尔夫祈祷室中的镶嵌画(见上图)。杰尔米尼-德-佩礼拜堂仅离奥尔良东部几千米远,是狄奥多尔夫主教座所在地。这幅仅存的加洛林式镶嵌画描绘的是张开双翅的两个天使指向圣约柜。很可能狄奥多尔夫已在头脑中构思了祈祷室室内装饰的整体规划。

加洛林时期的圣热尔曼教堂位于欧塞尔,离杰尔米尼-德-佩礼拜堂不远,至今仍可供游人参观。圣热尔曼教堂由欧塞尔公爵康拉德于841年兴建。康拉德公爵是秃头王查理的舅舅。很有可

能,十八年之后,即刚好是在圣日曼诺斯(St. Germanus)遗物抵达之时,教堂便已经建成了。正是在那时候,或者可能是九世纪六十年代稍后的时期,绘制了地下室上层的湿壁画。仅有圣史蒂芬生平场景画面保存下来——圣史蒂芬被定罪、受刑及投石处死。当1927年发现这些绘画作品时,作品保存完好,因而我们可以清楚地看到生动的色彩搭配、人物的外形和布局。使用的色彩主要是各种色度的红色、赭黄、灰白及灰绿色。我们已发现了早期罗马式墓穴绘画作品和罗马圣母大教堂中拜占庭式镶嵌作品结构模式的影响。

保存最完好的加洛林时期的一组湿壁画可在格劳宾登州一个遥远山谷中的米施泰尔修道院教堂中找到。该教堂供奉圣施洗约翰,并且人们普遍认为该教堂可能是由查理曼大帝于八世纪末,即大约790年兴建的。至今还会在他的命名日(1月28日)庆祝圣徒的纪念日。而且,据说国王曾发誓要在山谷中修建一座修道院,以感谢在暴风雨天气中他安全翻越过温布赖尔山口。我们可以推测,湿壁画是在修道院教堂完工后不久绘制的。位于后堂的绘画作品直到1896年才被人发现,并且最终于1950年全部公诸于世。部分湿壁画是由萨尔茨堡学校的艺术家们于十二世纪绘制的。

查理曼大帝很可能一次也没有回过米施泰尔,而且可能完全忘记了这件事,因为进行绘画的艺术家们并不属于他的宫廷学校。像米施泰尔绘画等大量的委托任务通常是由来自意大利并且受过拜占庭风格训练的流动艺术家承担的。拜占庭的影响不仅在外形上可以发现,在图形叙述的处理中也可以找到,即采用了以单个场景周围的建筑元素连接对场景进行强调的方式。

位于南蒂罗尔韦诺斯塔地区的马莱斯小镇,有一座与米施泰尔十分靠近的、极其简朴的本笃会小教堂。在加洛林王朝时期,这座教堂以及邻近格劳宾登州的一座教堂同属于米施泰尔修道院的马莱斯附属教堂。多年以后,大概在880年左右,一系列的绘画作品创作而成,但后堂中尚存的仅有站立的基督、圣史蒂芬,以及格列高利一世的画像。后堂与后堂之间的狭长砌墙带上有一幅牧师与贵族捐赠者图。牧师向上帝供奉了一座教堂模型(见第387页图)。在这些湿壁画中已找到了罗马风格的影响,但湿壁画的细节手法和处理与米施泰尔教堂中人物风格大不相同。

山谷的更深处,梅拉诺的对面就是纳图尔诺。纳图尔诺帕特罗克卢斯教堂建于八世纪末期左右。教堂中有一幅以非常简单的方式创作而成的《保罗出逃》。

使徒位于一根蜿蜒的饰带上方，好像是站在秋千上一般。人物描绘风格自然而且极其简单。使徒身体由其衣物轮廓构成。脸部看起来扁平，并且除眼睛、鼻子和嘴之外，没有任何轮廓和造型。

蜿蜒的饰带是仅有的展现了一些新颖性的三维处理手法的元素，并且无疑受到了古典主义风格的启发。很可能该画进行了修复，不过，同样有可能该作品是由训练欠佳的艺术家创作的。若果真如此，那么或许对解释为什么发展的加洛林帝国创作出的艺术作品存在品质问题有所帮助。毫无疑问，正是帝国宫廷学校专门提供了这些经过最好训练的艺术家。在远离艺术中心的偏远地区，地方分会负责寻找建筑师、工匠和美术师。如上所述，偏远的阿尔卑斯山脉地区依赖于那些沿途路过及受过良好训练的意大利艺术家。假若向他们许诺较好的待遇的话，他们应该会参与创作。如果比较缺钱的话，那么他只得勉强和天赋不是很高的本地艺术家们一起工作。当然，艺术品质评价所采用的标准具有争议性，因为并没有任何比较例子（正如之前所指出的一样）。唯一有所帮助的一件事物就是加洛林图书插画。幸存的插画数量非常多，而且很复杂，与巨幅绘画形成鲜明对比。因此，只有"参考"了加洛林缮抄室所作的图书插画代表作品后，才能对这一时期壁画的品质作出评论。

最后一个加洛林壁画例子位于特里尔圣马克西曼（St. Maximin）修道院教堂地下室中。画中描绘了传福音的圣约翰站在十字架旁边的场景。壁画大约绘于九世纪末期。在风格上，壁画与同时期的图书插画的关系非常紧密，间接地表明了与亚琛宫廷学校的直接联系。微型画与巨幅画之间的关系将在适当章节中反复阐述，从而对湿壁画的构成和主题作出解释。

奥托时期及之后一直到十三世纪中期的这一段时期的后加洛林绘画艺术的普及在某几个国家中更容易一些。从艺术角度来看，加洛林时期的传统在法国、德国及意大利更容易吸收一些，并且发展形式更丰富。

在814年查理曼大帝去世之后，帝国在九世纪再次分裂，从而导致欧洲的政治局势发生巨变。国家版图开始形成，为今天我们所知的欧洲地图奠定了大致基础。不过，欧洲各国家之间的政治与文化联系甚至在整个中世纪鼎盛时期也继续存在。直到1268年霍恩施陶芬王朝结束，意大利仍是日耳曼帝国的一部分。1033年，勃艮第王国与意大利结合在一起，形成强有力的"日耳曼-意大利-勃艮第"欧洲三国，从而扩大了与意大利之间的这种关系。同样，修道院，尤其是克吕尼修会和西多会，在全欧洲范围，而非仅在全国范围产生影响。因此，在中世纪鼎盛时期，严格按照国家规定路线组织的文化生活概念仅在有限的程度下可以持续。

（Tours），其周围有塔旺（Tavant）、加尔唐普河畔圣萨万（St.-Savin-sur-Gartempe）、谢尔省的圣艾尼昂（St.-Aignan-sur-Cher）和谢尔省的蒙图瓦尔（Montoire-sur-Cher）等地区。其作品的特征为"自然主义学派"，甚至有过将其作品视为法国绘画的"第一自然主义"阶段的倾向。

987年，雨果·卡佩（Hugo Capet）在兰斯（Rheims）加冕为王，这标志着卡佩王朝（Capetian dynasty）的崛起，同时在法国的这部分地区一种新建筑应运而生，随后还在此形成了一种新绘画风格。同年，图尔的公爵——帝博（Thibault）修建了塔旺小修道院。随后，可能在十二世纪上半叶，他绘制了圣尼古拉斯教区教堂的地下室中的壁画，这些壁画涉及一个非常规性主题：《旧约》寓言和《新约》事件中的善恶之争。一个保存完好的作品场景展示了基督下地狱并将亚当（Adam）和夏娃（Eve）从魔鬼的魔掌中解救出来的画面。第一类绘画的特征是灰色背景下的栗色画。

谢尔省的圣埃尼昂牧师会教堂中的壁画（绘于约1180年）与第一类绘画很形似。在位于图尔以北几千米处的蒙图瓦尔（Montoire）的圣吉尔修道院教堂的湿壁画中也发现了在风格上与第一类绘画的诸多相似之处（见下图）。然而，第一类绘画的风格在加尔唐普河畔圣萨万教堂中达到了极致。在这里发现的是普罗斯佩·梅里美（Prosper Mérimée）于1845年描述的"法国最具影响力和最绚丽无比的罗马式绘画"（见第456~457页图）。

这幅连环湿壁画（绘于约1100年），保存得特别完整和完好，而本章将涉及其叙事风格的处理。

法国

1080—1150年，罗马式壁画在法国达到了巅峰，这也是对欧洲政治具有重要意义的时期。这几年决定了德意志帝国（German Empire）在迫于教会的压力下不得不屈服于罗马的命运。这在很大程度上是迫于法国教会的压力，法国教会在受到克吕尼改革及其快速传播至北部地区的影响后，支持罗马教皇反对德国帝王的世俗要求。克莱尔沃（Clairvaux）的圣贝尔纳（St. Bernard）为巩固教皇权力而做出的巨大努力最终下定了要为西方基督教的领导权而战的决心，但圣贝尔纳的努力同时又与克吕尼修会的观点背道而驰。

在中世纪盛期，克吕尼的光辉使欧洲其他艺术中心均显得相形见绌。动荡不安的法国大革命几乎彻底摧毁了基督教界昔日的最大教堂——克吕尼修道院教堂及其所有珍藏。时至今日，我们仅能非常粗略地概括出这一艺术和科学中心对整个欧洲的各类艺术家的影响。

一般而言，法国绘画可分为四类。后文会在地区和风格上对所有四类绘画进行合理而确切的界定。第一类绘画的中心是图尔

拉沃弗朗什（Lavaudieu），原本笃会修道院，带福音传教士象征的基督圣像（Christ in Majesty），包括宝座上的圣母玛利亚及天使和基督使徒，约1220年创作。

第二类绘画存在于法国中部的东南地区，集中于勃艮第南部和奥弗涅的周边地区，它被称为"蒙特卡西诺类绘画"（Montecassino Group）。

修道院院长雨果（Hugo）或于格（Hugues）（1049—1109年）为位于克吕尼以东几千米处的贝尔泽拉维尔（Berzé-la-Ville）小修道院修建了一座小教堂。据说，这位修道院院长在这座小教堂中静修，冥想着死神的降临。圣萨万教堂（St. Savin）的绘画和贝尔泽拉维尔小修道院的纪念性绘画堪称法国罗马时期最为重要的艺术作品（见第413页图）。这些纪念性绘画可能与圣萨万教堂中的绘画为同一时期（约1100年）绘制，但也可能直到1120年才绘制完毕。然而，它们的风格却有所不同，前者更接近"拜占庭风格"。很可能，克吕尼安排意大利南部的蒙特卡西诺修道院的艺术家前往贝尔泽（Berzé），从而在此绘制湿壁画。但这并不适用于所有湿壁画。这座教堂西墙上的"耶稣进入耶路撒冷"（Christ's Entry into Jerusalem，绘于约1180年）仅剩下一堆残骸，但在风格上，这幅湿壁画与第一类绘画（以图尔为中心的绘画）相关。相同地方的这种风格差异与确切的地区分类大相径庭，主要是因为尚存的实例如此之少。虽然如此，但可以暂定为两类：蓝色背景下的暗色湿壁画是勃艮第南部和奥弗涅的典型绘画，而灰色背景下的栗色画是卢瓦尔河谷的典型绘画。

里昂东部的多菲内（Dauphiné）地区的圣谢夫教堂（St. Chef）中引人入胜的湿壁画也属于第二类绘画。一则铭刻暗示，这些湿壁画绘于1080年。奥弗涅布里尤德（Brioude）的圣朱利安教堂（St. Julien）的壁画（可追溯至十三世纪初）也属于这一类别。有时人们也认为，布里尤德的湿壁画与发现于毗邻的拉沃弗朗什的湿壁画相关，因此属于第三类绘画。与贝尔泽拉维尔的绘画类似，第三类绘画的湿壁画也具有暗色背景。然而，尽管这些湿壁画具有拜占庭风格的某些特征，它们却与克吕尼或蒙特卡西诺毫不相关。这些拜占庭式特征体现在基督使徒的头上、其独特的面容中及面部和手部上精雕细琢的肌肉中。这些湿壁画（见右上图）位于原本笃会修道院的餐厅中，绘于约1220年。拉沃弗朗什也可能允许我们将其称为"拜占庭类绘画"（Byzantine group）。

第四类绘画被称为"加泰罗尼亚类绘画"（Catalan group），因为其壁画与法国绘画迥然不同。这些壁画与发现于鲁西永的加泰罗尼亚地区的绘画有更多的相似之处。佩皮尼昂（Perpignan）以南的圣马丁-德费努伊拉尔（St.-Martin-de Fénouillar）的绘画（约1150年绘制）也值得一提，正如卡尔德加斯（Caldégas）的圣罗曼教堂（St. Romain）的绘画（大致可追溯至同一时期）一样。第四类绘画的另一个典例可在位于塔碧斯（Tarbes）以东约48公里处的圣普兰卡德的圣让·勒维涅的湿壁画中看到（见第388页图）。这些绘画（可追溯至约1140年）存于法国仅有的一座设有两个圣坛的教堂中，并采用两种不同的风格。圣坛小教堂中的人物通常采用轮廓分明的风格，其作者是一位加泰罗尼亚艺术家，而对后堂中人物的轮廓和扁脸的特别突出处理更易使人联想起在东部训练有素的大师。这种处理方式可在法国比利牛斯山谷中的诸多湿壁画（通常为微型壁画）中看到。它们也使人联想起西班牙北部地区与法国南部地区愉快的文化交流。

西班牙

在加洛林帝国（Carolingian Empire）统治时期，大部分西班牙地区归摩尔人统治。加洛林帝国被称为科尔多瓦的倭玛亚酋长国（Umayyad Emirate of Cordoba）。位于比利牛斯山的西班牙边区（Spanish Marches）的狭长地带部分受法兰克人的统治，部分受法兰克人的影响。在收复失地运动（Reconquista）期间，位于摩尔帝国、阿斯图里亚（Asturia）王国、纳瓦拉（Navarre）王国和巴塞罗那伯国边境上的基督教国家不得不抵制伊斯兰教。在十三世纪中叶前，摩尔人（Moriscos）被逐出了伊比利亚半岛（Iberian Peninsula），而在1492年前一直作为欧洲土地上最后一个摩尔王朝的格拉纳达（Granada）是例外。

现在，上述基督教地区的大多数罗马式湿壁画和绘画的原有教堂布局已不复存在。

在二十世纪初期，专家便开始从教堂中移除这些纪念性绘画，并着手于修复工作，再将它们分配至加泰罗尼亚（Catalonia）的三座最重要的博物馆——巴塞罗那博物馆、维亚（Vich）博物馆和索尔索纳（Solsona）博物馆中。

西班牙罗马式绘画大致可分为两类：被摩尔艺术影响的风格和被拜占庭艺术影响的风格。

塔胡尔［Tahull，圣玛丽亚教堂（Santa Maria）］的湿壁画
局部：大卫战胜歌利亚。
约1123年创作，收藏于巴塞罗那加泰罗尼亚国家艺术博物馆（Museo
d'Arte de Cataluna）。

下页：
莱昂的洛斯雷耶斯神殿（Panteón de los Reyes）
局部："谋杀伯利恒（Bethlehem）的无辜者"（左上图）
"基督圣像"（右上图）；"天使报喜信给牧羊人"（下图）
约1180年创作。

阿拉伯-摩尔的影响促进了所谓的莫扎拉比克基督教艺术
（Mozarabic Christian Art）的发展。这种艺术的特征在于对人物及
其细长的头部进行扁平处理。属于"摩尔派"的艺术家活跃于杜罗
（Durro）、赫罗纳（Gerona）和塔胡尔等地。十二世纪早期的奥索蒙
特大师（Master of Osormort）值得一提，因为他还负责绘制了贝尔塞
（Bellcair）的圣约翰教堂（Church of St. John）中的湿壁画。最著名
（或至少最常被引用）的湿壁画来自塔胡尔，绘于约1123年。现在，
这些湿壁画藏于巴塞罗那的加泰罗尼亚博物馆（Catalan Museum）（见
第388页图）。

佩德雷特的大师（Master of Pedret）的绘画风格是拜占庭风格。发
型、褶皱布置和长袍装饰均显示了艺术与拜占庭的密切联系。甚至意大
利北部的风格元素也在比尔加尔（Burgal）修道院的十二世纪湿壁画中
有所体现。拜占庭风格对加泰罗尼亚西部的影响更是格外明显——影响
不仅体现在形式元素上，还体现在主题上：塞德乌尔（Seu d'Urgell）
的圣佩德罗（San Pedro）的后堂湿壁画中呈现了基督圣像、福音传教
士的象征、圣母玛利亚和基督使徒的场景（约1200年）。描绘于圣埃斯
特班［San Esteban，安多拉（Andorra）］的《耶稣受难记》（*Passion
of Christ*）中的场景在其主题和设计上也属于典型的拜占庭风格。西格
纳（Sigena）修道院的壁画（1936年被一场大火严重损毁）也可能要归
功于拜占庭传统。然而，这些壁画还使用了黄褐色、橙红色及西班牙绘
画中极其罕见的淡蓝色。这些颜色使人注意到这些壁画与英国十二世纪
绘画的联系。这暗示到，《温彻斯特圣经》（*Winchester Bible*）和坎特
伯雷大教堂（Canterbury Cathedral）的彩色玻璃窗画也可能作为原型。
西班牙北部与英格兰的联系也能通过十字军来诠释。有证据表明，在
十二世纪初期，英国骑士住在巴勒莫（Palermo）的诺曼宫廷中，在此
他们会见到西班牙十字军战士和神职人员。然而，众所周知，坎特伯雷
（Canterbury）和君士坦丁堡（Constantinople）之间存在直接的教会接
触和政治联系。几乎可以肯定的是，英国船只停靠在西班牙西北部的太
平洋港口和比利牛斯山以南的西班牙地中海港口。

莱昂圣伊西德罗（San Isidoro）的洛斯雷耶斯神殿一直被称
为"罗马时期的西斯廷教堂（Sistine Chapel）"。这座卡斯蒂利亚
（Castile）和莱昂国王的陵寝（1054—1067年）是由来自法国南部或
加泰罗尼亚的一位艺术家装饰的，这位艺术家在1180年左右在墙壁和
天顶上绘制了无与伦比的湿壁画（见第391页图）。这位艺术家主要运
用了蓝灰色、红色和深褐色，通过一种典型的拜占庭风格，描绘了装
饰有植物和动物图案的耶稣生平的场景。

390

上页：
坎特伯雷大教堂（Canterbury Cathedral），（圣加百列礼拜堂）地下室墙面与拱顶湿壁画，1180年左右创作。

坎特伯雷大教堂，圣安塞尔姆礼拜堂（Saint Anselm's Chapel），保罗将蛇掷于火中，1151年—1175年创作。

克内希施特登（Knechtsteden），原圣母玛利亚与安德烈亚斯普雷蒙特雷修会修道院教堂，三使徒画，1170或1180年左右创作。

英格兰

英格兰与地中海东部地区之间的密切政治联系（如前所述）诠释了为什么英格兰罗马式绘画受到拜占庭风格的强烈影响。遗憾的是，幸存下来的仅有少数几幅湿壁画作品。因此，想要对罗马式绘画进行地志性的描述是不可能的。仅存的证据在苏塞克斯（Sussex）的哈德汉姆（Hardham）村庄和克莱顿（Clayton）村庄、埃塞克斯（Essex）科福德（Copford）村庄、格洛斯特郡（Gloucestershire）肯普莱（Kempley）村庄、温彻斯特大教堂（Winchester Cathedral）以及坎特伯雷大教堂地下室（见第392页图）中可以找到。

据称，哈德汉姆圣博托尔夫（St. Botolph）教堂绘画与克莱顿圣约翰教堂绘画同样显示出欧洲大陆影响的迹象，包括克吕尼的影响。很可能加洛林宫廷学校的手稿传到了英格兰，因为在哈德汉姆发现的风格元素与兰斯学派的作品风格元素一致。

德国

一种严格的形式主义可以将十一世纪和十二世纪的德国罗马式壁画从风格上与欧洲其他国家的罗马式壁画区分开。在德国，地志性划分比较容易进行，因为在各地区保留了足够的巨幅绘画作品供我们使用。沿下莱茵流域一直延伸至威斯特伐利亚地区的多个城镇是其中一个中心区域。十二世纪，这里出现了许多非凡的绘画作品，例如施瓦茨海因多夫的壁画、科隆圣格利恩教堂高坛、布劳魏勒（Brauweiler）牧师会礼堂和克内希施特登牧师会教堂（见右图）中的绘画作品，还有科隆圣母玛利亚大教堂拱顶湿壁画。作品可追溯至十三世纪中期并且保存完好。追溯至更远的十世纪晚期和十一世纪早期的、零星的罗马式湿壁画可在埃森、韦尔登及亚琛的礼拜堂和修道院教堂中找到。苏斯特霍厄圣母教堂（Hohnekirche）绘画创作于1250年左右，是典型的莱茵河晚期罗马风格的代表。这种风格通常被贴切地称作"柔和飘逸"风格。这种"柔和飘逸"风格在施瓦茨海因多夫占有很大的比例，也可称之为"施陶芬式古典主义"。然而，在德国还有一种晚期罗马式绘画风格——一种稍微受到影响的"强健有力"的"之字形风格"。该风格是向哥特式风格过渡的预兆。这类风格将在适当章节进行详细讨论（见第416页图）。

可以确定另一个中心位于下萨克森。最佳代表就是希尔德斯海姆圣米迦勒教堂顶棚（见第394页图）。其他地方幸存下来的唯一作品就是瑞士齐利斯（Zillis）教堂的彩绘木制顶棚。但它在形式和主题方面均与圣米迦勒教堂的顶棚完全不同。

其他值得一提的还有不伦瑞克大教堂（Brunswick Cathedral）与戈斯拉尔新教堂绘画作品。这些绘画作品创作于十三世纪上半叶，并强烈地受到奥托时期风格的影响。莱茵河绘画艺术与威斯特

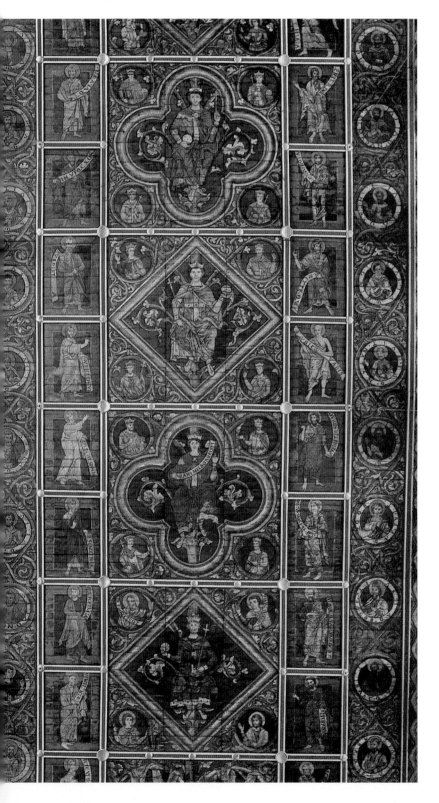

伐利亚绘画艺术二者均与佛朗哥——佛兰德斯文化具有密切联系。而下萨克森却将其影响延伸至斯堪的纳维亚，甚至到达不列颠群岛。而德国西南部的情形则完全不同。西南部出现了所谓的"赖歇瑙学派"，尽管其存在受到一些学者的质疑（关于这个绘画学派及其相关争论将在图书插画章节进行更详细的讨论）。德国大量展示了欧洲罗马式绘画风格发展情况的系列绘画作品。存有疑问的绘画作品是康斯坦茨湖赖歇瑙岛奥伯泽尔圣乔治教堂中的奥托式湿壁画。尽管对其进行了精心修复，但它们的保存情况仍很差。不过，至今保存完好的还有描绘耶稣神迹的系列画作。这些画作绘制在教堂中堂内墙上。与赖歇瑙绘画作品密切相关的是附近的哥德巴赫（Goldbach）村庄的西尔维斯特（Sylvester）小教堂及符腾堡布格费尔登（Burgfelden）的大型湿壁画。

德国南部的另一个重要绘画中心位于雷根斯堡。雷根斯堡大教堂的诸圣礼拜堂（Allerheiligenkapelle，建于1160年左右）与圣埃默兰修道院（Sankt Emmeran）抹大拉玛利亚礼拜堂（Magdalenenkapelle，建于1170年左右）被认为参照了普吕芬宁（Prüfening）修道院教堂（建于1130年左右）中的绘画作品。这座修道院教堂建筑的线条和轮廓清晰的风格可谓动人，这可能是受赖歇瑙岛的建筑风格的影响，或者受伊尔松修道院图书插画的影响。这里可以建立另外一种联系，即修道院与萨尔茨堡大主教埃伯哈德一世（Archbishop Eberhard I of Salzburg）的关系。埃伯哈德一世是一名热心的艺术赞助者，事实上在1150年左右，他便亲自参与创作。时至今日，萨尔茨堡侬山（Nonnberg）女修道院教堂中的湿壁画仍可证明这一点。

使用统一的风格特征来表达描述欧洲各地区的艺术活动，是非常困难的。尽管对于法国的情况是可能的，但对德国就不可能了。原因可能有两点：一是自十二世纪下半叶起，大量的奥托艺术形式词汇枯竭，从而形成一段艺术真空时期。因此，由于霍恩施陶芬王朝对意大利的政策，大家所熟悉的拜占庭文化再次在德国产生了更强烈的影响；二是自十二世纪晚期起，哥特式结构和风格便逐渐占据主导地位，首先是在法国，其次是在其他国家，主要集中于欧洲西南部的国家。然而，德国仍固步于严格的审美形式，而这种形式拘泥于传统的设计标准。这类保守观点的"回避行为"的典型例证就是"之字形风格"的形成。该种风格在苏斯特祭坛画及其对天父的描绘（见第416页下图）中有所说明。

奥地利与瑞士

奥地利与瑞士两国均与其邻国的艺术发展有着密切联系：对于瑞士北部和西部地区而言，艺术发展趋势受赖歇瑙岛和勃艮第的引导，而南部和东部地区则从伦巴底和蒂罗尔寻找灵感。蒂罗尔的罗马式绘画艺术在文化与地域方面呈现一致性。在图像表现方面，人们特别感兴趣的要属泰尔梅诺（Termeno）、靠近梅拉诺（Merano）的拉纳（Lana），以及布雷萨诺内（Bressanone）的湿壁画。这些湿壁画全是在十三世纪上半叶创作的。将（南蒂罗尔）韦诺斯塔（Venosta）马莱斯（Malles）和纳图尔诺（Naturno）的加洛林绘画作品对比，会发现这些作品与（格劳宾登州）米施泰尔的绘画作品息息相关。马林贝格（又称"圣玛利亚山"）本笃会修道院就位于马莱斯上游，在布尔古西欧（Burgusio）附近。修道院地下室中有大约1160年起创作的湿壁画。这些湿壁画很可能受到赖歇瑙岛影响。另一个艺术中心则是施蒂里亚（Styria）。古尔克（Gurk）大教堂（修建于1260年左右）湿壁画的主题为"天国般的教堂"，加上其典型的"之字形风格"，已经可以看出是向哥特式变迁的过渡风格。

关于赖歇瑙的影响是否还扩大到齐利斯（格劳宾登州）圣马丁教堂的木制天顶这个问题，前文已经讨论论过。影响肯定有，不过仍有疑问。同样有疑问的还有那些经几次修复的作品的创作时间（1130或1140年左右）。这些作品包括一组描绘耶稣生平及其受难场景的珍贵绘

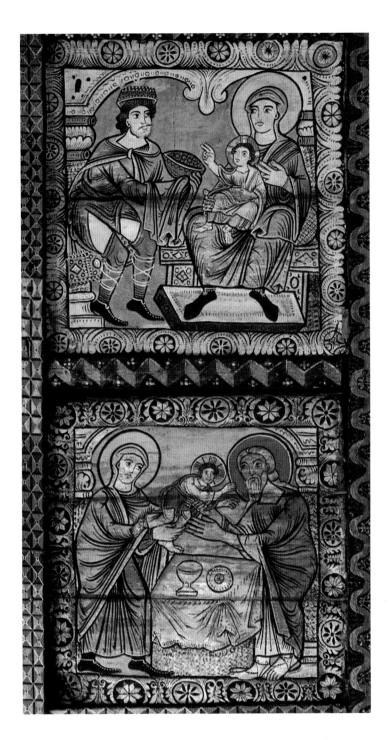

画，还有一些描绘教堂赞助人生活的小片段，其中主图153幅，边图43幅（见第396页图）。边缘区域以象征性手法描绘了各种动物，以及程式化的植物形状。

米施泰尔圣约翰修道院教堂，
侧面后堂局部：被投石处死的圣史蒂芬，
十二世纪创作。

意大利

意大利有三处从地域上可以清楚划分的罗马式绘画艺术中心：南部的蒙特卡西诺（Montecassino）、意大利中部的罗马，以及北部的米兰。各中心均选定拜占庭艺术作为其艺术风格典型。与此同时，的里雅斯特（Trieste）、威尼斯、拉文纳、罗马，以及西西里的切法卢（Cefalù）和巴勒莫的拜占庭式拼花工艺学派的影响也势不可挡。后来，其作用发挥了很长一段时间，不仅仅是在艺术中心当地，而是在整个意大利（见第399页图）。十一世纪下半叶，蒙特卡西诺男修道院院长德西迪里厄斯（Desiderius）想对福尔米圣天使修道院的教长住处进

行装修，他甚至派人从拜占庭帝国首府君士坦丁堡请来了许多画家和工匠。对于罗马而言，需要特别提及的是圣克莱门特教堂。一幅追溯至1000年左右的湿壁画在圣克莱门特教堂楼上教堂中仍然可见——以前曾位于楼下教堂前厅中。可追溯至四世纪的教堂地下室，至今被认为是一座罗马式绘画作品宝库。教堂以中堂的九世纪的耶稣升天湿壁画，以及前厅自十二世纪早期的描述圣克莱门特传奇故事集（见第400页图）而闻名。一幅绘于500年左右的拜占庭风格圣母像使布置更壮观。

圣克莱门特故事画家所绘作品及其工作坊在罗马及以外的地方具有深远的影响力。罗马学派甚至可能影响了临近内皮（Nepi）的圣埃利亚堡（Castel Sant'Elia）修道院（1100年左右，见第401页图），以及阿尼亚尼（Agnani）大教堂（1200年左右）中的绘画作品。

米兰艺术中心没有留下任何东西。人们不得不在临近坎图（Cantù）的加利亚诺（Galliano，十一世纪早期）或科摩湖东北部的奇瓦泰（Civate，1090年左右）等相邻的城镇和村庄，寻找具有典型米兰风格特征的例子。对刚刚提及的地点有影响的奥托艺术将在后面进行讨论。在雷韦洛（Revello，十一世纪初，地处古内奥与都灵之间）圣伊拉里奥教堂（Sant'Ilario）和奥斯塔圣彼得与圣奥尔索教堂（1150年左右）有一些不太出名的湿壁画作品。这些作品全都是米兰的独立绘画作品，而且还很出色。奥斯塔甚至可以单独挑出来作为皮埃蒙特绘画中心。在图像表现方面，有趣的要属于诺瓦拉（Novara）圣西罗（San Siro）小礼拜堂的绘画作品。这些作品可追溯至十三世纪上半叶。作品生动地描绘了圣西留斯生平中的圣迹和圣事。场景包括现实与戏剧设计元素，通过使用鲜艳的蓝色和粉色变得富有生气。

斯堪的纳维亚、波西米亚和摩拉维亚

在艺术方面，我们不应参考"边缘作品"——顶多将其视为对以后发展没有产生什么特殊后果的作品。因此，关于这一点，我们提到了斯堪的纳维亚、波西米亚及摩拉维亚的代表作品，从而对罗马式绘画进行完整的地域性调查并确定其东部边界。

罗马式绘画在斯堪的纳维亚的发展与英格兰与下萨克森的艺术品贸易息息相关。直到十二世纪末至十三世纪初，拜占庭的影响才

开始崭露头角。有人认为，十一世纪和十二世纪的多数木造教堂采
用板面绘画进行装饰。遗憾的是，仅有少量的这类作品保存了下
来。一个例子就是瑞典埃克教堂中绘于1200年左右的《耶稣升天》
板画（见第399页图）。该板画现保存在斯德哥尔摩国家博物馆。

在波西米亚和摩拉维亚发现的最早壁画作品可追溯至十二世
纪，包括兹诺伊摩（Znojmo）圣凯瑟琳城堡小教堂中绘于1134年
的湿壁画。在斯塔拉-博莱斯拉夫（Stará Boleslav）圣克莱门斯教
堂中发现的绘画作品显示出与萨尔茨堡图书插画的关系。圣克莱门
特生平场景被认为绘于1180年左右。其中，在风格上，该地区最成
熟的作品就是皮塞克（Pisek）圣母圣诞堂（Mariageburtkirche，
英文：Church of the Nativity of the Blessed Virgin Mary）墩柱上
的绘画作品。耶稣受难场景描绘将拜占庭与哥特式早期风格元素融
合在一起。因此该作品被认定是自十三世纪末起，由中莱茵地区的
一名画家创作的。

罗马圣克莱门特教堂，楼下教堂。
《圣克莱门特庆祝弥撒》
1100 年左右创作。

下页：
内皮圣埃利亚堡圣阿纳斯塔西奥（Sant'Anastasio）
长方形会堂，后堂湿壁画，
十一世纪末或十二世纪初创作。

图书插画

爱尔兰-撒克逊与盎格鲁-撒克逊手抄本

爱尔兰书籍插画（起源于苏格兰——爱尔兰人的故乡），对加洛林时期绘画艺术的发展，甚至在一定程度上对奥托式绘画艺术的发展都具有相当重要的意义，主要是因为爱尔兰修道士进行的传教工作。590年左右，圣科伦巴与其同伴游历到了法国、德国，而且还穿过阿尔卑斯山，到达了意大利北部。他分别在孚日山脉（Vosges Mountains）和伦巴底找到了吕克瑟伊（Luxeuil）修道院和博比奥（Bobbio）修道院。许多早期的修道院随后形成了大量兴旺的缮抄室。其中包括富尔达修道院（圣卜尼法斯）、维尔茨堡修道院（圣基和安）、雷根斯堡修道院（圣埃默兰）、圣加伦修道院（圣加卢斯）以及埃希特纳赫（Echternach）修道院［圣威利布罗德（Willibrod）］。在圣科伦巴进行传教活动之前，他的父亲老科伦巴就在祖国从事修道院建造——其中包括赫布里底爱奥那岛达罗（Durrow）修道院和爱尔兰凯尔斯（Kells）修道院。这两处是中世纪早期最重要的学术中心，创作出了大量的手稿。这些手稿很快流传于欧洲各大皇宫、王府，以及所有的修道院和梵蒂冈。其中最著名的就是今天人们所熟知的《杜若经》（Book of Durrow，七世纪，见第403页图）和《凯尔经》（Book of Kells，800年左右）。在爱尔兰-撒克逊和盎格鲁-撒克逊的初次东南定向传教活动进行很久之后，不列颠群岛的艺术传统才在欧洲大陆上发展延续。这样便建立了加洛林绘画艺术的审美基础。

在七世纪末期左右，爱尔兰修道士的艺术活动范围从苏格兰转向英格兰。林迪斯法恩（Lindisfarne，又称"霍利岛"）修道院在诺森布里亚（Northumbria）建立。修道院中的珍奇手抄本——《林迪斯法恩福音书》（Lindisfarne Gospels）创作于700年左右，其精美的图案被日耳曼寺院缮抄室的艺术家们采用。

597年，本笃会修士奥古斯丁从罗马出发，抵达坎特伯雷。这标志着拜占庭风格与罗马艺术传统发生冲突的开始。的确，拜占庭风格的影响仅仅是谨慎地呈现出来，并且只是逐渐地发挥其作用。据悉，奥古斯丁一直按照教皇格列高利一世的指示进行传教工作，并且他还从罗马带来了各种古籍抄本。又是两个世纪过去了，拜占庭风格才在八世纪被接纳和改进。这种同化作用主要发生在坎特伯雷和温彻斯特的学校里。当时两所书法学校一直获得认可和赞赏，启发了欧洲艺术家们将抽象图像与装饰文字组合在一起的新颖风格。

加洛林与奥托时期的缮抄室

亚琛宫廷学校组成加洛林时期的文化中心。其书法学校和缮抄室创作出了许多重要的手抄本。这些手抄本有助于罗马式风格的成熟和发展。宫廷学校在800年左右开始兴旺，并且一直持续到814年查理曼大帝去世。正是查理曼大帝亲自委托创作了《戈德斯卡尔福音书》［Godescalc Gospel，成书于780（或783）年左右］。

这是该学校记载最早的手抄本。手抄本通常以其目的地、存放地或者捐赠人的姓名来命名。这类在亚琛创作的手抄本例子包括苏瓦松《圣梅达尔福音书》（Gospels of St. Médard，见第404页图，顺便提一下，该书包含有600多幅不同的装饰图案）和特里尔《亚达福音书》（Ada Codex）。

查理曼大帝去世之后，传播宫廷学校风格的重任落到了富尔达修道院缮抄室的头上。亚琛与富尔达之间取得了联系，这多亏了阿尔昆（Alcuin）的一位学生——赫拉班·毛鲁斯（Hrabanus Maurus），这位学生被誉为"德国的老师"（Praeceptor Germaniae）。赫拉班在842年以前担任富尔达修道院的院长。《维尔茨堡福音书》（Gospels of Würzburg）就成书于此。这部手抄本采用了《圣梅达尔福音书》中的大量形式和形状，并且进一步地进行变化和改编。

活跃于加洛林王朝时期的另一个工作坊位于兰斯，并创作出了《埃博福音》（Ebo Gospels）和《乌得勒支诗篇集》（Utrecht Psalter）。两部手稿可追溯至855年左右。在兰斯之后，图尔和圣但尼建立了更多的作坊和学校，创作了《洛塔尔福音》（Lothar Gospels，成书于850年左右）和《秃头王查理圣礼书》（成书于860年左右）。在此，还应提及一下梅茨（Metz）和科尔比（Corbie）两个艺术中心。

上述地点表明了整个艺术活动网络，包含大量的插画手抄本创作中心，而并不仅仅是亚琛。在查理曼大帝建立宫廷学校之后，大量的其他学校和作坊涌现出来。这些学校和作坊也全都得益于爱尔兰-撒克逊和盎格鲁-撒克逊传统，并且将这些传统和拜占庭元素融合在一起，从而创作出新的艺术作品和一种新的形式语言。

加洛林时期的图书插画到十世纪一直占据主导地位。因此，奥托王朝的缮抄室最初是遵循加洛林时期的装饰和插画图案传统的。有证据证明，最初的奥托式抄本仅仅是加洛林王朝时期古籍抄本的摹本，与其他抄本相比，这些抄本可能也只占大约900年期间创作的艺术作品的九牛一毛。由于北欧海盗的入侵和马扎尔人带来的威胁，还有加洛林王国部分地区对内政策衰退的威胁，艺术活动逐渐衰落。直到十世纪和十一世纪，奥托王朝统治者到来，帝国传统统一起来。紧接着文化便开始蓬勃发展。在同一时期的修道院改革背景下，肯定也可以看出这种发展。910年，克吕尼修道院建立，促进了约翰尼斯·斯科特斯（Johannes Scotus）的审美观念发展。约翰尼斯·斯科特斯认为绘画作品是感知的最高形式。据这位加洛林时期的哲学家所说，美是存在的完美表现。这意味着一种艺术形式不仅仅具有象征意义，而且对于人类灵魂救赎非常重要。在这种背景下，美等同于光，并且"图像光线"被诠释为天国、神圣存在的象征。

这一类思想可能解释了奥托时期彩饰画中发现丰富色彩的原因。在十世纪与十一世纪期间，这些观点的势头增强，并首次出现了艺术理论表示法。

《杜若经》装饰页
七世纪，收藏于都柏林（Dublin）三一学院。
Lib. Ms. 57, fol. 3v。

摘自《林迪斯法恩福音书》，耶稣基督之图形符号，
698 年左右创作，收藏于伦敦大英图书馆（British Library）。
Cotton Ms. Nero D. IV, fol. 29r。

第 404 页：
苏瓦松，《圣梅达尔福音书》
《羔羊的崇拜》(Adoration of the Lamb)，收藏于亚琛宫廷学校
创作于 800 年左右，巴黎 Bibl. Nat. Ms. Lat. 8850 fol.1。

第 405 页：
特里尔（？），《埃格伯特抄本》(Codex Egberti)，
题献 "Egbertus"，创作于 980 年左右，
收藏于特里尔市立图书馆 Cod. 24, fol. 2。

EGB̄ TUS·
TREUERO ᴀᴀᴀR
CHI ᴏᴘ̄ꜱ

ᴋᴇᴙᴀʟ ʜᴀʀɪ
ᴅᴜꜱ· ɛᴛᴜꜱ
ᴀᴜ ɢɪɢᴀɴ
ɢᴀꜱ

405

多年以来,康斯坦茨湖赖歇瑙岛被认为是中世纪鼎盛时期的艺术作品多产之地。然而,参考大约30年以前关于"风格比较的波动性及其不可靠性"的评论,导致人们对赖歇瑙岛书法和插画学校是否曾存在的问题产生了疑问。许多原本被认为是属于赖歇瑙岛学校的书册,现被认为是在特里尔创作的,例如《埃格伯特抄本》(关于这一点,将简短地进行详细讨论)。不过,在1972年康斯坦茨艺术历史会议上,该理论被否决了,并且多亏了对宗教礼拜历史、形式和形状分析及图像表示法的相关研究,赖歇瑙岛学校"重新恢复"为奥托王朝时期的艺术中心。

一个说明争论性质的简单例子就是饱受争议的《埃格伯特抄本》(见第405页图)。这本书一直被重新认定是特里尔或是赖歇瑙岛的作品。众多迹象表明,手抄本确实是成书于特里尔——主要因为它是由特里尔大主教埃格伯特委托创作的。"赖歇瑙岛"支持者们反驳了这个论点,指出书册的题献诗句中包含了这样的信息:手抄本是由"欢快草地"(Augia Fausta),即"赖歇瑙岛"献给大主教的。

现今的倾向是再次支持赖歇瑙岛是艺术作品中心的观点。其中一个主要原因是,与众多法律相关的赖歇瑙岛教士柳塔尔(Liuthar)认为该书是赖歇瑙岛的作品。它们又呈现出了与著名手抄本之间的联系,例如《奥托三世福音书》(Gospel Book of Otto III)或《班贝格启示录》(Bamberg Apocalypse)。人人都赞同的一点是,迄今为止,一直没有确凿证据证明有一所书法与插画学校在赖歇瑙岛真实存在过。不过,在讨论过程中,没有考虑到在十一世纪与十二世纪期间,地区的修道院艺术学校的重要性远低于前几个

世纪,例如加洛林王朝时期。在奥托王朝时期,更多的世俗之人参与了手抄本的创作。除了国王之外,还有很多的贵族人士出资创作珍贵手抄本。在这一时期,艺术创作大幅增加,并且不再局限于个别艺术中心。自由的艺术思想交流是由皇宫及相关人员(尤其是主教、修道院院长)以及贵族所促成的。奥托时期的艺术是全帝国的艺术,不再局限于地区艺术中心限制。

无论哪个理论是正确的,在此也不可能进行问题讨论了。因此,如果现代研究表明一部作品是在赖歇瑙岛创作的,每当提及特里尔为起源地时,应当给下文的内容打上一个问号。

980年至1020年间,特里尔工作坊创作出了众多各种各样的手抄本,其中包括《奥托三世福音书》《格列高利书信集》(Registrum Gregorii)和《班贝格启示录》。特里尔书法学校的一个分支——埃希特纳赫修道院创作了四福音书作者画像和《圣沙佩勒福音书》,具有完美而奢华的设计和表现特征。

雷根斯堡教堂缮抄室倾向于从加洛林时期的作品中寻找灵感,特别是图尔宫廷学校的作品。雷根斯堡最重要的作品包括《乌塔古卷》(Uta Codex,十一世纪晚期)和《亨利二世圣礼书》(Sacramentary of Henry II)。主要来自科隆工作坊的作品无疑要属《希尔达·冯·梅舍德院长古卷》(Codex of the Abbess Hitda von Meschede),即著名的《希尔达古卷》(Hitda Codex)。该古卷创作于十一世纪的前二十五年。写于十世纪末的《圣格利恩福音书》(Gospel Book of St. Gereon)被认为在风格和主题方面是《希尔达古卷》的雏形。

《阿什伯纳姆五经》(*Ashburnam pentateuch*)，北非（？）
《雅各与以扫》(*Jacob and Esau*)，七世纪创作。

许多奥地利的学校都值得一提，尽管它们并不一定属于奥托时期艺术。其中一个享有很高声誉的学校就是圣十字（Heiligenkreuz）修道院。该修道院坐落于维也纳森林的南部地区，由利奥波德三世侯爵（Margrave Leopold III）于1135年兴建。在1200年左右，众多优秀的插画师和抄写员在此工作。下奥地利州森林地区的茨韦特尔（Zwettl）女修道院手抄本也具有有趣的图案特征，比如《贞女典范》(*Speculum Virginum*)中的图案。很可能来自海利根克雷塔尔（Heiligenkreuztal）与茨韦特尔的艺术家同样活跃于施蒂里亚雷乌（Reun）。正是他们，我们才拥有1200年左右创作的"雷乌样书"。

最后还应考虑到波西米亚书法学校。其中包括创作了《加冕福音书》(*Coronation Gospel Book*，现藏于布拉格大学图书馆）的维谢赫拉德（Vysehard）学校。尽管这些作品显示出与奥地利模式的密切关联，但它们在奥托时期书籍作品取得的荣耀面前黯然失色。

意大利与西班牙书法学校

在整个中世纪早期与鼎盛时期，意大利被看作是阿尔卑斯山脉北部地区书法学校与宫廷学校的"形式与设计供给者"。在1066年诺曼底人征服英格兰后，意大利手抄本也流传至该岛。在此之前，该岛的相关形式和类型词汇表达在很大程度上还只是来源于霍利岛或苏格兰的修道院。

十一世纪，蒙特卡西诺男修道院院长德西迪里厄斯派人从君士坦丁堡请来了画家和图书插画师。他们扩大了修道院的拉丁文缮抄室。从此，这种"新颖风格"很快席卷整个意大利。伦巴底博比奥修道院中爱尔兰式专业图书插画师的光环开始褪去。特别著名的要属《讲道选粹》和《圣本笃生平》。《讲道选粹》是一本布道集，根据教会全年的福音及书信读物的选段顺序编成。至于《圣本笃抄本》(*Codex of Saint Benedict*)，甚至可能追溯到画家利奥修士。

十世纪早期至十三世纪期间，一类新的绘画类型形成。这就是"《愉悦颂》卷轴"（exultet roll），其名称取自下文开头单词："Exultet iam angelica turba coelorum ..."（天上的众天使，请欢心踊跃……）在复活节前的星期六，讲道的时候这些图画卷轴（也称作"rotuli"——拉丁语"卷轴"）会从讲道坛降下来。执事宣告的经文写于卷轴的一面，而会众则可以看见另一面上描绘经文的图画。卷轴的传统可追溯到古代具有纹饰带的凯旋柱，例如罗马图拉真凯旋柱。《约书亚记》手卷（见第404页）代表了这一类型的一种变体。该卷轴创作于君士坦丁堡，创作时间大概是十世纪中期。而且该卷轴肯定很快便在阿尔卑斯山脉北部地区各国流传，对叙事性风格产生了决定性的影响。在许多翁布里亚和南意大利工作坊中，拜占庭形式与奥托式传统开始融合在

一起，例如位于曼图亚东南波河岸边的波里隆修道院（Polirone）缮抄室。其发展过程与奇瓦泰和坎图附近的加利亚诺壁画发展类似。

西班牙的情况很特殊，尤其是因为阿拉伯的影响在此地占主导地位。启示作品抄本是西班牙北部的特别作品。对于了解这些抄本作品，有必要求助于《阿什伯纳姆五经》（见上图）。这是一部大概写于七世纪北非的抄本。书中绘画语言、装饰风格、图像组成及色彩搭配为流行的莫沙拉比风格铺平了道路。这些启示作品抄本在图画表现和形式方面均十分有趣。其中一个抄本创作中心就是塔维拉圣萨尔瓦多（San Salvador de Tavara）修道院。该修道院的艺术作品在十世纪下半叶达到顶峰。

简单介绍西班牙之后，我们现已完成对各国之间存在的，以及在地域和风格方面影响罗马式绘画的复杂关系的大致概括。以下章节将主要讨论各种风格及图画变化的形成方式。

壁画：风格发展与构成

拜占庭模式与霍恩施陶芬形式

罗马式绘画作品之间在风格上具有很多的联系，但却很难进行分类。部分原因是中世纪抄本以一种在当时异常快速的速度传播。最迟在十一世纪，欧洲的所有相关专业艺术中心都通晓加洛林、奥托及拜占庭古籍抄本。由于缺乏特有的新风格观念，壁画作品通常仿造抄本的内容和图案，并将其归为己用。中世纪鼎盛时期可被视作真正的欧洲国际化风格时期，因为艺术家们为不同的宫廷和主教教区工作是很常见的事。这种有关艺术家的调换，促使不同区域的艺术风格很少与地域边界相吻合。

基本上可分为四次艺术运动：

1.拜占庭风格：从意大利传至欧洲大陆，远至英格兰。该风格对袖珍画和巨幅画均有影响。

2.爱尔兰–撒克逊和盎格鲁–撒克逊风格：向南发展，横跨欧洲，延伸至意大利北部。主要与早期罗马式绘画风格相关，并且主要用于图书插画。

3.加洛林与奥托帝国艺术：从位于德国和法国的艺术中心向四面八方延伸。这种风格尤其是在活跃于九世纪至十一世纪期间的缮抄室作品中显而易见。有证据证明，加洛林王朝时期的古籍抄本对奥托式绘画的图形结构和主题产生了直接而明显的影响。

4.莫沙拉比艺术：尽管有很强的区域性限制，该艺术风格还是具有巨大的影响力。八世纪至十一世纪期间，该风格导致西班牙北部地区的基督教艺术发生了独特的可喜变化。

意大利–拜占庭风格的影响（将简短地进行更详细讨论）意味着古典思维传统与基督教的救赎论有直接联系。最重要的是，恰是加洛林宫廷学校体现了拜占庭式精神价值。毕竟，自查士丁尼皇帝于529年关闭了雅典柏拉图学校之后，欧洲基督教国家便很少使用古代科学了。古代的知识与信仰只有非常少量的一部分能够传至欧洲，并且需经由高度文明的伊斯兰教地区西班牙绕道传送——如果真要进行传播的话。君士坦丁堡、罗马和威尼斯的图书馆，以及后来的蒙特卡西诺和巴勒莫图书馆都藏有包含古典时期思想和教义在内的大量书籍，但它们仅对开明的古典主义学者有用。确实只有在加洛林王朝和霍恩施陶芬王朝时期，古典主义才是理想的政策描述，具有很高的文化价值。现在有一种倾向，把这些情形称作"文艺复兴""早期文艺复

兴"或"复兴"。这些术语将在本书后面的部分进行讨论。我们的初衷是对意大利–拜占庭风格进行描述，从而定义拜占庭形式和概述该风格对罗马式壁画风格发展的影响。

拉文纳与罗马早期基督教的镶嵌作品对加洛林时期的巨幅画而言，是一座形式和设计方面的宝库。正是这种影响如此地强烈，才在格劳宾登州米施泰尔小修道院教堂中变得特别明显。侧堂与后堂墙面上装饰有无数的湿壁画和建筑式样。壁画中描绘了《旧约》和《新约》中的主题，而建筑式样则低调地对背景进行装饰（见第409页左图）。画中建筑元素，例如拱券、立柱及半露柱，促进了人物群体的连接。比如，耶稣通常位于一个半圆拱下方，将耶稣光环和谐地组合在一起。立柱与半露柱是将人物或人物群体与背景分开的有用工具。尽管还未达到适当的透视效果，但人物与建筑元素的重叠已显示出一定的空间感。这种"空间平面"可以说是人物站立或表演的舞台。类似的结构体系和人物处理在瓦雷泽（Varese）南部的赛普里奥堡（Castelseprio，大概追溯至八世纪早期）可以找到。不过，所描绘的特征仍具有拉文纳与罗马拜占庭式镶嵌画的典型特点，甚至与早期罗马式壁画或者地下墓窟绘画都有关系。最重要的代表就是圣母古堂（Sta. Maria Antiqua，八世纪早期）和诺门塔那大道（Via Nomentana）中的地下墓穴（四世纪）。

这类比较概括地描述了拜占庭风格是如何被采用的。然而，这种风格并不是用细节和说明来单纯表达财富和欢乐的，这一点在米施泰尔教堂后堂中体现得非常明显。蹦跳着经过立柱、蹲在拱券下方及藏在半露柱后面的人物都充满生气，而且还带有各自的传统元素，看起来与乡村地区的信徒最相符。很可能前加洛林时期的图书插画还提供了一些灵感，正如《阿什伯纳姆五经》书页显示出的那样。值得记住的是，可能在七世纪成书于西班牙或北非的抄本，是众多使用类似图案和建筑式样的早期拜占庭手抄本的典型代表。这种典型拜占庭式艺术表现方式的一类模式在一本展现《旧约》《雅各与以扫》故事场景（见第407页图）的对开本手稿中可以找到。图中，人物与建筑元素结构的影响水平与米施泰尔绘画作品类似。空间深度由人物与立柱重叠显现出来。并肩排列的人物经由看起来好像加快叙事速度的半圆拱连接在一起。而且图中宫殿式建筑具有总体的舞台布景功能，确定了人物活动空间并将其分为单独的场景。

同样值得注意的还有窗框结构，窗框由彩绘立柱构成，并且呈现出四分之三圆的轮廓，可以看出这是对古典风格的仿造（见下页右下图）。它们明显与同一时期创作的图书插画装饰物有关联（见下页右上图）。细长柱以风格化的花朵进行装饰，并采用带状物进行螺旋形

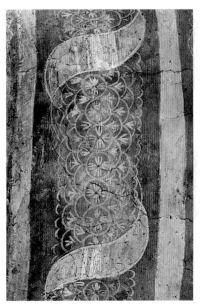

缠绕。这类拜占庭式装饰图案是亚琛查理曼大帝宫廷学校创作插画的典型特征。《亚达福音书》中有关圣路加的对折页（创作于800年左右）描绘了位于柱式大门下方的圣路加。拱券由一条精美的锯齿形饰带进行装饰，而细长的柱子则饰以螺旋形带和小型漩涡花饰。很可能艺术家这次想要展示两个层面上的存在——一是建筑结构代表的尘世间；二是非真实的圣路加代表的来世。圣路加端坐在宝座上，身后有他的启示象征（公牛）伴随。

人们可以认为，米施泰尔教堂窗框是按照类似的内涵概念创作的。真实窗户结构背景中看到的装饰特征，让"外界的人"可以一睹神圣空间，从而象征性地看见相反由真实教堂建筑代表的天堂。因而，涵义是多方面且多层次的。拜占庭艺术的形式语言对图书插画和类似的巨幅画均产生了影响，并且我们一次又一次地看出，这两种类型在风格和主题两方面是如何地相似。

拜占庭式装饰的一个典型特征已在米施泰尔教堂与《亚达福音书》中有所体现，即人物与建筑之间的艺术相互作用。然而，建筑并不一定局限于背景连接作用。许多加洛林时期的湿壁画都是以建筑物和城镇区域作为主要特点，并不包括人物。尽管活动人物与建筑整体设计结合在一起，但景色仍一览无遗。因而，整座建筑或建筑群移到前景中，成为画面主题。

在欧塞尔圣热尔曼教堂地下室的圣史蒂芬礼拜堂中，参观者会看见一幅令人惊奇的作品（见第410页右上图）：绘于门楣中心的《被投石处死的圣史蒂芬》。画面的左边描绘的是一座城镇。该城镇大小相较于人物而言，进行了比例缩小。塔楼、部分建筑，以及一道巨大的三角墙饰大门整体上可以看作是一幅简约景观画。圣史蒂芬似乎刚刚才被审判者们拉出城门，拖到了死刑执行地。站在谦卑的圣史蒂芬背后的刽子手们高举着手臂，准备投掷石头。史蒂芬

蒙莫里永（Montmorillon）圣母院，圣凯瑟琳
礼拜堂（Chapelle Sainte-Cathérine），《圣母与
圣子》，创作于1200年左右。

欧塞尔（Auxerre）圣热尔曼教堂，地下室，圣
史蒂芬礼拜堂，《被投石处死的圣史蒂芬》(The
stoning of Saint Stephen)。

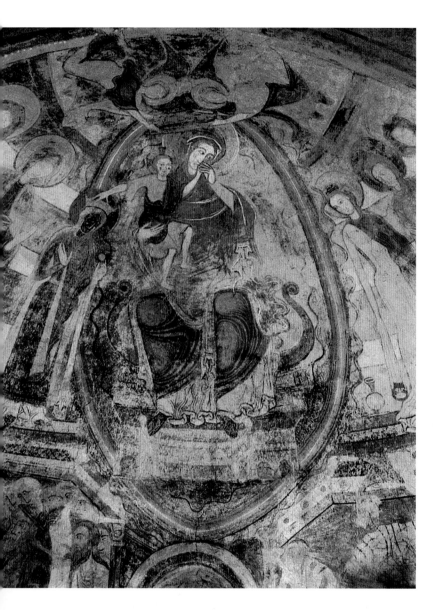

作品：沿中心轴描绘的是一位直立的圣人画像，其他人物分组站在两旁，他们的头比身子更向中心靠拢。这种三角形结构和谐地融合在门楣中心范围。不过，甚至连更小的人群都没有以相同高度进行交错排列（如同拜占庭模式绘画一样，尤其是带有晚期古典式石棺的图画），这看起来十分罕见。人物画像聚集在圣史蒂芬的背后和身旁，从而形成一种在早期阶段几乎是独一无二的空间感。这些作品表明一个活跃艺术中心的存在。在这里，拜占庭式结构方案实验已持续了一段时间。最终，它们可能打开了新的墙面美学设计方法。这些作品还突出了加洛林王朝追求艺术造诣的潜力和自信。因此，认为更多的独立绘画设计例子会为众人所知，这一点是合理的，使加洛林时期的更多壁画作品保留下来。

　　与拜占庭帝国之间的艺术对话仍需提出更多不同意见：形式不仅仅是在表现统治者政治威严能力方面非常有趣，而且还允许直接采用那些似乎从原有的拜占庭式背景中转过来的图案。这类例子可以在靠近普瓦提埃（Poitiers）的蒙莫里永圣母院中看到（见左图）。圣凯瑟琳礼拜堂后堂拱顶绘有一幅坐在宝座上的圣母子画像。圣子伸出他的小手臂，停在光环内，要为爱克里西亚（Ecclesia）带上王冠。天使在上方盘旋，姿势或优雅、或做作、或似表演特技一般。

　　尽管主题是典型的拜占庭式主题，但风格却不是拜占庭风格。画面更柔和、更生动，而且赋予了这一对神圣人物更优雅的外表。这件可追溯至大约1200年的作品显示出，拜占庭艺术在形式风格和主题两方面为众多艺术家提供了多样化的灵感来源，并持续了很长一段时间。通常这类单独艺术设计主题转换发生在当地的学校中。尽管已建立了各自的风格，但他们仍想使用一种历史悠久的受宗教

自身画像位于画面右边，一处留白，恰到好处地将人物主体与上帝之手分隔开。

　　这幅独特的作品向我们传达了两方面的重要信息：拜占庭式城市绘画主题的采纳与逐渐脱离拜占庭式人物-建筑关系的发展。我们不太可能找出一幅能与欧塞尔的这幅作品媲美的加洛林壁画作品，尽管九世纪的图书插画可能可以提供一些可比作品。

　　在圣史蒂芬礼拜堂中还有另外一幅湿壁画，放弃了当时惯常采用的拜占庭式样。在另一门楣中心处，我们遇到了另一幅与众不同的

410

传统鼓励的符号与类型体系。首先，这自然涉及到罗马式绘画主题——《基督圣像》。这类基督圣像的代表就是福尔米圣天使修道院《基督圣像》(绘于1080年左右)、塔胡尔(Tahull)圣克莱门特教堂《基督圣像》(绘于1123年左右)和贝尔泽-维尔(Berzé-la-Ville)礼拜堂《基督圣像》(绘于1120年左右)。这一类型的起点是上述最先提到的福尔米圣天使修道院(见右图)。该修道院由蒙特卡西诺男修道院院长德西迪里厄斯建立。据推测，德西迪里厄斯派人从君士坦丁堡的一家宫廷学校请来了《基督圣像》画师。因此，他可能非常熟悉传统的东罗马式绘画体系。不过，他仍尝试采用一种新颖手法。君士坦丁堡还没有一幅带有四福音书作者象征的圣像绘画。相反，这样的绘画作品自加洛林王朝时期起在西方出现了很多。而且很有趣的是，耶稣基督并没有出现在神圣灵光圈内——虽然不是一种新颖的方法，但仍与众不同。很可能艺术家曾看到过没有灵光圈的基督绘画。这些绘画从基督教早期起，就保存在圣彼得老教堂后堂的镶嵌画和罗马圣保罗教堂中。不过，别的部分都遵循了拜占庭式传统——细节描绘、严格的长袍线状排列、浓底纹强调的身体突出性质。具有珍贵含义的深紫色长袍也可追溯到东部式样，壮观的金色宝座也是一样。

真正引人注目的是，艺术家明显将北加洛林与罗马或早期基督教的绘画概念融合在一起，从而创作出这幅《基督圣像》。该艺术家在此类基督画像绘画历史中占有特殊的地位，这是非常有可能的，因为经证实，其他国家的其他艺术家们对福尔米圣天使修道院中的《基督圣像》非常感兴趣。关于这一点，将在后面进行更详细的讨论。

西班牙北部地区所特有的政治形态导致源于阿拉伯的设计占据主导地位，并且在此很难找出拜占庭艺术的痕迹。在十一世纪到十三世纪过程中，从摩尔人手中夺回伊比利亚半岛的运动(称作"收复失地运动")走向高潮。这就意味着，基督教与拜占庭式样和设计逐渐越来越重要。与福尔米圣天使修道院中的一样，塔胡尔教堂中的《基督圣像》(见第412页图)由两部分构成：绘于后堂小圆顶的天父，以及位于底座区域的圣母玛利亚和使徒。不过，其相似之处也仅限于此。图像表现方法的不同处可以从光环、代替宝座的弓形拱，以及四福音书作者画面(其中一些被构造在圆形浮雕中)的呈现中看出来。两幅图的共同之处只是在细节和结构方面，例如对天父进行正面和轴对称绘画，以及利用阴影突出手部肌肉和部分脸部。这些正是人们集中注意的方面：似乎这位塔胡尔画师使拜占庭式样变得更加拜占庭式，他使已风格化的东西更加风格化。意大利作品中轻轻勾画的面部轮

廓，现在进行了突出。福尔米圣天使修道院中神的面部在塔胡尔教堂中变成了面部特写。类似的看法也适用于服装褶皱处理和动作姿势：在意大利，绘画风格更柔和、更生动，而在塔胡尔则看起来更僵硬、更呆板。这一倾向也许可以利用已提到的莫沙拉比风格的到来进行解释。莫沙拉比风格融合了阿拉伯风格元素和西方基督教式样和形式概念。然而，并不能简单地将西班牙北部地区的罗马式绘画艺术定义成"莫沙拉比式"，正如刚才所举例子显示的一般。尽管有上述种种不同之处，但还有一个特别的拜占庭因素为风格发展作出了贡献。

贝尔泽拉维尔教堂的《基督圣像》(见第413页图)与刚才所提到的例子具有很大的不同。

塔胡尔（圣母玛利亚）教堂湿壁画，
《基督圣像》，创作于1123年左右，
收藏于巴塞罗那加泰罗尼亚美术馆（Museo de Arte de Cataluña）。

下页：
贝尔泽－维尔小修道院教堂，
《基督圣像》（上图），
拱角人像（左下图），
圣布莱修斯殉道（局部，右下图）
创作于1120年左右。

与在塔胡尔看到的严格而刻板的轮廓相比，在贝尔泽-维尔我们则面对着柔和而流畅的线条及出众的色彩利用。

除采用了不同的图画布局之外，在勃艮第克吕尼教堂的这座子教堂工作的艺术家，还很有可能使用了拜占庭模式。不过，他肯定将其诠释成完全不同的式样。在更好的结构、数量造型及设计多样性方面，他似乎已经对拜占庭风格进行了研究。这一点在长袍造型方式中体现得尤其明显：密集的褶皱卷绕在身体各个部位上，好像细长而优美的线条图案，从而使骨盆、膝盖和肘部周围部位也显得比较平滑。这种长袍处理方法不仅在基督像中非常明显，而且四周环绕的使徒像也一样。因而，高坛侧面墙上的湿壁画可能也是由同一个画师创作的，即使人物画像看起来更刻板和笨拙（例如圣劳伦斯殉道图中画像）。不过，人物画像还是显示出相同的长袍褶皱布置特征。

通过衣饰展现人物身形，并不是一种新的方法，在福尔米圣天使修道院《基督圣像》中已经使用过了。如前所述，为蒙特卡西诺修道院工作的拜占庭艺术家，从罗马，并且很可能还从加洛林时期的手抄本中获取了风格与主题方面的一些灵感。因此，人们可以认为，这位活跃于贝尔泽-维尔的艺术家曾利用了相同或类似的来源。他的绘画可以同罗马圣克莱门特教堂楼下教堂建立风格方面的联系巩固了这一观点。就涉及的服装处理方面而言（见左图），该教堂中绘于 1100 年左右的湿壁画显示出与勃艮第教堂绘画作品惊人的相似之处。这一点尤其适用于圣克莱门特教堂中的人物画像。他们身体微微弯下，抬着圣骨匣。衣物处理手法被认为是受到加洛林时期微型画的影响，而其他方面则受拜占庭艺术形式启发。更多的证据在 800 年左右亚琛宫廷学校创作的苏瓦松《圣梅达尔福音书》对开本（见第 404 页图）中可以看到。

1200 年左右，德国开始了采纳拜占庭风格元素的新阶段，或者更准确的说，是适当采用古典主义元素的阶段。这一阶段的表现方式非常不同。这一时期的罗马式壁画的主要表现手法是一种源自拜占庭式雄伟风格的严格形式主义。西西里岛巴勒莫与切法卢教堂的镶嵌画例子已在本文中提过了。事实上，许多《基督圣像》图像可能用作对比，正如波恩附近的施瓦茨海因多夫教堂楼上教堂中看到的一般（创作于 1180 年左右，见第 415 页左图）；与巴勒莫帕拉丁圣堂（Cappella Palatina）中的《基督圣像》（创作于 1150 年左右，见第 415 页右图）相比，在人物的姿势动作、衣饰、甚至是宝座外形方面明显具有一些基本的相似之处。甚至连微微扬起的宝座坐垫这一毫不起眼的细节都包含在两幅图中。莱茵河畔的罗马式教堂与位于遥远的西西里岛巴勒莫的一座圣堂联系在一起，原因可能如下：帕拉丁圣堂修建于诺曼底统治者统治的十二世纪中期，大概是罗杰二世统治时期。装饰性的镶嵌画可追溯至那一时期。在同一时期左右，霍恩施陶芬康拉德三世的大臣——阿诺尔德·冯·维德委托建造施瓦茨海因多夫宫殿式教堂。直到几年以后，大概是 1180 年，才对教堂进行了绘画装饰。当时，即十二世纪的下半叶，霍恩施陶芬王朝与仍定居于巴勒莫王宫的诺曼底人已经保持着密切的联系。1186 年，亨利六世（Henry VI）迎娶了诺曼王朝罗杰二世的女儿康斯坦丝（Constance），并继承了诺曼王朝。通过霍恩施陶芬王朝，德国因此十分突然地接触到了拜占庭风格。这种风格在意大利南部与西西里岛地区随处可见。

不久之后，拜占庭帝国文化传统在阿尔卑斯山脉北部地区的日耳曼国家非常流行。施瓦茨海因多夫成为了这种很快变得流行的新艺术风格的唯一代表。

随着腓特烈二世的到来，霍恩施陶芬王朝的帝国抱负获得了更大的动力，艺术也变得与其政治雄心息息相关。腓特烈二世抱有像罗马卡比多（Capitol）的一位罗马帝国皇帝一样一统欧洲，以及创造出又一个"奥古斯都大帝"（Pax Augustana）的幻想。因此，他为其位于阿尔卑斯山北部的故乡地区和城市确保了丰富的古典罗马式艺术作品供给。这种所谓的"施陶芬式古典主义"很快也在自1200年左右起的绘画艺术中留下了烙印。遗憾的是，施瓦茨海因多夫的湿壁画保存得非常不完整，并且受损严重。不过，这些湿壁画还是能够作为审美观念转变的重大例证。

正如在《基督圣像》图像中看到的一样，衣饰处理、人物面貌和不同身体部位的轮廓描绘方面，已经出现了明显的变化。一切都呈现出柔和的倾向性，在被认为绘制时间要早一点点（1160年左右）的楼下教堂人物画像中，这种变化甚至更加明显。西礼拜堂中所谓的"忌邪图画"〔以先知以西结（Ezekiel）命名，他记载了一幅激起神之忌邪的图画〕与斯特拉斯堡大教堂天使柱上的圣马太人像具有一个明显的相似之处。顺便提一下，天使柱雕刻品通常作为"施陶芬式古典主义"雄伟风格的完美代表。甚至更令人惊奇的是，北礼拜堂中身着亚麻布衣物的人像与罗马奥古斯都大帝雕像具有相似之处。当然，这肯定被诠释为施瓦茨海因多夫大部分艺术作品的政治性质例子。

通过这些比较，我们概括性地描述了"施陶芬式古典主义"图画风格。拜占庭元素至今在很大程度上为古典罗马式风格铺平了道路，或者至少进行了改进。强调了大小、长度及流畅度的衣饰，源自于罗马晚期的重大雕塑作品，而非拜占庭式镶嵌画中的苦行人物。"施陶芬式古典主义"图画风格在施瓦茨海因多夫湿壁画中表现得淋漓尽致。

在法国十二世纪下半叶，新颖而优雅的哥特风格形式表达已经涌现出来。与之相比，德国的现代"施陶芬式"风格似乎有些呆板和守旧。

在风格方面，确实极少有能够将这样一种简洁而雄伟的图画风格转变为优雅而特殊的哥特式风格类型的可能和起始点。

"之字形风格"

在德国，风格同样发生了变化，即使时间要晚一些而且方式也与欧洲其他国家的不同。苏斯特圣瓦尔普吉斯教堂是绘于1170年左右的一幅庄严帷幔的故地。顺便提一下，这幅绘画是德国仅存的一幅罗马式帷幔（见上图）。对于庞大的长袍处理方面，值得注意的是圣瓦尔普吉斯、圣母玛利亚、圣约翰、圣奥古斯丁及耶稣所穿红色外衣上长而尖细的褶皱。褶皱全都以独特的尖形锯齿形线收尾。这便与其他图像人物身着呈波浪形、柔和圆润衣物的风格形成独特的对比。甚至在这最初阶段，这就是早期施陶芬形式开始瓦解的证据。

当然，这个例子可以只视为发生于十二世纪的一个单独例子，而不予考虑。不过，大约八十年之后，另一位威斯特伐利亚画家绘了一幅祭坛画（1250年左右）。这幅作品很可能是为苏斯特维森教堂所画。在这件祭坛装饰中（见上图），实际上将锯齿形状用作圣三一、圣约翰以及圣母玛利亚人像的主要结构框架。服饰看起来好像波浪似翻动，然后停下来一般，仿佛一阵强风乍起，却又突然平息下来。尖形褶皱呆板而笨拙地从身体上突起。这些形状从整体上看起来更奇怪，好像是设置在均匀半圆拱结构中。这种组合的结果就是增强了艺术表现力和戏剧表达力。

威斯特伐利亚的这两个例子说明了这一特殊的罗马式绘画形式，在日耳曼语中称作"之字形风格"，或者有时叫做"不规则风格"。对于这类非典型形式和设计，"之字形风格"是否能够真正地被归类为罗马式，仍是个问题。总之，该风格标志着向哥特风格的过渡。在这一时期，施陶芬时期的图画风格开始以非常接近于矫饰主义的方式发生变化。

其他作品也可用来证明这一奇怪而似昙花一现的风格。其中包括一些很可能用于沃尔姆斯约翰内斯教堂（Johanneskirche）或大教堂的双面板画作品。这些作品目前保存在达姆施塔特（Darmstadt）黑森州州立博物馆（Hessisches Landesmuseum）内。这些绘于1220年左右的板画很可能是一幅双扇祭坛画的组成部分。锯齿状的"之"字形式样是非常明显的，尤其是在圣彼得外衣的褶皱末梢。不过，人物的整体构造似乎比苏斯特祭坛画的结构更严谨一些。这可能也说明了板画的绘制时间要早一些。

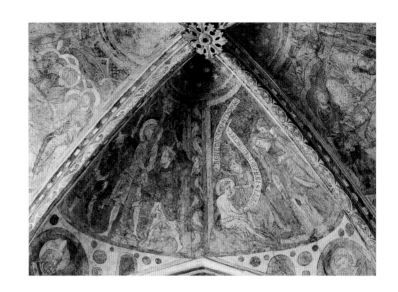

这一风格的另一显著例子就是科隆圣母玛利亚大教堂拱顶湿壁画（见右图）。它们是1972—1977年间进行示范性开发和恢复的对象。从1250年左右开始，一些研究人员认为作品属于哥特式风格，尽管作品在衣物处理上也显示出典型的"之字形风格"特征，其中流畅的褶皱被尖缘突然中断，并以突兀的尖端收尾。

"之字形风格"可能源自何处呢？它是其他地区艺术家效仿的某位画师的古怪创作？或者是树立了一个先例并吸引了一批拥护者？对于这些问题，并不能给出令人满意的答案，因为仅存有一丁点的证据。不过，人们可以进行推测。该风格的另一形式出现在卡林西亚（Carinthia）古尔克大教堂的西楼廊。顺便提一下，该形式以一幅有趣的画面为背景。描绘了所罗门王、耶稣显圣容及耶稣诞生的场景。人们可以在拱顶中看到人间天堂。绘画作品可能创作于1260年左右，但保存得不是特别好。作品是由一个画师还是几个画师完成的，这一点不是很清楚。可以确定的是，天堂中所绘人物与墙面上的人物之间具有不同之处。关于"之字形风格"的地理分布问题，一个人物具有特殊的意义，那就是后堂大门上方门楣中心的圣母玛利亚。圣母及王座两侧附属人物所穿衣物，显示出我们之前在苏斯特和沃尔姆斯所见到的典型锯齿形特征。经由尖形和断续的边缘中断，大部分褶皱要么以水平线收尾，要么呈星形突出。这是一种威斯特伐利亚之字形风格的形式变化。苏斯特与卡林西亚之间的这类艺术联系表明了风格的一种地域分布。这进一步扩大了与哥特风格并行的一种独立风格发展的可能性。

相当肯定的是，"之字形风格"受到了拜占庭式作品的启发，紧随霍恩施陶芬王朝时期文化发展。因此，并不仅仅是上述"施陶芬式古典主义"所采用的古典形式受到与拜占庭对峙的影响。

将施陶芬风格化壮观的下垂式样轮廓转换为"有形的衣物"，则意味着衣物的动态和结构从所绘人物身体脱离出来，并且呈现一种特有的审美方式。这种发展事实上可以视作是德国罗马式绘画进入最后阶段，而哥特式绘画艺术开始的标志。

并不仅仅是受到霍恩施陶芬王朝的相关欧洲政策影响的拜占庭式艺术理解才为"之字形风格"提供了促进因素，还有来自西方的灵感启发，尽管这与霍恩施陶芬王朝政策一点关系也没有。之前已经提到过，下萨克森的奥托式绘画艺术与英格兰的艺术发展具有密切联系。十世纪到十二世纪这一时期，仅有坎特伯雷、温彻斯特以及伯里圣埃德蒙兹（Bury St. Edmunds）可以视作是主要的英格兰学校。温彻斯特大教堂圣墓礼拜堂在十二世纪末进行了装饰。《基督降架》与《埋葬耶稣》两者的一个显著特征就是使用通过水平排列的褶皱群多次中断衣物流畅性的设计图案。结果就是尖形衣角与之前讨论过的苏斯特帷幔相关的形状没有什么不同。当时，温彻斯特巨幅绘画作品与同样位于温彻斯特的缮抄室之间具有紧密联系。郁美叶（Jumièges）罗贝尔圣礼书（十一世纪初期）及其类似的衣饰处理，可以作为一个代表。风格变化可追溯至加洛林王朝时期的艺术圈，例如兰斯宫廷学校。在《埃博福音》与《乌得勒支诗篇集》两者的图像中，我们发现了这些学校在衣饰处理方面的明显特征（见第424页左图）。

回过头来看，加洛林缮抄室、英格兰插画与壁画，以及日耳曼板画和巨幅画之间的关系非常复杂。这也是欧洲罗马式绘画艺术的风格相互作用的典型特征。九世纪，爱尔兰-撒克逊和盎格鲁-撒克逊书籍作品不再对欧洲艺术家产生影响，而加洛林宫廷学校逐渐占据主导地位。一直到十世纪末期左右，英格兰才再次向欧洲文化发展敞开大门。这一时期也是奥托式图书插画从加洛林王朝艺术传统吸收灵感的时期，正如之前所讨论的一样。

有趣的是，十一世纪的英格兰绘画艺术与德国罗马式绘画的最后阶段也可以建立起这种关系。根据英格兰、"隐匿的加洛林王朝"，以及拜占庭和施陶芬的影响，日耳曼式"之字形风格"可以视作是罗马式的一种风格变体，但肯定不是"风格插曲"。

群体布局

罗马式绘画艺术的重要主题有《基督圣像》和《宝座上的圣母》两类。由于固定的神学含义，因此风格方面的观念和构成很简单，少有变化余地。这两类主题将在肖像研究章节进行更详细的讨论（见第430页文字）。对于人群分组而言，情况则不同。设计和结构方面的可能性要比单个人物的这种可能性大得多，而且更容易变化。

群体布局可分为两种基本类型：相加性原则和整体性原则。对于相加性原则，人物挨个排在一起，没有明显的重叠。而对于整体性原则，人物则肩并肩、前后彼此排列在一起。由此形成的重叠部分非常明显，显示出一种空间深度感。但这种群体布局通常看起来像是单调的身体堆积，而没有传达出任何一点空间关系。因而，罗马式绘画艺术在（像之后的乔托那样进行）人物空间创造、将人物所在位置转变成活动空间方面并未取得成功。

人体等高构图法定义的群体布局，即画中人物都是同样高度的布局，是古典艺术与拜占庭艺术的一个独特特征。自1080年起的福尔米圣天使修道院湿壁画，代表了拜占庭传统与当时新制定的基督教形式教义在风格与图像表现方面的交集。福尔米圣天使修道院中表现的不同风格形式设计原则和系列图案至少为罗马式巨幅绘画艺术的定义作出了重要贡献。该教堂西墙上《最后的审判》的群体布局（见第419页上图）很大程度上利用了拜占庭传统绘画方法，主要回顾了古典主义时期的形式概念。牧师与信徒肩并肩站在一起，高矮一致，都举手祈祷。后面第二排，只看得到人头。而在后面的几排中，可看得到的只有信徒和圣人的头发。相加性原则意味着大量人员须容纳在一个旨在发挥空间功能的统一图画轮廓空间中。鉴于启示性主题，这种行为完全是有意的。图画的顺序和静态平衡同样符合主题所赋予含义的结构。与信徒相对的是受罚之人，以动态的、对角递增的布局进行构思。可怜之人则以各种各样的动作进行描绘，因为他们被血红的魔鬼们残忍地推进地狱里。相互重叠的弯曲身体与跌落身体，蜷缩在一起或逐渐分开。这幅场景十分巧妙地抓住了地狱的动乱画面。这证明了整体性原则也随主题而定。因此，不能认为相加性原则是老式风格，也不能将整体性原则视作是罗马式群体布局的一种进步变体，尽管事实是整体性原则无疑取得了更强烈的立体性效果。

静态平衡与动态、表面设计与空间感主张，这几对对立词组确定了罗马式绘画艺术发展的不同阶段，与此同时适当地描述了群体布局的相加性原则与整体性原则两者的固有特征。

福尔米圣天使修道院,《最后的审判》,
全视图与局部图(上图),
《背叛耶稣》(the Betrayal of Christ, 左下图),
《最后的晚餐》(右下图)。
创作于 1080 年左右。

施瓦茨海因多夫圣母玛利亚与
圣克莱门斯教堂，楼上教堂，《最后的审判》场景："神罚"
创作于1180年左右。

结构布局的新颖性。例如，折磨者交错排列，一前一后差不多呈扇形。折磨者身上配有长矛和刀剑，右手正刺向受罚之人的身体。这群折磨者的对面是一群同等但数量较少的人群，在他们的下方，无助之人和垂死之人的身体三三两两地斜躺着或倒下，仍遭受着致命的打击。

在罗马式绘画艺术的发展过程中，必须在两种结构原则范围内进行两个方面的区分。一方面，相加性原则与整体性原则两者均限于适当的可用主题；另一方面，整体性原则代表的是一种脱离严格而概略的拜占庭体系的进步元素，这是相当明显的。毫无疑问，即使在加洛林王朝时期，艺术家们也一直在努力寻找一个在平面图上画出空间立体感的方法。其中一个最佳代表就是欧塞尔圣热尔曼教堂圣史蒂芬礼拜堂（见第410页图）。罗马圣克莱门特教堂楼下教堂中描绘的克莱门特传奇故事的群体布局同样清楚地说明了整体性原则。这幅作品以其对拜占庭表达形式的使用而著称（见第400页图）。尤其是右侧靠近祭坛前方圣人的群体，其中有人弯着身体，打破了群体的统一性。因此，这类群体比其后方的建筑元素显示出更大程度的空间立体感，而建筑元素看起来仅像是墙面装饰。

现在，我们谈论苏斯特霍厄圣母教堂（St. Maria zur Höhe，十三世纪中期）后堂拱形天顶上《宝座上的圣母》图的独特结构布局。圣母圣像在风格形式概念方面更多地采用了施陶芬式风格，明显地使用了相加性原则。圣母宝座周围有施洗者和传福音者圣约翰，以及十六位呈弧形排列的天使（见第434页图），而施洗者圣约翰与传福音者圣约翰两者身旁有更小的"二级天使"。根据拱形部分，天使被分成两个或三个群体。在原兰巴赫牧师会教堂西高坛（1089年前不久）可以找到一个相似的布局。我们看到中部跨间的拱顶中，魔术师取代了天使，跪在圣母玛利亚面前膜拜。

或许苏斯特教堂中所描绘的群体不应被视为一个同类团体，因为拱顶球形让成排的天使看起来像是一个装饰图案。无论人们怎样看待这幅天顶绘画作品——是一幅群体构图或者是一个"图画装饰图案"——有一点是很清楚的：罗马式绘画作品的群体布局主要由主题所决定。换言之，形式结构通常用于传达图像结构。因此，以如此新颖的方式围绕在圣母宝座周围的天使，代表了《宝座上的圣母》这个主题的一个与众不同的变化。

然而，另外一种更具有图像表现新颖性的布局是由贝尔泽-维尔画师创造的（见第413页上图）。

这种布局形式所包含的类型繁多，而且在各个世纪分布都非常广泛，因此几乎不能追溯其发展过程。不过，整体性原则及其对图画空间深度的探索，已成为后罗马时代的统一标准类型。这一主张的重要证据将在施瓦茨海因多夫的群体布局中找到：楼下教堂北侧礼拜堂拱角中描绘的《神圣审判》（*Divine Judgment*）几乎可以视作是文艺复兴初期的一种群体布局（见上图）。画中人物做出戏剧性动作，并且不仅仅是重叠。人物的交错布局产生了立体感效应，使整个拱角似乎突然转变成一个具有幻觉效果的球面三角形。场景被分隔成更小的小群体，每个小群体做出某一动作，从而进一步增加了

赖歇瑙岛，尼德泽尔（Niederzell），
圣彼得与圣保罗教堂，后堂，《基
督圣像》，创作于1120年左右。

科隆圣格利恩教堂，洗礼堂，圣格利恩（左）与
圣母玛利亚（右），创作于1240（或1250）年。

耶稣基督的右侧手臂伸出天体或光环的发光边缘，将包含律例在内的卷轴递给圣彼得。

圣彼得由另外五位使徒陪同。与使徒一样，他谦卑地低着头。使徒一个挨着一个，前后挤在一起，运用典型的拜占庭式相加性风格在球形拱距中进行排列。拱距为光环曲线到后堂外边缘之间的距离。从艺术角度而言，这是一种非常巧妙的布局，因为光环区域高耸于后堂之上，并且将使徒领域分隔开，这至少考虑到了观赏者的视角：沿中堂中心轴前行，靠近高坛时便会看到《基督圣像》——神圣宇宙。不过，从角度方面来看，几乎被后堂球形建筑排除在外的使徒画像畸变成不规则的线条和色块。但如果人们站在后堂圆顶的下方以及侧面，则可以看到正常比例的图像，而光环如今则似乎缩小了：神之宇宙无所不在，即使从尘世间看不见。

圣像描绘和群体布局之间的组合具有各种不同形式。苏斯特与贝尔泽-维尔的例子无疑属于特例。一个典型而且广泛使用的体系就是我们从福尔米圣天使教堂中所知的拜占庭式体系（见第411页

图）。经改良后，该体系应用于切法卢教堂后堂绘画作品（1148年）、施瓦茨海因多夫教堂楼上教堂（1180年左右，见第415页图）、科隆圣格利恩教堂或赖歇瑙岛尼德泽尔圣彼得与圣保罗教堂（1120年左右，见上图）。不过，上述例子是否代表了真正的群体结构布局值得怀疑。尽管图像根据相加性原则进行排列，但他们同时又是分开描绘的。窗户结构进一步增强了这种隔离感，有时也通过所绘连拱廊进行增强，例如赖歇瑙教堂。或许，站在信徒等观赏者的角度，也可以解决这个问题。立足于高坛圆顶的包围圈内，结构构思使信徒们不由得被包围在使徒、天使或其他圣经人物群中。借助于尼德泽尔等教堂的连拱廊结构或者科隆圣格利恩等教堂连接的窗户，这些人物能够成为一个真实群体。

因此，"群体布局"用于罗马式绘画艺术时，是一个灵活的词语，因为迄今为止还没有为中世纪的巨幅画确定明确的类型。这个词语仅用作一个示范性模型，从而指出各种风格发展的不同。

421

图书插画

螺旋形装饰与交织图案，爱尔兰-撒克逊的影响

有人已指出，爱尔兰-撒克逊和盎格鲁-撒克逊图书插画对于欧洲的影响甚至在加洛林王朝时期以前就异常强烈了。爱尔兰修士游历到阿尔卑斯山脉南北地区的国家时，带来了许多学术著作。这些著作现存放于新建的修道院中。在那里，教义被分析，传统观念被改动。由此，建立了文化基础，从而让新建宫廷学校能够在八世纪末期，以及整个九世纪繁荣发展。

有三个方面对于艺术风格的发展非常重要：第一，螺旋形与统一装饰设计像一张地毯笼罩、覆盖着表面（因此称作"地毯页"）；第二，复杂设计的字头；第三，通过极其巧妙排列的建筑元素来设计构思人物框架。

关于爱尔兰书籍作品的重要特征的早期迹象，在第403页的《杜若经》装饰页图片（创作于七世纪）和后来的一部爱尔兰手稿中的圣马可对折页（见左上图）中可以看到。在圣马可对折页中，源自爱奥那（《杜若经》）的密集螺旋形图案"被分开"了，重新融入到《福音书》作者圣马可图像中。位于页角的《福音书》作者象征与边距其他部分的稠密藤蔓卷装饰很难区分开。另外一张对折页让我们了解了从装饰构造到建筑图画元素的变化过程，正如呈现在我们眼前的一般：这就是追溯至800年左右的《凯尔经》中的《耶稣被捕》（见第423页图）。一场景画在一个装饰拱下方，装饰拱由抽象的装饰图案构成，装饰图案显露出建筑造型。

《凯尔经》,《耶稣被捕》, 八世纪末创作, 收藏于都柏林三一学院, Lib. Ms. 58,AI6,fol. 114r。

这类装饰性建筑元素的应用对于加洛林时期的插画图形构造可谓是老套了。对于亚琛查理曼大帝宫廷学校的《戈德斯卡尔福音书》的《赐福基督》(创作于781—783年, 见第422页右图), 艺术家重新使用了《凯尔经》中的爱尔兰式交织图案。有人尝试将建筑元素用作与圣马可和《耶稣被捕》场景画页类似的装饰工具:《基督圣像》下方延伸的墙壁象征天堂的一角, 并且在所绘建筑与装饰带之间进行艺术手法的交替。

九世纪, 加洛林缮抄室微型画中的建筑式样和交织点缀具有明显的不同之处。爱尔兰装饰取消了建筑中的精美外形图, 取而代之的是字头与装饰的结合。在加洛林王朝时期很久之后, 这类爱尔兰作品在其艺术形式方面成为典范, 并且无与伦比。这类作品受到欧洲大陆所有修道院的推崇, 这一点即使在今天也不难理解。追溯至八世纪的一部爱尔兰抄本包含有字头"Chi"。这个单词引自《马太福音》第一章18节: "Christus autem generatio sic erat"("耶稣基督的降生是这样的……")。字头同时显示出交织、螺旋形图案, 以及风格化的动物图案。字头由图形元素的相互作用逐渐发展成为包含四福音书引用语句在内的结构。顺便提一下, 这种"Chi"字头反复以各种形式出现在大量的爱尔兰-撒克逊手稿, 以及加洛林乃至奥托时期的缮抄室微型画中。这种字头应该视为耶稣基督的一类"签名"。动物图案、交织花纹及螺旋形、人造环状物和绳结之间的这种紧密结合, 很快成为全欧洲标准书籍作品的组成部分。交织形式以轴对称为基础, 通常扩展为植物形状结构, 从而仿佛捕获了文字一般。甚至在奥托时期的手抄本中, 仍有证据证明, 将文字和装饰形状与插画结构结合在一起的试验非常流行。事实上, 有证据显示几乎每本抄本中都有这类生动的审美实验。这不仅适用于正文插图的艺术设计, 还适用于正文本身。爱尔兰有一种诗歌表现形式称为《西方名言》(*Hisperica Famina*), 它不管单词的含义而追求语言表达效果, 即它关注的是通过富有想象力的文字游戏所创造的语音效果, 视图通过莫名其妙堆砌起来的措辞来吸引读者或听众。我们的确可以将这种诗歌称为"交织的文字"或"螺旋形文字"。想要探究《西方名言》这种诗歌所表达的意义是徒劳无功的; 同样的, 图书插画中的螺旋形和交织点缀在很大程度上也应该只是一种装饰性图案而已。有必要对个别恶魔似的动物主题描绘例子进行研究, 从而确定原本想要达到的驱邪作用(即用作避邪)程度。

爱尔兰艺术的发展单独受到古典主义晚期和拜占庭式风格影响。在任何情况下, 这一点均适用于各种装饰形状。这些形状仍让人想起传统的凯尔特图案。从根本上看, 这些形状没有任何古典主义文化传统痕迹, 但实际上这是对爱尔兰及诺森布里亚修道院学校教学计划的

一个误解。众所周知, 贾罗(Jarrow)与韦尔茅斯(Wearmouth)修道院的院长非常热衷于收藏。他很可能还收藏了拜占庭古籍抄本, 并且对抄本图片和内容有所研究。据我们所知, 最早从六世纪起, 即教皇格列高利一世将本笃会修士奥古斯丁派往英格兰的时期, 便存在一条"拜占庭式纽带"与英格兰连接在一起。597年, 国王埃塞尔伯特(King Ethelbert)任命奥古斯丁为坎特伯雷地区主教。顺便提一下, 不要将大约150年前生活在非洲的一位与奥古斯丁同名的伟大神学家及哲学家搞混淆了。据称, 这位本笃会意大利裔教士奥古斯丁随身携带了大量的重要手稿。这就解释了在衣物和人物处理, 以及姿势动作描绘中发现了多处明显引用古典主义形式和形状的原因。由于爱尔兰对欧洲的艺术影响与其传教活动密切相关, 因此我们甚至可以合理推测, 盎格鲁-撒克逊图书插画是古典主义风格引起人们极大兴趣的第一动力。随后, 这种古典主义标志着"加洛林文艺复兴"。

加洛林文艺复兴

加洛林艺术家对古典艺术形式的接纳和改进前面已经提及过了。中世纪改编古典主义艺术的第一阶段就是用于统治阶级宣传和科学教育。查理曼大帝时期的政治体系需要代表性的审美观传播媒介，还需要发挥良好的教学计划作用。目的是通过提高整体的教育水平，促进和稳定国家结构体系，例如行政机关与军事。查理曼宫廷"第一学者"约克人阿尔昆 (Alcuin of York) 于790年所写的一封信中包含了以下著名语句："如果众人都以国王的勤奋与积极作为榜样，那么一座新的雅典将矗立在法兰克帝国的亚琛，并且在为耶稣基督服务方面将会超越所有学术智慧。老雅典的荣光不过是普及了柏拉图和自由七艺的教学，但新的雅典人才荟萃、圣灵增光，它的水平将超越所有世俗智慧的优点。"

有趣的是，信中提到了"新雅典"，而非"新罗马"。这很可能适用于查理曼大帝对意大利的政策。当时查理曼大帝一直尝试让罗马，或者更准确一点，是让梵蒂冈认可其帝国。这就是世界基督教帝国的形成过程。当然，对于查理曼大帝而言，最重要的是避免与不朽之城（罗马）和教皇发生冲突。信中还清楚地提及了原雅典柏拉图学院极其广泛的科学教育范围。而且，查理曼大帝并不是唯一一个受教皇青睐并受益的人。该教皇曾帮助查理曼登基。教皇本身就有机会在教会政策方面发挥重要作用：帝王加冕仪式使得教皇有权拥立一位受到圣彼得主教"认可"的皇帝；并且他是所有基督徒以及东罗马信徒的君王。在罗马皇帝加冕之后不久至其去世之前两年，查理曼最终在812年的《艾克斯拉沙佩勒条约》（又称《亚琛条约》）(*Treaty of Aix-la-Chapelle*) 中由拜占庭帝国皇帝米哈伊尔一世 (Emperor Michael I) 承认为所有基督徒的统治者。为此，查理

曼付出了昂贵代价，即将威尼斯、伊斯的利亚半岛 (Istria)，以及达尔马提亚 (Dalmatia) 拱手相让。因此，拜占庭元素在查理曼大帝的世界性观点中发挥了重要作用。

在这种背景下，"加洛林文艺复兴"首先表现为亚琛、罗马及君士坦丁堡之间政治衡量的结果。查理曼大帝的帝国权力主张在新一代"奥古斯都皇帝"中表现出来。这只是一个乌托邦式梦想。不过，从实用方面而言，古典主义科学和艺术被视作是巩固社会制度的工具及主权标志。

这些政治联系是如何在艺术作品中表现出来的呢？古典主义错觉艺术手法与拜占庭风格形式是主要的设计特点。在800年左右亚琛宫廷学校创作的《查理曼大帝维也纳加冕福音书》(*Vienna Coronation Gospel Book of Charlemagne*) 中，我们看到根据拜占庭传统，古典式人物与印象主义形式的景观形成对比。身着飘逸长袍的圣马可的巨大身形（见右上图）与梯形景观形成对比。重叠的轮廓显示出空间深度，因此堆叠在一起的元素一个接一个地显现出来。这种方法是典型的古典主义方法，并且用于早期拜占庭手稿设计中，没有受到任何爱尔兰风格的影响。相反，这种人物与景观结合方式是《维也纳起源》(*Vienna Genesis*) 的一个特征。该手稿写于六世纪中期左右，写作地点可能是君士坦丁堡或者安提俄克 (Antioch)。事实上，该手稿与六世纪下半叶的《罗萨诺抄本》(*Codex Rossanensis*) 等其他拜占庭古籍抄本具有惊人的相似之处，让我们不由自主想起"拜占庭画家"，即专门从拜占庭召集到查理曼宫廷的艺术家。

兰斯大主教《埃博福音书》创作于九世纪的前二十五年。书页中包含的彩饰图继续使用了维也纳抄本传统，尽管这些图画改变了拜占庭风格并且形成各自的风格。这种风格在生动而闪光的衣饰，以及背景景观的开放式处理方法中最受推崇（见第424页左图）。

《乌得勒支诗篇集》也是兰斯学校的作品。由于艺术家进行的图画设计及对开放式风格景观结构的轻微涉及，这里形成了一种非常明显的风格。

加洛林缮抄室第一发展阶段的特点是古典主义风格发挥了重要作用，或者更准确地说是经由拜占庭古籍抄本传承下来的古典主义风格发挥了作用。有证据显示，出现了将科学、艺术及教育的政治意义考虑在内的审美观。这种审美观是亚琛、兰斯及富尔达书法与插画学校艺术家们将爱尔兰–撒克逊和拜占庭图书插画东西艺术形式风格结合在一起的成果，而同时形成一种自己的新风格。

图形建筑与建筑图片

通过苏瓦松《圣梅达尔福音书》中的圣约翰图页，对图形建筑和建筑图片进行区分要相对简单一点。这幅作品由亚琛查理曼宫廷学校于800年左右创作（见右图）。两个区域，即两类建筑引起了观赏者的注意：一类作为结构之用；另一类则作为解释说明之用。第一类包括那些与圣约翰图画构造成为一体的建筑元素，例如立柱与拱券。在这种情况下，"图形建筑"这一术语则非常恰当，因为所绘建筑元素具有图像显示结构功能。相反，城墙的设置成一定的角度，并且在图画中呈现出立体的效果。城墙的前方描绘了圣约翰宝座的区域，是对建筑结构及还有天国耶路撒冷的参照。因此，这是一幅建筑绘画作品，而且单独来看，这一局部就是一幅建筑图片。图像嵌入结构关系是加洛林缮抄室创作众多福音传道者图画使用的一种方法。

建筑图画发挥主导地位的程度在生命之泉或天堂之泉主题中显而易见。我们刚刚提到过的《圣梅达尔福音书》中的另外一页描绘的是上升立柱，以及以一间壮观开敞谈话间为背景的喷泉圆顶（见第427页右图）。喷泉的结构设计毫无疑问源自正典目录。正典目录通常位于抄本的开头部分（见第429页，正典目录与经文字头专页）。通常，生命之泉或天堂之泉与正典目录的直接关系明显包含在图画设计中，例如上述《圣梅达尔福音书》正典目录的三角墙空间内。图中，一小股生命之泉位于福音传道者圣马可与圣马太的身旁。分布在喷泉四周的天堂所属物，例如奇异的动植物，确定了喷泉作为"天体"的特性。前述天堂之泉描绘图画页面的周围环境非常相似。因此，仿佛一座宫殿矗立在背景中的谈话间建筑很可能是天国耶路撒冷的一个属性。在此情况下，通过色彩突出的四根立柱代表四福音书作者。顺便提一下，他们同样包含在正典目录中。而且，四根立柱还指天国

之四河及世界之四方。因此，在图片和文字方面，福音书代表了一种通向神之宇宙的工具。

建筑与人物相结合及图形建筑与建筑图画的区分，对于奥托时期的艺术家而言，是最重要的事项。当然，这也说明了艺术家对加洛林微型画的偏爱。大约在十世纪末期，《维蒂孔多斯抄本》（*Codex Wittikundeus*）在富尔达创作而成。传福音的圣马太描绘页（见第427页左图）可以视作是大约200年前创作的亚琛《亚达福音书》（见第409页图）中所绘福音传道者图片的另一形式。图片结构框架——立柱和拱券，以及矗立在宝座后方的富有意义的建筑（天国耶路撒冷）均与加洛林模式接近，因此人们在一定程度上可以推测，富尔达艺术家是根据之前的抄本进行布局和细节设计的。

城市主题通常用作图画框架和结构工具：中心轴将城市一分为二并且与耶稣基督头部相交。

这种推测也是非常正常的，因为加洛林时期的一所书法学校曾活跃于富尔达。因此，奥托时期的插画师与抄写员不可能缺少适当的模型。

刚刚提到的例子是一个特例，通常不应用于奥托式图书插画的发展过程。除了复制和改编加洛林式设计图样外，还存在一些积极探索新颖而独特手法的艺术家。这一发展过程中最著名的就是创作于特里尔及其附属的埃希特纳赫修道院的手稿。奥托时期的抄本中，最突出而且在艺术上最精致的要属《奥托三世福音书》。该福音书创作于1000年左右。如先前所述，赖歇瑙岛与特里尔之间就作品的创作地点存在争议。在此，应特别提到《圣彼得受礼》一页，因为画中人物与建筑的结合如此令人惊奇，并且结果也是如此惊人，以至于值得更仔细观赏（见左图）。我们首先注意到的是，它在很大程度上放弃了图形建筑与建筑图画之间的分隔，并且没有使用任何建筑元素构造图画。然而，带有额枋的绿色圆柱（形成一座"宫城"）构成金箔区域范围，而在该区域前方，出现了耶稣基督、张开手臂的圣彼得，以及捧着水盆的次要人物。在这种整体布局构思中，艺术家可能原本打算创作"一幅画中画"，以显示出耶稣基督无疑是属于天国的。在这种情况下，圆柱可视作是图形建筑元素。根据反透视画法原则，矗立在金色区域上方的建筑部分自身形成一座"宫城"，这是另一处天国耶路撒冷参照。示意图表明，如果在图中运用一条中心轴，那么这条中心轴将城市一分为二并且与耶稣基督头部相交。如果延长外部线条，那么线条与画面中心平行，而且还与耶稣基督头部相交。虽然没有呈现出三维空间，但画面运用的透视法显示出尘世间耶稣的所作所为与天国耶路撒冷的承诺之间的联系。

该部抄本其他书页中的图形建筑使用得很少，但效果不错。圆柱、拱券及额枋用作建筑构件，并且同时担任框架和象征性功能。建筑元素常常作为连接之用，并且经常与城市绘图结合在一起。建筑图画与图形建筑之间的分界线变得模糊，建筑图画逐渐转换为图形建筑，从而标出天国界限。或者，图形建筑可能转变成建筑图画，例如在人物画像位于圆柱前方的时候。当建筑图画与图形建筑重叠的时候，建筑和人物之间则形成一定距离，换言之，就是空间深度。

在总体设计与构造方面，不同的图形建筑与建筑图画处理是奥托时期古抄本的一个典型特征。这一处理方法有助于在其他倾向于朴素而单调的图形结构中形成张力。

富尔达,《维蒂孔多斯抄本》,《传福音的圣马太》,
十世纪末创作,收藏于柏林德国柏林国立普鲁士
文化遗产图书馆, Ms.Theol.Lat.fol.l。

苏瓦松,《圣梅达尔福音书》,
亚琛宫廷学校,《生命之泉》,创作于 800 年左右,
收藏于巴黎国立图书馆 Ms.Lat. 8850,fol. 6。

　　直到罗马式时期结束为止,这种处理方法一直是图书插画发展过程的一个典型特征。城市主题常常用作图画框架和结构工具,而同时还具有建筑图像作用。而且,这一点已经在很早的古抄本《阿什伯纳姆五经》(见第407页图)中有所证明。

　　本文涉及的艺术作品范围在500年期间不断发展、扩大,即从早期基督教插画起,一直到奥托时期抄本。它们让观赏者深刻地认识到画面中不同的建筑运用方式:有时,主题由柱上楣构、半露柱或圆柱等建筑元素构造;有时几面墙壁、垛口或连拱廊将主题连贯在一起。很多情况下,图形建筑也是一个重要的传达含义的工具。几乎所有的情况下,这类图形建筑都采用了上帝救赎应许的象征形式,例如天堂之泉主题或天国耶路撒冷。有时,柱子、额枋或者建筑物的一部分就

足够象征整个天国。不言而喻,这些建筑构件都借鉴于教堂建筑物,因为教堂建筑——上帝在尘世的家,也被敬重地看待成上帝之圣城的象征。

福音书，法兰西北部，860—880 年左右创作，
收藏于大主教教区与大教堂图书馆（Erzbischöfliche Diözesan-
und Dombibliothek），Dom Hs.14。

正典目录与经文字头

抄本结构

　　"抄本"是指根据不同类型进行分类的全部插画手稿。除《圣经》外，还有以下作品：手绘圣经原稿或《福音书》全本、《福音书》选文集或摘录集、圣礼书、弥撒祈祷书、《圣经》选文集（包含《圣经》句段的礼拜仪式集成，以及圣诗集——《圣咏集》）。

　　以《福音书》为例，一部抄本通常由以下内容构成：开头部分为位于《基督圣像》之后或之前的正典目录。正典目录旨在促使福音书中相同或相似章节内容查找起来更方便（索引）。

　　正典目录后面通常是"题词"，作为福音书的引言或序言。

　　"题词"通常为诗歌形式，对相关《福音书》作者表达敬意。在一些手稿中，圣像描绘中也附有"题词"。

　　接下来就是《福音书》作者的图像，其后是"字头"或"起首"。这类专有词语表示手稿的开始，开头采用大写装饰性字母，即大写首字母。字头页表示《福音书》及其所附插画的开始。

　　每本抄本中"题词"——《福音书》作者图像，与"起首"或福音字头进行区分的形式不同，设计在福音书中也大不相同。对于这些开头部分的结构变化，并没有任何说明。结构变化明显是各个缮抄室编者的一些个人偏爱结果。例如，科隆《希尔达古卷》中，上述图案就应用于圣马可和圣路加，而其他两位作者却采用了另外一种方式。负责"第一位作者"圣马可的编者省略了"题词"，并采用一段起首用

语代替。"题词"或标题页仅包含经文。我们对《福音书》作者的描绘已经非常熟悉，其中我们引用了许多例子。因而，有必要在此更仔细地研究一下正典目录和字头。

正典目录（参见示意图）

　　自中世纪，流传下来了两类正典目录：拱式目录和柱顶式目录。柱顶式目录主要在兰斯加洛林书写学校中找到（左下图1：《埃博福音》，800年左右）。可追溯至六世纪的拱式目录通常用于奥托式图书插画中（左下图2：科隆《圣格利恩福音书》，1050年左右）。还有一种混合形式。该形式由带三角墙的柱顶构成。这是科隆学校的另一典型特征（左下图3：特里尔《福音书》，1000年左右）。

字头

　　字头的主体或轮廓与字头的"填充"或内容之间具有区别。字母的主体或轮廓通常由两行平行的金色线条组成。线条相交可构成不同的装饰性结构外形。内部通常采用藤蔓卷绕装饰形状进行细节"填充"。不过，它的设计方式多种多样，因此不可能确定固定的种类。这里选取了以下三个例子，用于传达一些关于运用丰富的经文字头装饰词汇的观点：

　　1. 特里尔《福音书》：经文字头"N"（见右上图1）。

　　词首字母"N"采用交织花结在字母主要区域内及末梢进行装饰。叶饰卷沿轴对称，从字母的中间条纹处突出来。

　　2. 科隆《福音书》：经文字头"N"（见右上图2）。

　　这类字头似乎更封闭一些，几乎成一个方形。

　　字母"N"的对角线构成两个三角形。三角形内部填充有攀缘、缠绕的螺旋形萼片形状。

　　3. 秃头王查理宫廷学校《福音书》：经文字头"H"（见右上图3）。加洛林宫廷学校的词首字母"H"（Hic est Johannes），仍主要采用效仿古典主义的轮廓奢华的科林斯柱式卷须和萼片形状。

　　字头是福音书经文的起首，并且为介绍耶稣生平作好准备。通常根据所选的叙述顺序，场景从一个福音书作者"跳到"另一个作者。

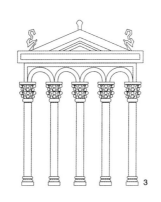

正典目录

苏瓦松，《圣梅达尔福音书》，亚琛宫廷学校，创作于 800 年左右。

肖像画法

壁画

在教堂建筑中所处的特殊位置决定了罗马式宗教壁画的主题：源于旧约及新约的叙事性组图常用于装饰拱廊与高侧窗之间的中堂墙壁及教堂顶棚（桶形拱顶或平顶式木质顶棚）。绘有地狱入口的《最后的审判》有时画在西侧内壁上。东侧常绘有与复活和救赎相关的内容，因而是与教堂圣坛同等重要的位置。在这一范围内的后堂墙壁绘制的几乎都是基督圣像，而基座区域则画满了天使或使徒像，有时也会专门绘制某些圣人像。

圣坛侧壁偶尔绘制圣人传奇故事，这些故事通常与当地具体的文化背景有关。可以看出，罗马式艺术的绘画主题与其所装饰的宗教建筑具体部位之重要性有密切关系。因此画作也是预设性的。正因如此，许多艺术家想冲破这一基本原则的束缚，纳入更加多样化的主题，意在打破基督论的影响，引入更多世俗主题来调和救恩教义这一主题；同时也是为了表达这样一个观念：向上帝的奉献肯定与对生活的热爱是不相冲突的。他们甚至有可能故意越界，在教堂内的边角空白区域画上一些快乐诙谐的小幅画作。这些小幅画作的装饰和图案风格奇异，有时还绘有怪物或寓言中的形象。

罗马式绘画最引人入胜的作品中都存在基督论背景下创作的世俗主题。当然，这些世俗主题一再地被人们指责为渎神的、可憎的，因其无法与宗教大背景融为一体。1124年，个性严厉的克莱韦尔的圣贝尔纳（St. Bernard of Clairvaux）因参观克吕尼修道院（Monastery of Cluny）有感而发，发表了众所周知的反对极度奢华建筑的慷慨激昂的演讲：

"另外，在前来观看的弟兄们面前，这围廊庭院之中渎神的怪物、变形的式样、有意为之的畸形，到底意义何在？不洁净的猴子、野狮子、恐怖的半人半马怪物、吹角的猎人，到底意义何在？许多身子连在一个头上，还有许多头连着一个身子。这里看到的是长着蛇尾的四足兽，那里看到的是鱼身上长着四足兽的头。野兽前半身是马，后半身却是羊；动物前面长着角，后背却是马的后背。简而言之，到处都充斥着这样各式各样的令人惊异之物，人们不再喜欢读律法规条，倒愿意看看这一块块的大理石，花上一整天因之困惑好奇，而不是默想神的律法。上帝不容！即使你们不因如此愚蠢而感到羞耻，至少也应考虑这是多大的花费！"

贝尔纳自己明显也是应接不暇地观看了这些"愚蠢"的作品，否则不会研究并描述的这么透彻。他的演讲却最终成了创作虚构怪物和动物寓言的指导手册，尽管这完全是他始料未及的。

贝尔纳生性严肃，对艺术的接受力也不是那么强，他曾期望禁止在"上帝之家"的教堂中表现任何与基督无关的主题。不仅如此，他甚至支持根据本笃会当时新近阐明的观念，去除教堂中所有的装饰，从而可以使教堂重新成为没有任何"外在"装饰美的庄严场所。这种断然敌视艺术的态度与圣奥古斯丁的态度截然相反。正是圣奥古斯丁在几百年前提出了古典柏拉图艺术理论，使艺术进入了教堂建筑。早期基督教宗教性内部装饰允许使用艺术来增加生气并使人愉悦。圣奥古斯丁认为这可以使人们更充分地了解上帝创世是多么地重要与伟大。

因此罗马式绘画的发展处在一种内在的张力之中，一边是对艺术的欣然热衷，一边是从禁欲主义角度出发对所有艺术强加反对。在这种大背景下，繁盛起来的罗马绘画涌现出了许多最壮丽也最荒谬的作品，尽管这些作品仅仅是依照圣经主题所画的二次画像。

毫无疑问，罗马式绘画的重要主题是基督圣像和登上宝座的圣母。此类画像通常位于后堂中，即基督教堂中最重要的、意义最为重大的肖像所在位置。但令人惊奇的是在杰尔米尼-德-佩（Germigny-des-Prés）奥尔良（Orleans）的狄奥多尔夫教堂内（一座对加洛林文化产生了重要影响的教堂），后堂中却没有基督圣像，而是后来几乎完全被人忽视的一个主题：盘旋在约柜上方的两个天使（见第386页图）。我们不禁要问，为什么这么具有重要象征意义的场所选用的却是如此奇怪的主题呢？很快我们就找到了答案：正如在本书第一章已经讨论过的，狄奥多尔夫是继约克的阿尔昆（Alcuin of York）之后查理曼宫廷中最重要的学者。作为《加洛林书》（Libri Carolini，被称为"加洛林帝国文化的宣言"）的作者，狄奥多尔夫十分关注八世纪末拜占庭的反圣像运动。他选择了一条折衷的道路，既不断然反对包含神圣内容的画作，也不崇尚极端的偶像崇拜。这位主教认为，画像是传达圣经信息的重要途径，因此它具有教育的作用。然而他所指的画像并不包含基督像或圣人像，因这些画像带有"偶像崇拜的嫌疑"。公元825年前，在杰尔米尼-德-佩教堂内还是不可能绘制基督圣像的。同样是在公元825年，巴黎会议（Synod of Paris）召开，绘画主题的地位发生了改变。描绘基督、上帝或圣母玛利亚像不再被视为亵渎神灵的行为。此后基督圣像和登上宝座的圣母像又出现在了教堂最重要的位置——东部圣堂的后堂之中。

狮子公爵亨利的福音书。《基督圣像》(*Christ in Majesty*)。1188年，沃芬比特 (Wolfenbüttel)
奥古斯特公爵图书馆 (Herzog August-Bibliothek)，Cod.Guelf. 105 Noviss. 2°，fol. 172r
狮子公爵亨利的福音书是下萨克森州 (State of Lower Saxony)、巴伐利亚自由州 (Free State
of Bavaria)、德意志联邦共和国 (Federal Republic of Germany) 和普鲁士文化遗产基金会
(Stiftung Preussischer Kulturbesitz) 的共有财产。

雷根斯堡 (Regensburg)，亨利二世的福音书。
《一位统治者的肖像》。1020年左右创作。
Bibl. Vat. Ottobon. Lat. 74。

基督圣像和登上宝座的圣母像

最明显地将巨幅画中的基督圣像和圣母像从肖像学并列关系
中分开是始于图书插画。如果我们将福尔米 (Formis) 圣天使
大教堂的后堂湿壁画（见第411页图）与亨利二世1020年左右命
人创作的福音书微型画（较前者早五十年，见右上图）加以比较
的话，立即就可明显看出两者在主题和布局上的相似性，两者都
可称为圣像画。但有一处不同，这在当时几乎是革命性的改变：
在圣像类型和形式肖像学背景中，坐在光晕中宝座之上的不是基
督或上帝，而是亨利二世。圣灵白鸽看起来正盘旋在他的头顶上
方，周围的四分之三圆形图案及边缘的矩形空间里是通过人的姿
势寓指的各种"美德"。

这位皇帝下方画的好像是一幅审判场景。毫无疑问这幅微型画传
达的是这样一个信息："蒙主恩宠"的皇帝在圣灵（白鸽）授意下，正进
行宣判，他就是各种美德的化身。

在弄清楚何处看起来有亵渎神灵之嫌以前，我们可以先考虑一
下这幅组图的主题。这幅组图中有关于地球、世界及蒙上帝恩典的
世间皇帝的隐喻。用创作基督像的方法来创作世间统治者的形象，
是人们熟悉的构图方法之一。基督圣像通常画有圆形光晕，将其突显
出来，好似众星捧月一般。这一主题可以追溯到古典时代，那时宙
斯或丘比特作为宇宙统治者的形象被描绘在黄道十二宫中。含义的
转变是十分明显而又引人注目的：取自古代及君权神授的权力主张
成为了连接古代主题和基督教主题的纽带，是中世纪统治者的再一
次自我确认。许多画作中都出现了"世间统治者"这一形象：例如
在《撷英集》[*Liber Floridus*，佛兰德斯 (Flanders)，1180年左右]
中，基督是通过四元素表现的（见第431页图）。

这一"绘画主题上的放肆傲慢"当然已经预示了皇帝与教皇之
间的激烈争斗，这一斗争在几十年后正式爆发，在"叙任权之争"
时达到高潮。这种"亵渎式的"圣像并没有什么新奇之处。作为罗

欧塞尔大教堂（Auxerre Cathedral）地下墓室。《骑白马的基督》。1150年左右创作。

世俗圣像画和宗教圣像画之间的对峙是变幻莫测的。最有说服力的解释可能就是奥托统治者们迅速增长的权力。统治者们想要表达这样一种观点：他们可以直接从上帝那里获得帝王之冠。在微型画中，他们就用象征手法来进行夸大，例如圣灵白鸽或上帝之手。这相当于是宣称一种神授帝国的绝对权力，几乎是对罗马教廷的冒犯，因为所传达的是这样一个信息：世界不是由教皇统治的，而是由上帝拣选、皇帝统治的。

不管是在叙任权之争爆发之时或是爆发前后，皇帝与教皇之间的关系都很紧张，这种情况一直持续到了十二世纪。严重冲突不断，到"施陶芬对抗"时期达到了高潮，腓特烈二世举兵反抗教皇。1245年的里昂大公会议上，腓特烈被教皇驱逐，被斥为异教徒并被废黜。

欧塞尔大教堂的地下墓室拱顶上，有一幅十分罕见但极为引人注目的圣像画变体。画中基督位于十字架的交叉点上，骑着白马，右手拿着权杖，左手向上举起，好似正在祝福（见左图）。十字架之外的四边区域中画的是天使团花图案。画作可能创作于1150年左右。根据先知玛拉基的预言："看哪！君王和主耶稣要来……"（Ecce advenit dominator dominus ...），这幅画可能是遵循古典统治者象征学原理而创作的气势恢宏的圣像画变体。关于所谓的"即将来临的绝对统治者"的意义可以通过启示录中的一段经文进一步解释，这段经文也同时证实了白马的合理性："我看见天开了，出现了一匹白马，骑在马上的称为诚信真实，他审判、争战，都按着公义……"这段经文与罗什（Lorsch）福音书中的片段有所关联，古典背景中的庄严形象象征了统治者这一庄严形象。

除上例外，圣像类型学几乎没有呈现出其他什么多样性。主要是由于主题范围及有限的形式设计而造成的。基督周围环绕着四位传福音者、天使及圣人。与进入天堂相关的普世性信仰宣告、战胜罪恶和救赎是救恩信息的各个层面。

四位传福音者是圣像的标准特征，通常以启示录中的四兽为代表：天使寓指马太、狮子寓指马可、公牛寓指路加、鹰寓指约翰。圣像中带双翼的野兽和带双翼的人或天使扮演着双重角色：它们启示它们的"伙伴"写下福音，同时它们也象征着上帝的基本属性。人寓指基督降世为人，狮子代表上帝的国度。公牛象征信仰的力量，鹰飞向天际是基督升天的象征。传福音者通常按照刚刚提到的顺序被画在上帝宝座的周围。这一主题通常出现在圣堂后堂之中，位于圣坛之上，在教堂的礼拜中心宣扬着救恩和救赎的信息。

马皇帝的继任者，拜占庭帝国的皇帝声称其有得到这一头衔，即西罗马统治者已经完全交回上帝的头衔。但在查理曼大帝统治时期，"圣像"还被统治者用在了回归古代文化这一使命中。亨利二世不仅将这一头衔视为其地位的象征，也自认为自己在世上的地位是有如基督一样的。因此对他来说自己被画入"基督圣像"中加以崇拜是十分自然的。

奇瓦泰（Civate）圣彼得教堂门厅东墙。
《大战恶龙》。1090年左右创作。

西侧墙上也可以发现基督与传福音者的象征，周围通常画有吹着号角的天使，以及玛利亚和约翰。其中还有天使长米迦勒：吹着号角的天使们刚刚宣布了最后审判的来临；玛利亚和约翰正来到上帝的宝座旁边，要为那些受拷打但并非完全不在救赎之列的灵魂祈求。两幅画中圣像都出现在神圣救赎允诺的大背景中。在"最后的审判"这一背景中也表明了定罪这一主题。

在奇瓦泰附近佩达莱山（Monte Pedale）上的圣彼得教堂中可以看到在肖像学和形式意义相结合的不常见的圣像画作。入口门廊东侧墙壁上拱棱下方的墙段上画有基督像，布局设计颇具动感。这幅湿壁画创作于1090年左右，被认为是意大利罗马式绘画最重要的作品之一（见上图）。它描画的是启示录第12章中描述的情景：在笼罩着基督

圣像的光晕下方，我们可以看到一条扭动着的巨龙。正同这怪物战斗的是由天使长米迦勒率领的天兵天将。启示录中蒙选召要将巨龙踩在脚下的妇人正蹲在画作的左下角。她旁边的一位乳母正将手中初生的婴孩举向巨龙，婴孩正举起手准备防御这一怪兽。正因如此，婴孩的手触到了上方的神圣领域，从而被天使递交到身处光晕之中的上帝手中。启示录中，约翰这样写道："妇人生了一个男孩子，是将来要用铁杖辖管万国的。她的孩子被提到神宝座那里去了。"这个男孩就是基督，妇人就是他的母亲玛利亚，这里将她称为"启示录中的妇人"。

也有这样一个关于启示录的解释，奇特但明白易懂：基督的牺牲是与恶魔斗争的比喻，在视觉意义上与启示录中的妇人和巨龙之间的战斗融为了一体。

苏斯特（Soest）霍厄圣母教堂穹顶。《登上宝座的圣母》。1120 年左右创作。

它强调了救恩的信息以及"永生是通过基督的牺牲得来的"这一特定知识。这幅圣像画中，战斗和牺牲的场景表现出了救赎和天堂这两个概念。

周围环绕着天兵天将的基督圣像也在另一肖像学背景中出现过，即里昂东部多菲内（Dauphiné）的圣谢夫修道院（1080年左右）。这幅画位于修道院小教堂的拱顶之上，光晕之中基督登上了宝座，宝座是铺着软垫的长椅，他双臂向上举起，正在祝福（见第435页图）。在基督的冠冕上方，是不协调地倒置着的圣羔羊，因为羔羊所处的位置是拱顶的另一面，即狭窄的、呈球状倾斜的一面。掉过头观看的话，观者会发现上帝的羔羊则是位于天上的城堡顶上的，城堡位于拱顶下缘。圣母玛利亚和众天使被置于天上的耶路撒冷一侧，围绕着光晕，从而画有上帝羔羊的天上城堡、圣像和圣母玛利亚排列在了一条中轴线上。如果将这条轴线继续向小教堂后堂延伸的话，就延伸到了后堂圆顶上的另一幅上帝羔羊图和另一幅圣像上。同一肖像学背景下分散在教堂不同区域的两幅圣像画是非常自然、不足为奇的。

毫无疑问，圣谢夫修道院的拱顶被定义为神圣的宇宙。装饰板拱券饰有弧形锯齿状的朵朵云彩，可以将其诠释为其寓指了宇宙。顺着我们的话题继续观察教堂内的这些肖像时，可以发现天上的拱顶是建立在地

上的，换句话说，上帝幻象般的存在是通过墙壁之上的画作来传达的。在墙壁之上，我们可以看到聚在一起的传福音者、先知、使徒，还有正在谈话的启示录中的二十四位长老和教堂的四位神父。上帝的话语被天兵天将们"护送"，由传福音者传达，并由教堂的神父们解释和教导。顺便提一下，中轴线穿过了摊开在基督腿上的生命册。肖像学设计是清晰易懂的，与那些在小教堂中四处转转，抬起头来学习基督教训的信徒们是直接相关的。"上方"和"下方"这两个概念暂时被搁在一边。世上的标准和视角不再有效。位于信徒头顶之上的一切都融入了神圣秩序之中，建立了一种救恩教义得以传达的联系。小教堂建筑的唯一功能就是传达绘画叙事性内容，因而也被称为"天上的建筑"。圣谢夫修道院小教堂是为数不多的至今仍保存完好的罗马时期湿壁画组图之一。

圣谢夫拱顶画的布局与之前提到的苏斯特霍厄圣母教堂穹顶湿壁画（见上图）的布局惊人地相似。在这两座教堂之中，建筑物与肖像之间的明确联系从视觉意义上表现了天与地之间的联系。肖像规划的标准脉络体现在圣母玛利亚在湿壁画及教堂内部所处的位

圣谢夫修道院小教堂天顶。《基督圣像和天上的耶路撒冷》——1080年左右创作。

435

置。在苏斯特霍厄圣母教堂中，圣母玛利亚并非位于穹顶正中的位置，而是位于组图下半段之中，处在引人注目的圣坛上方位置。因而她既可以看作是圣坛神圣画像，同时也属于天上的领域：正是通过圣母玛利亚的画像，会众可以自此得知世上的圣坛与神圣宇宙之间的直接联系。

玛利亚之所以能建立这种联系，是因她既是上帝之母，又是代求者。因此登上宝座的圣母玛利亚形象与这个世界的联系比基督圣像与这个世界的联系更为紧密。圣母画像没有光晕并且处在"天使秩序"的"宇宙边缘"（即穹顶边缘）的较低位置，这并不能解释为在肖像学系统中圣母像的价值没有基督圣像的价值高。

之所以这样处理，唯一目的是将其置于神圣意义领域之内。圣谢夫修道院礼拜堂的情况也类似：玛利亚像位于后堂凯旋门上方穹顶的边缘位置，由众天使环绕着。这幅画像与其下的圣坛之间构成了一种视觉上的联系，被稳稳地置于一种礼拜大背景之中。

关于圣母像和基督圣像位置关系的另一变体出现在奇瓦泰的圣彼得教堂。画中圣母被描绘成启示录中的妇人，是战胜罪恶、奉献和救赎的象征。从宗教意义上来说，圣母和基督是处于同一层次的。在神学和宗教学背景下，玛利亚为了伟大事业而战并在基督旁边代求，其地位显得更为重要，从而完全表明了她在神圣宇宙中作为天国之母的地位：未戴冠冕的基督将冠冕加在了母亲的头上，正如雅各布·托里蒂（Jacopo Torriti）于1295年，在罗马圣母大教堂的后堂镶嵌画中所表现的。玛利亚在天上的加冕可以看作是基督圣像和登上宝座的圣母像之间理性连接的融合或结果。

前面也曾提到过环绕圣母的众天使，这是在登上宝座的圣母像中反复出现的一个主题。苏斯特（Soest）霍厄圣母教堂和圣谢夫修道院礼拜堂中画像的布局令人印象深刻。众天使寓指了神圣宇宙。但众天使可能并不能等同于庄严的光晕。玛利亚与这个世界的联系十分稳固，以至于无法将其画入庄严肃穆的光晕中去：作为拥有肉身的天国之母以及代求者，她与信徒们有着直接的联系。相对于上帝周围弥漫着亮光的神圣领域或者光晕来说，众天使与人类与她的关系更加具体、更加亲近。

圣母玛利亚和众天使这一组合是十三世纪和十四世纪的意大利板画中明确定义的主题，被风格化并发展成为一个十分重要的绘画体系。在杜乔（Duccio）、契马布埃（Cimabue）和乔托（Giotto）的作品中，这一类型被称为"梅斯塔（Maestà）"（圣母荣登宝座图）。但与这里讲到的圣母像相比的话，其在主题和风格上都有明显的不同。那时，新一代画家的兴起，造就了新的圣像画。将圣像画作为手段，杜乔和乔托开创了"宇宙空间中的形象"这一概念，并由此宣告了现代绘画的到来。

天上的耶路撒冷

在圣谢夫修道院，装饰壁画的主要特点是天上城堡、耶稣像和圣母像三者都位于画面的中轴线上。因此它们可以视为罗马式绘画中表达天上的耶路撒冷各种内在意图的模型。遥不可及的关于救赎的应许在天国之城中找到了具体形式，这一应许只能通过基督的牺牲和玛利亚在上帝宝座前的代求才能实现。位于天国中心的是必须与光晕中的圣像融合起来的"新耶路撒冷"。在圣谢夫修道院，天国之城与上帝之子、基督之母这些"天上的身份"的结合通过其位置表现了出来，即穹顶主中心轴线上方的位置。

"七位天使中有一位走来……我的灵魂被那天使带到一座高大的山上，他把从天上由神那里降下来的圣城耶路撒冷指示给我……有高大的墙，有十二个门，门上有十二位天使……城是四方的，长宽一样……城墙的根基是用各样宝石修饰的……十二个门是十二颗珍珠。每门是一颗珍珠。城内的街道是纯金的，好像明净的玻璃……"

圣约翰所写的启示录第21章中有关于天国之城极为详尽的描述。实际上这些细节描写得十分精确。但艺术家们却很少注意这些列举得极为详尽的建筑材料。对他们来说，新耶路撒冷是关于天国的寓言。因此对他们来说，将天国之城描绘成教堂的形状更说得通，尤其是奥古斯丁在其保存至今的著作《上帝之城》（De Civitate Dei，写于公元412—426年）中提出天国在尘世间表现为教堂之后。这样天国之城也成为了中世纪信徒们在教堂出出进进时可以观察到的景象。

只有结合其宗教背景及由此得出的艺术主题，才能完全理解壁画中描绘的天上的耶路撒冷。天上的城堡融入了一个参照系中，这一参照系中的典故是理解包含其中的全部意义的关键所在。信徒们应找到并坚守他们各自的立场。新耶路撒冷只有通过上帝的话语（通过圣像表现）、基督舍命（通过上帝的羔羊表现）及代求（通过玛利亚表现）才能到达。人们可以透过福音书或是教堂的神父以多种方式得到上帝的话语。奇瓦泰教堂画像上天上强有力的主人所预示的国王的军队会保护信徒们。天上的耶路撒冷的另一含义是为保护和救赎信徒而进行的与恶者之间的战斗。根据启示录记载，直到愤怒和审判形象出现之后，天上的耶路撒冷才向约翰显现出来。

奇瓦泰教堂正是选用了审判与启示之间的"启示性对抗"这一场景来诠释天上的耶路撒冷。这幅画位于拱顶东面，东面墙上是拱棱湿壁画（见第438页图）。

画中上帝坐在他的宝座上，膝上放着生命册，脚旁是圣羔羊。他置身于花园之中，这花园让人联想起天堂，周围是以塔加固的围墙。这幅画的画家更加忠实于启示录中的记载：上帝右手中拿着用于丈量这座城的"金苇子"。十二个门中有十二个向外张望的面孔，并"定睛看他的脸"。使用花园这一绘画形象来表现天上的耶路撒冷是与圣经经文不符的，同时也让人联想起古代后期准印象派手法，这样的表现手法是相当不寻常的。这种风景构图方式只在早期按照创世纪创作的维也纳基督教微型画中出现过。将天上的城堡和天堂花园结合起来象征着审判已经宣布，忠信的和受祝福的人们将得到救赎。同样地，这与拱棱下方墙面上的湿壁画也构成了肖像学意义上的连接，这幅湿壁画描绘的是与巨龙之战。虽然这一连接稍显微弱，但对中世纪的信徒们来说却是明显能够立刻看出的：必须先完成地上的献祭并战胜恶者，在最后上帝显现之后，方可进入天堂。

施瓦茨海因多夫（Schwarzrheindorf）令人印象深刻地诠释了将各个宗教房间和区块组合和连接起来是多么重要。对楼上教堂和下层教堂来说都很关键的人物形象被置于下层教堂的中心位置，即十字交叉部的东部拱顶区域上（见第439页上图）。画中是一座城中的建筑，城门被不合比例地放大了。有一位人物看起来正要从城门中走出来。这幅画参考的是先知以西结的预言，以西结出现在了画作的下部，手拿卷轴："以后，他带我到一座门，就是朝东的门。以色列神的荣光从东而来。"以西结被领着穿过天国之城来到圣殿和圣坛前。中世纪的教堂神父们将这一形象解释为基督从圣母玛利亚而生这一应许。我们在启示录里找到了与以上提及的以西结预言相关的内容："你到这里来，我要将新妇，就是羔羊的妻，指给你看。我被圣灵感动，天使就带我到一座高大的山，将那由神那里从天而降的圣城耶路撒冷指示我。"这里"天使向玛利亚报喜""新妇"和"基督的母亲"肯定是与天上的耶路撒冷紧密相关的。

十字交叉部所有其他拱顶段上都有城市风景画，只有一个例外：北段上画的是祭坛。西段上画的是刚刚提到的城门的姊妹篇，即上帝所界定的天国之城。天顶上空着的八角形区域将这四大区域框了起来，从而观者向上观看时可看到楼上教堂的后堂。从而信徒可以构建他自己的"天堂或救赎轴线"。站在天国之城下方西面的"上帝的城门"之前，信徒可以向上透过"以西结城门"看向东面。看到的将是位于楼上教堂后堂的基督圣像。基督圣像周围是八角形边框和环绕物，这些边框和环绕物象征着天上的耶路撒冷（见第439页图）。

用天上的耶路撒冷和建筑物来描画和表现基督的降生或基督的奇迹是罗马式绘画的常见主题。一方面，这一主题提供了一种构架绘画组图和叙事性内容的方法，同时也包含对天国之城的隐喻。另一方面，从圣经经文来看的话，新耶路撒冷也寓指了救赎的可能性。也有可能城市这一主题的流行是因为其反映了十二世纪日益加快的城市化进程。新城市的建设通常与人口的增长和经济的增长是同步的。很自然地，这也反映了城市人口与其主教之间的权力架构。之前加洛林地区的下层贵族通常与城市公民结成联盟，共同反抗教会的统治权，从而与主教争夺权力。由于在更高层次上有教会与帝国之间的权力争夺，此类冲突是受到鼓励的。对国王来说，这种形势非常有利，他可以赢得联盟的支持，共同反对神职人员，从而获得帝国经济方面的税收收入。正因如此，在宗教场所描绘城市这一主题还有一个环境因素：据奥古斯丁说，天国之城是比地上之城更好的所在，特别是在后者采取了反对教权主义的态度之后。另一方面，国王或皇帝喜欢通过在教会宗教环境中通过描绘城市环境表达这一观点，尤其是此后教会多受到统治者们的捐赠。

1220年左右波西米亚的寺院缮抄室创作的《魔鬼圣经》（*Codex Gigas*）中包含两幅全页微型画，其寓意十分丰富，被比拟为天上的耶路撒冷和畏缩在地狱中的魔鬼（见第439页下图）。众所周知，中世纪时天堂和地狱的对立构成了整个宇宙系统。人们不可避免地都被框进了这个系统之中，必须通过向上看和向下看来证明自己。人类在宇宙中的矛盾位置是《魔鬼圣经》的主题，也是由其百科全书式扩展过的圣经的主题。城市被描绘成了高耸的、巨型的建筑，让人联想起了中世纪的曼哈顿。可能是参考了曼哈顿在十二世纪和十三世纪的政治、社会和宗教发展情况，画中的这一城市形象无疑应被视作地狱的对立面。

奇瓦泰圣彼得教堂门厅，《天上的耶路撒冷》。
1090 年左右创作。

施瓦茨海因多夫圣玛利亚克莱门斯教堂（St.
Maria und Klemens）。楼上教堂仰视图。天上
的耶路撒冷和基督圣像。1180 年左右创作。

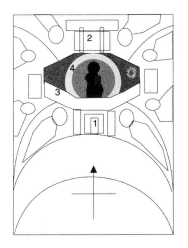

1. 以西结的幻觉
2. 天上的耶路撒冷
3. 下层教堂的八角形开口
4. 楼上教堂的基督圣像

《魔鬼圣经》，波西米亚，《天国
之城和地狱》。1200 年左右创作。
收藏于斯德哥尔摩瑞典国家图书馆
（Kungliga Biblioteket），Ms. A 148。

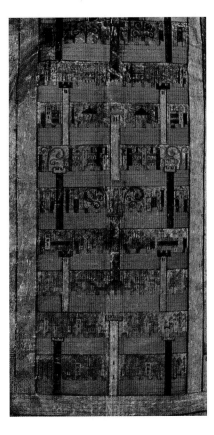

荒诞画：幻想及动物主题

一座城堡中，老鼠和猫正在战斗，这肯定不是寓指天上的耶路撒冷，而是寓指地狱。这幅画是位于中殿南墙上的，紧邻的西墙上画的是《最后的审判》。这幅普尔格约翰尼斯礼拜堂内的湿壁画创作于1180年左右，是范围极广的"动物寓言集"的一部分，"动物寓言集"中的形象在中世纪许多教堂和手抄书籍中都可寻见。尽管克莱韦尔的贝尔纳对在宗教场所内使用此类主题加以严厉指责，还是有许多的基座区域、彩色壁毯、装饰面和框架上满布着此类动物。这些动物通常具有基于动物学现实的特征，但很多时候是根据不可靠的资料被描画成畸形、奇异、古怪的怪物。

在上面提到的湿壁画中，猫和老鼠使用弓箭和刀剑互相攻击。其中一只猫背着盾片，身上绑着剑。这只猫正带着这样滑稽的装备，蹑手蹑脚地逼近一群老鼠。这一主题与基督教的救恩主题相去甚远。艺术家们的想象力从此类束缚中解放了出来，借助奇特的方式创作出了这样的形象。

但我们必须承认，基督教主题从来没有真正完全将怪诞的动物、奇异的杂交生物或有翅膀的怪物排除在外。作为象征罪恶的对立角色，这些形象组成了上帝宏大的救恩计划的一部分。这在南蒂罗尔（Tyrol）特勒民（Tramin）附近卡斯德拉（Kastellaz）的圣雅各教堂（St. Jakob）围绕后堂的区域中表现的极为明显。这些1220年左右创作的邪恶生物包括半人半马怪物、鸟身女怪、鱼状动物、吞吃蛇的狗头怪物。这些怪异的生物以弓箭、蛇箭、笨重的骨质工具作为武器，也正在战斗（见第441页上图）。

不见得这些生物仅仅是艺术家们想象力的产物，或者总是基于靠不住的旅行者们口中的怪诞故事。根据中世纪由约翰·斯克斯特·埃里杰纳首创的审美观，恶魔和怪物也可以视为一种美的表达。即使畸形表明了其并不完美，然而恶魔可以视为"相对完美"的生物。它们也是存在着的，因而也同样是上帝的创造物："任何事物都是亦善亦恶的。"美的定义是相对的，因为既有不完美的美，也有完美的美。正是基于这一事实，使得怪物如此吸引人：其审美畸形鼓励着信徒们去找寻上帝和圣人们那绝对的美。前面提到的约翰·斯克斯特在他的论集《论圣名》（De divinis nominibus）中就曾提及此类观点。这些观点很快在教堂文化中流传开来，并被绘画艺术加以借鉴。

另外，所谓的"荒诞画"是有其文学传统的，这一传统可以追溯到公元前五世纪中叶，以及希罗多德著述中关于印度的传闻。接受这些关于东方神奇之物著述的并不仅仅只有非基督徒作家。基督徒学者也延续着这一传统，百科全书编纂者塞维利亚（Seville）的伊西多罗（Isidore）就是其中之一，他的著作《词源》（Etymologiae）作于公元600年左右，其中就有关于奇异生物的描述。他很有可能参考了老普林尼（Pliny the Elder）于公元一世纪所著的、中世纪时众所周知的《自然史》（Naturalia Historia）。普林尼在其百科全书中提及了大约五十种奇异生物，并提供了细节描述。他的论述很有可能为法国富尤瓦（Fouilloy）的雨果所熟知，因富伊瓦的雨果在十二世纪中叶时是相当活跃的一位人物。他在自己的动物寓言集中，创作了一系列半人半兽的怪物形象：有眼睛长在肩上、脸长在胸部的无头生物，还有身上长着巨大獠牙的生物（见第442页图）。普林尼曾根据到过印度的旅行者的怪诞故事制定过关于东方人的体异学。他将眼睛长在肩上的生物叫做"埃皮哈吉（Epiphagi）"，而脸长在胸部的叫做"布莱姆叶斯（Blemmyes）"，狗头怪物叫"辛诺西帕利（Cynocephali）"，而食人怪物称为"安思罗波帕吉（Anthropophagi）"。

尽管克莱韦尔的贝尔纳发表了其训诫，但宗教界却认为"荒诞画"是很现实的。修道院仍十分尊重"古人知识"，即从古代流传

左图及右图：
卡斯德拉圣雅各教堂后堂基座区域。
奇异生物。1220 年左右创作。

下图：
《与鹰同行狩猎艺术》（De Arte Venandi cum Avibus）。
意大利南部。腓特烈二世的鹰猎书（曼弗雷德版）。动
物和鸟。罗马，Bibl. Apost. Vat. Pal. Lat. 1071, fol. 42v。

下来的知识宝藏。正因如此，《圣人传》（Acta Sanctorum）就曾记载圣克里斯托弗和圣墨丘利就是来自印度高山中的辛诺西帕利人（食人族）。

从某种意义上说，此类"荒诞画"可以看做是一座"隐喻桥"，通向基督的生平及受难主题。持此类说法的典型例证之一就是《生理论》（Physiologus），《生理论》是中世纪最广为人知、最受人们喜爱的动物寓言集，创作于古代晚期。

中世纪的百科全书涉足的是学者研究和想象力之间的灰色地带。这是将可信的和可通过经验证实的世界与纯粹的想象世界分开所必需的。帝王腓特烈二世的《与鹰同行狩猎艺术》（见右图）是第一批经验性著作中的一部，这本关于鹰的著作可以说是严肃的动物学著作。在其简介中，作者"腓特烈二世、罗马皇帝、耶路撒冷和西西里国王"声称他花了三十年的时间收集资料，因此他可以做到"实事求是"。1248年，长达六卷的作品刚刚完成就毁于一场武装冲突。被毁后不久，腓特烈的儿子曼弗雷德（Manfred）制作了一份手抄摹本，这份摹本现存于罗马的梵蒂冈图书馆。这份手稿中记载了所有值得了解的关于鹰、茶隼、食雀鹰以及其他鸟类的知识，附有关于狗的繁殖及训练的信息，并一一配有详细的彩色插图讲解。施陶芬王朝衰落之后，这一手抄本转到了安茹伯爵查理（Charles of Anjou）手中。向安茹伯爵出售这本手稿的米兰商人将其誉为"……关于鹰和狗的高贵作品……其令人钦佩的美和其重要意义是不言而喻的。"

左图和右图：
富尤瓦的雨果所著的鸟类书籍。法国西北部。根据普林尼的动物寓言集而著，两页奇异生物。1280 年左右创作。收藏于马力布（Malibu）保罗盖蒂博物馆（J. Paul Getty Museum），Ludwig Ms. XV4, fol. 117r & v。

下页：
动物寓言集。鲸类。十二世纪末创作。收藏于牛津博德莱安图书馆（Bodleian Library），Ms. Ashmole 1511, fol. 86v

442

officium habeant. Anphi enim grece . utrumq; dr . i
op inaquis z inter uiuunt . ut foce . cocodrilli ypota
mu . h . est equi fluctuales. ✝ DE BALENA.

Est belua inmari q̄ grece aspido delone dr. latine ū
aspido testudo . lete ī dicta . ob immanitatem cor
poris . ē . enim sic ille qui excepit ionam . cuius altuis
tante magnitudinis fuit ut putaret infernus dicen

拜占庭诗篇。哈拿的祈祷。900 年左右创作。
巴黎，Bibl. Nat. Graec. 139, fol. 428v

书籍插画

基督的生平

　　基督的生平、基督的神迹和基督的受难构成了中世纪抄本的主要主题。首先是收纳传福音者著作的福音书或福音书选文集的抄本，收纳的著作有完整形式的，也有节选形式的。但人们也许会问，是什么原则指导了基督生平场景的分配？因为不管是叙事性内容还是绘画内容，避免重复都是至关重要的。《希尔达·冯·梅舍德院长古卷》（codex of the Abbess Hitda of Meschede），即著名的《希尔达古卷》（Hitda Codex），在行文顺序和插图的组织上无疑是一个成功的范例。这一古卷是于1020年左右在科隆的一间奥托时期缮抄室内完成的（见第445页图）。

　　在《希尔达古卷》中，基督的生平并不是以组图方式呈现的，而是散布在四福音书之中，并且值得一提的是，这些插画是独立于福音书经文之外的。圣马太所写的福音书是自耶西家谱开始写起的，但并未提到"天使报喜"和"圣母进殿献耶稣"之事，并且也只是略微提及耶稣降生之事。但艺术家根据圣路加所写的福音书中的经文分别绘制了此类场景。只有"三博士来朝"这一场景是取自圣马太所著的福音书的。之所以可以这样安排不同福音书里的图片和文字，是因为福音书都有着固定的顺序，并且传福音者们所讲述的关于基督的故事都是相近的。

　　因此，选取的基督生平场景必须能反映整整四部福音书的内容。这就表明内容不仅有必要加以删减，也有必要结合这些传福音者们所讲述故事之外的人物形象和文字。

　　《希尔达古卷》还有另外一个显著的肖像学特征：基督的受难在十架苦刑场景中仅仅是作为脚注出现的，并且关于他死后的事件根本未加阐明。可能艺术家遵循了典型的奥托时期传统，更加注重表现基督的神迹。因为政治原因，相比基督的受难，神迹是更加有效的场景。从场景的选择来看，艺术家期望完整地阐明基督全部的生平。委托这项工作的赞助人最看重的是有效表现基督生平中的积极场景。古卷的布局进一步证实了这一观点。从形式设计和类型学角度来看，古卷布局遵循了加洛林和拜占庭艺术中惯用的形式和主题。例如，学者们就曾发现其中一页描绘了拿因城一位年轻人复活的场景，相同的设计可以追溯到秃头王查理时期（870年左右），那时宫廷学校的阿努尔夫圣礼容器上就描绘有相同的场景。另外，以十分相似的方式绘制的同一幅场景还出现在了赖歇瑙岛奥伯泽尔的圣乔治教堂内（1000年左右）。

　　很明显，这一场景是按照同一肖像学标准表现的，也表明了加洛林时期和奥托时期的书籍插图具有很亲近的艺术关系。这一标准也可以视为基督教救恩信息的"审美商业化"征兆。这反过来也反映了教会十分注重我们今天称为"公共关系"的这一事物的有效运作。

　　那时是加洛林时期和奥托时期的抄本被视为流行式样和主题的可靠来源。画作的某些部分，例如风景构图，很明显是取自古典后期和基督教时期早期的东罗马微型画。没有什么褶皱的光滑泥墙，以及像生面团一样耸起的小山丘都具有典型的拜占庭风景特征。这在《希尔达古卷》的天使报喜场景（见第445页右图）中都可以看到。玛利亚耐心而谦卑地站着，天使正靠近她，脚和翅膀伸出了画作左边框之外。在天使上方耸起的泥墙之上，我们看到了一座城，可能寓指了上帝的选民在世上的国度。这种风格是取自拜占庭时期的绘画风格。为"哈拿的祷告"（见左图）这幅画作提供了布景的类似风景构图也可在900年左右的一幅希腊祷告图中看到。

　　奥托时期缮抄室所创作的艺术作品针对的只是有限的受众。前面提到的例子都表明，使用流行主题和设计元素是为了确保包含在这些形象之中的宗教信息能够以一种清晰的方式表达出来。因为拜占庭式

444

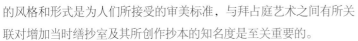

的风格和形式是为人们所接受的审美标准，与拜占庭艺术之间有所关联对增加当时缮抄室及其所创作抄本的知名度是至关重要的。

西班牙《启示录》手稿

西班牙的《启示录》手稿是罗马式书籍插图的一大特色。为什么这一主题当时只在摩尔西班牙地区（Moorish Spain）与比利牛斯山脉（Pyrenees）之间狭长的基督教地带那么兴盛？关于这一问题的诸多解释都各不相同。可能这是因为基督教统治下的西班牙地理位置较偏，与欧洲其他地区相隔，因而为这样一种发展提供了文化繁育背景。之所以选择描绘这些奇异的圣经场景，另一个原因可能是感觉到基督教信仰受到威胁而做出的反抗。

但这仅仅是推测而已。我们无法证明在摩尔人统治时期西班牙基督徒的信仰受到了限制。如果真的是涉及宗教上不容异己的话，那么必须考察的反倒是基督徒对开明的阿拉伯人的态度。摩尔人在文化和科学知识方面较基督徒也要进步得多。如果说被多方引用的因即将来临的千禧年之交而产生的"启示录恐慌"现象是激发这一主题创作的重要原因，这看起来也不可能。

当时西班牙北部地处偏僻，因而与崇尚人道主义的加洛林统治者们的宫廷及奥托王朝的缮抄室之间接触极少。因此，西班牙一直固守着自己国家内有限的学术知识，这主要体现在塞维利亚的伊西多罗于600年左右所著《词源》的形式上。公元八世纪下半叶，阿斯图里亚斯修士利巴那的贝亚图斯（Beatus of Liébana）为《词源》添加了《启示录》注释。

这一纲要更为人们所熟悉的名称是《贝亚图斯注释》(*Beatus Commentary*)。这一注释是西班牙缮抄室中仅次于圣经的重要文献。在这一《启示录》注释中，教堂神父们的解经著作都详细地参考了塞维利亚的伊西多罗对宇宙的推测。

著名的《启示录》手稿"布尔戈德奥斯马（Codex Burgo de Osma）抄本"（见第447页右上图）中满是色彩明亮的插图。创作于1086年的画作"启示录中的妇人"，其主题就是之前讨论的奇瓦泰教堂中画作的主题（见第433页图）。但奇瓦泰教堂画作中场景表现的是与巨龙的战斗，而西班牙手稿中表现的却是天使们将被诅咒之人扔进地狱入口。大蛇看起来正在威胁这位妇人，妇人体内的胎儿清晰可见。这幅插图与启示录（12，1—5）中的经文十分相符：

"天上现出大异象来。有一个妇人，身披日头，脚踏月亮，头戴十二星的冠冕。"

"她在分娩的艰难过程中疼痛呼叫。"

天上又出现异象来；有一条大红龙，七头十角，七头上戴着七个冠冕。

它的尾巴拖拉着天上星辰的三分之一，摔在地上。龙就站在那将要分娩的妇人面前，等她生产之后，要吞吃她的孩子。"

"妇人生了一个男孩，是将来要用铁杖管辖万国的。她的孩子被神抓住，被放到宝座上去了。"

这位"启示录中的妇人"被认定为玛利亚，而男孩是基督。这一观点在分析奇瓦泰教堂画作时已经提出了。而在《贝亚图斯注释》中，启示录中的妇人被诠释为教会，男孩被诠释为"基督教会的儿子（Ecclesiae Filius）"。贝亚图斯之所以如此诠释，是因为他想要明确说明把男孩交给上帝是一种隐喻的苦修行为：

"每一位全心全意转向上帝并通过苦修已经从死亡中复活的人，一旦经过有活力的生活之后，就将进入默观生活。"

将这段话与处理同样主题的奥托时期微型画加以参照比较是非常有启迪意义的。这是人们称为《班贝格启示录》一书中的一页插图，《班贝格启示录》是1020年左右在特里尔或赖歇瑙岛上创作的。这幅画也同样描绘了启示录中的妇人和巨龙（见第447页图右下图）。画家并未完全按照经文中的每一处细节来绘画，好像他认为一位受过教育的赏画者理所当然地会更加关注画作中的宗教观点而非叙事发展。妇人和巨龙都是以风格化的象征形式表现的。右上方强加上去的建筑物看起来与画作主题毫不相干。建筑物看起来更像是一个填充物，用来填充绘画空间内的空白之处，以确保布局平衡。估计当时很多人都读过《贝亚图斯注释》，并且抄写员和艺术家肯定都熟悉这一注释。但看起来他们并无意将注释中公认的复杂情景用绘画形式加以描述。参与启示录手稿工作的西班牙艺术家和学者们并不想只单纯享受叙事的乐趣，他们更愿意通过画作表达特殊的神学观点。

这些与启示录注释相关的手稿通常被称为"莫扎拉比式（Mozarabic）"手稿，"莫扎拉比式"是一个术语，用于形容插图中有非常明显摩尔式风格的插图。尽管众所周知的是，信奉基督教的西班牙人自己对摩尔文化毫不关心，但摩尔风格的影响还是渗透了进来。从一页页插图中丰富的色彩和对比，以及金黄色底色、发光的深红色及土状暗褐色中就可以看出摩尔样式的影响，像一些马鞍、建筑构造、长袍之类的细节也是借鉴自相邻摩尔人的文化。

早期手稿中一幅关于启示录中四位骑马者的画作（980年左右，见第447页左图）中很明显地画有阿拉伯人的马鞍和长袍。艺术家以娴熟的技巧描绘了多个颜色带，从而表明了骑马者们所处的上下前后位置的空间深度。正如此后一位来自布尔戈德奥斯马（Burgo de Osma）的画家一样，这位画家完全忠实于启示录（6，2—8）经文，甚至遵循了关于颜色的描述：画中第四位骑马者（右下）"骑在马上，名字叫作'死'，阴府也随着他"，他正坐在"灰马"上，正如启示录中所描述的。第一位骑马者被描述为坐在白马上，而且"拿着弓，并有冠冕赐给他……"。在画作的左上角就巧妙地画上了一位有着血红色羽毛的天使，天使出现并为这位骑马者"加冕"。这些写实细节的描绘使四位骑马者的故事更加生动、具有戏剧性，这四位骑马者是书卷七印的前四印揭开时出来的。这样多彩而又生动的叙述风格很有可能是出于艺术家们的"博学的无知"及其与欧洲文化中心隔绝开了的缘故。

最后，在彩色建筑元素及动植物的设计上也能看出摩尔风格的影响。有些启示录手稿中就包含摩尔式装饰及风格化的装饰鸟类和植物。还有许多典型摩尔式风格的教堂建筑，可以通过其收敛的半圆拱识别。

参与西班牙缮抄室工作的艺术家和抄写员可能都对阿拉伯文化很感兴趣，甚至超过了其基督教信仰所允许的程度。丰富的形式以及书页中的绘画质量使西班牙手稿看起来胜过了奥拓时期缮抄室创作的其他类似作品。

启示录中的四位骑马者。980年左右创作。
收藏于巴利亚多利德（Valladolid）大教堂藏
书室。启示录手稿，fol. 93。

第448、449页：
圣塞韦尔启示录。八世纪中叶创作。Paris, Bibl.
Nat., Mx. 8878, fol. 108v-109。

上图：
收藏于布尔戈德奥斯马（Burgo de Osma）大教
堂博物馆，Codex No. 1, fol. 131v。

下图：
班贝格启示录。特里尔（Trier）（？）。启示录
中的妇人。1020年左右创作。收藏于班贝格国
家图书馆。Cod. 140, fol. 29v。

HIC AP
...RIT
SCD...
SIGIL
...LU...
ANIMAL

SEQUI DU

IOHANNES.

MORS

HIC AP...
...RIT...
...DE SIGILL...

QUUS PAL LI
...US ET QUI SEDE
AT SUPER EUM
...OMEN ILLI MORS
...T INFERNUS
...QUEBAT EUM.

TERCIU
ANIMAL

IOHANNIS.

UNUM DE ANIMA   LIB: DICIT IOHANNI

UINI   ET UIDI

一概念，更重要的是其重建：如果上帝在创造世界以前设计了一个方案，那么人类就应该是去弄清楚这一方案的设计和构造。由于科学活动的密集发展和日益进步，学者和工匠们可以习得技巧，并制造设备和工具，使他们至少可以建造一个世界模型。这一切都在十三世纪上半叶出现了，那时大学在国家之中拥有了垄断地位，国家授予大学绝对的自由，有时大学甚至拥有自主管辖权。

以绘画寓言的形式创作上帝所造物之模型的观点可追溯至加洛林时期。画在萨尔茨堡一部天文手稿中名为"世界之图"的画作（见右上图）流传了下来。这幅画创作于818年左右，画页上描绘的是一幅按照当时常用的"T"字形铺展开来的世界示意图。上面显示的有欧洲、亚洲、非洲及世界的四个部分，或者说角部位置圆形浮雕中罗盘所指向的四个方位。位于拱肩上的圆形浮雕代表四大元素。这幅画的意义可以诠释如下："地球"代表世界的中心，包围着地球的是"宇宙物质"，也就是各个元素。"四"是"地球"含义的关键所在。隐含的意义很明显：这指代了四位福音书作者，他们正在解释他们所写的福音书，讲述了上帝的创世及通过他的儿子耶稣基督传达的救恩信息。人们通常将这幅世界示意图解释为基督圣像。世界之图可以替换成众星捧月的样子，身处光晕之中的基督正坐在中心的宝座上。环绕着他的是启示录中的四兽，代表"四大元素"，即头脑中充满上帝话语的四位传福音者。

加洛林时期人们大胆描绘宇宙并不仅仅是出于寓言目的，也是数学科学的要求。

世界模型

创作于十三世纪的一份法国手稿《平民圣经》的首页上，有一幅上帝弯腰用圆规丈量世界的画作（见左上图）。他左手托着宇宙天体，右手将圆规的一个支脚置于天体的中心，以便画出一个圆。我们可以辨认出太阳和月亮，还有一团不规则和不连续的云块。有趣的是创作这幅画作的艺术家特意画了当时丈量建筑物时使用的圆规样式。而这种圆规样式在十三世纪后半叶被分线规取而代之。

对工具进行精细的描述和表现是对上帝、设计者的颂赞，这位卓越的匠人，不仅"创造"了世界，还精心地加以计算和规划。圆规是作为七艺（Septem Artes Liberales）之一的几何学的一个标志。因此，这有可能与科学方面有关，这也是造物主的工作之一。但关于创造这

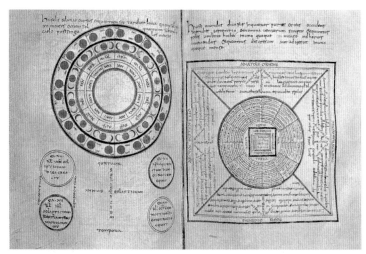

805年创作于科隆的一部天文统计计算集包含八幅图，以及与塞维利亚的伊西多罗的著作和题为"尊贵的比德（Venerable Bede）"著作相关的文字（见第450页下图）。后者关注的是月相和四季的计算，并推测了由四大元素合成的世界构造。

这里将世界推测性地解释为与救恩教义相关的事件，并试图用寓言或图形来表现，这较之塞维利亚的伊西多罗在《词源》中的处理来说，有了决定性的变化。《词源》编撰于600年或稍晚时期，是应伊西多罗的一位朋友萨拉戈萨（Zaragoza）的布劳略（Braulio）主教的建议而编撰的。《词源》被誉为"中世纪最重要的手册"，该书以收集分类的方式纳入了当时所有的知识财富。作为西班牙学者，伊西多罗也获得在摩尔人繁杂的文化景象之中获取关于古典艺术的知识的机会。布劳略编辑并出版了《词源》，共二十卷。

1160—1165年间，普吕芬宁一间缮抄室的修士们抄写了这部博大精深的作品并附上了插画。原本二十卷的作品只有前九卷保存了下来。另一"伊西多罗手稿"（格特韦格格修道院，1180年左右）中有一幅素描，画中这位全才型的西班牙学者正举起右手，要将一个球体模型端平。顶圆之中有一个象征着地球的小十字形,世界围绕着地球转动。中世纪时人们认为，包括月亮和太阳在内的行星都是绕着地球转动的。这个简单的圆圈和球体形状就集中地表现了关于穹苍以及其行星运动的神圣宇宙学。人们认为自己就是这个系统的一部分，因为人们能够观察天空之中的各种天体运动。因此，人们将自身看作这个系统中不可或缺的一部分，是创造计划的一部分，因而也是上帝的创造物。

人类与宇宙的交流，即对宇宙的研究是从毕达哥拉斯（Pythagoras）开始的。由于塞维利亚的伊西多罗的缘故，这一观点在中世纪盛期广为人知。世界与人类的相互关系、宏观宇宙与微观宇宙的相互关系都在人们称为"宏观宇宙人"（见右上图）的系统中以图解形式阐明。这一模型是基于以下观点建立的：人是上帝的创造物，人应该看做是世界的一种反映。人的身体形状源于生命之树，是上帝所造，或者我们可以说人通过手、肩和腿，从火、空气、水、土这四大元素中获得了基本的形质。这与人的四大性情相对应，即暴躁、喜乐、冷漠和忧郁。画中宇宙人的头部被天穹所环绕，天穹之中转动的行星对应他的五官：月亮和太阳源于他的双眼，木星和水星源于他的双耳，火星和金星源于他的鼻子，而土星源于他的嘴。如果我们再通过人的五官来追

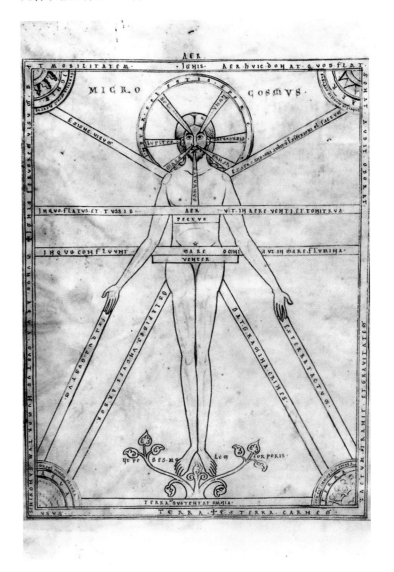

溯各大行星的特征，那就讨论得太远了，尽管很有可能这七大行星确实代表人的七个年龄阶段。从这个意义上来说，它们与四大元素及黄道十二宫都有关联。

中世纪关于世界的观点如此复杂深奥，实在令人惊叹。文艺复兴时期人道主义哲学有一个中心议题，即宏观宇宙与微观宇宙之间的和谐，早在罗马时期人们已经对其进行了十分详尽的探究。思路很明显是这样的：也许我们绝无可能通过窥探上帝的工作间来了解上帝造物背后的数学原理。但是上帝给了我们很多迹象，使我们可以创造一个象征性的或者说寓言性的宇宙模型。

赖歇瑙岛奥伯泽尔圣乔治教堂
壁画，980年左右创作。

上图：
《格拉森被鬼附之人》(1)

中图：
《医治病人》(2)

下图：
《加利里海上的风暴》 (3)

壁画：叙事风格

赖歇瑙岛奥伯泽尔圣乔治教堂中的连续叙事风格

　　赖歇瑙岛奥伯泽尔的圣乔治教堂内叙事组图的主题是基督所行的神迹，这组图是为数不多的完整保存至今的全套组图之一（见左侧各图及第453页图）。这些组图创作于奥托时期，并且人们认为是在世纪之交之前创作的。这些画肯定是由在拜占庭学习过的艺术家们创作的，在奥伯泽尔完成这些画作之后，这些艺术家又继续踏上了他们的游历之旅。至今在赖歇瑙岛近郊还没有发现任何同时期壁画的水平能与圣乔治教堂内的这些壁画相比。这一事实也佐证了之前提到过的对存在赖歇瑙岛绘画学院这一假设的怀疑，人们一再声称的赖歇瑙岛绘画学院实际上可能并不存在。

　　围绕中殿墙壁绘制的连续彩色组图很有可能最初就是设计成一幅叙事组图的。除其中一幅（《加利里海上的风暴》）外，耶稣都是从画作左侧进入场景之中的，因而也就确立了观看画作的方向：从左至右。观者进入中殿之后首先看到的也是左侧，即北墙。看到的第一幅画作是《格拉森被鬼附之人》，之后是《医治病人》《加利里海上的风暴》和《医治先天盲人》。

　　南墙上绘制的是以下场景：《医治患麻风病的人》《拿因城的年轻人复活》《医治患血漏的女人》和《睚鲁的女儿复活和拉撒路复活》。

　　从观看画作的顺序中我们就可以看出关于叙事戏剧性结构的一些线索。最初几幅场景描述的仅仅是赶出恶魔、控制大自然，以及医治病人。渐渐地疾病变得更加严重甚至变得无法治愈。最后，基督战胜了死亡本身。基督所行的神迹就寓指一个人走过的一生，挑战魔鬼、战胜罪恶，以及靠着基督的献身而进入永生。

　　这一救恩计划的积极捍卫者就是与巨龙战斗的教堂护教圣人圣乔治，他是打败魔鬼的一位榜样。这一叙事可以在两个层面上重建。第一层面亦即最重要的层面是由画中行动的执行者们体现出来的。第二个层面是一种元层面，体现在建筑风格之中。这一层面好似框架"背后"的一条连接带，而框架就是将画作置于其中的真实的、构建起来的建筑物。因此各幅对立的场景是相互关联的，有着有趣的结合点和间隔点。北墙上的第二幅湿壁画描绘的是《医治病人》（见左中图），画面右侧是一座建筑，白墙是用方琢石砌筑的。在左侧紧邻的画作（见左下图）中可以看到同样的墙面，然后戛然而止，加利里海则由此处延伸开来。画中还可以看到一条船，马上就要遇见风暴并被抛在巨浪之中。上面提到的方琢石白墙肯定是城市防御工事的一部分，一直延伸到了海港处。

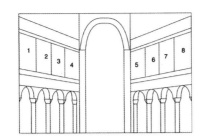

1. 《格拉森被鬼附之人》
2. 《医治病人》
3. 《加利里海上的风暴》
4. 《医治先天盲人》
5. 《医治患麻风病的人》
6. 《拿因城的年轻人复活》
7. 《医治患血漏的女人》
8. 《睚鲁的女儿复活和拉撒路复活》

赖歇瑙岛奥伯泽尔圣乔治教堂壁画，
980 年左右创作。
《医治患血漏的女人》(7)

因此基督及其门徒的行动都发生在不同的地点，尽管是在同一个大的区域内。基督在众人的见证下持续地在施行神迹、医治病人。

南墙上的一幅画描绘了耶稣医治麻风病人的场景。画作的右侧边缘可以看到一座细长的小塔，可能是一座钟塔或是城镇中的一座塔楼。这座塔也同样出现在了《加利里海上的风景》这幅画作的左侧，尽管看起来尺寸上缩短了一些。这有可能是一种标注出与主题相关章节的方式："风暴""先天盲人"和"麻风病人"分别象征着信心、原罪和赦罪。在船上，基督使他的门徒自觉羞愧（"为什么害怕？你们的信心在哪里呢？"）。关于"先天盲人"，耶稣通过赦免所有盲人论述了关于原罪的概念，因为当审判的那日他们将重见光明。但他提醒不信原罪的法利赛人省察他们自己的罪。在《医治患麻风病的人》这一场景中，一个当时法律宣布其得了绝症并且不允许进城的人被耶稣的一句话（"你洁净了吧！"）就治愈了。

这两座塔将整个连续性场景分成了三部分。第一部分由《格拉森被鬼附之人》和《医治患麻风病的人》两幅画构成。这无疑代表了身体和灵魂所遭遇的苦痛。第二部分与上面提到过的原罪有关。第三部分表现为基督使死人复活的几个场景。

现在我们可以很清楚地看到，画作中的彩色建筑元素在叙事中具有重要意义。它们根据救恩故事的各个方面构建了完整的情景。同时它们超越了教堂建筑的界限，将这些场景连成一体，好像基督生平里一个同质性的篇章。

建筑在细节性叙事结构中还起到了重要的连接作用。基督几乎总是自一座好似华盖的建筑中出现，门徒们跟随其后。华盖以及卷起的帘子为基督和他的跟随者们提供了一个相称的尊贵的立身之所。然后他会见到某个或某些位于城市这一背景幕前的人。从而两处场所是按照时序安排的，也使人物之间具备了时序关系。《医治先天盲人》这幅画作就极好地体现了这种"建筑连续性"。年轻人看起来自一座建筑中出现，基督在其双眼上抹上泥，他遵从耶稣的指示去西罗亚池（Siloah），洗自己的双眼并重见光明。紧跟着，在这幅局部场景的右侧，又再次画了这位年轻人。看起来不仅是年轻人转过了身，连建筑也转了过来。这座建筑现在与相邻建筑是呈正交关系，从而间隔了两个时间段。同样的叙事方案可以在倒数第二幅湿壁画中看到（见上图）。这幅画中艺术家想将两个场景相互糅合进一个活动范围之内，连马太福音中的记载也是这样糅合在一起的。当睚鲁请耶稣去医治他

可能已经死去的女儿时，一位患血漏症的妇人正伸手摸耶稣的衣裳，"耶稣转过身来"并医治了她，然后立即跟着愁苦的睚鲁去医治他的小女儿。这一"转身策略"可以通过人物的变化看出来，而这策略是以一种戏剧化的方式完成的，通过建筑剖面突显了两个活动范围。

人物与建筑之间精心策划的相互作用在赖歇瑙岛达到了极致，奥托时期的其他画作都不能望其项背。即使是在处理类似主题的书籍插画中，无论是在叙事戏剧性还是在人物和建筑物相互作用的成熟运用程度上，都没有能与这些湿壁画相比的。之所以人们难以相信诸如《奥托三世福音书》（Gospel Book of Otto III）或《艾格伯特抄本》（Egbert Codex）是在赖歇瑙岛创作的，这也是原因之一：《奥托三世福音书》和《艾格伯特抄本》中人物的出现没有时间间隔，叙事序列安排在千篇一律的建筑空间内，与奥伯泽尔湿壁画的娴熟技巧相去甚远。实际上，这种叙事风格的原型只有可能在两处地方可以看到：米施泰尔（Müstair）圣约翰尼斯教堂内的加洛林壁画（见第409页图）和拉文纳或罗马的拜占庭镶嵌画。因为拜占庭风格的影响在米施泰尔也是非常明显的，我们不得不承认的是，拜占庭风格的抄本是绘画叙事真正的艺术源泉。这将在下面的章节中进一步讨论。

453

圣萨万教堂（St.-Savin）中的《旧约》组画

加尔唐普河畔圣萨万（St.-Savin-sur-Gartempe）修道院教堂穹顶上湿壁画组画比奥伯泽尔（Oberzell）教堂中的湿壁画晚100年。这两组绘画几乎没有任何相同之处。圣萨万教堂中的绘画和叙事顺序几乎没有将建筑当作一个结构元素；另一方面，场面显得更加生动、形象，人物更加具有动态感而且与整体构造更加协调。这可能是缺乏如画式建筑的结果，同时也体现了艺术家选择在某背景下描绘故事情节的事实。

初到教堂参观的人可能会感到困惑，因为他或她会发现顶棚上的壁画风格不同且没有逻辑顺序。穹顶的南面和北面均被分成两个部分（见第455页图）。应从西向东欣赏这些绘画，但是从一幕景到另一幕景的过程中会有奇怪的跳跃和转折。第455页的图不仅显示了这些场景的顺序还表明了为什么叙事顺序如此复杂。让人感到惊讶的是除了北面的头三个跨间上绘有《创世纪》的故事外，北面最高的那一个部分中所绘场景的顺序是从西到东，而相邻的南面最高的那一部分顺序又变成从东到西。南面拱廊继续绘着亚伯拉罕的故事，顺序为从西到东。之后，参观者得回到北面的第四跨间，欣赏摩西的故事和绘在北面拱廊上的"西奈山"的故事，欣赏顺序为从东到西。南面拱廊上的绘画是唯一一个例外，上面所描绘的场景都是从左到右排列的。

这种"蜗牛状"的叙事顺序是出于实用的考虑。从文字资料中得知顶棚上的装饰应在教堂落成之日完成。在最后的施工阶段，画家已经爬上脚手架开始教堂的绘画装饰工作，而泥水匠们同时也在脚手架上粉刷穹顶。当泥水匠粉刷顶棚上的拱廊时，画家就开始在穹顶上已经粉刷好的尖顶区作画。粉刷工作完成后，画家继续在拱廊上作画。

只有一个场景是同时完成的，即按时间顺序排列的绘画场景，并且所有这些场景都在同一个绘画空间中。这一场景描绘的是上帝创造第一对人类夫妻时的情景（见第456页上图）。上帝弯下腰来，从躺着的亚当身上取出一根肋骨。然后亚当站了起来，聆听上帝的教诲，并向躺着的亚当眨眼睛。背对着智慧之树的夏娃转过身来，在人类堕落之后与他的丈夫一起离开了伊甸园。人物形象出现了两次转变，让各场景间的空隙也出现在同一空间内：亚当出现了两次，一次躺着，一次站在躺着的自己的后面，夏娃围着智慧之树绕了半个圈。这是典型的拜占庭式的叙事方式。这种特别的形式可能最早出现在《维也纳起源》（*Vienna Genesis*）一书中（见第458页右下图），此拜占庭时期的手稿写于六世纪的最后三十年。

拜占庭和奥斯曼风格在叙事顺序上非常相近。但是形成了一种独特的"西式"叙事风格，例如赖歇瑙（Reichenau）岛上奥斯曼时期的湿壁画则采用了这种风格。圣萨万教堂中的湿壁画和细密画在结构和人物的组合上与奥斯曼时期的壁画和细密画相似。例如，在南面拱廊的主要部分上绘着的约瑟夫组画中，人物的动作与相应的建筑元素相结合，与奥伯泽尔的圣乔治教堂中的湿壁画相似。故事始于雅各派约瑟夫去拜访他的哥哥们，止于《约瑟夫的胜利》。湿壁画的某些部分破坏严重，因此不能总是与相应的建筑部分协调一致。《约瑟夫与波提乏之妻》的故事以教堂的大穹顶、拱券和小塔作为框架。画中波提乏之妻走向约塞夫并拉住他的衣服，因为他正在试图逃跑。在更靠左边的位置，我们再一次看见她站在拱券下，拉着约瑟夫的衣服走向她的丈夫，并指责着这位年轻人。整个画面显得生动、活泼：妇人的左手指着约瑟夫，因为他在前一幕中曾试图逃跑，右手抓着已经放在波提乏膝盖上的衣服。因此参观者可看清这个谎言，但波提乏却没有，他右手指着监狱的方向。

与奥斯曼时期的壁画一样，建筑在这里为连续的场景提供空间结构——要么分开连接着的绘画元素，如《约瑟夫与波提乏之妻》那幅壁画，要么将两个分开的绘画元素连接起来，如两次出现的妇人和第一个场景中的约瑟夫。因为叙事顺序与组画的欣赏顺序不一致，因此故事情节之间失去了连贯性。建筑特征可被视为各个故事唯一的代表性特征。

《约瑟夫解释法老之梦》一幕中有雄伟壮观的城市建筑，龛座与加洛林王朝时期的细微画中的龛座相似（见第425～427页图）。法老坐在龛座前面的宝座上，身子倾向他的权杖，头微微前倾，在聆听约瑟夫的报告。约瑟夫站在龛座之外，身子前倾，对法老充满尊敬。其中一个护卫欲抓住约瑟夫被绑着的手，并指着法老。下一幕——《约瑟夫的进步》发生在相似的城市背景中。此处约瑟夫从左边进入，背对着自己的另外一个形象，就是前面的弯下腰来解释法老之梦的形象。

正如前面所提及的一样，叙事画面非常复杂。从一幅画过渡到下一幅画的叙事顺序通常是从左到右，与欣赏绘画的方向正好相反。

但是各个绘画空间内的场景按照正常的欣赏顺序排列。大多数情况下，人物移动的方向也是如此。为了让这种循环式的叙事手法获得某种构图上的稳定感，画家创造出一个连续的建筑部分，至少可以体现故事情节的连贯性和平衡的叙事过程。

不能仅凭形式和叙事手段评价圣萨万教堂穹顶上的湿壁画。艺术家所考虑的完全不同：他的任务是描绘从创世之初到摩西之死这段时间内的摩西的故事，他选择合适的场景并将其描绘在整个穹顶形顶棚上。当进行叙事性构图时，他首先考虑的是叙事事件的安排而非叙事过程的连贯性。因此，一些广受欢迎的题材，如《修建巴别塔》或《诺亚方舟》被突出描绘在显眼的位置（见第456页中图和下图）。《修建巴别塔》的场景甚至成了中世纪建筑行业状态的视觉说明：男人的肩膀上扛着略经劈砍的方琢石。我们可以看见建筑师站在塔上，右手拿着一块角钢准备接过其他人递给过来的石头。近处有一个泥水匠正从桶中拿出灰浆。灰浆桶旁边是一个缆索绞车，用于起吊容器。然后上帝突然显灵，为了惩罚这些建筑工人，把他们的语言弄混了。

这幅湿壁画位于穹顶中央，因为有充足的光线和空间而避免了拥挤场面的出现，所以与其他的湿壁画不同。让肖像画家感兴趣的是对面的一幅画，它在主题上与这幅画"相当"，描绘的是上帝诅咒犯了弑兄之罪的该隐。因此我们有了两幅表现上帝的诅咒的壁画：一幅针对个人，另一幅是针对整个民族。将这种联系视为画家的刻意之举纯属牵强附会。

另一大受欢迎的绘画题材是《诺亚方舟》。在中世纪，画家通常从侧面描绘方舟。从结构上来看，方舟是一艘维京船，一群怪兽守护着舵柱，整个船分为三层，还有与《圣经》中的描绘一致的小型操舵室。方舟占据了整个画面。动物们从圆形拱券的窗户向外看，诺亚的家人蜷缩在上层。水面上漂浮着尸体，天空中盘旋着鸽子，预示着颠沛流离的生活和大洪水即将结束。所有这些都暗示着方舟已经在海上漂浮了一段时间。乘客们可能甚至已经在寻找地方停泊，因为可以看见诺亚的儿子们走向船尾、爬上舵柱。

湿壁画《巴别塔》将穹顶绘画的整体设计变得宽松，而《诺亚方舟》则代表了一种"叙事上的转折点"。花点时间站在壁画前仔细观察无疑是一种享受。人们可以辨认这些动物，并检查方舟是否适于航行。一些观画者可能想发现圣经中描绘的这次海上航行的具体时间并且寻找鸽子传达的讯息。在欣赏绘画上，中世纪的北欧男人并不十分"残暴"。除了圣经中的故事外，他对整个世界知之甚少，但他可能听过很多外国轶闻故事。欣赏壁画《诺亚方舟》可能让他首次认识如此多的异域动物，如老虎、狮子或热带鸟类。

穹顶壁画的画家们保留了很多相应的特征。不仅约瑟夫壁画组画中的城市景观如此，对中世纪建筑的描绘或者与诺亚相关的《摘葡萄》一幕中也是如此。另外，参观者可能多次遇到各个场景之中或之间插入的各种植物和动物，并将其视为一个典型特征。在圣萨万教堂壁画中，圣经故事是对中世纪文明史的简明记录。

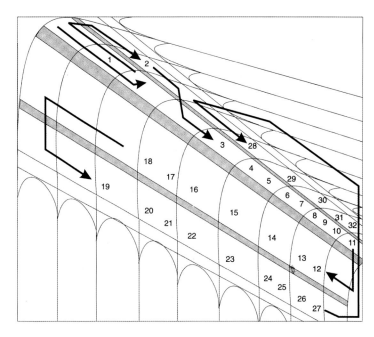

1. 《创造天地》（The Creation of the Firmament）
2. 《创造亚当和夏娃》（The Creation of Adam and Eve）或《人类的堕落》（The Fall of Man）
3. 《该隐与亚伯》（Cain and Abel）
4. 《谋杀亚伯》（The Murder of Abel）
5. 《对该隐的诅咒》（The Curse of Cain）
6. 《以诺升天》（The Translation of Enoch）
7. 《宣布洪水到来》（The Announcement of the Flood）
8. 《诺亚方舟》（Noah's Ark）
9. 《诺亚离开方舟》（Noah Leaves the Ark）
10. 《诺亚献祭》（Noah's Sacrifice）
11. 《摘葡萄》（The Grape Harvest）
12. 《诺亚醉酒》（The Drunkenness of Noah）
13. 《动物与树》（Animals and Tree）
14. 《迦南的诅咒》（The Curse of Canaan）
15. 《巴别塔》（The Tower of Babel）
16. 《上帝在亚伯拉罕面前显灵》（God Appears to Abraham）
17. 《亚伯拉罕与罗德》（Abraham and Lot）
18. 《所多玛与哥摩拉城》（Sodom and Gomorrah）
19. 《亚伯拉罕的葬礼》（Abraham's Burial）
20. 《雅各派约瑟夫去拜访他的哥哥们》（Jacob Sends Joseph to Visit His Brothers）
21. 《约瑟夫被哥哥们卖为奴隶》（Joseph is Sold by His Brothers）
22. 《约瑟夫与波提乏之妻》（Joseph and the Wife of Potiphar）
23. 《波提乏之妻控告约瑟夫》（Potiphar's Wife Accuses Joseph）
24. 《约瑟夫入狱》（Joseph in Prison）
25. 《约瑟夫解释法老之梦》（Joseph Interprets the Dreams of Pharaoh）
26. 《法老将戒指带在约瑟夫手上》（Pharaoh Puts the Ring on Joseph's Finger）
27. 《约瑟夫的胜利》（The Triumph of Joseph）
28—29. 《穿过红海》（The Crossing of the Red Sea）
30. 《火柱》（The Pillar of Fire）
31. 《云柱》（The Pillar of Cloud）
32. 《上帝将十诫交给摩西》（God Hands the Ten Commandments to Moses）

《穆捷-格朗瓦勒圣经》(Moutier-Grandval
Bible) 图尔 (Tours),
《创世纪》中场景,840年左右创作。
收藏于伦敦大英博物馆,Add. Ms.10546, fol. 5 b.

《维也纳起源》,君士坦丁堡(Constantinople)(?)
《雅各生平故事》(Life of Jacob)中的场景,570年左右创作。
收藏于奥地利国家图书馆(Österreichische Nationalbibliothek)
图书分类: Cod, Theol. Graec.。

在一棵树边并伸手去摘苹果。她转过身来将苹果递给了亚当。这种转身,即两幕之间的衔接是标准的拜占庭绘画叙事主题之一。《维也纳起源》中的雅各组画中有非常典型的例子。在绘有《雅各与天使》(Jacob and the Angel)一幕场景的对开本手稿中,同一位天使背对着自己,用非常简洁的场景顺序更加清晰地描绘了战斗的激烈场面。

奥斯曼时期的图书插画中也有同样的叙事主题,同时出现了很多变化。在这里我们仅引一个例子——《奥托三世福音书》(Gospel Book of Otto III)。一本对开本手稿中描绘着基督转向其门徒(见第459页图),然后又转过身来,跪在橄榄山上祈祷。树木的细微变化体现了场景和情节的突然转化。这幅细密画以最为巧妙的方式将同时发生的事情与非同时发生的事情连贯起来:基督开始动身前往橄榄山;基督身后跟着他的门徒,这些门徒在山边休息,而基督却"流着血与汗"。画家想捕捉爬山前基督鼓励彼得进行祈祷,以免陷入诱惑时的那一幕。彼得抬头望着上帝,其他门徒已经在呼呼大睡,这一幕应发生在后面。

按时间顺序叙述的事件和戏剧化的顺序传达出故事的训诫意义,即基督的训诫和他对死亡的恐惧,但他的门徒们却没有注意到他的恐惧。在叙事顺序的戏剧化结构中使用延时技巧是中世纪绘画叙事的一个典型特征。

正如我们所见到的一样,延时技巧和人物转化是奥斯曼时期图书插画中最典型的叙事技巧。通常按照描绘圣经故事的需要而使用

图书插画

加洛林与奥斯曼时期细密画中同时期的人物形象

　　拜占庭抄本对加洛林与奥斯曼时期图书插画中的叙事风格的形成有重要影响。如果没有《维也纳起源》中的插图,图尔的《穆捷-格朗瓦勒圣经》(840年左右,见左上图)中就不会有《创世纪》中的场景。《雅各与拉结》(Jacob and Rachel)组画通过正视图中的地面部分、树木群和建筑的各个部分组织叙述顺序。当然区别较明显:拜占庭抄本中的戏剧化和印象派风格在图尔手稿中因为画面的布局清晰而转变成渐进式的叙事顺序。按照文本行排列的各个部分让"图像文本"更加易读。另一方面,运用树木和人物的变化来塑造各个场景是典型的拜占庭技巧。在从上往下数第三个部分的左边,夏娃正站

《奥托三世福音书》
特里尔（Trier）（？）
创作于 1000 年左右。
收藏于慕尼黑国家图书馆，
编号：Clm 4453。

左图：
《加利里海》，
编号：fol. 103v。

右图：
《客西马尼》（Gethsemane），
编号：fol. 244v。

这些技巧，例如描绘加利里海上的风暴时。除《希尔达抄本》（Hitda Codex）中的细密画外，其他描绘加利里海的绘画中可能都使用了这些技巧。

我们已经讨论过奥伯泽尔圣乔治教堂中的壁画，在那里作者用娴熟的技巧描绘了这一主题（见第452页下图）。在《奥托三世福音书》（见左上图）的细密画中，使用了相同的叙事顺序：基督在船尾休息，他上面的风帆已经扬起，预示着暴风雨即将到来。这个时候，彼得弯下腰来唤醒他。在彼得的右手边，苏醒过来的上帝正视图让脸色苍白且头上带角的风神平静下来。

这艘船保证了同时性：只有通过反复描绘某个人或某群人才能让同时发生的情节看起来像连续发生的。因此《加利里海上的风暴》一画是一个特例。空间通常需要同时描绘同样的景色，这些景色大多数时候为群山、树木或建筑构件。

除了作为舞台布景外，这些景色组合和建筑还有叙事的作用。它们不仅能够将两个连续的场景分开，表示不同的时间点，还能够延长叙事过程，强调情节发生的顺序。这意味着可以把某一场景细分，将各个情节描绘得像正在发生一样清晰。1045年左右出版的《亨利三世金色福音书》（The Golden Gospel Book of Henry III）中描绘了《睚鲁的女儿死后复活》（Raising of the Daughter of Jairus From the Dead）这一

故事。基督和他的门徒到达睚鲁家，并站在门外。睚鲁朝里指了指，示意基督进去。

基督试图让躺在床上女孩站起来，女孩的眼睛已经睁开。通过门窗侧壁体现睚鲁旋转一百八十度。基督按照原来的方向继续前进并盯着前方，仿佛已经在思考自己即将实现的下一个奇迹。通过人物转身，即睚鲁在中间转动，让里面和外面或者前面和后面都显得真实。建筑和风景都是为了辅助体现时间的变化。

所有事件都是通过时间和空间体现。从这个意义上讲，《圣经》中的阿尔法和欧米伽应理解成空间和时间的组合。在时间的尽头，即所有时间被用完之后，空间也将消失。这就是约翰在其著名的帕特莫斯（Patmos）预言中描绘的世界末日时的情景。

对于将圣经故事描绘成连贯的故事情节，有多种表达方式和可能性，实际上，可以将这看作是暗指救赎在时空方面的连续性。空间－时间统一体内的各事件拉近了人与上帝的宝座之间的距离。在千年之交时，绘画中的时间因素显得愈加重要，可能不应该将其视为一种偶然。

弗赖辛（Freising）的奥托主教（Bishop Otto）在十二世纪中期将维京人的后代描述成"相当不安分的诺曼人"。十一世纪，他们放弃了在斯堪的纳维亚半岛（Scandinavia）上的大部分基地，将注意

力转向意大利南部、西西里岛（Sicily）和如今法国西北部的诺曼底（Normandy）。1066年，盎格鲁撒克逊国王忏悔者爱德华逝世。爱德华任命他的亲戚诺曼底公爵威廉（William）作为他的合法继承人，却遭到反对。后来王位传给了盎格鲁撒克逊民族的代表哈罗德（Harold）。他们不担心英格兰岛会遭到侵袭，因为只有通过一大片水域，即英吉利海峡才能进入英国本土，这片水域成为抵抗诺曼底进攻的一道天然屏障。但盎格鲁-撒克逊人明显低估了诺曼人的实力，就在同一年，即1066年，装备精良的诺曼人使用屡试不爽的"维京方式"向英格兰进发。

现在我们几乎熟悉诺曼人攻打出尔反尔的盎格鲁撒克逊人的每一个细节。1077年，不知是马蒂尔达皇后（Queen Matilda）还是巴约的奥多主教（Bishop Odo）下令制作一条挂毯，按今天的标准衡量为67.05米×0.5米。这件非同寻常的艺术品绣有五十八个场景，讲述了这次军事进攻，现存于马蒂尔达皇后博物馆（Musée de la Reine Mathilde），这是巴约大教堂南面一座十八世纪的建筑。

最主要的场景（见第218页下图）出现在挂毯第一个三分之一区域的末端：这一场景描绘的是盎格鲁撒克逊宗派里最受欢迎的哈罗德正在威廉面前宣誓，承认威廉是爱德华的合法继承人。他的右手放在圣骨匣上，左手放在祭坛上。威廉坐在王位上，手握宝剑，以君王的姿势接受哈罗德的宣誓。上面的铭文写到："哈罗德向威廉宣誓"（"Harold sacramentum fecit Willelmo duci."）这一仪式场景之上是王室的神兽——狮子，代表着即将继位的威廉国王。后面几幅画中描绘的是垂死的爱德华，他的眼神空洞而疲惫（1）。不久后，哈罗德在盎格鲁撒克逊贵族的见证下由斯蒂甘德（Stigand）大主教加冕成为英格兰国王。占星家宣称有颗彗星像一簇火一样位于哈罗德宫殿的上方。

预示着坏消息的彗星在这里代表威廉的反击行动，他们立刻开始准备入侵英格兰。他下令砍伐树木并沿着诺曼底海岸建造维京船（2）。在挂毯的上下两端，绣有一些奇珍异兽，它们也参与了这次战斗。可以看见他们如何剥去树皮，如何将树木劈开做成造船所用的木板。然后，威廉的舰队扬起风帆，穿过英吉利海峡，在英格兰沿海地区登陆（3）。上下两端的动物也组成队伍，与征服者一同前进。还没有等停靠稳，威廉就迫不及待地派出第一批军队去查探内陆地区，我们可以看见他正在询问哈罗德及其军队的具体位置。同时军队已经开始朝着一处房屋开火，有一个女人从里面逃出来，她抬

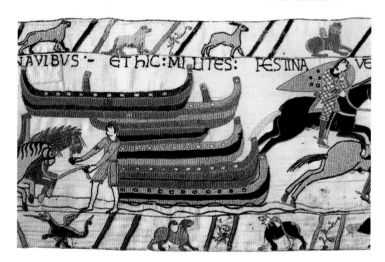

起手臂，做出防卫的姿势，手里还牵着一个男孩（4）。一个手拿长矛的信使冲上前来，告诉威廉他的军队快到了。征服者已经将"旅行装备"换成了一套威风凛凛的作战装备，包括一套铠甲、头盔和马靴。威廉骑在马背上，挂毯边缘上跳跃的狮子伴着他奔向战场（5），战场在下一场景中展开。现在连动物也开始活跃起来：狐狸抓住几只家禽，狼在朝着一只山羊咆哮。在战斗最激烈的时候，动物们从挂毯的下端消失，取而代之的是一群逐渐逼近的弓箭手。遭遇战

通过程序化的风景和建筑元素将连续的各个场景隔开，这种技巧不仅没有打断叙事过程，反而让其更加连贯。因为建筑样式、树木或山丘成为有效的停顿，并引出下一场景。其中的一个例子便是"哈罗德回到英国的船只"场景。船朝着一栋宫殿状的建筑行进，栏杆上站着一个盎格鲁撒克逊人，他做出典型的远眺姿势，宣布哈罗德到达了。整个挂毯的布局非常巧妙地使用了各种构图技巧和叙事结构。挂毯上下两端的二级叙事技巧也非常引人注意。对动物的描绘取材于某盎格鲁撒克逊寓言集，它可被视为重要情节的象征。当战斗进行到白热化阶段时，动物消失了，取而代之描绘的是战场的动乱场面，这种技巧无疑是更加突出了战斗的重要性。最后需要关注的是挂毯中人物形象的塑造。在我们看来，这些人物因为被拉长了而显得丑陋，但在当时的人看来，他们却被视为优雅和高贵的象征。拉长后的人物动作幅度可以更大，而且姿势也更加丰富。另外，还出现了描绘个人特征的倾向，特别是在描绘主要人物爱德华、哈罗德和威廉的面貌时体现得尤其明显。很多单独的场景，如宴会或对统治者的描绘遵循了后来图书插画中常见的母题。华盖下的统治者面向前方，背后跟着一群世俗和宗教界的代表人物，这可被视为一种著名的肖像画传统主题。宴会几乎总是"迦南婚礼"的变体。挂毯可被视为一份政治宣言。此挂毯明显从一个诺曼人的角度创作，赞美了1066年10月14日黑斯廷斯（Hastings）战役的胜利，其中主角集征服者威廉、诺曼底公爵和英格兰国王三种身份于一身。

挂毯上不仅描绘了重大历史事件，如加冕仪式。还在小场景中描绘了日常生活场景，并与主题巧妙地结合了起来。

例如，参观者还见证了鸡被放在炙叉前的准备过程和实际的烧烤过程，这是观察中世纪鸡的内部和烹饪过程的绝佳机会。另一个"插曲"描绘了人们在黑斯廷斯立帐篷时的情景。两个工人在争吵，其他人则在看热闹。最后威廉出现了，他们才开始工作。

开始了，无数支箭被射出，无数支长矛射向了敌人（6）。我们看见敌人中的第一批死者，他们那残缺的无头尸体倒向挂毯的下端。战斗取得了胜利，"哈罗德被杀死"（"Harold rex interfectus est"）。一只箭刺瞎了国王的眼睛，他倒了下来。一个诺曼马夫冲了过来，用他的剑刺死了哈罗德。挂毯下端绣着那些战败者将他们的武器放在地上的场景，一些人的铠甲被脱掉。这件独特的艺术品的叙事风格为典型的拜占庭风格。

彩色玻璃窗

    彩色玻璃窗的兴起是罗马式艺术结束的标志之一。透明的哥特式建筑没有连贯的墙体空间，这让罗马式绘画中主要的绘图技巧无法得以使用。罗马时期紧凑的墙体空间变成了透明的支柱和窗户系统。

    阿尔皮斯巴赫修道院的彩色窗户（见右上图）运用了新的构图原则。彩色玻璃窗技术对画面的整体效果和细节有严格的结构要求。这反过来要求空间和人物进行清晰衔接，细节需进行准确的线性区分。罗马式艺术的绘画空间被打破，形成与马赛克相似的彩色形状。空间完全没有了立体感，而是转化成与情节相关的装饰样式。人物空间装饰设计原则和对装饰结构中人物的重视成为哥特式彩色玻璃窗和哥特式细密画的中心主旨。第一扇哥特式彩色玻璃窗（见右下图）在德国的罗马式艺术时期结束前100年出现在巴黎的圣丹尼斯大教堂（Saint-Denis），比阿尔皮斯巴赫教堂中的彩色玻璃窗早四十年。两者之间的区别很明显：萨姆森所处的空间由建筑元素和泥土砌成的墙构成，而圣丹尼斯教堂彩色玻璃上的人物融进了装饰中，既是一种装饰同时又能含有一定的意义。

附录

术语表

顶板（Abacus）：通常指柱头上呈方形的最上面部分。

莨苕（Acanthus）：一种蓟状地中海植物，其锯齿状的叶子是科林斯式柱头的原型，经修饰后，可作为罗马式柱头上的一种装饰性图案。

侧堂（Aisle）：经细长柱与中堂隔开的中堂（见"Nave"）侧部；相关地，耳堂（见"Transept"）或唱诗堂（见"Choir"）有相似特点。

回廊（Ambulatory）：唱诗堂周围的走廊，通常是中堂侧堂的延伸部分，见辐射状小教堂（Radiating Chapels）。

帷幔（Antependium）：祭坛饰罩，即祭坛前方的装饰性遮盖物，起初由织物构成，后来采用石头、木材、贵金属或珐琅制成，通常带象征性或标志性图画。

作避邪用的（Apotropaic）：民间艺术中的驱邪物、驱邪画或驱邪符，罗马式艺术中体现动物和魔鬼的重要特征。

后堂（Apse）：教堂中祭坛后的半圆形或多边形拱形空间。

教堂中小型半圆室（Apsidiole）：后堂状小教堂。

连拱廊（Arcade）：墩柱或圆柱上的一系列拱券。

拱边饰（Archivolt）：拱券表面周围的嵌线，通常为装饰嵌线。

方琢石（Ashlar）：粗削石、琢方石或石料镶砌。

前庭（Atrium）：早期西多会教堂西侧上的柱廊式前院，原为罗马式住宅的敞开式中央前院；见"前小礼拜堂或门廊"（Galilee）。

简形穹顶（Barrel Vault）：半圆柱形拱顶，具有平行的拱座，并由连续的横截面构成。

长方形会堂（Basilica）：在本书中，指一种长方形建筑，其方位明确（即仅以纵轴对称），设有细长柱分隔的中堂（见"Nave"）和侧堂（见"Ailse"），有或无耳堂（见"Transept"）。详情可参见"中心辐射型建筑"（Central-Plan）。

跨间（Bay）：中堂、侧堂、唱诗堂或耳堂（见"Transept"）沿其纵轴的拱形隔间。

双扇窗（Biforium）：由中央立柱分为两个拱形区域的窗户。

假拱/假拱廊（Blind Arch/Arcade）：一种不带穿孔的拱券或连拱廊，通常如墙壁上的装饰一般。

小圆顶（Calotte）：小型穹顶或圆顶式拱顶的内部。

柱头（Capital）：圆柱的顶部。

中心放射型建筑（Central-Plan Building）：以其中心点对称的建筑物。一种可能呈圆形、方形、多边形或十字形的中心放射型建筑。详情可参见"长方形会堂"（Basilica）。

圣坛（Chancel）：可与唱诗堂（见"Choir"）互通；有时指祭坛前方的区域。

圆室（Chevet）：一种后堂（见"Apse"），通常具有回廊（见"Ambulatory"）和辐射状小教堂（见"Radiating Chapel"）。

唱诗堂（Choir）：借用了古希腊戏剧中的术语，用于基督教建筑中，指中堂后部专供神职人员或修道士用的区域，其设有祭坛和唱诗班席位。

唱诗班席位（Choir Stalls）：位于唱诗堂任一侧、专供神职人员用的多排朝内阶梯式座位。

开窗的顶层墙（Clerestory）：中堂（见"Nave"）的外墙，其高于侧堂（见"Aisle"），并开有窗户。

修道院回廊（Cloister）：有顶走廊环绕的四边形封闭区域；修道院居住者的活动中心。

半穹窿顶（Concha）：带半穹顶的半圆形壁龛，通常被称为后堂。

托架（Console）：从墙壁中突出的装饰性支架，也称为枕梁。

枕梁（Corbel）：参见"托架"（Console）。

交叉甬道（Crossing）：教堂中耳堂与中堂交叉的区域。

地下室（Crypt）：位于教堂祭坛地下的地下小室，通常用于保存圣物。尽管这种小室位于唱诗堂地下，它有时会一直延伸至交叉甬道。因为它并未完全位于地下，所以唱诗堂和祭坛有时会远远高于中堂和侧堂；因此，有时会修建几段非常漂亮的台阶来连接中堂和唱诗堂。

年轮年代学（Dendrochronology）：树木年轮定年，即一种通过年轮数量确定树木年代的方法。干旱年和多水年中，树木生长情况的差异导致年轮参差不齐。鉴于此，可采用一段时间内生长在相同气候下的树木长出的连续的年轮来精确地确定建筑中使用的木材的年代。

圆顶式拱顶（Domical Vault）：一种带斜脊肋和横脊肋的穹顶形拱顶，主要用于法国西南地区和威斯特伐利亚的晚期罗马式建筑。

城堡主塔（Donjon）：法国城堡中高耸坚固的中央塔楼；与城堡主垒不同，它供永久性居住用。

宿舍（Dormitory）：修道院中修道

士休息的房间；随后，在引入单独的小房间后，该术语可指设有小房间的建筑或楼层。

矮廊（Dwarf Gallery）：由同样低矮的连拱廊提供光线的低矮外通道，其位于建筑屋顶正下方，通常位于教堂的后堂中。

附墙圆柱（Engaged Column）：一种嵌入墙内的非独立式圆柱。

福音书（Evangeliary 或 Gospel Book）：一种内容涉及福音书（the Gospels）全文的礼仪书（在中世纪为手写，后来为印刷）。福音书堪称中世纪书籍插画中最吸引人的书籍之一。

湿壁画（Fresco）：用溶解于水的颜料在湿石灰上绘制的壁画；这些颜料在干燥后便与石灰永久性地融为一体。

门前小礼拜堂或门廊（Galilee）：教堂入口处的小教堂或门廊。

楼廊（Gallery）：类似于主教席、沿建筑侧部延伸并通向内部一侧的顶层；在教堂（长方形会堂）中，其位于侧堂之上，设在回廊（中心放射型建筑）和西端上方。这种楼廊用于将朝拜者（女士和贵族）隔开。

大厅（Great Hall）：城堡或皇宫的主要生活区。

弧棱拱顶（Groin Vault）：由两个大小相等、交叉成直角的筒形穹顶（见"Vault"）构成的拱顶类型；由交叉拱顶形成的角度是穿棱，该术语由此而来。

厅堂式教堂（Hall Church）：中堂（见"Nave"）和侧堂（见"Aisle"）等高的教堂；类似的类型有无高侧窗（见"Clerestory"）的突出式中堂。不严格地讲，指一种无侧堂的教堂。

肖像研究（Iconography）：原指与确定古典肖像相关的学科。在艺术史上，指描绘物体（尤其是基督教图片主题）的内容和象征主义的研究和解释；一个重要特征是以哲学和神学的角度对文学渊源的思考和研究，它影响了各种主题及描绘方式。

拱墩（Impost）：在教堂建筑中，指位于支撑拱券或拱顶的圆柱或半露柱顶部并将其重量转至圆柱或砌砖的石砌层。亦参见"拱石"（Voussoir）。

内弧面（Intrados）：拱券或拱顶的内表面。

门窗侧壁（Jamb）：与窗户或正门的侧面呈一定角度的墙壁部分，参见"门窗侧"（Reveal）；每个阶梯式区域中通常都设有圆柱或雕像。参见"正门"（Portal）。

城堡主垒（Keep）：中世纪城堡中

高耸坚固的塔楼，作为城堡居住者的观测站和最终藏身处；与城堡主塔不同，它不用于永久性居住。

单坡屋顶（Lean-To Roof）： 一种通常与高墙或高建筑相连的单侧式斜屋顶。

柱条（Lesene）： 无帽壁柱，即加固墙壁的垂直条；它无柱基或柱头，在罗马式建筑中，柱条通常通过假拱或圆拱雕带相互连接。

过梁（Lintel）： 位于门窗顶部的横向石头或木材。

弦月窗（Lunette）： 门窗上方的半圆形区域，通常具有框架和装饰。

圣像周围的光晕（Mandorla）： 出现在圣人雕像（如加冕的耶稣或圣母玛利亚）周围的光辉。

回形纹饰（Meander Pattern）： 希腊回纹饰，即一种连续性装饰，由相互以直角旋转的线条构成。

教堂前厅（Narthex）： 早期基督教教堂的单层门廊。

中堂（Nave）： 教堂中位于正立面和交叉甬道或唱诗堂之间的区域，尤其是侧堂（见"Aisle"）之间的中央区域。

光轮（Nimbus）： 置于圣人头后、通常呈金色的晕环或光环；这种光环有时具有一个十字架；十字形光轮由此得名。

八角堂（Octagon）： 八角形中心放射型建筑或任何八边形建筑；通常出现在中世纪的建筑和皇冠设计中。

圆窗（Oculus）： 穹顶上光线可透过的圆形小窗户。

三角楣（Pediment）： 表面上以圆柱支撑的三角墙。

穹隅（Pendentive）： 将圆形穹顶或其支撑鼓座与下方的方形空间区域连接的弯曲三角形区域。

半露柱（Pilaster）： 用于门或窗户之间的长方形或多边形墩柱；与圆柱一样，它也具有柱基和柱头。

横饰带（Plate Frieze）： 由横向设置的多块板构成的雕带。

正门（Portal）： 一种门道。嵌入多道台阶中的正门通常用于罗马式建筑中；这意味着极大地突出了这通常较小的入口的正立面。

轮廓（Profile）： 建筑物件（比如拱肋、门窗侧壁或飞檐）的截面。

诗篇集（Psalter）： 一本涵盖了《旧约》中的150首圣诗的书籍；它是一本重要的修道院用祈祷书，其内容通常包括增补部分（比如《旧约》的连祷文和说明）。有时还补充了《新约》的注解或说明。罗马式诗篇集及其插

图是理解中世纪建筑雕塑的象征内容至关重要的资料来源。

辐射状小教堂（Radiating Chapels）： 从回廊发散并设成半圆形的小教堂。

饭厅（Refectory）： 修道院的餐厅，通常位于与教堂相对的修道院回廊的一部分。

圣骨或圣物（Relic）： 圣人的遗骨或物品。

壁联（Respond）： 长而狭窄的圆柱或附墙圆柱，主要用于哥特式建筑中，用于支撑弧棱拱顶的拱券和拱肋或连拱廊拱券的侧面。

祭坛装饰（Retable）： 圣坛装饰，即一种装饰美观并与祭坛永久相连的底板。

门窗侧（Reveal）： 与墙壁呈一定角度的门、拱券或窗侧壁部分。

拱肋（Rib）： 拱顶的结构线脚；因为它有时位于拱顶上端的视野之外，所以它并非始终可见。

屋脊小塔（Ridge Turret）： 屋脊上的狭窄小塔，通常作为教堂交叉甬道之上的钟架；它在西多会教堂和托钵修会教堂中至关重要，因为这些教堂未设有塔楼。

十字架坛隔屏（Rood Screen）： 将唱诗堂（见"Choir"）与中堂（见"Nave"）隔开的屏风。

粗面光边石工（Rustication）： 粗面方琢石，即抛光表面粗糙的砌石；其前部突出，且石块边缘为狭窄的直缘，以便更易于移动到位。

圣礼书（Sacramentary）： 司仪神父在弥撒时使用的礼仪书，其内容包括司仪神父的部分仪式。教皇格列高利一世（Pope Gregory The Great）早已对弥撒进行了改革，而在查理曼大帝的统治下，各种文本内容进行了汇总和校准；通过突出特定的词首字母来强调本书插图的重要性。图画设计内容包括耶稣受难像（Crucifixion）、基督圣像（Christ In Majesty）、耶稣生平（Life Of Christ）的场景及福音传教士和圣人的图画。

圣堂（Sanctuary）： 教堂或寺庙中设有神龛的部分；在基督教教堂中，指唱诗堂和祭坛。

缮抄室（Scriptorium）： 中世纪修道院中用于抄写手稿的房间；也指可通过风格特征加以鉴别的特定书法学校或绘画学校。

转用材（Spolia）： 建筑部分（如圆柱、柱头、雕带和飞檐），原用于较古老的建筑（通常为古典建筑）中，后来在修建中世纪建筑（如教堂）时被再次使用。

拱肩（Spandrel）： 拱券曲线与围绕的线脚（通常呈矩形）之间的大致呈三角形的空间。

对角斜拱（Squinch）： 一组拱券，其以对角线方式设置在方形区域的每个角上，并与上方的圆形穹顶相连。

拉弦拱（Strainer Arch）： 一种拱券，其嵌入内部空间，比如中堂空间或两座建筑之间的空间，以防止墙壁向内挤压。

复合象征像（Tetramorph）： 结合《启示录》（Revelation）和《以西结书》（Ezekiel）中四位福音传道者的象征来刻画的复合画像；圣哲罗姆（St. Jerome）和格列高利一世（Gregory The Great）最先认为天使或人象征马太（Matthew），狮子象征马可（Mark），牛（或公牛）象征路加（Luke），鹰象征约翰（John）。

耳堂（Transept）： 教堂中与中堂呈直角并位于唱诗堂前方的部分。

高拱廊（Triforium）： 位于中堂（见"Nave"）的连拱廊（见"Arcade"）之上、高侧窗（见"Clerestory"）之下的空间。高拱廊在罗马时期随处可见。

三联作（Triptych）： 由三块画板构成的图画（如侧屏祭坛画），其中外侧画板用绞链连接，以便移动。

凯旋门（Triumphal Arch）： 在古罗马，指一种为迎接凯旋而归的将军及其军队而建的拱门。在基督教长方形会堂中，指将唱诗堂和交叉甬道与中堂分隔开来的拱门。

石砌的锥形房屋（Trulli）： 可追溯至石器时代（Stone Age）的锥形石屋顶建筑，常作为意大利东南地区的住宅用。

门间柱（Trumeau）： 支撑纪念性门道或窗户的过梁的中央墩柱。

门楣中心（Tympanum）： 在古代，指三角墙围出的三角形区域，通常装饰有雕塑；在中世纪教堂中，指拱券环绕的正门上方的区域及教堂外部上最重要的雕刻位置。

拱石（Voussoir）： 参见"拱墩"（Impost）。

西面塔堂（Westwork）： 一种设有塔楼的建筑，其位于主教教堂或修道院教堂的中堂的西面；其底楼通常设有正门或正门至中堂的走廊，而顶楼由通往中堂的楼廊构成。

465

参考文献

本卷中的参考文献按照文章顺序进行编排。它包含每位作者使用的二次文献，并为进一步阅读提供建议。因此，不可避免地偶尔会重复出现某些标题。读者应牢记，每个章节仅为摘选的可用文献。

罗尔夫·托曼
绪论

Aries, Philippe, Bilder zur Geschichte des Todes, Munich / Vienna 1984

Bandmann, Günter, Mittelalterliche Architektur als Bedeutungsträger. Berlin 1994 (10th edition）

Barrai I. Altet, Xavier; Avril, François; Gaborit - Chopin, D., Romanische Kunst. First volume: Mittel - und Südeuropa. Munich 1983; second volume: Nord- und Westeuropa. Munich 1984

Beck, Rainer (ed.）, Der Tod. Ein Lesebuch von den letzten Dingen. Munich 1995

Beumann, Helmut (ed.）, Kaisergestalten des Mittelalters. Munich 1985

Boockmann, Horst, Einführung in die Geschichte des Mittelalters. Munich 1985

Borst, Arno, Lebensformen im Mittelalter. Frankfurt / Berlin / Vienna 1979

Dinzelbacher, Peter (ed.）, Europäische Mentalitätsgeschichte. Stuttgart 1993

Droste, Thorsten, Romanische Kunst in Frankreich. Cologne 1992

Duby, Georges, Die Zeit der Kathedralen. Frankfurt 1980

Duby, Georges, Die drei Ordnungen. Frankfurt 1981

Duby, Georges, Die Kunst der Zisterzienser. Stuttgart 1993

Durliat, Marcel, Romanische Kunst. Freiburg 1983

Durliat, Marcel, Die Kunst des frühen Mittelalters. Freiburg 1987

Durliat, Marcel, Romanisches Spanien. Würzburg 1995

Fischer, Hugo, Die Geburt der westlichen Zivilisation aus dem Geist des romanischen Mönchtums. Munich 1969

Franz, H. Gerhard, Spätromanik und Frühgotik (Kunst der Welt）. Baden-Baden 1969

Fuhrmann, Horst, Deutsche Geschichte im hohen Mittelalter. Göttingen 1978

Fuhrmann, Horst, Einladung ins Mittelalter. Munich 1987

Geese, Uwe, Reliquienverehrung und Herrschaftsvermittlung. Die mediale Beschaffenheit der Reliquien im frühen Elisabethkult. Darmstadt and Marburg 1984

Goetz, Hans-Werner, Leben im Mittelalter. Munich 1986

Gurjewitsch, Aaron J., Das Weltbild des mittelalterlichen Menschen. Munich 1986

Hell, Vera and Hellmut, Die große Wallfahrt des Mittelalters. Tübingen 1964

Hennemann, Jürgen, Formenschatz der Romanik. Würzburg 1993

Herrmann, Bernd (ed.）, Mensch und Umwelt im Mittelalter. Stuttgart 1986

Kubach, Erich; Bloch, Peter, Früh- und Hochromanik (Kunst der Welt）. Baden-Baden 1964

Lambert, Malcolm, Ketzerei im Mittelalter. Munich 1981

Legner, Anton (ed.）, Ornamenta Ecclesiae. Kunst und Künstler der Romanik. Vols. 1-3 (catalogue）, Cologne 1985

Legner, Anton; Hirmer, Albert and Irmgard, Deutsche Kunst der Romanik. Munich 1982

Le Goff, Jacques, Die Geburt des Fegefeuers. Stuttgart 1986

Le Goff, Jacques, Die Intellektuellen im Mittelalter. Stuttgart 1986

Leriche-Andrieu, Françoise, Einführung in die romanische Kunst. Würzburg 1985 Luckhardt, Jochen; Nichoff, Franz (eds.）, Heinrich der Löwe und seine Zeit. Vols. 1-3 (catalogue, essays）, Munich 1995

Mirgeler, Albert, Revision der europäischen Geschichte. Freiburg / Munich 1971

Mrusek, Hans-Joachim, Romanik. Leipzig 1972

Oursei, Raymond; Stierlin, Henri, Architektur der Welt: Romanik. Berlin (undated）

Oursei, Raymond, Romanisches Frankreich. 11. Jahrhundert. Würzburg 1991

Oursei, Raymond, Romanisches Frankreich. 12. Jahrhundert. Würzburg 1991

Pernoud, Régine, Die Heiligen im Mittelalter. Munich 1994

Petzold, Andreas, Romanische Kunst. Cologne 1995

Schwaiger, Georg (ed.） Mönchtum, Orden, Klöster. Ein Lexikon. Munich 1993

Simson, O. v., Das Mittelalter II. Das hohe Mittelalter (Propyläen Kunstgeschichte, vol. 6）. Berlin 1972

Toman, Rolf (ed.）, Das hohe Mittelalter. Besichtigung einer fernen Zeit. Cologne 1988

Warnke, Martin, Bau und Überbau. Soziologie der mittelalterlichen Architektur nach den Schriftquellen. Frankfurt 1984

Wolf, A., Deutsche Kultur im Hochmittelalter. 1150-1250. Essen 1986

Wollasch, J., Mönchtum des Mittelalters zwischen Kirche und Welt. Munich 1973

Wollschläger, Hans, Die bewaffneten Wallfahrten gen Jerusalem. Geschichte der Kreuzzüge. Zurich 1973

沃尔夫冈·凯泽
德国的罗马式建筑

Adam, Ernst, Baukunst des Mittelalters I and II. Frankfurt 1968

Adam, Ernst, Baukunst der Stauferzeit in Baden-Württemberg und im Elsaß. Stuttgart 1977

Badstübner, Ernst, Klosterkirchen im Mittelalter. Munich 1985

Bandmann, Günter, Mittelalterliche Architektur als Bedeutungsträger. Berlin 1951

Binding Günter; Untermann, Matthias, Kleine Kunstgeschichte der mittelalterlichen Ordensbaukunst in Deutschland. Darmstadt 1985

Braunfels, Wolfgang, Die Welt der Karolinger und ihre Kunst. Munich 1968

Braunfels, Wolfgang, Karl der Große. Hamburg 1972

Dehio, Georg, Handbuch der deutschen Kunstdenkmäler, Baden- Württenberg I. Munich 1993

Eckstein, Hans, Die romanische Architektur. Cologne 1975

Einhard, Vita Caroli Magni. Stuttgart 1971

Fillitz, Hermann, Das Mittelalter I, Propyläen Kunstgeschichte vol. 5. Berlin 1969

Franz, H. Gerhard, Spätromanik und Frühgotik. Baden-Baden 1969

Haas, Walter, Romanik in Bayern. Stuttgart 1985

Hahn, Hanno, Die frühe Kirchenbaukunst der Zisterzienser. Berlin 1957

Heinrich der Löwe und seine Zeit, vols. 1-4, exhibition Brunswick 1995. Munich 1995

Hotz, Walter, Handbuch der Kunstdenkmäler

in Elsaß und in Lothringen. Darmstadt 1970

Jantzen, Hans, Ottonische Kunst. Hamburg 1959

Kaiserin, Theophanu, vols. 1 and 2, exhibition Schnütgen Museum. Cologne 1991

Kiesow, Gottfried, Romanik in Hessen. Stuttgart 1984

Kubach, Hans-Erich; Bloch, Peter, Früh- und Hochromanik. Baden-Baden 1964

Kubach, Hans-Erich; Elbern, Victor H., Das frühmittelalterliche Imperium. Baden-Baden 1968

Kubach, Hans-Erich; Verbeek, Albert Romanische Baukunst an Rhein und Maas, 3 vols. Berlin 1976

Legner, Anton (ed.), Ornamenta Ecclesiae. Kunst und Künstler der Romanik. Vols. 1-3 (catalogue), Cologne 1985

Messerer, Wilhelm, Karolingische Kunst. Cologne 1973

Ecclesiae, Ornamenta, Kunst und Künstler der Romanik, vols. 1-3, exhibition Schnütgen Museum. Cologne 1985

Das Reich der Salier, exhibition of the Römisch-Germanisches Zentralmuseum in Mainz. Sigmaringen 1992

Rhein und Maas, Kunst und Kultur 800-1400, vols. 1 and 2, exhibition Schnütgen Museum. Cologne 1972

Schütz, Bernhard; Müller, Wolfgang, Deutsche Romanik, Die Kirchenbauten der Kaiser, Bischöfe und Klöster. Freiburg 1989

Stadtluft, Hirsebrei und Bettelmönch, Die Stadt um 1300, exhibition Landesdenkmalamt Baden-Württemberg and Zurich. Stuttgart 1992

Thümmler, Hans, Romanik in Westfalen. Recklingshausen 1964

Wischermann, Heinfried, Romanik in Baden-Württemberg. Stuttgart 1987

Wischermann, Heinfried, Speyer I-Überlegungen zum Dombau Konrads II. und Heinrichs III., Berichte und Forschungen zur Kunstgeschichte vol. 11. Freiburg 1993

Die Zeit der Staufer, vols. 1-5, exhibition Württembergisches Landesmuseum. Stuttgart 1977

阿利克·麦克莱恩
意大利的罗马式建筑
概述

Anthony, E. W., Early Florentine Architecture and Decoration. Cambridge, MA 1927

Bandmann, G., Mittelalterliche Architektur als Bedeutungsträger. Berlin 1994

Bandmann, G., Zur Bedeutung der romanischen Apsis, in: Wallraf-Richartz-Jahrbuch XV (1953), 28-46

Belli D'Elia, P., La Puglia. Milan 1987

Braunfels, W., Mittelalterliche Stadtbaukunst in der Toskana. Berlin 1988 (6th edition)

Busignani, A.; Bencini, R., Le chiese di Firenze: il Battistero di San Giovanni. Florence 1988

Cadei, F., L'Umbria. Milan 1994

Chierici, S., La Lombardia. Milan 1991

Ciccarelli, D., La Sicilia. Milan 1986

Conant, K. J., Carolingian and Romanesque Architecture 800-1200. Harmondsworth, New York 1987

Coroneo, R., Architettura Romanica dalla meta del mille al primo '300. Nuoro 1993

Cowdrey, H. E. J., The Age of Abbot Desiderius: Montecassino, the Papacy, and the Normans in the Eleventh and Early Twelfth Centuries. Oxford 1986 (2nd edition)

D'Onifrio, M.; Pace, V, La Campania. Milan 1981

Delgou, R., L'architettura de medioevo in Sardegna. Rome 1953

Demus, O., The Church of San Marco m Venice. Washington DC 1960

Fanucci, Q., La Basilica di San Miniato al Monte sopra Firenze, in: Italia Sacra II (1933) 1137-1207

Friedman, D., Florentine New Towns. Cambridge, MA 1988

Guyer, S., Der Dom in Pisa und das Rätsel seiner Entstehung, in: Münchner Jahrbuch der bildenden Kunst 1932, 351-376

Ii Romanico Pistoiese nei suoi rapporti con Parte romanica dell'occidente. Atti del I convegno internazionale di studi medioevali di storia e d'arte. Pistoia 1965

Jones, P., Economia e società nellTtalia médiévale: la legenda della borghesia, in Storia d'Italia: Dal feudalismo al capitalismo. Annali I, ed. R. Romano

and C. Vivanti, Turin 1978, 187-372

Kling, M., Romanische Zentralbauten in Oberitalien: Vorläufer und Anverwandte. Hildesheim, Zurich, New York 1995

Krautheimer, R., Introduction to an "Iconography of Mediaeval Architecture", in: Studies in Early Christian, Medieval and Renaissance Art, New York 1969, 115-150

Leccisotti, T., Le vicende della Basilica di Montecassino attraverso la decumentazione archeologica, Miscellanea Cassinese, 36, 1973

Little, L. K., Religious Poverty and the Profit Economy in Medieval Europe. Ithaca 1978

McLean, A., Sacred Space & Public Policy: The Origins, Decline and Revival of Prato's Piazza della Pieve. Princeton University, Diss. 1993

Moretti. I.; Stopani, R., La Toscana. Milan 1991

Parlato, E.; Romano, S., Roma e il Lazio. Milan 1992 Porter, A. K., Lombard Architecture. New Haven 1917

Prandi, A.; Chierici, S.; Tamanti, G.; Reggiori, F., La basilica di Sant'Ambrogio a Milano. Florence 1945

Rill, B., Sizilien im Mittelalter: Das Reich der Araber, Normannen und Staufer. Stuttgart, Zurich 1995

Rivoira, G. T.; Rushforth, G. M. (trans.) Lombardic Architecture: Its Origin, Development and Derivations, 2 vols. Oxford 1933

Romanini, A. M. and others, L'arte médiévale in Italia. Florence 1988

Romano, C. G., La Basilicata, La Calabria. Milan 1988

Salmi, M., Decorazione Romanica in Toscana, in: Spazio 2:4 (1951), 1-4

Salmi, M., L'architettura romanica in Toscana. Milan, Rome 1927

Salmi, M., Chiese romaniche della Toscana. Milan 1961

Sanpaolesi, P., 11 Duomo di Pisa e l'architettura romanica toscana delle origine. Pisa 1975

Santoro, R.; Cassata, G.; Costantino, G.; Schaffran, E., Die Kunst der Landgobarden in Italien. Jena 1941

Schulz, H. W., Denkmäler der Kunst des Mittelalters in Unteritalien. 4 vols. Dresden 1860

Seidel, M., Dombau, Kreuzzugsidee und

Expansionspolitik. Zur Ikonographie der Pisaner Kathedralbauten, in: Frühmittelalterliche Studien 11 (1977), 348-350

Serra, R., La Sardegna. Milan 1989

Shearer, C, The Renaissance of Architecture in Southern Italy. Cambridge 1935

Silva, R., Architettura del socolo XI nel tempo della riforma pregregoriana in Toscana, in: Critica d'Arte XLIV, 163-165, 1979, 66-96

Stocchi, S., L'Emilia-Romagna. Milan 1988

Suitner, G., Le Venezie. Milan 1991

Tabacco, G., Power and Struggle for Hegemony in Medieval Italy. Cambridge 1992

Thummler, H., Die Baukunst des 11. Jahrhunderts in Italien, in: Römisches Jahrbuch für Kunstgeschichte 3, 1939, 141-226

Toesca, R, Storia dell'arte italiana dalle origini alla fine del secolo XIII. Turm 1927

Trachtenberg, M., Gothic / Italian Gothic: Towards a Redefinition, in: JSAH 50:1 (March 1991), 22-37

Venturi, A., Storia dell'arte italiana III. Milan 1904

Verzâr Bornstein, C, Portals and Politics in the Early Italian City State: The Sculpture of Nicholaus in Context. Parma 1988

Verzone, P., L'architettura religiosa dell'alto medioevo nell'Italia settentrionale. Milan 1942

Waley, D. P., The Italian City Republics. London, New York 1988

修道院和理想城市

Braunfels, W., Monasteries of Western Europe, The Architecture of the Orders. Princeton 1972

Dynes, W., The Medieval Cloister as Pritco of Salomon, in: Gesta: The Cloister Symposium XII (1973), 62-69

Horn, W., On the Origins of the Medieval Cloister, in: Gesta: The Cloister Symposium XII (1973), 13-52

Horn, W., The Plan of St. Gall. A Study of the Architecture and Economy of, and Life in a Paradigmatic Carolingian Monastery. Berkeley 1979

Rosenau, H., The Ideal City: Its Architectural Evolution in Europe. Cambridge 1983

伯恩哈德和乌尔丽克·洛勒
法国的罗马式建筑
概述

Conant, Kenneth John, Carolingian and Romanesque Architecture, 800-1200, Pelican History of Art, 1959

Congrès Archéologique de France, ed. Société française d'archéologie. Paris 1834 ff.

G. Dehio and G. v. Bezold, Die kirchliche Baukunst des Abendlandes. Stuttgart 1884-1901

Le dictionnaire des églises de France, 5 vols., Paris 1966-1969

Enlart, Camille, Manuel d'archéologie française, 3 vols., 3rd edition. Paris 1927

Frankl, Paul, Die frühmittelalterliche und romanische Baukunst (Handbuch der Kunstwissenschaft）. Wildpark-Potsdam 1926, 151ff.

Lavedan, Pierre, Histoire de l'art. Moyen Age et Temps modernes. Paris 1944

de Lasteyrie, Robert, L'architecture religieuse en France à l'époque romane, 2nd edition. Paris 1929

勃艮第及其领土（尼韦奈和瑞士西部）

Anfray, Marcel, L'architecture religieuse du Nivernais au moyen-âge. Paris 1951

Armi, Clement Edson, Saint-Philibert at Tournus and the wall systems of first Romanesque architecture. Diss. Columbia University, USA 1973

Conant, Kenneth John, Cluny. Les églises et la maison du chef d'ordre. Mâcon 1968

Erlande-Brandenburg, Alain, Iconographie de Cluny III, in: Bulletin Monumental 126（1968）, 293-332

Gall, Ernst, Die Abteikirche Saint-Philibert in Tournus, in: Der Cicerone 4（1912）, 624-636

Gall, Ernst, Studien zur Geschichte des Chorumgangs, in: Monatshefte für Kunstwissenschaft 5（1912）, 134-149, 358-376, 508-519

Gall, Ernst, Saint-Philibert in Tournus, in: Zeitschrift für Kunstgeschichte 17（1954）, 179-182

Hahn, H., Die frühe Kirchenbaukunst der Zisterzienser. Berlin 1957

Hubert, Jean, L'architecture religieuse du haut moyen-âge en France. Paris 1952

Marino Malone, Carolyn, Les fouilles de Saint-Bénigne de Dijon (1976-1978) et le problème de l'église de l'an mil, in: Bulletin Monumental 138（1980）, 253ff.

Oursel, Raymond and Anne-Marie, Les églises romanes de L'Autonois et du Brionnais. Mâcon 1956

Salet, Francis, Cluny III, in: Bulletin Monumental 126（1968）, 235-292

Salet, P., La Madeleine de Vézelay. Melun 1948

Schlink, Wilhelm, Saint-Bénigne in Dijon. Untersuchungen zur Abteikirche Wilhelms von Volpiano (962-1031）. Berlin 1978

Sennhauser, Hans Rudolf, Romainmôtier und Payerne. Studien zur Cluniazenserarchitektur des 11. Jahrhunderts in der Westschweiz. Basel 1970

Stratford, N., Les bâtiments de l'abbaye de Cluny à l'époque médiévale. Etat des questions, in: Bulletin Monumental 150（1992）, 383-411

Vallery-Radot, Jean, Saint-Philibert de Tournus. Paris 1955 Virey, Jean, Paray-le-Monial et les églises du Brionnais. Paris 1926

Wischermann, Hein fried and others, Saint-Philibert in Tournus. Baugeschichte und architekturgeschichtliche Stellung. Berichte und Forschungen zur Kunstgeschichte 10. Freiburg 1988

Wollasch, Joachim, Cluny - Licht der Welt. Aufstieg und Niedergang der klösterlichen Gemeinschaft. Zurich, Düsseldorf 1996

法国北部（香槟省、诺曼底和比利时）

Anfray, Marcel, L'architecture normande. Paris 193?

Baum, Julius, Romanische Baukunst in Frankreich. Stuttgart 2nd edition 1928, V Bay lé, Maylis, La Trinité de Caen. Sa place dans l'histoire de l'architecture et du décor romans. Paris 1979

Bellmann, F., Zur Bau- und Kunstgeschichte der Stiftskirche von Nivelles. Munich 1941

Bony, Jean, La technique normande du mur épais à l'époque romane, in: Bulletin Monumental 98（1939）, 153ff.

Carlson, Eric G., The abbey church of Saint-Etienne at Caen in the 11th and early 12th centuries. Diss. Yale 1968

Carlson, Eric G., Excavations at Saint-Etienne, Caen (1969）, in: Gesta 10 (1971）, 223ff.

Chanteux, Henri, L'abbé Thierry et les églises de Jumièges, du Mont-Saint-Michel et de Bernay, in: Bulletin Monumental 98（1939）, 67ff.

Froidevaux, Yves-Marie, l'église abbatiale de Cerisy-la-Forêt, in Les Monuments Historiques 103（1979）, 33ff.

Guérin, Jean, Les abbayes de Ca en, in: Les Monuments Historiques 103 (1979）, 43ff.

Liess, Reinhard, Der frühromanische Kirchenbau des 11. Jahrhunderts in der Normandie. Analysen und Monographien der Hauptbauten. Munich 1967

Merlet, Jean, L'église Saint-Etienne de Caen, in: Les Monuments Historiques 14（1968）, 62ff.

Mottart, A., La Collégiale Sainte-Gertrude de Nivelles. Nivelles 1962

Rave, Paul Ortwin, Der Emporenbau in romanischer und frühgotischer Zeit. Bonn, Leipzig 1924

Vallery-Radot, Jean, Le Mont-Saint-Michel. Travaux et découvertes, in: Congrès Archéologique (1966）, 413ff.

Wischermann Heinfried and others, Die romanische Kirchenbaukunst der Normandie–ein entwicklungsges chichtlicher Versuch. Berichte und Forschungen zur Kunstgeschichte 6. Freiburg 1982

朝圣教堂或奥弗涅（Auvergne）

Deyres, Marcel, Sainte-Foy de Conques, in: Bulletin Monumental 123（1965）, 7ff.

Durliat, Marcel, La basilique St. Sernin de Toulouse, in: Bulletin Monumental 121（1963）, 149ff.

Herbers, Klaus, Der Jakobsweg. Wiesbaden 1986

Kubach, Hans Erich; Bloch, P., Früh- und Hochromanik (Kunst der Welt）. Baden-Baden 1964, 84ff.

Lesueur, Frédérique, Sainte-Foy de Conques, in: Bulletin Monumental 124（1966）, 259ff.

du Ranquet, H. and E., L'église Saint-Paul dTssoire, in: Bulletin Monumental 94（1935）, 277ff.

法国西部（阿基坦、普瓦图和缅因）：

Crozet, René, L'art roman en Poitou. Pans 1948

Crozet, René, Fontevrault, in: Congrès Archéologique (1964）, 426-481

Darans, Ch., La Cathédrale Saint-Pierre d'Angoulême, in: Bulletin Monumental 120 (1962）, 23Iff.

Erlande-Brandenburg, Alain, Le "Cimetière des Rois" à Fontevrault, in: Congrès Archéologique (1964）, 482-492

Roux, J., La basilique Saint-Front de Périgueux. Périgueux 1920

Salet, Francis, Notre-Dame de Cunault. Les campagnes de construction, in: Congrès Archéologique (1964）, 636-676

Tonnelier, P. M. A., La Cathédrale d'Angoulême, in: Mélanges offerts à René Crozet, vol. 1. Poitiers 1966, 507ff.

法国南部（普罗旺斯和朗格多克（Languedoc））

Aubert, Marcel, L'architecture cistercienne en France, 2nd edition. Pans 1947

Laule, B. and IL; Wischermann, H., Kunstdenkmäler in Südfrankreich. Darmstadt 1989

Puig i Cadafalch, J., La géographie et les origines du premier art roman. Pans 1935

世俗建筑

Babelon, Jean Pierre (ed.）, Le Château en France. Paris 1986

Deyres, Marcel, Le Donjon de Langeais, in: Bulletin Monumental 128（1970）, 179-193

Deyres, Marcel, Les Châteaux de Foulques Nerra, in: Bulletin Monumental 132（1974）, 7-28

Enaud, François, Châteaux forts en France. Paris 1958

Harmand, Louis, Houdan et l'évolution des donjons au Xllième siècle, in: Bulletin Monumental 127（1969）, 188-207

Harmand, Louis, Le Donjon de Houdan, études complémentaires, in: Bulletin Monumental 130（1972）, 191-212

Héliot, Pierre, L'Age des donjon d'Etampes et de Provins, in: Mémoires de la Société nationale des antiquaires de France (1967）, 289-308

Héliot, Pierre, La Genèse des châteaux de plan rectangulaire en France et en Angleterre, in: Bulletin de la Société nationale del antiquaires de France (1965）, 238-257

Ritter, Raymond, Châteaux, donjons et places fortes. L'architecture militaire française. Paris 1953

Salch, Charles-Laurent, Dictionnaire des châteaux et des fortifications du Moyen Age en France. Strasbourg 1979

布鲁诺·克莱因 ((BRUNO KLEIN)
西班牙与葡萄牙的罗马式建筑
概述

Durliat, M., Hi spa ni a romanica. Die hohe Kunst der romanischen Epoche in Spanien. Vienna, Munich 1962

Gomey Moreno, M., El arte románico espanol. Madrid 1934

Gudiol, Ricard, J.; Nuno, Gay a J. A., Arquitectura y escultura románicas (Ars Hispaniae V). Madrid 1948

Whitehill, Muir W., Spanish Romanesque Architecture of the Eleventh Century. Oxford 1941, reprint 1968

de Palol, P.; H inner, M., Spanien: Kunst des frühen Mittelalters vom Westgotenreich bis zum Ende der Romanik. New edition Munich 1991

Spanische Kunstgeschichte, Eine Einführung. Vol 1: Von der Spätantike bis zur frühen Neuzeit. F.d. Sylvaine Hansel and Henrik Karge. Berlin 1992

Vinayo Gonzalez, A., L'ancien royaume des Leon roman. La Pierre-qui-vivre 1972

Yarza, J., Arte y arquitectura en Espana 500-1250. Madrid 1987

前罗马式建筑

Arenas, J. F., La arquitectura mozarabe. Barcelona 1972

Fontaine, J., L'Art préroman hispanique, I. La Pierre-qui-vivre 1973

Noack-Haley, S.; Arbeiter, A., Asturische Königsbauten des 9. Jahrhunderts. (Madrider Beiträge 22). Mainz 1994

Schlunk, H., Arte visigodo, arte asturiano (Ars Hispaniae II). Madrid 1947

加泰罗尼亚、阿拉贡和纳瓦拉的早期和盛期罗马式建筑

Crozet, R., L'art roman en Navarre et Aragon. Conditions historiques. In: Cahiers de la civilisation médiévale 5 (1962), 35-61

Durliat, M., L'art roman en Navarre et en Aragon. In: Centre international d'études romanes 1973,1, 5-18

Durliat, M., La Catalogne et le "premier art roman". In: Bulletin Monumental 147 (1989), 209-238

Junyent, E., Catalogne romane. La Pierre-qui-vivre 1960-61

Krüger, K., Die katalanische Kapitellskulptur des elften Jahrhunderts. In: Mitteilungen der Carl Justi-Vereinigung 5 (1993), 26-42

de Lojendio, L.M., Navarre romane. La Pierre-qui-vivre 1967

Lorente, E.; Francisco, J.; Galtier Marti, F.; Garcia Guatas, M., El naeimiento del arte románico en Aragon. Arquitectura. Zaragoza 1982

Puig i Cadafalch, J., Le premier art roman. Paris 1938

Puig i Cadafalch, J.; de. Falguera, A.; Goday i Casals, J., L'arquitectura romanica a Catalunya. Barcelona 1908-1918

朝圣路线沿途的建筑

Bottineau, Y., Les chemins de Saint-Jacques. Paris 1964

Conant, K. J., The Early Architectural History of Santiago de Compostela. Cambridge 1926

D'Emilio, J., The Building and the Pilgrims' Guide. In: J. Williams, A. Stone (eds.) The Codex Calixtinus and the Shrine of St. James. Tübingen 1992,185-206

Herbers, K., Mit einem mittelalterlichen Pilgerführer unterwegs nach Santiago. 2nd edition, Tübingen 1986

Iniguez Almech, F., Las empresas construed vas de Sancho el Mayor. Es castillo de Loarre. In: Archivo Espanol de Arte 43 (1970), 363-373

Lambert, E., Le pèlerinage de Compostelle. Etudes d'histoire médiévale. Paris, Toulouse 1959

Moralejo-Alvarez, S., The Codex Calixtinus as an Art-Historical Source. In: J. Williams, A. Stone (eds.) The Codex Calixtinus and the Shrine of St. James. Tübingen 1992, 207-227

Viellard, J., Le guide du pèlerin de Saint-Jacques de Compostelle. 5th edition, Paris 1984

Williams, J., La arquitectura! del Camino de Santiago. In: Co mostelanum 29 (1984), 267-290

Williams, J., San Isidoro in Leon: Evidence for a New History. In: Art Bulletin 55 (1973), 170-184

十二世纪中叶的地方主义

Rineon Garcia, W., Arte medieval. In: Summa Artis. Historia general del Arte vol. XXX, "Arte portugués." Madrid 1986, 11-238

Hesey, C. K., The Salmantine La terns: Their Origin and Development. Cambridge 1937

G ay a Nuno, J. A., Il románico en la provincia de Soria. Madrid 1946

国际化和地方传统的新趋势

Morale) o-Alvarez, S., Le porche de Gloire de la Cathédrale de Compostelle - Problèmes de sources et d'interprétation. In: Les Cahiers de Saint-Michel de Cuxa 16 (1985), 92-116

Lambert, E., Les chapelles octogonales d'Eunate et de Torres del Rio. Paris 1928

Lambert, E., L'art gothique en Espagne. Paris 1931

Dathe, S., Die Kirche La Vera Cruz in Segovia. Untersuchungen zur Bedeutung des romanischen Zentralbaus. In: Mitteilungen der Carl Justi-Vereinigung 5 (1993), 92-121

Martineil, C, Les monastères cisterciens de Pöblet et de Santes Creus. In: Congrès archéologique 117 (1959), 98-128

Lambert, E., La cathédrale de Lérida. In: Congrès archéologique 117 (1959), 136-143

Lara Peinado, E, Lerida. La Seo antigua. Lerida 1977

海因弗里德·维舍尔曼 (HEINFRIED WISCHERMANN)
英国的罗马式建筑

Andrew, Martin, Chichester Cathedral, The Problem of the Romanesque Choir Vault, in: Journal of the British Archaeological Association 135 (1982), I ff.

Aylmer, G. E. and Reginald Cant, A History of York Minster. Oxford 1977

B AACT (British Archaeological Association Conference Transactions) I, 1975 Worcester (1978), II, 1976 Ely (1979), III, 1977 Durham, IV, 1978 Wells and Glastonbury (1981), V, 1979 Canterbury (1982), VI, 1980 Winchester (1983), VII, 1981 Gloucester / Tewkesbury (1985), VIII, 1982 Lincoln (1986), X, 1984 London (1990)

Bandmann, Günter, Die Bischofskapelle in Hereford, in: Festschrift H. von Einem. Bonn 1964, 2ff.

Barlow, Frank, The English Church 1000-1066. London 1979

Barlow, Frank, William Ruf us. London 1983

Barlow, Frank, The Norman Conquest and Beyond. London 1983

Barlow, Frank, Thomas Becket. London 1986

Bennett, Paul and others, Excavations at Canterbury Castle. Canterbury 1982

Biddle, Martin, Excavations near Winchester Cathedral 1961-1969. 1970

Bony, Jean, Tewkesbury et Pershore-deux élévations à quatre étages de la fin du Ile s., in: Bull. Mon. 96 (1937), 28 Iff., 503ff.

Bony, Jean, Le technique normande du mur épais, in: Bull. Mon. 98 (1939), 153ff.

Bony, Jean, Durham et la traditionne saxonne, in: Festschrift Louis Grodecki. Pans 1981, 72ff.

Brett, Martin, The English Church under Henry I. Oxford 1975

Brown, Reginald Allen, The Norman Conquest and the Genesis of English castles, in: Château-Gaillard 1966 (1969) I ff.

Bussby, Frederick, Winchester Cathedral 1079-1979. Rmgwood 1979

Chambers, James, The Norman Kings. London 1981

Cherry, Bridget, Romanesque Architecture in Eastern England, in: Journal of the British Archaeological Association 131 (1978), I ff.

Clapham, Alfred, English Romanesque Architecture before the Conquest. Oxford 1930

Clapham, Alfred, English Romanesque Architecture after the Conquest. Oxford 1934

Colvin, Howard, The History of the King's Works, I. London 1963

Cronne, Henry Alfred, The Reign of Stephen. London 1970

Crook, John and others, Winchester Cathedral. Chichester 1993

Douglas, David C, William the Conqueror. London 1977

Draper, Peter, Recherches récentes sur l'architecture dans les îles britanniques à la fin de l'époque romane et au début du gothique, in: Bull. Mon. 144 (1986), 305ff.

English Romanesque Art, 1066-1200. London 1984

Fawcett, Richard, Scottish Abbeys and Priories. London 1994

Fergusson, Peter, Architecture of Solitude: Cistercian Abbeys in 12th-century England. Princeton 1984

Fernie, Eric, Enclosed Apses and Edward's church at Westminster, in: Archaeologia 104 (1973), 235ff.

Fernie, Eric, The Architecture of the Anglo Saxons. London 1983

Gem, Richard, The Romanesque Rebuilding of Westminster Abbey, in: Proceedings of the Battle Conference 3 (1980), 33ff.

Gem, Richard, Chichester Cathedral: When was the Romanesque Church Begun? in: Proceedings of the Battle Conference 3 (1980), 61ff.

Gibson, Margaret T., Lanfranc of Bee. Oxford 1978

Goege, Thomas, Theorie und Praxis der Restaurierung im Gothic Revival: Die Restaurierungsbewegung der "Ecclesiologists." Diss. Freiburg 1981

Guillaume le Conquérant et son temps, Rouen 1987/1988

Hearn, Miliard F., The Rectangular Ambulatory in English Medieval Architecture, in: Journal of Social Archaeological History 30 (1971), 187ff.

Hearn, Millard E, Romsey Abbey, in: Gesta 14 (1975), 27ff.

Hobbs, Mary and others, Chichester Cathedral. Chichester 1994

Kahn, Deborah, Canterbury Cathedral and its Romanesque Sculpture. London 1991

Kenyon, John R., Medieval Fortifications (The Archaeology of Medieval Britain). Leicester, London 1990

Kidson, Peter and others, A History of English Architecture. Harmondsworth 1965

Know les, David, The Monastic Order in England, 940-1216. Cambridge 1940

Knowles, David, The Monastic Constitutions of Lanfranc. Cambridge 1949

Knowles, David and others, The Heads of Religious Houses: England and Wales 940-1216. Cambridge 1972

Lehmann-Brockhaus, Otto, Lateinische Schriftquellen zur Kunst in England, 4 vols. Munich 1955-1960

Little, Bryan, Architecture in Norman Britain. London 1985

McAleer, Philip, The Romanesque Church Façade in Britain. Diss. London 1963

Musset, Lucien, Angleterre Romane, 2 vols. La Pierre-qui-vivre 1984-1988

Norton, Christopher; David Park, Cistercian Art and Architecture in the British Isles. Cambridge 1986

Phillips, Derek, Excavations at York Minster II: The Cathedral of Archbishop Thomas of Bayeux. London 1985

Piatt, Colin, Medieval England: A Social History and Archaeology from the Conquest to AD 1600. London, New York 1978

Renn, Derek, Norman Castles in Britain. London 1968, 1973

Rowley, Trevor, The Norman Heritage. London 1983

Schünke, Susanne, Entwicklungen in den Chorformen englischer Kirchen vom 11. bis ins 13. Jh. Diss. Cologne 1987

Service, Alastair, The Buildings of Britain: Anglo-Saxon and Norman. London 1982

Stoll, Robert Th.; Roubier, Jean, Britannia Romanica - Die hohe Kunst der romanischen Epoche in England, Schottland und Irland. Vienna, Munich 1966

Warren, Wilfred L., Henry II. London 1977

Watkin, David, English Architecture, A Concise History. London 1979

Webb, Geoffrey, Architecture in England: The Middle Ages. Harmondsworth 1954

Wilson, David M., The Bayeux Tapestry. London 1985

Wilson, David M., Die Schlacht von Hastings und das Ende der angelsächsischen Herrschaft, in: Sachsen und Angelsachsen. Hamburg 1978, 117ff.

Wischermann, Heinfried and others. Der romanische Kirchenbau der Normandie–ein entwicklungsgeschichtlicher Versuch (BuF 6). Freiburg 1982

Wischermann, Heinfried and others, Die romanische Kathedrale von Worcester - Baugeschichte und architekturgeschichtliche Stellung (BuF 9). Freiburg 1985

Wischermann, H ein fried, Die Rippengewölbe der Kathedrale von Durham - Überlegungen zur Frühzeit der Gotik in England (BuF 12). Freiburg 1996

Wood, Margaret, Norman Domestic Architecture. London 1974

Zarnecki, George, English Romanesque Sculpture, 1066-1140. London 1951

Zarnecki, George, Later English Romanesque Sculpture, 1140-1210. London 1953

Zarnecki, George, Romanesque Lincoln, The Sculpture of the Cathedral. Lincoln 1988

斯堪的纳维亚的建筑

Anker, Peter; Andersson, Aron, L'art Scandinave. La Pierre-qui-Vire 1968/1969

Bugge, Gunnar, Stabkirchen-Mittelalterliche Baukunst in Norwegen. Regensburg 1994

Donnelly, Marian C, Architecture in the Scandinavian Countries. Cambridge, MA 1992

Phleps, Hermann, Die norwegischen Stabkirchen. Sprache und Deutung der Gefüge. Karlsruhe 1958

Ringbom, Sixten and others, Konsten i Finland. Helsingfors 1978

Tuulse, Armin, Scandinavia Romanica. Die hohe Kunst der romanischen Epoche in Dänemark, Norwegen und Schweden. Vienna, Munich 1968

中欧的罗马式艺术

Kampis, Antal, Kunst in Ungarn. Budapest 1966

Merhantovâ, Anezka, Romanische Kunst in Polen, der Tschechoslowakei, Ungarn, Rumänien, Jugoslawien. Prague 1974

Dercsényi, Dezsö, Der königliche Palast von Esztergom. Budapest 1974

Dercsényi, Dezsö, Romanische Baukunst in Ungarn. Budapest 1975

Genthon, Istvân, Kunstdenkmäler in Ungarn. Munich, Berlin 1974

Zachwatowicz, Jan, Polnische Architektur bis zur Mitte des 19. Jhs. Warsaw 1956

Knox, Brian, The Architecture of Poland. London 1971

Swiechowski, Zygmunt, Romanesque Art in Poland. Warsaw 1983

Lozinski, Jerzy Z., Kunstdenkmäler in Polen: Südpolen. Warsaw, Leipzig 1984

Bachmann, Erich and others, Romanik in Böhmen. Munich 1977

Kuthan, Jiri, Die mittelalterliche Baukunst der Zisterzienser in Böhmen und Mähren. Munich, Berlin 1982

Poche, Emanuel, Kunstdenkmäler in der Tschechoslowakei: Böhmen und Mähren. Darmstadt 1986

乌韦·格泽
罗马式雕塑

Ariès, P., Geschichte des Todes. Munich 1982

Bandmann, G., Mittelalterliche Architektur als Bedeutungsträger. Berlin 1951

Barrai, I.; Altet, X.; Avril, E; Gaborit-Chopin, D. (eds.) Romanische Kunst. First volume: Mittel- und Südeuropa 1060-1220. Munich 1983; second volume: Nord- und Westeuropa 1060-1220. Munich 1984

Borella, M., Modena e provincia. Guida artistica e monumentale. Bologna, undated

Borst, O., Alltagsleben im Mittelalter. Frankfurt 1983

Bredekamp, H., Die nordspanische Hofskulptur und die Freiheit der Bildhauer, in: H. Beck, K. Hengevoss-Dürkop (eds.), Studien zur Geschichte der europäischen Skulptur im 12./13. Jahrhundert. Vol. 1 Text, Frankfurt 1994

Bredekamp, H., Romanische Skulptur als Experimentierfeld. In: Hänsel / Karge (eds.), Spanishe Kunstgeschichte: Eine Einführung. Vol. 1: Von der Spätantike bis zur frühen Neuzeit. Berlin 1991

Bredekamp, H., Wallfahrt als Versuchung. San Martin in Fromista. In: Kunstgeschichte-Aber wie? Berlin 1991

Budde, R., Deutsche Romanische Skulptur 1050-1250. Photographs by Albert Hirmer and Irmgard Ernstmeier-Hirmer. Munich 1979

Bußmann, K., Burgund. Kunst, Geschichte, Landschaft. Cologne 1977, 1987

Chierici, S., Romanische Lombardei. Würzburg 1978

Chierichetti, S., Verona. Illustrated artistic guide. Milan, undated

Claussen, P. C, Künstlerinschriften, in: Ornamenta Ecclesiae. Exhibition catalogue, Cologne 1985, vol. 1, 263ff.

Dietel, A., Künstlerinschriften als Quelle für Status und Selbstverständnis von Bildhauern, in: H. Beck, K. Hengevoss-Dürkop (eds.), Studien zur

Geschichte der europäischen Skulptur im 12./13. Jahrhundert. Vol. 1 Text, Frankfurt 1994

Dinzelbacher, P., Europäische Mentalitätsgeschichte. Stuttgart 1993

Droste, T., Romanische Kunst in Frankreich. Cologne 1989, 1992

Duby, G., Sculpture. The Great Art of the Middle Ages from the Fifth to the Fifteenth Century. New York 1990

Durliat, M., La sculpture romane en Roussillon. Vols. I-IV, Perpignan 1952-1954

Durliat, M., Romanisches Spanien. Würzburg 1995

Eco, U., Kunst und Schönheit im Mittelalter. Munich 1991, 1993

Eliade, M., Die Religionen und das Heilige. Darmstadt 1976

Fegers, H., Provence, Côte d'Azur, Dauphiné, Rhône-Tal. Reclams Kunstführer Frankreich. Vol. IV, Stuttgart 1967, 1975

Fillitz, H., Das Mittelalter I. Propyläen Kunstgeschichte. Special edition, Frankfurt, Berlin 1990

Fischer, Pace and others, Kunstdenkmäler in Rom. Vol. 2, Darmstadt 1988

Fischer, H. J., Rom. Zweieinhalb Jahrtausende Kunst und Kultur in der Ewigen Stadt. Ein Reisebegleiter. Cologne 1986

Forster, K. W., Benedetto Antelami. Der große romanische Bildhauer Italiens. Munich 1961

Grimme, E. G., Goldschmiedekunst im Mittelalter. Form und Bedeutung des Reliquiars von 800 bis 1500. Cologne 1972

Gurjewitsch, A. J., Das Individuum im Mittelalter. Munich 1995

Heinrich der Löwe und seine Zeit. Herrschaft und Repräsentation der Weifen 1125-1235. Vol. 1-3, ed. by J. Luckhardt and F. Niehoff. Exhibition catalogue Brunswick 1995, Munich 1995

Huizinga, J., Herbst des Mittelalters. Stuttgart 1969

Kauffmann, G.; Andreae, B., Toskana (ohne Florenz). Kunstdenkmäler und Museen. Reclams Kunstführer Italien. Vol. III, 2, Stuttgart 1984

Kauffmann, G., Emilia-Romagna, Marken, Umbrien. Baudenkmäler und Museen. Reclams Kunstführer Italien. Vol. IV, Stuttgart 1971, 1987

Kerscher, G., Benedictus Antelami oder

das Baptisterium von Parma. Kunst und kommunales Selbstverständnis. Diss. Munich 1986

Krüger, R., Kleine Welt in Elfenbein. Dresden 1967

Legier, R., Apulien (DuMont Kunst-Reiseführer). Cologne 1987

Legier, R., Languedoc - Roussillon. Von der Rhône bis zu den Pyrenäen. Cologne 1981, 1985

Legier, A.; Hirmer, A. and I., Deut- sche Kunst der Romanik. Munich 1982

Lyman, Th., Heresy and the History of Monumental Sculpture in Romanesque Europe, in: H. Beck, K. Hengevoss-Dürkop (eds.), Studien zur Geschichte der europäischen Skulptur im 12./13. Jahrhundert. Vol. 1 Text, Frankfurt 1994

Mende, U.; Hirmer, A. and others, Die Bronzetüren des Mittelalters 800-1200. Munich 1994

Meyer, Schapiro, Romanische Kunst. Cologne 1987

Michel, P., Tiere als Symbol und Ornament. Möglichkeiten und Grenzen der ikonographischen Deutung, gezeigt am Beispiel des Zürcher Großmünsterkreuzgangs. Wiesbaden 1979

Minne-Séve, V., Romanische Kathedralen und Kunstschätze in Frankreich. Eltville 1991

Moretti, L; Stopani, R., Romanische Toskana. Würzburg 1983

Pace, V, Kunstdenkmäler in Süditalien. Darmstadt 1994

Palol, P. de, Spanien. Kunst des frühen Mittelalters vom Westgotenreich bis zum Ende der Romanik. Photographs by Max, Albert and Irmgard Hirmer. Munich 1991

Peroni, A., Wiligelmo von Modena: Erörterung zum Kontext, in: H. Beck, K. Hengevoss-Dürkop (eds.), Studien zur Geschichte der europäischen Skulptur im 12./13. Jahrhundert. Vol. 1 Text, Frankfurt 1994

Petzold, A., Romanische Kunst. Art in Context. London, Cologne 1995

Pevsner, N., Berkshire. The Buildings of England. Harmondsworth 1966

Pevsner, N., Wiltshire. The Buildings of England. Harmondsworth 1963

Philippovich, E. von, Elfenbein. Munich 1961, 1982

Romanik in Mitteldeutschland. Wernigerode 1994

Rupprecht, B., Romanische Skulptur m Frankreich. Munich 1975, 1984

Schomann, H., Kunstdenkmäler in der Toskana. Darmstadt 1990

Schomann, H., Lombardei. Kunstdenkmäler und Museen. Reclams Kunstführer Italien. Vol. I, 1, Stuttgart 1981

Stocchi, S., Romanische Emilia-Romagna. Würzburg 1986

Tetzlaff, I., Romanische Kapitelle in Frankreich. Löwe und Schlange, Sirene und Engel. Cologne 1976, 1992

Willemsen, R., Abruzzen (DuMont Kunst-Reiseführer). Cologne 1990

Zimmermann, K., Umbrien (DuMont Kunst-Reiseführer). Cologne 1987

芭芭拉·戴姆林
中世纪教堂门廊及其在法律史中的重要性

Effmann, W., Die karolingisch-ottonischen Bauten zu Werden, vol. I, Straßburg 1899; vol II, Berlin 1922

Evers, H. G., Tod, Macht und Raum als Bereich der Architektur. Munich 1939; 2nd edition 1970

Erler, A., Das Straßburger Münster im Rechtsleben des Mittelalters. Frankfurt 1954

Hahnloser, H. R., "Urkunden zur Bedeutung des Türrings," in Festschrift für Erich Meyer zum sechzigsten Geburtstag 29. Oktober 1957: Studien zu Werken in den Sammlungen des Museums für Kunst und Gewerbe Hamburg. Hamburg 1959,125-146

Werckmeister, O. K., "The Lintel Fragment Representing Eve from Saint-Lazare, Autun," Journal of the Warburg and Courtauld Institutes, 35 (1972), 1-30

Claussen, P. C., Chartres-Studien: Zur Vorgeschichte, Funktion und Skriptur der Vorhallen. Wiesbaden 1975

Verzâr Bornstein, C., Portals and Politics in the Early Italian City State: The Sculpture of Nicholaus in Context. Parma 1988

Bandmann, G., Mittelalterliche Architektur als Bedeutungsträger. Berlin 1994

埃伦弗里德·克卢克特
罗马式绘画艺术

Assunto, R., Die Theorie des Schönen im Mittelalter. Cologne 1963

Bauer, G., Corvey oder Hildesheim. Zur ottonischen Buchmalerei in Norddeutschland. Hamburg 1977

Bauer, G., Abendländische Grundlagen und byzant. Einflüsse in den Zentren der westlichen Buchmalerei, in: Kunst im Zeitalter der Kaiserin Theophanu. Cologne 1993, 155-176

Beckwith, J., Die Kunst des frühen Mittelalters. Darmstadt 1967

Beer, E. J., Zur Buchmalerei der Zisterzienser im oberdeutschen Gebiet des 12. und 13. Jahrhunderts: Baukunst und Bildkunst im Spiegel internationaler Forschung. Festschrift für E. Lehmann. Berlin 1989, 72-87

Bertemes, P., Bild- und Textstruktur. Eine Analyse der Beziehungen von Illustrationszyklus und Text im Rolandslied des Pfaffen Konrad. Frankfurt 1984

Bloch, P.; Schnitzler, H., Die ottonische Kölner Buchmalerei. 2 vols., Düsseldorf 1970

Blume, D., Wandmalerei als Ordnungspropaganda. Bildprogramme im Chorbereich franziskanischer Konvente Italiens bis zur Mitte des 14. Jahrhunderts. Worms 1983

Borinski, K., Die Antike in Poetik und Kunsttheorie. 2 vols., Darmstadt 1965

Bornheim; Schilling, W., Bemalte und gemalte karolingische Architektur, in: Deutsche Kunst und Denkmalpflege 36 (1978), 7-20

Burger, L., Die Himmelskönigin der Apokalypse in der Kunst des Mittelalters. 1937

Demus, O., Romanische Wandmalerei. Munich 1968

Dodwell, C. R.; Turner, D. H., Reichenau Reconsidered. 1965

Frodl, W., Austria. Medieval Wall Paintings. New York 1964

Glats. J., Mittelalterliche Wandmalerei in der Pfalz und in Rheinhessen, in: Ges. f. mittelrheinische Kirchengeschichte. 1981

Harnischfeger, E., Die Bamberger Apokalypse. Stuttgart 1981

The Golden Age of the Anglo-Saxon Art 966-1066, exhibition catalogue British Museum. London 1984

Hauck, K., Karolingische Taufpfalzen im Spiegel hofnaher Dichtung. Göttingen 1985

Hecht, J. K., Die frühmittelalterliche

Wandmalerei des Bodenseegebiets. Sigmaringen 1979

Heinrich der Löwe und seine Zeit, Catalogue for the Ausstellung Brunswick (eds. I. Luckhardt and Fr. Niehoff). Munich 1995

Hinkle, W. M., The Iconography of the apsidal Fresco of Montmorillon, in: Münsteraner Jahrbuch der Bildenden Kunst 3, no. 23, 1972, 37-62

Hoffmann, K., Buchkunst und Königtum im ottonischen und salischen Reich. 2 vols., Stuttgart 1986

Hoffmann, K., Die Evangelistenbilder des Münchner Otto-Evangeliars (Clm 4453), in: Zeitschrift des Deutschen Vereins für Kunstwissenschaft, bk. 1/2, XX, 1966

Holländer, H., Die Kunst des Frühen Mittelalters. Stuttgart 1978

Hucklenbroich, J., Text und Illustration in der Berliner Handschrift der "Eneide" des Heinrich von Veldeke. Würzburg 1985

Hunger, Stegmüller and others, Die Textüberlieferung der antiken Literatur und der Bibel. Munich 1975

Imdahl, M., Sprache und Bild. Bild und Sprache. Zur Miniatur der Gefangennahme im Codex Egberti, in: Festschrift für G. Bott zum 60. Geburtstag. Darmstadt 1987, 15-22

Klein, M., Schöpfungsdarstellungen mittelalterlicher Wandmalereien in Baden-Württemberg und in der Nordschweiz. Freiburg 1982

Klemm, E., Das sogenannte Gebetbuch der Hildegard von Bingen, in: Jahrbuch der Kunsthistorischen Sammlungen in Wien (Vienna) 74(1978), 29-78

Köhler, W.; Mütherich, E, Die karolingischen Miniaturen V. Berlin 1982

Kühnel, E., Drachenportale, in: Zeitschrift für Kunstwissenschaft vol. 4 (1950), 1-18

Kuder, U., Der Teppich von Bayeux. Frankfurt 1994

Kupfer, M., Romanesque Wall Painting in Central France. The Politics of Narrative. New Haven 1993

Langosch, K., Profile des lateinischen Mittelalters. Darmstadt 1965

Martin, K., Die ottonischen Wandfresken der St. Georgskirche, Reichenau-Oberzell. Sigmaringen 1975

Mayr-Harting, H., Ottonische Buchmalerei. Darmstadt 1991 Masal, O., Buchkunst der Romanik. Granz 1978

Mütherich, F., Studien zur mittelalterlichen Kunst. 800-1250. Festschrift für F. Mütherich. Munich 1985

Murbach, E., Zillis, Zürich. Freiburg i. Br. 1967

Nitschke, A., Die Wege der Toten. Beobachtungen zur irischen Ornamentik, in: Festschrift M. Gosebruch. Munich 1984, 49-60

Legner, A. (ed.), Ornamenta Ecclesiae. Kunst und Künstler der Romanik. Exhibition catalogue Schnütgen Museum. Cologne 1985

Nordenhagen, P. J., Studies in Byzantine and Early Medieval Painting. London 1990

Pacht, O., The pre-Carolingian Roots of early Romanesque Art, in: Studies in Western Art 1 (1963), 67-75

Plotzek, J. M., Anfänge der ottonischen Trier-Echternacher Buchmalerei, in: Wallraf-Richartz-Jahrbuch 32 (1970), 7-36

Plotzek. J. M., Darstellungsprinzipien in der ottonischen Echternacher Buchmalerei, in: Aachener Kunstblätter 41 (1971), 181-189

Prins. F. (ed.), Mönchtum und Gesellschaft im Frühmittelalter. Darmstadt 1976

Rudioff, D., Kosmische Bildwelt der Romanik. Stuttgart 1989

Schrade, H., Die romanische Malerei. Cologne 1963

Stein, H., Die romanischen Wandmalereien in der Klosterkirche Prüfening. Regensburg 1987

Weilandt, G., Geistliche und Kunst. Ein Beitrag zur Kultur der ottomsch-salischen Reichskirche und zur Veränderung künstlerischer Tradition im späten 11. Jahrhundert. Cologne, Weimar 1992

Werkmeister, O. K., Irisch-northumbrische Buchmalerei des 8. Jahrhunderts und monastische Spiritualität. 1967

Weitzmann, K., Studies in Classical and Byzantine Manuscript Illumination (ed. H. Kessler). Chicago 1971

Wischermann, H., Romanik in Baden-Württemberg. Stuttgart 1987